微纳尺度核磁共振技术与系统

Micro and Nano Scale NMR:
Technologies and Systems

〔德〕延斯·安德斯(Jens Anders)
〔德〕扬·格里特·科尔文克(Jan G. Korvink) 主编

邱本胜 吴京晶 等 译
祁甫浪 周玉福 审校

科 学 出 版 社

北 京

图字: 01-2022-0122 号

内 容 简 介

本书对微纳尺度核磁共振领域的相关技术进行全面总结。全书共 13 章，内容涵盖了小型便携式核磁共振磁体、磁共振探测器的紧凑型建模技术、磁共振微阵列和微电子、微磁共振波导、微型磁共振探测器的创新线圈制造技术、基于集成电路和集成电路辅助的 μNMR 探测器、微尺度磁共振流动成像、核磁共振显微镜的高效脉冲序列、用于磁共振内窥成像的薄膜导管接收器、宽带多核检测微线圈、微尺度超极化、小容量核磁共振联用技术、力探测核磁共振等内容，较为全面地介绍了微纳尺度核磁共振相关技术，指出存在的挑战与未来的研究方向。

本书注重科普性，给出不少必要的公式推导，同时也兼顾可读性，提供了许多插图和说明。本书面向的读者包括但不限于核磁共振及相关领域的科技工作者，如大学教师、研究生、高年级本科生及企业的工程技术人员，是读者进入微纳核磁共振领域的快速入门读物。

图书在版编目(CIP)数据

微纳尺度核磁共振技术与系统 / (德) 延斯·安德斯 (Jens Anders), (德) 扬·格里特·科尔文克(Jan G. Korvink) 主编; 邱本胜等译. --北京: 科学出版社, 2025.4

书名原文: Micro and Nano Scale NMR: Technologies and Systems
ISBN 978-7-03-074825-6

Ⅰ. ①微… Ⅱ. ①延… ②扬… ③邱… Ⅲ. ①核磁共振 Ⅳ. ①O482.53

中国国家版本馆 CIP 数据核字(2023)第 026134 号

责任编辑: 惠 雪 曾佳佳 / 责任校对: 郝璐璐
责任印制: 张 伟 / 封面设计: 许 瑞

斜 学 出 版 社 出版
北京东黄城根北街 16 号
邮政编码: 100717
http://www.sciencep.com

北京中科印刷有限公司印刷
科学出版社发行 各地新华书店经销

*

2025 年 4 月第 一 版 开本: 720×1000 1/16
2025 年 4 月第一次印刷 印张: 25 1/4
字数: 510 000
定价: 259.00 元
(如有印装质量问题, 我社负责调换)

译 者 序

核磁共振 (nuclear magnetic resonance，NMR) 技术，是科学研究中最为重要的物质探索技术之一，能够多参数、非侵入式地获取物质的组成、结构和生理信息。自问世以来，它已在医学、化学、生物、军事等多个领域发挥了巨大的作用。长期以来，核磁共振技术主要被广泛应用于宏观物体或生物组织。然而，直到最近十数年，随着微纳米电子技术与制造工艺的快速发展，其在微米尺度、纳米尺度的物质探测乃至成像方面的能力逐渐受到学者们的广泛关注。微纳尺度核磁共振技术作为一个新兴的交叉研究领域，其发展必能有助于学者进一步揭开微纳尺度物质的神秘面纱，为人类更深入地探索微纳世界提供重要的帮助和无尽的想象空间。

Micro and Nano Scale NMR: Technologies and Systems 这本书是由 Jens Anders 和 Jan G. Korvink 教授等专家共同编写，是微纳尺度核磁共振领域中第一本比较全面的著作。Jens Anders 教授在担任斯图加特大学智能传感器研究所所长期间，研究方向包括传感应用的电路设计、材料科学以及生物医学等，作为 NanoSpin 联盟的工程师，他同时也负责超极化硬件小型化等技术的研究；另一位作者 Jan G. Korvink 教授在领导一个专注于核磁共振系统小型化研究的国际科研小组期间，研究包括超低成本微制造方法、磁共振成像领域的微系统应用以及微纳米系统的设计和模拟，他也是 200 多篇微系统技术出版物的作者或合著者。以上两位作者都具有丰富的微系统技术相关经验。

本书内容全面，涉及微观核磁共振的磁体、设计建模、射频线圈、波导、探测器、脉冲序列等技术，以及微尺度的流动成像、超极化、力探测等方面，对目前先进技术进行介绍，同时对未来的发展与挑战做出展望。原书作者在科学性与可读性之间做了很好的权衡，使用了大量的示意图，以方便读者理解；提供了详尽的参考资料，以便读者深入研究。当前国内关于微观核磁共振几乎没有一本综合的书籍，希望本书能够填补这一方面的空白，能为本书的读者提供一些学习参考，让更多人对这一领域进行研究和探索。

本书在翻译上尽量忠于原著，基本保持原书的语言风格。参与此次工作的还有杨巾英、周建太、罗鹏辉、杜汇雨、袁克诚、晏历尔、王惠娴、王长亮、张华彬、刘庆云、宋梦蝶、毕婉青。在这里要特别感谢参加翻译与整理工作的各位同学以及出版社编辑细心的审读;同时也恳切希望读者能够对本书的不足之处,特别是翻译中存在的问题,提出意见和建议,以便重印时更正。

中国科学技术大学

邱本胜

2023 年 4 月

原　书　序

核磁共振正迅速地向微纳尺度这一新的方向发展。这首先得益于微纳米技术的进步，该技术可以在最小的可及长度范围内精确控制材料的形状和功能；同时，电子技术的发展也越来越快，能够在更小的面积上实现更复杂的系统；此外，超极化技术也在飞跃前进。因此，我们见证了微纳核磁共振这样一门新学科方兴未艾，并伴随着桌面系统的商业化和高性能核磁共振系统组件能缩小到手掌、指尖甚至更小的尺寸等因素，微纳核磁共振获得了越来越广泛的应用。核磁共振技术一度是专业化学家的首选技术，现在其不断缩小的体积和成本正推动着该技术的进一步发展，成为过程化学、生命健康诊断以及其他各种有趣且潜在利润丰厚的领域的应用解决方案。

我们很幸运能够作为章节作者和目前推动这一迷人研究的关键人物一起，对这门最先进的技术进行全面的介绍。希望我们的诠释能得到您的喜欢，并能吸引您参与到这项极具吸引力的、科学的和经济效益愈发显著的工作之中。

原书丛书序

通常，一提到核磁共振，我们会联想到化学实验室，或联想到医生在无需手术介入的情况下诊断我们身体的软组织。不管如何，完成这项工作都依赖于昂贵的磁性材料和收费颇高的专业人员。然而，有一种新趋势是将核磁共振固定在实验室工作台上、工厂内甚至消费类电子产品的内部。正是由于微机电系统 (micro electro mechanical systems, MEMS) 和纳米机电系统 (nano electro mechanical systems, NEMS) 技术提高了系统灵敏度，才使这些应用成为可能。尽管有些应用还只是核磁共振和磁共振成像应用的开端 (如台式波谱仪、诊室手足磁共振成像)，但其他应用是新颖的，并有可能对科学 (纳米尺度核磁共振和量子计算) 或商业 (药物或合成筛选、化学品在线监测、石油勘探和纯度控制) 产生巨大影响。

Jens Anders 和 Jan Korvink 共同编撰了"先进微纳米系统"(Advanced Micro and Nanosystems, AMN) 丛书的第 15 卷，并将该卷命名为《微纳尺度核磁共振技术与系统》。他们都是这个领域的专家，投入了很大的精力推动该领域的研究。所有章节作者也都是该领域的专家、佼佼者，这使得该书成为目前 MEMS 这一有趣和重要应用领域中最具代表性的书籍。对科学家和研究生而言，该书可帮助其寻找一些专业信息或带领其入门；该书也可供工业界研究人员、技术战略家和公司决策者阅读，帮助其快速、全面性地进入微尺度核磁共振领域。

目　　录

第 1 章 小型便携式核磁共振磁体

Bernhard Blümich[1], Christian Rehorn[1], Wasif Zia[2]

[1](德国) 亚琛工业大学技术和高分子化学研究所
[2](英国) 诺丁汉大学彼得·曼斯菲尔德爵士成像中心

1.1 引 言

核磁共振 (nuclear magnetic resonance, NMR) 是利用磁场中磁化质子进动时产生的共振现象 [1,2]。根据测量方法，可以归纳出三组常用的探测共振的技术：强迫振荡、自由振荡和干涉原理 [3]。无论是哪种技术，其灵敏度都取决于核磁极化的强度，而在温度稍高于热力学零度的热力学平衡中，核磁极化强度与磁场强度成正比。基于这样的认识，一直以来，NMR 磁体开发的一条准则就是达到高场强，而当今最高磁场强度是通过超导电磁体实现的。这就是为什么大多数用于化学分析中核磁共振波谱或医学诊断中磁共振成像 (magnetic resonance imaging, MRI) 的标准 NMR 仪器，均采用借助低温技术冷却至氦沸点的低温超导磁体。

推动高磁场磁体发展的另一动力是化学位移的频率范围也与场强成正比。频率范围越广，NMR 谱可分析的分子就越复杂。高磁场在结构生物学中起着至关重要的作用 [4]。在化学和生物学中，通常将分子置于液体环境中研究，其 NMR 谱可显示数百条细窄的共振谱线。因此，只要磁场足够均匀，在高磁场下就可以较好地将这些谱线分离。否则，在非均匀场中，(对于同一分子) 不同体积元的共振线发生偏移，导致测得的所有体积元的总波谱呈现出小而宽的峰，而不是均匀场下窄而高的峰 (图 1.1(c) 对比 (e))。在这两种情况下，峰值区域面积都取决于给定频率范围内共振的原子核数，而共振频率 ν 取决于原子核所在的磁场强度 B (图 1.1)：

$$2\pi\nu = \gamma B \tag{1.1}$$

其中，γ 是被测量原子核的旋磁比。

在 NMR 谱中，信号核的频率范围取决于核素。小型仪器使用磁场强度低的永磁体，因此其灵敏度较低，除非通过超极化方法增强核极化 [3,5]。最灵敏、最稳定的 NMR 核是 ^1H 和 ^{19}F。^1H 是宇宙中最丰富的元素，存在于水和有机物中，

其频率范围为 $\Delta\nu = 12\,\mathrm{ppm} \times \nu$，其中 ppm 表示 10^{-6}。而 $^{19}\mathrm{F}$，灵敏度高的同时拥有更广的频率范围，可以达到 $\Delta\nu/\nu = 400\,\mathrm{ppm}$。$^{19}\mathrm{F}$ 常出现在药物化合物中，而且在 $B = 1\,\mathrm{T}$ 时其共振频率为 $40\,\mathrm{MHz}$，与 $^{1}\mathrm{H}$ 在相同磁场强度下的频率 $42\,\mathrm{MHz}$ 接近，故可在 $^{1}\mathrm{H}$ 信号背景下检测到 $^{19}\mathrm{F}$。因此，这两种类型的原子核对微型 NMR 设备很重要。

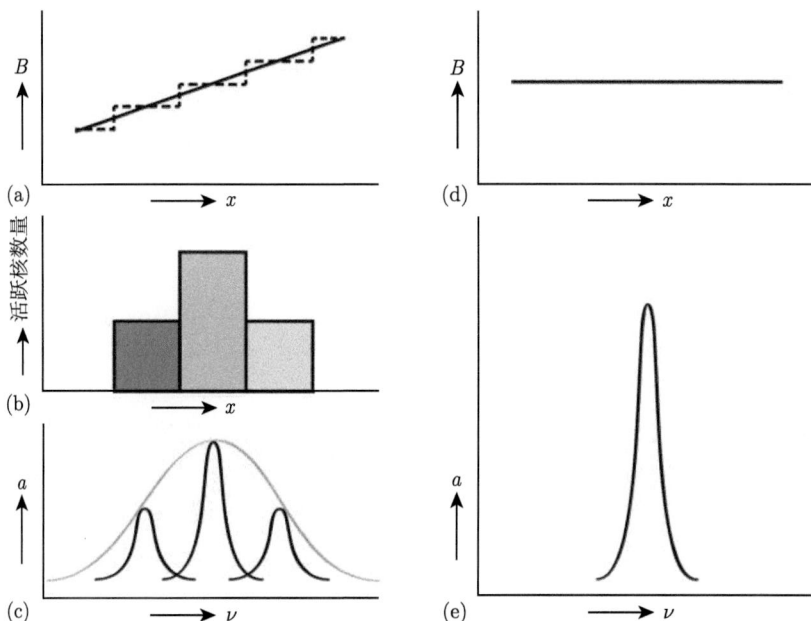

图 1.1　非均匀场 (左列) 和均匀场 (右列) 的 NMR。(a) 非均匀场：磁场强度 B 随像素位置 x 呈线性变化。(b) 不同位置 x 包含不同数量 NMR 活跃核的三个像素。(c) 非均匀场中观察到的 NMR 谱 (灰色)。当磁场 B 在每个像素上是均匀的 ((a) 中的虚线) 时，峰值积分与每个像素处的总磁化强度成正比 (黑色)。(d) 空间上均匀的磁场。(e) 在均匀场中，每个像素的共振信号以相同的频率累积。

　　为了在上面提到的频率范围内解析单个共振线，应使磁场具有非常高的均匀性。对于 $^{1}\mathrm{H}$，磁场均匀性需要在样品区域内达到 $0.01 \sim 0.1\,\mathrm{ppm}$，而 $^{19}\mathrm{F}$ 的指标要求则比之低 $1/10$ (图 1.1(d))。磁场均匀性定义了波谱级 NMR 永磁体的设计目标。对于直径为 $5\,\mathrm{mm}$ 的 $^{1}\mathrm{H}$ 样本，其沿 x 线性变化的磁场的梯度 $G = \mathrm{d}B/\mathrm{d}x$ 应小于 $0.5 \times 10^{-4}\,\mathrm{T/m}$ (图 1.1(a))。请注意，这比在 $1\,\mathrm{T}$ 场强下对软组织解剖结构有 $1\,\mathrm{mm}$ 分辨率的磁共振成像所需的最小梯度低了 2 个数量级。在进行 NMR 谱分析时，人们有意在整个物体上施加线性分布的磁场，以测量其磁化密度投影。

　　如果磁场均匀性很差，我们将无法解析 NMR 谱，但仍可通过回波技术测量 NMR 弛豫 [1,2,6]。实际上，NMR 弛豫实验可以在任意非均匀的磁场中进行，其中

NMR 信号可在很宽的频率范围内传播 (图 1.1(c))。信号幅度受到激励带宽的限制，而激励带宽又由激励脉冲的持续时间 t_p 和发射/接收电子设备的共振特性决定。例如，用 10 µs 激励脉冲激发直径为 5 mm 的样品管的所有自旋，^{1}H 弛豫的平均场梯度应小于 0.5 T/m。不同于 NMR 谱实验被用于化学鉴定，NMR 弛豫实验被用于表征原油、食品、植物和聚合物等凝聚态液体和固体的物理性质[6,7]，以及识别能与生物提取物中的疾病标志物结合的弛豫剂[8-12]。根据这些不同用途，NMR 磁体被分为同时适用于 NMR 谱分析和弛豫测量的高匀场磁体，以及适用于磁共振成像和弛豫测量或仅用于弛豫测量的低匀场磁体。

1.2 紧凑型永磁体

1.2.1 永磁体类型

与超导设备相比，永磁体的优势是便于携带和质量小，劣势是其磁场的均匀性和场强都比较低[13]。虽然 NMR 弛豫可以在非均匀场中测量，但样本大小、非均匀性和射频 (radio frequency, RF) 脉冲通常限定了两种极限情况：在第一种情况下，样本的每个体素中的磁化状态都可以被一个 RF 脉冲激发；第二种情况是 RF 脉冲只能激发所有体素的一个子集，此时 RF 脉冲被认为是有选择性的，因为由场不均匀性引起的物体中所有体素的共振频率范围大于激发带宽。第二种情况通常出现在单边杂散磁场 NMR 中，将一个小型的 NMR 传感器放置在一个体积较大的物体边上 (图 1.2(a))，杂散磁场强度与 NMR 共振频率会沿着进入物体的方向随距离的增加而衰减。NMR-MOUSE[14] 是这类传感器的一个常见示例，其通常在 0.5 T 左右的磁场强度下工作，场梯度为 $10 \sim 20$ T/m (具体取决于设备的大小)。因为被检测物体尺寸没有限制，故杂散磁场传感器可用于无损检测[15]。

图 1.2 紧凑型核磁共振磁体的类型。(a) 将杂散磁场磁铁靠近物体放置，此处为汽车轮胎，用于分析材料特性。(b) 一个中心磁场磁铁将样本容纳在内部，这里样本是直径为 5 mm、包含样本溶液的样本管 (图中前景) 之一。磁铁是 NMR 谱仪中体积最大的部件 (红色)。样本管从顶部插入磁铁中。

NMR-MOUSE 具有更高的平均梯度, 与典型的直径为 5 mm 样本进行非选择性 NMR 弛豫测量相比, 通常大 1 个数量级以上。因此, 像这样的低梯度磁体适用于非选择性弛豫测量、成像和波谱学测量, 方便包围物体, 也更容易构造。然而这限制了物体的直径, 因为物体需要插入磁体的一个开口 (图 1.2(b))。与杂散磁场磁体不同, 下面要介绍的这类磁体称为中心磁场磁体。如果物体的尺寸超过了磁体内径的尺寸, 就需要从物体中提取样本, 这是利用核磁共振波谱法对溶液中的分子进行化学分析的常见步骤。

施加在样本上可容许的平均场梯度的参数也与检测核感应信号的谐振电路的品质因子有关。品质因子被定义为共振频率 ω 与探测带宽 $\Delta\omega$ 的比值, 即 $Q = \omega/\Delta\omega$, 其中 $\Delta\omega$ 约为激励脉冲持续时间 t_p 的倒数, $\Delta\omega \approx 1/t_p$。一个较高的品质因子对于高灵敏度的信号检测而言是很必要的, 特别是在极低场下[16]。另一方面, 品质因子限制了探测带宽, $\Delta\omega = \omega/Q$ (图 1.3)。磁场均匀性越好, 弛豫实验中被检测信号的波谱宽度越小, 检测电路中可设置的 Q 值越高。在大多数弛豫磁体中, 谐振电路的品质因子被优化到较低的值, 使得激励带宽仅保持为激励脉冲持续时间 t_p 的函数[17]。

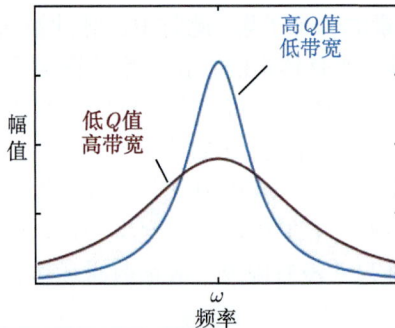

图 1.3　共振曲线展示了谐振电路中品质因子 Q 与激励带宽 $\Delta\omega$ 的关系。品质因子越高, 相对于共振频率 ω, 观测到的激励带宽越小。

1.2.2　杂散磁场磁体

1.2.2.1　分类

杂散磁场磁体在使用时需要谨慎, 因为在其有源侧, 会产生强杂散磁场并吸引磁性物体。在杂散磁体的另一侧, 可以通过放置轭铁引导磁通, 从而屏蔽磁场。有两种方法可以使充斥在物体周围的杂散磁场 $\boldsymbol{B}_0$ 被定向, 杂散磁场 $\boldsymbol{B}_0$ 有的平行于磁铁表面 (图 1.4(a), (c)), 有的垂直于磁铁表面 (图 1.4(b), (d))。因此, 射频线圈必须针对杂散磁场进行设计, 使射频磁场 $\boldsymbol{B}_1$ 在很大程度上与 $\boldsymbol{B}_0$ 正交。

一般情况下, 由 $\boldsymbol{B}_0(r)$ 和 $\boldsymbol{B}_1(r)$ 产生的灵敏区域是不明确的。然而, 存在

着两种特定的几何结构: 一种是杂散磁场平行于磁体表面 (图 1.4(c)); 另一种是杂散磁场垂直于磁体表面, 在离磁体表面一定距离的体积中形成了一个具有更好均匀性的 "最佳点" (sweet spot) 区域 [8,18−20] (图 1.4(d))。第一种几何结构从平行于传感器表面的薄平面中收集信号, 第二种几何结构从体积更大的平面中收集信号。在这两种情况下, 杂散磁场都需要在灵敏区域内通过匀场达到理想的均匀程度。

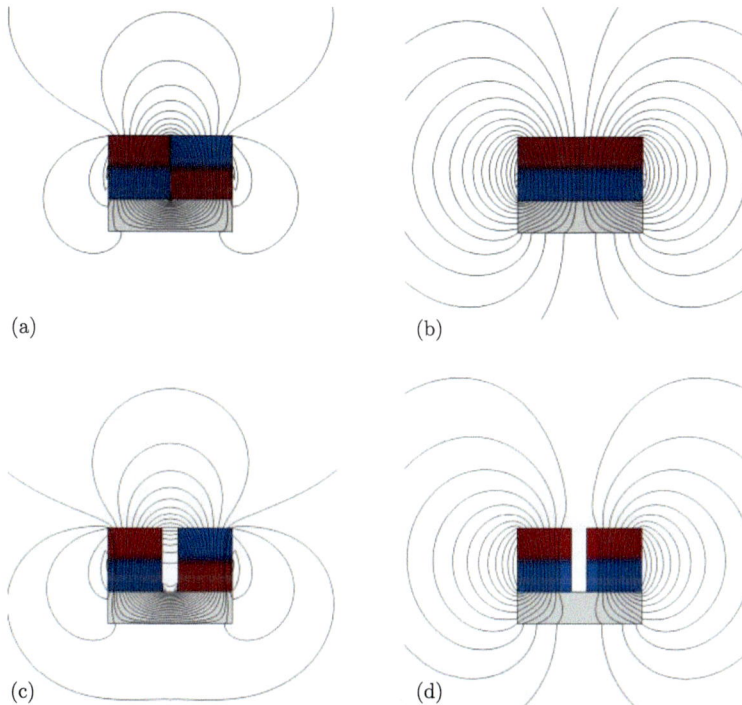

(a)

(b)

(c)

(d)

图 1.4   带有轭铁 (灰色) 的小型杂散磁场 NMR 磁体, 用于屏蔽底部的杂散磁场。物体 (图中未显示) 从顶部接近传感器。从顶部发出的杂散磁场通过物体, 其磁力线平行于磁铁表面 (a, c) 或垂直于磁铁表面 (b, d)。(c, d) 图中磁体增加的间隙是一种简单的匀场方法, 这样能够使间隙处附近的磁力线弯曲。

匀场是通过使磁场线变形, 以减小或消除现有的梯度。一个简单的匀场方法是在密集的磁块阵列中引入间隙从而扭曲场线 (图 1.4(c) 和 (d))[21,22], 代价是降低磁感线的密度。还可以将磁铁放置在间隙中, 以提高或减弱匀场效率, 或者可以将适当形状的铁极靴放在传感器表面的顶部, 这些磁铁的位置都可以微调。在文献 [15]、[17]、[23] 中, 已经调研了可用于核磁共振测量的杂散磁场磁体。在场强为 $0.1 \sim 0.5$ T、梯度为 $0.1 \sim 20$ T/m 的条件下, 灵敏区到传感器表面的距离一般为几毫米至几厘米。根据经验，场强越小，梯度越低。此外，沿深度方向的梯度近似与磁体在物体侧的表面积的平方成反比。

1.2.2.2   用于 1D 和 2D 成像的磁体

杂散场磁体用于在平行于传感器表面的平面中进行二维成像，同时也可用于深度方向上的一维成像，类似于深度剖面 (depth profile) 曲线。这两种应用都是基于同样的设计原理，即需产生一个与磁体表面平行的灵敏切层 (sensitive slice)。这样的切层是很容易获得的：将四个磁铁排列在轭铁上，并且保持磁铁之间存在间隙，从而使得磁铁表面上方一定距离处的场线平整 (图 1.5(a))。这个阵列可以理解为如图 1.4(c) 所示的两个磁体的排列，它们互相平行，中间存在一个狭窄的间隙。这种排列被称为 Profile NMR-MOUSE[21]。在适当调整两个间隙大小的情况下，在磁体表面上方一定距离处定义一个恒定磁场的平坦切层，其指向磁体表面的梯度恒定。切层的直径由射频线圈尺寸确定，在 4 mm~4 cm 范围内变化。

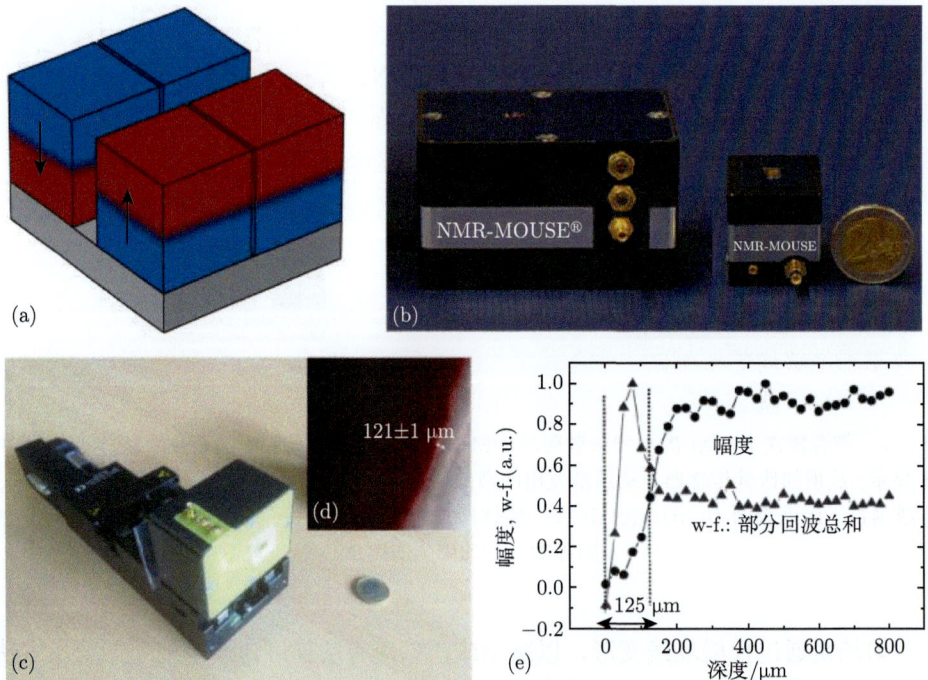

图 1.5   带有平面灵敏切层的杂散磁场。(a) 磁铁在轭铁上的排列。调整两个间隙以在磁体上方的固定距离处产生恒定磁场的平面区域。(b) MiniMOUSE (左) 和 MicroMOUSE (右) 装有微型线圈，适合深度分析。(c) MiniMOUSE 安装在光学位移台上，以 0.2 μm 的精度扫描 1 mm 距离。该传感器的梯度为 68 T/m，共振频率为 17.1 MHz。(d) 展示了汽车挡泥板的油漆层。(e) 汽车挡泥板油漆层的深度剖面曲线图。(改编自文献 [24]。)

在平面成像中对灵敏切层进行扩展，从而可以定义视野 (field of view, FOV)，通过相位编码技术进行成像，利用附加的脉冲场梯度在视野内划分出像素[25]。根据传感器的磁场梯度和测量参数，切层厚度一般为 $100 \sim 300$ μm。商用杂散磁场传感器规定最大空间分辨率为 10 μm。在特殊情况下，最大空间分辨率可以达到 3 μm 或以下[21,24]。相比之下，切片选择性医学成像中的切层只有几毫米厚。因此，采用杂散磁场传感器的二维平面成像灵敏度不高，尚未通过概念验证阶段[25,26]。另一方面，热核 ^{1}H 磁化强度的积分信号位于如此薄且宽的灵敏切层中，在大多数情况下足以从固体和软物质中获取信号，用于材料无损检测和深度分析。Profile NMR-MOUSE 的微小版本已经实现：一种尺寸为 56 mm × 75 mm × 44 mm，重 500 g (MiniMOUSE)；另一种尺寸为 28 mm × 28 mm × 31 mm，重 80 g (MicroMOUSE) (图 1.5(b))[24,27]。在传感器尺寸如此小的情况下，通常使用微型线圈来提高灵敏度[28,29]。

为了获得深度剖面曲线图，可通过减小传感器表面与物体之间的距离，以很小的步长来移动灵敏切层穿过物体 (图 1.5(c) 和图 1.5(d))，步长大约为切层的厚度。对于平层结构，通过无损 NMR 深度剖面图和显微镜对油漆层的破坏性视觉检查的比较[21]，证明了深度范围为 5 mm 的 NMR-MOUSE 可达到的最大测量精度为 10 μm；对于 MiniMOUSE，最大分辨率可达到 6 μm[24]；由于其回波时间极短 (小于 20 μs)，因此即使有刚性材料 (如汽车挡泥板上的油漆) 存在，也可以测量到 NMR 回波序列 (图 1.5(d) 和图 1.5(e))。

1.2.2.3　用于体积分析的磁体

用于体积分析的杂散磁场磁体会产生一个体积相当大的最佳点，在这个最佳点内磁场足够均匀，可以被射频脉冲激发，从而可以测量弛豫和扩散。一个巧妙而简单的例子就是桶形磁体 (图 1.6(a))[30]。这是一个沿主轴方向磁化的空心圆柱体。在圆柱体外部的轴线上，杂散磁场的磁通量达到最大值，通过调整圆柱体的尺寸和将较小的圆柱体磁铁移动到空心圆柱体的孔内，可以改变杂散磁场的位置和形状。这种技术的一种变体是 NMR-MOLE(移动侧向探测器)[32]，它由放置在一个圆锥上的圆柱形磁铁阵列组成。每个磁铁沿着其轴线磁化，以使 MOLE 的磁铁排列方式近似于桶形磁铁在桶面和最佳点之间的磁力线。

对于桶形磁体和 NMR-MOLE，杂散磁场方向垂直于磁体表面。简单的电流环产生的磁场具有类似的对称性，因此不适合用作此类磁体的射频线圈。相反，为了操作这种杂散场传感器，需要两个并排的电流回路，其电流路径需按照图 1.8 的形状来设计[23,30,32]。使用这种射频线圈，收集核磁共振信号的灵敏体积比使用圆形螺线管线圈更灵活。另一方面，当磁场平行于磁体表面时，杂散磁场的一个最佳点更难产生。然而，已有研究表明，可以通过在磁体间隙内置换较小的磁体

而产生与主杂散磁场 (图 1.6(b)) 相反的 U 形磁体的杂散磁场 (图 1.4(c))。所谓
的傅里叶 NMR-MOUSE 在垂直于传感器表面的方向上产生 2 mm 厚的均匀梯度
为 2 T/m 的切层，因此深度剖面可以利用 MRI 的频率编码原理测量得到，并且
可以从回波的傅里叶变换中提取出来 [21,31]。这样，杂散场甚至可以被局部调整到
具有足够的均匀性，从而消除放置在磁体顶部烧杯中的液体的质子化学位移，以
进行体积选择性 NMR 波谱学分析 [33]。

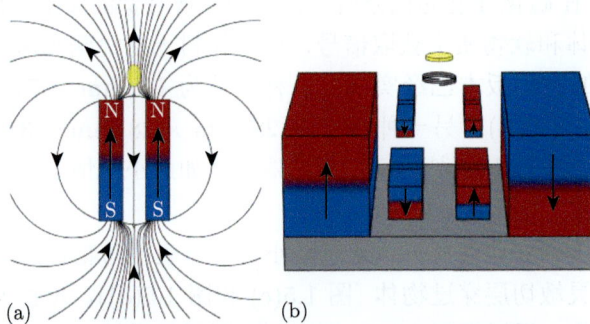

图 1.6   杂散场 NMR 磁体在磁体顶部外面产生一个最佳点 (浅灰色 *)。(a) 圆柱桶形磁体。
(Fukushima 和 Jackson [30]，经 Elsevier 许可转载。) 杂散场垂直于磁体表面排列整齐。
   (b) 带有在切层中产生均匀梯度的磁体的 NMR-MOUSE。(Van Landeghem 等 [31]，经
   Elsevier 许可转载。) 杂散场与磁体表面平行，灵敏切层以射频线圈上方为中心。

1.2.3   中心场磁体

与单边磁体相比，中心场磁体会在磁体内部产生一个磁场的最佳点。因此，
物体或样品的尺寸必须小于磁体开口的尺寸。中心场磁体有两种特定的几何结构
(图 1.7)。经典的几何结构是 C 形磁体由具有相同磁化强度的两个磁极组成，它
们之间由一个能够容纳样品的间隙隔开 (图 1.7(a))。间隙内建立了大体积的低梯
度磁场。磁极的返回磁通过轭铁从一极返回到另一极。当 C 形磁体中心缺口的
两个磁极之间使用轭铁时，形成的磁体会呈现出 C 形状 [9]。用双面磁轭可以获
得更好的对称性 (图 1.7(b)，右)[34]，这种几何结构在第一代 NMR 和 ESR 谱仪
中早已与电磁铁配合使用。当将双面磁轭绕在圆柱体上以获得轴向对称的磁铁时
(图 1.7(b)，左)，可以获得更高的对称性。这种对称性仅受到插入样品和射频线圈
的小开口的干扰 (图 1.7(b)，右)。利用这种方法构建了磁场足够均匀、能够解决
毛细管中溶液 ^{1}H 化学位移问题的小型核磁共振磁体 [35]，在磁体表面放置形状精
确的铁极靴可进一步提高磁场均匀性 [36]。

另一种特定的几何结构是 Halbach 磁体 (图 1.7(c))[37]，按照 Halbach 的方
法，可以设计中心场磁体，使其在无限长圆柱的轴线上产生完美的多极场，前提

---

* 浅灰色应为图中黄色圆圈。——译者

是可以使用环形永久磁铁并在磁体材料内实现磁化的微小旋转。在实践中，这种情况只能是近似的，因为磁体圆柱必须有有限的长度，并且因为它是由单个磁铁块构成的，从一个块到下一个块具有有限的磁化旋转 (图 1.7(c)，左)[38]。构造这种磁铁的一种简单方法是使用横截面为六边形的相同圆柱体，这些圆柱体在其直径上面对面磁化 (图 1.7(c)，右)[13,39]。

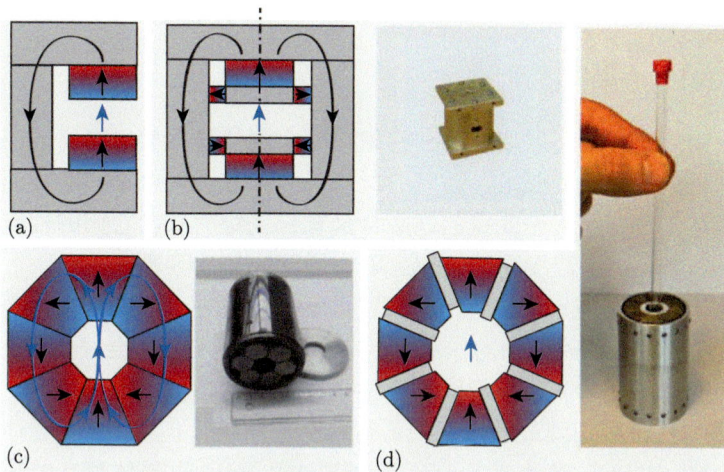

图 1.7　核磁共振中心场磁体。这些磁体将样品包裹起来，样品必须插入组装体中。(a) 经典的 C 形几何结构。(b) 带有铁壳和铁极靴的圆柱形磁体。(c) 梯形磁块 (左) 的 Halbach 磁体。它可以用六个相同的六边形棒状磁体来近似。(d) 带有可径向移动的垫片的 Halbach 磁体。

Halbach 磁体中的样品半径通常选择为内径的 1/3 或更小 (图 1.8)。在一个截面积内可以实现的场均匀性约为 10^{-4}，比 ^{1}H 化学位移分辨 NMR 谱所需的场均匀性低 3 个数量级。磁体阵列的均匀性需要通过被动匀场提高 1 个数量级以上，然后才能通过控制流过导线装置的电流，主动匀场以进一步提高磁体阵列的均匀性。通过被动匀场提高 Halbach 磁体阵列场均匀性的一种方法是在阵列中引入间隙，以容纳可替换的磁体单元 (图 1.7(d)，左)[40]，或者用可旋转的圆柱磁体

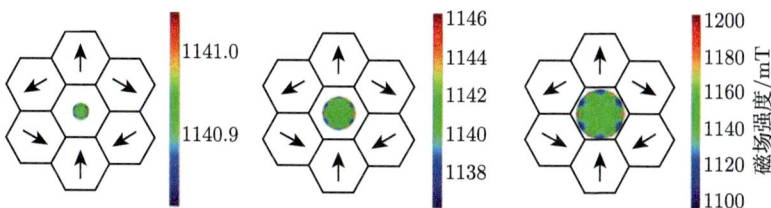

图 1.8　通过有限元数值模拟，计算了三种不同半径 r 下圆心平面内的磁场强度 B。当半径为磁体内径的 1/3 时，磁场变化小于 1 mT。而将 r 增大到内径的 1/3，并最终增大到近似孔半径，每一步大约失去 1 个数量级的磁场强度。

近似 Halbach 阵列来进行匀场 [41]。前一种方法已经在一个电池大小的磁体中实现，用于对直径 5 mm 标准 NMR 样品管中所含溶液进行 27 MHz 的 ^{1}H NMR 光谱测量 (图 1.7(d)，右)。本章第 3 节介绍了使用磁铁元件进行匀场的其他方法。根据经验，磁铁越小，产生均匀磁场就越困难。

1.3　磁体的发展

1.3.1　永磁材料

　　构建永磁体的材料由磁块材料和将磁块固定到位的框架材料组成，框架材料需满足强、轻、无磁性的要求，适宜的材料是纤维增强聚合物树脂和铝、钛等金属。磁块通常由含有铁、钴或镍的铁磁合金颗粒烧结而成。它们的性能由材料参数如场强、居里温度、温度系数、剩余磁化强度均匀性等表征。

　　铝镍钴 (AlNiCo) 磁体在剩余磁化强度较低的同时，具有良好的温度稳定性和结构均匀性。而在强外磁场的作用下，AlNiCo 磁体的极化会发生改变。除此之外，钐钴 (SmCo) 磁体表现出相似温度稳定性和高均匀性的中等场强。用钕铁硼 (NdFeB) 磁体获得的场强最高。它们易得且易于组装，但 NdFeB 磁体的极化随体积的变化比 AlNiCo 磁体或 SmCo 磁体要大。NdFeB 磁体存在的缺点还有极化的大小和方向方差较大，居里温度较低，温度系数较大。为了防止腐蚀，磁体通常被镀镍。大多数永磁体都是由 SmCo 或 NdFeB 材料制成的，当追求高场强时，优先选用 NdFeB。

1.3.2　磁铁结构和被动匀场

　　近年来，核磁共振仪器的发展突飞猛进，小型、紧凑的核磁共振仪器已经被商业化应用于医学诊断 [11] 或化学分析 [3]；虽然桌面核磁共振弛豫仪已经有几十年的发展历史，并被用于食品和有机物的分析 [42]，但紧凑型波谱分析级磁体的出现带来了重大突破 [43]；虽然商用小型核磁共振设备通常被视为桌面仪器，但其未来的发展方向是提供手持式核磁共振设备，以用于家庭和床边的医学诊断，或作为化学过程和生产线的监测器 [44]，因此核磁共振仪器关键的发展目标就是将波谱分析级磁铁小型化到比乒乓球还小的尺寸 [45,46]。下节讨论了一些设计考虑。

1.3.3　紧凑型核磁共振中心场磁体简介

　　已有文献中展示了各种不同的永久性中心场磁体设计 (图 1.9)。为了比较它们在紧凑性和谱适用性方面的优劣，引入了一个优值 R (表 1.1)[52]：

$$R = (B / \delta) V_S / (m_M V_M) \tag{1.2}$$

式 (1.2) 中考虑了磁场强度 B、相对场均匀性 $\delta = \Delta B/B$、样品可用体积 V_{S}、磁体体积 V_{M} 和磁体质量 m_{M}。优值 R 越高，磁体作为紧凑型装置的质量越好。评级最高的是 Halbach 磁体 (图 1.7(d))，该磁体由梯形磁体元件组成，由用于匀场的可调磁极板板隔开 [40]。然而，对于手持式核磁共振谱设备来说，这种磁体的体积仍然太大，因此需要进一步小型化磁体并探索其他概念。

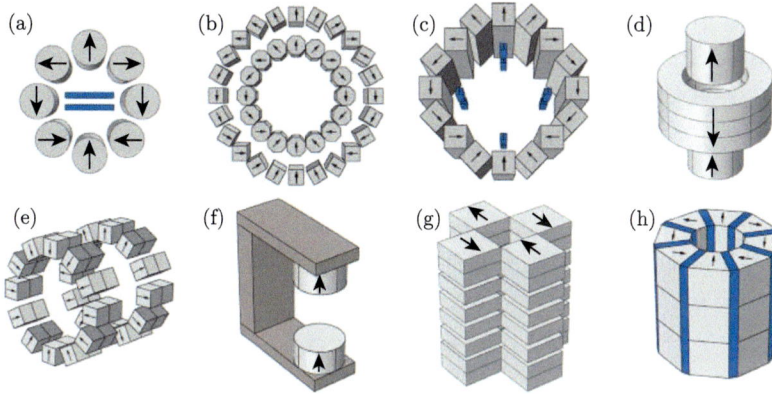

图 1.9 紧凑型核磁共振磁体示意图 (参见表 1.1：磁体特性及文献参考)，这些磁体在表中以文献的第一作者的名字来指代。(a) 由横向磁化的可旋转圆柱磁体组装而成的 Moresi 磁体。高磁导率的金属板 (蓝色) 进一步使中心的场均匀化。(Moresi 和 Magin[41]，经 Wiley 许可转载。) (b) 场强可调的 Armstrong 磁体。它由两个可以相互旋转的 Halbach 磁体组装而成。(Armstrong 等 [47]，经 Elsevier 许可转载。)(c)Danieli 磁体 I。它是一种用于磁共振成像的 Halbach 磁体，类似 Armstrong 磁体的一环，但中心有垫片 (蓝色)。(Danieli 等 [48]，经 Elsevier 许可转载。)(d) Manz 磁体，近似简单的球形 Halbach 磁体。(Manz 等 [49]，经 Elsevier 许可转载。) (e) Hugon 磁体，可以产生与磁孔方向一致的磁场。(Hugon 等 [50]，经 Elsevier 许可转载。)(f) 所示为所有磁体中尺寸最小的 Sun 磁体。(g) Windt 磁体，更为人熟知的名称为 NMR-CUFF，它可以打开和关闭，以适用于长管道或植物茎。(Windt 等 [51]，经 Elsevier 许可转载。) (h) Danieli 磁体 II，一种由梯形磁体元件制成的 Halbach 磁体，具有垫片 (蓝色)，可通过移动进行匀场，这种设计的效果最好。(Danieli 等 [40]，经 Wiley 许可转载。)

表 1.1　紧凑型永磁体及其特性的优值 R

永磁体	B/T	δ/ppm	V_{S}/cm³	V_{M}/cm³	m_{M}/kg	R/(T/kg)
Moresi[41]	0.60	10	0.045	5853	7	0.07
Armstrong[47]	0.45	20	1.571	4396	32	0.25
Danieli[48]	0.22	11	21.206	23093	50	0.38
Manz[49]	1.00	50	0.003	205	0.6	0.52
Hugon[50]	0.12	10	0.042	512	1.8	0.55
Sun[9]	0.56	50	0.001	11	0.7	1.42
Windt[51]	0.57	50	0.196	128	3.1	5.64
Danieli[40]	0.70	0.15	0.196	308	0.5	5.95×10^3

1.3.4　被动匀场策略

当以单个磁铁元件组成的阵列来构建波谱级小型中心场磁铁时，应遵循不同的思路来提高中心场的均匀性。一个基本而直接的方法是接受磁铁元件在尺寸、极化大小和方向上的缺陷，并找到使磁场在中心区域足够均匀以进行光谱分析的方法。一种做法是仔细调整阵列中个别磁铁元件的位置，可将一小部分专用磁铁移到靠近磁体中心的位置用于匀场，从而为活动垫片和样品留出空间 (图 1.9(c))[48]。另一种方法是在主磁铁组件的平行壁之间的间隙中引入可精确移动的磁性板，从而节约了在磁铁体积方面的成本 (图 1.9(h))[40]。

产生高度均匀中心场的另一个方法是追求磁性材料和磁体装配的完美性。利用这种方法已经发展出了第一个由磁化的超导材料制成的单晶环半永久强磁场磁铁 [53]。一方面，其基本理念是从原子开始 "生长" 磁体，提供优化形状的可能性，在类似于三维打印的控制沉积分子的方式下，实现原子级别的精度。另一方面，可以通过原子级精度的剥离来校准不完美的磁铁，以减少这种不完美对磁场均匀性的整体影响。激光和电子束可以实现高精度的烧蚀，同时可以通过对材料表面局部加热达到居里温度以上来控制残余极化 [54]。

第三种方法 (实现上述两个方面的无源匀场) 是利用磁体阵列元件的缺陷来改善磁场均匀性 [38]。永磁体元件的磁极和尺寸的相对变化通常在 1% 左右，这些小的差异可以针对每个元件进行一一确定，并被利用来改善阵列中心的磁场均匀性。在使用遗传算法 (genetic algorithm, GA) 的计算机模拟研究中，已经用六边形磁铁块组装的 Halbach 环 (图 1.8) 证明了这一点 [52]。

采用 Halbach 设计 [37] 的中心场磁铁在核磁共振中很受欢迎，因为其磁场与孔轴垂直，因此可以使用螺线管线圈来检测核感应信号，而不是使用灵敏度较低的鞍形线圈。理想的 Halbach 磁铁是无限长的。实际上，有限长度磁铁的轴向不均匀性是通过将两个或多个间隔临界距离的环组合成 Halbach 磁铁来减少的 [38,48]。然而，由于环中元件数量有限，有限的横向不均匀性仍然存在 [55]。通常，即使使用多达 18 个完美的有限尺寸元件，这种不均匀性也会达到 10^{-4}[52]，而 ^{1}H NMR 谱需要不均匀性低于 10^{-6}。

从概念上讲，制造 Halbach 磁铁的最简单方法是用六边形棒 (图 1.7(c) 右和图 1.8)[13,39]。通过两个完美六边形棒材的叠加可以得到一个磁场，为了进一步提高磁场均匀性，可以通过将相同的磁铁放置到第三层来进一步调整。这已经通过遗传算法进行模拟，以找到 10 ~ 15 种可能配置中的最佳配置 (图 1.10(a))[52]。结果表明，当 18 个六边形元件组成的磁芯匀场单元由整体极化幅度为 1% 的随机缺陷的条形磁体构成，然后用完美磁性单元进行校正时，可以实现更好的均匀性 (图 1.10(b))。这项研究中的颠覆性信息是可以利用磁铁的缺陷来改善磁场均匀性，这超出了用完美磁性单元构成 Halbach 磁铁结构的预期。

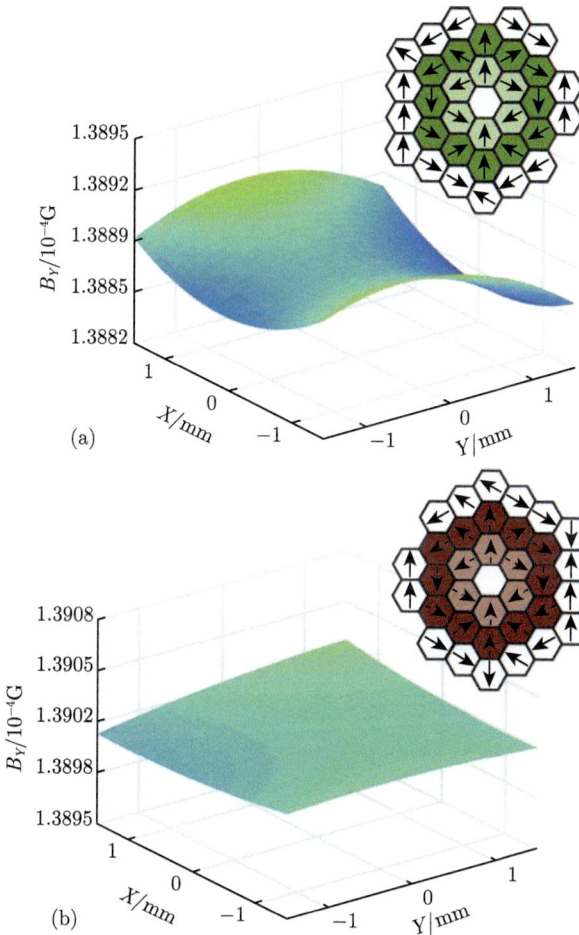

图 1.10 六边形棒状磁体 (改编自文献 [52]) 与理想棒状磁体在第三层中混合的 Halbach 磁体的模拟场图。(a) 由理想磁体单元构成的内两层 Halbach 磁体。(b) 由缺陷磁体单元构成的内两层 Halbach 磁体。

1.3.5 紧凑型核磁共振磁体匀场线圈

一旦磁体的均匀性达到 10 ppm 或更高，就可以通过使用电流驱动导线装置产生的磁场进行主动匀场，从而进一步改善磁场均匀性 [56]。有三种不同的适用于紧凑型永磁体的匀场方法。主动匀场的优点是无须移动磁铁或磁铁阵列中的其他部件即可调整磁场均匀性。

Anderson[57] 发明的传统方法，是使用主动匀场来消除磁场残留的不均匀性。

他将非均匀磁场扩展为球谐函数，并为 C 形电磁铁设计了一组线圈，产生与扩展正交项匹配的磁场分量 (图 1.11(a))。可以独立调节通过这些装置的电流，以补偿磁铁的梯度场。虽然在理论上匀场线圈产生的磁场是正交的，但在实践中无法避免交叉项，因此匀场成为一个迭代的过程 [58]，目前这个过程可以自动化并完全由计算机控制 [59]。

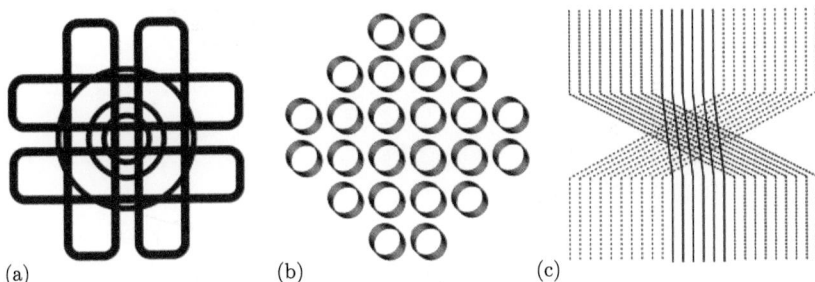

图 1.11　C 形磁体的主动匀场方法。(a) Anderson 方法：采用一组线圈，这些线圈根据球谐函数中磁场变化的展开项产生补偿磁场。(b) Kose 方法：采用二维的单驱动环电流阵列。
(c) McDowell 方法：采用电流驱动的单丝磁场平行阵列。

Kose 的团队采用了一种截然不同的方法，他们使用一组排列在规则晶格上的小型圆形线圈 (图 1.11(b))[60]，通过分别调整每个线圈的电流来补偿磁场。向阵列中的所有线圈元件提供合适的偏置电流，可以补偿磁铁的温度漂移。对于这种类型的匀场，需要使用计算机算法来设置阵列每个线圈中的电流，因为一个线圈的磁场与其他线圈的磁场甚至不是近似正交的。McDowell 将这一思路扩展为相交的直线而不是相邻的电流回路，以缩小匀场装置的体积 (图 1.11(c))[61]。

1.4　小　　结

核磁共振硬件小型化的趋势始于高场微型线圈的引入 [62] 以及用于桌面弛豫测量 [63]、测井 [64] 和无损检测 [15,64] 的低场移动磁体的引入。随着消费类电子产品小型化的进步、手机和健身跟踪器的引入，用于材料测试 (如湿度传感 [27] 和现场诊断) 的个性化核磁共振设备的前景越来越广阔 [65]。此类医疗设备可使用小型杂散场磁体进行皮肤诊断，或使用小型中心场磁体对使用芯片实验室技术处理的体液进行弛豫和波谱分析 [46]，并使用仲氢自旋顺序进行超极化 [66,67]，这些设备可以通过动态核极化中的电子磁化传递 [68]，或从金刚石中光极化氮空位中的磁化传递实现 [69]。在这种情况下，实现这个目标的关键之一是制造出具有大样品体积和高度均匀场的小型磁铁。尽管随着最近台式高分辨率核磁共振波谱仪的出现，通向这一方向的道路已经被规划出来 [3]，但制造用于化学鉴定方面的温度稳定、乒乓球大小尺寸、分辨率达亚 ppm 数量级的永磁体仍然存在挑战。本章内容旨在总结最新技术和一些设计原则，以协助此类磁体的开发。目前看来，实现这个目标的大部分技术正在发展中，这一目标终将达成。

参 考 文 献

[1]   Abragam, A. (1961) The Principles of Nuclear Magnetism, Clarendon Press, Oxford.

[2]   Slichter, C.P. (1990) Principles of Magnetic Resonance, Springer, Berlin.

[3]   Blümich, B. (2016) Introduction to compact NMR: a review of methods. TrAC, Trends Anal. Chem., 83, 2–11.

[4]   Wüthrich, K. (1986) NMR of Proteins and Nucleic Acids, Wiley-Interscience, Hoboken.

[5]   Danieli, E., Blümich, B., and Casanova, F. (2012) Mobile nuclear magnetic resonance, in eMagRes (eds R.K. Harris and R.E. Wasylishen), John Wiley & Sons, Ltd, Chichester.

[6]   Blümich, B., Haber-Pohlmeier, S., and Zia, W. (2014) Compact NMR, de Gruyter, Berlin.

[7]   Johns, M., Fridjonson, E.I., Vogt, S., and Haber, A. (2016) Mobile NMR and MRI, Royal Society of Chemistry, Cambridge.

[8]   Sillerud, L.O., McDowell, A.F., Adolphi, N.L., Serda, R.E., Adams, D.P., Vasile, M.J., and Alam, T.M. (2006)^{1}H NMR detection of superparamagnetic nanoparticles at 1 T using a microcoil and novel tuning circuit. J. Magn. Reson., 181, 181–190.

[9]   Sun, N., Yoon, T.-J., Lee, H., Andress, W., Weissleder, R., and Ham, D. (2011) Palm NMR and 1-Chip NMR. IEEE J. Solid-State Circuits, 46, 342–352.

[10] Sun, N., Liu, Y., Qin, L., Lee, H., Weissleder, R., and Ham, D. (2013) Small NMR biomolecular sensors. Solid-State Electron., 84, 13–21.

[11] Neely, L.A., Audeh, M., Phung, N.A., Min, M., Suchocki, A., Plourde, D., Blanco, M., Demas, V., Skewis, L.R., Anagnostou, T., Coleman, J.J., Wellman, P., Mylonakis, E., and Lowrey, T.J. (2013) T2 magnetic resonance enables nanoparticle-mediated rapid detection of candidemia in whole blood. Sci. Transl. Med., 5, 182ra54.

[12] Peng, W.K., Kong, T.F., Ng, C.S., Chen, L., Huang, Y., Bhagat, A.A.S., Nguyen, N.-T., Preiser, P.R., and Han, J. (2014) Micromagnetic resonance relaxometry for rapid label-free malaria diagnosis. Nat. Med., 20, 1069–1073.

[13] Blümich, B., Casanova, F., and Appelt, S. (2009) NMR at low magnetic fields. Chem. Phys. Lett., 477, 231–240.

[14] Eidmann, G., Savelsberg, R., Blümler, P., and Blümich, B. (1996) The NMR MOUSE: a mobile universal surface explorer. J. Magn. Reson., Ser. A, 122, 104–109.

[15] Blümich, B., Perlo, J., and Casanova, F. (2008) Mobile single-sided NMR. Prog. Nucl. Magn. Reson. Spectrosc., 52, 197–269.

[16] Suefke, M., Liebisch, A., Blümich, B., and Appelt, S. (2015) External high-quality-factor resonator tunes up nuclear magnetic resonance. Nat. Phys., 11, 767–771.

[17] Casanova, F., Perlo, J., and Blümich, B. (2011) Single-sided NMR, Springer, Berlin.

[18] Marble, A.E., Mastikhin, I.V., Colpitts, B.G., and Balcom, B.J. (2007) A compact permanent magnet array with a remote homogeneous field. J. Magn. Reson., 186, 100–104.

[19] Kleinberg, R.L., Sezginer, A., Griffin, D.D., and Fukuhara, M. (1992) Novel NMR apparatus for investigating an external sample. J. Magn. Reson., 97, 466–485.

[20] Demas, V. and Prado, P.J. (2009) Compact magnets for magnetic resonance. Concepts Magn. Reson. Part A, 34, 48–59.

[21] Perlo, J., Casanova, F., and Blümich, B. (2005) Profiles with microscopic resolution by single-sided NMR. J. Magn. Reson., 176, 64–70.

[22] Danieli, E., Blümich, B., and Casanova, F. (2014) Mobile NMR, in NMR Spectroscopy: A Versatile Tool for Environmental Research (eds M.J. Simpson and A.J. Simpson), John Wiley & Sons, Inc, New York, pp. 149–165.

[23] Blümler, P. and Casanova, F. (2016) Hardware developments: single-sided magnets, in Mobile NMR and MRI (eds M. Johns, E.O. Fridjonson, S. Vogt, and A. Haber), Royal Society of Chemistry, Cambridge, pp. 110–132.

[24] Oligschläger, D., Glöggler, S., Watzlaw, J., Brendel, K., Jaschtschuk, D., Colell, J., Zia, W., Vossel, M., Schnakenberg, U., and Blümich, B. (2015) A miniaturized NMR-MOUSE with a high magnetic field gradient (mini-MOUSE). Appl. Magn. Reson., 46, 181–202.

[25] Casanova, F. and Blümich, B. (2003) Two-dimensional imaging with a single-sided NMR probe. J. Magn. Reson., 163, 38–45.

[26] Casanova, F., Perlo, J., and Blümich, B. (2004) Velocity distributions remotely measured with a single-sided NMR sensor. J. Magn. Reson., 17, 124–130.

[27] Oligschläger, D., Kupferschläger, K., Poschadel, T., Watzlaw, J., and Blümich, B. (2014) Miniature mobile NMR sensors for material testing and moisture-monitoring. Diffus. Fundam., 22, 1–25.

[28] Oligschläger, D., Lehmkuhl, S., Watzlaw, J., Benders, S., de Boever, E., Rehorn, C., Vossel, M., Schnakenberg, U., and Blümich, B. (2015) Miniaturized multi-coil arrays for functional planar imaging with a single-sided NMR sensor. J. Magn. Reson., 254, 10–18.

[29] Watzlaw, J., Glöggler, S., Blümich, B., Mokwa, W., and Schnakenberg, U. (2013) Stacked planar micro coils for single-sided NMR applications. J. Magn. Reson., 230, 176–185.

[30] Fukushima, E. and Jackson, J.A. (2004) Unilateral magnet having a remote uniform field region for nuclear magnetic resonance. US6489872, published Dec. 3, 2002; US6828892 published Dec. 7, 2004; Fukushima, E. and Utsuzawa, S., (2017) Unilateral NMR with a barrel magnet, J. Magn. Reson., 282, 104–113.

[31] Van Landeghem, M., Danieli, E., Perlo, J., Blümich, B., and Casanova, F. (2012) Low-gradient single-sided NMR sensor for one-shot profiling of human skin. J. Magn. Reson., 215, 74–84.

[32] Manz, B., Coy, A., Dykstra, R., Eccles, C.D., Hunter, M.W., Parkinson, B.J., and Callaghan, P.T. (2006) A mobile one-sided NMR sensor with a homogeneous magnetic field: the NMR-MOLE. J. Magn. Reson., 183, 25–31.

[33] Perlo, J., Demas, V., Casanova, F., Meriles, C.A., Reimer, J., Pines, A., and Blümich, B. (2005) High-resolution NMR spectroscopy with a portable single-sided sensor. Science, 308, 1279.

[34] Sahebjavaher, R.S., Walus, K., and Stoeber, B. (2010) Permanent magnet desktop magnetic resonance imaging system with microfabricated multiturn gradient coils for microflow imaging in capillary tubes. Rev. Sci. Instrum., 81, 023706.

[35] McDowell, A. and Fukushima, E. (2008) Ultracompact NMR: ^{1}H spectroscopy in a subkilogram magnet. Appl. Magn. Reson., 35, 185–195.

[36] Ryu, J.S., Yao, Y., Koh, C.S., and Shin, Y.J. (2006) 3-D optimal shape design of pole piece in permanent magnet MRI using parameterized nonlinear design sensitivity analysis. IEEE Trans. Magn., 42, 1351–1354.

[37] Halbach, K. (1980) Design of permanent multipole magnets with oriented rare earth cobalt material. Nucl. Instrum. Methods, 169, 1–10.

[38] Soltner, H. and Blümler, P. (2010) Dipolar Halbach magnet stacks made from identically shaped permanent magnets for magnetic resonance. Concepts Magn. Reson., A36, 211–222.

[39] Blümich, B., Mauler, J., Haber, A., Perlo, J., Danieli, E., and Casanova, F. (2009) Mobile NMR for geophysical analysis and materials testing. Pet. Sci., 6, 1–7.

[40] Danieli, E., Perlo, J., Blümich, B., and Casanova, F. (2010) Small magnets for portable NMR spectrometers. Angew. Chem. Int. Ed., 49, 4133–4135.

[41] Moresi, G. and Magin, R. (2003) Miniature permanent magnet for table-top NMR. Concepts Magn. Reson. Part B, 19B, 35–43.

[42] Barker, P.J. and Stronks, H.J. (1990) Application of the low resolution pulsed NMR "Minispec" to analytical problems in the food and agriculture industries, in NMR Applications in Biopolymers (eds J.W. Finley, S.J. Schmidt, and A.S. Serianni), Springer US, Boston.

[43] Blümler, P. and Casanova, F. (2016) Hardware developments: Halbach magnet arrays, in Mobile NMR and MRI (eds M. Johns, E.O. Fridjonson, S. Vogt, and A. Haber), Royal Society of Chemistry, Cambridge, pp. 133–157.

[44] Haun, J.B., Castro, C.M., Wang, R., Peterson, V.M., Marinelli, B.S., Lee, H., and Weissleder, R. (2011) Micro-NMR for rapid molecular analysis of human tumor samples. Sci. Transl. Med., 3, 71ra16.

[45] Zalesskiy, S.S., Danieli, E., Blümich, B., and Ananikov, V.P. (2014) Miniaturization of NMR systems: desktop spectrometers, microcoil spectroscopy, and "NMR on a chip" for chemistry, biochemistry, and industry. Chem. Rev., 114, 5641–5694.

[46] Ha, D., Paulsen, J., Sun, N., Song, Y.-Q., and Ham, D. (2014) Scalable NMR Spectroscopy with Semiconductor Chips. Proc. Natl. Acad. Sci. U.S.A., 111, 11955–11960.

[47] Armstrong, B.D., Lingwood, M.D., McCarney, E.R., Brown, E.R., Blümler, P., and Han, S.-I. (2008) Portable X-band system for solution state dynamic nuclear polarization. J. Magn. Reson., 191, 273–281.

[48] Danieli, E., Mauler, J., Perlo, J., Blümich, B., and Casanova, F. (2009) Mobile sensor for high resolution NMR spectroscopy and imaging. J. Magn. Reson., 198, 80–87.

[49] Manz, B., Benecke, M., and Volke, F. (2008) A simple, small and low cost permanent magnet design to produce homogeneous magnetic fields. J. Magn. Reson., 192, 131–138.

[50] Hugon, C., D'Amico, F., Aubert, G., and Sakellariou, D. (2010) Design of arbitrarily homogeneous permanent magnet systems for NMR and MRI: theory and experimental developments of a simple portable magnet. J. Magn. Reson., 205, 75–85.

[51] Windt, C.W., Soltner, H., van Dusschoten, D., and Blümler, P. (2011) A portable Halbach magnet that can be opened and closed without force: the NMR-CUFF. J. Magn. Reson., 208, 27–33.

[52] Parker, A.J., Zia, W., Rehorn, C.W.G., and Blümich, B. (2016) Shimming Halbach magnets utilizing genetic algorithms to profit from material imperfections. J. Magn. Reson., 265, 83–89.

[53] Ogawa, K., Nakamura, T., Terada, Y., Kose, K., and Haishi, T. (2011) Development of a magnetic resonance microscope using a high bulk superconducting magnet. Appl. Phys. Lett., 98, 234101.

[54] Danieli, E.P., Blümich, B., Zia, W., and Leonards, H. (2015) Method for a targeted shaping of the magnetic field of permanent magnets. WO 2015043684 A1 pending, published 2.

[55] Turek, K. and Liszkowski, P. (2014) Magnetic field homogeneity perturbations in finite Halbach dipole magnets. J. Magn. Reson., 238, 52–62.

[56] Wachowicz, K. (2014) Evaluation of active and passive shimming in magnetic resonance imaging. Res. Rep. Nucl. Med., 4, 1–12.

[57] Anderson, W.A. (1961) Electrical current shims for correcting magnetic fields. Rev. Sci. Instrum., 32, 241–250.

[58] Chmurny, G.N. and Hoult, D.I. (1990) The ancient and honourable art of shimming. Concepts Magn. Reson., 2, 131–149.

[59] Terada, Y., Ishi, K., Tamada, D., and Kose, K. (2013) Power optimization of a planar single-channel shim coil for a permanent magnet circuit. Appl. Phys Express, 6, 026701.

[60] Terada, Y., Kono, S., Ishizawa, K., Inamura, S., Uchiumi, T., Tamada, D., and Kose, K. (2013) Magnetic field shimming of a permanent magnet using a combination of pieces of permanent magnets and a single-channel shim coil for skeletal age assessment of children. J. Magn. Reson., 230, 125–133.

[61] Leskowitz, G.M., McFeetors, G., and Pernecker, S. (2014) Method and apparatus for producing homogeneous magnetic fields. US8712706, published 29.

[62] Olson, D.L., Peck, T.L., Webb, A.G., Magin, R.L., and Sweedler, J.V. (1995) High-resolution microcoil ^{1}H-NMR for mass-limited, nanoliter-volume samples. Science, 270,

1967–1970.

[63] van Putte, K. and van den Enden, J. (1974) Fully automated determination of solid Fat content by pulsed NMR. J. Am. Oil Chem. Soc., 51, 316–320.

[64] Jackson, J.A., Burnett, L.J., and Harmon, F. (1980) Remote (inside-out) NMR. III. Detection of nuclear magnetic resonance in a remotely produced region of homogeneous magnetic field. J. Magn. Reson., 41, 411–421.

[65] Issadore, D. and Westervelt, R.M. (eds) (2013) Point-of-Care Diagnostics on a Chip, Springer, Heidelberg.

[66] Prina, I., Buljabasich, L., and Acosta, R.H. (2015) Parahydrogen discriminated PHIP at low magnetic fields. J. Magn. Reson., 251, 1–7.

[67] Spannring, P., Reile, I., Emondts, M., Schleker, P.P.M., Hermkens, N.K.J., van der Zwaluw, N.G.J., van Weerdenburg, B.J.A., Tinnemans, P., Tessari, M., Blümich, B., Rutjes, F.P.J.T., and Feiters, M.C. (2016) A new Ir-NHC-catalyst for signal amplification by reversible exchange in D_2O, Chem. Eur. J., 2016, 9277–9282.

[68] Halse, M.E. (2016) Perspectives for hyperpolarization in compact NMR. Trends Anal. Chem., 83, 76–83.

[69] Scott, E., Drake, M., and Reimer, J.A. (2016) The phenomenology of optically pumped 13C NMR in diamond at 7.05 T: Room temperature polarization, orientation dependence, and the effect of defect concentration on polarization dynamics. J. Magn. Reson., 264, 154–162.

第 2 章　磁共振探测器的紧凑型建模技术

Suleman Shakil[1], Mikhail Kudryavtsev[2], Tamara Bechtold[3],
Andreas Greiner[1], Jan G. Korvink[1]

[1](德国) 弗赖堡大学微系统技术研究所微系统工程系仿真实验室
[2](德国) 罗斯托克大学设备系统和电路技术研究所
[3](德国) 卡尔斯鲁厄理工学院微观结构技术研究所

2.1　引　　言

在本章中，我们将探讨使用模型降阶 (model order reduction, MOR) 技术来进行基于法拉第效应的磁共振探测器的有效建模。

本质上，这种磁共振探测器是基于金属外壳的谐振器，根据 $\omega_f = 1/\sqrt{LC}$，通过有效电感 L 和电容 C 之间的相互作用，得到角共振频率 $\omega_f = 2\pi f$。工作在兆赫兹范围内的核磁共振传感器通常由一个集总电感线圈与适当的集总电容串联后组成。吉赫兹范围的电子顺磁共振 (electron paramagnetic resonance, EPR) 传感器通常以带状线波导的形式实现，还与非局域电感和电容有关，通常增加额外的集总电容以达到所需的谐振频率。当然，如本书其他章节所示，这两种探测器类型都可以用于两种波段范围。

由于电子和核磁顺磁共振对谐振器的要求非常严格，必须以优化多个设计参数的方式构造谐振器，例如样品体积内磁场均匀性、样品内部的低电场、高感应效率、高谐振器品质因子、低磁化率偏移曲线和频率可调性等。因此，仿真作为数值优化过程中的核心任务，方便人们探索不同的设备布局并评估制造方案。此外，一旦完成谐振器的基本设计，在优先采用可参数化的紧凑模型下，对其电路内部进行评估是很重要的。

原则上，MOR 提供了从详细的离散数值模型中得出高效紧凑的数值模型的方法。不同于将探测器以集总单元紧凑模型表示 (例如电阻、电容和电感的等效网络) 的传统方法，MOR 数学方法是可以自动地从空间离散化形式中推导出来的。在本书中，我们探索了 MOR 在 NMR 和 EPR 探测器设计 (表 2.1) 工作流程中的应用。

表 2.1 NMR 和 EPR 传感器模型降阶

实例	频率范围	典型波长	离散化方法	特点
EPR	$9 \sim 500$ GHz	< 3 mm	有限差分法	结构得以保持
NMR	$0.1 \sim 1000$ MHz	> 0.3 m	有限元法	参数化；系统级别

我们研究了在使用完全匹配层 (perfectly matched layer, PML) 边界条件的频域有限差分 (finite difference frequency domain, FDFD) 方法中, 应用 MOR 的结构保持算法的可能性。在应用这些算法时, 化简矩阵的列秩并不满。用 Gram-Schmidt 算法化简矩阵的行, 可以得到一个满列秩矩阵。我们提出了一种方法, 通过修改输入矩阵和在 FDFD 方法中应用结构保持算法来免去 (化简) 这一步骤。我们用这种方法模拟了 EPR 的谐振器设计, 该种 EPR 谐振器是一种平面微线圈天线, 旨在实现高灵敏度和填充因子。首先采用 FDFD 方法对谐振器进行离散化, 由此有效地推导出一个降阶模型。

本章第 2 节讨论了基于矩匹配技术的参数模型降阶 (parametric model order reduction, pMOR) 数学方法在法拉第感应型磁共振传感器高精度、参数化紧凑模型自动生成中的应用。引入的参数化能够生成所需参数值范围内有效的紧凑模型, 避免了需要重复进行降阶处理的步骤。利用低噪声放大器 (low-noise amplifier, LNA) 对降阶模型进行了联合仿真, 并在精度和实用性方面与传统的集总单元模型进行了对比。

2.2 基于模型降阶的 EPR 谐振器快速仿真

磁共振利用无线电波激发不同自旋态电子之间的能级跃变, 并检测弛豫过程中所产生的振荡磁场。因此, 激发需要将微波信号转换为振荡磁场, 而检测则是激发的反向过程。通过对电磁波的数值模拟, 合理设计谐振结构可以提高这两个过程的效率。通过数值模拟 EPR 谐振器来设计谐振结构的主要问题在于, 由有限差分或其他空间离散方法产生的常微分方程 (ordinary differential equation, ODE) 系统很容易达到 10^5 阶或以上。即使借助高速运行的现代计算机, 如果不进行化简或模型降阶, 也很难进行有效的模拟和设计。

2.2.1 离散麦克斯韦方程

在计算电磁学领域中, 有两种主要的求解方法：基于积分方程的方法和基于微分方程的方法。基于积分方程的方法可以用电矢量和磁矢量的势函数来表达, 这些势函数的定义的前提条件, 是假设电磁波辐射到了局部均匀空间或分层区域。

　　基于微分方程的方法是通过对麦克斯韦方程微分形式的数值近似来实现的。该过程中会产生一个可以直接构造的稀疏方程组。常用的基于微分方程的方法有频域有限差分 (FDFD) 法和时域有限差分 (finite difference time domain, FDTD) 法 [1]。在此，我们将采用 FDFD 法在频域中求解麦克斯韦方程。麦克斯韦方程组的空间离散化方法很多，考虑到半离散模型的无源性和产生一阶状态空间方程的要求，我们选择使用图 2.1(a) 所示的 Yee 网格 (Yee's lattice) 来实现半离散近似。Yee 算法利用耦合麦克斯韦旋度方程求解电场和磁场，其中的关键是 E 和 H 的分量 $(E_x, E_y, E_z, H_x, H_y, H_z)$ 在空间上是交错的，从而简化了有限差分近似。

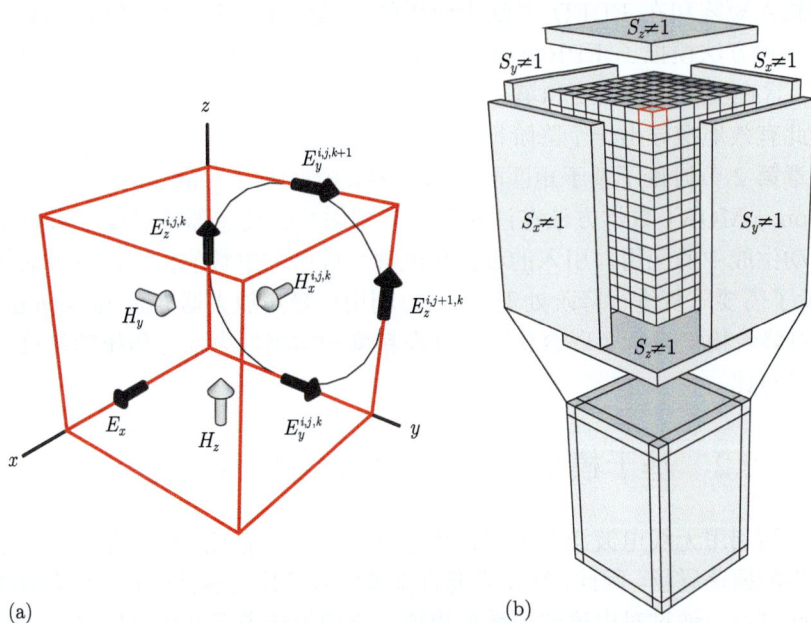

(a)   (b)

图 2.1　(a) Yee 网格。(b) 在计算域中边界完全匹配。

　　假定一个均匀的矩形网格，由沿着笛卡儿坐标系三个轴等距的节点定义：I 沿着 x 轴，J 沿着 y 轴，K 沿着 z 轴。那么网格中的节点总数 $N = I \times J \times K$。

　　假定介质的性质是线性、无源且和时间无关的。因此，麦克斯韦旋度方程在拉普拉斯域中有这样的形式：

$$\nabla \times \vec{E}(\vec{r}, s) + s\mu(\vec{r})\vec{H}(\vec{r}, s) + \sigma^H(\vec{r})\vec{H}(\vec{r}, s) = -\vec{M}(\vec{r}, s) \tag{2.1}$$

$$-\nabla \times \vec{H}(\vec{r}, s) + s\varepsilon(\vec{r})\vec{E}(\vec{r}, s) + \sigma^E(\vec{r})\vec{E}(\vec{r}, s) = -\vec{J}(\vec{r}, s) \tag{2.2}$$

其中，拉普拉斯变量 $s = j\omega$，μ 为磁导率，σ^H 为导磁率，ε 为电介电常数，σ^E 为电导率，均为各向同性且和频率无关。矢量 $\vec{E}$ 和 $\vec{H}$ 包含未知电场和磁场的离散分量,矢量 $\vec{J}$ 和 $\vec{M}$ 分别是电源和磁源空间分布的离散形式。为简单起见,忽略电场矢量 $\vec{E}$ 和磁场矢量 $\vec{H}$ 以及施加的源电流密度 $\vec{J}$,对空间变量和拉普拉斯变量 s 的函数依赖。磁导率和电导率是重要的材料参数,用于使用 PML 吸收传出波,稍后将讨论。

式 (2.1) 和式 (2.2) 中的旋度算子用一阶微分替换,得到式 (2.3) 和式 (2.4)。剩下 E_y、E_z、H_y 和 H_z 的方程可以简单地通过置换变量 x、y 和 z 得到。

$$\frac{\partial E_z}{\partial y} - \frac{\partial E_y}{\partial z} = -s\mu_{xx}H_x - \sigma_x^H H_x \tag{2.3}$$

$$\frac{\partial H_z}{\partial y} - \frac{\partial H_y}{\partial z} = s\varepsilon_{xx}E_x + \sigma_x^E E_x \tag{2.4}$$

在式 (2.3) 和式 (2.4) 中,只考虑材料的对角各向异性张量。如 2.3 节所述,也需要将这些张量纳入 PML 边界条件。

H_x 的偏微分方程 (partial differential equation, PDE) (式 (2.3)) 在 Yee 网格上使用有限差分求解,如图 2.1(a) 所示。由于 Yee 网格的交错性质,旋度方程的变量自然地落在网格上。

$$\frac{E_z^{i,j+1,k} - E_z^{i,j,k}}{\Delta y} - \frac{E_y^{i,j,k+1} - E_y^{i,j,k}}{\Delta z} = -s\mu_{xx}^{i,j,k}H_x^{i,j,k} - \sigma_x^{H(i,j,k)}H_x^{i,j,k} \tag{2.5}$$

我们可以用同样的方法求解其他五个场方程。

为了将麦克斯韦方程的半离散形式转化为矩阵形式,首先定义以下两个离散未知数向量:

$$E = [E_x, E_y, E_z]^{\mathrm{T}}, \quad H = [H_x, H_y, H_z]^{\mathrm{T}} \tag{2.6}$$

其中,E_x 是一个长度为 N、包含网格上 $N \cdot E_x$ 的值的向量。其余五个向量也有类似的定义。利用式 (2.6) 中的定义,可将表示对角各向异性介质磁场分量的麦克斯韦方程组写成

$$\begin{bmatrix} 0 & -\partial/\partial z & \partial/\partial y \\ \partial/\partial z & 0 & -\partial/\partial x \\ -\partial/\partial y & \partial/\partial x & 0 \end{bmatrix} \begin{bmatrix} E_x \\ E_y \\ E_z \end{bmatrix} = -s \begin{bmatrix} \mu_{xx} & 0 & 0 \\ 0 & \mu_{yy} & 0 \\ 0 & 0 & \mu_{zz} \end{bmatrix} \begin{bmatrix} H_x \\ H_y \\ H_z \end{bmatrix}$$

可以直观地看出,利用式 (2.5),式 (2.1) 和式 (2.2) 的半离散形式可以写成

$$\begin{bmatrix} 0 & -D_w^{\mathrm{T}} & D_v^{\mathrm{T}} \\ D_w^{\mathrm{T}} & 0 & -D_u^{\mathrm{T}} \\ -D_v^{\mathrm{T}} & D_u^{\mathrm{T}} & 0 \end{bmatrix} \cdot E = -sD_\mu \cdot H - D_\sigma^H \cdot H - M \tag{2.7}$$

$$
\begin{bmatrix} 0 & -D_w & D_v \\ D_w & 0 & -D_u \\ -D_v & D_u & 0 \end{bmatrix} \cdot H = s D_\varepsilon \cdot E + D_\sigma^E \cdot E + J_d \tag{2.8}
$$

如式 (2.7) 和式 (2.8) 所示，在一个有规则编号的网格上，D_u、D_v 和 D_w 是只有两个区域带具有非零元素的稀疏矩阵。其中一个带沿对角线，所有值都等于 1，而另一个带位于对角线左侧的 u，v，w 距离处，所有值都等于 -1。矩阵 D_ε、D_μ 和 D_σ 是对角矩阵，其元素取决于介质的电磁特性和网格大小。

通过定义状态变量的向量 $X(s) = [H(s), E(s)]^{\mathrm{T}}$，可以将式 (2.7) 和式 (2.8) 表示成紧凑形式。此外，对电源符号稍作修改，使之包含激励端口的外加电流源。为此，假设考虑的电磁系统有 p 个端口，每个端口都有一个电场节点。引入一个维数为 $6N \times p$ 的常数矩阵 b，只有底部 $3N$ 行中的非零元素与状态向量 X 中的电场节点相关联。这些元素的具体值一般取决于源的分布和数值网格特征。用 $U(s)$ 表示电流源波形在 p 端口处的拉普拉斯变换，离散源项可以用 $bU(s)$ 表示。基于这些定义，式 (2.7) 和式 (2.8) 的紧凑形式为

$$
\begin{bmatrix} 0 & D_e \\ D_h & 0 \end{bmatrix} \begin{bmatrix} H \\ E \end{bmatrix}
$$

$$
= -s \begin{bmatrix} D_\mu & 0 \\ 0 & -D_\varepsilon \end{bmatrix} \begin{bmatrix} H \\ E \end{bmatrix} - \begin{bmatrix} D_\sigma^E & 0 \\ 0 & -D_\sigma^H \end{bmatrix} \begin{bmatrix} H \\ E \end{bmatrix} + BU(s) \tag{2.9}
$$

或者更紧凑的形式：

$$
(G + sC) X(s) = BU(s) \tag{2.10}
$$

矩阵 D_e 和 D_h 是对称、正定的，且由于假定了介质的无源性，矩阵 D_σ^E 和 D_σ^H 是对称、非正定的。因此，D_μ 和 D_ε 也是对称、正定的。

为了解决电磁问题，需要评估激励和输出端口的电场与磁场。然后利用计算出的 $E(s)$ 和 $H(s)$ 值，可以找到特征性能指标，如散射参数。

本质上，经过上述离散化步骤，麦克斯韦旋度方程转化为一阶微分状态空间系统。重写拉普拉斯域中的方程组 (式 (2.10))，包括输出的形式，有

$$
sCX(s) = -GX(s) + BU(s), \quad Y(s) = z^{\mathrm{T}} X(s) \tag{2.11}
$$

如果不处理 Yee 网格的边界，它们就表现为完全导电体 (perfect electric conductor, PEC)，电磁波会从这样的边界反射回来。为了解决散射问题，需要在边界处吸收向外的波，见图 2.1(b)。采用两种边界条件对无边界电磁系统进行截断，使之与 MOR 算法兼容，即一阶边界条件和完全匹配层。麦克斯韦方程组可以转

换为状态空间系统[2,3]，其格式与 PML 中的式 (2.11) 相同。下一节将讨论 MOR 中 PML 的实现。

为了将 Arnoldi 过程和其他 Krylov 空间相关的 MOR 算法应用于辐射和散射问题的快速电磁分析，需要找到与 Arnoldi 数学算法兼容且频率无关的数值网格截断方案。现有研究表明，基于 Berenger 的 PML[4] 或利用广义理论替代实现的单轴 PML 的网格截断方案[3] 是可达到这一目的的最适宜的方法。这两种实现方法都已经使用 Krylov 模型简化过程进行了验证。

假设所有电磁相互作用都发生在线性、各向异性和时间无关的介质中，PML 中麦克斯韦旋度无源方程的控制系统的一般形式为[3]

$$\nabla \times H = s\varepsilon\Sigma E, \quad \nabla \times E = -s\mu\Sigma H$$

其中

$$\Sigma = \begin{bmatrix} \dfrac{\Sigma_y \Sigma_z}{\Sigma_x} & 0 & 0 \\ 0 & \dfrac{\Sigma_x \Sigma_z}{\Sigma_y} & 0 \\ 0 & 0 & \dfrac{\Sigma_x \Sigma_y}{\Sigma_z} \end{bmatrix}$$

此外，Σ_x、Σ_y 和 Σ_z 的形式为

$$\Sigma_x(x) = 1 + \frac{\sigma_x(x)}{\mathrm{j}\omega\varepsilon_\mathrm{o}}, \quad \Sigma_y(y) = 1 + \frac{\sigma_y(x)}{\mathrm{j}\omega\varepsilon_\mathrm{o}}, \quad \Sigma_z(z) = 1 + \frac{\sigma_z(x)}{\mathrm{j}\omega\varepsilon_\mathrm{o}}$$

通过令 Σ_x、Σ_y 和 Σ_z 均等于 1，将材料参数化简为自由空间的参数。这对于 FDFD 算法的实现是很方便的，因为同样的方程可以用于模拟域的内部和边界上的 PML 区域。假设所有材料特性都与位置相关。虚数项包括电导率参数，允许材料有损耗，因此波进入介质边界传播时振幅会有衰减。波在 PML 中经过一个相对较小的距离后，其振幅衰减到可以忽略不计，因此该层可以用 PEC 边界条件终止，而反射系数的增加可以忽略不计。

需要指出的是，引入 PML 边界条件后，麦克斯韦方程组对于 s 不再是线性的。为了在有吸收层的电磁问题上应用 MOR 算法，最方便的方法是将吸收层条件转化为与 s 呈线性关系的形式。Berenger 的 PML 是通过将麦克斯韦方程组中的每个场分量分解为两部分来实现的，由此自动生成一个关于 s 的线性形式。Berenger 的 PML 中电场和磁场的分解分量表示为

$$-\mu s H_{xy} - \sigma_y^* H_{xy} = \frac{\partial}{\partial y}(E_{zx} + E_{zy}), \quad -\mu s H_{xz} - \sigma_z^* H_{xz} = \frac{\partial}{\partial y}(E_{yz} + E_{yx}),$$

$$\varepsilon s E_{xy} + \sigma_y E_{xy} = \frac{\partial}{\partial y}\left(H_{zx} + H_{zy}\right), \quad \varepsilon s E_{xz} + \sigma_z E_{xz} = \frac{\partial}{\partial y}\left(H_{yz} + H_{yx}\right)$$

剩下的场方程可以简单地通过置换变量 x、y 和 z 得到。PML 区域无反射吸收的条件是

$$\frac{\sigma_i}{\varepsilon} = \frac{\sigma_i^*}{\mu}, \quad i = x, y, z$$

将 Berenger 的 PML 公式的状态变量向量取为

$$X = \begin{bmatrix} H_{xy}, & H_{xz}, & H_{yz}, & H_{yx}, & H_{zx}, & H_{zy}, & E_{xy}, & E_{xz}, & E_{yz}, & E_{yx}, & E_{zx}, & E_{zy} \end{bmatrix}^{\mathrm{T}}$$

由 Berenger 公式得到的矩阵在形式上类似于式 (2.9)，但由于每个域分量被分成两部分，矩阵的维数增加了 2 倍。式 (2.10) 中的矩阵 G 的结构也因场的分解而不同。矩阵 G 内的 D_h 形式如下：

$$D_h = \begin{bmatrix} 0 & 0 & 0 & 0 & A_y & A_y \\ 0 & 0 & -A_z & -A_z & 0 & 0 \\ A_z & A_z & 0 & 0 & 0 & 0 \\ 0 & 0 & 0 & 0 & -A_x & -A_x \\ 0 & 0 & A_x & A_x & 0 & 0 \\ A_y & A_y & 0 & 0 & 0 & 0 \end{bmatrix}$$

式 (2.9) 和式 (2.10) 中矩阵 C 中的 D_μ 和 D_ε 保持对角。因此，Berenger 的 PML 方程的半离散形式与 MOR 算法是兼容的。

如果不用 Berenger 的 PML，可以使用单轴完全匹配吸收层 (uniaxial perfectly matched absorbing layers, UPML) 来截断网格。UPML 比 Berenger 的 PML 具有更好的性能，在文献 [3] 中有更详细的讨论。Berenger 的 PML 将场分解为两个分量，导致状态变量的数量加倍。而 UPML 使用场的物理分量，使其具有良好的适定性和数值稳定性。此外，由于在应用 MOR 算法时需要对 $G + s_{\mathrm{o}} C$ 进行分解，故 UPML 中较少的状态变量数使其更适用于 MOR 算法。

在继续应用 MOR 之前，需要用 UPML 将麦克斯韦方程转换为与 MOR 算法兼容的形式。考虑三维的情况，由文献 [3] 可知利用 UPML 的麦克斯韦方程可以写成

$$\nabla \times H_x = -s\varepsilon_{\mathrm{o}}\varepsilon_{\mathrm{r}}\frac{\left(1 + \dfrac{\sigma_y}{s\varepsilon_{\mathrm{o}}}\right)\left(1 + \dfrac{\sigma_z}{s\varepsilon_{\mathrm{o}}}\right)}{1 + \dfrac{\sigma_x}{s\varepsilon_{\mathrm{o}}}} E_x \tag{2.12}$$

$$\nabla \times E_x = s\mu_{\mathrm{o}}\mu_{\mathrm{r}}\frac{\left(1+\dfrac{\sigma_y}{s\mu_{\mathrm{o}}}\right)\left(1+\dfrac{\sigma_z}{s\mu_{\mathrm{o}}}\right)}{1+\dfrac{\sigma_x}{s\mu_{\mathrm{o}}}}H_x \tag{2.13}$$

利用剩下的分量求解 s 的方程 (式 (2.12) 和式 (2.13))，得到如下形式的块矩阵等式：

$$
\left(-\begin{bmatrix} 0 & -\partial/\partial z & \partial/\partial y \\ \partial/\partial z & 0 & -\partial/\partial x \\ -\partial/\partial y & -\partial/\partial x & 0 \end{bmatrix} - \frac{1}{s\varepsilon_{\mathrm{o}}}\begin{bmatrix} \sigma_x & 0 & 0 \\ 0 & \sigma_y & 0 \\ 0 & 0 & \sigma_z \end{bmatrix} \begin{bmatrix} 0 & -\partial/\partial z & \partial/\partial y \\ \partial/\partial z & 0 & -\partial/\partial x \\ -\partial/\partial y & -\partial/\partial x & 0 \end{bmatrix}\right)\begin{bmatrix} H_x \\ H_y \\ H_z \end{bmatrix}
$$

$$
= s\left(\begin{bmatrix} \varepsilon_{\mathrm{o}}\varepsilon_{\mathrm{r}} & 0 & 0 \\ 0 & \varepsilon_{\mathrm{o}}\varepsilon_{\mathrm{r}} & 0 \\ 0 & 0 & \varepsilon_{\mathrm{o}}\varepsilon_{\mathrm{r}} \end{bmatrix} + \begin{bmatrix} (\sigma_y+\sigma_z)\,\varepsilon_{\mathrm{r}} & 0 & 0 \\ 0 & (\sigma_x+\sigma_z)\,\varepsilon_{\mathrm{r}} & 0 \\ 0 & 0 & (\sigma_x+\sigma_y)\,\varepsilon_{\mathrm{r}} \end{bmatrix}\right.
$$

$$
\left.+\frac{\varepsilon_{\mathrm{r}}}{s\varepsilon_{\mathrm{o}}}\begin{bmatrix} \sigma_y\sigma_z & 0 & 0 \\ 0 & \sigma_x\sigma_z & 0 \\ 0 & 0 & \sigma_x\sigma_y \end{bmatrix}\right)\begin{bmatrix} E_x \\ E_y \\ E_z \end{bmatrix}
$$

将这个方程改写成更紧凑的形式：

$$
\left(\begin{bmatrix} 0 & -D_h \\ D_e & 0 \end{bmatrix} + \frac{1}{s}\begin{bmatrix} 0 & \sigma/\varepsilon_{\mathrm{o}} \\ \sigma^*/\mu_{\mathrm{o}} & 0 \end{bmatrix}\begin{bmatrix} 0 & -D_h \\ D_e & 0 \end{bmatrix}\right)\begin{bmatrix} E \\ H \end{bmatrix}
$$

$$
= \left(s\begin{bmatrix} \varepsilon_{\mathrm{o}}\varepsilon_{\mathrm{r}} & 0 \\ 0 & \mu_{\mathrm{o}}\mu_{\mathrm{r}} \end{bmatrix} + \begin{bmatrix} (\sigma_i+\sigma_j)\,\varepsilon_{\mathrm{r}} & 0 \\ 0 & \left(\sigma_i^*+\sigma_j^*\right)\mu_{\mathrm{r}} \end{bmatrix}\right.
$$

$$
\left.+\frac{1}{s}\begin{bmatrix} \dfrac{(\sigma_i\sigma_j)\,\varepsilon_{\mathrm{r}}}{\varepsilon_{\mathrm{o}}} & 0 \\ 0 & \dfrac{\left(\sigma_i^*\sigma_j^*\right)\mu_{\mathrm{r}}}{\mu_{\mathrm{o}}} \end{bmatrix}\right)\begin{bmatrix} E \\ H \end{bmatrix}
$$

这个等式可以转换成如下形式：

$$-sPX(s) = LX(s) - DX(s) + \frac{1}{s}QX(s) \tag{2.14}$$

其中, D 为旋度算子的离散形式, $X = [E_x, E_y, E_z, H_x, H_y, H_z]^{\mathrm{T}}$。为了将式 (2.14) 化成 s 的线性形式, 引入列向量 X_e[2]:

$$X_e = \frac{1}{s} Q X$$

则式 (2.14) 可以转换为如下形式:

$$\begin{pmatrix} L - D & I \\ Q & 0 \end{pmatrix} \begin{pmatrix} X \\ X_e \end{pmatrix} + s \begin{pmatrix} P & 0 \\ 0 & -I \end{pmatrix} \begin{pmatrix} X \\ X_e \end{pmatrix} = 0 \qquad (2.15)$$

由于式 (2.15) 现在相对于 s 是线性的, 所以可以将 MOR 算法应用到上述方程中。式 (2.15) 中状态变量的数量比使用 Berenger 的 PML 时要少。尽管 UPML 引入了一些额外的变量, 但仅在角落区域。相反地, 使用 Berenger 的 PML 会导致状态变量数量加倍。

2.2.2　模型降阶

现在考虑在拉普拉斯域中一个线性、单输入、单输出且连续的系统, 用以下形式的方程描述:

$$GX(s) + sCX(s) = bU(s), \quad Y(s) = L^{\mathrm{T}} X(s) \qquad (2.16)$$

该系统包含状态空间向量 $X(s) \in \mathbb{R}^n$, 输入 $U(s) \in \mathbb{R}$, 输出 $Y(s) \in \mathbb{R}$, 常数矩阵 $G \in \mathbb{R}^{n \times n}$, $C \in \mathbb{R}^{n \times n}$, $b \in \mathbb{R}^n$, 以及 $L^{\mathrm{T}} \in \mathbb{R}^{1 \times n}$。式 (2.16) 中的矩阵是允许奇异的, 只假设矩阵束 $G + sC$ 是正则的。同时, 假设系统矩阵 G 是稀疏或结构化的, 描述符矩阵 C 是对角矩阵。然后, 式 (2.16) 可以改写为

$$sC^{-1}CX(s) + C^{-1}GX(s) = C^{-1}bU(s), \quad y(s) = L^{\mathrm{T}} X(s)$$

如果将 $C^{-1}G$ 重命名为 G, 将 $C^{-1}B$ 重命名为 B, 则状态空间系统可以写成

$$sX(s) + GX(s) = bU(s), \quad y(s) = L^{\mathrm{T}} X(s) \qquad (2.17)$$

线性系统 (2.17) 的拉普拉斯域脉冲响应用于确定系统对任意激励的响应, 其表达式如下所示:

$$H(s) = \frac{Y(s)}{U(s)} = L^{\mathrm{T}} (G + sI)^{-1} b \qquad (2.18)$$

其中, I 是单位矩阵。选择 s_o 作为一个任意扩展点, 随着变量 $s = s_o + \sigma$ 改变, 式 (2.18) 可以写为

$$H(s_o + \sigma) = L^{\mathrm{T}} (\sigma I + G + s_o I)^{-1} b$$

$$= L^{\mathrm{T}} (I - \sigma A)^{-1} r \tag{2.19}$$

其中，$A = -(G + s_{\mathrm{o}}I)^{-1}$，$r = (G + s_{\mathrm{o}}I)^{-1} b$。假设矩阵 A 是可以对角化的，则式 (2.19) 可以写成

$$\begin{aligned} H(s_{\mathrm{o}} + \sigma) &= L^{\mathrm{T}} \left(I - \sigma S\varLambda S^{-1}\right)^{-1} r \\ &= L^{\mathrm{T}} S \left(I - \sigma \varLambda\right)^{-1} S^{-1} r \\ &= f^{\mathrm{T}} \left(I - \sigma \varLambda\right)^{-1} g \end{aligned} \tag{2.20}$$

其中，$\varLambda = \mathrm{diag}\,(\lambda_1, \lambda_2, \cdots, \lambda_n)$ 是由矩阵 A 的特征值组成的对角矩阵，而矩阵 S 的列包含相应的特征向量。传递函数 $H(s)$ 可以表示为具有下列性质的部分分数展开式：

$$H(s_{\mathrm{o}} + \sigma) = \sum_{i=1}^{\infty} \frac{f_i g_i}{1 - \sigma \lambda_i} \tag{2.21}$$

其中，f_i 和 g_i 分别是向量 f 和 g 的分量。实际电磁系统的数值模拟结果是一个具有大量自由度 (degrees of freedom, DOF) 的稀疏方程组。因此，矩阵 A 的维数可以很容易地达到几百万，所有的特征值和特征向量的计算量是很大的。另一种方法是利用矩阵 A 的低阶近似，只计算少数的主要特征值和特征向量，从而准确地表示系统在较宽频率范围内的响应。降阶建模的目标是得到近似于式 (2.21) 的方程，近似的方程应该仅包含所需的特征值，同时需满足在特定的输入和输出下、在所需的频率范围内，能够达到足够的精度。

鉴于降阶模型在给定输入和输出的期望频率范围内表现出相似的响应，可以近似得到线性系统的传递函数 $H(s)$，而不是一个精确的传递函数。应用最早的降阶模型技术之一是使用显式矩匹配的渐近波形评估 (asymptotic waveform evaluation, AWE)[5]，AWE 方法可以获得 Padé 逼近。对于每一对整数 $p, q \geqslant 0$，网络频率响应 $H(s_{\mathrm{o}} + \sigma)$ 的 Padé 逼近 (属于 (p/q) 类型) 是有理函数：

$$H_{p,q}(s_{\mathrm{o}} + \sigma) = \frac{b_0 + b_1 \sigma + \cdots + b_p \sigma^p}{1 + a_1 \sigma + \cdots + a_q \sigma^q} \tag{2.22}$$

其关于 s_{o} 的泰勒级数与 $H(s_{\mathrm{o}} + \sigma)$ 的泰勒级数至少在第一个 $p + q + l$ 项上是一致的，也就是说：

$$H_{p,q}(s_{\mathrm{o}} + \sigma) = H(s_{\mathrm{o}} + \sigma) + O\left(\sigma^{p+q+1}\right)$$

由式 (2.19) 的具体形式可得传递函数的泰勒级数为

$$H(s_{\mathrm{o}} + \sigma) = L^{\mathrm{T}} \left(I + \sigma A + \sigma^2 A^2 + \cdots\right) r = \sum_{n=0}^{\infty} m_n \sigma^n$$

其中，$m_n = L^{\mathrm{T}} A^n r$，$n = 0, 1, 2, \cdots$ 为系统响应矩。通过部分分式分解，我们可以将 H_q 写成极点留数形式：

$$H_q\left(s_{\mathrm{o}} + \sigma\right) = k_\infty + \sum_{j=1}^{\hat{q}} \frac{k_j}{\sigma - p_j}, \quad (\hat{q} \leqslant q)$$

同样地，传递函数也可以在无穷远处展开，得到一个马尔可夫级数而不是泰勒级数：

$$H\left(s_{\mathrm{o}} + \sigma\right) = d + L^{\mathrm{T}} \left(\sigma^{-1} A + \sigma^{-2} A^2 + \cdots\right) r = d + \sum_{n=1}^{\infty} m_{-n} \sigma^{-n}$$

其中，$m_{-n} = L^{\mathrm{T}} A^n r$，$n = 1, 2, 3, \cdots$ 为马尔可夫参数。在这个等式中，我们定义 $A = -(G + s_{\mathrm{o}} I)$ 和 $r = b$。

在 AWE 中，使用了一个显式的矩匹配方法——Padé 逼近，来计算原始传递函数的降阶逼近。首先，通过获取系统响应矩来找到 $H_q\left(s_{\mathrm{o}} + \sigma\right)$。将矩阵 $G + s_{\mathrm{o}} I$ 做 LU(lower-upper) 分解后递归计算矩。然后，仅进行一次前向-后向替换操作，就可以通过使用不同的右侧向量计算得到每个矩。随着迭代次数 q 的增加，可以得到更精确的频率响应 $H(s)$ 的近似 $H_q(s)$。在马尔可夫参数匹配的情况下，无法对矩阵 $G + s_{\mathrm{o}} I$ 进行因式分解。每个马尔可夫参数仅通过矩阵向量乘法计算。

众所周知，在实践中，矩匹配过程通常是病态的。因此，使用显式矩来计算 Padé 逼近本身就是不稳定的 [6,7]。对于极点数 $n > 20$ 的系统，由于舍入误差，几乎不可能获得精确的 Padé 逼近。因此，计算得到的 Padé 逼近的逼近范围被限制在选定的扩展点 s_{o} 附近的一个狭窄的频率范围内。为了在较宽的频率范围内获得近似的传递函数，需要大量的扩展点。由于这些限制，我们没有使用 AWE 算法。而文献 [6]、[7] 已经表明，使用 Krylov 子空间算法生成的降阶模型提供了对原始模型更稳健和更好的近似。Krylov 子空间算法最初是作为求解线性方程组和特征值问题的一种方法提出的。使用 Krylov 子空间算法降阶模型的目标是找到 $A = (G + s_{\mathrm{o}} I)^{-1}$ 的主要特征值和相应的特征向量，或对频移表达式 $A = -(G + s_{\mathrm{o}} I)$ 在无穷远处展开。相比于式 (2.20) 中以特征值分解形式表示的传递函数，降阶矩阵是 $A = S \Lambda S^{-1}$ 的近似矩阵 $\hat{A} = S_q \Lambda_q S^{-1}$。在计算降阶矩阵 $\hat{A}$ 之后，很容易求出矩。

Krylov 子空间算法生成的基向量是不稳定的，Lanczos 算法或 Arnoldi 算法可被用来构造更合适的基向量，使它们张成相同的 Krylov 子空间。非对称 Arnoldi 算法由于相对较高的数值精度和可靠性，已成为矩匹配模型降阶方法的热门选择。

Krylov 子空间是由给定的矩阵和向量生成的向量序列张成的子空间。给定一个矩阵 A 和一个起始向量 v_1，第 n 个 Krylov 子空间 $K_n(A, v_1)$ 由 n 个列向量的序列张成：

$$\text{colspan}\{V\} \in K_n(A, v_1) = \text{span}(v_1, Av_1, \cdots, A^{n-1}v_1) \tag{2.23}$$

Arnoldi 算法计算矩形矩阵 $V \in \mathbb{R}^n$，它将一个特定的系统矩阵 A 限制为上海森伯格形式：

$$T_n = V^{\mathrm{T}}AV = \begin{bmatrix} h_{1,1} & h_{1,2} & h_{1,3} & \cdots & h_{1,n} \\ h_{2,1} & h_{2,2} & h_{2,3} & \cdots & h_{2,n} \\ 0 & h_{3,2} & h_{3,3} & \cdots & h_{3,n} \\ \vdots & \ddots & \ddots & \ddots & \vdots \\ 0 & \cdots & 0 & h_{n,n-1} & h_{n,n} \end{bmatrix}$$

向量 v_1 是在 V 的第一列方向上用户指定的初始向量。利用 Arnoldi 过程构造了 Krylov 子空间 V。子空间 V 的向量是标准正交的，即 $V^{\mathrm{T}}V = I$，满足 Krylov 子空间条件 (式 (2.23))。满足这一约束的映射 V 的列可以用稳定的 Gram-Schmidt 过程迭代计算，以产生一个标准正交向量序列 $v_1, v_2, \cdots, v_n$。算法 1 对这一过程进行了描述。

算法 1 稳定的 Gram-Schmidt 过程

输入：$\| v_1 \| = 1$ 的任意向量 v_1 和系统矩阵 A。
输出：标准正交向量序列 $v_1, v_2, \cdots, v_n$。
1: **for** $k = 2$ **to** n **do**
2:      $v_k \longleftarrow Av_{k-1}$
3:      **for** $j = 1$ **to** $n - 1$ **do**
4:          $h_{j,k-1} \longleftarrow v_j^{\mathrm{T}} v_k$
5:          $v_k \longleftarrow v_k - h_{j,k-1} v_j$
6:      **end for**
7:      $h_{k,k-1} \longleftarrow \| v_k \|$
8:      $v_k \longleftarrow \dfrac{v_k}{h_{k,k-1}}$
9: **end for**

除了 Arnoldi 算法外，还可以使用基于 Lanczos 算法的 Krylov 子空间方法[6]。Lanczos 向量通过三项递归关系进行迭代计算。不过，Lanczos 可能会遇到数值困难，包括双正交性丧失和所谓的严重崩溃[8]。Lanczos 算法通过计算矩阵 V 和 W 来将原始系统矩阵 A 约束为三对角形式，这有助于简化求解过程。

$$T_n = W^{\mathrm{T}} AV = \begin{bmatrix} \alpha_1 & \beta_2 & \cdots & \cdots & 0 \\ \rho_2 & \alpha_2 & \beta_3 & \ddots & \vdots \\ 0 & \rho_3 & \ddots & \ddots & 0 \\ \vdots & \ddots & \ddots & \ddots & \beta_q \\ 0 & \cdots & 0 & \rho_q & \alpha_q \end{bmatrix}$$

并且满足：

$$\text{colspan}\{V\} \in K_n(A, v_1) = \text{span}\left(v_1, Av_1, \cdots, A^{n-1}v_1\right) \tag{2.24}$$

和

$$\text{colspan}\{W\} \in K_n(A^{\mathrm{T}}, w_1) = \text{span}\left(w_1, A^{\mathrm{T}}w_1, \cdots, \left(A^{\mathrm{T}}\right)^{n-1}w_1\right) \tag{2.25}$$

其中，colspan 表示列空间；向量 v 和 w 是用户指定的初始向量，位于 V 和 W 的第一列的方向上。等价地，Lanczos 算法可以看作是在相同的 Krylov 子空间条件下 (式 (2.24) 和式 (2.25)) 构造双正交矩阵 V 和 W，也就是，$W^{\mathrm{T}}V = I$。算法 2 对这一过程进行了描述。

算法 2 Lanczos 过程

输入： 初始向量 r、z 和系统矩阵 A。

输出： 双正交向量序列 $v_1, v_2, \cdots, v_n$ 和 $w_1, w_2, \cdots, w_n$。

1: $\rho_1 \longleftarrow \| r \|_2, \eta_1 \longleftarrow \| z \|_2, v_1 \longleftarrow r/\rho_1, w_1 \longleftarrow z/\beta_1$

2: $v_o \longleftarrow 0, w_o \longleftarrow 0, \delta_o \longleftarrow 1$

3: **for** $n = 1$ **to** q **do**

4:      $\delta_n \longleftarrow w_n^{\mathrm{T}} v_n$

5:      $\alpha_n \longleftarrow w_n^{\mathrm{T}} Av_n/\delta_n, \beta_n \longleftarrow \delta_n \eta_n/\delta_{n-1}, \gamma \longleftarrow \delta_n \rho_n/\delta_{n-1}$

6:      $v \longleftarrow Av_n - v_n \alpha_n - v_{n-1}\beta_n, w \longleftarrow A^{\mathrm{T}} w_n - w_n \alpha_n - w_{n-1}\gamma_n$

7:      $\rho_{n+1} \longleftarrow \| v \|_2, \eta_{n+1} \longleftarrow \| w \|_2$

8:      令 $v_{n+1} \longleftarrow v/\rho_{n+1}, w_{n+1} \longleftarrow w/\beta_{n+1}$

9: **end for**

Lanczos 矩阵与原始矩阵 A 有以下关系：$AV = VT_q$，$W^{\mathrm{T}}V = I$。

可以利用 Krylov 子空间映射对系统的传递函数 (式 (2.16)) 进行降维。用矩阵 V 来构造降阶模型，使得

$$\hat{G}_n = V^{\mathrm{T}} GV, \quad \hat{C}_n = V^{\mathrm{T}} CV, \quad \hat{B}_n = V^{\mathrm{T}} B, \quad \hat{L}_n = V^{\mathrm{T}} L$$

那么第 n 阶降阶系统为

$$\hat{G}_n x(s) + s\hat{C}_n x(s) = \hat{B}_n U(s), \quad y = \hat{L}_n^{\mathrm{T}} \hat{x}(s)$$

则降阶模型的近似传递函数为

$$\hat{H}_n(s) = \hat{L}_n \left(\hat{G}_n + sI \right)^{-1} \hat{B}_n$$

2.2.3 结构保持的模型降阶

尽管 Krylov 子空间方法取得了成功，但其普遍应用仍然存在挑战，例如无源性的保持、正交性的丧失、收敛的准则等。当基于 Krylov 子空间的算法应用于无源系统时，此算法并不能在所有情况下保持无源性，也不能保留矩阵的块结构。在将降阶模型引入面向网络的电路模拟器之前，必须先检查所得到的降阶模型的无源性。文献 [9] 证明了基于 Arnoldi 的降阶技术结构保持降阶互连宏建模 (structure-preserving reduced-order interconnect macromodeling, SPRIM) 可以产生被动的降阶模型。此外，Arnoldi 的这个降阶技术 SPRIM 还保留了其他结构，如互易性或矩阵的块结构。

SPRIM 的主要计算步骤是为第 n 块 Krylov 子空间 $K_n(A, v_1)$ 生成合适的基 [9]，这一步与 Arnoldi 过程中的做法是相同的。设 V_n 为合成矩阵，其列构成 $K_n(A, v_1)$ 的基。Arnoldi 过程利用这个矩阵作为映射矩阵得到降阶数据矩阵。如前所述，一般来说，Arnoldi 过程处理的数据矩阵是密集的，因此不保留原始矩阵 G、C 和 B 的块结构。与直接使用矩阵 V_n 来进行映射不同，SPRIM 使用了修改后的矩阵，很容易地使结构得到保留。为此，首先根据式 (2.15) 中 P 和 I 的块大小对 V_n 进行分区。因此，向量 V_n 变成：

$$V_n = \left(\begin{array}{cc} V_1 & V_2 \end{array} \right)^{\mathrm{T}}$$

现在我们设

$$\hat{V}_n = \left(\begin{array}{cc} V_1 & 0 \\ 0 & V_2 \end{array} \right)$$

尽管 V_{r} 具有满列秩 r，但对于两个子块 V_1 和 V_2，情况不一定相同。在现实中，我们可以有策略地将输入信号放置在 PML 边界条件中的一个块上。这样，这个输入信号很容易被 PML 吸收，而不会影响计算域，从而产生矩阵 V_1 和 V_2 的满列秩 r。算法 3 详细介绍了 SPRIM 方法在 FDFD 方法中的应用。

算法 3　FDFD 中的 SPRIM

输入：矩阵 $G \leftarrow \begin{pmatrix} L-D & I \\ Q & 0 \end{pmatrix}$，$C \leftarrow \begin{pmatrix} P & 0 \\ 0 & -I \end{pmatrix}$，$B \leftarrow \begin{pmatrix} B_1 \\ B_2 \end{pmatrix}$，其中子块 Q，P，$L-D$ 有相同的行数。B_1 和 B_2 是输入矩阵，B_2 包含 PML 区域中的错误输入信号。

1：在某些需要的频率上使用扩展点 s_o。

$$A \leftarrow (G+s_o C)^{-1} C, \quad r \leftarrow (G+s_o C)^{-1} B \tag{2.26}$$

2：运行 Krylov 子空间算法，直到 n 大到足以构造基矩阵 V_n 的列。计算第 n 块 Krylov 子空间 $K_n(A,b)$：$\mathrm{span} V_n \leftarrow K_n(A,r)$

3：用 $V_n \leftarrow \begin{pmatrix} V_1 & V_2 \end{pmatrix}^{\mathrm{T}}$ 计算 G 和 C 的块大小对应的 V_n 的划分

4：$\bar{G}_1 \leftarrow V_1^{\mathrm{T}}(L-D)V_1$，　$\bar{Q} \leftarrow V_2^{\mathrm{T}} Q V_1$，　$\bar{I}_1 \leftarrow V_1^{\mathrm{T}} I V_2$，
$\bar{P} \leftarrow V_1^{\mathrm{T}} P V_1$，　$\bar{I}_2 \leftarrow V_2^{\mathrm{T}} I V_1$，　$\overline{B_1} \leftarrow V_1^{\mathrm{T}} B_1$，　$\overline{B_2} \leftarrow V_2^{\mathrm{T}} B_2$，
$\bar{G} \leftarrow \begin{pmatrix} \bar{G}_1 & \bar{I}_1 \\ \bar{Q} & 0 \end{pmatrix}$，　$\bar{C} \leftarrow \begin{pmatrix} \bar{P} & 0 \\ 0 & -\bar{I}_2 \end{pmatrix}$，　$\bar{b} \leftarrow \begin{pmatrix} \bar{B}_1 \\ \bar{B}_1 \end{pmatrix}$

5：输出：一阶形式的降阶模型为 $\bar{G}X+s\bar{C}X=\bar{b}u(s)$，二阶形式为 $-s\bar{P}\hat{X}=\bar{G}_1\hat{X}+\dfrac{1}{s}\bar{Q}\hat{X}$。

2.2.4　平面线圈 EPR 谐振器

以我们模拟的基于驻波腔的 EPR 平面微谐振器 [10] 为例。该谐振器是为小样本设计的，尺寸小于 1 mm³。由于尺寸上的微型化，该谐振器具有较高的检测灵敏度和填充因子。在文献 [10] 和图 2.2(a) 中更详细地描述了平面微谐振器，平面微谐振器的设计采用了单环平面线圈的形状，并将其置于谐振器的中心位置，从而提高了感应效率。

基于 FDFD 法提取电磁场分布和谐振频率，利用 MATLAB 编写的代码对该结构进行仿真。平面 EPR 贴片谐振器被放置在厚度为 0.635 mm、相对介电常数为 10.2 的完美导体衬底上。谐振结构通过另一微带结构馈电。微带由放置在馈电探针位置的一根理想导线激发，并将贴片连接到地平面。当移除并激励成为一条细丝状电流的一段导线时，其长度等于一个有限差分单元。该导线段激励产生的电场用于计算天线的有效输入电压，而激励产生的磁场则用于计算天线的有效输入电流。采用五层完全匹配边界截断计算域，避免了不必要的反射。在正常情况下，它的反射系数是 10^{-5}。它被放置在谐振器上方的四个单元和远离谐振器边缘的四个单元上。谐振器和 PML 之间为空气，如图 2.3 所示。

在计算域的 (1, 1, 1) 位置内部放置了另一个信号源，即前面提到的微带结构。由于这个额外的输入引入的误差如图 2.4(a) 所示。大部分误差信号被吸收在 PML 区域内，几乎不影响测量结果。由于额外的信号源的作用，该矩阵的列现在满秩，这意味着没有任何冗余信息，可以更精确地计算电磁场分布和谐振频率，

因此不需要对矩阵的行应用 Gram-Schmidt 算法来产生满列秩的矩阵。

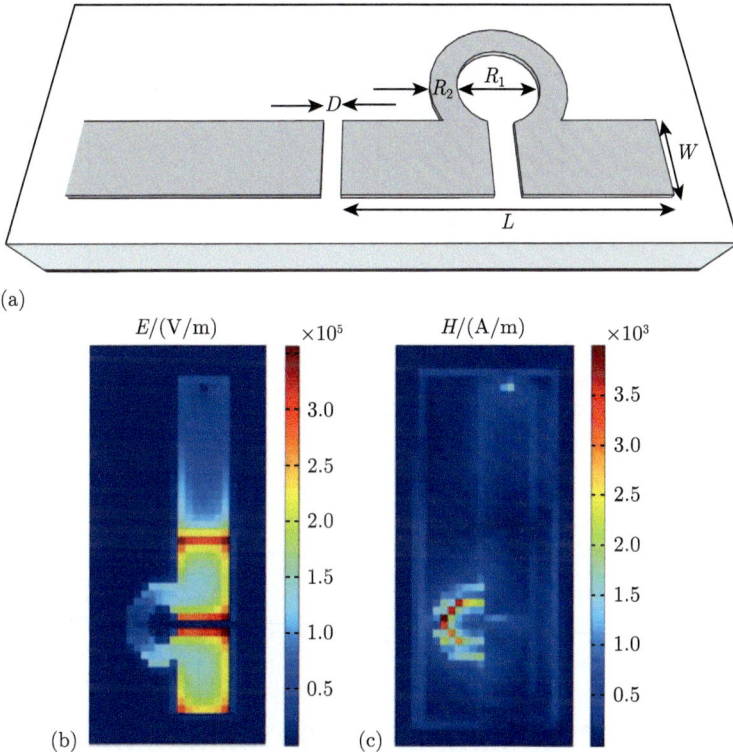

(a)

(b)

(c)

图 2.2 (a) 带馈线的平面线圈 EPR 谐振器。在 R6010LM 上布局，线圈直径 $R_1 = 500\ \mu m$，环宽 $R_2 = 220\ \mu m$，谐振腔长度 $L = 2.39\ mm$，间隙宽度 $D = 0.18\ mm$，衬底厚度为 0.635 mm。微带谐振器中的电场 (b) 和磁场 (c) 分布。

通过对电磁场进行有限差分离散化后，可以得到一个具有大量未知数的线性系统，维数为 239616。再采用 MOR 技术对该线性系统进行处理，得到了一个只有 10 个自由度的简化系统。这两个系统都由软件实现。如图 2.2 所示，仿真结果显示，当工作频率为 14 GHz 时，线圈周围有一个强磁场，带状线间隙处集中有一个电场。正如 EPR 所要求的那样，两个磁场分量被很好地分解。电场、磁场强度和效率因子 $\left(\Lambda_{th} \approx 2mT/W^{1/2}\right)$ 与文献 [10] 中的值吻合。

用降阶矩阵计算输入电压和电流。在源端，E_z 与电压有关：

$$E_z = -\frac{V}{\Delta z}$$

对于这个问题，流过集总元件的电流 I 是唯一的电磁源。用安培定律得到馈电点的电流，这个电流可以用集总源 (译者注：FDFD 网格内的集总源如图 2.5 所示) 周围的磁场分量来计算：

$$I_{i,j,k} = \Delta x \left(H_{x,i,j+1/2,k} - H_{x,i,j-1/2,k} \right) + \Delta y \left(H_{y,i,j+1/2,k} - H_{y,i-1/2,j,k} \right)$$

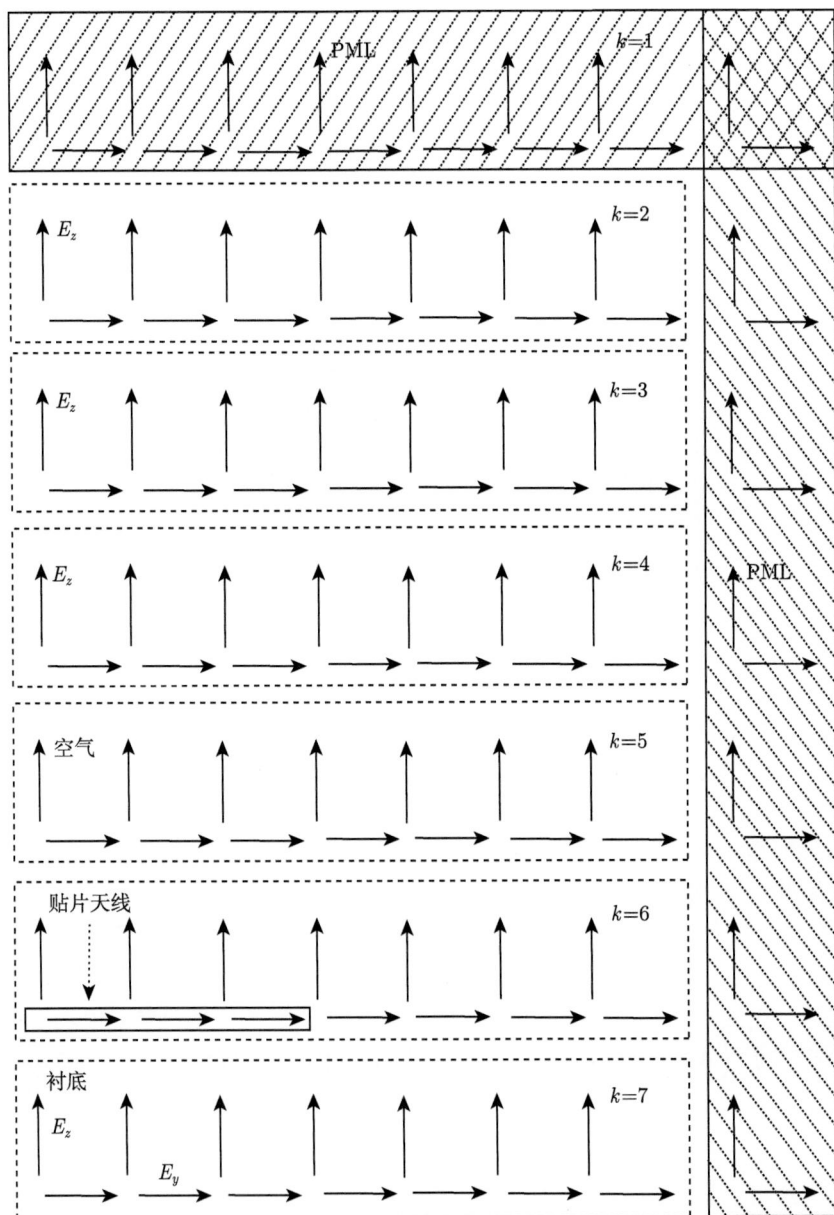

图 2.3 相对于所建模的材料和 PML 的电场位置。PML 距离 EPR 谐振器顶面四个单元。图中未显示接地层。$k=6$ 处的 E_x 和 E_y 场具有金属特性，因为它们是 EPR 谐振器的一部分。

根据输入电压和输入电流，可以计算天线的输入阻抗：

$$Z_{in} = \frac{V}{I}$$

由输入阻抗计算出 $S_{11}(s)$ 的幅值，如图 2.4 所示。设计谐振器在 50 Ω 的输入阻抗下工作，故将 50 Ω 作为计算 S_{11} 的参考阻抗，即

$$S_{11} = \frac{Z_{in} - Z_{ref}}{Z_{in} + Z_{ref}}$$

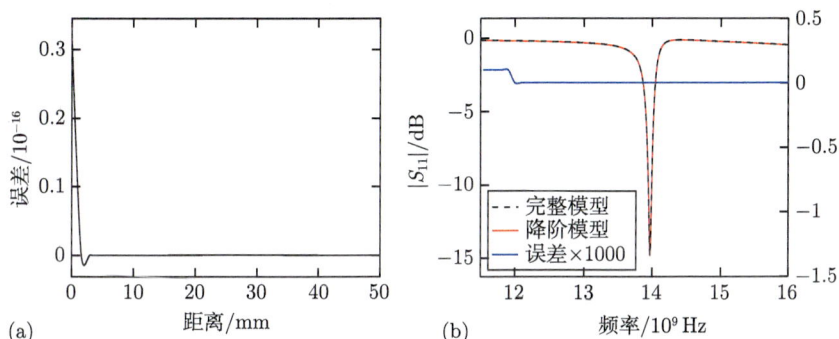

图 2.4 (a) 输入信号位于 PML 内部所导致的误差。(b) EPR 谐振器的原始和降阶模型反射系数。蓝色曲线是原始模型和降阶模型之间的相对差异。

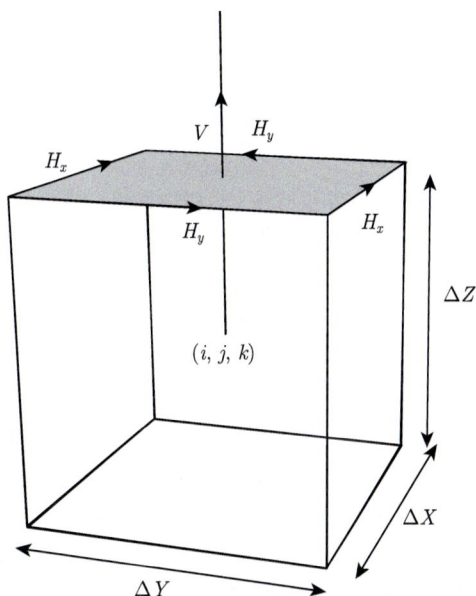

图 2.5 FDFD 网格内的集总源。

　　Arnoldi 过程使用的扩展点是 15 GHz 。如图 2.4(b) 所示，在 10 次迭代后，使用降阶模型和原始模型得到的收益损失已经非常一致 (这意味着降阶模型仅为 10 阶)。

　　用降阶模型计算了在 $11 \sim 16$ GHz 频率范围内，在 200 个等间隔频率下的 $S_{11}(s)$ 参数。将降阶后的模型与原始模型进行比较，并对不同迭代次数下的所有点进行误差累积，结果如图 2.6 所示。可以看出，10 阶的降阶模型已经相当精确了。在当前的个人计算机上，在某一特定频率求解原始模型需要 4 min，因此形成频率扫描将需要 $200 \times 60 = 12\,000$ s，而降阶模型在 35 min 即 2160 s (译者注：应为 2100 s) 内可完成。可以通过对式 (2.26) 中的矩阵 A 进行 LU 分解进一步减少模型降阶的计算时间，但这需要一台具有大随机存储内存 (RAM ，> 50GB) 的计算机。降阶模型对 $S_{11}(s)$ 参数的计算速度非常快，$11 \sim 16$ GHz 的 200 个频率点计算时间不到 1 s。比较两个程序，$t_n = 12\,000$ s $> t_r = 2161$ s (译者注：应为 2101 s)。

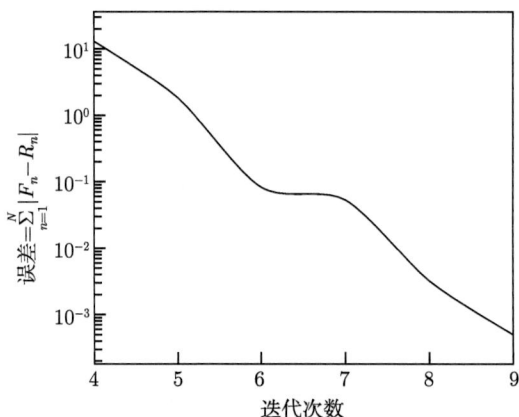

图 2.6　对于每一次迭代，误差都在期望的频率范围内累积。经过 10 次 Arnoldi 迭代，对应于一个 10 阶的降阶模型，该模型的一个误差已经减少了 4 个数量级。

2.3　基于参数模型降阶的磁共振微传感器系统级仿真

　　现在我们将注意力转向磁共振成像，这是一种在化学、生物、医学和材料科学研究中流行的非侵入性和非破坏性分析方法。通过使用在强磁场 (高达 23 T) 中运行的射频微器件，可以对非常小的样品进行 MRI 扫描 [11-17]。

　　这些微器件可以检测样品中的信号并将其转化为射频信号，这些信号随后被送到信号处理电路 (在这里实际上是指一个谱仪) 进行处理，从而提取信号中包含的信息。影响探测线圈工作的因素有很多，包括谐振器的设计、磁共振实验的选择、制造所用的材料、高磁场、样品的相对定位等。当前微磁共振系统发展得越来越复杂，我们需要利用精细的模拟技术对其进行设计、控制和优化。通常，一个系统级别的仿真是必不可少的，以揭示探测线圈和其驱动电路之间的相互作用。磁共振传感器的模型，例如通过全波麦克斯韦方程的有限元方法 (FEM) 离散化得到的模型，通常是非常大的 (典型的是 $10^4 \sim 10^6$ DOF)。这导致设备级模拟的计算成本过高，因此需要应用高效的计算技术。

用电阻、电容和电感的等效网络来表示传感器模型是一种常用的紧凑建模方法 (图 2.7(a))。然而，这种方法会损失准确性 (与数值模型相比)，通常需要有经验的设计师来完成。另一种方法是使用数学 MOR，如前一节所述，该方法具有鲁棒性，并且可以实现自动化 (图 2.7(b))。磁共振传感器有多种拓扑结构和类型，包括平面螺旋型、螺线管线圈型、微槽和带状线型、亥姆霍兹型、相控阵型、Alderman-Grant 型和环形腔传感器型等。MOR 的优点是它可以应用于任何类型谐振传感器的模型。

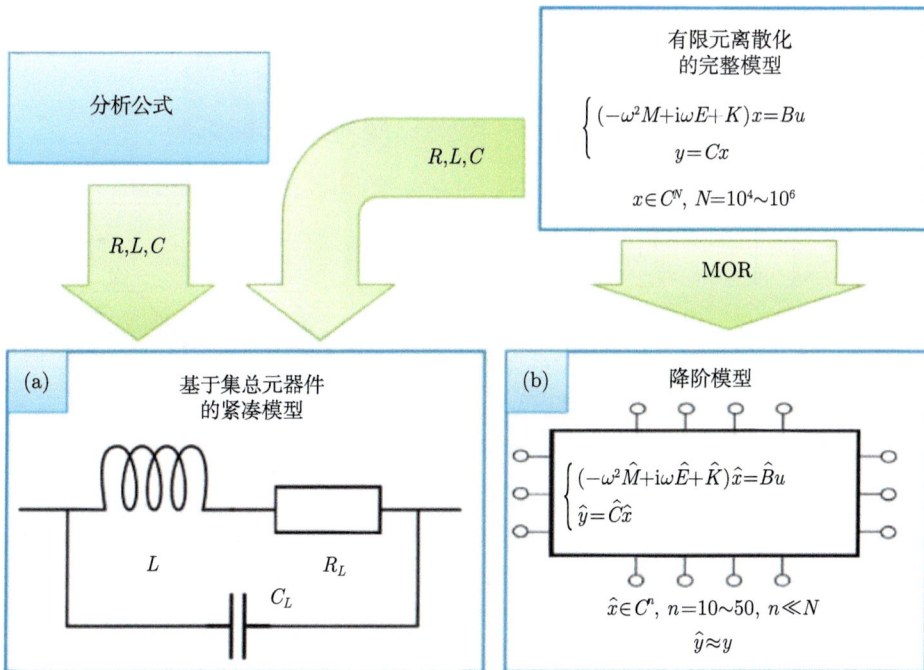

图 2.7　(a) 紧凑型线圈模型：以等效电网表示的基于集总单元的紧凑模型。(b) 利用 MOR 由完整规模的有限元模型导出的紧凑模型。

2.3.1　模型描述

这项工作中，我们考虑文献 [14] 中的螺线管微线圈模型，如图 2.8 所示。螺线管微型模型通常需要一个支撑结构来保持其形状和稳定性，这个支撑结构可以

是支柱或磁芯托架 [15,16]。这种支撑结构需要在微线圈制造前就设定好。研究表明，SU-8 是一种合适的材料，因为使用 SU-8 结合标准的 UV 光刻技术，可以制备出具有非常高纵横比的结构，并且在暴露和硬化后具有很高的耐溶剂性。螺线管微线圈可用于不同方面的应用，例如，在文献 [13] 中，微线圈在微流控芯片中起着磁共振检测器的作用，用于以无损的方式处理和分析生物样品。

对于线圈的 FEM 建模，我们使用了降阶的二维轴对称模型，与使用完整的三维模型相比，该模型得到了可接受的仿真结果，计算成本更低 (图 2.8)。

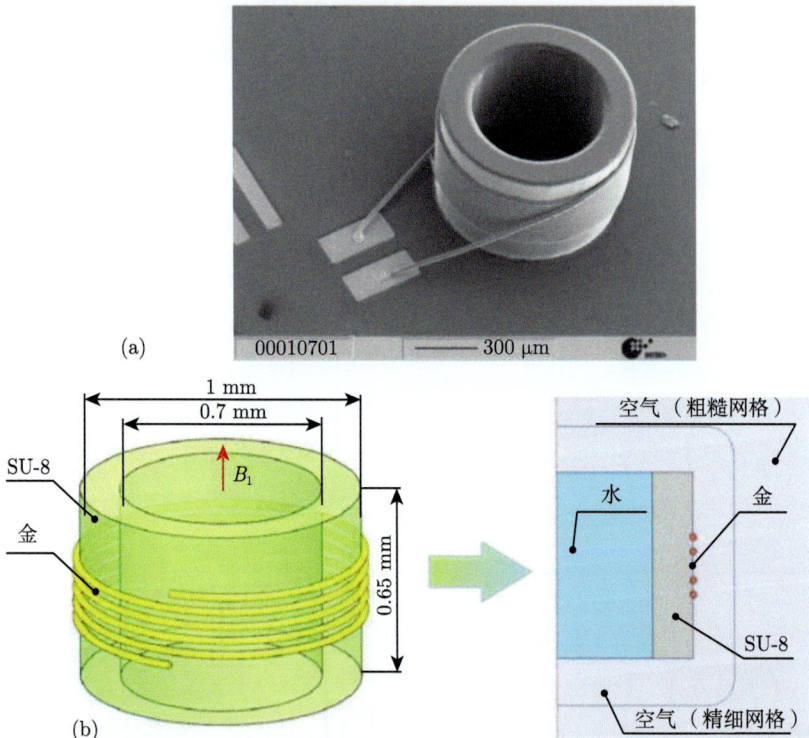

图 2.8　(a) 典型微线圈的扫描电子显微镜照片。(Kratt 等 [15]，经 IOP Science 许可转载。) (b) 微线圈示意图，包括 2D 线圈模型的主要尺寸和材料域。(Badilita 等 [14]，经英国皇家化学学会许可转载。)

微线圈模型在频域中的性能可用全波麦克斯韦-安培定律来描述，磁矢势 A 由以下偏微分方程表示：

$$\left(\mathrm{i}\omega\alpha - \omega^2\varepsilon_\mathrm{o}\varepsilon_\mathrm{r}\right) A + \nabla \times \left(\mu_0^{-1}\mu_\mathrm{r}^{-1}\nabla \times A\right) = J_\mathrm{e} \tag{2.27}$$

其中，ω 是振荡角频率 (rad/s)，J_e 是外电流密度 (A)，ε_o 是真空介电常数 (F/m)，ε_r 是介质的相对介电常数，μ_0 是真空磁导率 (H/m)，μ_r 是模拟域中材料的相对磁导率，$A = \nabla \times B$ 是磁矢势 (T·m)，B 是磁通密度 (T)。

除了个别特殊几何情况外,式 (2.27) 不存在解析解。例如,通过式 (2.27) 的有限元离散化以及初始和边界条件,数值解在频域中产生以下 N 个代数方程组:

$$(-\omega^2 M + \mathrm{i}\omega E + K)x = Bu, \quad y = Cx \tag{2.28}$$

其中, $x \in C^N$ 是系统状态向量, $u \in C^l$ 是输入向量, $y \in C^k$ 是输出向量, $M, E, K \in C^{N \times N}$ 是系统矩阵, $B \in C^{N \times l}$ 是系统散射矩阵, $C \in C^{k \times N}$ 是系统采集矩阵, N 是系统的维度, l 是输入数量, k 是输出数量。为了补充完善式 (2.27),定义外部电流密度 J_e 为

$$J_\mathrm{e} = \frac{\sigma V_i}{2\pi r} \tag{2.29}$$

其中, r 是导线的横截面半径, σ 是介质的电导率。在二维平面内进行建模和计算时,线圈第 i 匝的外加电势 V_i 未知,使用附加代数方程求解,该方程将总电流限制为等于规定的电流值 I_coil:

$$\int_\Omega J_\mathrm{e}\mathrm{d}S = I_\mathrm{coil}$$

最终,计算线圈的总电压为每一圈的电势之和:

$$V_\mathrm{coil} = \sum_{i=1}^{N_\mathrm{t}} V_i$$

其中, N_t 是线圈匝数。

所有的模拟步骤都在 COMSOL 4.2a 有限元求解器[18]中进行。二维模型的最终自由度为 $N = 37182$。有限元模型与测量数据吻合良好 (见图 2.9)。

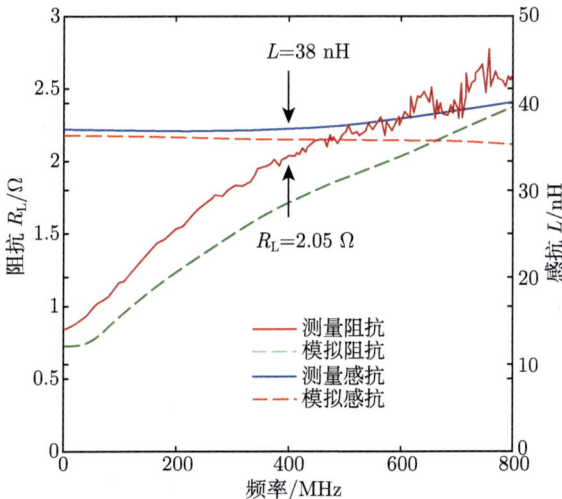

图 2.9 微线圈的电感和电阻与频率的关系:测量值 (实线);有限元模拟值 (虚线)。(Badilita 等[14],经英国皇家化学学会许可转载。)

2.3.2　参数模型降阶

基于 Krylov 的标准模型降阶方法在各种工程应用中的有效性已经得到了证明 [19,20]。这些方法基于将模型系统矩阵投影到由系统传递函数的矩 (泰勒级数展开式的系数) 张成的子空间上。降阶模型的传递函数在一定程度上保留了完整模型的矩。最终的紧凑型模型在瞬态和谐波仿真方面显示出很好的结果。然而，基于 Krylov 的标准模型降阶方法有一个显著的缺点：缺乏自适应性。即当模型的参数 (例如材料属性或几何形状) 发生变化时，简化后的模型需要重新生成，因为需要进行许多带有交替参数的迭代，大大降低了这类方法在设计优化方面的计算效率。pMOR 方法提供了一种补救方法，它可以生成在参数值范围内有效的紧凑模型。文献 [21]~[25] 中提出的 pMOR 方法是标准矩匹配方法对非参数系统的扩展。式 (2.28) 可考虑为拉普拉斯域中的单参数线性系统：

$$Y(s) X(s) = Bu, \quad y = Cx$$

其中，$Y(s) = s^2 M + sE + K$，$Y(s) \in C^{N \times N}$，$s = \mathrm{i}\omega$ 是系统唯一的参数，N 是系统的维数。一般来说，系统可以被表示为拉普拉斯变量 s 和其他设计参数 $\bar{\lambda}$ 的函数：

$$Y(s, \bar{\lambda}) X(s, \bar{\lambda}) = Bu, \quad y = CX(s, \bar{\lambda})$$

其中，$Y(s) = s^2 M(\bar{\lambda}) + sE(\bar{\lambda}) + K(\bar{\lambda})$ 和 $\bar{\lambda} = [\lambda_1, \lambda_2, \cdots, \lambda_n]$ 是降阶过程中应保留的设计参数。关于 s 和 $\lambda_i, i = 1, \cdots, n$ 的 $X(s, \lambda)$ 的矩是递归计算的。选择 s_0 和 $\bar{\lambda}_0$ 作为扩展点，频率矩可以用下式计算：

$$Y(s_0, \bar{\lambda}) M_0^s = B, \quad Y(s_0, \bar{\lambda}) M_1^s = -\frac{\partial Y(s_0, \bar{\lambda}_0)|_{s=s_0}}{\partial s} M_0^s$$

$$Y(s_0, \bar{\lambda}) M_m^s = -\frac{\partial Y(s_0, \bar{\lambda}_0)|_{s=s_0}}{\partial s} M_{m-1}^s - \frac{1}{2} \frac{\partial^2 Y(s_0, \bar{\lambda}_0)|_{s=s_0}}{\partial s^2} M_{m-2}^s$$

其中，M_m^s 是 $X(s, \lambda)$ 关于 s 的 m 阶矩，λ_0 是计算矩 λ 的值 [21]。关于 λ_i 的矩使用以下公式计算：

$$Y(s_0, \bar{\lambda}_0) M_0^{\lambda_i} = B, \quad Y(s_0, \bar{\lambda}_0) M_{m_i}^{\lambda_i} = -\sum_{r=1}^{m_i} \frac{\dfrac{\partial^r Y(s_0, \bar{\lambda}_0)|_{\bar{\lambda}=\bar{\lambda}_0}}{\partial \lambda_i^r}}{r!} M_{m_i-r}^{\lambda_i}$$

其中，$M_{m_i}^{\lambda_i}$ 是 $X(s, \bar{\lambda})$ 关于 λ_i，$i = 1, \cdots, n$ 的 m_i 阶矩。

注意　$X(s, \bar{\lambda})$ 的混合矩被省略了，因为它们可能是正交投影矩阵 V 生成过程中数值不稳定性的潜在来源。此外，它们会大量增加降阶系统的维数。这种方法允许通过不相交的 Krylov 子空间 [23] 计算关于不同设计参数的矩。省略混合矩的另一个情况是参数 λ_i 非强相关 [24]。计算完全部所需矩后，构造多维子空间 P：

$$P = \left[M^s M^{\lambda_1} M^{\lambda_2} \cdots M^{\lambda_n} \right]$$

其中，$M^s = [M_0^s \cdots M_m^s]$ 表示 $X(s, \bar{\lambda})$ 关于 s 的矩，$M(\lambda_i) = \left[M_0^{\lambda_i} \cdots M_m^{\lambda_i} \right]$ 表示 $X(s, \lambda)$ 关于参数 λ_i，$i = 1, \cdots, n$ 的矩。矩阵 P 通常是病态的，需要找到正交基 V：

$$\mathrm{colspan}\{P\} = \mathrm{colspan}\{V\} = \mathrm{colspan}\{V_s V_{\lambda_1} \cdots V_{\lambda_n}\}$$

其中，$V_s V_{\lambda_1} \cdots V_{\lambda_n}$ 是用 Krylov 方法计算得到的。

通过对线圈模型的分析，选择了对系统性能影响最大的两个材料参数 (图 2.10)：

(1) 线圈导线的电导率，σ；

(2) 线圈内样本的相对磁导率，μ。

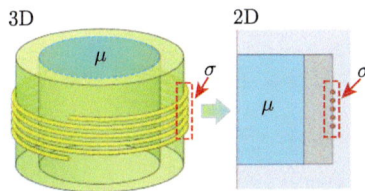

图 2.10 在紧凑模型中保留的系统参数。(Badilita 等 [14]，经英国皇家化学学会许可转载。)

一般来说，系统的 $\sum_p$ 依赖于这些参数，类似于式 (2.28)，其可表示为

$$\sum_p : \begin{cases} (-\omega^2 M(\sigma, \mu) + \mathrm{i}\omega E(\sigma, \mu) + K(\sigma, \mu)) x = Bu \\ y = Cx \end{cases}$$

通过对初始偏微分方程 (式 (2.27)) 的分析，得到系统矩阵对所选参数的线性依赖关系如下：

$$\sum_p : \begin{cases} \left(-\omega^2 M(\sigma, \mu) + \mathrm{i}\omega\sigma E_s + \sigma K_s + \dfrac{1}{\mu} K_m \right) x = Bu \\ y = Cx \end{cases} \tag{2.30}$$

参数化系统的传递函数 $\sum_p$ 依赖于三个参数，定义为

$$H\left(s,\sigma,\mu\right) = C\left(s^2 M + s\sigma E + K_0 + \sigma K_s + \frac{1}{\mu} K_m\right) B$$

将完整系统 $\sum\limits_{p}$ 投影到由传递函数 H 关于参数 s、σ 和 μ 的矩所张成的多参数子空间 K 上，计算得到了降阶后的系统：

$$K = [M^s M^\sigma M^\mu] \tag{2.31}$$

其中，$M^s = [M_0^s \cdots M_m^s]$ 是关于频率参数 s 的矩，$M^\sigma = \left[M_1^\sigma \cdots M_{m_\sigma}^\sigma\right]$ 是关于参数 σ 的矩，$M^\mu = \left[M_1^\mu \cdots M_{m_\mu}^\mu\right]$ 是关于参数 μ 的矩。由于所选参数在物理上是独立的，所以可以忽略混合矩。

　　为了计算关于所有参数的子空间，使用了一阶和二阶 Krylov 技术 [32]。由于系统传递函数的变分是关于 s 的二次函数，为了计算子空间 $\mathrm{colspan}\,\{M^s\}$，采用 SOAR 过程 [26]，$\mathrm{colspan}\,\{M^s\} = \mathrm{colspan}\,\{K_s A, B, r_0\}$，其中 K_s 是二阶 Krylov 子空间，用以下矩阵构造 [32]：

$$\begin{aligned}
A &= \left(s_0^2 M + s_0 E_0 + K_0\right)^{-1}\left(2s_0 M + E_0\right) \\
B &= \left(s_0^2 M + s_0 E_0 + K_0\right)^{-1} M \\
r_0 &= \left(s_0^2 M + s_0 E_0 + K_0\right)^{-1} B
\end{aligned} \tag{2.32}$$

其中，$E_0 = \sigma_0 E_s$，$K_0 = K_0 + \sigma K_s + \dfrac{1}{\mu_0} K_m$，式中 σ_0 和 μ_0 是固定扩展点对应的参数，s_0 是拉普拉斯变量的扩展点。

　　由于关于 σ 和 μ 的系统传递函数的变化是线性的，为计算子空间 $\mathrm{colspan}\,\{M^\sigma\}$ 和 $\mathrm{colspan}\,\{M^\mu\}$，使用了一阶 Arnoldi 方法 [27]。对于 σ，使用以下公式：

$$\mathrm{colspan}\,\{M^\sigma\} = \mathrm{colspan}\,\{K_\sigma\left(A_\sigma, r_0\right)\} \tag{2.33}$$

其中，K_σ 是关于 σ 的 Krylov 子空间，由以下矩阵构造：

$$\begin{aligned}
A &= \left(s_0^2 M + s_0 E_0 + K_0\right)^{-1}\left(2s_0 E_s + K_s\right) \\
r_0 &= \left(s_0^2 M + s_0 E_0 + K_0\right)^{-1} B
\end{aligned} \tag{2.34}$$

由于 K 一般是病态的，因此将其转化为标准正交矩阵 V：

$$\mathrm{colspan}\,\{K\} = \mathrm{colspan}\,\{V\} \tag{2.35}$$

通过将原始系统 $\sum\limits_{p}$ 投影到子空间 colspan $\{V\}$ 得到最终降阶的系统：

$$\widehat{\sum_{p}} : \begin{cases} \left(-\omega^2 V^{\mathrm{T}} M V + \mathrm{i}\omega\sigma V^{\mathrm{T}} E_s V_s + V^{\mathrm{T}} K_0 V + \dfrac{1}{\mu} V^{\mathrm{T}} K_m V_m\right) x = V^{\mathrm{T}} B u \\ \hat{y} = C V \hat{x} \end{cases}$$

2.3.3 紧凑型模型仿真结果

应用于微线圈的电流振幅 $u = [I_{\mathrm{ext}}]$ 被定义为输入信号。线圈的压降 V_{coil} 与线圈的电阻成正比，线圈中心处的磁通密度 B_1 为预期的输出：$y = [V_{\mathrm{coil}}; B_1(0,0)]$ (图 2.11)。使用 MOR 方法获得的紧凑型模型具有一种方便的特性，即能够输出任何在原始的连续模型中可以计算得出的量。相比之下，一个简单的 L-R-C 电路模型只能输出电路中与电流、电压和电荷等量的信息，无法提供与磁场相关的信息。

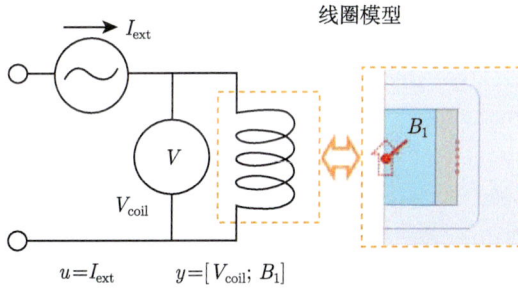

图 2.11　文献 [14] 中线圈模型的输入和输出。

在使用 pMOR 方法计算时，需选择下面这组参数值作为扩展点：$f_0 = 400$ MHz，即探测器在 $B_0 = 9.4$ T 磁场下所需的共振频率，对应于文献 [14] 的实验中使用的 Bruker BioSpec 94/21 系统；金在室温下的电导率 $\sigma_0 = 45.6$ MS/m；水在室温下的相对磁导率 $\mu_0 = 0.9996$。

所选定的参数值与用于完整模型仿真的材料参数值相同，从而保证与完整模型仿真的结果一致。预计在这些选定值的附近，降阶简化的模型输出的相对误差将是最小的。

选择降阶后的模型 $\widehat{\sum\limits_{p}}$ 的维数为 15，保留关于频率的矩 $m_s = 5$，关于电导率的矩 $m_\sigma = 5$，关于相对磁导率的矩 $m_\mu = 5$。

图 2.12 显示了从直流到 1 GHz 频率范围内不同导线电导率值的降阶模型和完整模型的谐波响应之间的良好匹配。

图 2.13 显示了磁通密度 B_1 对 μ 值敏感。对于接近 μ_0 的 μ，降阶系统显示良好的结果，相对误差较小，而当参数值 μ 与扩展点 μ_0 的差异相当大时 ($\mu = 100$)，不能再使用该系统，应采用化简过程中的另一个展开点。然而，在响应频率 (400 MHz) 下，即使 $\mu = 100$，相对误差也只有 1% 左右或更小。

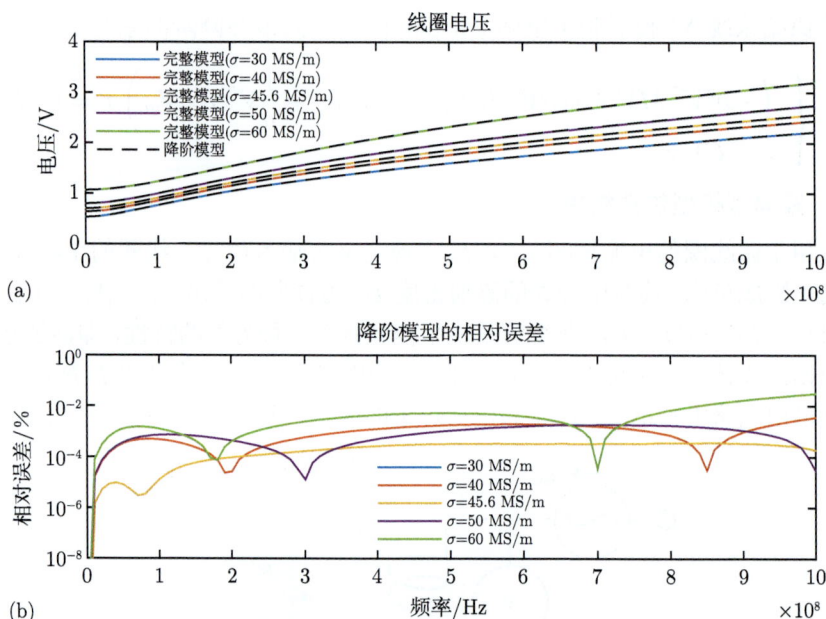

图 2.12   (a) $\mu_0 = 0.9996$ 时，不同电导率 σ 情况下降阶模型的线圈电压输出 V_{coil} 的谐波仿真结果。(b) 降阶模型输出与完整模型输出之间的相对误差。

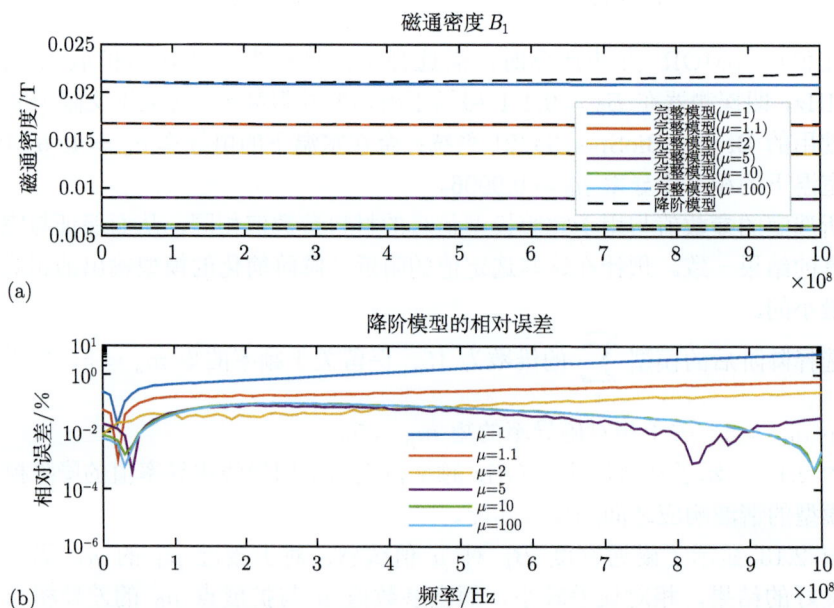

图 2.13   (a) 在不同的相对磁导率 μ 值下 (其中 $\sigma_0 = 45.6$ MS/m)，降阶模型的线圈中心处的磁通密度 B_1 的谐波仿真结果。(b) 降阶模型输出与完整模型输出之间的相对误差。

2.3.4 联合仿真装置电路

在这项工作中，使用 Ansys Simplorer(V 2014)[28] 软件对电路器件进行联合仿真。使用 IEEE VHDL-AMS 标准，将传感器的降阶模型表示为具有三个非保守引脚和两个保守引脚的模块 (图 2.14)。输入引脚 μ 和 σ 获取线圈内部样品的相对磁导率以及线圈线导的电导率 (图 2.10)，输出引脚 B_1 提供线圈中心产生的磁场值。

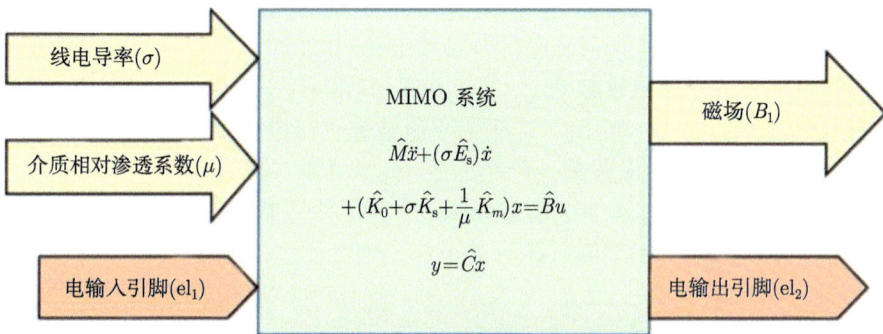

图 2.14 磁共振检测器的系统级表示。

用电路联合仿真降阶模型的主要优点是效率高。为了研究 pMOR 对传感器模型的准确性和适用性，首先使用了一个简单的电路 (图 2.15)，其中三个电容连接到传感器模块进行阻抗匹配。为了实现最大的功率传输，在 400 MHz 的工作频率下，电路的阻抗应为 50 Ω，并且其相角应为零。

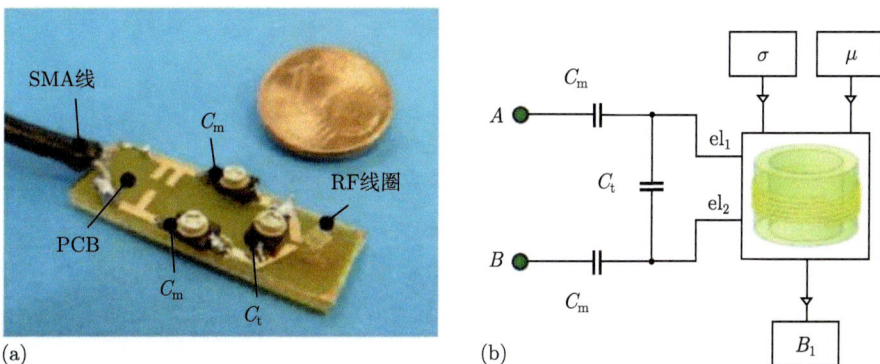

图 2.15 (a) 安装在 PCB 上的射频微线圈[13,16]。(b) 与调谐和匹配电容器连接的传感器模型。应调整电容器 C_t 和 C_m，以在端口 $A-B$ 处提供 50 Ω 阻抗，并在 400 MHz 下产生谐振。(Meier 等[13]，经弗赖堡大学许可转载。)

为了实现这一目标,必须调整调谐电容 C_t 和匹配电容 C_m 的值。在 Simplorer 中进行优化,以电容值 1 pF $\leqslant C_t \leqslant$ 10 pF 和 1 pF $\leqslant C_m \leqslant$ 10 pF 为变量,目标函数定义为工作频率为 400 MHz 时的反射系数 S_{11}:

$$S_{11} = \frac{Z_{in} - Z_{ref}}{Z_{in} + Z_{ref}}$$

其中,Z_{in} 为节点 A 和节点 B 之间的电路阻抗,$Z_{ref} = 50\ \Omega$ 是发射机/接收机电路阻抗。

采用序列非线性规划方法,在 Simplorer 中对自由度为 15 的传感器模型进行了优化。对于早期的仿真,设定材料参数 $\mu_0 = 0.9996$ 和 $\sigma_0 = 45.6\ \mathrm{MS/m}$。经过 155 次迭代,优化结果收敛到 $C_m = 1.645\ \mathrm{pF}$ 和 $C_t = 3.66\ \mathrm{pF}$,对应的工作频率阻抗为 $Z_{in} = 50.026 - i0.132$。这些电容值被放置在电路中,连接到一个自由度为 30 的降阶模型 (这里保留关于频率的矩 $m_s = 10$,关于电导率的矩 $m_\sigma = 10$,关于相对磁导率的矩 $m_\mu = 10$) 和 Comsol 中的原始完整模型。

调节电容通常是一项细微且耗时的工作。电容器值的微小变化会极大地改变反射系数,如图 2.16 所示。

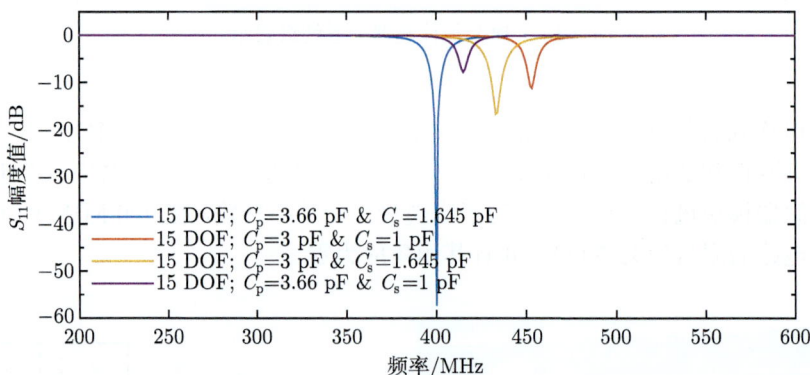

图 2.16　不同电容值的反射系数 $S_{11}(f)$。随着电容值的增加,最小值点向较低频率移动。当 $C_m = 1.645\ \mathrm{pF}$,$C_t = 3.66\ \mathrm{pF}$ 时,$S_{11}(f)$ 最小,表明共振。(图中 C_p 和 C_s 应该对应为 C_m 和 C_t。——译者)

正如在 2.3 节开始时所提到的,在标准的 MOR 方法中,通常没有将降阶模型对设计参数的依赖性考虑在内,因此,对于每一个新的设计参数,都必须在模型降阶过程中进行处理,这大大增加了设计优化的计算成本。然而在目前的情况下,通过使用 pMOR,这些依赖关系被自动考虑在内,因此,模型能够对材料参数的变化做出适当的响应。注意,模型是根据材料参数值 $\mu = 0.9996$ 和 $\sigma = 45.6\ \mathrm{MS/m}$ 以及它们的变化调整的。在现实生活中,这些变化可由温度波动或样本材料参数变化引起,并可能使系统失谐,如图 2.17 所示。

图 2.18 和图 2.19 说明了全频率范围内，在系统级仿真过程中，降阶模型和完整模型之间能够完美匹配。完整模型的结果是通过在 Comsol 中添加集总电容来计算的。

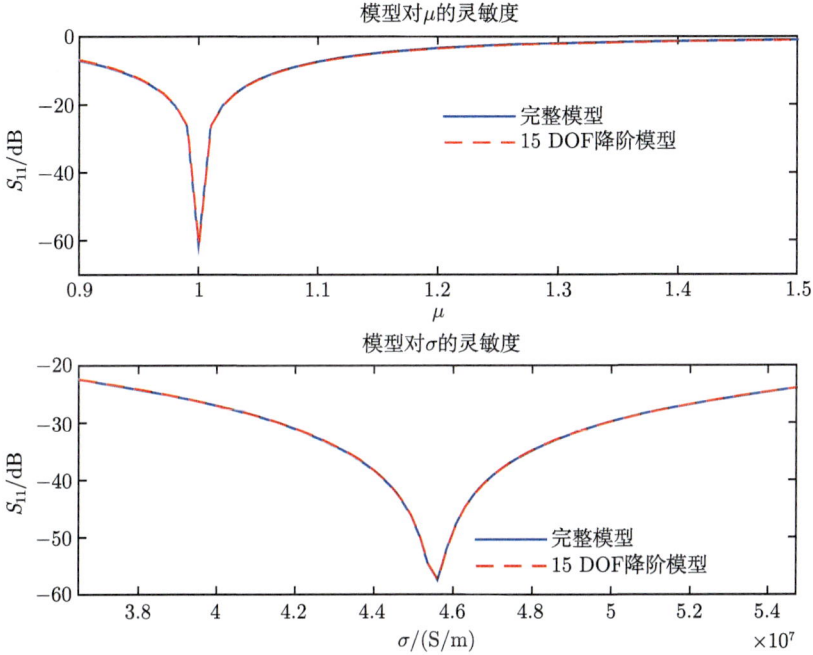

图 2.17 在 400 MHz 时，S_{11} 对样本相对磁导率和传感器导线电导率变化的灵敏度。系统被调整为 $\mu_0 = 0.9996$ 和 $\sigma_0 = 45.6$ MS/m。

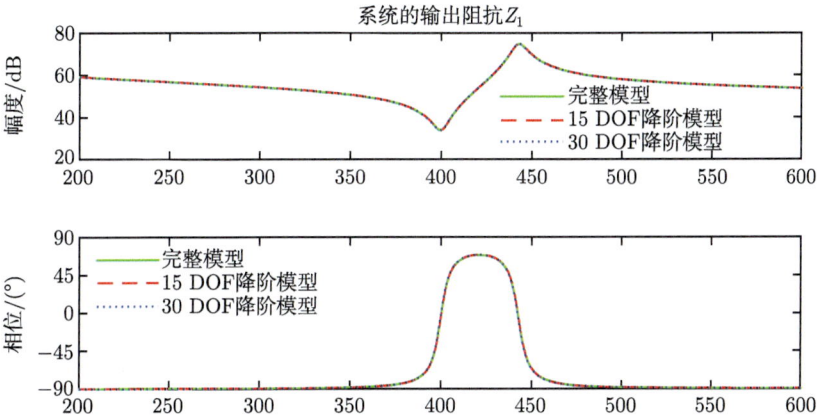

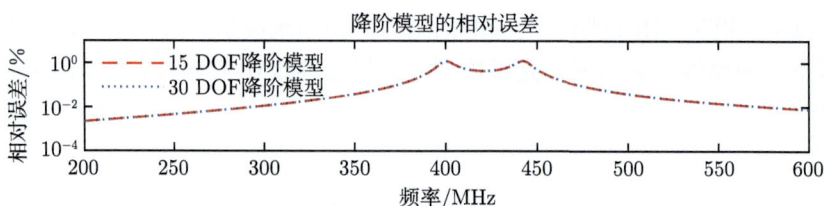

图 2.18 电路输出阻抗 Z_1 的谐波响应。在整个频率范围内，连接到自由度 15 和自由度 30 的紧凑模型的电路相对于完整模型的相对误差小于 1.25‰。

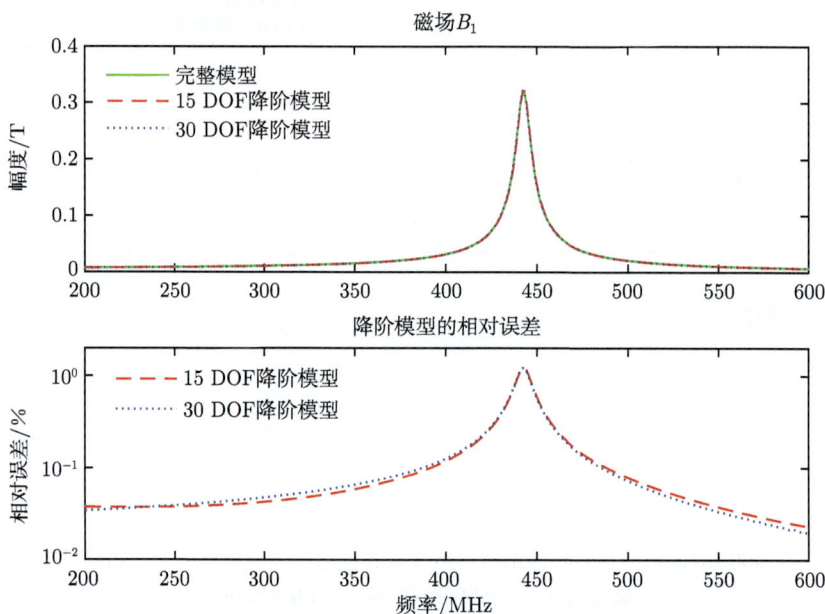

图 2.19 输出磁通密度 B_1 的谐波响应。在整个频率范围内，自由度 15 和自由度 30 的紧凑模型的线圈 B_1 场相对于完整模型的相对误差小于 1.3‰。

与传统的集总单元方法相比，pMOR 的另一个优点是可以在系统级模拟器中有效地模拟接收线圈模型。在这种情况下，线圈模型系统 (式 (2.29)) 是一个多输入系统，其中输入矢量 u 包含两个分量：输入电流 (A) 和被测体积内的平均磁化强度 (A/m)。相应地，散射矩阵有两列：$B = [B_I, B_M]$。我们提出按照文献 [29] 的叠加法利用式 (2.31) ~ 式 (2.35) 分别计算 V_I 和 V_M，该方法使用 B_I 和 B_M 作为输入向量。最终的降阶系统由式 (2.36) 计算。

在我们的研究中，37182 自由度的完整模型减少到 20 自由度。选择电导率 σ 作为保留参数。在化简过程中，保留 5 个时刻的信息，其中 5 个用于频率，5 个用于电导率。选择的扩展点是 $f_0 = 400$ MHz 和 $\sigma_0 = 4.5 \times 10^7$ S/m。在这些数值附近，预计降阶模型的相对误差将是最小的。

$$\widehat{\sum}: \begin{cases} \left(\underbrace{\begin{bmatrix} [V_I^T M V_I] & [0] \\ [0] & [V_M^T M V_M] \end{bmatrix}}_{\hat{M}} \right. \\ +i\omega \left(\underbrace{\begin{bmatrix} [V_I^T E_0 V_I] & [0] \\ [0] & [V_M^T E_0 V_M] \end{bmatrix}}_{\hat{E}_0} + \sigma \underbrace{\begin{bmatrix} [V_I^T E_s V_I] & [0] \\ [0] & [V_M^T E_s V_M] \end{bmatrix}}_{\hat{E}_s} \right. \\ \left. + \underbrace{\begin{bmatrix} [V_I^T K_0 V_I] & [0] \\ [0] & [V_M^T K_0 V_M] \end{bmatrix}}_{\hat{K}_0} + \sigma_s \underbrace{\begin{bmatrix} [V_I^T K_s V_I] & [0] \\ [0] & [V_M^T K_s V_M] \end{bmatrix}}_{\hat{K}_s} \right) \\ \hat{\boldsymbol{y}} = \underbrace{[[CV_I] \ [CV_M]]}_{\hat{C}} \hat{x} \\ \hat{x} = \underbrace{\begin{bmatrix} [V_I^T B_I] & [0] \\ [0] & [V_M^T B_M] \end{bmatrix}}_{\hat{B}} \end{cases}$$

$$(2.36)$$

从检测到的信号中提取信息的实际信号处理电路通常非常复杂 [30,31]，可以在与紧凑型设备模型的联合仿真中进行有效测试和进一步开发，从而为电路提供正确的终端阻抗并得到 2D 或 3D 模型的场值。文献 [31] 中给出了八通道 MRI 接收线圈的框图。每个通道由几个主要部件组成，如 LNA、混频器、压控振荡器、带通滤波器和加法运算放大器。在这个电路中，磁共振线圈中产生的信号首先通过 LNA 放大，然后传递到电路的其余部分进行进一步的操作。

在此项工作中，LNA 电路与接收线圈的集总单元模型和紧凑模型进行了联合仿真。集总单元模型由一个电感器、一个电阻 (都是从 400 MHz 的降阶模型估计得到的) 和一个电压源 (对应于来自接收线圈的 MRI 信号) 组成 (图 2.20(a))。使用 IEEE VHDL-AMS 标准创建了传感器的降阶模型。它被表示为一个包含化简方程组的块，有两个非保守引脚和两个保守引脚 (图 2.20(b))。输入引脚 M_V 和 σ 分别对应线圈内检测体积的磁化值和线圈导线的电导率。输入磁化强度的变化会在两个保守的引脚 el_1 和 el_2 上产生电压，它们一起构成线圈上的电输入和输出的终端。

接收线圈与 LNA 的联合仿真结果如图 2.21 所示。LNA 放大线圈两端感应的电压。LNA 与接收线圈的集总模型和降阶模型联合仿真时的交流增益如图 2.22 所示。结果表明，两种模型具有良好的匹配性。由 pMOR 生成的线的紧凑模型很准确，因此对于系统级仿真来说其是实用的，可以得到线圈的设计参数。

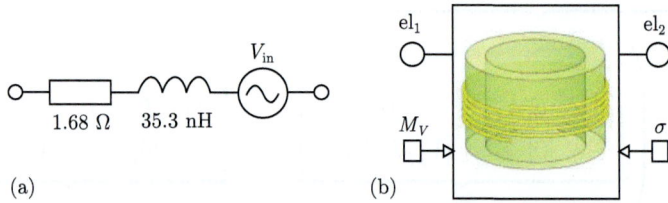

图 2.20　(a) 接收线圈的最小集总模型和 (b) 紧凑模型。

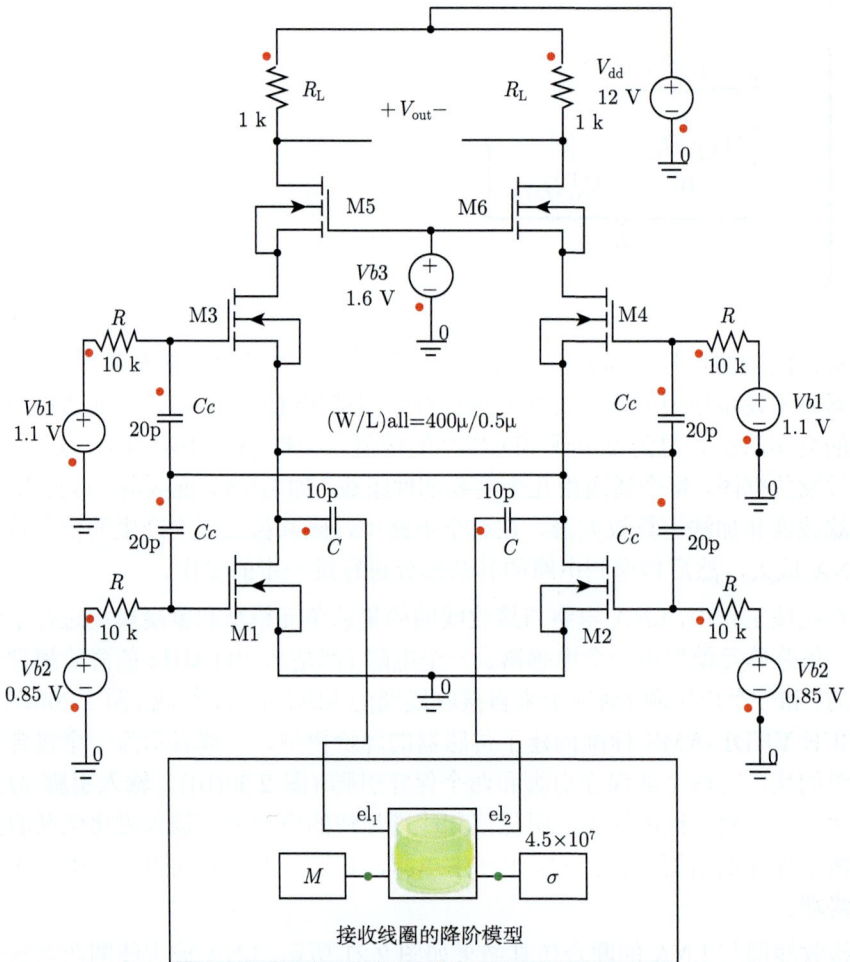

图 2.21　文献 [31] 中的连接到接收线圈降阶模型的 LNA 电路。(Jouda 等 [31]，经 John Wiley & Sons 许可转载。)

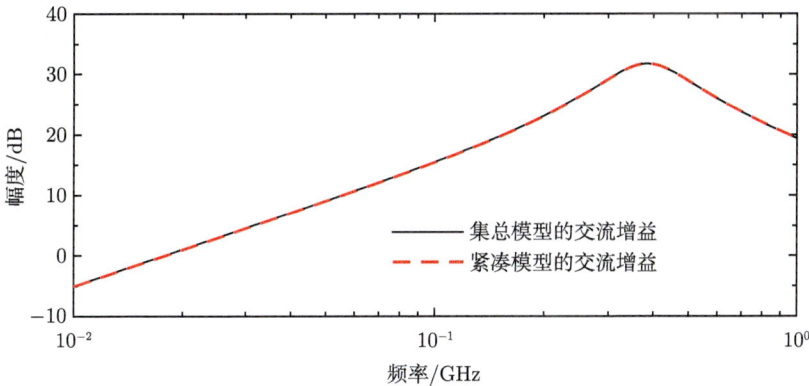

图 2.22 紧凑模型和集总模型下 LNA 的交流增益。

2.4 结论与展望

本章中，我们介绍了两种 MOR 方法来设计和模拟磁共振谐振器。这些方法基于 Krylov 子空间的矩匹配技术，可用于数值离散麦克斯韦方程组的降阶。同时，采用有限差分法和有限元法进行了离散化。

我们已经证明，应用 SPRIM 方法时，不需要使用 Gram-Schmidt 算法来计算 Krylov 子空间的行向量。如果将 SPRIM 应用于 FDFD 仿真，则可以在 PML 中使用任意源来生成完整的列秩矩阵，并获得正确的仿真结果。SRPIM 算法保留了所有的关键结构，如无源性、互易性和带有 PML 的麦克斯韦方程的二阶形式。由于保持了二阶形式，我们也可以得到麦克斯韦方程组的一阶形式。

采用高效的结构保持 MOR 技术，模拟了在 14 GHz 谐振频率下具有高效率系数 ($\approx 2 \text{ mT/W}^{1/2}$) 的 EPR 微谐振器。数值结果验证了该算法在较宽的频率范围内具有较高的精度。

在本章的后半部分，提出了一种自动生成精确参数化射频微器件紧凑模型的方法。尽管通过模型缩减，模型的自由度已经降到原来的 1/1000，但是其中的两个关键的参数仍能够被成功地传递到降阶简化后的模型中。使得模型在参数变化和频率方面表现出可靠的性能。

与电路的联合仿真表明，由紧凑参数模型推导的 VHDL-AMS 模型在相对误差可控的情况下，可以产生稳定的结果。

算法没有考虑模型对电磁模型参数 (如几何变化) 的依赖。为了将几何设计参数包括在降阶模型中，在进一步的工作中可以使用多项式拟合算法 [21,22]。多项式拟合方法基于对系统矩阵在参数空间的不同点进行抽样，并用多项式拟合这些矩阵。

本章所考虑的谐振器模型仅限于电磁域。然而，也有一些相关的耦合问题，解决这些问题需要多种物理方法。例如，由于共振时的射频效应，诱导的 B_1 磁场在空间上是不均匀的，电场可能加热或烧毁样品；线圈丝也可能由于焦耳热效应而发热。考虑这些影响，需要在模型中引入热平衡方程和热电耦合方程。接下来进一步的工作将集中在考虑这些影响的 MOR 算法的开发上。

参 考 文 献

[1] Yee, K.S. (1966) Numerical solution of initial boundary value problems involving Maxwell's equation in isotropic media. IEEE Trans. Antennas Propag., 14,302–307.

[2] Zhao, L. and Cangellaris, A.C. (1998) Reduced-order modeling of electromagnetic Held interactions in unbounded domains truncated by perfectly matched layers. Microwave Opt. Technol. Lett., 17 (1), 62–66.

[3] Zhao, L. and Cangellaris, A.C. (1996) GT-PML: generalized theory of perfectly matched layers and its application to the reflection less truncation of finite difference time-domain grids. IEEE Trans. Microwave Theory Tech., 44(12), 2555–2563.

[4] Berenger, J.P. (1994) A perfectly matched layer for the absorption of electromagnetic waves. J. Comput. Phys., 114, 185–200.

[5] Pillage, L.T. and Rohrer, R.A. (1990) Asymptotic waveform evaluation for timing analysis. IEEE Trans. Comput. Aided Des. Integr. Circuits Syst., 9 (4),352–366.

[6] Feldmann, P. and Freund, R.W. (1995) Efficient linear circuit analysis by Pad, approximation via the Lanczos process. IEEE Trans. Comput. Aided Des.Integr. Circuits Syst., 14, 639–649.

[7] Gallivan, K., Grimme, E., and Van Dooren, P. (1994) Asymptotic waveform evaluation via a Lanczos method. Appl. Math. Lett., 7, 75–80.

[8] Freund, R.W., Gutknecht, M.H., and Nachtigal, N.M. (1993) An implementation of the look-ahead Lanczos algorithm for non-Hermitian matrics. SIAM J. Sci. Comput., 14 (1), 137–158.

[9] Freund, R.W. (2004) SPRIM: Structure-preserving reduced-order interconnect macromodeling. Proceedings of ICCAD, pp. 80–87.

[10] Narkowicz, R., Suter, D., and Stonies, R. (2005) Planar microresonators for EPR experiments. J. Magn. Reson., 175 (2), 275–284.

[11] Manz, A., Graber, N., and Widmer, H.M. (1990) Miniaturised total chemical analysis systems: a novel concept for chemical sensing. Sens. Actuators, B, 1(16), 244–248.

[12] Trumbull, J.D. et al. (2000) Integrating microfabricated fluidic systems and NMR spectroscopy. IEEE Trans. Biomed. Eng., 47 (1), 3–7.

[13] Meier, R. et al. (2012) Microfluidic magnetic resonance chip with integrtated solenoidal microcoil for disposable use in a modular probe. microTAS 2012, pp. 1843–1845.

[14] Badilita, V. et al. (2010) On-chip three dimensional microcoils for MRI at the microscale. Lab Chip, 10 (11), 1387–1390.

[15] Kratt, K. et al. (2010) A fully MEMS-compatible process for 3D high aspect ratio micro coils obtained with an automatic wire bonder. J. Micromech.Microeng., 20, 015021.

[16] Kratt, K. (2010) Microcoils manufactured with a wire bonder. PhD thesis. Albert-Ludwigs-Universitat Freiburg, Published by Der Andere Verlag,Tönning, Lübeck und Marburg.

[17] Glover, P. and Mansfield, P. (2002) Limits to magnetic resonance microscopy. Rep. Prog. Phys., 65, 1489–1511.

[18] COMSOL (2011) Multiphysics Reference Guide for COMSOL 4.2a.

[19] Lampe, J. and Voss, H. (2005) Second order Arnoldi reduction: application to some engineering problems. Preprints des Institutes für Mathematik; Bericht 93 (2005) https://doi.org/10.15480/882.56.

[20] Bechtold, T., Schrag, G., and Feng, L. (eds) (2013) System-Level Modeling of MEMS, Wiley-VCH VerlagGmbH & Co. KGaA.

[21] Sampath, M.K., Dounavis, A., and Khazaka, R. (2009) Parameterized model order reduction techniques for FEM based full wave analysis. IEEE Trans. Adv. Packag., 32 (1), 2–12.

[22] Daniel, L. et al. (2004) A multiparameter moment-matching model-reduction approach for generating geometrically parameterized interconnect performance models. IEEE Trans. Comput. Aided Des. Integr. Circuits Syst., 23 (5), 678–693.

[23] Gunupudi, P. and Nakhla, M. (2000) Multi-dimensional model reduction of VLSI interconnects. Proceedings of the Custom Integrated Circuits Conference.

[24] Bechtold, T. et al. (2010) Efficient extraction of thin-film thermal parameters from numerical models via parametric model order reduction. J. Micromech. Microeng., 20 (4), 045030.

[25] Kudryavtsev, M. et al. (2015) A compact parametric model of magnetic resonance micro sensor. 2015 16th International Conference on Thermal, Mechanical and Multi-Physics Simulation and Experiments in Microelectronics and Microsystems (EuroSimE), IEEE.

[26] Bai, Z. and Su, Y. (2005) Dimension reduction of large-scale second-order dynamical systems via a second-order Arnoldi method. SIAM J. Sci. Comput., 26 (5), 1692–1709.

[27] Freund, R.W. (2000) Krylov-subspace methods for reduced-order modeling in circuit simulation. J. Comput. Appl. Math., 123 (1–2), 395–421.

[28] ANSYS http://www.ansys.com/Products/Simulation+Technology/Electronics/ Electromechanical/ANSYS +Simplorer (accessed 10 November 2017).

[29] Benner, P., Feng, L., and Rudnyi, E.B. (2008) Using the superposition property for model reduction of linear systems with a large number of inputs. International Symposium on Mathematical Theory of Networks and Systems.

[30] Jouda, M., Gruschke, O., and Korvink, J.G. (2013) CMOS 8-channel frequency division multiplexer for 9.4 T magnetic resonance imaging. PhD Research in Microelectronics and Electronics (PRIME), pp. 24–27.

[31] Jouda, M., Gruschke, O., and Korvink, J.G. (2014) Implementation of an in-field CMOS

frequency division multiplexer for 9.4T magnetic resonance applications. Int. J. Circuit Theory Appl., 43 (12), 1861–1878.

[32] Salimbahrami, B. and Lohmann, B. (2006) Order reduction of large scale second-order systems using Krylov subspace methods. Linear Algebra Appl., 415 (2–3), 385–405.

第 3 章　磁共振微阵列和微电子

Oliver Gruschke[1], Mazin Jouda[2], Jan G. Korvink[2]

[1](德国) Bruker BioSpin 有限责任公司
[2](德国) 卡尔斯鲁厄理工学院微观结构技术研究所

3.1　引　言

射频线圈阵列对磁共振成像有很大影响。自 Hutchinson 和 Raff[1] 首次提出射频线圈阵列后，在视野 (field of view, FOV) 相同的情况下，与单个射频线圈相比，阵列能进一步提高采样灵敏度并缩短实验时间。目前最先进的人脑核磁共振检查就依靠线圈阵列的性能，同时其他领域也对阵列单元提出了更多的需求 [2-5]，如图 3.1 所示。

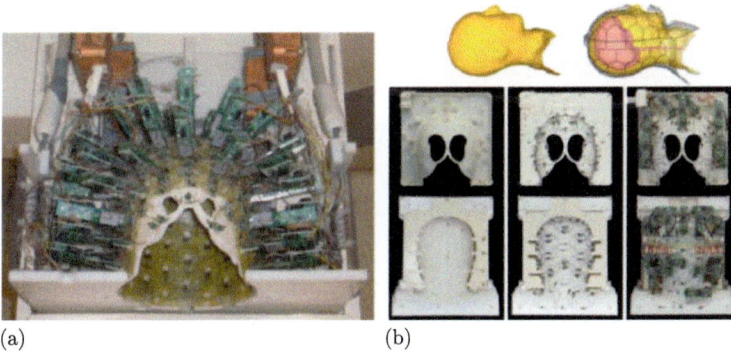

图 3.1　各种头部成像阵列。((a) Wiggins 等 [2]，经 Wiley 许可转载。(b) Keil 和 Wald[4]，经 Elsevier 许可转载。)

但同时，大量的射频线圈元件带来两大挑战：其一是密集元件之间的互相耦合；其二是电缆及信号处理单元的增加导致电子电路更加复杂。

由于磁共振设备较小的封装和必要的较高集成密度，这种复杂性的增大对于磁共振阵列尤其具有挑战性。然而，近年来的一些文献 [6-9] 证明了磁共振显微镜阵列的优势，因为这些阵列结合了宏观 FOV 上微线圈的固有显微分辨率。图 3.2 展示了这些系统的性能。

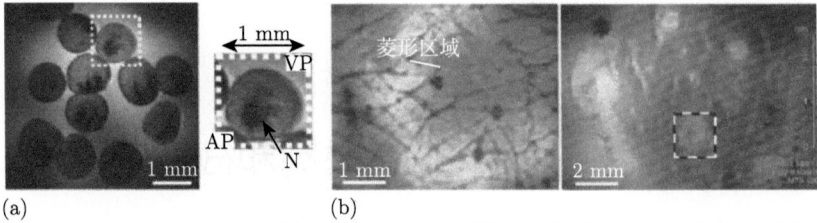

图 3.2 (a) 鱼卵的 MR 显微图像。(Gruschke 等 [7]，经英国皇家化学学会许可转载。)
(b) 人类皮肤切片 (Göbel 等 [8]，经 John Wiley & Sons 许可转载。)

3.2　磁共振微阵列

3.2.1　理论背景

从信噪比 (signal-to-noise ratio, SNR) 方程出发，可以推导出，用较小的线圈代替较大的线圈时，靠近样品表面的 SNR 增大。为了覆盖同样的 FOV，可以将几个较小的线圈排列成一个阵列。但在样品内部，由于单个阵列线圈获得多个信号的平均效应，阵列根据其几何结构可以达到更高的信噪比，如图 3.3 所示 [4,10]。

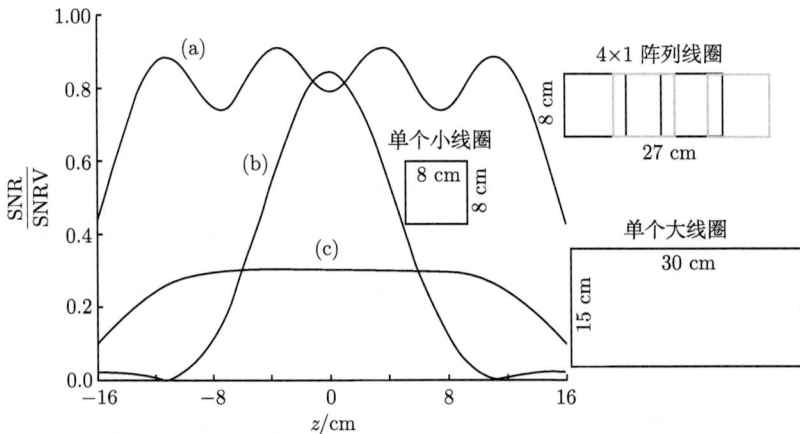

图 3.3　不同单线圈和多线圈配置的信噪比比较。(源于文献 [10]，线圈图示和尺寸见图。)

除了提高信噪比外，还有几种利用线圈几何排列缩短采集时间的方法，如 GRAPA[11]、SENSE[12] 或 SMASH[13]。近年来的文献还额外使用了射频阵列线圈来对样品进行匀场 [14,15]。

由于阵列中的谐振线圈非常接近，信号和噪声都会在线圈元件之间传输。如果不处理串扰，附加的噪声将导致信噪比下降。互耦可分为直接耦合和间接耦合。直接耦合是由线圈元件之间的互感和互容耦合引起的，而间接耦合是由样品的有限电导率引起的, 即互阻。电感耦合可以通过线圈元件之间的几何重叠或电路网络来减少 [10,16−19]。此外, 前置放大器去耦可用于减少射频线圈中的电流, 从而减少互感耦合 [4,10,16,20]。电容耦合通常可以在设计中得到解决 [21], 或用于减少电感耦合, 而减少互阻只能以降低信噪比 [22] 为代价。

脑成像阵列和其他应用中元件的数量持续增加, 越来越接近可实现的 SNR 的理论极限 [2,23]。这种趋势将持续下去, 并且由于最新的 MR 机器可在更高磁场强度下运行 [4], 将需要更小的线圈直径, 而其尺寸的减小仅受线圈电阻的限制。因此, 可以使线圈尺寸减小的技术, 例如微型技术和集成电路 (integrated circuit, IC) 将变得更加重要。

3.2.2 MR 阵列制造的微技术

几种微制造技术已与 3.2.1 节中讨论的去耦方法相结合, 以生产用于 MR 波谱和成像的体积及表面线圈阵列。McDougall 等 [6,24] 使用传统的印刷电路板 (printed circuit board, PCB) 技术来生产线圈阵列, 如图 3.4(a) 所示, 线宽为 2 mm, 在多个 PCB 层上集成了去耦功能。

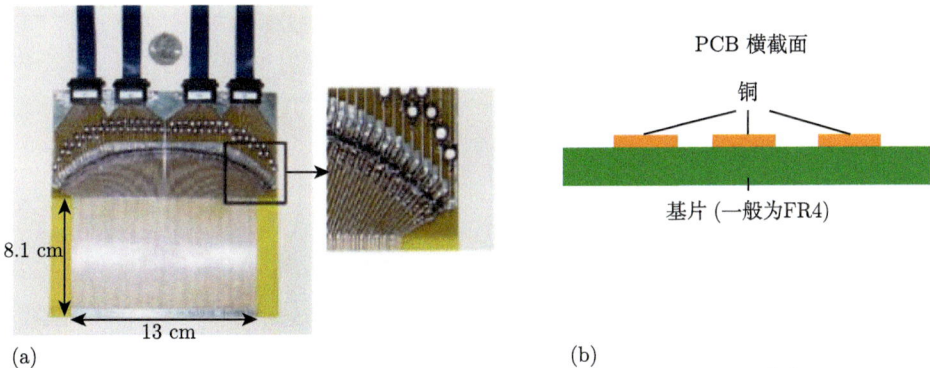

(a)   (b)

图 3.4   (a) McDougall 等的 64 元件线圈阵列图示。(McDougall 和 Wright[24], 经 Wiley 许可转载。) (b) 标准印刷电路板的横截面。

Watzlaw 等 [9,25] 使用薄膜技术代替多层 PCB, 即籽晶层结合电镀到模具中, 在 5 μm 聚酰亚胺衬底上构建金轨道, 得到了宽度和高度为 100 μm、间距为 50 μm 的轨道。其他文献已经使用类似的方法将特征尺寸缩小到 10 μm[26,27]。镀金的聚酰亚胺层被对齐、黏合和电连接。而阵列中线圈元件的电感去耦是通过重叠相邻的线圈元件来实现的, 如图 3.5 所示。

Gruschke 等研究了一系列基于 SU-8 的微线圈, 第 5 章介绍了其焊线工艺。该阵列由 7 个元件组成, 每个元件的直径为 2 mm, 排列成六边形图案。一个线圈元件有 6 个 SU-8 支柱, 如图 3.6 所示。相邻线圈共享 6 个支柱中的 2 个, 这使元件之间的内部可形成固有的几何重叠，允许线圈在几何上去耦。这种方法使得单个线圈元件之间固定排布，从而确保了去耦。使用自动绕线机将宽度为 25 μm 且带有电绝缘涂层的金线缠绕在柱子周围。线圈嵌入 SU-8 中的相邻层中，以在物理上受到保护。为了对非相邻线圈进行去耦，这里使用定制的低阻抗前置放大器。

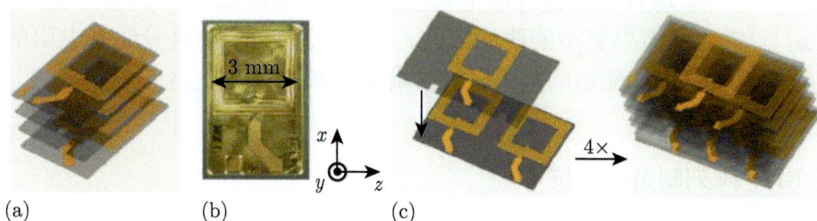

图 3.5　线圈阵列照片。(Watzlaw 等 [25]，经 Elsevier 许可转载。)

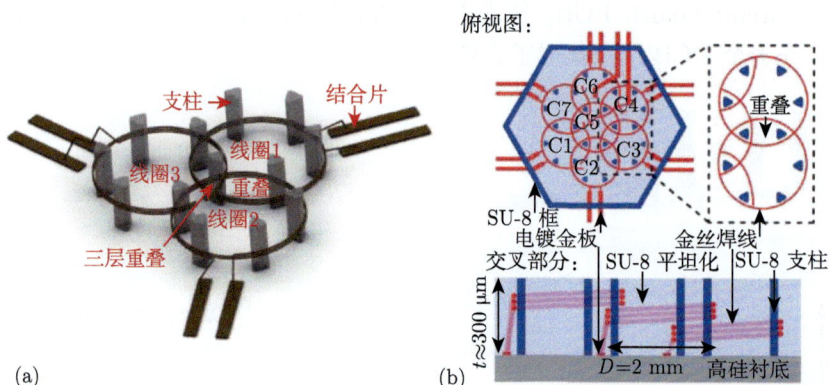

图 3.6　由引线焊接的微型线圈阵列。(Gruschke 等 [7]，经英国皇家化学学会许可转载。)

Badilita 等 [28] 将第 5 章中介绍的 4 个直径为 500 μm 的螺线管微线圈布置在硅晶片上，并将它们连接到定制的集成电路板上。单个线圈元件之间的距离 (图 3.7) 小于线圈直径。

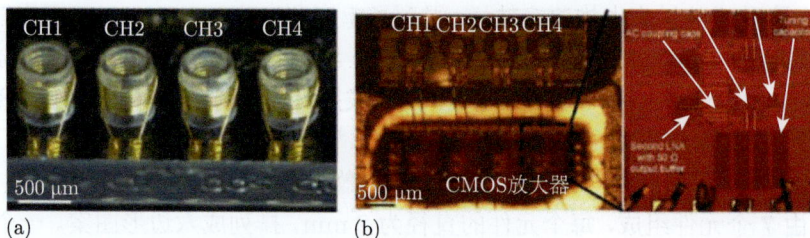

图 3.7　MEMS 和 CMOS 混合线圈阵列。(Badilita 等 [28]，经 IEEE 许可转载。)

Anders 等 [29] 提出了一个基于 CMOS 技术的高度集成的方案，使用了前置放大器和 8 个直径为 520 μm 的紧密排列的螺旋线圈，如图 3.8 所示。他们建议通过文献 [30] 中提到的软件后处理程序来减少串扰。

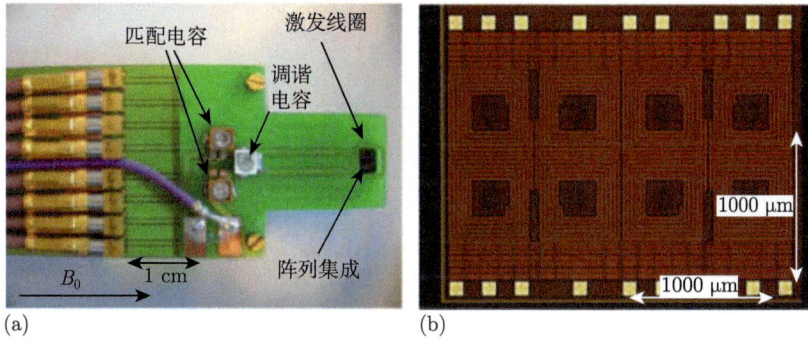

图 3.8 CMOS 线圈阵列图。(Anders 等 [29]，经 Elsevier 许可转载。)

3.3 集 成 电 路

互补金属氧化物半导体 (complementary metal oxide semiconductor, CMOS) 技术是一项非常强大的技术，为多种应用提供了良好的解决方案，尤其是那些面积极其有限、功率受到很大限制的应用。然而，在核磁共振领域，CMOS 技术仍处于起步阶段，应用前景相当广阔。使用 CMOS 技术的 NMR 应用包括：完全集成的单探针和探针阵列 [29,31−33]、完全集成的 RF 接收机 [34,35] 和用于多核 NMR 的完全集成宽带收发器 [36,37]。

3.4 CMOS 频分多路复用器

正如前面提到的，NMR 相控阵列具有许多优点，其中最突出的便是更高的信噪比、更高的分辨率和更短的扫描时间。从理论上讲，这些优点与阵列内的线圈数量成正比。相控阵列可以提供极高的分辨率和较短的扫描时间，然而由此导致的系统尺寸和复杂性的增加，成为使用含有大量线圈的阵列的主要障碍。

本节介绍了一种新的解决方案，以克服与 NMR 相控阵列相关的尺寸和复杂性问题 [38]。新解决方案着眼于以下两个主要假设：

• 用 CMOS 集成解决方案取代传统系统中庞大的电子接口设计。

• 通过信号复用减少传输 MR 信号所需的电缆数量。

图 3.9(b) 展示了 CMOS 频分多路复用器 (frequency division multiplexer, FDM) 的框图，能够合并多达八个 MR 通道并通过单根电缆传输信号。FDM 有八

个通道，每个通道由一个低噪声放大器、一个混频器和一个带通滤波器 (bandpass filter, BPF) 组成。FDM 设计在 9.4 T (^{1}H 的拉莫尔频率为 400MHz) 的谱仪中运行。在 FDM 内部，MR 信号被转换为八个不同的中频信号 (intermediate frequencies, IFs)，这样它们可以组合并通过单根电缆传输到信号处理单元。下面详细介绍 FDM 的不同元件。

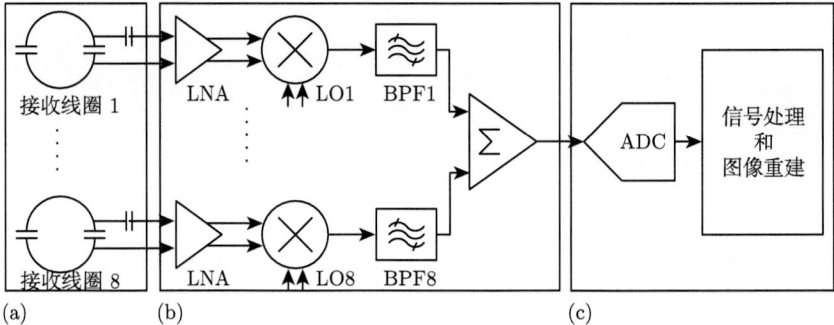

图 3.9   采用八通道频分复用器的完整 MRI 系统框图。(a) 八个线圈的 MR 相控阵列。
(b) 八通道频分复用器。(c) 信号处理单元，包括模数转换 (analog-to-digital conversion, ADC) 和数字信号处理模块。

3.4.1   低噪声放大器

LNA 是接收器链中的第一个元件。因此，它对整个接收机的性能起到非常关键的作用。它的主要任务是提高小 MR 信号 (通常在数十到数百微伏范围内) 的强度，同时通过引入尽可能少的噪声来保持其 SNR。在各种拓扑结构中，FDM 的设计中采用了共栅极共源极 (common-gate common-source, CG-CS) LNA。

图 3.10 中所示的共栅极共源极 LNA 展示了无电感结构的主要优势：减小了面积进而降低了成本。此外，与电感退化共源 LNA[39] 相比，这种拓扑具有出色的线性度、稳定性和对工艺-电压-温度 (process-voltage-temperature, PVT) 变化的鲁棒性。此外，与使用电感为 M1 和 M2 提供直流电路的传统共栅极 LNA 相比，这种 LNA 拓扑显示出更高的有效跨导 g_m。这种 g_m 的提升是通过利用电容交叉耦合 (capacitive cross-coupling, CCC) 负反馈配置实现的，这也保证了放大器的差分操作。这种优化后的 g_m 为 LNA 提供了额外的优势 [40]。首先，噪声系数 (noise figure, NF) 得到改善；其次，可实现电压增益和功耗的兼顾。放大器的输入阻抗可由下式确定：

$$\frac{Z_{in}}{2} = \frac{1}{2g_{m1} - g_{m3}} \tag{3.1}$$

式 (3.1) 显示了这种拓扑结构的另一个优点，即通过简单地调整 M1 和 M3 的跨导，可以轻松地将输入阻抗调整到所需的数值 (取决于 MR 阵列的要求)。

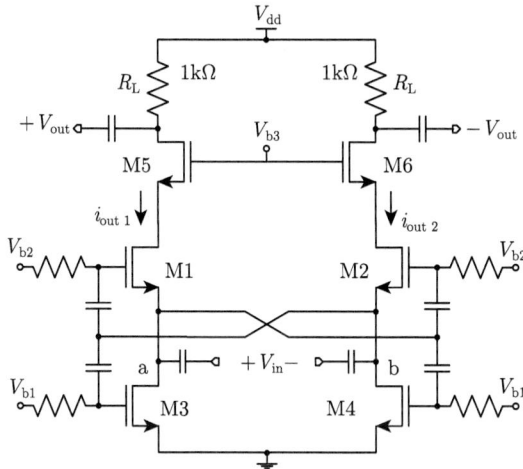

图 3.10　共栅极共源极 LNA。

3.4.2　混频器

混频器是 MR FDM 中继 LNA 之后的下一个元件，其基本作用是将放大的 RF 信号以 400 MHz 的拉莫尔频率为中心，与由位于外部的直接数字合成器 (direct digital synthesizer，DDS) 提供的本振 (local oscillator，LO) 信号相乘 [41]。CMOS 集成接收机中使用了多种混频器拓扑结构。它们因接收机架构的要求和约束而不同。根据对直流偏置的需要，它们可以分为两大类：有源混频器和无源混频器。前者具有电压增益的优势，后者的优势在于零功耗、更高的线性度和低闪烁噪声。该 FDM 中采用的混频器拓扑是标准的双平衡吉尔伯特单元 [42]。

图 3.11 中描绘的混频器拓扑具有一个差分 RF 端口和几个 LO 端口。差分拓扑能够有效地抑制混频器输出端的偶次失真，从而增强其线性性能 [43]。此外，双平衡结构还具有较低的本振信号对 LO 端口和 RF 端口的馈通 [44]。而混频器设计中的主要挑战之一是闪烁噪声。对于图 3.11 中的混频器，闪烁噪声主要归因于开关晶体管 (M3~M6)。在采用直接转换方案的系统中，闪烁噪声变得更具挑战性，因为它与频率成反比。尽管如此，在上述的 FDM 中，MR 信号被移到 $10 \sim 45$ MHz 范围内的中频带，其中闪烁噪声的影响可以忽略不计。

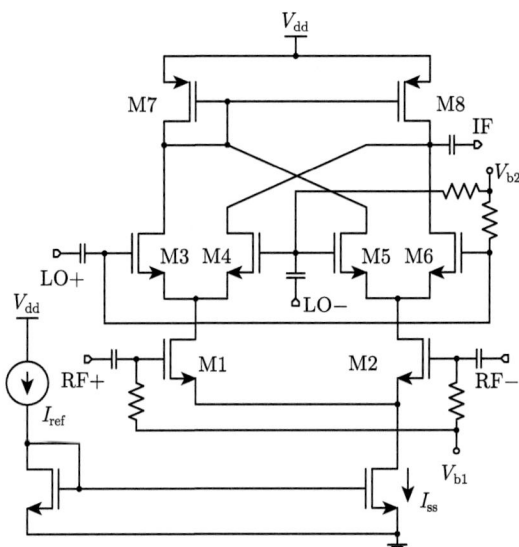

图 3.11　双平衡吉尔伯特混频器。

3.4.3　带通滤波器

在混频阶段之后，一般采用带通滤波来抑制不需要的边带以及带外噪声。在上述 FDM 中，来自八个通道的 MR 信号被移到八个不同的中频，因此，需要八个带通滤波器 (BPF)。如图 3.12 所示，这些滤波器是通过多反馈阻容 (resistive-capacitive, RC) 有源拓扑 [45,46] 来实现的。图 3.12 中为中心频率为 $f_c = 1/(2\pi\sqrt{R_2 R_5 C_3 C_4})$ 的二阶滤波器。这种基于运算放大器的拓扑，因更高的线性度和输入动态范围而优于 Gm-C 拓扑。此外，高阶滤波器可以直接通过级联低阶滤波器来获取。因此，在 CMOS FDM 中，采用的是通过级联两个二阶电路获得的四阶滤波器，如图 3.12 所示。为了使滤波器正常工作，运算放大器必须满足高开

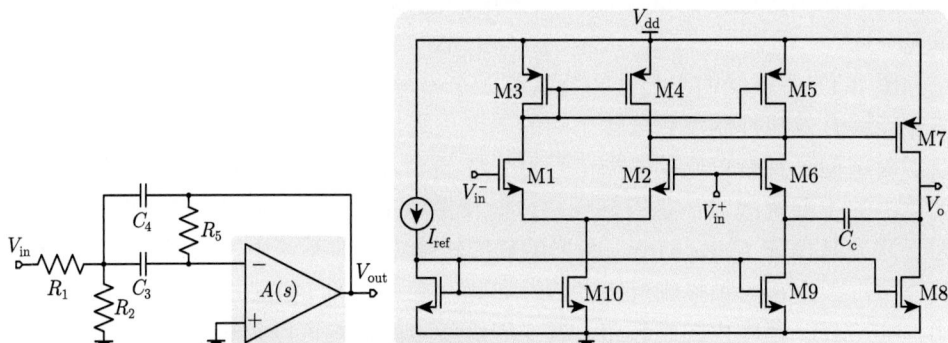

图 3.12　带通滤波器示意图。二阶滤波器是通过基于具有间接补偿的两级运算放大器的多反馈 RC 拓扑实现的。

环增益 $A(s)$ 和高稳定性的主要要求，因此需使用一个两级运算放大器，其原理如图 3.12 所示。将设计限制在两个阶段，可以在充分的开环增益、高反转率和高增益带宽乘积 (gain bandwidth product, GBW) 之间进行兼顾。此外，运算放大器采用了间接补偿，显著提高了其稳定性。

3.4.4 测量

本章介绍的 CMOS FDM 是在 XFab 的高质量的 $0.35\,\mu m$ 工艺下制造的，具有四个金属层。图 3.13 展示了最终的硅芯片的显微照片以及所有单个组件。CMOS 芯片被设计成在高磁场 (高达 9.4 T) 中运行，因此，在布局设计期间必须非常小心，以确保电路中所有有源元件中的电流与 B_0 场保持平行。这种平行可使电荷载流子上的洛伦兹力最小化，从而减少霍尔效应。图 3.14 显示了 FDM 单通道在高磁场 (11.7 T) 内外的测量结果。图 3.14(a) 显示了通道的电压增益，图 3.14(b) 显示了其线性度。从图 3.14 中可以明显看出，磁场对芯片性能的影响几乎可以忽略不计。这些结果也与文献 [47] 中的结果非常一致。

图 3.13 CMOS FDM 芯片显微照片。

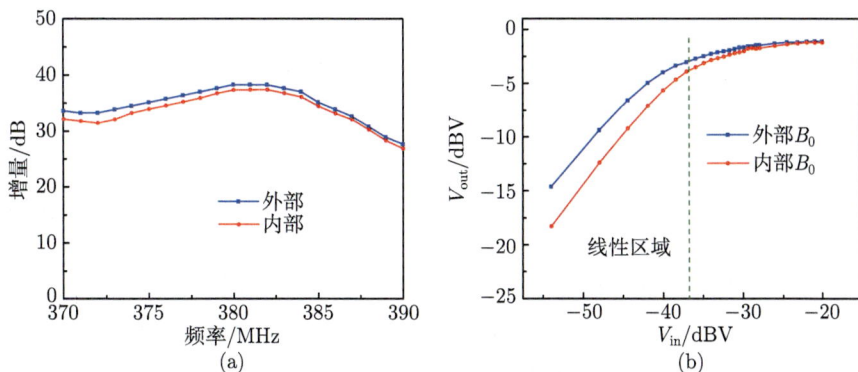

图 3.14 表征强磁场内外的芯片性能。(a) 通道增益。(b) 通道的线性度。

3.4.4.1　MRI 实验

图 3.15 给出了在 9.4 T Bruker 扫描仪中使用芯片的实验装置。利用超高频锁定放大器 (ultra high frequency lock-in amplifier, UHFLI) 将输出信号数字化，然后使用 MATLAB 重建图像。

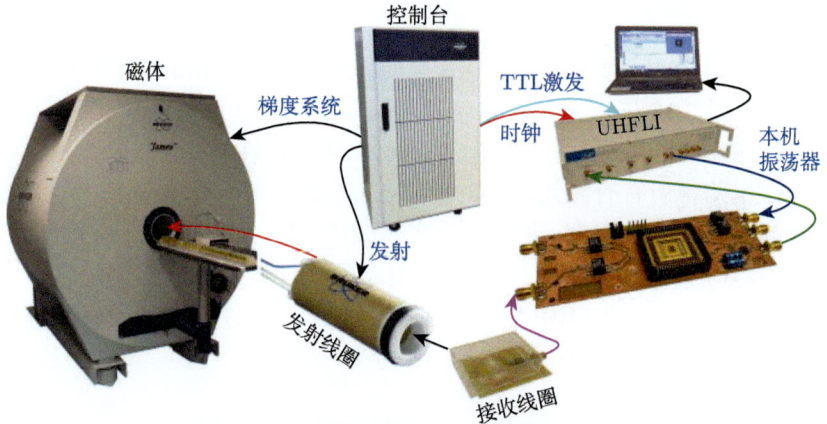

图 3.15　MRI 实验装置。

表 3.1 列出了成像实验的主要参数，图 3.16 显示了原始图像 (使用 Bruker 扫描仪获得的图像) 和重建图像 (从 CMOS 芯片获得的图像) 并比较了它们的 SNR。从图 3.16 中，可以观察到与来自扫描仪的原始图像相比，重建图像的 SNR 降低了 3.3 dB。理想情况下，这种 SNR 下降归因于芯片的噪声。但是，考虑到以下原因，这种 SNR 的比较方式并不完全公平。

表 3.1　采用 CMOS FDM 的 9.4 T MR 扫描仪成像实验的主要参数

参数	数值	参数	数值
线圈直径	3 cm	翻转角	30°
采样体积	20 mL	层厚	4 mm
成像序列	梯度回波	图像尺寸	256×256
回波时间	6 ms	FOV	8 cm × 8cm
重复时间	1000 ms	—	—

- UHFLI 使用 12 位 ADC 进行数字化，其分辨率不如 Bruker[48] 使用的 16位 ADC 高。
- UHFLI 的运行速度略高于奈奎斯特速率，可以避免设备和计算机之间的缓冲速度有限而导致的样品损失，而 Bruker ADC 的运行速度为 20 MS/s，导致过采样率偏高。这种过采样使得可以对 MR 信号的样本应用滑动平均法以进一步提高它们的 SNR。

● 无法通过简单地比较两个图像来表征芯片的另一个重要原因是，一旦接收线圈与扫描仪断开连接，许多基于反馈的优化程序和图像处理算法将不再适用。

尽管如此，图 3.16 中的重建图像与原始图像非常相似，因此可以肯定芯片运行成功。

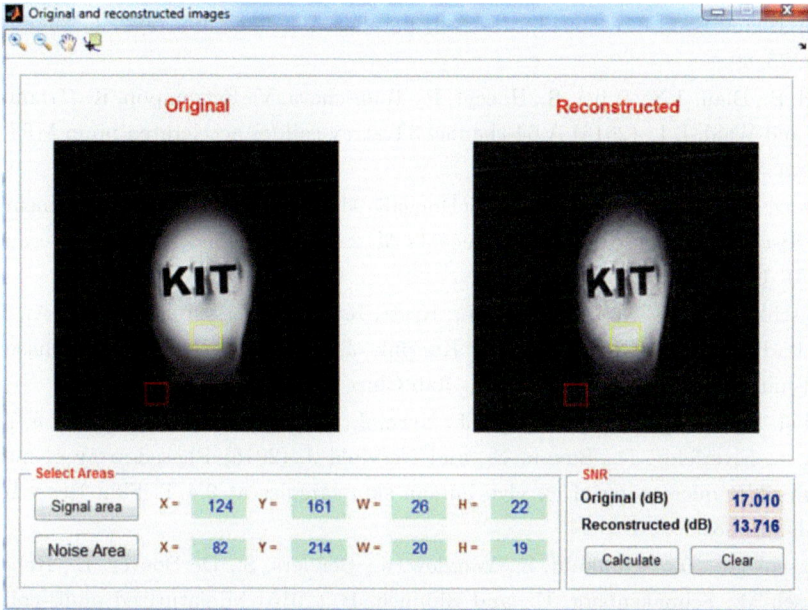

图 3.16　使用 CMOS 芯片的 MRI 实验结果。开发了一个 MATLAB 图形界面来比较原始 MR 图像(使用 Bruker 扫描仪获取的图像) 的信噪比与使用 CMOS 芯片重建的图像的信噪比。

3.5　总　　结

将微制造与微电子技术相结合，可以在非常小的面积上实现用于磁共振显微镜的高度复杂的微阵列。这些技术将在磁共振成像领域引起全新的硬件理念变化，例如，直接在线圈接口处理 MR 信号，这将改变整个谱仪硬件设置的规则。除了磁共振成像，这些技术也有可能为生命科学提供高度并行的、基于磁共振的筛查系统。

参 考 文 献

[1] Hutchinson, M. and Raff, U. (1988) Fast MRI data acquisition using multiple detectors. Magn. Reson. Med., 6(1), 87–91.

[2] Wiggins, G.C., Polimeni, J.R., Potthast, A., Schmitt, M., Alagappan, V., and Wald, L.L. (2009) 96-Channel receive-only head coil for 3 Tesla: design optimization and

evaluation. Magn. Reson. Med., 62(3), 754–762.

[3] Metcalf, M., Xu, D., Okuda, D.T., Carvajal, L., Srinivasan, R., Kelley, D.A., Mukherjee, P., Nelson, S.J., Vigneron, D.B., and Pelletier, D. (2010) High-resolution phased-array MRI of the human brain at 7 Tesla: initial experience in multiple sclerosis patients. J. Neuroimaging, 20(2), 141–147.

[4] Keil, B. and Wald, L.L. (2013) Massively parallel MRI detector arrays. J. Magn. Reson., 229, 75–89.

[5] Keil, B., Blau, J.N., Biber, S., Hoecht, P., Tountcheva, V., Setsompop, K., Triantafyllou, C., and Wald, L.L. (2013) A 64-channel 3T array coil for accelerated brain MRI. Magn. Reson. Med., 70(1), 248–258.

[6] Chang, C.W., Moody, K.L., and McDougall, M.P. (2011) An improved element design for 64-channel planar imaging. Concepts Magn. Reson. Part B: Magn. Reson. Eng., 39(3), 159–165.

[7] Gruschke, O.G., Baxan, N., Clad, L., Kratt, K., von Elverfeldt, D., Peter, A., Hennig, J., Badilita, V., Wallrabe, U., and Korvink, J.G. (2012) Lab on a chip phased-array MR multi-platform analysis system. Lab Chip, 12(3), 495–502.

[8] Göbel, K., Gruschke, O., Leupold, J., Kern, J., Has, C., Bruckner-Tuderman, L., Hennig, J., Elverfeldt, D., Baxan, N., and Korvink, J. (2015) Phased-array of microcoils allows MR microscopy of ex vivo human skin samples at 9.4 T. Skin Res. Technol., 21(1), 61–68.

[9] Oligschläger, D., Lehmkuhl, S., Watzlaw, J., Benders, S., De Boever, E., Rehorn, C., Vossel, M., Schnakenberg, U., and Blümich, B. (2015) Miniaturized multi-coil arrays for functional planar imaging with a single-sided NMR sensor. J. Magn. Reson., 254, 10–18.

[10] Roemer, P.B., Edelstein, W.A., Hayes, C.E., Souza, S.P., and Mueller, O.M. (1990) The NMR phased array. Magn. Reson. Med., 16(2), 192–225.

[11] Griswold, M.A., Jakob, P.M., Heidemann, R.M., Nittka, M., Jellus, V., Wang, J., Kiefer, B., and Haase, A. (2002) Generalized autocalibrating partially parallel acquisitions (GRAPPA). Magn. Reson. Med., 47(6), 1202–1210.

[12] Pruessmann, K.P., Weiger, M., Scheidegger, M.B., Boesiger, P. et al. (1999) SENSE: sensitivity encoding for fast MRI. Magn. Reson. Med., 42(5),952–962.

[13] Bankson, J.A., Griswold, M.A., Wright, S.M., and Sodickson, D.K. (2000) SMASH imaging with an eight element multiplexed RF coil array. Magn. Reson. Mater. Phys., Biol. Med., 10(2), 93–104.

[14] Stockmann, J.P., Witzel, T., Keil, B., Polimeni, J.R., Mareyam, A., LaPierre, C., Setsompop, K., and Wald, L.L. (2016) A 32-channel combined RF and B0 shim array for 3T brain imaging. Magn. Reson. Med., 75(1), 441–451.

[15] Mao, W., Smith, M.B., and Collins, C.M. (2006) Exploring the limits of RF shimming for high-field MRI of the human head. Magn. Reson. Med., 56(4),918–922.

[16] Reykowski, A., Wright, S.M., and Porter, J.R. (1995) Design of matching networks for

low noise preamplifiers. Magn. Reson. Med., 33(6), 848–852.

[17] Lee, R.F., Giaquinto, R.O., and Hardy, C.J. (2002) Coupling and decoupling theory and its application to the MRI phased array. Magn. Reson. Med., 48 (1), 203–213.

[18] Adriany, G., de Moortele, V., Wiesinger, F., Moeller, S., Strupp, J.P., Andersen, P., Snyder, C., Zhang, X., Chen, W., Pruessmann, K.P. *et al.* (2005) Transmit and receive transmission line arrays for 7 Tesla parallel imaging. Magn. Reson. Med., 53 (2), 434–445.

[19] Zhang, X. and Webb, A. (2004) Design of a capacitively decoupled transmit/ receive NMR phased array for high field microscopy at 14.1 T. J. Magn. Reson., 170 (1), 149–155.

[20] Hoult, D. (1979) Fast recovery, high sensitivity NMR probe and preamplifier for low frequencies. Rev. Sci. Instrum., 50 (2), 193–200.

[21] Kumar, A., Edelstein, W.A., and Bottomley, P.A. (2009) Noise figure limits for circular loop MR coils. Magn. Reson. Med., 61 (5), 1201–1209.

[22] Hoult, D., Foreman, D., Kolansky, G., and Kripiakevich, D. (2008) Overcoming high-field RF problems with non-magnetic Cartesian feedback transceivers. Magn. Reson. Mater. Phys., Biol. Med., 21 (1–2), 15–29.

[23] Lattanzi, R., Grant, A.K., Polimeni, J.R., Ohliger, M.A., Wiggins, G.C., Wald, L.L., and Sodickson, D.K. (2010) Performance evaluation of a 32 elementhead array with respect to the ultimate intrinsic SNR. NMR Biomed., 23 (2),142.

[24] McDougall, M.P. and Wright, S.M. (2005) 64-channel array coil for single echo acquisition magnetic resonance imaging. Magn. Reson. Med., 54 (2),386–392.

[25] Watzlaw, J., Glöggler, S., Blümich, B., Mokwa, W., and Schnakenberg, U. (2013) Stacked planar micro coils for single-sided NMR applications. J. Magn. Reson., 230, 176–185.

[26] Massin, C., Boero, C., Vincent, F., Abenhaim, J., Besse, P., and Popovic, R. (2002) High-Q factor RF planar microcoils for micro-scale NMR spectroscopy. Sens. Actuators, A, 97–98, 280–288. doi:10.1016/S0924-4247(01)00847-0.

[27] Eroglu, S., Gimi, B., Roman, B., Friedman, G., and Magin, R.L. (2003) NMR spiral surface microcoils: design, fabrication, and imaging. Concepts Magn.Reson., 17B(1), 1–10. doi: 10.1002/cmr.b.10068.

[28] Badilita, V., Kratt, K., Baxan, N., Anders, J., Elverfeldt, D., Boero, G., Hennig, J., Korvink, J., and Wallrabe, U. (2011) 3D solenoidal microcoil arrays with CMOS integrated amplifiers for parallel MR imaging and spectroscopy. IEEE 24th International Conference on Micro Electro Mechanical Systems (MEMS), 2011, IEEE, pp. 809–812.

[29] Anders, J., Chiaramonte, G., SanGiorgio, P., and Boero, G. (2009) A single-chip array of NMR receivers. J. Magn. Reson., 201 (2), 239–249.

[30] Wright, S.M. and Wald, L.L. (1997) Theory and application of array coils in MR spectroscopy. NMR Biomed., 10 (8), 394–410.

[31] Boero, G., Frounchi, J., Furrer, B., Besse, P.A., and Popovic, R. (2001) Fully integrated

probe for proton nuclear magnetic resonance magnetometry. Rev.Sci. Instrum., 72 (6), 2764–2768.

[32] Sun, N., Liu, Y., Lee, H., Weissleder, R., and Ham, D. (2009) CMOS RF biosensor utilizing nuclear magnetic resonance. IEEE J. Solid-State Circuits, 44 (5), 1629–1643.

[33] Anders, J., SanGiorgio, P., Deligianni, X., Santini, F., Scheffler, K., and Boero, G. (2012) Integrated active tracking detector for MRI-guided interventions. Magn. Reson. Med., 67 (1), 290–296.

[34] Kim, J., Hammer, B., and Harjani, R. (2010) A low power CMOS receiver for a tissue monitoring NMR spectrometer. 2010 IEEE Symposium on VLSI Circuits (VLSIC), IEEE, pp. 221–222.

[35] Anders, J., SanGiorgio, P., and Boero, G. (2011) A fully integrated IQ-receiver for NMR microscopy. J. Magn. Reson., 209 (1), 1–7.

[36] Kim, J., Hammer, B., and Harjani, R. (2012) A 5–300 MHz CMOS transceiver for multi-nuclear NMR spectroscopy. Custom Integrated Circuits Conference (CICC), 2012 IEEE, IEEE, pp. 1–4.

[37] Grisi, M., Gualco, G., and Boero, G. (2015) A broadband single-chip transceiver for multi-nuclear NMR probes. Rev. Sci. Instrum., 86 (4), 044703.

[38] Jouda, M., Gruschke, O.G., and Korvink, J.G. (2014) Implementation of an in-field CMOS frequency division multiplexer for 9.4 T magnetic resonance applications. Int. J. Circuit Theory Appl., 43 (12), 1861–1878.

[39] Darabi, H., Abidi, A. et al. (2000) A 4.5-mW 900-MHz CMOS receiver for wireless paging. IEEE J. Solid-State Circuits, 35 (8), 1085–1096.

[40] Zhuo, W., Li, X., Shekhar, S., Embabi, S., Gyvez, D., Pineda, J., Allstot, D., and Sanchez-Sinencio, E. (2005) A capacitor cross-coupled common-gate low-noise amplifier. IEEE Trans. Circuits Syst. Express Briefs, 52 (12),875–879.

[41] Hoult, D.I. (2011) Receiver design for MR. eMagRes. 1–21.

[42] Gilbert, B. (1968) A precise four-quadrant multiplier with sub nano second response. IEEE J. Solid-State Circuits, 3 (4), 365–373.

[43] Razavi, B. (1997) Design considerations for direct-conversion receivers. IEEE Trans. Circuits Syst. II: Analog Digital Sig. Process., 44 (6), 428–435.

[44] Sulivan, P., Xavier, B., and Ku, W. (1997) Low voltage performance of a microwave CMOS gilbert cell mixer. IEEE J. Solid-State Circuits, 32 (7), 1151–1155.

[45] Schaumann, R., Xiao, H., and Mac, V.V. (2009) Design of Analog Filters, 2nd edn, Oxford University Press, Inc, New York.

[46] Mohan, P.A. (2012) VLSI Analog Filters: Active RC, OTA-C, and SC, Springer Science & Business Media.

[47] Höfflin, J., Sander, C., Gieschke, P., Greiner, A., and Korvink, J.G. (2015) Subthreshold CMOS transistors are largely immune to magnetic field effects when operated above 11 T. Concepts Magn. Reson. Part B: Magn. Reson. Eng., 45(2), 97–105.

[48] Bruker (2010) Micro Imaging Manual for AV3 Systems.

第 4 章 微磁共振波导

Ali Yilmaz, Marcel Utz

(英国) 南安普敦大学化学学院

4.1 引　　言

在 NMR 中，原子核自旋系统被置于静磁场中，且与在射频范围内的振荡场相互作用 [1]。在大多数 NMR 装置中，包括所有市售的 NMR 波谱仪，自旋状态之间的相干跃迁是通过感应样品周围导体中的电压来探测的。尽管其他探测技术在某些情况下有其优势，但感应探测已被证明既稳健又易于实施。

最早的 NMR 实验由 Rabi 等 [2] 开创，其实验不使用电磁感应检测核磁共振信号，而是使用不均匀磁场使原子束偏转，根据自旋状态检测信号。然而，直到 1946 年 Bloch[3] 和 Purcell 等 [4] 各自独立发明直接感应法之后，NMR 才成为化学领域中被广泛使用的工具。

同一块导体既可以用于探测样品核自旋进动量，也能用于激发样品。特别是在运用傅里叶光谱法时 [5]，这一点变得非常有用。使用合适的导体包围样品，可以相对容易地将样品暴露在振荡的磁场中，通过这种方式产生的交流电得以以合适的频率发送出去。这些进动的自旋量会在同一导体中感应出一个可测量的电压。由于某些情况下激发需要较高的功率，而感应电压非常小，需要灵敏的接收器，这就带来了一些技术问题需要解决。激发射频功率达到几千瓦的情况并不罕见，而用于自旋探测的功率要低很多个数量级。

最早的感应 NMR 系统几乎完全依赖螺线管线圈作为激发/探测系统。随着 NMR 应用的多样化和新技术的出现，人们开始探索射频线圈的其他几何结构。在 20 世纪 70 年代，具有平面间隙的电磁铁被超导螺线管所取代，后者提供了更高的磁场和更好的稳定性。为了便于通过磁体孔轴向放置样品，人们开发出了鞍形线圈和相关谐振器的几何结构。与此同时，在医学中应用的磁共振成像，需要有能够容纳更大样品的空间。

如今，为了使直径为 5 mm 或 10 mm 的标准 NMR 样品管在一般情况下均可通用，NMR 波谱中使用的大多数探测器都遵循圆柱形外形的准则。然而，某些特殊应用需要不同的几何结构。特别是在薄膜等的研究中，圆柱形探测器的探测效率很低，因此研究者也探索了多种不同的探测器几何结构。例如，扁平螺线管探针已被研发并被用于固态 NMR 条件下的膜蛋白研究 [6]。

本章涉及平面波导的使用，如采用带状线和微带作为 NMR 波谱和成像的感应探测器。如下文所述，由于它们可以通过高效的光刻技术来制造，这些结构会有越来越小的发展趋势。不过它们早在应用于微型 NMR 的潜力被发现之前，就已被引入作为 MRI 的探测器。

随着静态磁场的增强，以及相应的 MRI 扫描中使用的拉莫尔频率的增加，射频磁场均匀地穿透组织变得越来越困难。由于生物系统包含离子溶液，需要屏蔽在探测系统中产生的非保守电场，以免其与组织接触。这些电场和组织之间的相互作用引起的介电损耗，不仅降低了探测的灵敏度，也导致激发过程中组织内过度的功率沉积。针对这一问题，一种基于圆形或四边形铺设的带状线对人体进行局部磁共振成像的表面线圈的解决方案已经被提出 [7]。

与许多其他波谱技术相比，NMR 有一个主要缺点：相对不灵敏。紫外-可见光 (ultraviolet-visible) 技术，特别是荧光技术，可以相对容易地探测到来自单个分子的信号，而 NMR 通常需要 10^{15} 个自旋在窄带宽 (1 Hz 左右) 内共振，才能检测到信号。因此，设计具有更高灵敏度的 NMR 探测器是一个长期的研究课题。灵敏度由信噪比决定，这里的信噪比可由探测规定的时间内规定数量的自旋来获得。基于电阻性金属的感应探测器总是会产生热噪声。在最佳条件下，所有非同相噪声源都被屏蔽消除，谐振器结构本身的黑体辐射会产生一个噪声电压谱密度，该谱密度基本上与频率无关，并且与探测器的欧姆电阻的平方根成正比。

Hoult 和 Richards[8] 根据相关原理讨论了 NMR 自旋进动与感应电压信号之间的关系。单次自旋的感应信号强度取决于探测器电路在自旋位置产生的归一化磁场。因此，需要设计高效的探测器，使其产生的磁场更大。然而这与低欧姆阻抗的要求相冲突，后者对保持较小的噪声电压很重要，因此在实践中必须找到平衡两者的折中的方法。

在这二十几年间，众所周知，感应探测器的质量灵敏度 (即每自旋和每带宽的信噪比) 大致与探测器尺寸成反比。此现象可以通过分析特定几何结构的探测器来解释，随着整体尺寸的变化，归一化磁场和射频电阻也会随之变化。例如，一个直径为 d、由线径为 h 的金属线制成的圆环，其中心处产生的磁场大约为 $H/I = 1/d$。如果用一个因子 α 来表示，则 H/I 可表示为 α^{-1}。在典型的 NMR 频率下，铜的趋肤深度只有几微米。由于线直径和环直径都按相同的因子 α 缩放，故只要导线直径大于趋肤深度，结构的电阻就能大致保持不变。因此，对于给定的自旋次数，信噪比预计将大致与 α^{-1} 成比例。对于螺线管线圈等其他探测结构同样也有类似的结论。

微流体是一个正在迅速发展的科技研究领域。其基本思想借鉴了微电子技术：利用高效的光刻制造技术，将复杂的功能集成到二维的平面中。事实证明，这种微流控芯片 (lab-on-a-chip，LoC) 方法能够将样品制备、色谱分离和探测集成在单芯片平台上，在实现全分析系统方面成效显著 [9]。

由于光刻技术能够精确复现复杂且非常高分辨率的特征，微流体系统可以被设计用来模拟高度复杂的环境，且具有很好的可控性和精确性。因此生物系统培养可以在人工和高度受控的条件下完成，同时高度模拟自然环境。微流体系统已经成为研究分化细胞、分化细胞发育以及不同细胞类型之间相互关系的一个重要工具。

NMR 波谱法特别适用于观察生命系统中的代谢过程。因此，将它作为微流体培养分析中的观察工具具有巨大的潜力。然而，尽管人们付出了巨大的努力，其在微流体装置中的应用仍不太广泛，有很多原因导致这一现象：一方面，微流体装置的平面几何结构不容易与通常为圆柱形样品设计的普通 NMR 探测器相结合；另一方面，NMR 的灵敏度差，而微流体系统中通常可用的样品很小，加剧了其无法被广泛应用这一问题。在这种情况下，带状线和微带探测器就变得特别有意义，因为它们不仅在本质上属于平面几何结构，而且可以提供极高的质量灵敏度，这些将在下文详细讨论。

展望未来，基于传输线的探测器几何结构为系统微型化的进一步发展提供了巨大的潜力。与诸如螺线管等固有三维几何结构相比，使用光刻技术制造传输线探测器要更为简单直接，并且理论上它们能成功地应用于比目前已证实的探测器小一个数量级或者更多数量级的探测器。此外，相对于振荡器携带驻波，使用传输线探测器的行波模式也具有令人兴奋的可能性。行波 NMR 已经在磁共振成像和 (宏观)NMR 波谱学的背景下得到证明，由于它允许样品和探测电路的空间分离，因此在微尺度上具有显著的优势。

4.2 波导：理论基础

4.2.1 电磁波传播模式

导电表面的存在给电磁波的自由传播施加了边界条件。电场矢量垂直于理想导体的表面，而磁场矢量则需要保持平行。波导是由绝缘体 (称为电介质) 构成的长结构，被导电表面包围，通常具有恒定的横截面。在这种结构中，有两种不同类型 (模态) 的电磁波可以沿纵波方向传播，即横电 (transverse electric, TE) 波或横磁 (transverse magnetic, TM) 波 [10]。在 TE 波中，电场在纵向上没有分量，而对于 TM 波，纵向磁场消失。

在单个导体 (如矩形或圆柱形管) 的波导中，各种波模式仅在波长不明显大于导体横向尺寸的情况下传播。这限定了每个传播模式的最小频率，通常称其为截止频率。此外，TE 和 TM 模式的波长和频率之间的关系是非线性的，这导致了色散。

　　除了 TE 波和 TM 波之外，如果把波导壁分成几个 (至少两个) 相互绝缘的部分，就可以使用另一种类型的传播模式。在这种情况下，一个振荡的电压可以维持在分离导体之间的横截面内。在此条件下，电场和磁场都存在横向传播模式。这种横电磁 (transverse electromagnetic, TEM) 模式没有截止频率，并且通常波长和频率之间呈现线性关系。

　　磁共振信号通常在 1.5 GHz 以下。对于通常的电介质，这个频率意味着 20 cm 或更长的波长，支持这些频率的 TE 或 TM 模式的空心波导将非常笨重。因此，大多数同轴电缆中，通常使用 TEM 模式来传输 NMR 信号。相比之下，频率高达几百吉赫兹的电子顺磁共振通常依赖于矩形波导。

　　在目前的背景下，我们不仅对使用波导在实验设备的不同组件之间传输射频信号感兴趣，而且还使用波导进行核自旋进动的电感检测感兴趣。图 4.1 给出了一些能够支持 TEM 模式的波导横截面的例子，这些例子已经被成功地用于 NMR 探测器。平面波导结构如微带 (图 4.1(a)) 和带状线 (图 4.1(b)) 可以方便地在印刷电路板上实现 [11]，并且常用于射频和微波电路的设计。

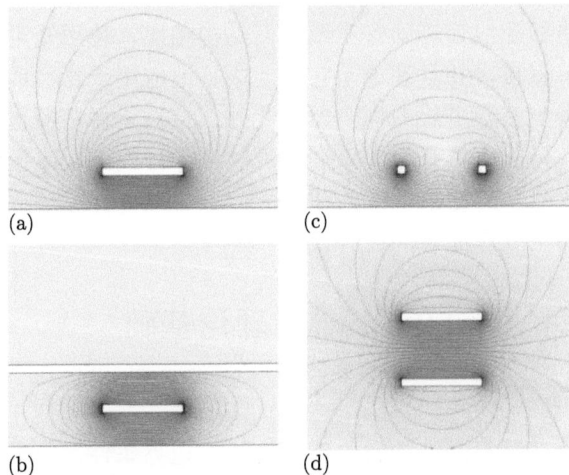

图 4.1　一些典型平面传输线几何结构的横截面，包括 TEM 模式的磁场线。(a) 微带；(b) 带状线；(c) 微槽；(d) 平行板传输线。

4.2.2　特性阻抗和传输特性

　　对于 TEM 模式，通过分别对沿横截面的电场线和磁场线进行积分，可以认为电流和电压幅度具有行波特性。虽然绝对电压和电流幅度取决于波传输的功率，

但它们的比值 (以 Ω 为单位) 是一个常数，完全由横截面几何结构以及绝缘介质的介电性和磁性决定，这个比值被称为波导的特性阻抗 Z_0。同轴电缆的特性阻抗通常设计为 50 Ω。

4.2.3 TEM 波模式理论

麦克斯韦旋度方程结合了磁场 $\boldsymbol{H}$ 和电场 $\boldsymbol{E}$。如果我们假设场以角频率 ω 进行谐波时间演化，磁场和电场可写为

$$\nabla \times \boldsymbol{H} = \mathrm{j}\omega\varepsilon\boldsymbol{E} \tag{4.1}$$

$$\nabla \times \boldsymbol{E} = -\mathrm{j}\omega\mu\boldsymbol{H} \tag{4.2}$$

其中，$\mathrm{j} = \sqrt{-1}$ 是虚数单位，ε 和 μ 分别代表绝缘介质的介电常数和磁导率。

为了分析 TEM 模式，我们假设传输线的轴线与 z 方向对齐。这两个旋度方程 (式 (4.1) 和式 (4.2)) 可以合并成亥姆霍兹方程

$$\left(\nabla^2 + k^2\right)\boldsymbol{E} = 0 \tag{4.3}$$

其中，$k = \omega\sqrt{\mu\varepsilon}$ 是波数。如果我们假设电场的横向分量依赖于 z，很容易证明它们在 x 和 y 平面上满足拉普拉斯方程，也就是说：

$$\left(\frac{\partial^2}{\partial x^2} + \frac{\partial^2}{\partial y^2}\right)E_{x,y} = 0 \tag{4.4}$$

对于 TM 波场，类似的参数会产生相同的结果。因此，传输线横截面上的电场和磁场分布都是拉普拉斯方程的解，但它们服从不同的边界条件。对于电场，导体表面有 $\boldsymbol{E} \cdot \boldsymbol{n} = 0$，磁场满足 $\boldsymbol{H} \times \boldsymbol{n} = \boldsymbol{0}$，其中 $\boldsymbol{n}$ 是表面法线。需要注意的是，场分布遵循与静态场相同的定律，特别地，这意味着 TEM 模式的场分布与频率无关。因此，TEM 传输线本质上是宽带设备，它们所能承载的频率没有下限。理论上，TEM 模式的传播也没有上限；然而，TE 和 TM 模式的激发使高频情况变得复杂。出于这个原因，同轴传输线只用于几吉赫兹的频率。

4.2.4 TEM 模式的建模

由于 TEM 模式的 TE 和磁场分布是二维拉普拉斯方程的解，因此可以使用有限元或有限差分法轻松计算任何几何结构的 TE 和磁场分布。由于电场是无旋场，它可以表示为静电势 $\phi(x,y)$ 的梯度，满足 (标量) 拉普拉斯方程。因此，计算横向场分布的问题简化为一个简单的狄利克雷问题，其中固定电势的值必须限定于导体表面：

$$\nabla^2\phi(x,y) = 0 \quad \text{on } B, \quad \phi = V_{1,2,\cdots} \text{ on } \partial B_{1,2,\cdots} \tag{4.5}$$

其中，B 表示电介质横截面，$\partial B_{1,2,\dots}$ 表示导体表面，$V_{1,2,\dots}$ 是表面电势。然后给出 TEM 模式传播的电场为

$$\boldsymbol{E} = \mathrm{e}^{-\gamma z}\left(-\frac{\partial \phi}{\partial x}, -\frac{\partial \phi}{\partial y}, 0\right) \tag{4.6}$$

其中，$\gamma = \alpha + \mathrm{j}k$ 是传播常数，它既描述了波数为 k 的波在 z 方向上的振荡传播，也描述了它以衰减常数 α 逐渐衰减。[①]

使用旋度方程可以很容易地得到磁场分布：

$$\boldsymbol{H} = \mathrm{e}^{-\gamma z}\left(\frac{1}{\eta} - \frac{\mathrm{j}\alpha}{\omega\mu}\right)\left(\frac{\partial \phi}{\partial y}, -\frac{\partial \phi}{\partial x}, 0\right) \tag{4.7}$$

其中，介质的特性阻抗 η 由式 (4.8) 给出：

$$\eta = \sqrt{\frac{\mu}{\varepsilon}} \tag{4.8}$$

注意，在 $\alpha = 0$ 的情况下，磁场和电场同相，而一个正的衰减常数 ($\alpha > 0$) 会导致磁场的相位滞后于电场。TEM 波传输的时间平均功率由坡印亭矢量的实部给出：

$$\mathrm{Re}\,(\boldsymbol{S}) = \frac{1}{2}\mathrm{Re}\,(\boldsymbol{E} \times \boldsymbol{H}^{*}) = p_t\hat{\boldsymbol{z}} \tag{4.9}$$

其中，功率 $p_t\,(x,y)$ 的截面密度为

$$p_t\,(x,y) = \frac{\mathrm{e}^{-2\alpha z}}{2\eta}\left[\left(\frac{\partial \phi}{\partial x}\right)^2 + \left(\frac{\partial \phi}{\partial y}\right)^2\right] \tag{4.10}$$

因此，单位长度的相对功率损耗可由式 (4.11) 给出：

$$\frac{1}{p_t}\frac{\partial p_t}{\partial z} = -2\alpha \tag{4.11}$$

在传输线的每个横截面上，可以通过导体表面之间的路径积分来计算两个导体之间的电势差：

$$V\,(z) = \oint_{1}^{2} \boldsymbol{E}\,(x,y,z) \cdot \mathrm{d}\boldsymbol{s} \tag{4.12}$$

---

① 需要指出的是，上述处理方法仅在 $\alpha \ll k$ 的极限中是严格精确的。然而，对于由聚合物电介质和良导体组成的传输线，这一近似几乎总是正确的。

同样，导体中流动的电流也可以由安培定律得到：

$$I(z) = \oint \boldsymbol{H}(x, y, z) \cdot \mathrm{d}\boldsymbol{s} \tag{4.13}$$

在这种情况下，积分路径是围绕导体的闭环。

很容易看出，这样获得的电压和电流满足以下方程：

$$\frac{\mathrm{d}^2 V}{\mathrm{d}z^2} = \gamma^2 V(z) \tag{4.14}$$

$$\frac{\mathrm{d}^2 I}{\mathrm{d}z^2} = \gamma^2 I(z) \tag{4.15}$$

式 (4.14) 和式 (4.15) 有助于对集成到电路网络中的传输线的行为进行描述。一般来说，它们可以通过两个反向传播的波的叠加来求解：

$$V(z) = V_0^+ \mathrm{e}^{-\gamma z} + V_0^- \mathrm{e}^{\gamma z} \tag{4.16}$$

$$I(z) = I_0^+ \mathrm{e}^{-\gamma z} - I_0^- \mathrm{e}^{\gamma z} \tag{4.17}$$

它们的比值为

$$Z_0 = \frac{V_0^+}{I_0^+} = \frac{V_0^-}{I_0^-} \tag{4.18}$$

其中，Z_0 为传输线的特性阻抗，其值完全取决于传输线横截面的几何结构以及绝缘体的介电和磁性。

4.2.4.1 传输线损耗

传输线路中的功率损耗主要有两个方面。第一个方面是介电损耗，由绝缘介质的重复极化和去极化造成，这种损耗与电场大小的平方成正比。大多数绝缘体材料的介电特性与频率的相关性非常弱，因此，每次振荡损失的能量几乎恒定，导致功耗与频率成正比。材料的介电损耗可以用介电常数中的虚部来表示，即 $\varepsilon = \varepsilon' - \mathrm{i}\varepsilon''$。通常，损耗角正切 (定义为 $\tan\delta = \varepsilon''/\varepsilon'$) 被用来描述材料的特性。第二个 (在本书中，通常是主要的) 损耗来源是金属表面的有限导电性。电磁波碰到不完全导体上的平面只能穿透到有限深度 δ_s，即趋肤深度。这是因为边界处磁场的切向分量会在表面感应出电流，抵消金属内部更深处的磁场。当这种电流在有限的欧姆电阻下持续时，会消耗电磁波的能量。如果传输线的横向尺寸远大于趋肤深度，可以将单位表面积的平均耗散功率表示为

$$P_\delta = \frac{1}{2} |H_{\|}|^2 R_\mathrm{s} \tag{4.19}$$

其中，R_s 为金属的表面电阻，由电导率 σ 和趋肤深度 δ_s 决定：

$$R_s = \frac{1}{\sigma \delta_s} = \sqrt{\frac{\omega \mu}{2\sigma}} \tag{4.20}$$

对于纯铜，$\sigma = 5.9 \times 10^7$ S/m，即在 100 MHz 时的表面电阻约为 10 mΩ，在 1 GHz 时的表面电阻约为 35 mΩ。损耗导致传播 TEM 模式逐渐衰减，如传播常数 γ 的实部所示。

4.2.5 平面 TEM 传输线中的磁场

图 4.1 显示了某些平面传输线几何结构中 TEM 模式的磁场和电场分布。带状线 (图 4.1(b)) 由对称连接在两个接地层之间的单个导体组成。磁力线环绕着中心导体，产生两个均匀的高场区域，可作为 NMR 波谱放置样品的位置。如图 4.1(a) 所示，微带呈现类似的场几何结构。然而，由于只有一个接地层，磁场和电场会穿透到上面的自由空间。现实中情况不如理论计算这么理想，因为绝缘体的介电常数意味着电场仍然部分存储在绝缘体内。尽管如此，开放的几何结构会导致辐射损失，必须通过外部屏蔽将此损失保持在最低限度。绝缘体和周围空气之间的介电特性差异也意味着微带中的传播模式不是严格意义上的 TEM 模式，而是保留了一些 TE 特性。这意味着频率和波长之间的关系不完全是线性的，从而导致频散。

图 4.1(c) 显示了一条微槽线。在这种情况下，存在两个独立的导体，它们可以产生不同的电势。因此，这种几何结构能够支持多种 TEM 模式。然而，本节中，只有图 4.1(c) 中所示的通用模式是有意义的。与类似的带状几何结构相比，磁场集中在导体对正上方的空间中。

图 4.1(d) 展示了一种平行板传输线 (plate transmission line, PTL)。在这种情况下，两个导体被对称地放置在中线的上方和下方。场线延伸到结构两侧的空间中，并被压缩到两个导体之间的均匀性高场区域中。

4.2.6 传输线探测器和谐振器

NMR 探测器的灵敏度与其每单位电流在样品位置产生的磁场直接相关[12]。因此，在传输线探测器中，如果将横向尺寸选择得尽可能小，且将样品充满 TEM 模式中最大磁场的区域，则会最大化灵敏度。但另一方面，横截面较小的传输线会具有更大的损耗。因此，许多探测器几何形状会限制样品放置区域传输线的宽度，以达到灵敏度和信号损耗之间的平衡。

为了优化探测器与波谱仪发射器和接收器电路的耦合，将其阻抗匹配到标准阻抗 (通常为 50 Ω) 是必要的。一般方法是将探测器调谐到略高于所需拉莫尔频率的共振频率，然后用串联电容器抵消剩余电抗。

长度为 l 且开路 (终端阻抗无限大) 的传输线支持多种本征模, 其频率对应于在末端有电流节点的驻波。换句话说, l 必定是半波长的整数倍。在这些频率下的驻波在电流波腹的位置表现为电压节点。这种情况在 NMR 波谱中非常有利, 因为谐振器最敏感的位置 (在磁场最大值处) 自然就是电场振幅消失的位置。所以, 精心设计的谐振传输线探头能尽量减少对样品的加热, 并且在很大程度上不受介电损耗导致的品质因子下降的影响。

谐振器也可以通过其他终端实现。通常, 传输线的一端是短路, 而不是开路。这会导致短路端出现一个电流波腹。在某些情况下, 我们希望在传输线探测器的整个长度上电流能尽可能均匀分布。这可以通过在传输线两端接上一个电容器来实现。所要求的本征模的特征是一个电容器放电而另一个电容器充电, 反之亦然。传输线中的电流幅度在其长度上几乎是恒定的。显然, 这种终端方式只能在低于相应的开放式传输线谐振器基础模式的频率下才能实现。

4.3 设计和应用

4.3.1 磁共振成像中的微带 NMR 探头

早在人们认识到微型 NMR 波谱的好处之前, 微带线就已被引入磁共振成像中。例如, Bridges[13] 提出了一种基于圆柱微带排列的共地圆柱谐振器。该谐振器可以看作是一小段多导体传输线, 能够支持许多不同的 TEM 模式。正如 Bridges 所展示的, 这些传输线的一个特点是内部有一个高度均匀的 B_1 场。

Bogdanov 和 Ludwig [14] 随后描述了类似的设计。其排列及其本征模类似于鸟笼线圈 [15], 已成为 MRI 中体积探测器的主要支柱。随着可用于 MRI 的磁场的增多, 限制人体在射频电场中的暴露变得更加重要, 因为样品的 RF 加热以及随之而来的感应噪声在较高磁场下变得更加难以控制。随着 3 T 和后来的 7 T MRI 扫描仪的出现, 人们需要制定策略来限制电场穿透样品和减少辐射损失 (图 4.2)。Zhang 等 [7,16] 证明, 由微带线制成的单方形环形表面线圈比同等尺寸的传统环形线圈具有更加显著的优势。这些环路由设计用于支持 $\lambda/4$ 驻波的微带线组成, 带有开路端或短路端。在更高的场中, $\lambda/4$ 的要求限制了可以在此基础上构建的线圈的尺寸。然而, 支持高阶模式 ($3\lambda/4$ 及更高) 的平面多回路线圈也已被证明是可行的 [17]。

Zhang 等 [19] 开发了一种简洁的带状线体积探测器, 其中线之间的耦合是通过简单地将底板导体沿圆柱体的轴向分成两半来实现的。这样就不需要通过匹配网络单独连接每个条带。如图 4.3 所示, 驻波微带谐振器已被用于在 4.7 T 下对大鼠脊髓进行分辨率为 0.15 mm 的显微成像 [18]。

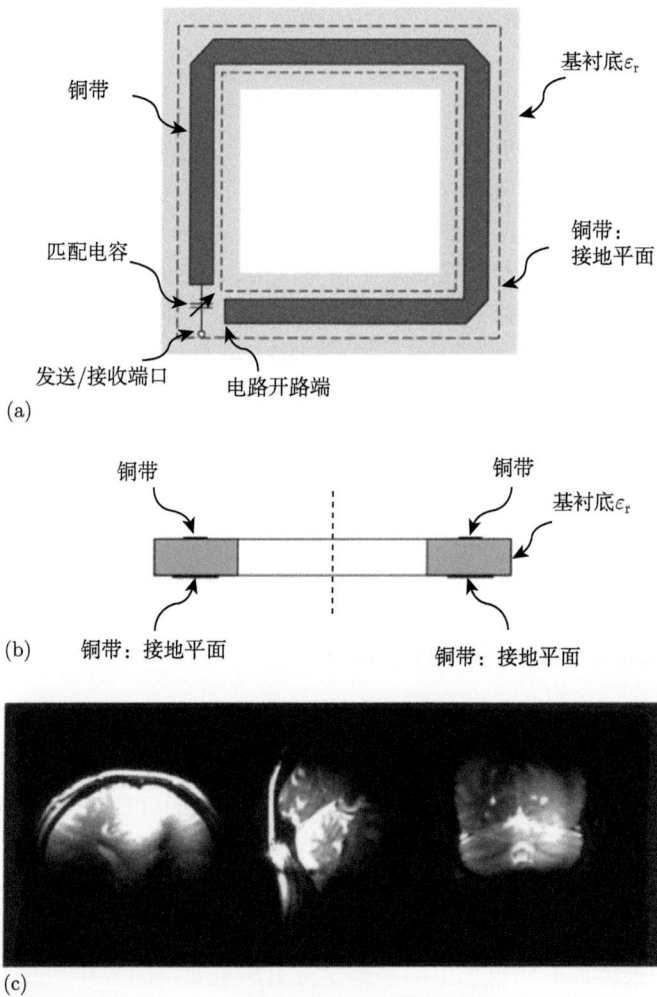

图 4.2　7 T MRI 单匝微带传输线表面线圈 (a, b) 和人脑图像 (c)。(Zhang 等 [7]，经 Wiley 许可转载。)

可以以三维方式排列微带线的集合，以形成体积线圈 [20]。主动失谐传输线头部线圈，其中单个微带可以通过直流偏置 PIN 二极管分流到地平面 [21]，这允许同时使用体积谐振器内的局部接收线圈而不会产生相互耦合的伪影。Lee 等提出了用于相控阵探测 [24,25] 的平面微带阵列 [22,23]。他们的这一设计利用了相同、平行且共面微带的一个有趣特性：相邻微带中的驻波模式通过对称性自动相互解耦。

此后，相控微带阵列探测器被成功用作前列腺成像的外部线圈 [26]，Adriany 等 [27] 使用了一个相互去耦的微带环路阵列，用于在 7 T 时并行采集和单独控制人体头部线圈中的射频相位和幅度。需要注意的是，在圆柱形和其他非平面布置中，相同的平行微带不再自动去耦。去耦可以通过电容或电感实现[28]；后一种方法的优点是耦合和解耦机制遵循相同的频率相关性，即解耦是宽带的。

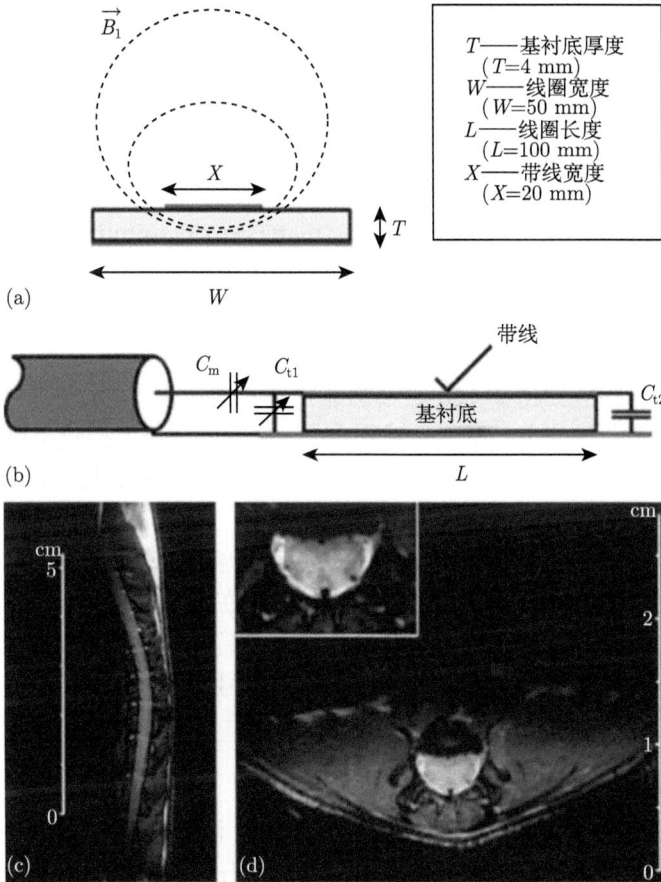

图 4.3　微带传输线谐振器 (a，b) 和大鼠脊柱图像 (c，d)。(Burian 和 Hájek[18]，经 Springer 许可转载。)

一些学者在数值研究和某些情况下的实验研究中比较了微带谐振器和其他磁共振成像探测器几何结构的特性[29-31]。Wang 和 Shen[29] 通过有限元计算比较了鸟笼线圈、微带线圈和 TEM 线圈在 7 T 时的灵敏度、功率沉积和场分布。他们发现与鸟笼线圈或 TEM 谐振器相比，微带线圈可提供卓越的 SNR，同时在组织中沉积的功率更小。Ipek 等[31] 通过实验将辐射偶极子天线与具有相似尺寸的微带谐振器进行了比较，以便在 7 T 下进行前列腺成像。辐射天线设计经过优化以产生垂直于天线平面的坡印亭矢量，以便辐射到组织中并到达更深的结构。相比之下，微带谐振器的辐射效率不高，因为其坡印亭矢量的主方向在轴向上 (并且其时间平均值由于驻波谐振而消失)。Ipek 等发现这体现在了天线更深的 B_1 场中。然而，微带谐振器在组织中沉积的功率较低，且靠近接收器区域的信噪比较高。

4.3.2 微流体 NMR

微螺线管线圈的直径比传统探测器小一个数量级以上，表现出非常高的质量灵敏度 [32−34]，因此可以将 NMR 探测与色谱分离技术 (例如毛细管电泳 [35−37] 和高压液相色谱法 [38]) 直接结合起来。螺线管微线圈也被成功地用于显微成像 [39,40]，实现了接近单细胞长度尺度的分辨率。

在固态 NMR 中，微线圈被用于静态装置，例如，可将其用于研究蜘蛛丝 [41]。通过将微型样品附着在传统的魔角旋转 (magic-angle spinning, MAS) 转子上并用微螺线管包围它，实现了 MAS NMR [42]。另一种可能性是将调谐的微线圈插入 MAS 转子，并使其与样品一起旋转。然后将该微线圈与宏观探针线圈通过电感耦合相连 [43,44]。

近年来，能够达到超过 100 kHz 的非常高的旋转速度的 MAS 探针已经被证实并且可实现商业化使用。在这些系统中，样品直径必须保持较小以限制惯性力。这一限制导致样品越来越小，并且最新设计的转子和线圈的尺寸接近 20 世纪 90 年代为液态 NMR 引入的微螺线管的尺寸 [45]。

微螺线管线圈还被用于微流体装置的远程检测。在这种简练的方法中，位置、速度，以及在某些情况下的化学信息，通过环绕在微流体系统周围的宏观线圈被编码到微流体系统内部的自旋相位和极化中。然后流体流出微流体装置，并通过微线圈被引导到毛细管中，在此处记录 NMR 信号。通过这种方式，可以实时表征微流体系统中的速度分布和化学反应动力学 [46−54]。

4.3.3 平面探测器

随着小型化螺线管线圈研制的成功，将 NMR 波谱与新兴的微流控 LoC 技术结合成为可能。微流体中的典型样品体积从几微升降到几皮升，与一些微分子的体积相当，这些微螺线管在联用色谱-核磁共振集成中已被证明具有卓越的质量灵敏度性能。然而，LoC 装置通常是平面的，通过光刻工艺制造，并且微流控芯片中包含的液体体积通常被分隔成不同的区域，这些区域之间的距离通常比较大。将螺线管线圈集成到这样的结构中，虽然并非不可能，但存在巨大的制造挑战 [55]。作为可能的解决方案，人们对平面螺旋线圈进行了广泛的探索。Stocker 等 [56] 的第一次演示，是将样品液滴直接与微线圈接触。Trumbull 等 [57] 将单环形感应器与微芯片电泳系统集成在一起。环形感应器通过剥离工艺制造，因此金属厚度小于 1 μm。由于其厚度小于趋肤深度，因此系统的灵敏度可能会受到限制。人们发现，相比由耐热玻璃制成的微流体芯片，由聚酰亚胺制成的微流体芯片提供了明显更高的波谱分辨率，这可能是由于聚酰亚胺的磁化率和水的磁化率更加匹配。

尽管成功收集了测试样品的 NMR 谱，但该装置的灵敏度使其不足以与毛细管电泳进行可靠的集成。

后来的实施涉及通过剥离光刻和随后在玻璃微流体芯片上电镀来制造螺旋线圈结构[58]。这里允许使用更厚的导体，从而显著降低欧姆损耗。基于这种设计的微流体探针[59] 在 470 nL 的探针体积下达到了 260 nmol$\sqrt{s}$ 的探测极限，在 30 nL 时达到了 20 nmol$\sqrt{s}$ 的探测极限 (数值缩放到 600 MHz 质子频率)。然而波谱的分辨率很差，不足以分辨 ^{1}H 波谱中的同核 J 耦合，这可能是由于使用的样品室是圆形的。

通过将线性通道与磁场对齐，实现了更好的分辨率[60]，从而可以监测苯甲醛和苯胺的片上缩合[61]；平面螺旋线圈设计在微流体反应监测中的进一步应用在文献 [62]、[63] 中有详细描述。平面螺旋线圈也已被应用于微尺度 EPR 波谱[64]。

将线圈放在样品的两侧形成了一种叫做微型亥姆霍兹线圈的设备。这些平面线圈提供了潜在的高灵敏度和 B_1 的高均匀性，但存在相当大的制造挑战。Spengler 等[65,66] 提出了一个巧妙的实现方案。相控阵列为平面微 NMR 探测器提供了另一种可能的方法。Gruschke 等[67] 已经给出了概念证明，他们展示了一个由七个部分重叠线圈组成的系统，使用引线键合工艺制造。该探测器已被成功用于人体皮肤样品成像[68] 和使用单侧永磁波谱仪研究多孔介质[69]。

4.3.4 微带探测器

考虑到将三维线圈与平面微流体装置集成的困难，以及与 B_0 磁场对齐的线性结构在场均匀性方面的优势，将微带探测器用于集成微流体和 NMR 这一想法是很合理的。随之而来的一个问题是：传输线谐振器需要波长数量级的纵向尺寸，而对于典型的 NMR 拉莫尔频率而言，其长度为数十厘米。因此，Maguire 等[70,71] 提出了一种使用微槽带线将 RF 磁场和灵敏度集中到毫米级区域的方案。他们的设计基于宽度为 0.3 mm、长度约为 5 mm 的单微带导体，采用标准湿刻蚀技术使用射频印刷电路板材料制造 (图 4.4)。

在这个结构的中心，从微带中移除一块方形的铜导体。这将导致电流集中到狭窄的剩余导体桥中，并导致局部磁场相应增加。因此，该线圈的质量灵敏度明显优于以前使用螺旋平面线圈实现的灵敏度。同时，获得了大约 1.1 Hz 的半高线宽，明显优于迄今为止任何其他平面微 NMR 探测器。然而，基线分辨率仍然相对较差 (> 50 Hz，0.5%)。尽管如此，利用该线圈还是成功地获得了蔗糖和核糖核酸酶 A 的一维和二维 ^{1}H NMR 谱。这种类型的微槽探针已被成功应用于研究生物系统的代谢。在微流体 NMR 代谢组学的首批可信演示中，Krojanski 等[72] 应用微距探测器从细胞系中获取代谢物浓缩物的 NMR 谱。最近，研究人员通过将微距探测器与蒸发驱动的灌注微型设备相结合，可以直接观察到肿瘤球体的代谢组学[73]，如图 4.5 所示。

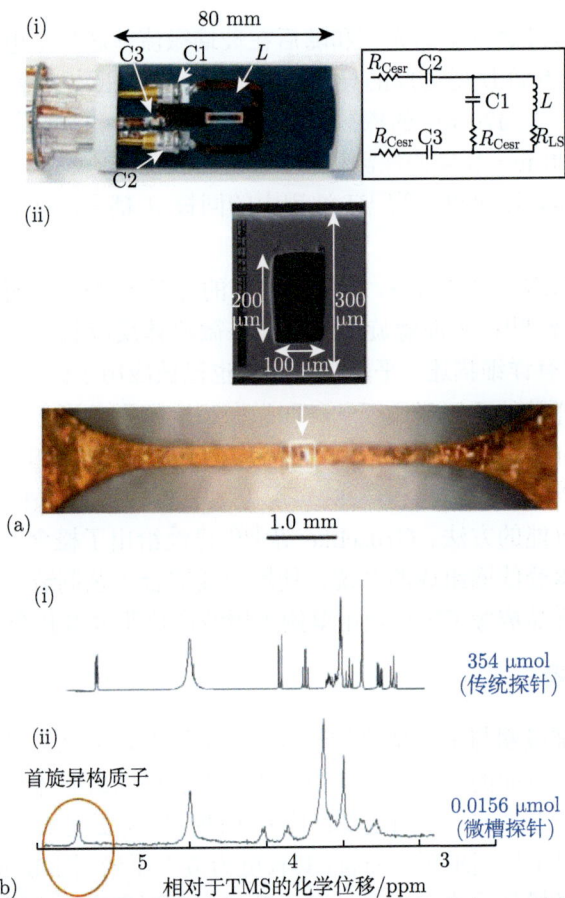

图 4.4 (a) 微距探针。(i) 移除外壳的探针。(ii) 微槽探针的扫描电子显微镜照片和光学显微镜照片。(b) 使用传统探针 (i) 和微槽探针 (ii) 获得的水中蔗糖的波谱。(经文献 [71] 许可转载。)

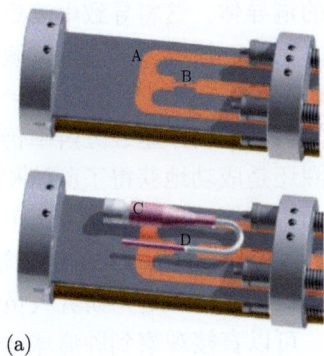

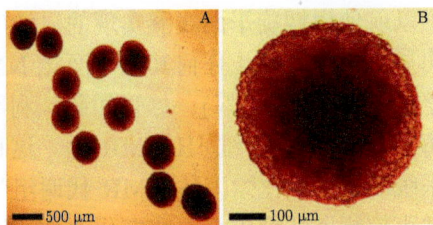

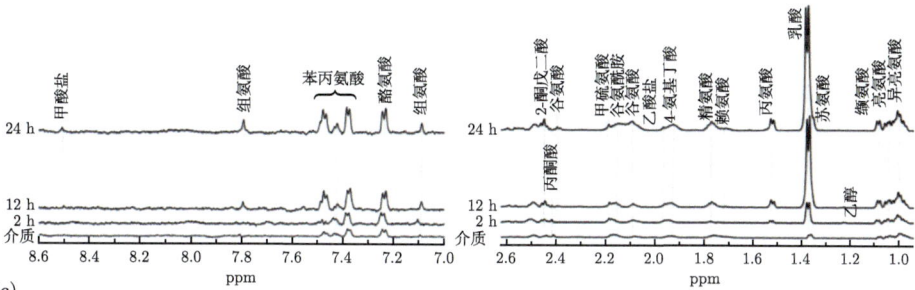

(c)

图 4.5　肿瘤球体微器件。(a) 没有培养装置 (顶部) 和有培养装置 (底部) 的微距探针的 CAD 绘制；(b) 肿瘤球体的光学显微镜照片；(c) 利用此系统获得的 600 MHz ^{1}H NMR 谱。(改编自文献 [73]。)

4.3.5　非谐振探测器

　　微带几何结构也被用于构建非谐振 NMR 鞍形线圈[74]。在这种方法中，鞍形线圈由在柔性印刷电路板上制造的微带来实现，然后线圈被包裹在圆柱体中用作鞍形线圈 NMR 探头。设计微带线的特定阻抗为 50 Ω，并由微带线和接地导体之间的 50 Ω 电阻器端接。与典型的 NMR 探测器不同，该系统不依赖于电磁共振 (驻波) 将探测器耦合到发射器/接收器系统[75]；相反，行进的 TEM 波直接耦合到进动的核自旋。这种方法 (通常称为行波 NMR) 最显著的优势是其宽带特性，这使得执行多核 NMR 实验变得简单。使用上述鞍形线圈系统无须重新调谐，即可在 0.52 T 下获得 ^{1}H、^{13}C、^{19}F 和 ^{31}P 波谱 (图 4.6)。传输和接收模式之间的宽带切换是通过簧片继电器机械实现的。

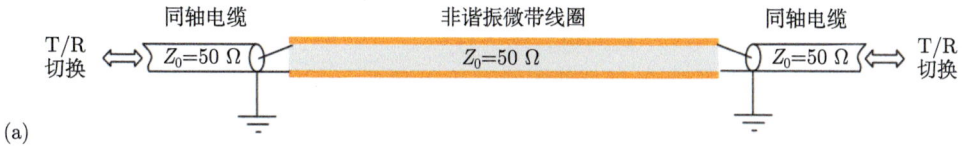

(a)

(b)

图 4.6　非谐振微带探测器 (a) 和使用谐振和非谐振微带探测器从 7 T 玉米油样品中获得的 MR 图像 (b)。(改编自文献 [76]。)

Zhang 等 [76] 研究了线性非谐振微带探测器，并直接比较了微带在非谐振模式和驻波模式下工作的灵敏度。在非谐振系统中，自旋进动在两个方向上都耦合到传输线的 TEM 模式中。因此，Zhang 等在传输线的任一端使用发射/接收开关，并在前置放大之前组合来自两者的信号功率 [77]。有趣的是，他们发现此设置的 SNR 与传统驻波操作中的 SNR 相同。

行波激发和探测被认为是一种规避高场全身 MRI 局限性的方法，在高场全身磁共振成像中，样品的尺寸与射频辐射的波长相当。在传统的近场探测器中，这会导致整个样品中射频信号的相位和幅度不均匀。Brunner 等 [78] 已经证明，通过行波探测可以在 7 T 下获得具有高灵敏度和良好均匀性的 MR 图像。在这种情况下，导电孔套管充当圆柱形传输线，使用靠近孔入口的圆极化贴片天线激发 TE_{01} 模式。与常规驻波 MR 探测器相比，行波系统的另一个优点是可以将探测器和激发结构放置在远离样品的地方。

还有学者直接在垂直穿过 NMR 磁体孔的同轴电缆中研究了行波探测，用样品代替磁体均匀区域中的电介质 [79]，并且已经提出了使用平面传输线的类似设计，但尚未通过实验证明。Fratila 等 [80] 提出了一个相关的概念，他们在同轴传输线和匹配的欧姆终端之间直接连接了一个平面微线圈。

4.3.6　带状线探测器

带状线和微带线密切相关，两者主要区别在于带状线中的磁场和电场在两侧由接地层界定，而非单侧微带线。带状线比微带线更早地被引入微波技术，但由于制造更复杂，在目前的微波电路中不太常用。然而，将带状线用于 NMR 探测器时，确实提供了一些优势。

Kentgens 和合作者 [81] 在印刷电路板上构建了一个用于微 NMR 的带状线探测器，样品取代了带状线一侧的电介质。样品位置处带状线的收缩导致电流集中，相应地，导致射频磁场集中。可使用具有低损耗角正切的 PCB 材料来优化灵敏度。通过将带状线作为对地短路插入半刚性同轴电缆制成的传输线谐振器的末端，将带状线调谐并匹配到 ^{1}H 和 ^{13}C 频率。这种安排为进行 ^{1}H–^{13}C 双共振实验提供了可行性，但未见相关报道 [81]。

样品体积约为 100 nL，质量灵敏度为 10^{13} spins/$\sqrt{Hz}$，或约为 0.1 nmol$\sqrt{s}$。然而，需要注意的是，这个灵敏度是单次扫描探测极限，实际情况下的灵敏度测量将考虑采集多个瞬变所需的延迟。该探测器的 B_1 均匀性相当好，810°/90° 的比率约为 60%。但是在最初的设计中，B_0 的均匀性相对较差。

Bart 等 [83] 提出了一个更复杂的变体 (图 4.7)。改进的带状线被直接设计为对称射频谐振器，支持 $\lambda/2$ 驻波，电流节点位于末端。带状线中心的收缩导致磁场局部增加，同时导致局部灵敏度增加。谐振器垂直排列，平行于静磁场，从而最大限度地减少了磁化率扩大伪影。对谐振器的几何结构，包括收缩宽度、长度和锥度角度进行了细致优化[84]，以提高灵敏度以及 B_0 和 B_1 的均匀性。Bart 等的研究表明，收缩的长宽比对于灵敏度而言至关重要，并发现长宽比为 $5 \sim 10$ 是最佳的。陡峭的锥度在灵敏度方面更可取，但会产生更大的 B_0 均匀性伪影。

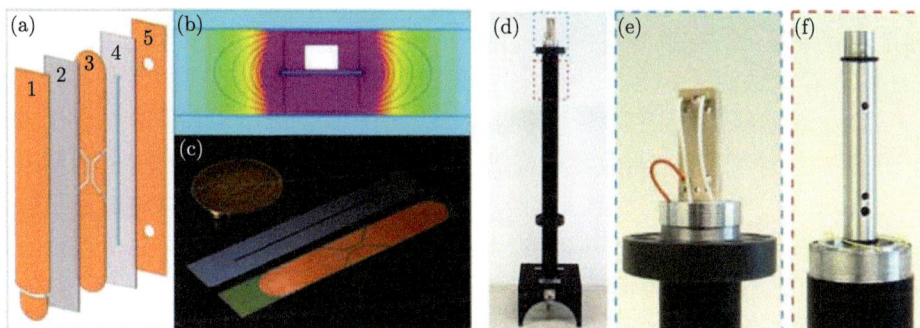

图 4.7 微流体 NMR 芯片和带状线探针。(a) 带状线探测器的导体和介电层；(b) 计算的射频磁场分布；(c) 带状线探测器和样品通道的照片；(d)~(f) NMR 流量探头组件。(Bart 等[82]，经英国皇家化学学会许可转载。)

该探针是通过铜气相沉积和随后电镀到作为带状线电介质的硅衬底上制造的。一方面，样品通道被刻蚀到硅中，取代了部分电介质。超纯、低电导率的硅在室温下是一种极好的绝缘体，并且具有低损耗正切值。然而，它通常带有富含缺陷的表面层，这会导致高介电损耗和欧姆损耗。为了避免这些损耗，Bart 等在金属化之前沉积了一层非晶硅 (amorphous silicon, a-Si)。这大大提高了谐振器的质量，但获得的灵敏度仍然比理论预测的要低一个数量级。尽管如此，利用该系统已经获得了非常高质量的微流体 NMR 谱。600 nL 体积样品中，蔗糖中的异构质子的探测限度为 22 nmol$\sqrt{s}$，波谱分辨率优于 1 Hz。Bart 等还发现，可以从人脑脊液样品中获得有用的代谢组学谱，尽管这一过程需要几个小时的采集时间。

这种类型的带状线探针同时适用于许多有趣的应用。Bart 等[82] 描述的流通探针已被用于在线反应监测。类似于 van Bentum 等[85] 论文中描述的第一种带状线谐振器，被用来从单晶外延生长的 $Al_xGa_{(1-x)}As$ 薄膜中获得 ^{75}As NMR 谱，其中可以区分五个单独的 As 位点[86]。

带状线探针还可与电化学转化分析相结合。为了积累足够浓度的电化学反应产物，将 EC 系统与固相萃取柱相结合，然后将洗脱液送入流通式带状线 NMR 探针[87,88]。

另一个有趣的研究进展是超临界 CO_2 色谱与 NMR 探测的联用。超临界流体 (supercritical fluid, SCF) 色谱利用 SCF 溶剂相对较低的黏度，与高压液相色谱 (high-pressure liquid chromatography, HPLC) 系统相比，它可以降低高流速下的背压。这允许比标准 HPLC 更高的通量，以及分离不溶于典型 HPLC 溶剂的分子。超临界流体色谱 (SCFC) 与 NMR 探测的组合将是一个自然合适的选择，因为溶剂不会产生 NMR 信号。此外，更高的通量意味着可以使用和收集更大量的潜在样品，这有利于 NMR 探测。最后，SCF CO_2 是一种黏度非常低的溶剂，它可以对波谱分辨率产生积极影响，特别是对于小分子而言。然而，将 SCFC 与 NMR 直接联用的方法尚未见报道。Tayler 等 [89] 已经给出了原理证明，他们使用 HPLC 存储回路从 SCFC 中收集馏分，然后将其溶解在甲醇中并注入带状线流量探头。带状线和微带线探头可控制射频磁场的详细幅度和相位分布。这为将空间信息整合到 NMR 信号收集中提供了可能性，迄今为止这方面的研究还很少。

　　Tijssen 等 [90] 发现，锥形带状线产生明确定义的 B_1 梯度，并将其用于同时获取注入样品毛细管中的不同成分的 NMR 光谱。同样的系统也可用于连续流动反应监测。Tijssen 等还证明，由锥形带状线生成的 B_1 梯度可用于补偿 B_0 的不均匀性，方法是获取空间编码信号，通过数据处理从中检索高分辨率 NMR 谱。这种可能性或许在永磁体 NMR 系统中具有重要应用。

　　最后，需要注意的是，带状线设计不仅在 NMR 波谱中有意义，在 EPR 中也很有意义。Yap 等描述了一种基于微三线谐振器的脉冲 Ku 波段 (17 GHz) EPR 系统 (图 4.8)。在他们的设计中，探索了锥形带状线谐振器的几种变体，包括一种由带状线导体中的窄 U 形匝形成敏感区域的变体。使用这种谐振器，获得了超过 210 MHz 的非常高的灵敏度和拉比 (章动) 频率。

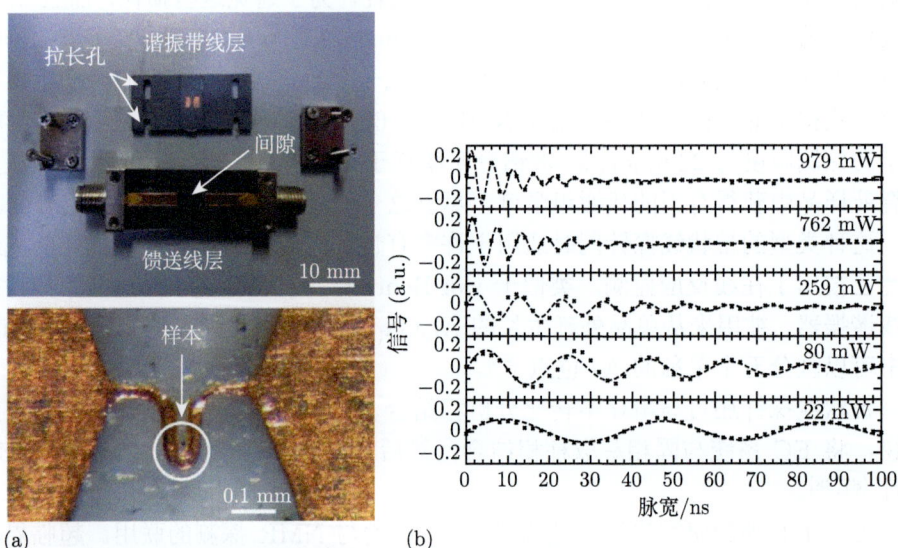

图 4.8　脉冲 EPR 的带状线谐振器 (a) 和用该系统获得的章动图 (b)。(改编自文献 [91]。)

Klotz 等 [92] 使用共面带状线对来操纵被束缚在量子点中的单电子自旋。这种类型的磁力计以及基于金刚石氮空位 (nitrogen vacancy, NV) 中心缺陷的相关系统, 在未来可能会成为高灵敏度 NMR 探测器的重要组成部分。波导结构也被广泛用于动态核极化探针的设计, 这需要在 NMR 和 EPR 频率下同时照射 (见下文)。

4.3.7 平行板传输线

平行板传输线 (PTL) 由两个等宽的平行导体组成, 具有带状线和微带波导的一些共同特性。特别是对于大的 w/h, 电场主要包含在导体之间的介电空间中。但仍会有一些电场 "溢出" 到周围空间中。同样地, 磁场线也没有被完全限制在介质空间中, 而是在每个导体周围形成环绕, 如图 4.1(d) 所示。像微带线一样, 与带状线相反, 由于介电材料和周围空气之间的介电常数不同, PTL 通常不支持纯 TEM 模式。在磁共振探测器的背景下, PTL 几何结构与平面样品自然吻合, 但是它至今没有得到更广泛的应用, 这有点令人惊讶。

Jasinski 等 [93] 使用基于 5 mm 长和 0.3 mm 宽的 PTL 的谐振器构建了一个显微成像 NMR 探头, 使用二维有限元计算方法优化了 w/h 值, 发现在单位面积附近的 w/h 值在射频均匀性、填充因子和灵敏度之间提供了良好的平衡。空载品质因子为 120 时, PTL 被调谐并与 50 Ω 同轴电缆匹配, 与有限元模拟非常吻合。谐振器放置在 11.7 T 的磁场中, 磁场方向垂直于导体平面。在大约 45 min 内可以在 128 × 128 点上获得 24 μm × 24 μm × 300 μm 分辨率的高质量图像。

Finch 等 [94] 为微流体 NMR 波谱学构建了类似的探测器。它们的几何结构是对 Bart 等 [83] 提出的带状线探针的改进, 由波导轴平行于磁场的半波谐振器和样品位置的收缩部分组成 (图 4.9)。与早期使用需要流体样品连接的固定毛细管的微流体 NMR 探针不同, Finch 等的探针旨在适应由聚甲基丙烯酸甲酯 (PMMA) 板材制造的各种 LoC 设备, 这些设备可以是使用热压印技术, 也可以是使用基于数字激光切割系统的快速原型制作技术。

Finch 等从样品室体积为 2 μL 的要求出发, 使用数值搜索算法结合谐振器的 3D 有限元模型, 同时优化探针室尺寸 (宽 × 长) 和谐振器中相应的收缩尺寸。优化在高灵敏度和射频均匀性这两个相互冲突的目标之间取得了平衡, 从而产生了折中设计。该探针在 1.78 Hz 线宽 (7 T 时) 下实现了 $nLOD_\omega = 1.57$ nmol$\sqrt{s}$ (基于多个瞬态信号的平均) 的频域探测极限。重要的是, 探头设计实现了 0.5% 和 0.1% 高度处的信号线宽与具有相同半宽的洛伦兹线重叠, 如图 4.9(c) 所示。这种基线分辨率在代谢组学研究中特别重要 [95,96], 因为在代谢组学研究中, 信号的强度存在很大差异, 而强谱线的宽尺寸可能掩盖掉较弱的信号。

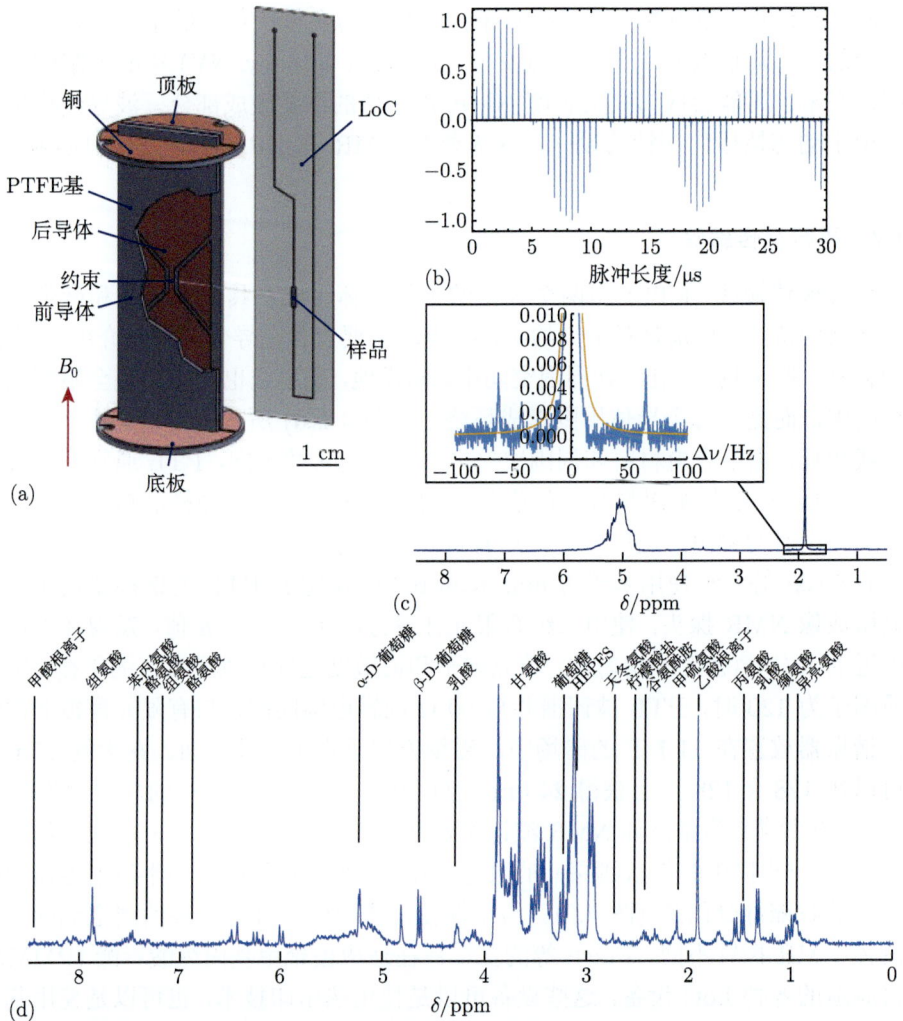

图 4.9　用于微流体 NMR 的 PTL 谐振器。(a) 谐振器和微流控芯片设备的 CAD 渲染图；(b) 10 W 时的实验章动曲线；(c) 水波谱中的 150 mM 乙酸盐显示出极好的基线分辨率；(d) 2 μL 细胞生长培养基的 ^{1}H 谱，该培养基含有 20 mM 葡萄糖和浓度低于 1 mM 的各种氨基酸。波谱在大约 20 min 内获得。(经文献 [94] 许可改编。)

4.3.8　在固体物理学中的应用

平面波导结构在固体物理学中得到了广泛的应用，包括与磁共振直接或间接相关的实验。例如，Yusa 等 [97] 已经证明了通过核磁对光诱导载流子导电的微妙影响来探测 GaAs 中的核自旋态 (也可参见文献 [98])。这使得探测到的核自旋最少为 10^8 个，即使在 100 mK 的实验温度下，这也是一个了不起的成就。

为了获得宽带铁磁共振信号，微带线被放置在铁磁层的表面上。通过这种方式，可以利用电感微波波谱研究薄膜结构的磁性[99,100]。使用光学探测的类似技术也被描述过[101]。

4.3.9 动态核极化波导

优化的探测器几何结构尽管缓解了 NMR 实验固有的低灵敏度，但并没有最终解决根本问题：即使在最高的实际磁场中，核自旋的磁极化也很小 (量级在每 10^5 个自旋核子中有 1 个被磁极化)。样品冷却在一定程度上有所帮助，但对许多系统来说并不适用，尤其是在生物学领域。

有几种已知的方法可以暂时将核极化增加到热力学平衡值以上，包括仲氢诱导极化、光泵浦和动态核极化 (dynamic nuclear polarization, DNP)。每一种方法都有其优点和局限性。其中，DNP 是目前最受关注的，因为它对围绕样品的谐振器结构提出了特殊要求。

DNP 通过交叉弛豫将极化从电子转移到核自旋。样品中需要有自由基的存在，并具有合适的电子自旋弛豫时间，以使转移成为可能。稳定的氮氧自由基通常用于实现此目的。通过微波辐射，电子自旋系统的能级分布被扰动，使其偏离热平衡状态，从而实现 DNP。在典型的 NMR 磁场中，这涉及高达数百吉赫兹的微波频率。在这部分频谱中传输微波功率需要精心设计的波导结构。DNP 往往在固态和低温下最有效。

这种情况促进了溶解 DNP 技术的发展[102]：样品首先在液氦温度或略低于液氦温度下用微波辐射约 1 h，然后迅速溶解在热溶剂中，转移到 NMR 磁体中进行波谱分析，或注入 MRI 扫描仪内的活体对象中进行成像[103]。

由于实验开销巨大，溶解 DNP 技术不适合小规模应用；通常需要批量生产相对较大 (以毫升计) 的超极化材料，且极化寿命最多只有几分钟。

在足够小的规模下，可以将溶解和转移步骤去除，并在微波辐射后通过电加热器或暴露于热气体中快速原位熔化样品。Sharma 等[104] 已经实现了这一点。将外径为 360 µm 的毛细管在 NMR 磁体内部的三个区域之间移动：77 K 的冷区域，样品用微波辐射；热区域，毛细管暴露在温暖的氮气流中；NMR 区域，其中 NMR 谱是使用带状线谐振器测量的。

DNP 也可以直接在液态中工作。然而，在高磁场下传输往往会降低效率，并且高频微波在环境温度下对大多数液体的穿透能力很差。尽管如此，人们对在液态中直接应用 DNP 技术[105-107] 还是有相当大的兴趣，因为它在概念上很简单，并且有可能应用于不能耐受冷冻和解冻的系统。液态 DNP 系统本质上是电子、原子核双共振波谱仪，需要同时或至少在短时间内连续地在原子核和电子拉莫尔频率上进行辐照。设计合适的谐振器是具有挑战性的，因为液体中存在许多不同的

低频结构 (例如溶剂分子)，它们会遮蔽样品，阻碍高频辐射的传播和吸收。

Annino 等 [108-110] 设计了一种介质腔微波谐振器，它与基于一对直导线的波导射频谐振器相结合，并且在 3.3 T 的磁场中工作。这相当于电子的拉莫尔频率为 95 GHz，质子的拉莫尔频率为 150 MHz。微波功率通过矩形波导管从固态源耦合进来。在约 70 mW 的微波功率下，在含有氮氧自由基的二噁烷和水的混合物中观察到 −16 的质子信号增强。

Denysenkov 等 [111-114] 提出了另一种设计。其所设计的系统以更高的频率运行，磁场为 9.2 T(392 MHz NMR/260 GHz EPR 频率)。他们采用了一个更强大的回旋微波源，它通过波纹波导耦合到 DNP 系统中。微波从波导发射到法布里-珀罗谐振器，其背面 (镜面) 由带状线射频谐振器构成，如图 4.10 所示。

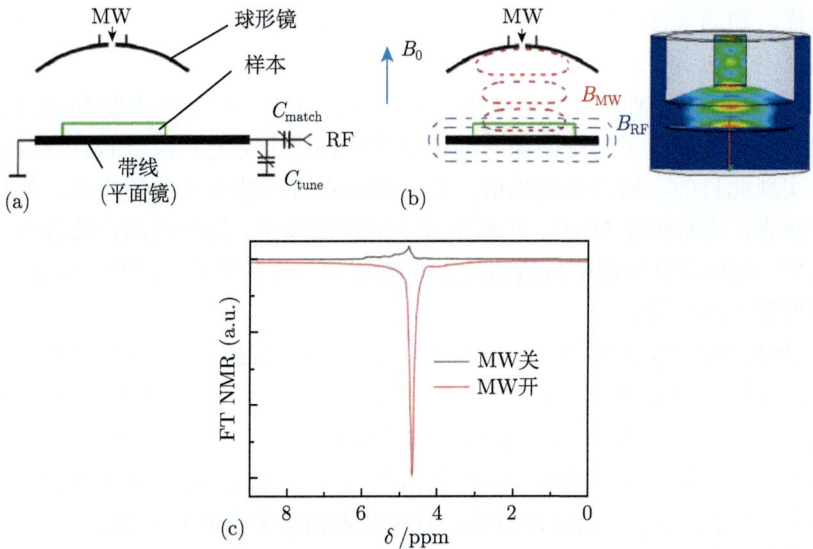

图 4.10　基于法布里-珀罗微波谐振器和带状线射频谐振器的液态 DNP 系统。(经文献 [113] 许可改编。)

样品直接在导电带状线表面形成厚 20 μm 和体积 50 nL 的液体薄膜。这确保了良好的热接触，并防止液体在微波辐射时过热。Denysenkov 等设计的微波功率比 Annino 等设计的强大约两个数量级。使用该系统观察到的信号增强高达 30 倍。

参 考 文 献

[1] Abragam, A. (1961) The Principles of Nuclear Magnetism, Oxford University Press, Oxford.

[2] Rabi, I., Zacharias, J., Millman, S., and Kusch, P. (1938) A new method of measuring nuclear magnetic moment. Phys. Rev., 53 (4), 318.

[3] Bloch, F. (1946) Nuclear induction. Phys. Rev., 70 (7–8), 460–474.

[4] Purcell, E.M., Torrey, H.C., and Pound, R.V. (1946) Resonance absorption by nuclear magnetic moments in a solid. Phys. Rev., 69 (1–2), 37–38.

[5] Ernst, R.R. and Anderson, W.A. (1966) Application of Fourier transform spectroscopy to magnetic resonance. Rev. Sci. Instrum., 37 (1), 93–102.

[6] Bechinger, B. and Opella, S.J. (1991) Flat-coil probe for NMR spectroscopy of oriented membrane samples. J. Magn. Reson., 95 (3), 585–588.

[7] Zhang, X., Ugurbil, K., and Chen, W. (2001) Microstrip RF surface coil design for extremely high-field MRI and spectroscopy. Magn. Reson. Med., 46 (3), 443–450.

[8] Hoult, D. and Richards, R. (1975) Critical factors in the design of sensitive high resolution nuclear magnetic resonance spectrometers. Proc. R. Soc. London, Ser. A, Math. Phys. Sci., 344 (1638), 311–340.

[9] Manz, A., Graber, N., and Widmer, H. (1990) Miniaturized total chemical-analysis systems—a novel concept for chemical sensing. Sens. Actuators, B, 1, 244–248.

[10] Pozar, D. (2008) Microwave Engineering, 4th edn Wiley, New York (2011).

[11] Barret, R.M. (1955) Microwave printed circuits—a historical survey. IRE Trans. Microwave Theory Tech., 3 (2), 1–9.

[12] Hoult, D.I. and Richards, R.E. (1976) The signal-to-noise ratio of the nuclear magnetic resonance experiment. J. Magn. Reson. (1969), 24 (1), 71–85.

[13] Bridges, J.F. and Advanced NMR Systems, Inc. (1988) Cavity resonator with improved magnetic field uniformity for high frequency operation and reduced dielectric heating in NMR imaging devices. US Patent Office.

[14] Bogdanov, G. and Ludwig, R. (2002) Coupled microstrip line transverse electromagnetic resonator model for high-field magnetic resonance imaging. Magn. Reson. Med., 47(3), 579–593.

[15] Hayes, C.E., Edelstein, W.A., Schenck, J.F., Mueller, O.M., and Eash, M. (1985) An efficient, highly homogeneous radiofrequency coil for whole-body NMR imaging at 1.5 T. J. Magn., 63 (3), 622–628.

[16] Zhang, X., Ugurbil, K., Chen, W., and Regents of the University of Min nesota (2006) Method and apparatus for magnetic resonance imaging and spectroscopy using microstrip transmission line coils. US Patent Office.

[17] Zhang, X., Zhu, X.H., and Chen, W. (2005) Higher-order harmonic transmission-line RF coil design for MR applications. Magn. Reson. Med., 53 (5), 1234–1239.

[18] Burian, M. and Hájek, M. (2004) Linear microstrip surface coil for MR imaging of the rat spinal cord at 4.7 T. Magn Reson. Mater. Phys. Biol. Med., 17(3–6), 359–362.

[19] Zhang, X., Ugurbil, K., and Chen, W. (2003) A microstrip transmission line volume coil for human head MR imaging at 4T. J. Magn. Reson., 161 (2), 242–251.

[20] Driesel, W., Mildner, T., and Möller, H.E. (2008) A microstrip helmet coil for human

brain imaging at high magnetic fields. Concepts Magn. Reson. Part B: Magn. Reson. Eng., 33B (2), 94–108.

[21] Vaughan, J.T., Adriany, G., Garwood, M., Yacoub, E., Duong, T., DelaBarre, L., Andersen, P., and Ugurbil, K. (2002) Detunable transverse electromagnetic (TEM) volume coil for high-field NMR. Magn. Reson. Med., 47 (5), 990–1000.

[22] Roemer, P.B., Edelstein, W.A., Hayes, C.E., Souza, S.P., and Mueller, O.M. (1990) The NMR phased array. Magn. Reson. Med., 16 (2), 192–225.

[23] Hoult, D., Kolansky, G., Kripiakevich, D., and King, S. (2004) The NMR multi-transmit phased array: a Cartesian feedback approach. J. Magn. Reson., 171 (1), 64–70.

[24] Lee, R.F., Westgate, C.R., Weiss, R.G., Newman, D.C., and Bottomley, P.A. (2001) Planar strip array (PSA) for MRI. Magn. Reson. Med., 45 (4), 673–683.

[25] Boskamp, E.B., Lee, R.F., and Ge Medical Systems Global Technology Company, L (2006) Multiple channel, microstrip transceiver volume array for magnetic resonance imaging. US Patent Office.

[26] van den Bergen, B., Klomp, D.W.J., Raaijmakers, A.J.E., de Castro, C.A., Boer, V.O., Kroeze, H., Luijten, P.R., Lagendijk, J.J.W., and van den Berg, C.A.T. (2010) Uniform prostate imaging and spectroscopy at 7 T: comparison between a microstrip array and an endorectal coil. NMR Biomed., 24, 358–365.

[27] Adriany, G., van de Moortele, P.F., Wiesinger, F., Moeller, S., Strupp, J.P., Andersen, P., Snyder, C., Zhang, X., Chen, W., Pruessmann, K.P., Boesiger, P., Vaughan, T., and Ugurbil, Km. (2005) Transmit and receive transmission line arrays for 7 Tesla parallel imaging. Magn. Reson. Med., 53 (2), 434–445.

[28] Wu, B., Zhang, X., Qu, P., and Shen, G.X. (2006) Design of an inductively decoupled microstrip array at 9.4T. J. Magn. Reson., 182 (1), 126–132.

[29] Wang, C. and Shen, G.X. (2006) B_1 field, SAR, and SNR comparisons for birdcage, TEM, and microstrip coils at 7T. J. Magn. Reson. Imaging, 24 (2), 439–443.

[30] van den Bergen, B., van den Berg, C.A.T., Klomp, D.W.J., and Lagendijk, J.J.W. (2009) SAR and power implications of different RF shimming strategies in the pelvis for 7 T MRI. J. Magn. Reson. Imaging, 30 (1), 194–202.

[31] Ipek, O., Raaijmakers, A.J.E., Klomp, D.W.J., Lagendijk, J.J.W., Luijten, P. R., and van den Berg, C.A.T. (2012) Characterization of transceive surface element designs for 7 Tesla magnetic resonance imaging of the prostate: radiative antenna and microstrip. Phys. Med. Biol., 57 (2), 343–355.

[32] Olson, D., Peck, T., Webb, A., Magin, R., and Sweedler, J. (1995) High-resolution microcoil ^{1}H-NMR for mass-limited, nanoliter-volume samples. Science, 270 (5244), 1967–1970.

[33] Sweedler, J.V., Peck, T.L., Webb, A.G., Magin, R.L., Wu, N., and The Board of Trustees of the University Of Illinois (1997) Method and apparatus for NMR spectroscopy of nanoliter volume samples. US Patent Office.

[34] Lacey, M.E., Subramanian, R., Olson, D., Webb, A., and Sweedler, J. (1999) High-

resolution NMR spectroscopy of sample volumes from 1 nL to 10μL. Chem. Rev., 99 (10), 3133–3152.

[35] Peck, T., Webb, A., Wu, N., Magin, R., and Sweedler, J. (1994) On-line NMR detection in capillary electrophoresis using an RF microcoil. Engineering in Medicine and Biology Society, 1994. Engineering Advances: New Opportunities for Biomedical Engineers. Proceedings of the 16th Annual International Conference of the IEEE.

[36] Wu, N., Peck, T.L., Webb, A.G., Magin, R.L., and Sweedler, J.V. (1994) Nano-liter volume sample cells for ^{1}H NMR: application to online detection in capillary electrophoresis. J. Am. Chem. Soc., 116 (17), 7929–7930.

[37] Olson, D., Lacey, M.E., Webb, A., and Sweedler, J. (1999) Nanoliter-volume ^{1}H NMR detection using periodic stopped-flow capillary electrophoresis. Anal. Chem., 71 (15), 3070–3076.

[38] Lacey, M.E., Tan, Z.J., Webb, A.G., and Sweedler, J.V. (2001) Union of capillary high-performance liquid chromatography and microcoil nuclear magnetic resonance spectroscopy applied to the separation and identification of terpenoids. J. Chromatogr. A, 922 (1–2), 139–149.

[39] Seeber, D.A., Hoftiezer, J.H., Daniel, W.B., Rutgers, M.A., and Pennington, C.H. (2000) Triaxial magnetic field gradient system for microcoil magnetic resonance imaging. Rev. Sci. Instrum., 71 (11), 4263–4272.

[40] Ciobanu, L., Seeber, D.A., Pennington, C. H. (2002) 3D MR microscopy with resolution 3.7μm by 3.3μm by 3.3μm. J. Magn. Reson., 158, 178–182.

[41] Yamauchi, K., Imada, T., and Asakura, T. (2005) Use of microcoil probehead for determination of the structure of oriented silk fibers by solid-state NMR. J. Phys. Chem. B, 109 (37), 17689–17692.

[42] Kentgens, A.P.M., Bart, J., van Bentum, P.J.M., Brinkmann, A., van Eck, E., Gardeniers, J.G.E., Janssen, J.W.G., Knijn, P., Vasa, S., and Verkuijlen, M.H.W. (2008) High-resolution liquid- and solid-state nuclear magnetic resonance of nanoliter sample volumes using microcoil detectors. J. Chem. Phys., 128 (5), 052202.

[43] Sakellariou, D., Goff, G.L., and Jacquinot, J.F. (2007) High-resolution, high-sensitivity NMR of nanolitre anisotropic samples by coil spinning. Nature, 447 (7145), 694–697.

[44] Jacquinot, J.F. and Sakellariou, D. (2011) NMR signal detection using inductive coupling: applications to rotating microcoils. Concepts Magn. Reson. Part A, 38A (2), 33–51.

[45] Samoson, A., Tuherm, T., Past, J., Reinhold, A., Heinmaa, I., Anup old, T., Smith, M.E., and Pike, K.J. (2010) Fast Magic-Angle Spinning: Implications, John Wiley & Sons, Ltd, Chichester.

[46] Hilty, C., McDonnell, E., Granwehr, J., Pierce, K., Han, S., and Pines, A. (2005) Microfluidic gas-flow profiling using remote-detection NMR. Proc. Natl. Acad. Sci. U.S.A., 102 (42), 14 960–14 963.

[47] McDonnell, E., Han, S., Hilty, C., Pierce, K., and Pines, A. (2005) NMR analysis on

microfluidic devices by remote detection. Anal. Chem., 77 (24), 8109–8114.

[48] Harel, E., Hilty, C., Koen, K., McDonnell, E.E., and Pines, A. (2007) Time-of-flight flow imaging of two-component flow inside a microfluidic chip. Phys. Rev. Lett., 98 (1). doi: 10.1103/physrevlett.98.017601.

[49] Bouchard, L.S., Burt, S.R., Anwar, M.S., Kovtunov, K.V., Koptyug, I.V., and Pines, A. (2008) NMR imaging of catalytic hydrogenation in microreactors with the use of para-hydrogen. Science, 319 (5862), 442–445.

[50] Ledbetter, M.P., Savukov, I.M., Budker, D., Shah, V., Knappe, S., Kitching, J., Michalak, D.J., Xu, S., and Pines, A. (2008) Zero-field remote detection of NMR with a microfabricated atomic magnetometer. Proc. Natl. Acad. Sci. U.S.A., 105 (7), 2286–2290.

[51] Harel, E. (2009) Magnetic resonance detection: spectroscopy and imaging of lab-on-a-chip. Lab Chip, 9 (1), 17–23.

[52] Bajaj, V.S., Paulsen, J., Harel, E., and Pines, A. (2010) Zooming in on microscopic flow by remotely detected MRI. Science, 330 (6007), 1078–1081.

[53] Telkki, V.V. and Zhivonitko, V.V. (2011) Analysis of remote detection travel time curves measured from microfluidic channels. J. Magn. Reson., 210 (2), 238–245.

[54] Telkki, V.V., Zhivonitko, V.V., Selent, A., Scotti, G., Leppäniemi, J., Franssila, S., and Koptyug, I.V. (2014) Lab-on-a-chip reactor imaging with unprece-dented chemical resolution by Hadamard-encoded remote detection NMR. Angew. Chem., 126 (42), 11 471–11 475.

[55] Badilita, V., Kratt, K., Baxan, N., Mohmmadzadeh, M., Burger, T., Weber, H., von Elverfeldt, D., Hennig, J., Korvink, J.G., and Wallrabe, U. (2010) On-chip three dimensional microcoils for MRI at the microscale. Lab Chip, 10 (11), 1387–1390.

[56] Stocker, J.E., Peck, T., Webb, A., Feng, M., and Magin, R. (1997) Nanoliter volume, high-resolution NMR microspectroscopy using a 60-μm planar microcoil. IEEE Trans. Biomed. Eng., 44 (11), 1122–1127.

[57] Trumbull, J.D., Glasgow, I.K., Beebe, D.J., and Magin, R. (2000) Integrating micro-fabricated fluidic systems and NMR spectroscopy. IEEE Trans. Biomed. Eng., 47 (1), 3–7.

[58] Massin, C., Boero, G., Vincent, F., Abenhaim, J., Besse, P., and Popovic, R.S. (2002) High-Q factor RF planar microcoils for micro-scale NMR spectroscopy. Sens. Actuators, A, 97–98, 280–288.

[59] Massin, C., Vincent, F., Homsy, A., Ehrmann, K., Boero, G., Besse, P., Daridon, A., Verpoorte, E., de Rooij, N., and Popovic, R. (2003) Planar microcoil-based microfluidic NMR probes. J. Magn. Reson., 164 (2), 242–255.

[60] Wensink, H., Hermes, D.C., and van den Berg, A. (2004) High signal to noise ratio in low field NMR on chip, simulations and experimental results. MEMSYS-04, IEEE, pp. 407–410.

[61] Wensink, H., Benito-Lopez, F., Hermes, D.C., Verboom, W., Gardeniers, H.J.G.E.,

Reinhoudt, D.N., and van den Berg, A. (2005) Measuring reaction kinetics in a lab-on-a-chip by microcoil NMR. Lab Chip, 5 (3), 280–284.

[62] Gomez, M.V., Verputten, H.H.J., Díaz-Ortíz, A., Moreno, A., de la Hoz, A., and Velders, A.H. (2010) On-line monitoring of a microwave-assisted chemical reaction by nanolitre NMR-spectroscopy. Chem. Commun., 46 (25), 4514.

[63] Yue, J., Schouten, J.C., and Nijhuis, T.A. (2012) Integration of microreactors with spectroscopic detection for online reaction monitoring and catalyst characterization. Ind. Eng. Chem. Res., 51 (45), 14 583–14 609.

[64] Boero, G., Bouterfas, M., Massin, C., Vincent, F., Besse, P., Popovic, R.S., and Schweiger, A. (2003) Electron-spin resonance probe based on a 100 µm planar microcoil. Rev. Sci. Instrum., 74 (11), 4794–4798.

[65] Spengler, N., Moazenzadeh, A., Meier, R.C., Badilita, V., Korvink, J.G., and Wallrabe, U. (2014) Micro-fabricated Helmholtz coil featuring disposable microfluidic sample inserts for applications in nuclear magnetic resonance. J. Micromech. Microeng., 24 (3), 034 004.

[66] Spengler, N., Höfflin, J., Moazenzadeh, A., Mager, D., MacKinnon, N., Badilita, V., Wallrabe, U., and Korvink, J.G. (2016) Heteronuclear micro-Helmholtz coil facilitates μm-range spatial and sub-Hz spectral resolution NMR of nL-volume samples on customisable microfluidic chips. PLoS ONE, 11 (1), e0146 384.

[67] Gruschke, O.G., Baxan, N., Clad, L., Kratt, K., von Elverfeldt, D., Peter, A., Hennig, J., Badilita, V., Wallrabe, U., and Korvink, J.G. (2012) Lab on a chip phased array MR multi-platform analysis system. Lab Chip, 12 (3), 495–502.

[68] Göbel, K., Gruschke, O.G., and Leupold, J. (2014) Phased array of microcoils allows MR microscopy of ex vivo human skin samples at 9.4 T. Skin Res. Technol., 21 (1), 1–8.

[69] Oligschläger, D., Lehmkuhl, S., Watzlaw, J., Benders, S., de Boever, E., Rehorn, C., Vossel, M., Schnakenberg, U., and Blümich, B. (2015) Miniaturized multi-coil arrays for functional planar imaging with a single-sided NMR sensor. J. Magn. Reson., 254, 10–18.

[70] Maguire, Y., Gershenfeld, N., and Chuang, I.L. (2009) Slitted and stubbed microstrips for high sensitivity, near-field electromagnetic detection of small samples and fields. US Patent Office.

[71] Maguire, Y., Chuang, I., Zhang, S., and Gershenfeld, N. (2007) Ultra-small-sample molecular structure detection using microslot waveguide nuclear spin resonance. Proc. Natl. Acad. Sci. U. S. A., 104 (22), 9198–9203.

[72] Krojanski, H., Lambert, J., Gerikalan, Y., Suter, D., and Hergenröder, R. (2008) Microslot NMR probe for metabolomics studies. Anal. Chem, 80 (22), 8668.

[73] Kalfe, A., Telfah, A., Lambert, J., and Hergenröder, R. (2015) Looking into living cell systems: planar waveguide microfluidic NMR detector for in vitro metabolomics of tumor spheroids. Anal. Chem., 87 (14), 7402–7410.

[74] Murphree, D., Cahn, S.B., Rahmlow, D., and DeMille, D. (2007) An easily constructed, tuning free, ultra-broadband probe for NMR. J. Magn. Reson., 188 (1), 160–167.

[75] Mispelter, J., Lupu, M., and Briguet, A. (2006) NMR Probeheads for Biophysical and Biomedical Experiments: Theoretical Principles & Practical Guidelines, Imperial College Press.

[76] Zhang, X., Wang, C., Xie, Z., and Wu, B. (2008) Non-resonant microstrip (NORM) RF coils: an unconventional RF solution to MR imaging and spectroscopy. Proceedings of International Society.

[77] Zhang, X., Wang, C., and Vigneron, D. (2009) Studies on MR reception efficiency and SNR of non-resonance RF method (NORM). Proceedings of the 17th Annual Meeting of ISMRM; Honolulu, Hawaii, USA, 104.

[78] Brunner, D.O., De Zanche, N., Fröhlich, J., Paska, J., and Pruessmann, K.P. (2009) Travelling-wave nuclear magnetic resonance. Nature, 457 (7232), 994–998.

[79] Tang, J.A., Wiggins, G.C., Sodickson, D.K., and Jerschow, A. (2011) Cutoff-free traveling wave NMR. Concepts Magn. Reson. Part A, 38A (5), 253–267.

[80] Fratila, R.M., Gomez, M.V., Sýkora, S., and Velders, A.H. (2014) Multinuclear nanoliter one-dimensional and two-dimensional NMR spectroscopy with a single non-resonant microcoil. Nat. Commun., 5. doi: 10.1038/ncomms4025.

[81] van Bentum, P.J.M., Janssen, J.W.G., Kentgens, A.P.M., Bart, J., and Gardeniers, J.G.E. (2007) Stripline probes for nuclear magnetic resonance. J. Magn. Reson., 189 (1), 104–113.

[82] Bart, J., Oosthoek-de Vries, A.J., Tijssen, K.C.H., Janssen, J.W.G., Bentum, P.J.M., Gardeniers, J., and Kentgens, A. (2010) In-line NMR analysis using stripline based detectors. Proceedings of the 14th International Conference on Miniaturized Systems for Chemistry and Life Sciences, 3–7 October 2010, Groningen, The Netherlands.

[83] Bart, J., Kolkman, A.J., Oosthoek-de Vries, A.J., Koch, K., Nieuwland, P.J., Janssen, H.J.W.G., van Bentum, P.J.M., Ampt, K.A.M., Rutjes, F.P.J.T., Wijmenga, S.S., Gardeniers, H.J.G.E., and Kentgens, A.P.M. (2009) A microfluidic high-resolution NMR flow probe. J. Am. Chem. Soc., 131 (14), 5014–5015.

[84] Bart, J., Janssen, J.W.G., van Bentum, P.J.M., Kentgens, A.P.M., and Gardeniers, J.G.E. (2009) Optimization of stripline-based microfluidic chips for high-resolution NMR. J. Magn. Reson., 201 (2), 175–185.

[85] van Bentum, P.J.M. and Kentgens, A.P.M. (2008) High-sensitivity NMR probe systems, in Modern Magnetic Resonance, Springer, Netherlands, Dordrecht, 353–361.

[86] Goswami, M., Knijn, P.J., Bauhuis, G.J., Janssen, J.W.G., van Bentum, P.J.M., de Wijs, G.A., and Kentgens, A.P.M. (2014) Stripline 75As NMR study of epitaxial III–V semiconductor Al0.5Ga0.5As. J. Phys. Chem. C, 118 (25), 13 394–13 405.

[87] Falck, D., Vries, A.J.Od., Kolkman, A., Lingeman, H., Honing, M., Wijmenga, S.S., Kentgens, A.P.M., and Niessen, W.M.A. (2013) EC–SPE–stripline-NMR analysis of reactive products: a feasibility study. Anal. Bioanal. Chem., 405 (21), 6711–6720.

[88] Falck, D. and Niessen, W.M.A. (2015) Solution-phase electrochemistry-nuclear magnetic resonance of small organic molecules. TrAC, Trends Anal. Chem., 70, 31–39.

[89] Tayler, M.C.D., van Meerten, S.B.G.J., Kentgens, A.P.M., and van Bentum, P.J.M. (2015) Analysis of mass-limited mixtures using supercritical-fluid chromatography and microcoil NMR. Analyst, 140 (18), 6217–6221.

[90] Tijssen, K.C.H., Bart, J., Tiggelaar, R.M., Janssen, J.W.G.H., Kentgens, A.P.M., and van Bentum, P.J.M. (2016) Spatially resolved spectroscopy using tapered stripline NMR. J. Magn. Reson., 263, 136–146.

[91] Yap, Y.S., Yamamoto, H., Tabuchi, Y., Negoro, M., Kagawa, A., and Kitagawa, M. (2013) Strongly driven electron spins using a Ku band stripline electron paramagnetic resonance resonator. J. Magn. Reson., 232, 62–67.

[92] Klotz, F., Huebl, H., Heiss, D., Klein, K., Finley, J.J., and Brandt, M.S. (2011) Coplanar stripline antenna design for optically detected magnetic resonance on semiconductor quantum dots. Rev. Sci. Instrum., 82 (7), 074707.

[93] Jasiński, K., Mtynarczyk, A., Latta, P., Volotovskyy, V., We glarz, W.P., and Tomanek, B. (2012) A volume microstrip RF coil for MRI microscopy. Magn. Reson. Imaging, 30 (1), 70–77.

[94] Finch, G., Yilmaz, A., and Utz, M. (2016) An optimised detector for in-situ high-resolution NMR in microfluidic devices. Journal of Magnetic Resonance, 262, 73–80.

[95] Pan, Z. and Raftery, D. (2007) Comparing and combining NMR spectroscopy and mass spectrometry in metabolomics. Anal. Bioanal. Chem., 387 (2), 525–527.

[96] Zhang, S., Gowda, G.A.N., Ye, T., and Raftery, D. (2010) Advances in NMR -based biofluid analysis and metabolite profiling. Analyst, 135 (7), 1490–1498.

[97] Yusa, G., Muraki, K., Takashina, K., Hashimoto, K., and Hirayama, Y. (2005) Controlled multiple quantum coherences of nuclear spins in a nanometre-scale device. Nature, 434 (7036), 1001–1005.

[98] Tycko, R. (2005) Techniques: NMR on a chip. Nature, 434 (7036), 966–967.

[99] Kostylev, M. (2009) Strong asymmetry of microwave absorption by bilayer conducting ferromagnetic films in the microstrip-line based broadband ferromagnetic resonance. J. Appl. Phys., 106 (4), 043 903.

[100] Kostylev, M., Stashkevich, A.A., Adeyeye, A.O., Shakespeare, C., Kostylev, N., Ross, N., Kennewell, K., Magaraggia, R., Roussigné, Y., and Stamps, R.L. (2010) Magnetization pinning in conducting films demonstrated using broadband ferromagnetic resonance. J. Appl. Phys., 108 (10), 103 914.

[101] Keatley, P. S., Kruglyak, V. V., Barman, A., Ladak , S., Hicken , R. J., Scott, J., and Rahman, M. (2005) Use of microscale coplanar striplines with indium tin oxide windows in optical ferromagnetic resonance measurements. J. Appl. Phys., 97 (10), 10R304.

[102] Ardenkjaer-Larsen, J.H. (2016) On the present and future of dissolution-DNP. J. Magn. Reson., 264, 3–12.

[103] Brindle, K.M., Bohndiek, S.E., Gallagher, F.A., and Kettunen, M.I. (2011) Tumor

imaging using hyperpolarized ^{13}C magnetic resonance. Magn. Reson. Med., 66 (2), 505–519.

[104] Sharma, M., Janssen, G., Leggett, J., Kentgens, A.P.M., and van Bentum, P.J.M. (2015) Rapid-melt dynamic nuclear polarization. J. Magn. Reson., 258, 40–48.

[105] Loening, N.M., Rosay, M., Weis, V., and Griffin, R.G. (2002) Solution-state dynamic nuclear polarization at high magnetic field. J. Am. Chem. Soc., 124 (30), 8808–8809.

[106] Lingwood, M.D. and Han, S. (2009) Dynamic nuclear polarization of ^{13}C in aqueous solutions under ambient conditions. J. Magn. Reson, 201 (2), 137–145.

[107] Griffin, R.G. and Prisner, T.F. (2010) High field dynamic nuclear polarization—the renaissance. Phys. Chem. Chem. Phys., 12 (22), 5737–5740.

[108] Annino, G., Villanueva-Garibay, J.A., Bentum, P.J.M., Klaassen, A.A.K., and Kentgens, A.P.M. (2009) A high-conversion-factor, double-resonance struc- ture for high-field dynamic nuclear polarization. Appl. Magn. Reson., 37 (1–4), 851–864.

[109] Villanueva-Garibay, J.A., Annino, G., van Bentum, P.J.M., and Kentgens, A.P.M. (2010) Pushing the limit of liquid-state dynamic nuclear polarization at high field. Phys. Chem. Chem. Phys., 12 (22), 5846.

[110] van Bentum, P.J.M., van der Heijden, G.H.A., Villanueva-Garibay, J.A., and Kentgens, A.P.M. (2011) Quantitative analysis of high field liquid state dynamic nuclear polarization. Phys. Chem. Chem. Phys., 13 (39), 17 831–17 840.

[111] Denysenkov, V., Prandolini, M.J., Gafurov, M., Sezer, D., Endeward, B., and Prisner, T.F. (2010) Liquid state DNP using a 260 GHz high power gyrotron. Phys. Chem. Chem. Phys., 12 (22), 5786–5790.

[112] Denysenkov, V.P., Prandolini, M.J., Krahn, A., Gafurov, M., Endeward, B., and Prisner, T.F. (2008) High-field DNP spectrometer for liquids. Appl. Magn. Reson., 34 (3-4), 289–299.

[113] Denysenkov, V. and Prisner, T. (2012) Liquid state dynamic nuclear polarization probe with Fabry–Perot resonator at 9.2T. J. Magn. Reson., 217, 1–5.

[114] Prandolini, M.J., Denysenkov, V.P., Gafurov, M., Endeward, B., and Prisner, T.F. (2009) High-field dynamic nuclear polarization in aqueous solutions. J. Am. Chem. Soc., 131 (17), 6090–6092.

第 5 章　微型磁共振探测器的创新线圈制造技术

Jan Korvink[1], Vlad Badilita[2], Dario Mager[1], Oliver Gruschke[3],
Nils Spengler[1], Shyam Sundar Adhikari Parenky[1],
Ulrike Wallrabe[2], Markus Meissner[1]

[1](德国) 卡尔斯鲁厄理工学院微观结构技术研究所
[2](德国) 弗赖堡大学微系统工程系 (IMTEK) 微执行器实验室
[3](德国)Bruker BioSpin 有限责任公司

5.1　引线键合——一种使 MR 探测器小型化的新方法

自动引线键合技术是一种成熟的方法，在半导体器件领域已被广泛应用于封装和互连。它的灵活性和成本效益推动了工业用自动焊丝焊机制造公司的发展。如今，自动焊丝焊机在任何半导体工厂都非常常见，而且在鲁棒性、灵活性和精确度方面都达到了前所未有的水平，以每秒完成 30 个键合的速度全天候运转。然而，现代引线键合器有一个特点没有得到充分利用，即它们能够创造比相对简单的互连键更复杂的结构。大多数商用焊丝焊接头能够沿着一个可以通过计算机接口精确控制的 3D 轨道任意移动。例如，如果这个轨道是螺旋状的，那么产生的设备就是一个 3D 螺线管线圈。2008 年，引线键合技术的这种能力首次被用于解决微系统领域的一个长期需求 [1]：一种晶圆级工艺流程，以可靠、可重复和快速的方式生产高纵横比 3D 螺线管微线圈。用于核磁共振的微型工程传感器的发展是这一技术进步的驱动力。不过，这些新开发的元件很快在其他几个领域得到了应用，如能量收集 [2]、微型变压器 [3] 或电磁微执行器 [4-6]。

为了充分认识引入引线键合技术作为微线圈制造手段这一突破的重要性，必须全面了解制造小线圈的其他可选方案。以其形状作为分类标准，大多数文献介绍的线圈可分为螺旋平面微线圈、矩形截面三维螺线管微线圈和圆形截面螺线管。

螺旋平面微线圈具有无可争辩的内在优势，其制造过程简单直接，通常只涉及相对少量的标准步骤：金属籽晶层沉积、模具成型和金属电镀。许多早期的微型磁共振探测器就是采用这种技术制作的 [7,8]。许多其他作者采纳了这一想法，并将其扩展到柔性衬底 [9] 和砷化镓衬底 [10]，或将其扩大到双层线圈 [11,12] 和多层线圈 [13]。对文献 [13] 中介绍的线圈进行更仔细的分析后发现，将许多平面线圈折叠在一起可以产生 2.5D 线圈，从而表明了对于第三维度的需求。尽管有上述优点，平面线圈同样也有其固有的缺点：电感值低，品质因子一般，场均匀性差，这些在 MR 应用中都是不利的。

出于这些原因，一些研究小组已经集中精力开发 3D 微线圈的制造技术。由于仍然依赖传统的平面技术，过程变得相当复杂，有时其复杂程度几乎成为阻碍这些组件大规模实现的障碍。Dohi 等 [14] 介绍了一种基于表面微加工和后续折叠步骤来绘制三维线圈的工艺 (图 5.1(a))。另一种完全不同的方法仍然是基于平面制造技术，即通过深反应离子蚀刻 (reactive ion etching, RIE) 步骤结合晶圆键合来获得三维空间 [15]。该微线圈共有 10 匝，其扫描电子显微镜 (scanning electron microscope, SEM) 图像如图 5.1(b) 所示。然而，整个过程包括 40 个不同的步骤，对于这种 3D 微制造线圈解决方案来说，这个数字足以说明该方案的复杂性。

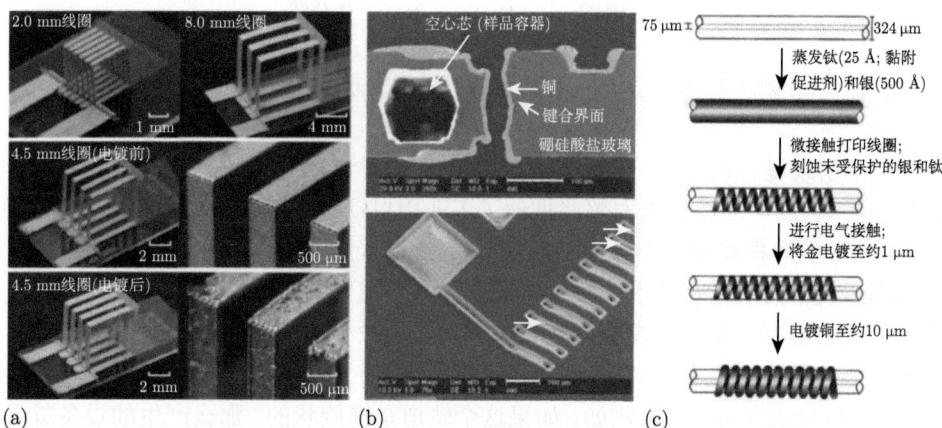

图 5.1　(a) 采用表面微加工、释放后折叠的矩形截面三维微线圈。(Dohi 等 [14]，经 IEEE 许可转载。)(b) 在硼硅玻璃中制备空心螺线管微线圈的 SEM 图像。(Klein 等 [15]，经 IOP Science 许可转载。)(c) 通过微接触印刷在毛细管上制造螺线管微线圈的工艺流程。(Rogers 等 [16]，经 AIP 许可转载。)

微电子机械系统 (microelectro mechanical system, MEMS) 技术本质上是平面技术，而螺线管微线圈的圆形截面与 MEMS 技术本质上是不相容的。为了突破微线圈制造的这一技术极限，研发工作的重点要么是采用宏观线圈的经典制造方法，即使用线圈绕线机 [17-19]，要么是开发相当独特的工艺。采用线圈绕线机制造微线圈本质上是一种手工技术，每根线都是单独黏合、缠绕和处理的。另一方面，在所有为制造圆形截面的螺线管微线圈而开发的微加工工艺中，圆形形状都是由圆柱基底 (即毛细管) 提供的。Rogers 等 [20] 利用微接触印刷和在毛细管衬底上电镀生成粗金属线，制备了用于 NMR 应用的导电微线圈。该过程示意图见图 5.1(c)。Goto 等 [21] 研究了一种类似的基于无掩模光刻的工艺，毛细管上的光刻胶层通过激光曝光，而毛细管同时做线性和旋转运动。这将在圆柱形基片上生成一个光刻胶模具，与 MEMS 工艺中用于晶圆基片的传统光刻胶模具非常相似。激光点曝光的灵活性可以转化为线圈结构 (螺线管线圈 (图 5.2(a)) 和倾斜线圈 (图 5.2(b))) 的自由度。

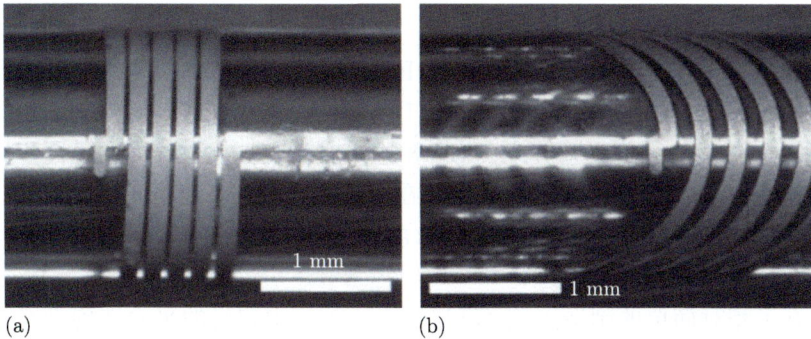

图 5.2　毛细管基底上无掩模光刻和镀铜得到的螺线管微线圈照片：(a) 螺线管线圈；(b) 倾斜线圈。(Goto 等 [21]，经 IEEE 许可转载。)

近年来，增材制造技术的出现使更多非常规的形状成为可能，例如可变圆形截面的螺线管微线圈。Yokoyama 和 Dohi[22] 利用 3D 打印机制作阶梯式螺旋结构，实现了用于磁共振成像的双锥形微线圈，这些结构被进一步用作样品支架，并支持随后的真空蒸镀和电镀铜。图 5.3 显示了 8 匝、10 匝和 12 匝的双锥体线圈，电镀金属线宽为 1.5 mm。

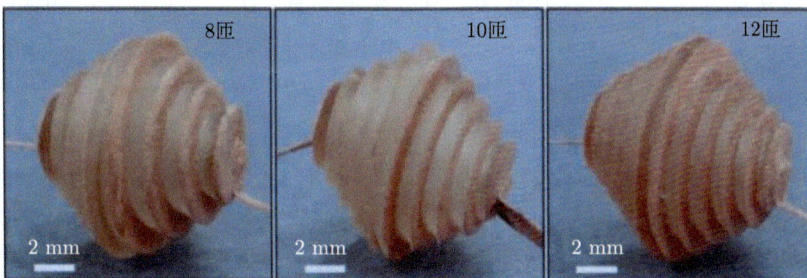

图 5.3　3D 打印镀铜双芯微线圈 (Yokoyama 和 Dohi[22]，经 IEEE 许可转载。)

上述 3D 微线圈制造的技术解决方案并没有涵盖所有情况，而是选取了一些作者认为最具代表性的这一方向的研究工作的示例集合。然而，显然这些方案都不适合批量制造，即全晶圆加工，而以下两种例外情况虽然能实现这一目标，但它们也有自身的局限性：① 螺旋平面微线圈在电气特性方面存在较大局限性；② Dohi 等 [14] 和 Klein 等 [15] 研制的 3D 线圈的工艺复杂性抵消了晶圆级制造的潜在优势。另一个明显的缺点是需要按顺序处理线圈，且与读数系统集成相当困难。

在上述各种微型线圈制作方法的背景下，引线键合作为一种成熟的技术，它的潜力并没有被完全发挥出来，可以有更广泛的应用，而不是仅仅局限于电子元件间的连接。螺线管微线圈是唯一一种可以直接使用引线键合技术形成的微结构，而且无须在硬件层面做出很大改变。利用现有的线材和焊丝连接头的运动学理论知识，可以很容易地制成微螺线管。

Kratt 等 [1,23,24] 报道了首个利用 ESEC 3100+ 自动引线键合器的现有能力生产引线键合螺线管微线圈的晶片级工艺。标准绝缘金线被用来制造这些微线圈 [1,23]，通过紫外光刻紧紧缠绕在 SU-8 中定义的支撑柱上，或通过同步辐射缠绕在 PMMA 中 [24]。事实证明，该方法在选择绕组数量、绕组间距或线圈直径方面是通用的。目前直径小于 100 μm 的线圈已经被制作出，该值被确定为可靠性下限 [25]。

结合了相对简单的制造工艺 (可与仅由 2D 技术定义的平面螺旋微线圈相媲美) 以及 3D 线圈的优越性能，这些引线键合设备可作为 NMR 传感器来应用。图 5.4(a) 展示了第一个芯片上的线键连接的 3D 螺线管微线圈，该微线圈已被用作 NMR/MRI 探测器，用于在 9.4 T 的磁场中对质量和体积有限的样品进行成像 [26]。在这种完全集成的 MEMS 技术中制造的线圈有 5 个直径为 25 μm 的绝缘金丝绕组，匹配到 50 Ω，调谐到 400 MHz，即在 9.4 T 的 B_0 场中 ^{1}H 原子核的拉莫尔频率，在工作频率下表现出高达 46 的品质因子。用第一代探测器获得的掺杂硫酸铜的水性仿体的 MRI 具有 25 μm 各向同性分辨率，测量时间为 6 h 49 min。

对该传感器的深入研究表明 [27]，其灵敏度较高，B_{1unit} 值为 3.4 mT/A，线圈中心周围的灵敏度分布为 ±3.86%。B_0 在线圈中心周围的变化范围为 $-0.157 \sim -0.07$ ppm，优于 MR 显微镜公认的 0.5 ppm 极限。然而，螺线管线圈检波器的几何形状意味着线圈轴线垂直于 B_0 方向，在这种情况下，B_0 磁力线必须穿过许多具有不同磁化率值的不同材料：金 (作为导线材料)，聚合物 (作为导线绝缘材料)，SU-8(用于支撑线圈绕组和作为样品托架)，以及样品本身。相对较多的界面本身会带来磁化率相关的信号展宽，从而使螺线管线键结合微线圈的几何形状不适用于 NMR 波谱应用。

该工艺的晶圆级性质有利于其与微流体的集成 [28](图 5.4(b))，并用于精确处理微小体积的液体，从而提供了基于 MR 的直接监控微流控芯片等设备的方法。引线键合螺线管微线圈与通过干式光刻胶层合实现的复杂微流控网络集成，已被证明具有更好的性能：10 μm 空间分辨率，采集时间仅为 38 min(图 5.4(c))，且 NMR 谱线宽达到 8 Hz。

作为一种颠覆性的微线圈制造技术，引线键合的通用性使得作为 MR 探测器的线圈设计有了进一步的创新，从而避免了上述固有 B_0 场磁化率相关不均匀性的缺点。已经开发出准平面线圈组合，其中线圈导线和支持结构与沿 z 轴的样品不在同一平面，从而最大限度地减少 B_0 场穿过的界面总数。通过集成到设计为一次性且适用于特定应用样品的微流体插入件中，微亥姆霍兹探测器体系结构可以快速筛选各种分析物，对于低至 100 nL 的样品体积，波谱分辨率高达 0.62 Hz。使用亥姆霍兹方法和使用引线键合技术获得的 NMR 微探测器将在第 5.3 节详细介绍。同样的技术可以制造微线圈的相控阵，这已在第 3 章中详细介绍。微线圈在三个不同的水平上缠绕，重叠设计可以减少串扰，因此每个线圈可以作为单独的信道接收器，或者所有线圈的排列作为一个探测器，提供更高的信噪比和更广阔的 FOV 优势。这种优势通常是由微型 NMR 探测器和阵列排列设备所带来的。

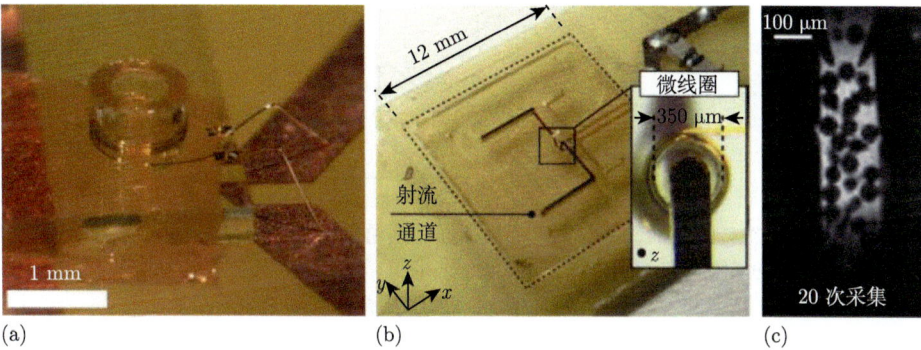

图 5.4　(a) 在玻璃基板上制作并安装在 PCB 上用于调谐和匹配的引线键合微线圈。(Badilita 等 [26]，经英国皇家化学学会许可转载。)(b) 集成了微流控通道的引线键合微线圈 (填充蓝色墨水以提高能见度)。(Meier 等 [28]，经 IOP Science 许可转载。)(c) 粒径为 50 μm 的聚合物颗粒的 MRI(信噪比大于 50 的 20 次采集)。(Meier 等 [28]，经 IOP Science 许可转载。)

5.2　用于魔角旋转的微线圈插件

控制由磁化率不匹配引起的谱线展宽是实现高分辨率 NMR 谱的关键步骤。然而，这对于固态样品来说可能还不够。这是因为，与在液体样品中不同，在固态下，原子核所承受的静态各向异性相互作用并不平均。

Andrew 等 [29] 和 Lowe[30] 分别提出了抑制各向异性自旋相互作用的方向依赖性的想法，其方法是使样品绕 B_0 静磁场的轴旋转 54.74°。旋转轴和静磁场之间的角被称作魔角 θ_m：

$$F\left(\theta_m\right) = \frac{1}{2}\left(3\cos^2\theta_m - 1\right) \tag{5.1}$$

其中，$F\left(\theta_m\right)$ 表示样品中各向异性核相互作用的时间平均哈密顿量，如偶极展宽、化学位移各向异性和一阶四极相互作用，包含空间因素，如式 (5.1) 所示。当样品以魔角大小旋转时，这些相互作用平均为零[30]。当自旋频率高到足以抑制所有各向异性相互作用的幅度时，可以观察到最佳线形。

　　尽管魔角旋转技术在固态 NMR 光谱学领域有着革命性的影响，但由于拾波线圈填充因子减小的问题，NMR 波谱学家在实验过程中必须忍受灵敏度损失。Sakellariou 等[31] 提出了 MAS 实验的一个改进版本，通过使用微线圈作为样品信号到达拾波线圈的桥梁来提高灵敏度，如图 5.5(a) 所示。Sakellariou 等提出的这个技术被称为魔角线圈旋转 (magic angle coil spinning, MACS)。

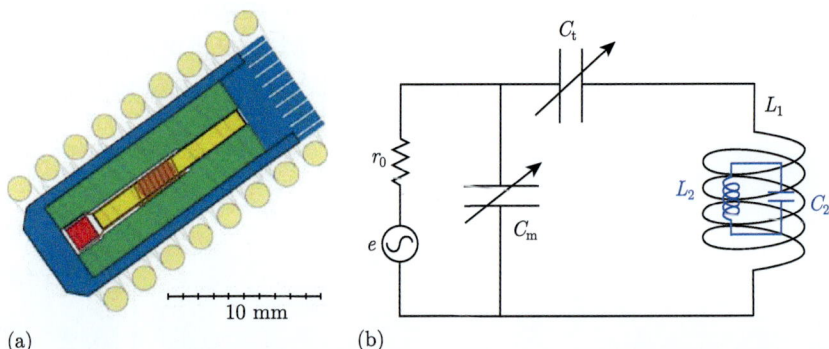

图 5.5　(a) 魔角旋转线圈插件示意图。微线圈插件是通过手工将铜线绕在毛细管上制作而成的，铜线的引线应焊接到高 Q 电容上。(Sakellariou 等[31]，经 Nature 许可转载。)(b) 探针线圈 L_1 和微线圈 L_2 之间感应耦合的基本电路图。

5.2.1　魔角线圈旋转 (MACS) 技术

　　MACS 结构的一个重要方面是调谐微线圈和静态探头线圈之间的无线感应耦合。图 5.5(b) 所示的简化电路图对电感耦合的基本原理进行了说明。微线圈谐振器被建模为一个槽路，包含电感 L_2 和电容 C_2。假设线圈有一个寄生电阻 R_2，而电容器则是无损的。L_1 和 R_1 分别为探头电感和寄生电阻，r_0 为发射机阻抗 (50Ω)。可变电容器 C_t 和 C_m 分别执行调谐和匹配功能。耦合谐振器之间的互感如式 (5.2) 所示：

$$M_{1,2} = k\sqrt{L_1 L_2} \tag{5.2}$$

对于同心螺线管，耦合常数 k 由式 (5.3) 近似给出：

$$k = \sqrt{\frac{V_\mu}{V_p}} \tag{5.3}$$

其中，V_μ 为微线圈体积，V_p 为探针线圈体积。

　　耦合系统的性能可以通过两个线圈之间的耦合常数 k 来评估。当微线圈调谐至拉莫尔频率 ω_L 时，耦合系统的效率 E 由内圈射频功率耗散与外圈射频功率耗散之比的平方根导出 [32]：

$$E = \frac{1}{\sqrt{1 + \left(\dfrac{k_c}{k}\right)^2}} \tag{5.4}$$

其中，k_c 为临界耦合值。

由式 (5.4) 可知，当 $k \gg k_c$ 时，效率趋于统一。当两个谐振电路的耦合程度使它们之间的信号传输达到最大时，这两个谐振电路就是临界耦合的。式 (5.5)[32] 表明临界耦合系数 k_c 可由单个线圈的品质因子表示：

$$k_c = \frac{1}{\sqrt{Q_1 Q_2}} \tag{5.5}$$

当调谐到拉莫尔响应频率的线圈被引入探头线圈时，保持 MAS 设置不变，由于两个线圈之间的耦合，在反射 (调谐) 曲线中可以观察到分裂，分裂程度等于 $k \cdot \omega_L$。使用 C_t 和 C_m 在所需的拉莫尔频率上进行重调谐和重匹配，将导致大部分射频功率耗散在微线圈 L_2 中。

5.2.2 电感耦合成本

当 $k < k_c$ 时，没有观察到两个耦合线圈在 $k > k_c$ 时的共振分裂，这意味着微线圈 L_2 的品质因子 Q_2 小于预期。当然，重要的是要用微线圈品质因子 Q_2 来表达 MACS 设备提供的相对于 MAS 探针更高的灵敏度。假设只将总功率的一部分 E^2 传输到微线圈 L_2 中，则灵敏度的增加用 B_1 场在线圈中的比率表示：

$$\frac{B_1^{\text{macs}}}{B_1^{\text{mas}}} = E \sqrt{\frac{Q_2 V_p}{Q_1 V_\mu}} \tag{5.6}$$

其中，B_1^{macs} 是微线圈中的磁场，B_1^{mas} 是探头线圈中的磁场。

结合式 (5.3)～ 式 (5.6)，有

$$\frac{B_1^{\text{macs}}}{B_1^{\text{mas}}} = Q_2 \sqrt{\frac{1}{1 + \dfrac{Q_1 Q_2 V_\mu}{V_p}}} \tag{5.7}$$

因此，条件 $k < k_c$ 导致 $Q_1 Q_2 V_\mu / V_p \ll 1$。由式 (5.7) 可以推导出，在欠耦合状态下的任何灵敏度提高都与微线圈的品质因子 Q_2 成正比。

由式 (5.8) 可以比较电感耦合微线圈系统与微线圈直接连接到调谐匹配网络系统时的信噪比 [33]：

$$\frac{\text{SNR}_{\text{RF}}}{\text{SNR}_{\text{Direct}}} = \frac{k\sqrt{Q_1 Q_2}}{\sqrt{1 + k^2 Q_1 Q_2}} \tag{5.8}$$

式 (5.8) 表示使用电感耦合系统相对于直接耦合系统的成本。式 (5.8) 的本质如图 5.6(a) 所示，其中 $k_2 = V_\mu/V_p$。从图 5.6(a) 可以推断，即使对于最小的体积比 (0.0009)，只要微线圈的品质因子高于 20，电感耦合配置中的灵敏度损失最多为 10%。

通常，很难将 MACS 插件调优到精确的拉莫尔响应频率。因此，确定在轻微失调情况下灵敏度增强所产生的损失是很重要的。图 5.6(b) 比较了在 300 MHz 下，不完美调谐在直径 7 mm 的 MAS 系统上对灵敏度增益的影响[32]。可以推断，即使在偏离中心频率 ±5% 的情况下，灵敏度的提高也是有意义的。

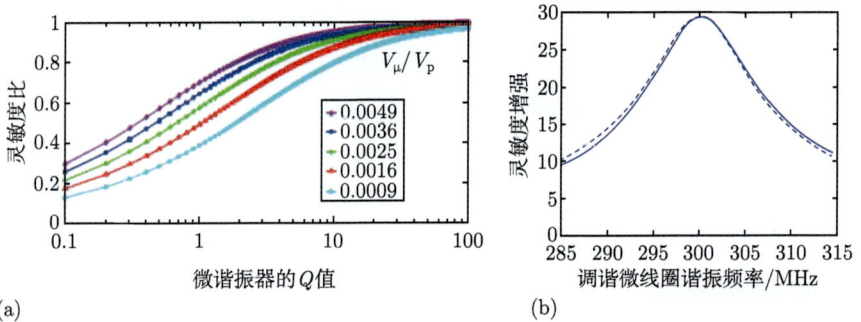

图 5.6　(a) 电感耦合系统与直接微线圈 NMR 系统的灵敏度比，即微谐振器品质因子和体积比 V_μ/V_p 的函数。假设探针的品质因子 Q_1 为 200[33]。(b) 不完美线圈调谐对 MACS 实现灵敏度增强的影响。在这种情况下，拉莫尔频率是 300 MHz。(Jacquinot 和 Sakellariou [32]，经 Wiley 许可转载。)

5.2.3　NMR 实验证明 MACS 技术提高了灵敏度

上述参数的实验验证表明，旋转 MACS 插件可以显著提高灵敏度，并减轻探头壳体和转子的伪影信号，如图 5.7 所示[31]。MACS 装置是使用一个商用的 7 mm CPMAS 探头、带有 7 mm 直径的转子和调谐微线圈以及 200 nL 粉末状 L-丙氨酸样品来实现的。相对于 7 mm 探头线圈，射频振幅增益约为 20。

表 5.1 提供了与不同探头尺寸相比灵敏度提高的结果。

表 5.1　常规 CPMAS 探头与 MACS 探头灵敏度对比

	7 mm MAS	4 mm MAS	2.5 mm MAS	750 μm MACS
单位质量样品每次扫描的 SNR/mg^{-1}	2.44	3.22	5.86	45.8
$B_1/\sqrt{P}/\left(\text{mT/W}^{-1/2}\right)$	0.134	0.166	0.306	2.03
相对 MACS SNR 的增强	18.7	14.2	7.8	1.0

资料来源：Sakellariou 等[31]，经 Nature 许可转载

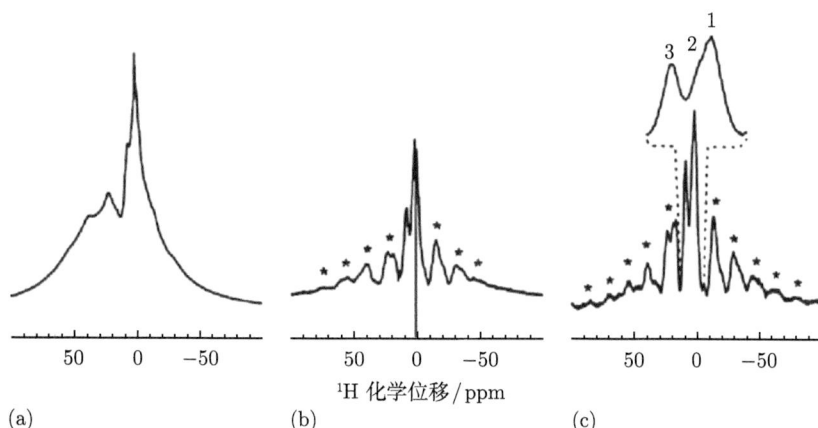

图 5.7　用粉末状 L-丙氨酸的微量样品进行 ^{1}H MAS NMR 灵敏度比较。(a) 使用标准 2.5 mm 转子采集频谱 (总采集时间 ≈ 12 h)。样品以转子为中心，质量约为 0.41 mg。观察到的大部分信号都来自壳体和转子的背景。(b) 减去背景信号后的频谱 (总采集时间 ≈ 24 h)，使用与 (a) 相同的设置 (自旋边带用星号标记)。残差信号来自 L-丙氨酸信号，包含一些伪影，信噪比为 270。(c) 使用 MACS 技术在 7 mm 转子上获得的光谱，使用 0.15 mg 样品 (采集时间 ≈ 8.5 min)。该信号 (信噪比 ≈ 110) 仅来自 L-丙氨酸样品，包含一个中心带 (在插图中放大显示) 和在多个自旋频率间隔处的自旋边带。(Sakellarioue 等 [31]，经 Nature 许可转载。)

5.2.4　微型 MACS 插件

通过手工缠绕线圈和焊接芯片电容器来生产大量的 MACS 插件是一个冗长且几乎不可重复的过程。因此，利用最先进的微制造技术和自动引线键合工艺进行 MACS 插件的批量生产，可以使 NMR 波谱学家避开烦琐的制造过程，从而只专注于测量。

使用 MEMS 工艺和引线键合技术制造 MACS 插件的晶圆级工艺如图 5.8 所示。在 Pyrex 晶圆上蒸发铬和金的籽晶层 (分别为 20/50/10 nm 的 Cr/Au/Cr 层)。通过 UV 光刻、刻蚀和电镀的结合，定义晶圆上的片上叉指电容器和接触垫。在接下来的步骤中，采用 UV 敏感的环氧树脂 SU-8 3025(SU-8，MicroChem)，作为附着层进行涂覆和 UV 光刻加工。此外，通过 UV 光刻对高黏度环氧树脂 SU-8 2150 进行图案化，定义出高度为 1.4 mm、外径/内径分别为 500 μm/400 μm 的空心圆柱体，这些圆柱体既作为样品容器，又作为随后的引线键合工艺的机械支撑，以及用于随后的线黏接工艺的机械支撑，以定义如图 5.9 所示的微线圈。

根据拉莫尔响应频率，设定线圈参数如线圈的数量和间距以及芯片上的电容。随后，用 SU-8 2150 对晶片进行封装，并进行切片，得到适合 MACS 实验的稳固插件，如图 5.10 所示。

在 16.4 T Bruker Advance III 波谱仪上，使用 MACS 插件作为拾波线圈进

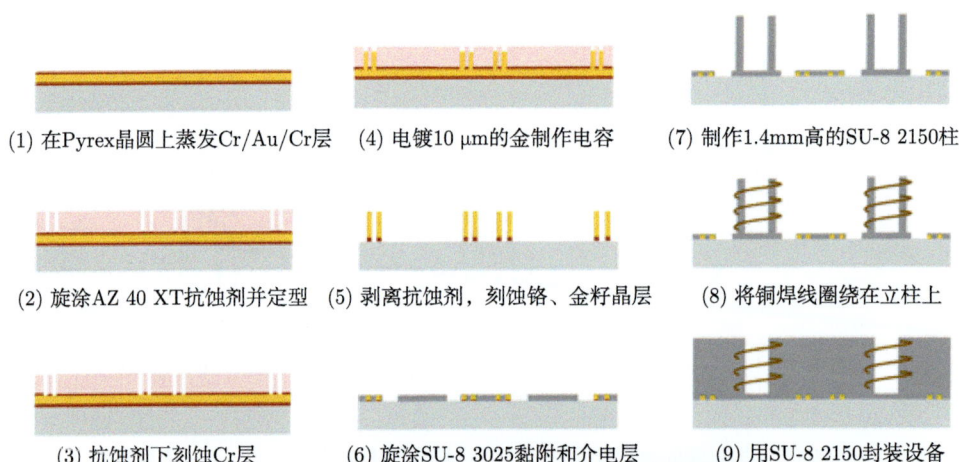

(1) 在Pyrex晶圆上蒸发Cr/Au/Cr层　　(4) 电镀10 μm的金制作电容　　(7) 制作1.4mm高的SU-8 2150柱

(2) 旋涂AZ 40 XT抗蚀剂并定型　　(5) 剥离抗蚀剂，刻蚀铬、金籽晶层　　(8) 将铜焊线圈绕在立柱上

(3) 抗蚀剂下刻蚀Cr层　　(6) 旋涂SU-8 3025黏附和介电层　　(9) 用SU-8 2150封装设备

图 5.8　　制作引线键合 MACS NMR 探测器的工艺流程

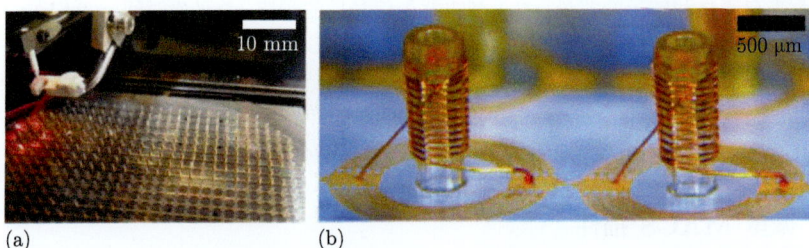

(a)　　　　　　　　　　　　(b)

图 5.9　　(a) 使用自动焊丝机的线圈绕线过程；(b) 引线键合 MACS 谐振器。在谐振 LC 电路
中，引线键合线圈产生了电感 L，而叉指状结构产生了电容 C。

行基本的 NMR 实验，以验证插件与探头线圈的耦合 [34]。图 5.11(a) 清晰地区分
了两种信号，一种信号来自微线圈，另一种信号来自探头线圈直接接收到的微弱
失相信号，该信号由 99.9％氘氧化物和 0.1％水混合物产生。

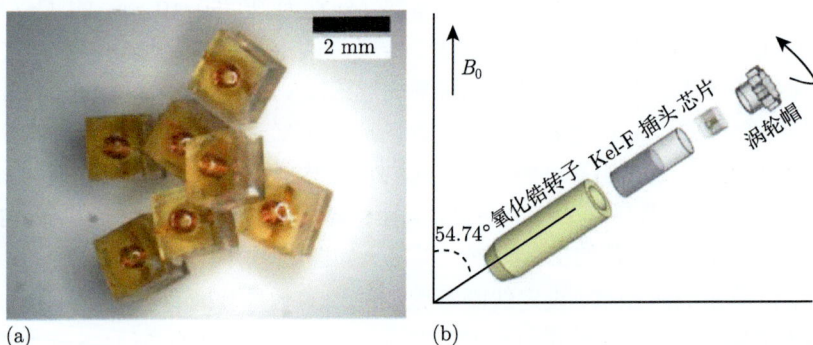

(a)　　　　　　　　　　　　(b)

图 5.10　　(a) 制作的插件尺寸为 2 mm × 2 mm × 2 mm 的 MACS；(b) 将插件安装在插头上
并密封在转子内部的 MACS 装置。

图 5.11(b) 显示了使用微组装 MACS 插件获得的 3 个果蝇蛹的 ^{1}H NMR 谱图，其中实验时间 (约 1h) 缩短到了原来的 1/25[35]。因此，MACS 装置除了提供改进的波谱分辨率外，还大大节省了关键分析的实验时间，因为在关键分析中，由于灵敏度的显著提高，样品中的代谢谱可能随时间改变。

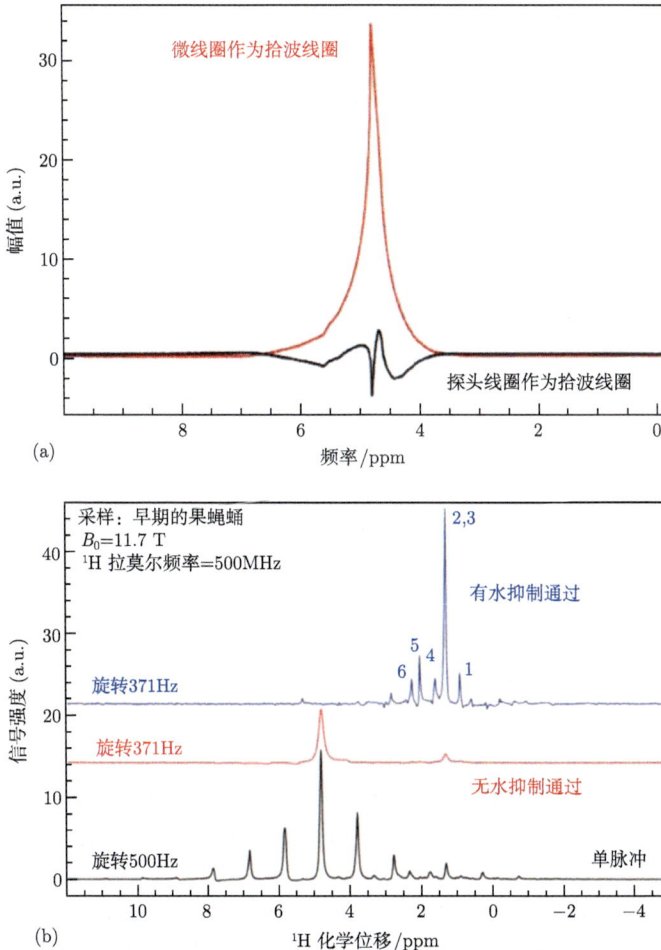

图 5.11　(a) 通过用 Bruker 扫描仪探针线圈和 MEMS 微线圈作为拾波线圈采集水样信号的对比，证明 NMR 信号来自微线圈。(Badilita 等 [34]，经 IEEE 许可转载。)(b) 果蝇蛹 ^{1}H NMR 谱。将 3 只蛹放入标准 7 mm MAS 探针内的 400 μm 微线圈中，分别通过以 500 Hz 旋转的单脉冲实验和以 371 Hz 旋转的相位调整旋转边带 (phase-adjusted spinning sidebands, PASS) 实验，获得波谱。(Badilita 等 [35]。

5.2.5　双谐振 MACS 插件

固态 NMR 光谱通常涉及同时处理两种不同的核自旋，即进行异核 2D NMR 实验。因此，将 MACS 技术与双共振 NMR 光谱技术相结合，将成为质量和体积有限的固体和半固体样品的强大分析工具。

图 5.12(a) 概述了双调谐 MACS 谐振器的电路设计，该谐振器可以插入转子，并与传统双调谐 MAS 探头中的转子同时旋转。为此，用直径 80 μm 的聚氨酯涂层铜线绕制两个直径为 500 μm 的微线圈 L_1 和 L_2，随之根据电路图将两个电容 C_1 和 C_2 焊接到电感末端，获得双重调谐 MACS 谐振器，如图 5.12(b) 所示[36]。因此，通过将每个线圈的共振频率调整到感兴趣的两种不同核自旋的拉莫尔频率，可以实现双谐振 MACS。由于两个线圈之间的距离较远，它们的相互耦合可以忽略，因此被认为是解耦的。如图 5.12(c) 所示，加工制造一个 M 形支架，以便平衡 MAS 转子内的双调谐插件。

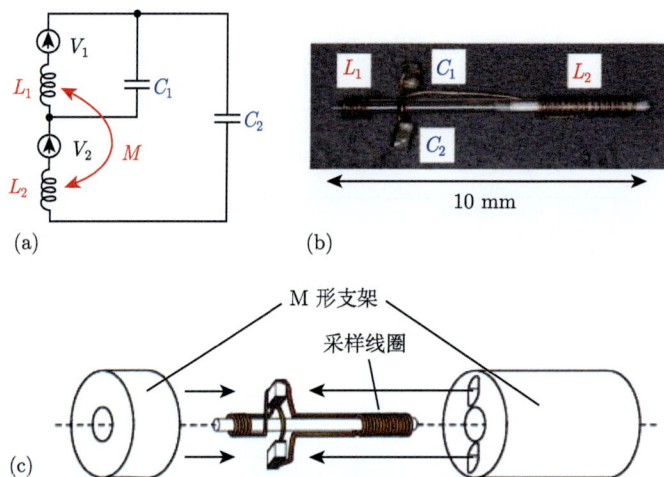

图 5.12　双谐振 MACS 插件图：(a) 双谐振 MACS 实验用电路图；(b) 用于双谐振实验的 MACS 谐振器；(c) M 形支架内部结构。(Inukai 和 Takeda[36]，经 Elsevier 许可转载。)

双共振谐振器提供的灵敏度增强首先通过比较图 5.13(a) 中描述的核自旋进动频率进行评估。从互易性的原理[37] 可以得出，有谐振腔和没有谐振腔时章动频率的比例与灵敏度的增加成正比。^{1}H 通道和 ^{13}C 通道的灵敏度分别提高了 5.4 倍和 7 倍。图 5.13(b) 和 (c) 描述了 L-丙氨酸 ^{13}C NMR 谱中甲基 (7.0)、次甲基 (7.3) 和羧基 (7.3) 碳位点的峰强度以协助评估灵敏度增强[36]。

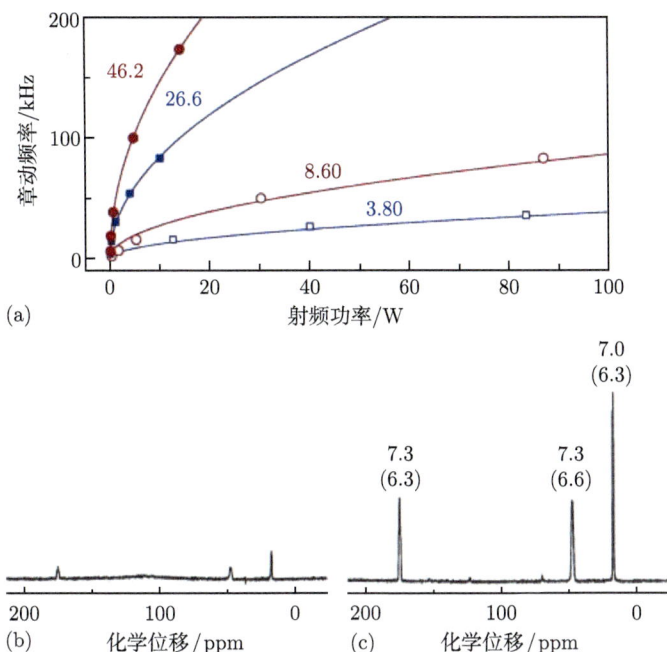

图 5.13 (a)Varian 公司 5 mm CP-MAS 探针中，射频功率为 7 T 时 ^{1}H 和 ^{13}C 核的章动频率的相关性。蓝色表示带 (实心方块) 和不带 (空心方块) 双调谐 MACS 谐振器的 ^{13}C 章动频率，棕色表示带 (实心圆) 和不带 (空心圆) MACS 谐振器的 ^{1}H 章动频率。用平方根函数 $y = a \cdot \sqrt{x}$ 对数据点进行拟合，并给出每条曲线的拟合系数。(b) 在没有双调谐 MACS 谐振器的情况下获得的多晶标记的 L-丙氨酸的 ^{13}C CP-MAS 波谱。(c) 使用双调谐 MACS 谐振器得到的相同样品的 ^{13}C 谱。在这两种情况下，旋转频率都是 8 kHz。(Inukai 和 Takeda [36]，经 Elsevier 许可转载。)

5.3 微型亥姆霍兹线圈对

5.3.1 磁共振亥姆霍兹线圈

亥姆霍兹线圈对 (通常简单地称为亥姆霍兹线圈) 属于横向谐振器的一类，因其提供高度均匀的磁场 B_1 和开放式几何排列，而在各个学科中广为人知。马鞍线圈，一种特殊类型的亥姆霍兹线圈，代表了宏观 NMR 波谱中最常见的线圈几何形状，由于这种线圈与磁铁的孔同心对准，可以借助 NMR 样品管和气动自动化实现样品的高通量筛选。此外，当使用横向几何结构的共振器进行核磁共振光谱测量时，样品可以在极化磁场 B_0 方向上延伸很远，超出共振器的敏感区域 V_{obs}。因此，由于不同的磁化率 χ 导致 B_0 场变化的材料界面可以定位在 V_{obs} 之外，从而不会导致谱峰线展宽等畸变。该几何形状的线圈的缺点是灵敏度只有电磁线圈的 $1/3$[37]，这是该种微 NMR 几何设计除了制造复杂之外的另一个重要的缺点。

一方面几何形状提供了一些独特的优势，例如对样品的几何限制较少或对敏感体积的直接光学访问，然而，另一方面，与较低的光谱分辨率相比，补偿降低的灵敏度更容易。

5.3.2　空间磁场分布

根据毕奥-萨伐尔定律 (Biot-Savart law)[38]，位于载流半径为 r_c 的 x-y 平面内，线圈原点位于 z_0 处，载流为 I_0 的单线线圈沿对称 z 轴的磁场 B_z 为

$$B_z = \frac{\mu_0 I_0 r_c^2}{2} \left[r_c^2 + (z - z_0)^2 \right]^{-3/2} \tag{5.9}$$

其中，μ_0 为真空磁导率。通过增加第二个线圈，携带同样的电流 I_0，并将两个线圈间距离设置为 $h_c = b$，即 $z_0 = \pm b/2$ 相对于它们在 $z = 0$ 处的中心，由两个单独的磁场叠加而成的沿 z 轴的总磁场 B_z 为

$$B_z = \frac{\mu_0 I_0 r_c^2}{2} \left[\left(r_c^2 + (z - b/2)^2 \right)^{-3/2} + \left(r_c^2 + (z + b/2)^2 \right)^{-3/2} \right] \tag{5.10}$$

对于如图 5.14 所示的 $b = r_c$，在三阶之前，原点处磁场对 z 轴的偏导数为零：

$$\frac{\partial B_z}{\partial z}(z = 0) = \frac{\partial^2 B_z}{\partial z^2}(z = 0) = \frac{\partial^3 B_z}{\partial z^3}(z = 0) = 0 \tag{5.11}$$

在线圈对的中心产生高度均匀的磁场，并且位于半径为 $r_s = r_c (5/4)^{1/2} \approx 1.12 r_c$[39] 的虚拟球体的边缘上，振幅为

$$B_z(z = 0) = \frac{8\mu_0 I_0}{5\sqrt{5} r_c} \tag{5.12}$$

然而，式 (5.10) 只在两个线圈中的电流具有相同的幅值和相位时才成立，对此串联线圈比并联线圈更容易实现，可强迫相同的电流流过两个线圈。任意情况下，电路具有两种谐振模式：低同相模式和高反相模式，如图 5.14(b) 所示。对于相同电流，即方向和幅度相等，在较低的同相共振频率处会产生均匀的 B_1 场，而在较高的反相共振频率处则会产生一个场梯度。

在比较单线线圈的场分布时，其均匀场 (与线圈中心处的场相比，±5% 的场偏差) 是一个半径约为 $0.18 r_s$ 的围绕线圈中心的球体，而亥姆霍兹双线圈的均匀区域增加，使球体的半径达到原来的两倍以上 ($0.41 r_s$)[40]。通过增加一个 [41] 或两个 [40] 线圈 (即双亥姆霍兹线圈)，均匀区域的范围可以进一步扩大，其中第一非零场导数阶可以分别为六阶或八阶。对于双亥姆霍兹线圈结构，如果使用 $0.68 I_0$ 电流驱动附加的外部线圈对，则均匀球体的半径又会增加 50%，达到 $0.62 r_s$。

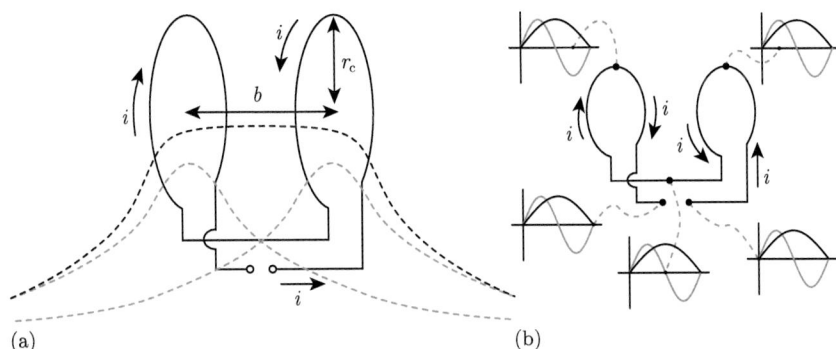

图 5.14 (a) 亥姆霍兹线圈对示意图。两个回路中的电流方向是相同的。总磁场由两个单独的磁场叠加而成，其均匀性取决于所使用的线圈的间距和半径。(b) 基本相位谐振频率在 $\Lambda/2$ 处的电流分布 (对应于 (a))，以及在 Λ 处的二次反相谐振频率的电流分布。后者导致线性场梯度。

5.3.3 微型亥姆霍兹对的微加工

亥姆霍兹对的单个线圈被认为是平面的，因为它们的高度 $h_c \ll r_c$，这使得它们比其他体积线圈从几何形状上来看更适用于 MEMS 制造技术，这通常以近似二维的逐层方式进行。微亥姆霍兹 NMR 探针最直接的制造方法是电镀，通常使用光阻剂在金或铜籽晶层上形成螺旋形模具。然后，在剥去模具和刻蚀掉薄籽晶层之前，在操作频率下将低电阻线圈电镀，直到厚度至少为所沉积金属的表皮深度 δ 的 2 倍。

Walton 等 [42] 在两个熔合的 4 英寸 Pyrex 衬底上通过镀铜的方法绘制了三圈亥姆霍兹线圈对。在绘制图形之前，使用氢氟酸 (HF) 在两个基底的背面刻蚀半球形凹坑，使其在熔接后形成球形样品室 (图 5.15)。该线圈用于双调谐设置中的低 γX-核，与 ^{1}H 环隙谐振器结合检测 ^{13}C 或 ^{31}P。对 85% 磷酸的 ^{31}P 谱在施加 1 Hz 的指数谱线展宽后产生 12 Hz 的线宽。

在文献 [43] 中，Ehrmann 等提出了一种基于光刻胶后续图案化的 MEMS 制作方法，其中样品室由 SU-8 光刻胶构建，并使用一层基于 SU-8 的干膜光刻胶密封 (图 5.16)。在对样品室进行图案化之前，先用电镀方法绘制内径分别为 160 μm、240 μm 和 400 μm 的四圈或五圈平面线圈。随后，在密封样品室之前进行图案化。由于在所有情况下样品室的高度都是恒定的，只有内径最小的设计才满足亥姆霍兹条件 (距离等于半径)。第二个线圈随后沉积在密封层的顶部，这导致了 5nL、9nL 和 22nL 的检测体积。此外，该技术还可以制造具有矩形横截面的螺旋线圈。

Goloshevsky 等 [44] 基于文献 [42] 报道的制备技术，提出了一种基于五圈亥姆霍兹螺旋线圈的流动池，用于 0.6 T NMR 扫描仪。然而，与文献 [42] 不同的是，样品室是通过在聚四氟乙烯管周围切割一个矩形通道而创建的。将后两部分

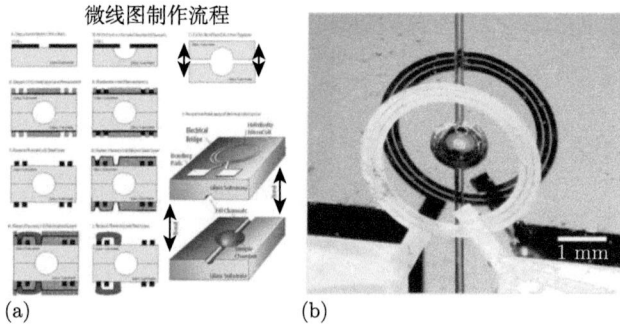

图 5.15　微加工亥姆霍兹对。(a) 多匝亥姆霍兹对的制作步骤示意图。(b) 装置的显微照片展示了位于两个线圈之间的球形样品室。(Walton 等 [42]，经美国化学学会许可转载。)

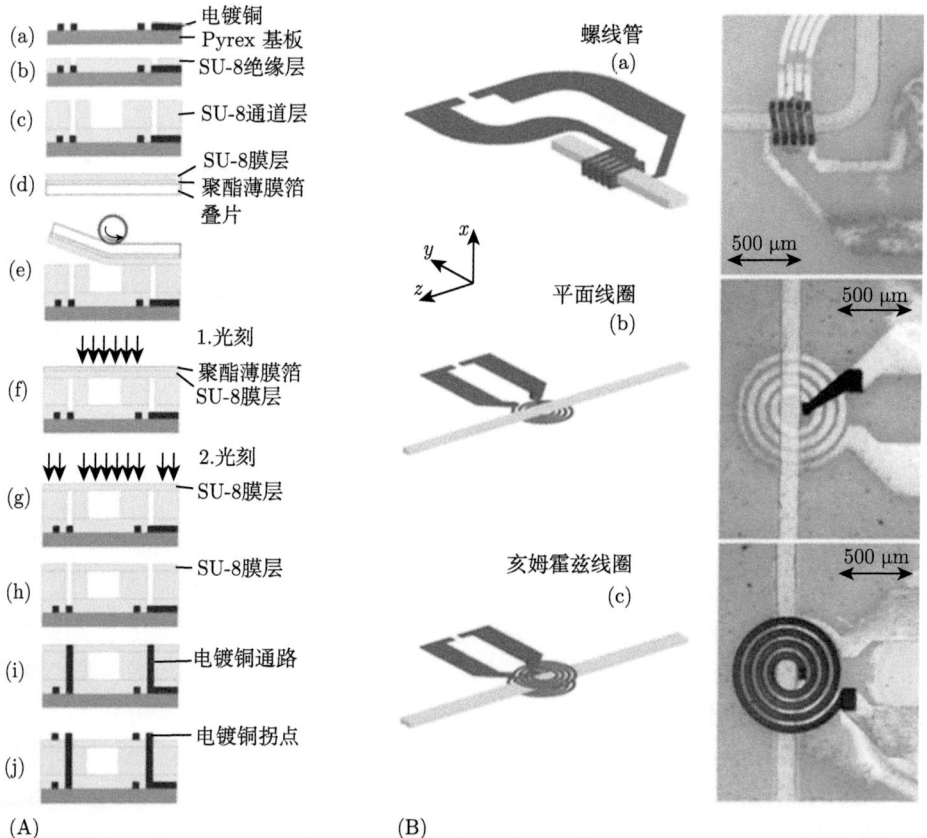

图 5.16　基于 SU-8 的设计。(A) 制备微亥姆霍兹线圈的工艺步骤。(B) 从 (a) 所示的过程中得到的螺线管 (a)、平面线圈 (b) 和亥姆霍兹线圈 (c) 的照片 (Ehrmann 等 [43]，经英国皇家化学学会许可转载。)

用硅酮胶黏合后，再通过通道，如图 5.17 所示。该设计的 H_2O 线宽为 0.59Hz。

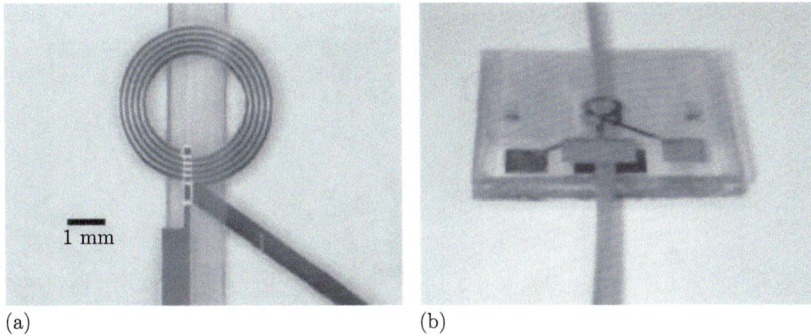

(a)   (b)

图 5.17   流动单元设计。(a) 线圈上半部分和下面油管通道的照片。(b) 显示线圈对之间的油管的照片。(Goloshevsky 等 [44]，经 AIP 许可转载。)

Leidich 等 [45] 提出了一种完全不同的基于硅基微纳加工技术，即样品平面不是平行于线圈平面而是垂直于线圈平面。线圈中心的孔由 RIE 实现 (图 5.18)，能够容纳样品毛细管。后者通过自定义气浮装置旋转，而整个设置以魔角 54.7° 倾斜。亥姆霍兹线圈本身是由镀在硅衬底上同心排列的铜线圈对形成的。螺旋线圈导体的间距和宽度被设计成一种 "宏观合金"，因此空气和铜的有效体积磁化率与硅相匹配。

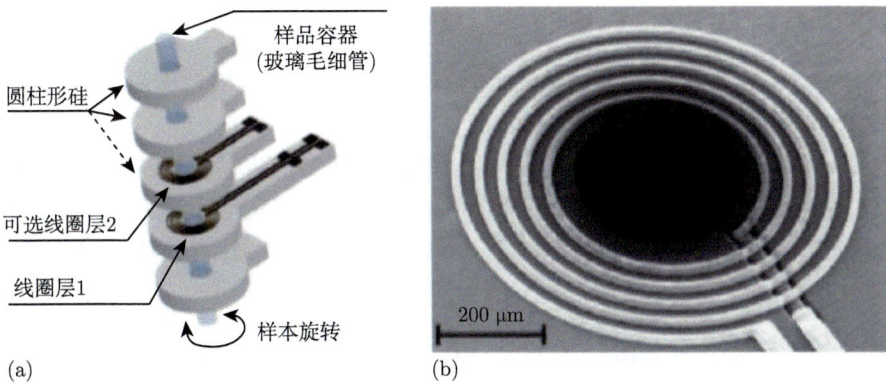

(a)   (b)

图 5.18   (a) 硅圆柱螺旋线圈由各种单独的以同心方式排列的微加工元件组成。(b) 导体轨迹的扫描电镜特写。

Spengler 等 [46] 提出了一种引线键合亥姆霍兹线圈，微线圈缠绕在光刻胶制成的柱上 (图 5.19)。这种设计的特点是在线圈对之间有一个狭缝，方便容纳样品。MEMS 制造的特定应用的样品插件 (application-specific sample insert, ASSAI)

使得该装置能够多次使用，并适用于 11.7 T 磁场下的 MR 显微镜和波谱领域的多种不同应用。

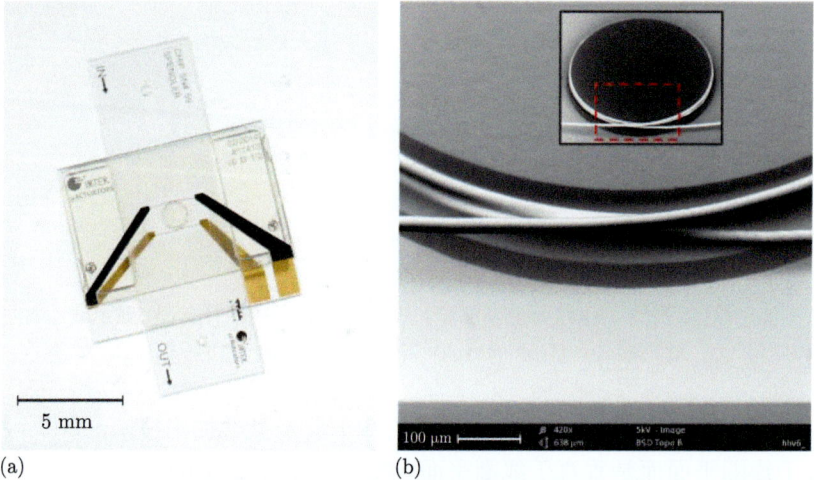

图 5.19　(a) 引线键合亥姆霍兹线圈芯片照片。一个空的 ASSAI 被放置在引线键合的线圈对之间。(b) 悬浮在光刻胶制成的柱基平台上的微线圈的 SEM 图像。线圈是由直径 25 μm 绝缘铜线进行引线键合制成的。

5.4　高填充因子微线圈

5.4.1　引言

信噪比最大化是探测器研究的主要目的。信噪比与探测器体积 (V_D) 内相关核自旋的绝对数量成正比。在螺线管微线圈中，可用的样品体积 (V_S) 因为样品容器有所减少，而样品容器通常也作为微线圈导体匝数的机械支撑结构。信噪比与填充因子 ($\eta = V_S/V_D$) 成正比。因此，$V_S < V_D$ 导致信噪比降低。为了使 η 最大化，同时保持微线圈的机械完整性，支撑结构必须从检测体内部移动到外部，如图 5.20 所示。

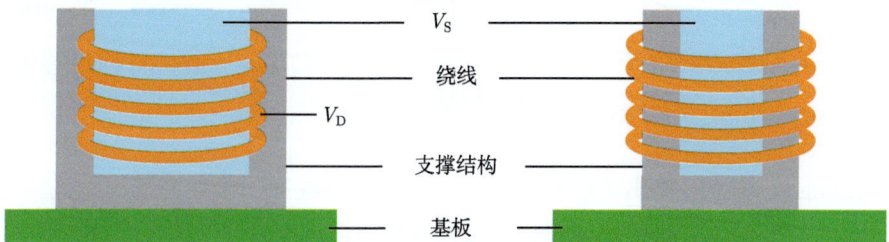

图 5.20　检测体内外带有机械支撑结构的微线圈示意图。

代入数据：根据填充因子，直径为 1.5 mm、内支撑结构壁厚为 0.25 mm 的微线圈的信噪比理论上比外支撑微线圈的信噪比降低 56%。图 5.21 说明了信噪比随壁厚的理论增长情况。Webb 和 Grant[47] 证明了信噪比随样品壁厚的减小而增加，但也指出信噪比的增加是随着谱线宽的增大而实现的。谱线宽的增大是由样品附近材料磁化率差异所引起的。通过匹配使用材料的磁化率和 (或) 将磁化率差异较大的材料远离样品，可以降低展宽效应 [48,49]。

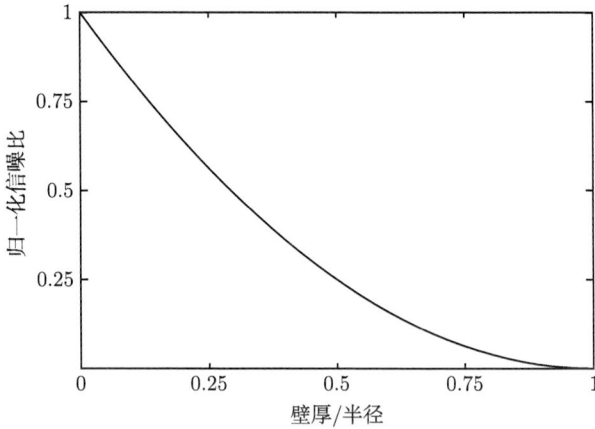

图 5.21　信噪比随线圈壁厚的增大而减小。

与前面介绍的螺线管微线圈相比，本节研究了一个优化填充因子的螺线管微线圈概念，使使用者能够在光谱分辨率和最大信噪比之间进行选择。例如，对于低体积或浓度的应用，当线宽不是限制因素时，应使填充因子最大化。为了实现这一概念，需要采用替代现有的 SU-8 光刻技术的方法来克服填充因子的限制，如图 5.20 所示。

5.4.2　制造

绕螺线管微线圈需要一个磁轭来绕制。这个磁轭通常位于线圈中心，必须提供机械强度和温度稳定性 (高达 150 ℃) 以进行引线键合，并最终可拆卸以创建最大填充因子的中空微线圈。为了防止线圈机械完整性的退化，线圈线必须通过嵌入 MR 兼容材料，如 PMMA 或 SU-8，以永久性地获得外部支撑。为了放置样品，轭架的材料必须从线圈中心移开。线圈嵌入后，通过溶解组成材料来去除磁轭。为了确保轭架材料的溶剂不溶解外支架，需要采用一种高选择性的双溶剂方法。

表 5.2[50] 详细描述了机械法和双溶剂法的工艺步骤。该工艺以下关键材料为基础：PMMA 及其溶剂丙酮，聚乙烯醇 (PVA) 及其溶剂水。该溶剂不溶解来自其他体系的可溶物质，因此确保了高溶解选择性。

表 5.2　铸造工艺概述

序号	步骤 (附带说明)	参数
1 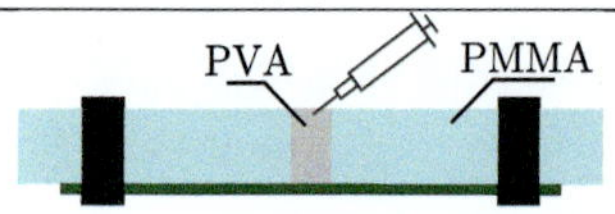	**铸造聚乙烯醇 (PVA) 柱** FR4 板锚柱钻孔 PMMA 模具连接铝压注射器分配 PVA	将 PVA/水 50%/50%(质量分数) 热混合至 75 ℃ 注满注射器, 并在 2.5 bar 压力和 55 ℃ 下干燥 24 h
2 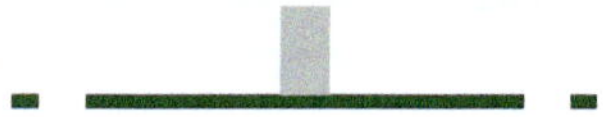	**溶解聚甲基丙烯酸甲酯 (PMMA) 模具** 将装置自底向上放入丙酮槽中	丙酮浸 24 h 用干净的丙酮冲洗
3 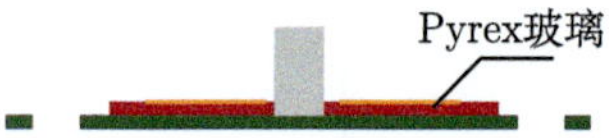	**黏合基板芯片** 用中和水溶性 PAA 将基板芯片粘到 PCB 上 (见文献 [62])	6 μL 中和的 PPA 在 55 ℃ 下干燥 24 h
4 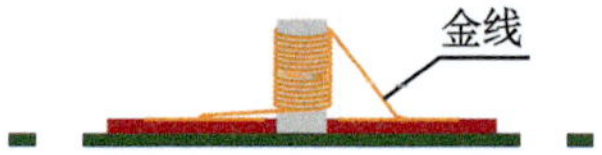	**引线键合微线圈** 基板固定专用框架	在 125 ℃ 下
5 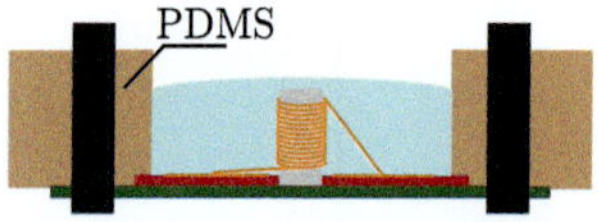	**铸造 PMMA 支架** PDMS 作为铸造模具 用压力机将 PDMS 模封好 PMMA = Paladur®	将粉末和液体混合 10 s 使用注射器分配混合物, 在 2.5 bar 压力, 55 ℃ 环境下固化 12 h
6 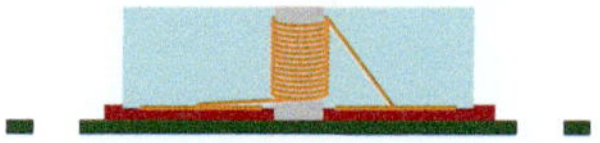	**抛光 PMMA 支架** 使用抛光架	粒度 P180 至 P1200 抛光 9 μm 至 3 μm
7 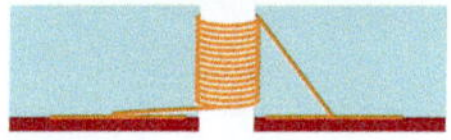	**溶解 PVA 柱** 将装置置于清水中	在 55 ℃ 下溶解 24 h

5.4.3　结果

经过抛光处理后的微线圈图像如图 5.22(a) 所示, 清楚地证明了这种新型低成本工艺的高精度。

将处理过的线圈连接到如图 5.5(b) 所示的典型匹配电路, 在 400 MHz (9.4 T 光谱仪的 ^{1}H 拉莫尔频率) 下匹配并调谐到 50 Ω。通过获取 1.77 μL 去离子水的正常和章动波谱, 在 9.4 T 光谱仪中对器件的功能进行了表征, 如图 5.22(b) 所示。结果表明, 该新工艺是一种低成本、高精度的线圈工艺的替代/补充。

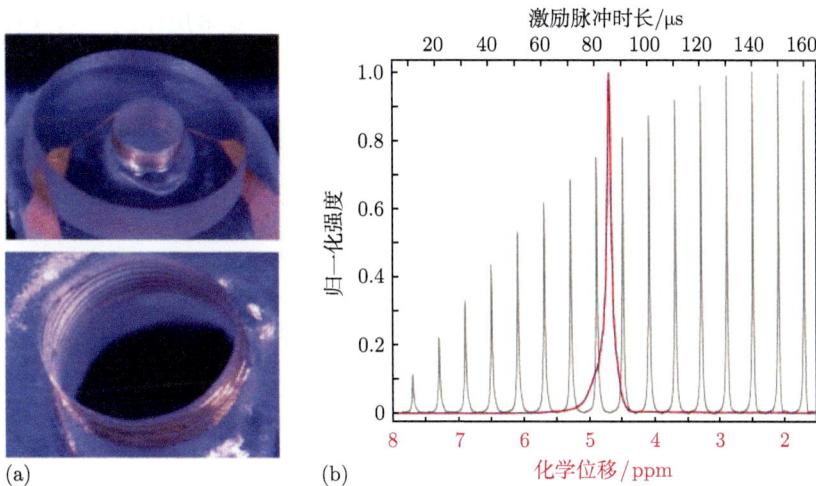

图 5.22 (a) 制作的微线圈；(b) 粉色：水的磁共振谱，灰色：水的章动谱。(Kamberger 等 [50]。http://iopscience.iop.org/article/10.1088/0960-1317/26/6/065002/meta。在许可协议 3.0 版下使用 (https://creativecommons.org/ licenses/ BY /3.0/)。)

5.5 使用油墨制造线圈

本节介绍一种利用液态金属油墨制造线圈的小众制造技术。这种技术是无掩模的，允许直接在透明衬底上构造线圈，而不需要额外的光刻阴影掩模。制备工艺对磁流变微线圈的设计有很大影响；喷墨打印也是如此。显然，平面单环形线圈是油墨印刷线圈中制作起来最简单的。它们可以是丝网印刷或喷墨印刷，其优点是通过丝网印刷直接获得相当厚的导电轨道，还可以轻松改变形状，但使用喷墨印刷获得的是薄导电层。在这里，我们介绍了一种创建线圈的技术，其形状仅在制造时刻确定，最终轨道仍然是具有良好导电性的相当厚的金属 [51]。

在过去的二十几年中，喷墨打印已经被用于在各种基底上制造许多导电微结构 [52-55]。作为一种制造技术，喷墨打印只沉积所需图案的墨水，特别是微型特征只消耗少量的油墨 (< 100nL) 来定义轨迹。功能喷墨打印起源于图形打印，随后被引入实验室用于制造 [56]。这是一种快速且易于使用的技术，支持快速完成功能电子设备的原型设计 [57]。尽管图形喷墨打印已经是一个成熟的程序，但功能喷墨打印仍然具有挑战性，因为每个液滴的确切位置决定了功能，而且打印时间和顺序对结果也有影响 [58]。在这些边界条件已知的情况下，喷墨打印薄金属层可以大大减少工艺步骤和机器时间 [59]。传统的喷墨印刷除了可以打印大尺寸的贴片外，还可以在非结构聚酰亚胺箔上形成 25 μm 的导电银轨 [55]。使用宽的印刷轨道作为共振射频线圈，其性能可与传统方法产生的线圈相媲美，如印刷电路板制造 [52]。还可以通过堆积得到三维结构，通过打印多层，由此制造简单的 MEMS[60]。

如果只需要增加材料厚度，最好采用电镀 [51,61]，而不是多层印刷 [52]。电镀是一种被广泛接纳的过程，可以得到如图 5.23 所示的各向同性生长的结构。

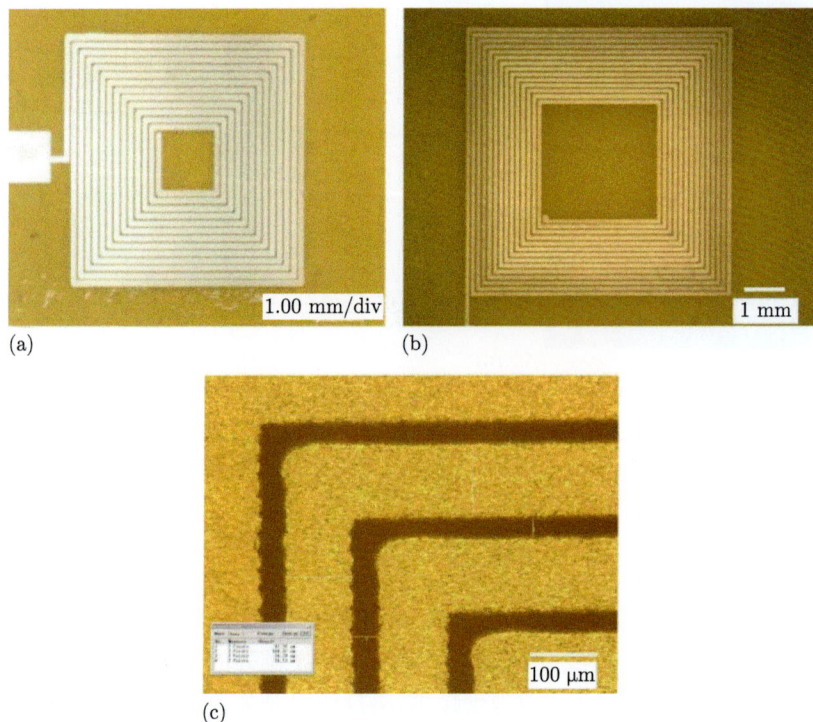

图 5.23　(a) 未镀喷墨银线圈。(b) 线圈上电镀 10 μm 的金。(c) 电镀线圈的细节。

　　如果应用中要求轨道比相邻轨道之间的距离更厚，这样的无导向电镀是不可行的。印刷轨道之间的隔离间隙将被镀在一起，造成短路。为了克服这个问题，由超精确但非常昂贵的微电铸 (lithographie-galvano-abformung, LIGA) 技术 [51] 衍生出了一种低成本的、基于 UV 的光刻技术。微结构沟槽用于限制电镀结构的垂直方向的增长。该技术与 LIGA 的区别在于，在 LIGA 中，使用非常昂贵的电子束为同步光刻技术编写掩模，而此技术中，喷墨打印轨道实现了 UV 掩模功能，直接定义了电镀的沟槽。图 5.24 显示了线圈的第一层是如何创建的。纳米银油墨 (Suntronic U5603, SunChemicals) 被印在像 SU-8(SU-8 3000 系列，MicroChem) 和 Ordyl(Ordyl SY317, Elga Europe) 这样的负光刻胶上，以此确定导电轨道的形状。首先是将银纳米颗粒油墨印刷在负光刻胶上，然后通过烧结，形成了一层电导性和光学不透明的层。接着，在这个轨道上，放置了另一层光刻胶，并从底部经由玻璃暴露于紫外线中。此时，印刷轨道在顶部光刻胶层上投下阴影，防止那里的光刻胶交联。这样，下一步显影时，直接在轨道上方形成沟槽 (图 5.26(a))。

接下来，使用电镀技术在这些被光刻胶保护的银轨道上镀上一层实心铜材料，形成一层电极。镀层轨道的高度由光刻胶的厚度决定，并呈现出银轨道的形状。

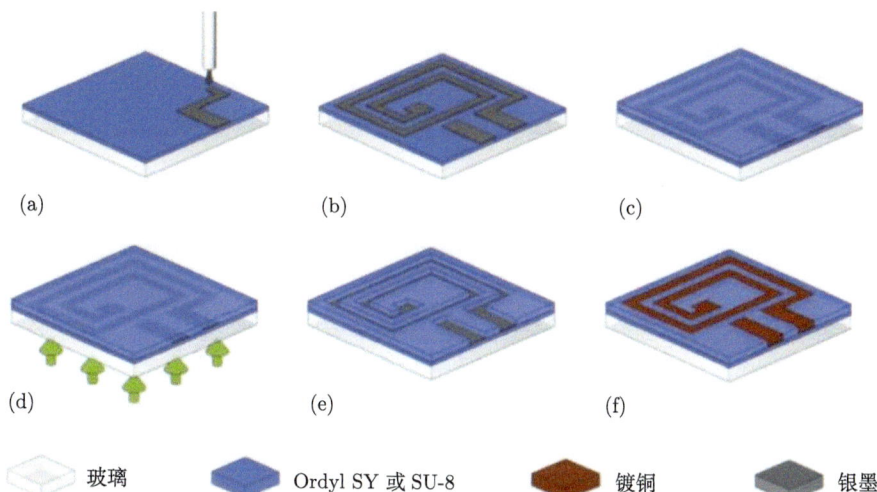

图 5.24 线圈第一层结构。(a) 直接滴液式银纳米粒子打印。(b) 烧结导电银道。(c) 厚膜永久光刻胶沉积。(d) 背面曝光，光刻胶显影。(e) 电镀模具制作。(f) 电镀铜。(Meissner 等 [51]，经 IOP Science 许可转载。)

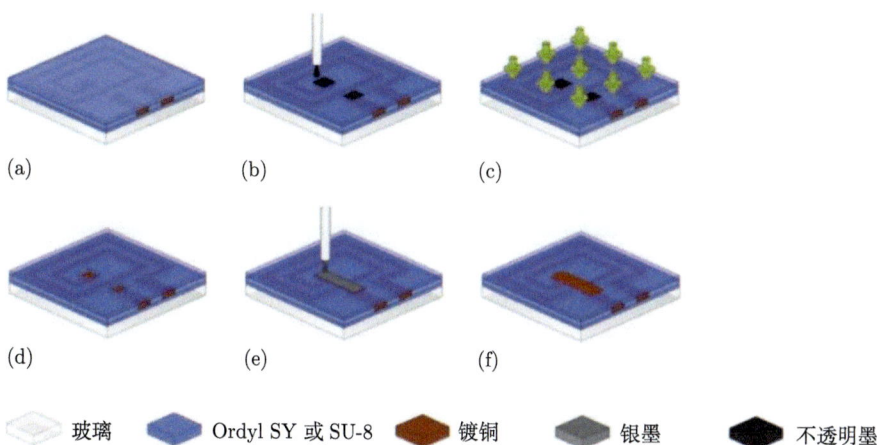

图 5.25 构造线圈互连，关闭环路上的第 2 层。(a) 通过光刻胶干膜层压对电镀结构进行钝化。(b) 喷墨打印湿式可去除光学不透明掩模。(c) 正面，整片曝光。(d) 钝化层显影，显示孔道。(e) 互连籽晶层的银喷墨印刷。(f) 电镀铜以降低印刷互连线的电阻。(Meissner 等 [51]。经 IOP Science 许可转载。)

由于制造过程是 2.5D，它只能制造螺旋线圈，而不能制造如 5.1 节中描述的完美螺线管。即使是螺旋线圈，也不能在同一导电层上实现闭合线圈回路的反向路径，因此，必须在第二层创建回路 (图 5.25)。为此，另一层电阻被放置在顶部形成一个绝缘屏障，在其上创建回路，通过这种方法，将黑色 Lumocolor® 标记油墨 (48523 型，Staedtler) 作为掩模印刷到抗蚀剂上，并从顶部照射它，从而使绝缘层的通孔制成图案。为了得到几何上受限的反向路径，需要改变早期的步骤，但由于反向路径是顶层的唯一结构，这将意味着为了达到主要的光学效果需要付出巨大的努力。要想在这一轨道上实现各向同性的增长，还剩下两个步骤，第一步是喷墨打印和籽晶层的烧结，第二步是第一层的电镀。图 5.26(b) 清晰地显示了限制性结构与非限制性结构的线质量差异。

将获得的线圈连同调谐和匹配网络连接到 MR 探头上 (图 5.27(a))，并放置在 Brucker 500 MHz 宽孔磁铁中。该线圈的品质因子 Q 为 30，用于获取大葱的图像。图 5.27(b) 左半部分是大葱的光学图像，右半部分是大葱的 MR 图像。取 256 个平均值，在 9h 6min 内分别获得分辨率为 $10\,\mu m \times 10\,\mu m$、层厚为 $40\,\mu m$ 的 MR 图像。每 500 ms 重复采集一次。

该技术表明，1 天内即可完成从设计到设备制造出具有几何高度限定和高度导电的 MR 线圈，其中，电镀花费了大部分时间。

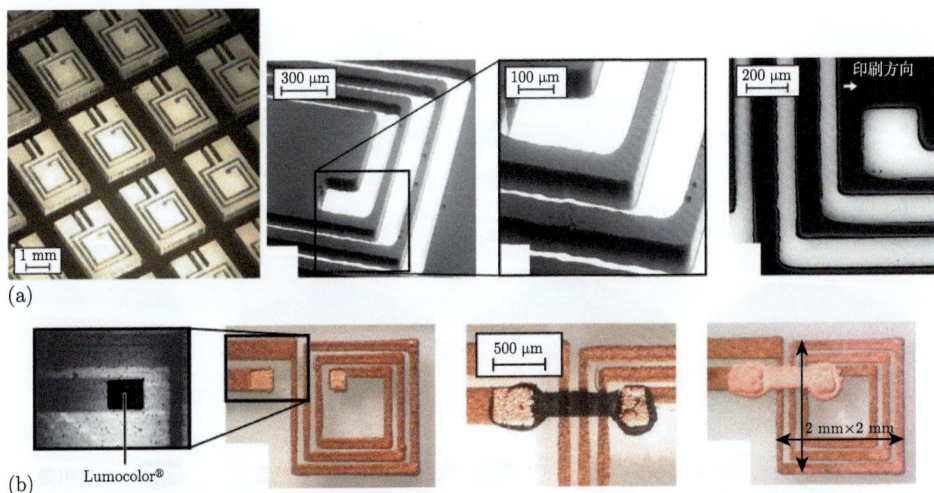

图 5.26　(a) 在注入铜之前，抗蚀剂中出现的沟槽。(b) 带有两个电镀层的最终线圈。我们可以看到限制性电镀 (第 1 层) 和非限制性电镀 (第 2 层) 之间的巨大差异。(Meissner 等 [51]。经 IOP Science 许可转载。)

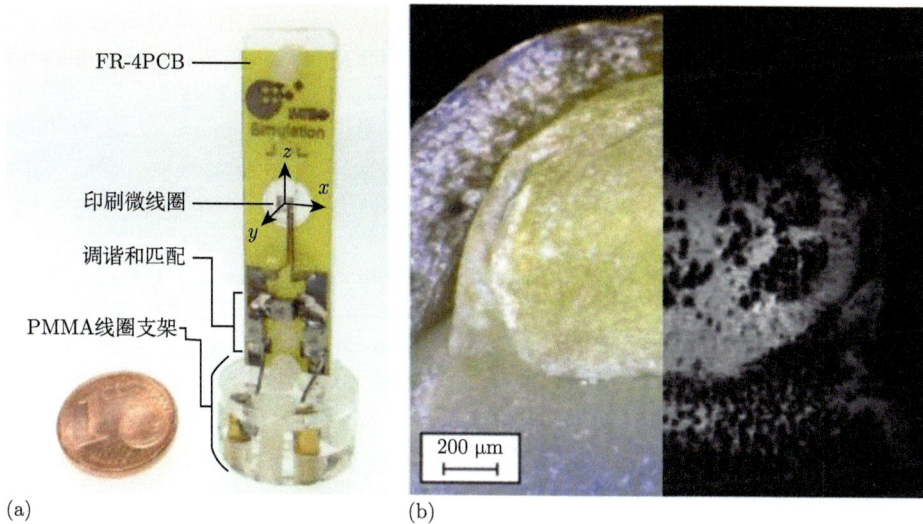

图 5.27 (a) 快速原型 MR 线圈插件，使用激光切割 PMMA，自蚀 PCB，并连接了非磁性调谐和匹配电容器。(b) 光学图像 (左) 和高分辨率 MR 图像 (右) 的比较。(Meissner 等 [51]，经 IOP Science 许可转载。)

参 考 文 献

[1] Kratt, K., Seidel, M., Emmenegger, M., Wallrabe, U., and Korvink, J.G. (2008) Solenoidal micro coils manufactured with a wire bonder. IEEE 21st International Conference on Micro Electro Mechanical Systems, 2008. MEMS 2008, pp. 996–999. doi: 10.1109/MEM-SYS.2008.4443826.

[2] Cepnik, C. and Wallrabe, U. (2011) A micro energy harvester with 3D wire bonded microcoils. 2011 16th International on Solid-State Sensors, Actuators and Microsystems Conference (TRANSDUCERS), pp.665–668.doi: 10.1109/TRANSDUCERS.2011. 5969840.

[3] Moazenzadeh, A., Sandoval, F.S., Spengler, N., Badilita, V., and Wallrabe, U. (2015) 3-D microtransformers for DC-DC on-chip power conversion. IEEE Trans. Power Electron., 30 (9), 5088–5102. doi: 10.1109/TPEL.2014.2368252.

[4] Poletkin, K., Lu, Z., Wallrabe, U., and Badilita, V. (2015) A new hybrid micromachined contactless suspension with linear and angular positioning and adjustable dynamics. J. Microelectromech. Syst., 24 (5), 1248–1250. doi:10.1109/JMEMS.2015.2469211.

[5] Lu, Z., Poletkin, K., den Hartogh, B., Wallrabe, U., and Badilita, V. (2014) 3D micromachined inductive contactless suspension: testing and modeling. Sens. Actuators, A, 220, 134–143. doi: 10.1016/j.sna.2014.09.017.

[6] Lu, Z., Poletkin, K., Wallrabe, U., and Badilita, V. (2014) Performance characterization of micromachined inductive suspensions based on 3D wire-bonded microcoils. Micromachines, 5 (4), 1469. doi: 10.3390/mi5041469.

[7] Boero, G., de Raad Iseli, C., Besse, P., and Popovic, R. (1998) An NMR magnetometer with planar microcoils and integrated electronics for signal detection and amplification. Sens. Actuat., A, 67 (13), 18–23. doi:10.1016/S0924-4247(97)01722-6.

[8] Massin, C., Boero, G., Vincent, F., Abenhaim, J., Besse, P. A., and Popovic, R. (2002) High-Q factor RF planar microcoils for micro-scale NMR spectroscopy. Sens. Actuators, A, 97–98, 280–288. doi:10.1016/S0924-4247(01)00847-0, selected papers from Eurosensors {XV}.

[9] Takahashi, H., Dohi, T., Matsumoto, K., and Shimoyama, I. (2007) A microplanar coil for local high resolution magnetic resonance imaging. IEEE 20th International Conference on Micro Electro Mechanical Systems, 2007. MEMS, pp. 549–552. doi: 10.1109/MEMSYS.2007.4433156.

[10] Peck, T.L., Magin, R.L., Kruse, J., and Feng, M. (1994) NMR microspectroscopy using 100 /spl mu/m planar RF coils fabricated on gallium arsenide substrates. IEEE Trans. Biomed. Eng., 41 (7), 706–709. doi: 10.1109/10.301740.

[11] Ahn, C.H. and Allen, M.G. (1993) A planar micromachined spiral inductor for integrated magnetic microactuator applications. J. Micromech. Microeng., 3(2), 37. http://stacks.iop.org/0960-1317/3/i=2/a=001.

[12] Ohnmacht, M., Seidemann, V., and Bttgenbach, S. (2000) Microcoils and microrelays an optimized multilayer fabrication process. Sens. Actuators, A, 83 (13), 124–129. doi: http://dx.doi.org/10.1016/S0924-4247(00)00286-7.

[13] Kallenbach, M., Bussinger, F., Kallenbach, E., and Hermann, R. (2006) Miniaturisation of magnetic actuators for small powerful industrial small size application. Proceedings of the ACTUATOR Bremen, 2006, pp. 116–119.

[14] Dohi, T., Kuwana, K., Matsumoto, K., and Shimoyama, I. (2007) A standing micro coil for a high resolution MRI. TRANSDUCERS 2007–International Solid-State Sensors, Actuators and Microsystems Conference, 2007, pp. 1313–1316. doi: 10.1109/SENSOR. 2007.4300380.

[15] Klein, M.J.K., Ono, T., Esashi, M., and Korvink, J.G. (2008) Process for the fabrication of hollow core solenoidal microcoils in borosilicate glass. J. Micromech. Microeng., 18 (7), 075 002, http://stacks.iop.org/0960-1317/18/i=7/a=075002.

[16] Rogers, J.A., Jackman, R.J., Whitesides, G.M., Olson, D.L., and Sweedler, J.V.(1997) Using microcontact printing to fabricate microcoils on capillaries for high resolution proton nuclear magnetic resonance on nanoliter volumes. Appl. Phys. Lett., 70 (18), 2464–2466. doi: http://dx.doi.org/10.1063/1.118857.

[17] Seeber, D.A., Cooper, R.L., Ciobanu, L., and Pennington, C.H. (2001) Design and testing of high sensitivity microreceiver coil apparatus for nuclear magnetic resonance and imaging. Rev. Sci. Instrum., 72 (4), 2171–2179. doi:http://dx.doi.org/10.1063/1. 1359190.

[18] Peck, T., Magin, R., and Lauterbur, P. (1995) Design and analysis of microcoils for NMR microscopy. J. Magn. Reson., Ser. B, 108 (2), 114–124. doi:http://dx.doi.org/10.

1006/jmrb.1995.1112.

[19] Berry, L., Renaud, L., Kleimann, P., Morin, P., Armenean, M., and Saint-Jalmes, H. (2000) Implantable solenoidal microcoil for nuclear magnetic resonance spectroscopy. 1st Annual International, Conference on Microtechnologies in Medicine and Biology, 2000, pp. 171–174, doi:10.1109/MMB.2000.893764.

[20] Rogers, J.A., Jackman, R.J., and Whitesides, G.M. (1997) Constructing single and multiple-helical microcoils and characterizing their performance as components of microinductors and microelectromagnets. J. Microelectromech. Syst., 6 (3), 184–192. doi: 10.1109/84.623106.

[21] Goto, S., Matsunaga, T., Matsuoka, Y., Kuroda, K., Esashi, M., and Haga, Y. (2007) Development of high-resolution intraluminal and intravascular MRI probe using microfabrication on cylindrical substrates. IEEE 20th International Conference on Micro Electro Mechanical Systems, 2007. MEMS,pp. 329–332. doi: 10.1109/MEMSYS.2007. 4433065.

[22] Yokoyama, Y. and Dohi, T. (2016) A low resistance and low parasitic capacitance micro coil for MRI fabricated by selective deposition on 3D printed stepped helical structures.2016 IEEE 29th International Conference on Micro Electro Mechanical Systems (MEMS), pp. 477–480. doi: 10.1109/MEMSYS.2016.7421665.

[23] Kratt, K., Badilita, V., Burger, T., Korvink, J.G., and Wallrabe, U. (2010) A fully MEMS-compatible process for 3D high aspect ratio micro coils obtained with an automatic wire bonder. J. Micromech. Microeng., 20 (1), 015 021, http://stacks.iop.org/ 0960-1317/20/i=1/a=015021.

[24] Kratt, K., Badilita, V., Burger, T., Mohr, J., Boerner, M., Korvink, J.G., and Wallrabe, U. (2009) High aspect ratio PMMA posts and characterization method for micro coils manufactured with an automatic wire bonder. Sens. Actuators, A, 156 (2), 328–333. doi: 10.1016/j.sna.2009.10.010.

[25] Badilita, V., Kratt, K., Burger, T., Korvink, J.G., and Wallrabe, U. (2009) 3D high aspect ratio, MEMS integrated micro-solenoids and Helmholtz micro-coils. TRANSDUCERS 2009 - International Solid-State Sensors, Actuators and Microsystems Conference, 2009, pp. 1106–1109. doi: 10.1109/SENSOR.2009.5285923.

[26] Badilita, V., Kratt, K., Baxan, N., Mohmmadzadeh, M., Burger, T., Weber, H., von Elverfeldt, D., Hennig, J., Korvink, J.G., and Wallrabe, U. (2010) On-chip three dimensional microcoils for MRI at the microscale.Lab Chip, 10, 1387–1390.doi: 10.1039/C 000840K.

[27] Mohmmadzadeh, M., Baxan, N., Badilita, V., Kratt, K., Weber, H., Korvink, J., Wallrabe, U., Hennig, J., and von Elverfeldt, D. (2011) Characterization of a 3D MEMS fabricated micro-solenoid at 9.4 T. J. Magn. Reson., 208 (1),20–26. doi:http://dx.doi. org/10.1016/j.jmr.2010.09.021.

[28] Meier, R.C., Hfflin, J., Badilita, V., Wallrabe, U., and Korvink, J.G. (2014) Microfluidic integration of wirebonded microcoils for on-chip applications in nuclear mag-

netic resonance.J. Micromech. Microeng., 24(4), 045 021. http://stacks.iop.org/0960-1317/24/i=4/a=045021.

[29] Andrew, E.R., Bradbury, A., and Eades, R.G. (1958) Nuclear magnetic resonance spectra from a crystal rotated at high speed. Nature, 182 (4650), 1659. doi: 10.1038/1821659a0.

[30] Lowe, I.J. (1959) Free induction decays of rotating solids. Phys. Rev. Lett., 2, 285–287. doi: 10.1103/PhysRevLett.2.285.

[31] Sakellariou, D., Goff, G.L., and Jacquinot, J.F. (2007) High-resolution, high-sensitivity NMR of nanolitre anisotropic samples by coil spinning. Nature, 447 (7145), 694–697. doi: 10.1038/nature05897.

[32] Jacquinot, J.F. and Sakellariou, D. (2011) NMR signal detection using inductive coupling: applications to rotating microcoils. Concepts Magn. Reson. Part A, 38A (2), 33–51. doi: 10.1002/cmr.a.20205.

[33] Utz, M. and Monazami, R. (2009) Nuclear magnetic resonance in microfluidic environments using inductively coupled radiofrequency resonators. J. Magn. Reson., 198 (1), 132–136. doi: 10.1016/j.jmr.2009.01.028.

[34] Badilita, V., Fassbender, B., Gruschke, O., Kratt, K., Meier, R., Sakellariou, D., Korvink, J., and Wallrabe, U. (2011) Inductively coupled wirebonded microcoils for wireless on-chip NMR. 2011 16th International on Solid-State Sensors, Actuators and Microsystems Conference (TRANSDUCERS), pp. 2798–2800. doi: 10.1109/TRANSDUCERS.2011.5969321.

[35] Badilita, V., Fassbender, B., Kratt, K., Wong, A., Bonhomme, C., Sakellariou, D., Korvink, J.G., and Wallrabe, U. (2012) Microfabricated inserts for magic angle coil spinning (MACS) wireless NMR spectroscopy. PLoS ONE, 7 (8), e42 848. doi: 10.1371/journal.pone.0042848.

[36] Inukai, M. and Takeda, K. (2010) Double-resonance magic angle coil spinning. J. Magn. Reson., 202 (2), 274–278. doi: http://dx.doi.org/10.1016/j.jmr.2009.10.011.

[37] Hoult, D.I. and Richards, R.E. (1976) The signal-to-noise ratio of the nuclear magnetic resonance experiment. J. Magn. Reson. (1969), 24(1), 71–85.doi: 10.1016/0022-2364(76)90233-X.

[38] Purcell, E.M. (1989) Helmholtz coils revisited. Am. J. Phys., 57 (1), 18–22. doi: 10.1119/1.15860.

[39] Mispelter, J., Lupu, M., and Briguet, A. (2006) NMR Probeheads for Biophysical and Biomedical Experiments: Theoretical Principles and Practical Guidelines, World Scientific Pub Co., London, Hackensack, NJ.

[40] Hoult, D.I. and Deslauriers, R. (1990) A high-sensitivity, high-B_1 homogeneity probe for quantitation of metabolites. Magn. Reson. Med., 16 (3), 411–417. doi: 10.1002/mrm.1910160307.

[41] Wang, J., She, S., and Zhang, S. (2002) An improved Helmholtz coil and analysis of its magnetic field homogeneity. Rev. Sci. Instrum., 73 (5), 2175–2179. doi: 10. 1063/

1.1471352.

[42] Walton, J.H., de Ropp, J.S., Shutov, M.V., Goloshevsky, A.G., McCarthy, M.J., Smith, R.L., and Collins, S.D. (2003) A micromachined double-tuned NMR microprobe. Anal. Chem., 75 (19), 5030–5036. doi: 10.1021/ac034073n.

[43] Ehrmann, K., Saillen, N., Vincent, F., Stettler, M., Jordan, M., Wurm, F.M., Besse, P.A., and Popovic, R. (2007) Microfabricated solenoids and Helmholtz coils for NMR spectroscopy of mammalian cells. Lab Chip, 7 (3), 373–380. doi: 10.1039/B614044K.

[44] Goloshevsky, A.G., Walton, J.H., Shutov, M.V., de Ropp, J.S., Collins, S.D., and McCarthy, M.J. (2005) Development of low field nuclear magnetic resonance microcoils. Rev. Sci. Instrum., 76 (2), 024 101. doi: 10.1063/1.1848659.

[45] Leidich, S., Braun, M., Gessner, T., and Riemer, T. (2009) Silicon cylinder spiral coil for nuclear magnetic resonance spectroscopy of nanoliter samples. Concepts Magn. Reson. Part B: Magn. Reson. Eng., 35B (1), 11–22. doi: 10.1002/cmr.b.20131.

[46] Spengler, N., Hfflin, J., Moazenzadeh, A., Mager, D., MacKinnon, N., Badilita, V., Wallrabe, U., and Korvink, J.G. (2016) Heteronuclear micro-Helmholtz coil facilitates μm-range spatial and sub-HZ spectral resolution NMR of NL-volume samples on customisable microfluidic chips. PLoS ONE, 11 (1), e0146 384. doi: 10.1371/journal.pone.0146384.

[47] Webb, A. and Grant, S. (1996) Signal-to-noise and magnetic susceptibility trade-offs in solenoidal microcoils for NMR. J. Magn. Reson., Ser. B, 113 (1), 83–87.

[48] Schenck, J.F. (1996) The role of magnetic susceptibility in magnetic resonance imaging: MRI magnetic compatibility of the first and second kinds. Med. Phys., 23 (6), 815–850.

[49] Olson, D.L., Peck, T.L., Webb, A.G., Magin, R.L., and Sweedler, J.V. (1995) High-resolution microcoil 1H-NMR for mass-limited, nanoliter-volume samples. Science, 270 (5244), 1967–1970. doi: 10.1126/science.270.5244.1967.

[50] Kamberger, R., Moazenzadeh, A., Korvink, J.G., and Gruschke, O.G. (2016) Hollow microcoils made possible with external support structures manufactured with a two-solvent process. J. Micromech. Microeng., 26 (6), 065 002. http://stacks.iop.org/0960-1317/26/i=6/a=065002.

[51] Meissner, M.V., Spengler, N., Mager, D., Wang, N., Kiss, S.Z., Höfflin, J., While, P.T., and Korvink, J.G. (2015) Ink-jet printing technology enables self-aligned mould patterning for electroplating in a single step. J. Micromech. Microeng., 25 (6), 65 015. doi: 10.1088/0960-1317/065015.

[52] Mager, D., Peter, A., Tin, L.D., Fischer, E., Smith, P.J., Hennig, J., and Korvink, J.G. (2010) An MRI receiver coil produced by inkjet printing directly on to a flexible substrate. IEEE Trans. Med. Imaging, 29 (2), 482–487. doi: 10.1109/TMI.2009.2036996.

[53] Korvink, J.G., Smith, P.J., and Shin, D.Y. (2012) Inkjet-Based Micromanufacturing - Wiley Online Library, Wiley-VCH Verlag GmbH&Co. KGaA, Weinheim. doi: 10.1002/9783527647101.

[54] van Osch, T.H.J., Perelaer, J., de Laat, A.W.M., and Schubert, U.S. (2008) Inkjet

printing of narrow conductive tracks on untreated polymeric substrates. Adv. Mater., 20 (2), 343–345. doi: 10.1002/adma.200701876.

[55] Meier, H., Löffelmann, U., Mager, D., Smith, P.J., and Korvink, J.G. (2009) Inkjet-printed, conductive, 25 μm wide silver tracks on unstructured polyimide. Phys. Status Solidi A, 206 (7), 1626–1630.

[56] Calvert, P. (2001) Inkjet printing for materials and devices. Chem. Mater., 13 (10), 3299–3305. doi: 10.1021/cm0101632.

[57] Kawahara, Y., Hodges, S., Cook, B.S., Zhang, C., and Abowd, G.D. (2013) Instant inkjet circuits. Proceedings of the 2013 ACM International Joint Conference on Pervasive and Ubiquitous Computing – UbiComp'13, ACM Press, New York, NY, USA, p. 363. doi: 10.1145/2493432.2493486.

[58] Soltman, D. and Subramanian, V. (2008) Inkjet-printed line morphologies and temperature control of the coffee ring effect. Langmuir, 24 (5), 2224–2231. doi: 10.1021/la7026847.

[59] Tekin, E., Smith, P. J., and Schubert, U.S. (2008) Inkjet printing as a deposition and patterning tool for polymers and inorganic particles. Soft Matter, 4 (4), 703. doi: 10.1039/b711984d.

[60] Fuller, S., Wilhelm, E., and Jacobson, J. (2002) Ink-jet printed nanoparticle microelectromechanical systems. J. Microelectromech. Syst., 11 (1), 54–60. doi: 10.1109/84.982863.

[61] Sridhar, A., Reiding, J., Adelaar, H., Achterhoek, F., van Dijk, D.J., and Akkerman, R. (2009) Inkjet-printing- and electroless-plating- based fabrication of RF circuit structures on high-frequency substrates. J. Micromech. Microeng., 19 (8), 085 020. 10.1088/0960-1317/19/8/085020.

[62] Vincent Linder Dr., Byron, D., Gates, Declan, Ryan, Babak A. Parviz, and George M. Whitesides (2005) Water-Soluble Sacrificial Layers for Surface Micromachining. 10.1002/smll.200400159.

第 6 章　基于集成电路和集成电路辅助的 μNMR 探测器

Jonas Handwerker, Jens Anders

(德国) 乌尔姆大学微电子研究所

本章主要讨论基于集成电路 (IC) 和集成电路辅助的微型磁共振 (μNMR) 探测器这一新兴领域。这里基于 IC 的探测器包括探测线圈和收发器电子设备完全集成化的方案，而 IC 辅助探测器指由片外探测线圈和专用收发器的特定用途集成电路 (application-specific integrated circuit, ASIC) 组成的混合解决方案。鉴于本书读者多样，本章首先简要介绍互补金属氧化物半导体 (complementary metal oxide semiconductor, CMOS) 和双极互补金属氧化物半导体 (bipolar complementary metal oxide semiconductor, BiCMOS) 技术，其中重点介绍了其与 NMR 电子设备和探测线圈设计相关的最显著特点。然后详细讨论利用 IC 技术设计直接靠近 NMR 探测线圈的 RF 接收机前端的可能性。在对 RF 接收机前端进行了详细分析之后，对基于 IC 和 IC 辅助的 μNMR 系统的研究现状进行综述，进一步说明利用现代纳米级 CMOS 和 BiCMOS 技术设计 μNMR 系统的有趣的新可能性。

6.1　技术考虑因素和设备模型

在接下来的两个小节中，将回顾 CMOS 和 BiCMOS 技术在设计 NMR 应用集成电路方面的相关特性。讨论的目的是为 NMR 界在 IC 技术和设计领域没有或者仅有非常有限背景的研究人员，提供对这些技术的潜在用途和限制的一个基本介绍。

6.1.1　互补金属氧化物半导体技术

在本节中，我们将简要讨论当今最重要的 IC 技术——CMOS。显然在 IC 技术和 IC 的设备模型方面已有很多优秀的书籍，例如文献 [1]，该书比本章可能讨论的内容更加详细。然而正如前文中提到的，以下讨论应被视为针对具有一定离散电路设计背景的 IC 技术新手的介绍，旨在帮助其了解不同技术之间的权衡，以及这些权衡如何在 μNMR 收发器结构的选择中体现出来。

一种通用的现代 CMOS 工艺的截面如图 6.1 所示。产生 CMOS 器件的典型工艺流程，通常从一个厚度为几百微米的极高纯度晶硅的轻掺杂 p 型硅片开始。晶片的前几十微米由更强掺杂的 p 型外延生长硅组成。这个外延层是所有有源器件所在的位置。金属氧化物半导体 (metal oxide semiconductor, MOS) 晶体管和二极管等有源器件采用光刻-图形工艺制造，允许对材料进行选择性刻蚀和沉积。在一个所谓的数字 CMOS 工艺中，唯一可用的有源器件①是 n 型 MOS(NMOS) 晶体管和 p 型 MOS(PMOS) 晶体管。在这里，第一个字母指形成反转通道的载流子类型，即 NMOS 器件的电子和 PMOS 器件的空穴。由于晶圆材料通常为 p 型，为了实现 PMOS 晶体管，必须在 p 型外延层中创建独立的 n 阱，如图 6.1 所示。更复杂的所谓模拟 CMOS 技术通常提供多种有源器件，从对数字 (低泄漏电流与速度) 或模拟性能 (较小的电压余量需求) 优化的 NMOS 和 PMOS 晶体管，到 pn 结和肖特基二极管，再到双极晶体管 (bipolar junction transistor, BJT②) 等。

出于 NMR 前端设计的目的，人们最感兴趣的是 MOS 晶体管的性能，因为 MOS 晶体管是有源器件，其固有增益为低噪声放大器 (LNA) 提供放大作用，其固有噪声定义了低噪声放大器 (LNA) 的输入参考噪声水平，而其驱动强度决定了可通过功率放大器 (power amplifier, PA) 提供给发射线圈的最大可实现输出电流。为了能够从 MOS 器件的特性中获得这三个最重要的设计参数，需要精确的模型来预测晶体管的小信号和大信号行为以及噪声特性。

在本书中，我们将使用所谓的 EKV 模型 [2]，该模型提供了用一组相对较小的参数来模拟金属氧化物半导体场效应晶体管 (metal oxide semiconductor field effect transistor, MOSFET) 的可能性，包括其非理想特性，同时进行了非常准确的描述。这是通过从 (归一化的) 漏极和源电荷分布中推导所有相关量来实现的，这与经典的基于阈值电压的建模 (例如广泛使用的 BSIM 模型的基础) 不同。由于 EKV 大信号、小信号和噪声模型的详细推导远远超出本章的范围，下面将略去推导过程，阐述与 NMR 收发器前端设计相关的模型和方程，感兴趣的读者可以参考文献 [2] 查阅对此课题的详细讨论。

一般来说，需要将 MOSFET 区分成三种反转模式：弱 (weak)、中 (moderate) 和强反型 (strong inversion, SI)。它们可以通过比较 MOSFET 的特定的电流 $I_{spec} = 2n\beta U_T$ 和漏极电流 I_D 来区分。这里，n 是所谓的斜率因子，U_T 是热力学电压 kT/q，k 是玻尔兹曼常数，q 是元电荷，T 是热力学温度，$\beta = \mu C_{ox} W/L$ 是晶体管转移参数，其中 μ 是相关载流子迁移率，即 NMOS 的电子和 PMOS 的

----

① 在这里，"可用的" 意味着这些器件经过铸造厂仔细测试和分析，可以确定其制造公差，并为设计人员提供了准确的仿真模型。

② 与真正的 BiCMOS 工艺相反，在 CMOS 工艺中，只有将 BJT 以及其绑定在衬底电势上的发射极作为铸造模型器件，才能形成与温度无关的所谓带隙基准。

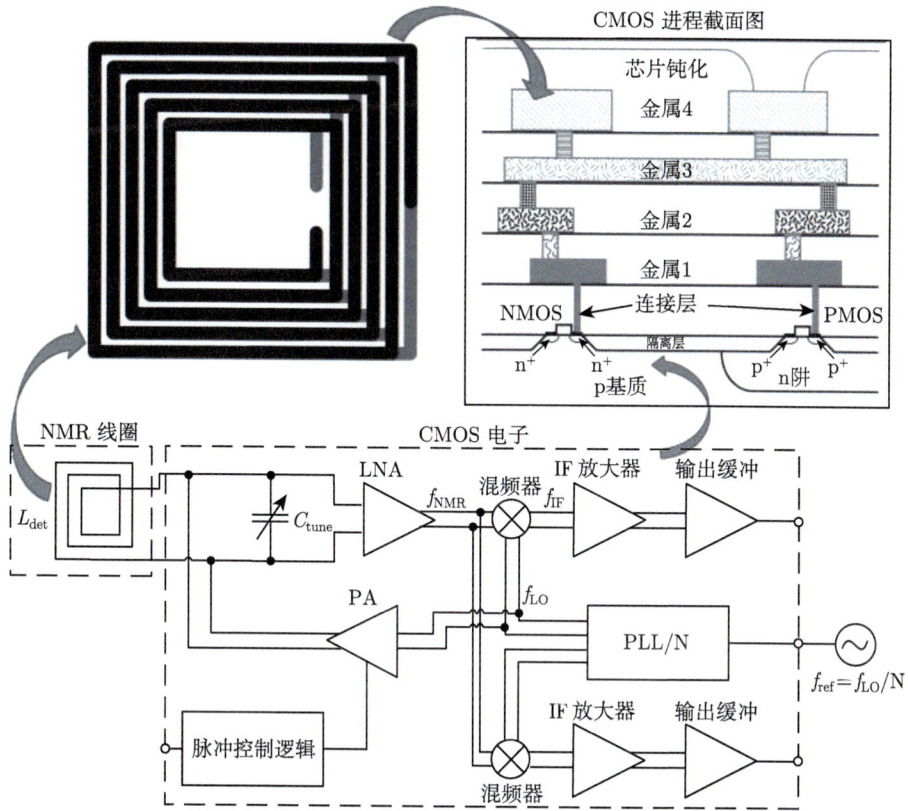

图 6.1 基于 IC 的 NMR 方法中将探测线圈和收发器都集成到单个 ASIC 中的示意图。

空穴，$C_{ox} = \varepsilon_{ox}/t_{ox}$ 是每单位面积的氧化物电容，即氧化物的介电常数 ε_{ox} 与该氧化物厚度 t_{ox} 的比值，W 和 L 分别是晶体管的宽度和长度。

根据所施加的漏极-源极电压 V_{DS}，需要区分所谓的线性工作模式和饱和工作模式：前者的电流主要受漏极电势的影响，后者由于信道长度调制等二阶效应，总漏极电流仅依赖于漏极电势 [2]。由于以线性模式工作的器件提供的跨导非常小，因此它们在放大器中作为有源器件的用途非常有限，主要用作开关。因此，线性工作模式的主要参数是有效导通电阻 (应尽可能小) 和有效截止电阻 (应尽可能大，以提供良好的隔离) $R_{on,off} = 1/(\partial I_D/\partial V_{DS})$。

相比之下，在饱和工作模式下，晶体管通常用于提供电压增益，最重要的小信号参数分别是栅极和源极跨导，$G_m = \partial I_D/\partial V_G$，这里 V_G 是栅极-基极电压，$G_{ms} = \partial I_D/\partial V_S$，这里 V_S 是源极-基极电压，输出电导为 $G_{ds} = \partial I_D/\partial V_{DS}$，其在很大程度上受信道长度调制的影响 [2]。

图 6.2(a) 显示了饱和区 MOSFET 的相应小信号模型，该模型在 NMR 实验

中的射频频率下有效。

除了上述小信号参数之外，图 6.2(a) 中的模型还包含本征晶体管电容，该电容模拟了在源极、栅极和漏极建立特定端电势所需的电荷。这些电容在很大程度上决定了金属氧化物半导体场效应晶体管的频率特性，因此对收发器的射频前端尤为重要。

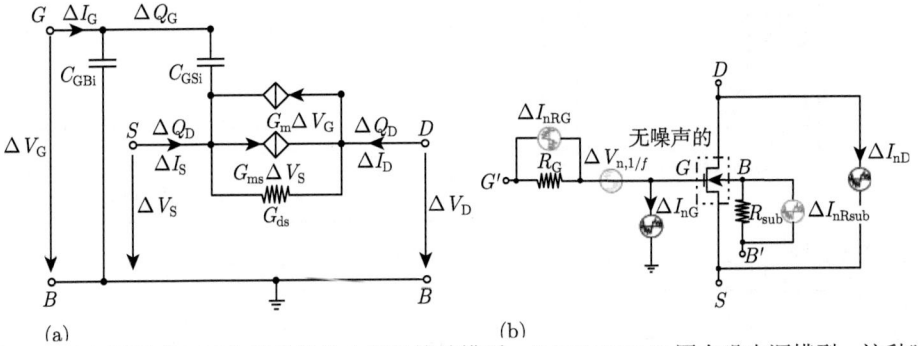

图 6.2　(a) 无噪声 MOS 晶体管的小信号等效模型。(b)MOSFET 固有噪声源模型，这种噪声包括信道噪声和围绕 (a) 中无噪声模型的感应栅极噪声。

表 6.1 分别给出了图 6.2(a) 中的模型在前向饱和 (forward saturation, FS)、SI 以及弱反型 (weak inversion, WI) 中的等效电路参数表达式。根据所需的精度，对于分析计算来说，为了获得更紧凑的表达式，忽略漏源电导 G_{ds} 有时候也是有用的。重叠电容和接触电阻等外部效应可以直接添加到所呈现的内部模型中。

表 6.1　MOSFET 的小信号和小信号噪声参数汇总表

模型变量	SI 和 FS 中的数值	WI 和 FS 中的数值
G_{m}	$2\,I_{D}/(n\cdot(V_{P}-V_{S}))$	I_{D}/U_{T}
G_{ms}	$2I_{D}/(n\cdot(V_{P}-V_{D}))$	I_{D}/U_{T}
C_{GSi}	$(2/3)\cdot C_{ox}$	$q_{s}C_{ox}$
C_{GBi}	$(n-1)/(3\cdot n)\cdot C_{ox}$	$(n-1)/n\cdot C_{ox}$
G_{ds}	I_{D}/V_{M}	I_{D}/V_{M}
G_{nD}	$\gamma_{nD}\cdot G_{m}=(2/3)\cdot n\cdot G_{m}$	$\gamma_{nD}\cdot G_{m}=(n/2)\cdot G_{m}$
G_{nG}	$(4/3)\cdot\mathrm{Re}\,\{Y_{Gi}\}$	$\mathrm{Re}\,\{Y_{Gi}\}$
$\mathrm{Re}\,\{Y_{Gi}\}$	$(1/5)\cdot(\omega C_{GSi})^{2}/(n\cdot G_{m})$	$(3\cdot\omega^{2}\cdot\mu\cdot U_{T}\cdot q_{s})/n\cdot C_{ox}$
ρ_{GD}	$j\cdot c_{g}=j\cdot\sqrt{5/32}$	$j\cdot c_{g}=j/\sqrt{3}$
$S_{I_{nRG}}$	$4kT/R_{G}$	
$S_{I_{nRsub}}$	$4kT/R_{sub}$	

注：I_{D}：漏极电流；$V_{P}=(V_{G}-V_{T0})/n$：夹断电压；V_{G}：栅极电压；V_{T0}：阈值电压；n：斜率因子；C_{ox}：氧化物电容；V_{M}：信道长度调制电压；$\gamma_{nD}=G_{nD}/G_{m}$：超噪系数；ω：工作频率；μ：载流子迁移率；$U_{T}=kT/q$：热力学电压；q：元电荷；k：玻尔兹曼常数；T：热力学温度；q_{s}：标准化源电荷；ρ_{GD}：栅极和漏极噪声电流的相关系数；SI = 强反型，WI = 弱反型，FS = 前向饱和

关于 MOSFET 特性的详细描述可以在文献 [2] 第 6 章中找到。这里我们通过向读者提供 MOSFET 的噪声模型来进行简单的总结。这个噪声模型对于本章第 6.2.2 节中的噪声计算来说已经足够。基于双晶体管方法 (文献 [2]，第 85 页)

的 MOSFET 固有噪声源的相对简单的模型在图 6.2(b) 中给出。图 6.2(b) 中的噪声模型用无噪声器件代替了噪声晶体管，这可以使用图 6.2(a) 中的等效电路 (可能会简化) 以及两个相关噪声源 $\Delta I_{nG} = 4\,kT\,G_{nG}$ 和 $\Delta I_{nD} = 4\,kT\,G_{nD}$ 来建模。表 6.1 总结了显示的噪声电流源的值。

MOSFET 的固有噪声模型可以通过 MOSFET 栅极和 MOSFET 管的衬底端的两个噪声接触电阻 R_G 和 R_{sub}，以及栅极参考闪烁噪声源来扩展，后者决定了 MOSFET 的低频噪声性能 [2]。两个噪声接触电阻和闪烁噪声源在图 6.2(b) 中以灰色显示。在设计阶段必须考虑栅极和衬底接触电阻引起的附加噪声，因为它们可能成为主要噪声源，并显著降低可实现噪声系数，尤其是对于非常低噪声的 LNAs。然而，我们可以通过适当的布局技术来最小化两个电阻，因此，本章推导各种 LNA 拓扑的可实现噪声系数的解析表达式时，我们将忽略相应噪声源。$1/f$ 噪声源主要与集成 NMR 收发器的混频器和基带放大器的设计相关。

在对标准 CMOS 技术中的有源晶体管进行了简要讨论后，继续考虑所谓的后端线 (back-end-of-line, BEOL) 中的金属化的方案，以及方案中的无源器件。现代 CMOS 技术的 BEOL 由多达十几个金属层组成，以确保有源和无源器件的互连。如图 6.1 所示，每个金属层都使用所谓的金属间电介质 (inter-metal dielectric, IMD) 与其相邻层电绝缘。两个相邻金属层之间的垂直连接通过通孔实现，通孔通常由 IMD 中的钨塞形成。一般来说，金属层的厚度随着与衬底距离的增加而增加。虽然下部金属层通常相对较薄，允许数字电子器件所需的密集互连，但上部金属层的厚度可达几微米，以便实现低电阻电源布线和相对较低电阻的片上电感。尽管可以使用各种金属层来实现低值和中值线性电阻，例如使用曲折 (meandric) 布局，但最新的 CMOS 技术可提供至少一个额外的高电阻层，允许在更紧凑的芯片表面上设计高值电阻。在集成技术中，可以使用单金属层的指状结构形成非常线性 (即与电压无关) 的电容器。如果可以接受线性度降低，那么使用 MOSFET 的栅极电容的单位面积的电容可以大大提高。除了每种 CMOS 技术都提供的这些电容选项之外，大多数模拟工艺还提供了一种方法，即利用两个导电层之间的薄电介质来实现密度增加的高线性度电容器。如果两个导电层由金属组成，则相应的电容器被称为金属-绝缘体-金属 (metal–insulator-metal, MIM) 电容器；如果两个导电层由多晶硅组成，则相应的电容器被称为多晶硅电容器。尽管这些高性能的电容器和电阻器 (无源器件) 使用起来很方便，但这些器件所需要的面积仍然非常大，所以为了节省芯片面积，应尽可能采用有源器件方案。

6.1.2 双极互补金属氧化物半导体技术

在前一节讨论了纯 CMOS 技术最重要的特性后，现在讨论一系列结合了纯双极工艺和标准 CMOS 工艺的技术的优势。一种同时提供高性能 MOS 晶体管和优化双极器件的技术被称为双极互补金属氧化物半导体工艺。典型现代 BiCMOS 技术的横截面类似于图 6.1 所示的 CMOS 工艺，唯一的区别是 BiCMOS 技术中前端线 (front-end-of-line, FEOL) 中提供了额外的层来形成高性能双极晶体管。

　　原则上，BiCMOS 技术提供了上一节中列出的标准 CMOS 技术中的所有可用器件。与标准 CMOS 工艺相比，BiCMOS 工艺的主要不同之处在于高性能双极器件的可用性，如文献 [3] 中所述。这里将不详细讨论形成高性能双极器件所需的工艺步骤，而是重点讨论器件建模，以突出 BJT 和 MOSFET 之间的差异。

　　本章的剩余部分将不讨论 BJT 的大信号，而是直接讨论正向有源区 (forward active region, FAR) 的小信号等效模型，其中 BJT 可以提供小信号电压增益，如图 6.3(a) 所示。相应参数的定义列于表 6.2。

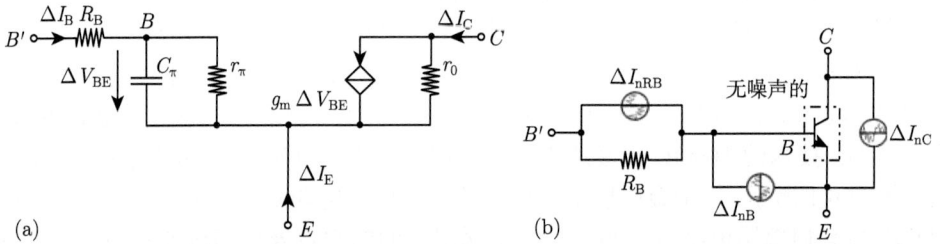

图 6.3　(a) 无噪声 BJT 晶体管的小信号等效模型。(b)BJT 固有噪声源的噪声模型，包括基极和集电极散粒噪声以及基极接触电阻白噪声的噪声源。

表 6.2　前向有源区 BJT 的小信号混合 π 模型和小信号噪声参数汇总表

模型参数	值
g_{m}	$I_{\mathrm{C}}/U_{\mathrm{T}}$
r_{π}	β/g_{m}
C_{π}	$\tau_{\mathrm{F}} \cdot g_{\mathrm{m}}$
r_{o}	$V_{\mathrm{A}}/I_{\mathrm{C}}$
$S_{I_{\mathrm{nC}}}$	$2qI_{\mathrm{C}}$
$S_{I_{\mathrm{nB}}}$	$2qI_{\mathrm{B}}$
$S_{I_{\mathrm{nRB}}}$	$4kT/R_{\mathrm{B}}$

注：I_{C}：集电极电流；$U_{\mathrm{T}} = kT/q$：热力学电压；β：小信号电流增益；τ_{F}：前进方向上的基极渡越时间；V_{A}：厄利电压；q：元电荷；k：玻尔兹曼常数；T：热力学温度；R_{B}：基极接触电阻

　　在比较两种类型晶体管性能之前，简单地将相关噪声源引入图 6.3(a) 中的等效模型，得到如图 6.3(b) 所示的等效噪声模型。相关噪声参数表达式已在表 6.2 中列出，可以看到，由于基极和发射极之间以及基极和集电极之间存在 pn 结，所以有两个散粒噪声源。在接触电阻噪声源中，除了基极接触的噪声源外，其他噪声源通常可忽略。由于制造上的限制，这种基极接触电阻不能总是做得任意小，因此在 LNA 设计过程中需要考虑这一点，如果忽略它，会显著降低放大器噪声性能。

尽管在本章中详细比较 MOSFET 晶体管和 BJT 的性能既无必要也不可能实现,但简要介绍二者在与低噪声接收机前端设计相关的重要差异无疑具有启发性的。

对于给定的偏置电流,跨导值在双极晶体管中更高,其值由 $g_m = I_{BIAS}/U_T$ 给出。在 MOSFET 中,跨导可以写成 $G_m = 2I_{BIAS}/V_{DSsat}$(在 SI 中),$G_m = I_{BIAS}/(nU_T)$(在 WI 中)。因此,强/中等反转中,$V_{DSsat}$ 的数值在 $120\sim400$ mV,对于相同的偏置电流,MOSFET 跨导比 BJT 的跨导降低到原来的 $1/8\sim1/2$。在 WI 中,这种退化因子可以通过将斜率因子 n 降低到大约 1.3 来减少,而代价是降低了晶体管的速度和线性。在低噪声应用中,为给定偏置电流提供最大跨导至关重要,因为折合到输入端的电压噪声决定了整体噪声系数。例如,如果驱动晶体管的源极电阻非常低,有源器件的电流噪声就会被有效地短路,而折合到输入端的电压噪声仍然是唯一重要的噪声源。因此,在这些条件下,最大化输入器件的跨导会直接改善折合到输入端的噪声。如果电流噪声也起重要作用,例如源电阻较大时,那么对于低噪声性能来说,跨导并不是唯一重要的因素。这里,MOSFET 具有内在优势,因为其折合到输入端的电流噪声通常明显低于 BJT。更具体地说,对于给定的源电阻,无论是 BJT 还是 MOSFET-LNA,都有一个最佳跨导值,在该值下,折合到输入端的电压和电流噪声的贡献相等。从该最佳值改变跨导会导致整体噪声性能下降,原因是折合到输入端的电压或电流噪声过大。对于双极晶体管,这种最佳跨导位于较低值,表明可以用较低的电流实现最佳跨导,而对于 MOSFET,最佳跨导位于较高值,通常会有较低的折合到输入端的总噪声,但代价是较高的功耗。因此,根据所需的噪声性能和容许功耗,对于给定的源电阻①,必须仔细评估 MOSFET 或 BJT 哪个是更好的选择。我们将在本章第 6.2.2 节中更详细地讨论这种权衡,将讨论采用 BJT 和 MOSFET 的不同 LNA 拓扑,以便为给定的 NMR 应用找到最佳的技术方案和拓扑结构。

需要注意的是,尽管就单位电流跨导而言,高 V_{DSsat} 对 MOSFET 无效,但可以使用高 V_{DSsat} 来提高高速应用中器件的传输频率,并改善电路的线性度。另一方面,在双极技术中,传输频率对所有相同类型的器件都是通用的,且与偏置无关。

由于我们主要关注的是晶体管作为几十或几百兆赫兹的 LNA 有源器件的性能,因此没有涉及闪烁噪声这一重要主题。对此感兴趣的读者可以阅读文献 [2] 中关于 MOSFET 情况的详细讨论,以及文献 [3] 中关于双极器件的详细讨论。

---

① 对于 MOSFET 而言,给定的源电阻的最佳值也可能超出器件的击穿水平,即使在无穷大功率的前提下,也根本不可能实现。

6.2　核磁共振应用的单片收发器电子器件

本节将讨论用于 NMR 应用的收发器电子器件的单片集成[①]的优势。讨论中，将重点关注接收机前端，因为这是可实现的系统灵敏度的决定因素。在这里，优秀的自旋灵敏度至关重要，因为如果集成 CMOS 和 BiCOMS 读出器所能达到的性能无法与离散电子读出器性能相媲美，那么单片集成的剩余优势就不那么重要了。这是因为感应 NMR 探测是本章中考虑的唯一探测方法，本质上具有相对较低的灵敏度，因此读出电子器件如果进一步降低 SNR，通常是不可接受的。

6.2.1　μNMR 应用的最佳集成射频前端

传统 NMR 接收机系统如图 6.4 所示。它由 NMR 探头 (放置在磁体内部的接收机部分) 和射频接收机组成，射频接收机使用离散的电子器件实现，通常放置在磁体外部，以避免由于电子元件封装的不同磁化率引入的不均匀性导致的 B_0 场失真。探头本身由探测线圈 L_{det}、调谐电容 C_{tune} 和一两个匹配电容 C_{match} 组成。在经典设计中，结合具有足够大品质因子的探测线圈，探测线圈和调谐电容器在 (或非常接近，参见式 (6.2)) 拉莫尔频率处形成并联谐振电路。在这些条件下，探测线圈中感应的 NMR 信号被谐振电路的品质因子放大。由于这种放大是使用无噪声无功电容器实现的，因此 SNR 不会因这种操作而下降。匹配电容将探头的阻抗转换为适当的实际值 R_{s}。通常，R_{s} 从 $50\,\Omega$、$75\,\Omega$ 或 $200\,\Omega$ 中选择，从而探头可以通过具有匹配特性阻抗的标准传输线 (transmission lines, TRLs) 连接到现成的离散电子器件。获得实值输出阻抗 R_{s} 所需的调谐和匹配电容的数值为

$$C_{\mathrm{tune}} = \frac{Q - \sqrt{(1+Q^2)\dfrac{R_{\mathrm{det}}}{R_{\mathrm{s}}} - 1}}{(1+Q^2)\,\omega R_{\mathrm{det}}}, \quad C_{\mathrm{match}} = \frac{2}{\omega R_{\mathrm{s}}\sqrt{(1+Q^2)\dfrac{R_{\mathrm{det}}}{R_{\mathrm{s}}} - 1}} \tag{6.1}$$

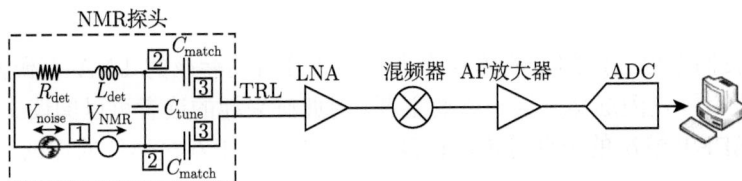

图 6.4　传统 NMR 探测系统的架构。

---

① 单片集成是单片微芯片上的集成。

其中，R_{det} 是探测线圈的串联电阻，Q 是探测线圈的无负载品质因子，$Q = \omega L_{\text{det}}/R_{\text{det}}$。由于标准 NMR 线圈的品质因子通常远大于 1，而且在大多数情况下，人们还发现 $Q\omega L_{\text{det}} \gg R_{\text{s}}$，故 C_{tune} 和 C_{match} 的表达可一步简化成以下的结果 [4]：

$$C_{\text{tune}} \approx \left(1 - \sqrt{\frac{R_{\text{det}}}{R_{\text{s}}}}\right)C_0, \quad C_{\text{match}} \approx 2\sqrt{\frac{R_{\text{det}}}{R_{\text{s}}}}C_0 \tag{6.2}$$

其中，$C_0 = 1/(\omega^2 L_{\text{det}})$。因此，$R_{\text{det}} \ll R_{\text{s}}$，对于实际选择的探测线圈和参考源电阻探测，有 $C_{\text{tune}} \approx C_0$。因此，$C_{\text{tune}}$ 和 L_{det} 在工作频率 ω 处形成了一个谐振电路。

这里有必要强调的是，探头中的调谐和匹配网络不能为 NMR 信号提供任何功率增益，毕竟它是一个无源系统，只是将线圈电阻及其相关的噪声水平转换成接收机系统所期望的特性阻抗水平。因此，LNA 对级联噪声系数的贡献与其独立数值相比没有变化。然而，当使用非阻抗匹配的 LNA 时，阻抗变换很重要，因为它可以将与线圈电阻相关的噪声提高到足够低的水平，使得使用非常低噪声的电压 LNA 成为可能，同时 LNA 的功耗仍然适中。因此，在选择将线圈输出阻抗转换为特定的阻抗值时，必须考虑技术方面的因素，尽可能将 LNA 放置在探测线圈的近距离处，以优化阻抗转换的效果。

需要注意的是，在传统 NMR 接收机中，假设 LNA 具有足够大的增益来克服随后接收机级别的噪声，LNA 输出处的信噪比等于线圈固有信噪比减去 LNA 与将探头连接到 LNA 的 TRL 的噪声系数之和。接收机在典型的 NMR 工作频率下，TRL 几乎可以做到无损，从而令 TRL 的噪声系数低于 0.1 dB。NMR 系统中使用的 LNA 的典型噪声系数低至 0.5 dB，导致接收机输出端的线圈固有 SNR 总体下降大约 0.5~0.6 dB，使得此时的 SNR 与其固有值相比几乎没有变化。

接下来，当使用 IC 技术使 LNA 靠近 NMR 线圈时，我们将讨论图 6.4 传统 NMR 前端的潜在替代方案。

让我们从探测线圈中添加的第一个元件——调谐电容 C_{tune} 开始讨论射频前端的潜在替代方案。如前所述，该电容为感应 NMR 信号和线圈固有噪声提供了无噪声前置放大，放大倍数约等于探测线圈的品质因子。对于标准的 5 mm NMR 线圈，这个品质因子可能相当大 ($Q \gg 100$)，在图 6.4 中的点 2 处，信号和噪声水平都有显著的增强。尽管调谐电容有这种明显的优势，但将探测线圈直接连接到 LNA 也是一种可行的方法。下文将详细阐述这两种方法的优缺点。

为了实现探测线圈合适的品质因子 ($Q > 2$)，调谐电容器将 NMR 接收机转变为相对窄带的系统。利用调谐电容器使 NMR 接收系统在相对较窄的频段工作。尽管这在许多 NMR 应用中很常见，甚至是设计者所希望的，例如标准的单核 NMR 波谱和磁共振成像，但是有时 NMR 接收系统在更宽的可调节频率范围内工作可能会更加有利。例如，如果人们对使用相同的探测线圈测量具有不同旋磁比的原子核的 NMR 谱感兴趣 [5]，或者对宽带 NMR 磁测应用感兴趣，正如在文献 [4] 中详细讨论的，就会出现这种情况。尽管存在替代解决方案，例如，与图 6.4 中的简单解决方案相比，多核 NMR 波谱采用单个探测线圈，并结合了更复杂的调谐和匹配网络 [6]，但宽带解决方案无疑简化了设置。因此，如果两者都可以实现类似的性能，则后者更为可取。由于有宽带 NMR 接收机的需求，在 NMR 前端省略调谐电容、LNA 直接与探测线圈相连时，能否在较宽的带宽内获得足够的噪声性能，这一问题值得研究。以此作为出发点，考虑如图 6.5 所示的探测线圈放大器组件的等效电路。这里，为避免互连中的寄生损耗，假设放大器被放置在探测线圈附近。因此，与经典的接收机结构相反，位于外侧的天线通过 TRL 连接到另一个探测线圈，我们可以将探测线圈和 LNA 之间的连接视为等电势节点。这很重要，因为这允许我们直接查看特定节点电压和连接这些节点的特定分支中的电流，而不必如文献 [7] 中像空间分布式系统一样处理功率波。由于我们不必为避免 TRL 上的反射并确保各个级别之间的可容忍功率损失而进行功率匹配，因此能够忽略 TRL 效应放宽了许多设计约束，只需查看从节点到节点的电压增益即可。

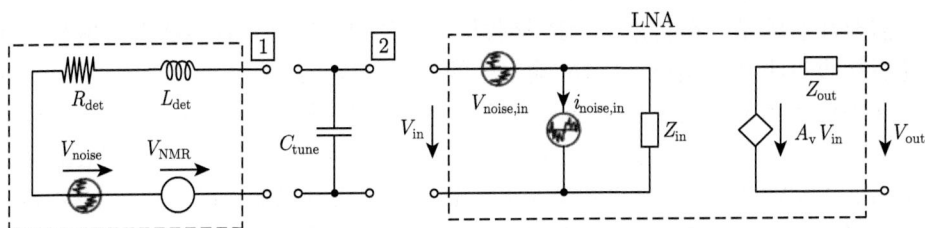

图 6.5　直接与探测线圈相连的 LNA 等效电路图。

为了能够更好地理解以下分析，理解从离散放大器设计向集成解决方案背后的范式转变也很重要：在离散放大器设计中，选择一个特定的有源器件，该器件由制造商根据其散射参数 (scattering parameters)(S 参数) 和一组离散偏置条件下的噪声参数来表征，随后选择工作点，并设计输入和输出匹配网络以实现所需性能。在这种方法中，活动设备的数量通常被最小化，因为它们是决定成本的组件。在基于 IC 的方法中，可以根据应用的特定需求完全自由地定制有源器件。与离散元件形成鲜明对比的是，在 IC 实现中，有源器件比无源器件便宜。这可能很令人惊讶，因为在先进的 IC 技术中，有源器件可以做得非常小，而无源器件通常需要相当大的芯片面积，因此价格昂贵。因为我们的讨论是针对 NMR 接收机的最佳 IC 实现，所以在选择某个功能的主动或被动实现时，应该始终牢记这一条原则。

在综合考虑之后, 对如图 6.5 所示的配置为宽带前端的电路进行噪声系数分析是有指导意义的, 也就是说, LNA 直接连接到节点 $\boxed{1}$ 处 (图 6.5) 的线圈。LNA 的噪声系数[1], $F = \mathrm{SNR_{in}}/\mathrm{SNR_{out}}$, 可由下式给出:

$$F_{\mathrm{noise}} = 1 + \frac{R_{\mathrm{n}}}{R_{\mathrm{det}}} + \frac{G_{\mathrm{n}}}{G_{\mathrm{det}}}\left(1 + Q^2\right) + 2\sqrt{G_{\mathrm{n}}R_{\mathrm{n}}}\left(r_{\mathrm{c}} + Qx_{\mathrm{c}}\right) \tag{6.3}$$

其中, $G_{\mathrm{det}} = 1/R_{\mathrm{det}}$, $R_{\mathrm{n}} = S_{v_{\mathrm{n}},v_{\mathrm{n}}}(\omega)/(4kT)$, $G_{\mathrm{n}} = S_{i_{\mathrm{n}},i_{\mathrm{n}}}(\omega)/(4kT)$, 这里 $S_{v_{\mathrm{n}},v_{\mathrm{n}}}(\omega)$ 和 $S_{i_{\mathrm{n}},i_{\mathrm{n}}}(\omega)$ 分别是 LNA 折合到输入端的电压噪声 v_{n} 和输入参考电流噪声 i_{n} 的功率谱密度 (power spectral densities, PSDs), r_{c} 和 x_{c} 是这两个随机过程的相关系数 ρ_{GD} 的实部和虚部。根据宽带配置对 LNA 的要求来解释式 (6.3) 是有指导意义的。

首先, 应该注意的是, 两个 LNA 噪声源对噪声系数的相对贡献取决于线圈电阻 R_{det}。在 μNMR 应用中, 线圈电阻通常在 0.1 Ω 至几欧姆的范围内, 人们发现, 当 LNA 直接连接到探测线圈时, 若要实现显示小于 3 dB 的噪声系数, LNA 必须能够产生一个等效噪声电阻 R_{n} 为 1 Ω 量级的输入延迟电压噪声, 即输入参考电压噪声密度约为 100 pV/$\sqrt{\mathrm{Hz}}$。输入反馈电流噪声由 $(1 + Q)^2$ 增强, 在 $Q = 100$ 的品质因子下, 要获得接近 3 dB 的噪声系数, 需要输入反馈电流噪声密度在 10 fA/$\sqrt{\mathrm{Hz}}$ 左右。根据本章第 6.1 节, 使 R_{n} 达到 1 Ω 的数量级相当于使有源器件的跨导足够大。由于对于给定的偏置电流, BJT 显示出比 MOS 晶体管更大的跨导, 因此这种规格在 BiCMOS 技术中通常更容易满足。相反, 参考本章第 6.1.2 节, MOS 晶体管折合到输入端的电流噪声通常比 BJT 晶体管低得多, 使用 MOS 晶体管作为 LNA 输入器件更容易满足这一要求。

讨论了为 NMR 应用构建高性能宽带 LNAs 的意义后, 让我们重新引入调谐电容, 并讨论其与在图 6.5 中的点 $\boxed{2}$ 连接 LNA 相关的变化。这种情况下的最佳噪声系数由下式给出:

$$F_{\mathrm{noise,\,min}} = 1 + \frac{R_{\mathrm{n}}}{R_{\mathrm{det}}}\frac{1}{(1 + Q^2)} + \left(1 - x_{\mathrm{c}}^2\right)\frac{G_{\mathrm{n}}}{G_{\mathrm{det}}}\left(1 + Q^2\right) + r_{\mathrm{c}}\sqrt{G_{\mathrm{n}}R_{\mathrm{n}}} \tag{6.4}$$

可实现该噪声系数的最佳调谐电容 $C_{\mathrm{tune,opt}}$ 写成

$$C_{\mathrm{tune,opt}} = \frac{L_{\mathrm{det}}}{R_{\mathrm{det}}^2\left(1 + Q^2\right)} + x_{\mathrm{c}}\frac{1}{\omega}\sqrt{\frac{G_{\mathrm{n}}}{R_{\mathrm{n}}}} \tag{6.5}$$

---

[1] 这里需要注意, 因为在计算噪声系数时, 我们遵循了将 SNR 定义为功率比的工程方法。当将这些噪声系数与探测线圈的本征 SNR 结合起来时, 为了得到准确的结果, 我们不得不除以噪声系数的平方根。在用 dB 表示量时, 由于在计算 dB 值时, 适当的缩放已经考虑到了, 用 10 或 20 作为适当的缩放因子, 所以不会出现这个问题。

如果 $x_c = 0$，$Q \gg 1$，式 (6.5) 等效成 $C_{\text{tune,opt}} = 1/(\omega^2 L_{\text{det}})$，则 C_{tune} 和 L_{det} 在工作频率下简单地形成一个谐振电路。值得注意的是，假设 R_n 和 G_n 之间没有相关性，我们会发现与式 (6.3) 相比，R_n 对噪声系数的贡献降低到 $1/(1 + Q^2)$ 倍，而 G_n 的贡献保持不变。R_n 对噪声系数贡献的降低是前述由调谐电容器引起的感应电压的无噪声电压放大导致的，这将线圈阻抗的实部及其相关噪声水平提高了 $(1 + Q^2)$ 倍，将 R_n 对噪声系数的影响降低了相同的量。

6.2.2　CMOS 和 BiCMOS 核磁共振接收机的设计

本节针对 μNMR 应用讨论不同 CMOS 和 BiCMOS 技术可实现的 LNA 性能。然而，在讨论开始之前，有必要强调和解释所提出的方法与经典 LNA 设计之间的差异，正如在文献 [7] 和 [8] 中所讨论的。在经典的 LNA 设计方法中，通常首先根据功率预算选择偏置电流。这种选择直接决定有源器件的散射参数，进而决定给定负载和源阻抗下可实现的噪声系数和最大稳定增益。设计过程以选择源阻抗、负载阻抗和有源器件之间的匹配网络作为噪声和增益性能之间的折中而结束。相比之下，当设计宽带和窄带 CMOS 和 BiCMOS LNA (它们位于探测线圈的附近) 时，可以使用不同的方法：在这种方法中，线圈和 LNA 是共同优化的，即 LNA 输入设备的参数和 NMR 线圈的几何形状同时优化，以最大化 LNA 输出的 SNR。

6.2.2.1　宽带应用的 LNAs

本节目标是从理论上研究为宽带 μNMR 应用设计集成射频前端的可行性，其性能类似于使用高性能离散元件。本节中讨论的宽带系统和下节中讨论的窄带前端之间的主要区别在于，在 LNA 输入端是否存在形成谐振 LC 电路的调谐电容。更具体地说，我们将不讨论任何进一步的带宽增强技术，例如文献 [8] 和 [9] 中的分布式放大器或反馈技术，因为正如我们在本节剩余部分所看到的，考虑到过渡频率超过 100 GHz 的现代 IC 技术的固有带宽，只要简单地去掉 LNA 输入端的调谐电路就足以覆盖当前所有宽带 NMR 应用的理想频率范围。

本书讨论的性能度量将把 LNA 的噪声系数定义为由其引起探测线圈固有 SNR 的衰减。除了作为工作频率函数的可实现噪声系数，我们还将通过系统的 3 dB 噪声图带宽来进一步表征所得到的线圈-LNA 组合的可达带宽，即噪声图在频率上降低 3 dB 的频率，相比 DC 时的噪声图。在这一点上，还应该注意的是，对于具有非常大的固有带宽的 LNAs，探测线圈本身及其自身的固有自谐振频率，最终会成为可实现带宽方面的限制因素。

将这些介绍谨记于心，我们可以继续计算如图 6.6 所示的宽带 LNA 拓扑的可实现的超噪系数 $F_{\text{ex}} = F_{\text{noise}} - 1$。值得注意的是，图 6.6(d) 中的电流复用拓扑仅使用 MOSFET 作为有源器件进行讨论，因为典型的 BiCMOS 工艺仅提供一种类型的高性能 BJTs(通常为 npn)，因此，互补晶体管类型所导致的 g_m 的边际增加将不值得我们为此去增加电路的复杂性。我们使用 6.1 节中介绍的 MOS 晶体管和 BJT 的等效小信号噪声模型，并利用计算机代数软件 Mathematica 计算了所有所示拓扑的噪声系数。使用这种方法，并进一步假设 $Q \gg 1$ 和 $\beta \gg 1$，对于双极共基极放大器，可以得到以下结果：

$$F_{\mathrm{min,CB}} = \frac{1}{\beta} + Q \cdot \frac{\omega}{\omega_{\mathrm{t}}} \left(\sqrt{1 + \frac{1}{\beta} \cdot \left(\frac{\omega_{\mathrm{t}}}{\omega}\right)^2} - 1 \right) \tag{6.6a}$$

$$g_{\mathrm{m,opt,CB}} = \frac{1}{Q \cdot R_{\mathrm{det}}} \cdot \frac{1}{\sqrt{1 + \frac{1}{\beta} \cdot \left(\frac{\omega_{\mathrm{t}}}{\omega}\right)^2}} \cdot \frac{\omega_{\mathrm{t}}}{\omega} \tag{6.6b}$$

其中，F_{min} 是最小可实现的超噪系数，$g_{\mathrm{m,opt}}$ 是选择实现 F_{min} 所需的最佳跨导值，ω_{t} 是所用技术的传输频率，β 是 BJT 的小信号电流增益，Q 是探测线圈的空载品质因子，ω 是工作频率。对于所有感兴趣的 NMR 频率 $(1/\beta) \cdot (\omega_{\mathrm{t}}/\omega)^2 \gg 1$ 下的高性能 BiCMOS 技术，式 (6.6) 可以进一步简化为

$$F_{\mathrm{min,CB}} \approx \frac{Q}{\beta}, \quad g_{\mathrm{m,opt,CB}} \approx \frac{\beta}{Q \cdot R_{\mathrm{det}}} = \frac{\beta}{Q} \cdot G_{\mathrm{det}} \tag{6.7}$$

从式 (6.7) 我们发现，当使用具有高性能的 BiCMOS 技术时，这些技术通常提供超过 100 的小信号电流增益，因此可以实现小到中等品质因子的线圈良好的宽带噪声表现。此外，实现最佳噪声性能所需的最佳跨导等于提出的线圈电导 G_{det} 乘以 β/Q，这表明在共同设计的 NMR 前端中，当设计线圈品质因子时，存在噪声和功率之间的权衡。

按照这些参数计算程序，我们可以计算出共发射极和宽带差分放大器的最佳噪声系数和所需的 g_m，结果是

$$F_{\mathrm{min,CE}} = F_{\mathrm{min,diff}} = F_{\mathrm{min,CB}} \tag{6.8a}$$

$$g_{\mathrm{m,opt,CE}} = g_{\mathrm{m,opt,CB}} = \frac{1}{2} \cdot g_{\mathrm{m,opt,diff}} \tag{6.8b}$$

根据式 (6.8a)，所有三个双极 LNA 的可实现噪声系数相同。共发射极放大器的最佳跨导等于共基极放大器的跨导，是差分 LNA 所需跨导的一半。单端和差分 LNA 的最佳跨导值相差两倍，这是差分放大器中存在两个独立但其他方面相同的噪声源直接导致的，这些噪声源产生具有两倍较大功率谱密度的电流噪声。此时

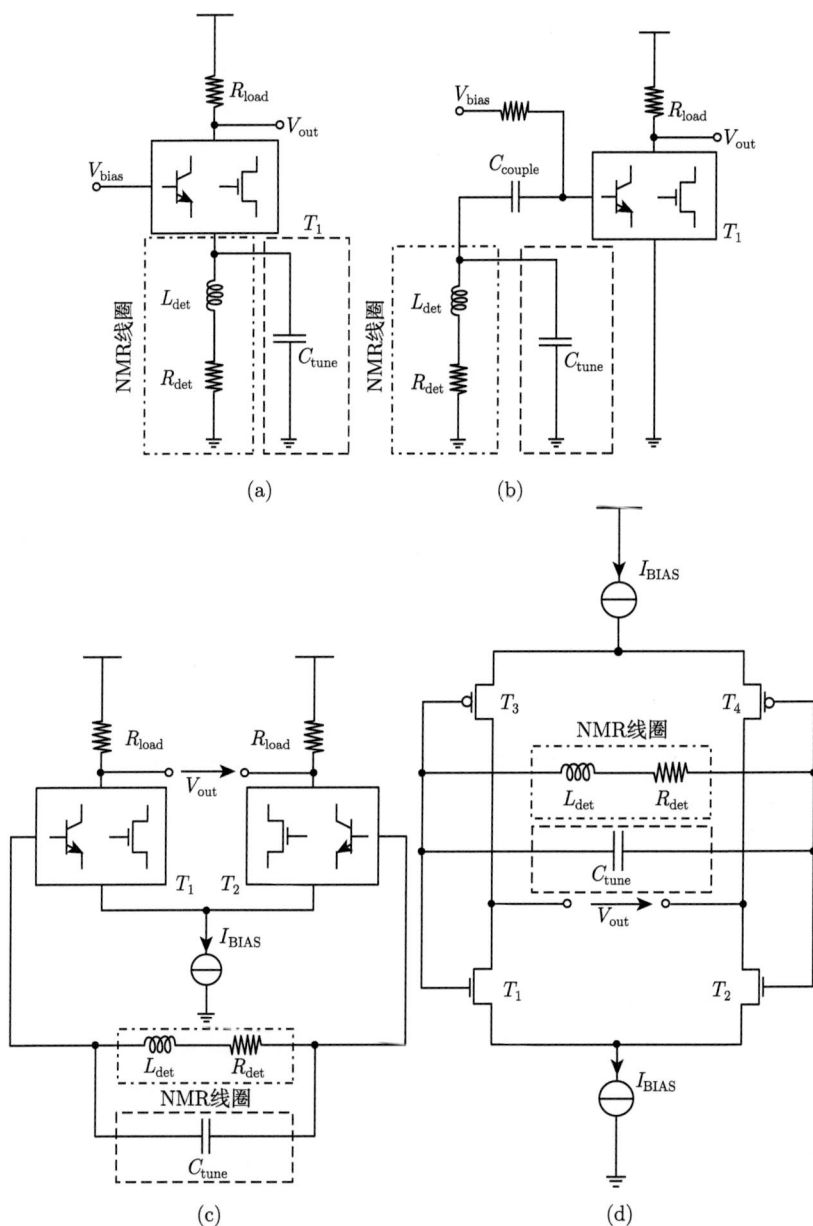

图 6.6   (a) 简化的宽带单端共基极/栅极放大器。(b) 宽带单端共发射极/源极放大器。(c) 宽带差分对放大器。(d) 带电流复用的宽带差分共源放大器。

还应注意，对于差分放大器，式 (6.8) 的最佳跨导在差分对的每个单独晶体管中都需要，因此，尾电流源需要提供建立该跨导所需电流的两倍。

对于如图 6.6 所示的 CMOS 宽带 LNA, 原则上也可以计算出具有相应最佳跨导的最小可实现超噪系数 $F_{\min}$ 和相应的最佳跨导 $G_{\mathrm{m,opt}}$。然而, 与双极 LNA 相比, 这里所需的跨导取决于频率, 因此无法在更宽的频带上实现匹配。考虑到这个事实, 对于 CMOS LNA, 我们应将噪声系数视为 G_{m} 的函数。然后, 使用恒流区和饱和状态下 MOSFET 的噪声模型 (对于用过驱动电压 $V_{\mathrm{ov}} = 150$ mV 偏置的器件来说, 这是一个合理的近似值), 可以获得图 6.6 中的四种不同的 CMOS LNA:

$$F_{\mathrm{CG}} = \frac{\alpha_1 \left[\alpha_1 \left(\beta_{\mathrm{ng}} n - 2c_{\mathrm{g}} \sqrt{\beta_{\mathrm{ng}} \gamma_{\mathrm{nD}}}\right) + 2c_{\mathrm{g}} \sqrt{\beta_{\mathrm{ng}} \gamma_{\mathrm{nD}}} \omega_{\mathrm{t}}\right]}{n^2 G_{\mathrm{m}} R_{\mathrm{det}} \omega_{\mathrm{t}}^2} + \frac{\gamma_{\mathrm{nD}} \left(\alpha_1 - \omega_{\mathrm{t}}\right)^2}{n^2 G_{\mathrm{m}} R_{\mathrm{det}} \omega_{\mathrm{t}}^2} \quad (6.9\mathrm{a})$$

$$F_{\mathrm{CS}} = F_{\mathrm{CG}}|_{n=1} \quad (6.9\mathrm{b})$$

$$F_{\mathrm{diff}} = \frac{\alpha_1 \left[\alpha_1 \left(\beta_{\mathrm{ng}} - 2c_{\mathrm{g}} \sqrt{\beta_{\mathrm{ng}} \gamma_{\mathrm{nD}}}\right) + 2c_{\mathrm{g}} \sqrt{\beta_{\mathrm{ng}} \gamma_{\mathrm{nD}}} \omega_{\mathrm{t}}\right]}{2 G_{\mathrm{m}} R_{\mathrm{det}} \omega_{\mathrm{t}}^2} + \frac{\gamma_{\mathrm{nD}} \left(\alpha_1 - 2\omega_{\mathrm{t}}\right)^2}{2 G_{\mathrm{m}} R_{\mathrm{det}} \omega_{\mathrm{t}}^2} \quad (6.9\mathrm{c})$$

$$F_{\mathrm{diff,CR}} = \frac{\alpha_1 \left[\alpha_1 \left(2\alpha_2 \beta_{\mathrm{ng}} - 2\alpha_3^2 c_{\mathrm{g}} \sqrt{\beta_{\mathrm{ng}} \gamma_{\mathrm{nD}}}\right) + 4c_{\mathrm{g}} \alpha_3 \sqrt{\beta_{\mathrm{ng}} \gamma_{\mathrm{nD}}} \omega_{\mathrm{t}}\right]}{4 G_{\mathrm{m}} R_{\mathrm{det}} \omega_{\mathrm{t}}^2} + \frac{\gamma_{\mathrm{nD}} \left(\alpha_1 - 2\omega_{\mathrm{t}}\right)^2}{4 G_{\mathrm{m}} R_{\mathrm{det}} \omega_{\mathrm{t}}^2}$$
$$(6.9\mathrm{d})$$

其中

$$\alpha_1 = Q\omega G_{\mathrm{m}} R_{\mathrm{det}}, \alpha_2 = 1 + \left(A_{\mathrm{p}}/A_{\mathrm{n}}\right)^2, \alpha_3 = \left[1 + \left(A_{\mathrm{p}}/A_{\mathrm{n}}\right)\right]^2 \quad (6.10)$$

其中, $A_{\mathrm{p}} = W_{\mathrm{p}} L_{\mathrm{p}}$, $A_{\mathrm{n}} = W_{\mathrm{n}} L_{\mathrm{n}}$ 分别是被使用的 PMOS 和 NMOS 输入晶体管的面积, W_{p} 和 L_{p} 为 PMOS 晶体管宽度和长度, W_{n} 和 L_{n} 为 NMOS 晶体管宽度和长度, R_{det} 是探测线圈的串联电阻, Q 是探测线圈的空载品质因子, ω_{t} 是输入晶体管的传输频率, G_{m} 是每个独立输入晶体管的栅极跨导, n 是斜率因子, γ_{nD} 是超噪系数, $\beta_{\mathrm{ng}} = 4/\left(15 \cdot n\right)$, $c_{\mathrm{g}} = \Im\mathrm{m}\left\{\rho_{\mathrm{GD}}\right\}$, 参见表 6.1 和文献 [2] 第 274~278 页。这里还应指出, 对于两种差分放大器拓扑, 每个单独的输入器件都需要 G_{m} 值, 总偏置电流是建立此 G_{m} 值所需电流的两倍。

在这一点上, 研究噪声系数表达式 (式 (6.9a)) 的极限是有指导意义的, 对于 $\omega \mapsto 0$:

$$F_{\mathrm{CG,DC}} = \frac{\gamma}{n^2 G_{\mathrm{m}} R_{\mathrm{det}}} \quad (6.11\mathrm{a})$$

$$F_{\mathrm{CS,DC}} = n^2 \cdot F_{\mathrm{CG,DC}} = \frac{1}{2} F_{\mathrm{diff}} = F_{\mathrm{diff,CR}} \quad (6.11\mathrm{b})$$

从式 (6.11) 可以很明显地看出, 在较低频率下, 噪声系数主要由 MOSFET 折合到输入端漏极的热噪声决定。因此, 为了获得良好的噪声系数, 需要使跨导

G_{m} 与探测线圈的电导 $G_{\mathrm{det}} = 1/R_{\mathrm{det}}$ 之比足够大。要在给定的技术和偏置电流下实现这一目标，在速度要求允许的情况下，将输入晶体管尽可能向 WI 偏置是有利的。如果器件偏置到 WI 深处，噪声系数仍然不可接受，那么除了以功耗增加为代价来增加偏置电流，别无他法。

对于给定的 G_{m} 值，单端拓扑和差分拓扑 (不使用电流复用) 之间相差两倍，这再次反映了在差分放大器中，噪声是两个器件产生的，而整个跨导是差分对中的单个器件的。电流复用的差分放大器中，四个器件产生噪声，但假设 NMOS 和 PMOS 器件经过适当缩放，总跨导是每个器件的两倍。因此，总电流噪声功率谱密度是差分对中单个器件的四倍。然而，要将该噪声参考到输入端，需要除以总跨导的平方，总的来说，会产生与单端共源放大器相同的电流复用差分放大器的额外噪声系数。

这里还需要注意式 (6.11a) 中的噪声系数表达式。式 (6.11a) 为宽带 LNA(适用于探测线圈与 LNA 的输入电容之间的谐振开始显现的频率范围内) 的噪声系数提供了很好的估计。对于给定的偏置电流，偏向 WI 的器件具有更大的寄生参数，在设计宽带 NMR 应用的低噪声前端时，较低的频率、较小的功耗和较大的探测带宽之间显然存在权衡。

为了考察探测线圈在假设真实参数的情况下所能达到的性能，我们将考虑两种能够获得良好本征 SNR 但品质因子相差较大的微线圈设计。更具体地说，在这两种设计中，一个线圈在工作频率为 500 MHz 时表现出 40 nH 的电感和 40 的品质因子 (在微线圈中相对较高)，而第二个线圈在工作频率为 500 MHz 时表现出 16 nH 的电感和大约 8 的中低品质因子。利用上面推导的结果，可以绘出各种不同 LNA 拓扑的噪声系数，它既是频率的函数，也是外加偏置电流的系数。对于所有 MOSFET-LNA，过驱动电压设置为 $V_{\mathrm{ov}} = 150$ mV，将晶体管置于适度的反转状态，作为最佳噪声和速度性能之间的良好折中。

图 6.7 显示了所有提出的 LNA 拓扑的模拟噪声系数随频率的变化，当其与高 Q 值线圈 (图 6.7(a)) 和低 Q 值线圈 (图 6.7(b)) 一起使用时，每个晶体管的偏置电流 $I_{\mathrm{BIAS}} = 10$ mA，即差分放大器的尾电流源必须提供 20 mA 的电流。图 6.8 补充了这些结果，显示了所有 LNA 拓扑与高 Q 值线圈 (图 6.8(a)) 和低 Q 值线圈 (图 6.8(b)) 一起使用时，工作频率为 500 MHz 的模拟噪声系数随施加的偏置电流变化的结果。仿真所用的 IC 工艺参数为两种现实中常用的 0.13 μm 的 CMOS 和 BiCMOS 工艺的参数。

从图 6.7 中可以看出，即使对于高 Q 值的线圈，在每个晶体管中使用 10 mA 的偏置电流，也可以在一个带宽内获得低于 3 dB 的合理噪声系数，这对于许多 NMR 应用是足够的。显然，最佳噪声系数是通过单端共基极和共射极的双极型的结构实现的。正如预期的那样，由于存在第二个产生噪声的晶体管，双极差分 LNA 的噪

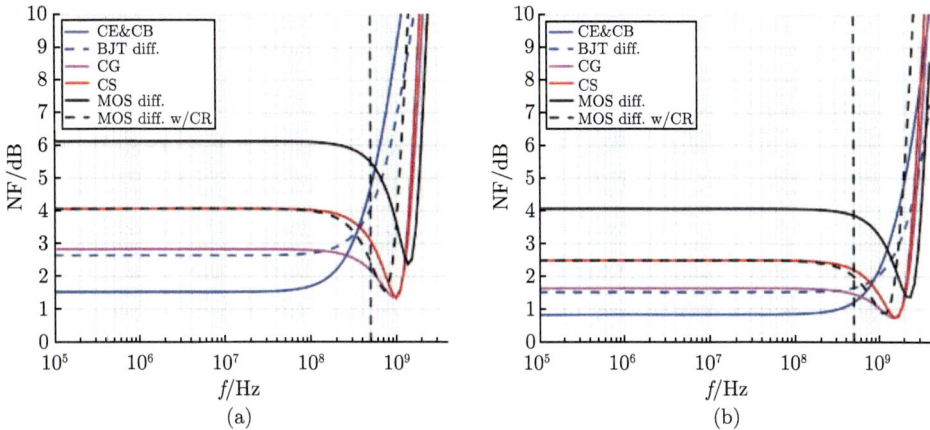

图 6.7   (a) 高 Q 值微线圈 ($L_{det} = 40$ nH, 500 MHz 时 $Q = 40$) 和单输入管偏置电流为 10
mA 时，所有宽带 LNA 拓扑的仿真噪声系数随频率的变化。(b) 低 Q 值微线圈
($L_{det} = 16$ nH, 500 MHz 时 $Q = 8$) 以及每个输入晶体管中 10 mA 的偏置电流时，所有宽
带 LNA 拓扑的仿真噪声系数随频率的变化。

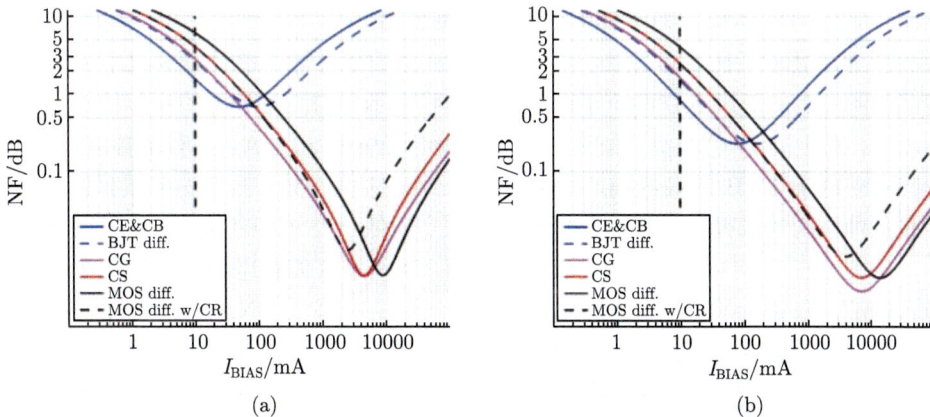

图 6.8   (a) 高 Q 值微线圈 ($L_{det} = 40$ nH，500 MHz 时 $Q = 40$) 和 (b) 低 Q 值微线圈
($L_{det} = 16$ nH，500 MHz 时 $Q = 8$) 所有宽带 LNA 拓扑的仿真噪声系数随工作频率为
500MHz 时单输入晶体管偏置电流的函数变化。

声系数比单端 BJT 拓扑表现得更差。值得一提的是，尽管差分 BJT 放大器的超噪
系数比单端 BJT-LNA 差约 3 dB，但总噪声系数 $F_{noise} = 1 + F_{ex}$ 相差不到 3 dB。
如果限于使用纯 CMOS 技术，单端共栅极 LNA 是最佳选择。然而，当与高 Q 值
线圈结合使用时，该拓扑的期望噪声系数约为 3 dB，不足以满足高性能应用的要
求。如果差分信号带来的好处是可以替代的，那么具有电流复用的差分 LNA 是一
种可选方案。增加偏置电流只能稍微有所帮助，因为 10 mA 的数值——基于对于

差分 LNA 而言, 相当于尾电流源的 20 mA——对于 MOS 器件来说已经相当大了, 并且需要非常大的输入器件的宽高比, 进而限制了其带宽。这可以在 CMOS LNA 的噪声系数的频率响应图中清楚地看到。这里, 噪声系数中的陡降是由于输入装置与探测线圈发生自谐振。如果工作带宽上的非均匀噪声系数是可以容忍的, 电流当然可以稍微增加一些, 但其他效应如晶体管的自加热已经开始发挥作用。在这一点上, 还应注意到, 对于窄带应用, 实际上可以利用自谐振效应对探测线圈进行面积有效的调谐, 因为 MOS 栅电容是 CMOS 工艺中最大的单位电容。但是, 它的电压-电容关系也是相当非线性的, 对于较大的输入电平可能导致信号失真。

对于低 Q 值线圈, 可以使用几种噪声系数相当好的 LNA 拓扑。这里, 额外的设计自由度可用于设计差分 LNA 拓扑, 可降低通过接收机阵列中的衬底的共模噪声耦合, 并且通常有利于线圈连接和偏置。

在讨论继续之前, 还应该注意到, 在所有的仿真中, 都假设在双极 LNA 的情况下, 通过适当的布局技术, 基极电阻不是主要噪声源; 在 CMOS LNA 的情况下, 栅极和衬底电阻被认为不是主要噪声源。在实践中, 应该使用提取的布局仿真来验证这些噪声源存在下的噪声系数, 因为对于极低噪声设计, 如果不特别注意, 它们对整体噪声系数的影响可能非常显著。

图 6.8 显示了在 500 MHz 频率下, 噪声系数随各输入晶体管偏置电流的变化情况。图 6.7 的基准点在两个子图中都用虚线表示。与图 6.7 中的观测值一致, 我们发现, 对于高 Q 值线圈, 假设合理的偏置电流小于 20 mA, 只有单端双极 LNA 能够实现低于 1 dB 的极低噪声系数, 而对于低 Q 值线圈, 假设功率预算相同, 则存在几种不同的选择, 包括差分拓扑, 可以实现低于 2 dB 的可接受噪声系数。此外, 从图 6.8(a) 可以看出, 对于单端双极 LNA, 增大偏置电流最多只能帮助达到约 45 mA 的值。将电流增加到超过该限值实际上会降低 LNA 性能, 因为基极噪声电流会成为主要噪声源。由于感应栅极噪声的存在, CMOS LNA 也有类似的效果, 但一般在不切实际的高偏置电流值 (几安培左右) 时发生, 这导致在实际电路中无法使用。出现这种效应的原因是两个探测线圈所具有的小源电导率, 其实质上将噪声电流短路。我们将在下一节窄带 LNA 的设计中看到更加明显的这种效应。

综上所述, 利用标准 BiCMOS 和 CMOS IC 技术设计宽带 NMR 应用的 LNA 原则上是可行的。虽然对于高 Q 值探测线圈, 为了达到最佳的性能, 需要较大的偏置电流和高性能的双极器件, 但是当使用相对低 Q 值的、可以在 IC 技术中实现的探测线圈时, 使用标准 CMOS 工艺仍然可以获得足够的性能。

6.2.2.2　窄带应用的 LNAs

讨论了宽带 NMR 应用的射频前端的最佳解决方案后, 现在将注意力转向用于窄带操作的经典调谐 NMR 前端。与宽带情况一样, 下面将继续推导 CMOS 和

BiCMOS 技术中几种不同 LNA 拓扑的噪声系数的解析表达式。与前一节相比，这里的主要区别是输入调谐电路的代表性，它实现了第 6.2.1 节中讨论的无噪声前置放大。所研究的各种拓扑如图 6.6 所示。下面列出并讨论了超噪系数、最佳跨导和实现这些噪声系数的调谐电容的计算表达式。对于双极共基极 LNA，人们发现：

$$F_{\mathrm{min,CB}} = \frac{1}{\sqrt{1+\beta}-1} \approx \frac{1}{\beta} \tag{6.12a}$$

$$g_{\mathrm{m,opt,CB}} = \frac{\beta}{\sqrt{1+\beta}} \cdot \frac{1}{Q^2} \cdot \frac{1}{R_{\mathrm{det}}} \approx \frac{\sqrt{\beta}}{Q^2} \cdot \frac{1}{R_{\mathrm{det}}} \tag{6.12b}$$

$$C_{\mathrm{opt,CB}} = \frac{1}{\omega_0^2 L_{\mathrm{det}}} - C_\pi \tag{6.12c}$$

其中，β 为 BJT 的小信号电流增益，Q 是探测线圈的空载品质因子，R_{det} 是探测线圈的串联电阻，L_{det} 是探测线圈的电感，ω_0 是 NMR 的工作频率，C_π 是第 6.1.2 节中介绍的 BJT 混合 π 模型的基极发射极电容。对于共发射极和差分对 BJT LNA，有类似的情况：

$$F_{\mathrm{min,CE}} = F_{\mathrm{min,CB}} = F_{\mathrm{min,diff}} \tag{6.13a}$$

$$g_{\mathrm{m,opt,CE}} = g_{\mathrm{m,opt,CB}} = \frac{1}{2} g_{\mathrm{m,opt,diff}} \tag{6.13b}$$

$$C_{\mathrm{opt,CE}} = C_{\mathrm{opt,CB}}, \ C_{\mathrm{opt,diff}} = \frac{1}{\omega_0^2 \cdot L_{\mathrm{det}}} - \frac{1}{2} C_\pi \tag{6.13c}$$

根据式 (6.12) 和式 (6.13)，三种不同的双极 LNA 所能达到的噪声系数相同。此外，即使对于性能适中的 BiCMOS 技术，$\beta \gg 1$ 仍然是正确的，并且可以实现非常好的噪声系数。MOS LNA 的最小超噪系数、最佳跨导和调谐电容的表达式如下：

$$F_{\mathrm{min,CG}} = \frac{2}{n} \sqrt{\gamma_{\mathrm{nD}} \cdot \beta_{\mathrm{ng}} \left(1 - c_{\mathrm{g}}\right)^2 \cdot \frac{\omega}{\omega_{\mathrm{t}}}} \tag{6.14a}$$

$$G_{\mathrm{m,opt,CG}} = \frac{1}{n} \cdot \frac{\sqrt{\gamma_{\mathrm{nD}}}}{\beta_{\mathrm{ng}} \left(1 - c_{\mathrm{g}}^2\right)} \cdot \frac{1}{Q^2} \cdot \frac{\omega_{\mathrm{t}}}{\omega} \cdot \frac{1}{R_{\mathrm{det}}} \tag{6.14b}$$

$$C_{\mathrm{opt,CG}} = \frac{1}{\omega_0^2 \cdot L_{\mathrm{det}}} - \left(1 - n \cdot c_{\mathrm{g}} \cdot \frac{\sqrt{\beta_{\mathrm{ng}}}}{\gamma_{\mathrm{nD}}}\right) \cdot C_{\mathrm{gs}} \tag{6.14c}$$

$$F_{\mathrm{min,CS}} = F_{\mathrm{min,CG}}|_{n=1} = F_{\mathrm{min,diff}} \tag{6.14d}$$

$$G_{\mathrm{m,opt,CS}} = G_{\mathrm{m,opt,CG}}|_{n=1} = \frac{1}{2} G_{\mathrm{m,opt,diff}} \tag{6.14e}$$

$$C_{\mathrm{opt,CS}} = C_{\mathrm{opt,CG}} \tag{6.14f}$$

$$C_{\mathrm{opt,diff}} = \frac{1}{\omega_0^2 \cdot L_{\mathrm{det}}} - \frac{1}{2}\left(1 - c_{\mathrm{g}} \cdot \sqrt{\frac{\beta_{\mathrm{ng}}}{\gamma_{\mathrm{nD}}}}\right) \cdot C_{\mathrm{gs}} \tag{6.14g}$$

$$F_{\mathrm{min,CR}} = \frac{2}{n} \cdot \sqrt{\gamma_{\mathrm{nD}} \cdot \beta_{\mathrm{ng}}\left(1 - c_{\mathrm{g}}\right)^2} \cdot \frac{\omega}{\omega_{\mathrm{t}}} \tag{6.14h}$$

$$G_{\mathrm{m,opt,CR}} = \frac{1}{n} \cdot \frac{\sqrt{\gamma_{\mathrm{nD}}}}{\beta_{\mathrm{ng}}\left(1 - c_{\mathrm{g}}^2\right)} \cdot \frac{1}{Q^2} \cdot \frac{\omega_{\mathrm{t}}}{\omega} \cdot \frac{1}{R_{\mathrm{det}}} \tag{6.14i}$$

$$C_{\mathrm{opt,CR}} = \frac{1}{\omega_0^2 L_{\mathrm{det}}} - \left(1 - n \cdot c_{\mathrm{g}} \cdot \sqrt{\frac{\beta_{\mathrm{ng}}}{\gamma_{\mathrm{nD}}}}\right) \cdot C_{\mathrm{gs}} \tag{6.14j}$$

其中，ω 是 NMR 工作频率。

同样，在 MOS 的情况下，除了 $n \approx 1.3$ 之外，可实现的最小噪声系数是相等的。有趣的是，可实现的噪声系数取决于比率 $\omega_0/\omega_{\mathrm{t}}$。因此，与所用 CMOS 工艺的传输频率相比，NMR 频率越低，可实现的噪声系数越好。鉴于现代 CMOS 技术超过 100 GHz 的高传输频率，对于 CMOS LNA，在最先进的 NMR 频率下都可以获得非常好的噪声系数。此外，与 CMOS 工艺相关的过渡频率的不断增加，进一步提高了可实现的噪声性能。

利用上述表达式，在工作频率为 500 MHz 和使用上面列出的最佳调谐电容的情况下，可以进行与上一节相同的仿真（高 Q 值线圈下 $L_{\mathrm{det}} = 40$ nH 和 $Q = 40$，低 Q 值线圈下 $L_{\mathrm{det}} = 16$ nH 和 $Q = 8$）。技术数据同样是实际 0.13 µm CMOS 和 BiCMOS 工艺的数据。仿真结果如图 6.9 和图 6.10 所示。

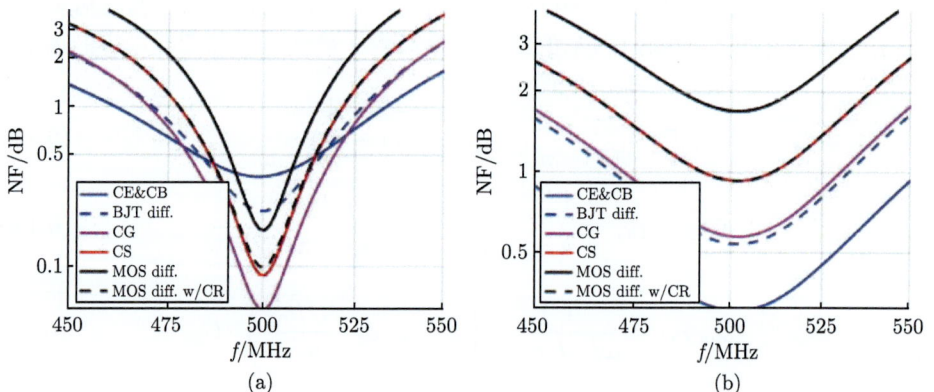

图 6.9　不同窄带 LNA 拓扑在 (a) 高 Q 值线圈 ($L_{\mathrm{det}} = 40$ nH, $Q = 40$) 和 (b) 低 Q 值线圈 ($L_{\mathrm{det}} = 16$ nH, $Q = 8$) 下的噪声系数。在这两种情况下，每个输入晶体管的偏置电流均为 0.5 mA。在所有的仿真中，采用了工作频率为 500 MHz 的最佳调谐电容。

在图 6.9 中，显示了所有窄带 LNA 在 500 MHz 目标工作点附近频率范围内的模拟噪声系数。在图 6.9(a) 中，LNA 连接到高 Q 值探测线圈；在图 6.9(b) 中，它连接到低 Q 值电感。在这两种情况下，假设每个单输入晶体管的偏置电流为 0.5 mA，这在噪声性能和小功耗之间提供了一个很好的折中，允许 LNA 用作大规模接收机阵列的构建模块，而不会显著加热芯片表面。

在图 6.9(a) 中，我们发现，由于探测线圈的较大 Q 因子和最佳调谐电容，各种 LNA 拓扑的噪声系数达到 0.5 dB 以下的最小值。在这里，设计人员有很大的设计自由度，他可以利用这些自由度来考虑二阶效应，例如采用差分拓扑提供的改进共模抑制效果。这将有助于提高系统的性能和可靠性。

在图 6.9(b) 中，可以观察到窄带应用中探测线圈品质因子下降的不利影响。调谐 LC 电路中降低的无噪声前置放大显然给 LNA 带来了更大的负担。这反映在以下事实中：一些 LNA 拓扑这时显示出约 2 dB 的较大噪声系数，这可能已经导致人们不希望看到的 SNR 下降。自然，进一步降低偏置电流会导致更大的噪声系数，对于 NMR 实验来说将造成不可承受的影响。

此外，从图 6.9 中，我们可以看到输入 LC 电路对射频前端带宽的缩小效应，这将噪声系数转化为频率的强函数，清楚地表明了输入调谐仅是相对窄带 NMR 应用的一种选择。

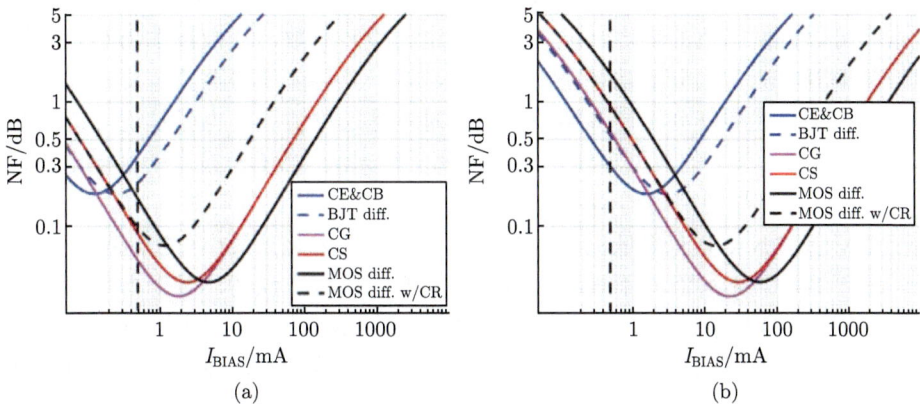

图 6.10　不同窄带 LNA 拓扑在 (a) 高 Q 值探测线圈 ($L_{det} = 40$ nH, $Q = 40$) 和 (b) 低 Q 值线圈 ($L_{det} = 16$ nH, $Q = 8$) 下的噪声系数，即每个输入晶体管偏置电流的函数。

图 6.10 显示了所有 LNA 拓扑的噪声系数，当其与高 Q 值探测线圈 (图 6.10(a)) 和低 Q 值探测线圈 (图 6.10(b)) 一起使用时，噪声系数是各单输入晶体管中偏置电流的函数。所有曲线中的凹点是由于在 LNA 输入端所呈现的调谐 LC 电路阻抗存在一个最佳跨导值，因此也存在一个最佳偏置电流。对于低于最佳值的跨导值，折合到输入端的电压噪声是主要噪声源，可以通过增加偏置电流来降

低，而对大于最佳点的跨导值，主要噪声源是折合到输入端的电流噪声，随着偏置电流的增大，该噪声进一步降低。对于结合双极拓扑的高 Q 值线圈，最佳偏置点出现在 1 mA 以下的相对低值。对于 CMOS LNA，最佳偏置电流位于稍高的值，这反映了与 BJT 相比，对于给定的偏置电流，前面讨论的 CMOS 晶体管的跨导较低，并且其折合到输入端的电流噪声也较低。后者这一事实也是 CMOS LNA 噪声系数较低的原因。然而，0.1 dB 的差异是微不足道的，通常可以忽略不计。与前面关于宽带 LNA 的部分相比，最佳跨导值出现在更低的电流值上，其效果因此也更加相关。这是因为与探测线圈的串联电阻相比，调谐液晶电路的输出阻抗增加了。阻抗增加 $(1+Q)^2$ 倍会导致更少的电流噪声被源阻抗短路，从而导致该噪声源在低得多的跨导值下占主导地位。

除了明显的最佳跨导值之外，图上的结果还表明，即如果希望获得相同的噪声系数性能，使用差分拓扑必须以增加的功耗为代价。对于差分拓扑来说，这一点尤其重要，因为差分拓扑结构的总偏置电流是每个单独输入晶体管电流的两倍。这里，电流复用技术可以帮助降低 LNA 的功耗，但代价是增加的电压余量要求。

尽管图 6.10 中显示了明显的最大值，但应记住，噪声系数变化 0.2 dB 在许多应用中是微不足道的，并且在偏置电流水平高于约 10~20 mA 时，在盲目追求尽可能低的噪声系数之前，应考虑额外的设计因素，如 LNA 自加热。

总之，前面的讨论清楚地表明，对于窄带 NMR 应用，BiCMOS 和标准 CMOS 技术都可以提供出色的噪声性能。对于给定的噪声系数，双极技术仍然允许使用稍低的偏置电流，如果低功耗是设计标准，这一点可能变得至关重要，例如，在为大规模探测线圈阵列设计多通道接收机时就是这种情况。也就是说，还应该注意的是，双极 LNA 的典型电源电压明显高于纳米级 CMOS 技术的供电电压，这导致双极 LNA 与使用相同偏置电流的 CMOS LNA 相比具有更高的功耗。然而，由于 CMOS LNA 具有更低的输入参考电流噪声，因此其最小可实现噪声系数稍低，尽管这种差别通常并不重要。这里，我们应该再次强调，对于本节中绘制的所有结果，都是基于通过适当的布局技术令双极 LNA 的基极电阻和 CMOS LNA 的栅极和衬底电阻都变得足够小的假设得到的。如前所述，使用布局后模拟验证这一假设的有效性至关重要。

6.2.3　用于信噪比优化的探测线圈和 LNA 的联合设计

在前两节中，讨论了假设给定 NMR 探测线圈，不同 LNA 拓扑结构可实现的噪声系数。然而，当设计基于 IC 或 IC 辅助的 μNMR 探测系统时，如果探测线圈几何形状的共同优化与 LNA 优化一起执行，以最大化整体可实现的 SNR，则可实现的性能可以大大提高。可以通过使用上述方程来建模 LNA 性能，并使用封闭形式的表达式来建模与特定线圈几何结构相关的电气参数，轻松实现这种数值 SNR 优化程序。例如，对于螺线管线圈，可以参考文献 [10]、[11]，对于平面微线圈，可以参考文献 [12]，或者通过数值模拟线圈的 S 参数——例如，使用免费的 ASITIC 工具——来提取相关的电学参数。

6.3　基于 IC 和 IC 辅助的 μNMR 最新技术概述

在过去 10 年里，开放文献中提出了大量的 IC 辅助 [13-30] 和基于 IC [17,23,24,31-42] 的 NMR 探测系统。

除极少数例外，大多数设计集中在便携式 NMR 系统 [13,15,17,19,22,23,26,29,38,40]、NMR 波谱 [16,18,20,24,42]、NMR 成像 [14,25,28,30-35,37,39] 和血管内 NMR 应用 [21,27,36] 等领域。下面将讨论这四个不同领域的范例设计，并突出它们各自的新颖之处和最新技术的发展。

6.3.1　便携式 NMR 系统

便携式 NMR 系统领域最近获得了极大的关注，研究人员已经提出了许多基于 IC 和 IC 辅助的解决方案，以实现整个实验 NMR 装置的形状因子、质量和成本的小型化 [13,15,17,19,22,23,26,29,38,40]，将永磁体变成唯一的形态限制组件。在下文中，我们将使用最近报道的三个便携式 NMR 系统的例子，这些例子很好地说明了利用 IC 技术构建小尺寸、低成本、便携式 NMR 系统的可能性。

文献 [19] 提出了一种手掌大小的 NMR 系统，该系统使用 0.18 μm CMOS 射频收发器专用 IC 来激发和探测芯片外的自旋系综的 NMR 弛豫信号，该芯片外的线圈放置在定制开发的超小型 70 g 永磁体内。将 NMR 弛豫实验所需的所有发射-接收电子器件集成在一个专用 IC 中，整个弛豫仪的最小总质量仅为 0.1 kg，可以放在手掌中。因此，所呈现的系统可以作为系统尺寸、质量和成本大幅度减少的角色模型，这是通过使用 IC 技术来设计 NMR 电子设备而实现的。图 6.11(a) 显示了该系统非常小的尺寸，以及所使用的 ASIC 的显微照片。

文献 [23] 讨论了使用 IC 技术作为便携式、易操作、低成本 NMR 波谱仪系统的关键推动者的可能性，并将中分辨率波谱仪应用确定为这些 NMR 波谱仪的目标市场。然后，得益于近年来小尺寸、高均匀性永磁体的发展，目前仍然笨重的波谱仪电子设备的小型化被认为是阻碍整体核磁共振波谱仪实现所需小型化因素的主要瓶颈。作为原理验证，给出了一个 4 mm^2 的硅芯片，它包含所有相关的波谱仪电子器件。与以前的 NMR 谱仪芯片相比，这是一个明显的进步，该设计采用了任意脉冲发生器和多相发生器，提供了与传统 NMR 波谱仪相同的灵活性。多维 NMR 波谱实验证明了该设计的优异性能和卓越潜能。

文献 [40] 介绍了一种手持式 50 pM 灵敏度的 CMOS NMR 平台，它支持基于 NMR 弛豫的生物和化学分析。它的一个亮点是，所提出的专用 IC 不仅集成了一个完整的收发器，用于激励和探测 0.5 T 永磁体中的 NMR 信号，还包含一个 CMOS 霍尔传感器和一个温度基准，确保系统能够在温度感应变化的电场中可靠运行。这是通过使用霍尔传感器测量温度引起的 B_0 漂移来实现的，霍尔传感器自身的温度漂移通过片内基于 BJT 的温度传感器来补偿。然后，测得的 B_0 漂移后，可向所使用的永磁体的辅助线圈注入校正电流，以抵消该漂移。该 CMOS NMR 平台具有 B_0 稳定性、出色的电源效率和灵敏度，展示了使用现代纳米尺寸的 CMOS 技术设计便携式护理端和使用端 NMR 系统的可能性。图 6.11(b) 展示了文献 [40] 中系统的照片，以及所用 ASIC 的显微照片和目标应用的图示。

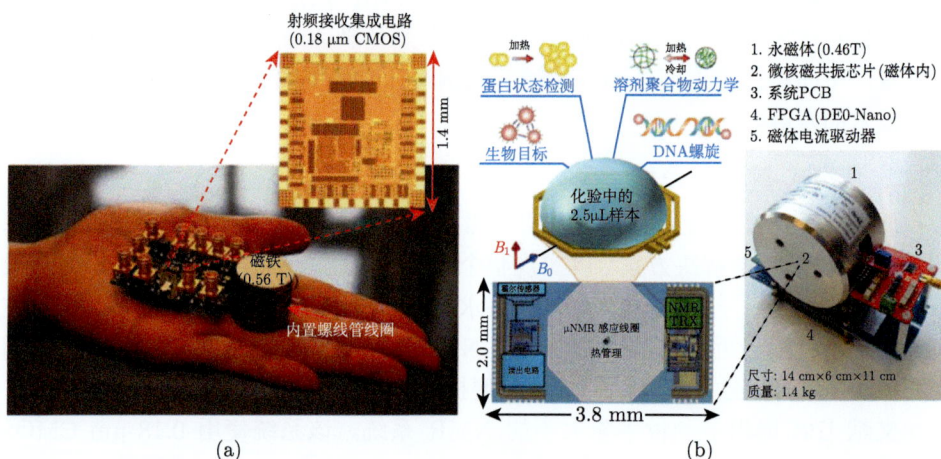

图 6.11　手掌 NMR 系统和所用 ASIC 的显微照片。(Sun 等 [19]，经 IEEE 许可转载。) (b) 护理端 NMR 系统、文献 [38] 中的 ASIC 及其目标应用的照片、显微照片和概念图。(Lei 等 [38]，经 IEEE 许可转载。)

6.3.2　NMR 光谱系统

NMR 波谱也是一个受到 IC 设计极大关注的领域 [16,18,20,24,42]。下面展示了一些 IC 技术在提高自旋灵敏度、设计用于药物筛选的大规模探测阵列以及高灵敏度宽带 NMR 探测的可能性方面有趣的案例。

文献 [18] 提出了一个微系统，它由一个外部低电阻螺线管微线圈组成的小型阵列和一个包含低噪声前置放大器和 50 Ω 缓冲器阵列的 ASIC 组成。在 7 T 的 B_0 磁场中获得的 5×10^{13} spins/$\sqrt{\text{Hz}}$ 的时域自旋灵敏度清楚地表明，高灵敏度的外部微线圈与定制设计的低噪声信号调节电子器件的结合，是皮升级 NMR 光谱学和具有皮升级体素的超高分辨率 NMR 显微术非常有前景的方法。

文献 [20] 提出了一种用于 5 T 的 B_0 场多核 NMR 实验的收发芯片。该 ASIC 包含一个完整的收发器，包括分数 N 锁相环，可在接收模式下工作于非零中频，以减轻 $1/f$ 噪声的影响。该芯片面向药物筛选应用，工作频率范围为 5~300 MHz，折合到输入端的电压噪声密度为 3.5 nV $/\sqrt{\text{Hz}}$。使用高 Q 值芯片外 NMR 线圈测量的三磷酸腺苷 (adenosine triphosphate, ATP)、苯和乙醇的 ^{1}H、^{13}C 和 ^{31}P 波谱证明了 IC 辅助方法在靶向药物筛选应用中的可行性。所展示的芯片清楚地表明，使用基于专用 IC 的发射-接收电子器件设计大规模离散 NMR 线圈阵列在原理上是可行的。

文献 [24] 介绍了两种用于宽带多核 NMR 波谱应用的 CMOS 芯片。第一个芯片遵循基于 IC 的 NMR 方法，集成收发器电子器件和相应的发射-接收 NMR 线圈。第二个芯片遵循 IC 辅助方法，设计用于芯片外 NMR 线圈。按照第 6.2.2.1 节详细讨论的想法，完全集成的芯片不使用调谐或匹配电容，而是直接将 NMR 线圈连接到射频前端。在发射过程中，使用一对片上串联开关将 LNA 与功率放大器断开。片内 NMR 线圈的外径约为 150 μm，匝数为 13 匝，电感约为 54 nH，DC 电阻为 60 Ω。在这种情况下，测得的噪声系数约为 3 dB。对于使用片外 NMR 线圈的第二个芯片，使用了一个调谐和匹配电路，该电路将线圈阻抗转换为 320 Ω 的电阻，这代表了在最小化 LNA 噪声系数 (为此，需要较大的转换电阻) 和发射路径中 PA 产生的高 B_1 场 (为此，较小的转换电阻更好) 之间的良好折中。完全集成和混合设计的测量 ^{1}H 自旋灵敏度和 90° 脉冲长度分别为 1.5×10^{13} spins$/\sqrt{\text{Hz}}$ 和 1×10^{14} spins$/\sqrt{\text{Hz}}$ 以及 2 μs 和 12 μs。所提出的完全集成设计清楚地表明了在标准 CMOS 技术中实现高性能宽带 μNMR 探测系统的可能性。利用这些优秀的性能，文献 [42] 使用了相同的芯片，对单个里氏冠状熊虫卵和多形螺旋线虫卵进行了细胞内 NMR 波谱实验，实现了对 ^{1}H 核的 5 pmol 检测极限。

6.3.3 NMR 成像和显微系统

NMR 显微镜在所需光谱分辨率方面的限制较为宽松，因此 NMR 弛豫测量以及使用全集成 NMR 收发器是最有潜力的应用之一。下面概述了大规模全集成 NMR 收发器阵列的最新发展。该阵列具有片内探测线圈，可在扩展视野上提供非常好的局部灵敏度。

文献 [32] 介绍了第一个用于 μNMR 应用的完全集成的 CMOS 探测器阵列。该阵列包含八个通道，每个通道由一个片内 500 μm 探测线圈、一个 LNA 和一个 50 Ω 输出缓冲器组成，首次证明了在标准 CMOS 技术中构建高灵敏度小型化探测器阵列的原理，将现代 IC 技术的优势 (如小特征尺寸、高再现性和低成本) 引入 μNMR 领域。

文献 [35] 介绍了第一个用于 NMR 显微镜应用的完全集成的正交接收机。该芯片由片内 345 μm 探测线圈、调谐电容和完整的正交下变频接收机组成。其测得的 7×10^{13} spins$/\sqrt{\text{Hz}}$ 时域自旋灵敏度仅略差于当时使用外部低电阻微线圈实现的最先进水平，清楚地证明了所提出的片内探测线圈和接收机前端协同设计对于 SNR 优化的有效性。在文献 [35] 中进行的成像实验为使用完全集成的探测器方法在合理的成像时间内获得微米分辨率的磁共振图像提供了概念证明。

　　文献 [35] 中芯片的性能在文献 [37，39] 中的第二代芯片中得到进一步改善，其显示出增强的自旋灵敏度和显著降低的功耗。功耗的降低将样品-硅界面的加热风险降至最低，并使 μNMR 探测器的大规模阵列设计在毫米范围内具有出色的局部灵敏度和视野，从而实现单细胞分辨率的细胞培养磁共振显微术。文献 [39] 中除了讨论芯片性能和显微成像的实验设置外，还详细分析了连续时间成像 NMR 显微镜中可实现的 SNR，以及平面微线圈不均匀灵敏度分布引入的失真校正算法。图 6.12(a) 显示了文献 [39] 所示原型的显微照片和基于印刷电路板的探头，图 6.12(b) 显示了文献 [39] 所示芯片拍摄的磁共振显微图像示例。

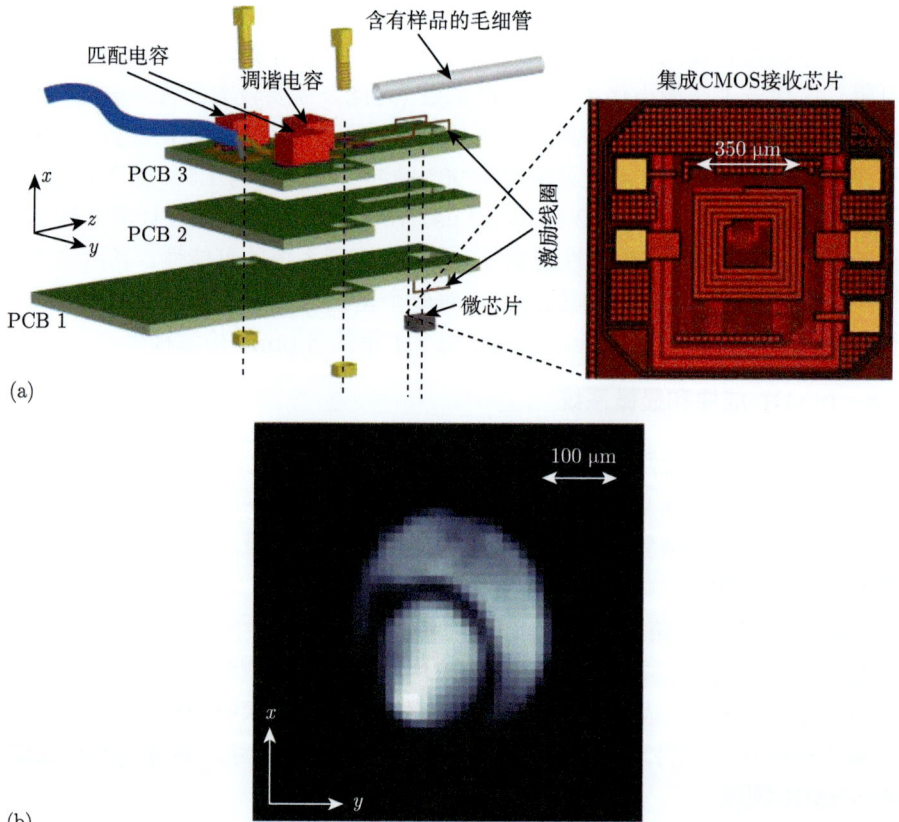

(a)

(b)

图 6.12　(a) 探头的概念图与全集成 NMR 探测芯片的显微照片。(b)MR 图像显示了一个仿体，其中一个小的铜硫酸盐掺杂水填充的毛细管在一个更大的毛细管内部，其标称分辨率为 9.6μm，采用文献 [37] 中呈现的芯片在 7.5h 的成像时间内拍摄得到。(Anders 等 [37]，经 IEEE 许可转载。)

在文献 [28] 中，现代 CMOS 技术的出色低功耗能力被用于实现一种可植入式 ASIC，该 ASIC 可以与厘米级 NMR 线圈一起植入，使用高分辨率磁共振成像和波谱学对人工胰腺组织进行植入后质量评估。这种无线供电的芯片仅消耗 50 nW 的待机功率。除了电源和数据遥测以及电源管理电子器件之外，该芯片的主要构建模块是数字控制电容器阵列，该阵列与植入的 NMR 线圈形成可调谐振电路，与仅使用表面线圈进行信号拾取的情况相比，当使用 NMR 表面线圈拾取由植入线圈内的人工胰腺组织感应的 NMR 信号时，可实现的 SNR 稳健地提高了约 6 dB。因此，在文献 [28] 中展示的芯片非常好地体现了现代 CMOS 技术被创新性地引入 NMR 领域的潜力。

作为 IC 辅助磁共振成像系统的最后一个例子，我们讨论了用于宏观平面线圈阵列磁共振成像的双通道接收机，如文献 [30] 中所述。为了实现医疗级成像所需的性能，片内电子器件针对 LNA 低噪声系数和本振低相位抖动进行了优化。接收和数字化的数据以及两个系统时钟通过三个光纤链路传输，这些链路对磁场梯度不敏感。本振频率由两级级联锁相环架构产生，该架构从线圈上的数字控制晶体振荡器 (digitally controlled crystal oscillator, DCXO) 和位于磁体孔外的恒温控制晶体振荡器 (oven-controlled crystal oscillator, OCXO) 衍生时钟，磁体的信号通过光纤链路提供。全差分接收链设计用于 64~450 MHz 的宽带工作，覆盖 ^{1}H 成像，场强为 1.5~10.5 T，并包含反射 LNA、正交谐波抑制混频器和可编程增益的基带滤波器。探测到的信号使用 12 位有效位数 (effective number of bits, ENOB) 的 ΣΔ-模数转换器进行数字化，奈奎斯特采样率为 2 MS/s。为了证明目标应用中可实现的系统性能，论文展示了使用面积为 100 cm^2 的基于印刷电路板的射频线圈采集的人腕部图像，以及直接位于线圈旁边的单芯片接收机。

6.3.4 血管内 NMR 系统

作为小型化的基于 IC 和 IC 辅助的 NMR 探测系统的最后一个应用实例，下面将讨论 IC 在血管内 NMR 系统领域的最新发展。

文献 [36] 描述了第一个完全集成的基于 NMR 的主动跟踪系统，该系统允许实时跟踪 MRI 引导干预中的导管。该系统由一个片内探测线圈、一个调谐电容和一个完整的非正交下变频接收机组成，该探测线圈的几何结构经过优化后适用于中型导管。在空间分辨率方面，该探测器在基于 NMR 的实时跟踪应用中具有一流的性能，并提供了完全集成的基于医学的 NMR 方法的独特优势，即系统小、可生产性高、大批量生产成本低以及与人体内没有高频连接。

文献 [27] 提出了一种光动力 IC 辅助导管跟踪系统。该系统旨在利用现代 CMOS 技术的能力，解决与传统的有线 MR 导管跟踪系统相关的射频感应加热问题。此处关键的驱动因素是与小型化 CMOS ASIC 相关的低功耗，从而能够进行光供电操作，无须将铜线连接到导管线圈 ASIC 组合。所述的 ASIC 包含一个完整的下变频接收机和一个激光驱动器，可以将接收到的 NMR 信号光传输到外部基座单元。通过在吉尔伯特单元混频器的两个输入端施加 LNA 输出信号，可有效地对 LNA 输出信号进行平方运算，并在适当的偏移频率 Δf 下使用 MRI 机器的第二个射频脉冲，消除了对本振信号的需求。

6.4　总结与结论

　　本章讨论了利用现代纳米级的 CMOS 和 BiCMOS 技术设计基于 IC 和 IC 辅助的 μNMR 系统的巨大潜力。在简要介绍了 IC 技术的 NMR 收发器相关特性后，使用现代 COMS 和 BiCOMS 技术为 μNMR 应用设计射频前端时，对可实现的性能进行了详细分析，明确证明了该技术可实现与经典离散读出器类似的性能。在理论上验证了使用 CMOS 和 BiCMOS 读出器可实现的灵敏度足以满足 NMR 应用后，概述了基于 IC 和 IC 辅助的 μNMR 系统的最新技术，很好地说明了使用定制开发的收发器 ASIC 和全集成的 NMR 探测器进行 NMR 系统设计的众多附加潜力。

参 考 文 献

[1] Sze, S.M. (2002) Semiconductor Devices, Physics and Technology, 2nd edn, John Wiley & Sons, Inc., New York.

[2] Enz, C. and Vittoz, E.A. (2006) Charge-Based MOS Transistor Modeling: The EKV Model for Low-Power and RF IC Design, John Wiley & Sons, Ltd, Chichester, Hoboken, NJ.

[3] Laker, K.R. and Sansen, W.M.C. (1994) Design of Analog Integrated Circuits and Systems, McGraw-Hill Series in Electrical and Computer Engineering Electronics and VLSI Circuits, McGraw-Hill, New York.

[4] Boero, G. (2000) Integrated NMR Probe for Magnetometry, Series in Micro Systems, vol. 9, Hartung-Gorre.

[5] Fratila, R.M., Gomez, M.V., Sykora, S., and Velders, A.H. (2014) Multinuclear nanoliter one-dimensional and two-dimensional NMR spectroscopy with a single non-resonant microcoil. Nat. Commun., 5, 3025.

[6] Li, Y., Logan, T.M., Edison, A.S., and Webb, A. (2003) Design of small volume HX and triple-resonance probes for improved limits of detection in protein NMR experiments. J. Magn. Reson., 164 (1), 128-135.

[7] Pozar, D.M. (2005) Microwave Engineering, 3rd edn, John Wiley & Sons, Inc., Hoboken, NJ.

[8] Gonzalez, G. (1984) Microwave Transistor Amplifiers, Analysis and Design, Prentice Hall, Englewood Cliffs, NJ.

[9] Lee, T.H. (2004) The Design of CMOS Radio-Frequency Integrated Circuits, 2nd edn, Cambridge University Press, Cambridge, New York.

[10] Minard, K.R. and Wind, R.A. (2001) Solenoidal microcoil design. Part I: Optimizing RF homogeneity and coil dimensions. Concepts Magn. Reson., 13 (2), 128-142. References 175.

[11] Minard, K.R. and Wind, R.A. (2001) Solenoidal microcoil design - Part II: Optimizing winding parameters for maximum signal-to-noise performance. Concepts Magn. Reson., 13 (3), 190-210.

[12] Mohan, S.S., Hershenson, M.D., Boyd, S.P., and Lee, T.H. (1999) Simple accurate expressions for planar spiral inductances. IEEE J. Solid-State Circuits, 34 (10), 1419-1424.

[13] Liu, Y., Sun, N., Lee, H., Weissleder, R., and Ham, D. (2008) CMOS mini nuclear magnetic resonance system and its application for biomolecular sensing. 2008 IEEE International Solid-State Circuits Conference (ISSCC), pp. 140-602.

[14] Hassibi, A., Babakhani, A., and Hajimiri, A. (2009) A spectral-scanning nuclear magnetic resonance imaging (MRI) transceiver. IEEE J. Solid-State Circuits, 44 (6), 1805-1813.

[15] Sun, N., Liu, Y., Lee, H., Weissleder, R., and Ham, D. (2009) CMOS RF biosensor utilizing nuclear magnetic resonance. IEEE J. Solid-State Circuits, 44 (5), 1629-1643.

[16] Kim, J., Hammer, B., and Harjani, R. (2010) A low power CMOS receiver for a tissue monitoring NMR spectrometer. 2010 IEEE Symposium on VLSI Circuits (VLSIC), pp. 221-222.

[17] Sun, N., Yoon, T.J., Lee, H., Andress, W., Demas, V., Prado, P., Weissleder, R., and Ham, D. (2010) Palm NMR and one-chip NMR. 2010 IEEE International Solid-State Circuits Conference (ISSCC), pp. 488-489.

[18] Badilita, V., Kratt, K., Baxan, N., Anders, J., Elverfeldt, D., Boero, G., Hennig, J., Korvink, J.G., and Wallrabe, U. (2011) 3D solenoidal microcoil arrays with CMOS integrated amplifiers for parallel MR imaging and spectroscopy. 2011 IEEE International Conference on Micro Electro Mechanical Systems (MEMS), pp. 809-812.

[19] Sun, N., Yoon, T.J., Lee, H., Andress, W., Weissleder, R., and Ham, D. (2011) Palm NMR and 1-chip NMR. IEEE J. Solid-State Circuits, 46 (1), 342-352.

[20] Kim, J., Hammer, B., and Harjani, R. (2012) A 5-300MHz CMOS transceiver for multinuclear NMR spectroscopy. 2012 IEEE Custom Integrated Circuits Conference (CICC), pp. 1-4.

[21] Sarioglu, B., Aktan, O., Oncu, A., Mutlu, S., Dundar, G., and Yalcinkaya, A.D. (2012) An optically powered CMOS receiver system for intravascular magnetic resonance applications. IEEE J. Emerging Sel. Top. Circuits Syst., 2 (4), 683-691.

[22] Diyang, Z., Ka-Meng, L., Pui-In, M., Man-Kay, L., and Martins, R.P. (2014) Design considerations of a low-noise receiver front-end and its spiral coil for portable NMR screening. 2014 IEEE Asia Pacific Conference on Circuits and Systems (APCCAS), pp.

403-406.

[23] Ha, D., Paulsen, J., Sun, N., Song, Y.Q., and Ham, D. (2014) Scalable nmr spectroscopy with semiconductor chips. Proc. Natl. Acad. Sci., 111 (33), 11 955-11 960. 176 6 IC-Based and IC-Assisted μNMR Detectors.

[24] Grisi, M., Gualco, G., and Boero, G. (2015) A broadband single-chip transceiver for multi-nuclear NMR probes. Rev. Sci. Instrum., 86 (4), 044703.

[25] Jouda, M., Gruschke, O.G., and Korvink, J.G. (2015) Implementation of an in-field CMOS frequency division multiplexer for 9.4 T magnetic resonance applications. Int. J. Circuit Theory Appl., 43 (12), 1861-1878.

[26] Ka-Meng, L., Pui-In, M., Man-Kay, L., and Martins, R.P. (2015) A μNMR CMOS transceiver using a butterfly-coil input for integration with a digital microfluidic device inside a portable magnet. 2015 IEEE Asian Solid-State Circuits Conference (A-SSCC), pp. 1-4.

[27] Sarioglu, B., Tumer, M., Cindemir, U., Camli, B., Dundar, G., Ozturk, C., and Yalcinkaya, A.D. (2015) An optically powered CMOS tracking system for 3 T magnetic resonance environment. IEEE Trans. Biomed. Circuits Syst., 9 (1), 12-20.

[28] Turner, W.J. and Bashirullah, R. (2016) A 4.7 T/11.1 T NMR compliant 50 nW wirelessly programmable implant for bioartificial pancreas in vivo monitoring. IEEE J. Solid-State Circuits, 51 (2), 473-483.

[29] Lei, K.M., Mak, P.I., Law, M.K., and Martins, R.P. (2016) A NMR CMOS transceiver using a butterfly-coil input for integration with a digital microfluidic device inside a portable magnet. IEEE J. Solid-State Circuits, 51 (10), 2274-2286.

[30] Sporrer, B., Wu, L., Bettini, L., Vogt, C., Reber, J., Marjanovic, J., Burger, T., Brunner, D.O., Pruessmann, K.P., Tröster, G., and Huang, Q. (2017) A sub-1dB NF dual-channel on-coil CMOS receiver for magnetic resonance imaging. 2017 IEEE International Solid-State Circuits Conference (ISSCC).

[31] Anders, J. and Boero, G. (2008) A low-noise CMOS receiver frontend for MRI. 2008 IEEE Biomedical Circuits and Systems Conference (BioCAS), pp. 165-168.

[32] Anders, J., Chiaramonte, G., SanGiorgio, P., and Boero, G. (2009) A single-chip array of NMR receivers. J. Magn. Reson., 201 (2), 239-249.

[33] Anders, J., SanGiorgio, P., and Boero, G. (2009) An integrated CMOS receiver chip for NMR-applications. 2009 IEEE Custom Integrated Circuits Conference (CICC), pp. 471-474.

[34] Anders, J., SanGiorgio, P., and Boero, G. (2010) A quadrature receiver for μNMR applications in 0.13 μm CMOS. 2010 European Solid-State Circuits Conference (ESSCIRC), pp. 394-397.

[35] Anders, J., SanGiorgio, P., and Boero, G. (2011) A fully integrated IQ-receiver for NMR microscopy. J. Magn. Reson., 209 (1), 1-7.

[36] Anders, J., Sangiorgio, P., Deligianni, X., Santini, F., Scheffler, K., and Boero, G. (2012) Integrated active tracking detector for MRI-guided interventions. Magn. Reson.

Med., 67 (1), 290-296.

[37] Anders, J., Handwerker, J., Ortmanns, M., and Boero, G. (2013) A fully-integrated detector for NMR microscopy in 0.13 μm CMOS. 2013 IEEE Asian Solid-State Circuits Conference (A-SSCC), pp. 437-440.

[38] Lei, K.M., Heidari, H., Mak, P.I., Law, M.K., Maloberti, F., and Martins, R.P. (2016) A handheld 50pM-sensitivity micro-NMR CMOS platform with B-field stabilization for multi-type biological/chemical assays. 2016 IEEE International Solid-State Circuits Conference (ISSCC). References 177.

[39] Anders, J., Handwerker, J., Ortmanns, M., and Boero, G. (2016) A low-power high-sensitivity single-chip receiver for NMR microscopy. J. Magn. Reson., 266, 41-50.

[40] Lei, K.M., Heidari, H., Mak, P.I., Law, M.K., Maloberti, F., and Martins, R.P. (2017) A handheld high-sensitivity micro-NMR CMOS platform with B-field stabilization for multi-type biological/chemical assays. IEEE J. Solid-State Circuits, 52 (1), 284-297.

[41] Handwerker, J., Eder, M., Tibiletti, M., Rasche, V., Scheffler, K., Becker, J., Ortmanns, M., and Anders, J. (2016) An array of fully-integrated quadrature TX/RX NMR field probes for MRI trajectory mapping. 2016 European Solid-State Circuits Conference (ESSCIRC), pp. 217-220.

[42] Grisi, M., Vincent, F., Volpe, B., Guidetti, R., Harris, N., Beck, A., and Boero, G. (2017) NMR spectroscopy of single sub-nL ova with inductive ultra-compact single-chip probes. Sci. Rep., 7, 44670.

第 7 章　微尺度磁共振流动成像

Dieter Suter, Daniel Edelhoff

(德国) 多特蒙德工业大学

7.1　引　　言

自从第一批展示微观分辨率的图像出现以来，微观尺度上的流动分析引起了人们越来越多的关注 [1]。过去几十年的技术进步产生了更高的磁场和梯度强度，从而改善了一些重要的图像参数，如信噪比和空间分辨率。微观尺度上的流动在植物运输过程 [2]、微流控芯片 [3] 和生物医学研究等一些领域十分重要，特别是对于动脉血流，重要影响包括靠近血管壁的流速变化，因为这会在动脉壁上产生剪切应力，从而导致动脉壁受损 [4,5]。显然，增加的空间分辨率为计算壁面剪切应力 (wall shear stress, WSS) 提供了更精确的信息 [6]。

本章讨论两种可用于在微观尺度上测量流体的流动成像技术：时间飞跃法 (time of flight, TOF)[7] 和相位对比 (phase contrast, PC)[8]。同时还讨论了分辨率和适用参数范围的物理限制。在第 7.3 节中，我们提出一些具体的例子，包括在不同的动脉瘤模型中的液体交换的特性、速度场的测量，以及根据测量的速度场确定 WSS。虽然大多数测量是在定常流上进行的，但我们也给出了一个脉动流的例子。

7.2　流动成像方法

大多数通过磁共振测量血流的技术都适用于微观尺度上的测量。在本节中，我们关注两种被称为时间飞跃法和相位对比的技术。此外，还将讨论一些与测量血流相关的物理与技术方面的局限性。

7.2.1　时间飞跃法

TOF MRI 是一种在微观尺度上观察血流的可行方法。临床应用中也采用类似的尝试；在这种情况下，目标不是确定流场，而是在抑制静止组织区域的同时测量流动血液的空间分布 [9]。在本书中，该方法是指在选定区域 (标记步骤) 中修改自旋极化,并在演化期 τ 之后对这些自旋进行成像。标记过程通常是对选定平面中的自旋进行饱和处理,以产生一个信号减弱的区域。通常,FLASH 序列用于读出。为了标记平面,需要在磁场梯度中施加具有频率选择性的 sinc 脉冲。标记切片的位置和宽度由载波频率和射频脉冲的持续时间以及梯度强度决定。图 7.1 将此脉冲序列标记为模式 1。也可以使用更通用的标记模式,例如由 DANTE 脉冲生成的由多个平行平面组成的网格 [10](图 7.1 中的标记模式 2)。单个脉冲可以整形为 sinc 脉冲,其带宽选择与视野相匹配,以避免所选体积外的信号激发引起的伪影。标记平面之间的距离 Δd 可以通过标记脉冲和施加的梯度强度 G 之间的延迟 δ 来调整:

$$\Delta d = \frac{2\pi}{\gamma G \delta} \tag{7.1}$$

其中,γ 是旋磁比。通过在成像序列之前应用具有不同时间 τ_i 的两个标记步骤,可以将单切片标记和 DANTE 标记两种方法组合使用。每个标记步骤可以由不同的梯度强度或载波频率组成,以生成不同的模式。这种方法可以生成一个网格 (通过施加具有不同演化时间 τ_i 的垂直梯度的两个 DANTE 训练) 或者只有两个切片 (如果应用方法 1 使用不同的梯度)。翻转角 β 决定了标记的“深度”。

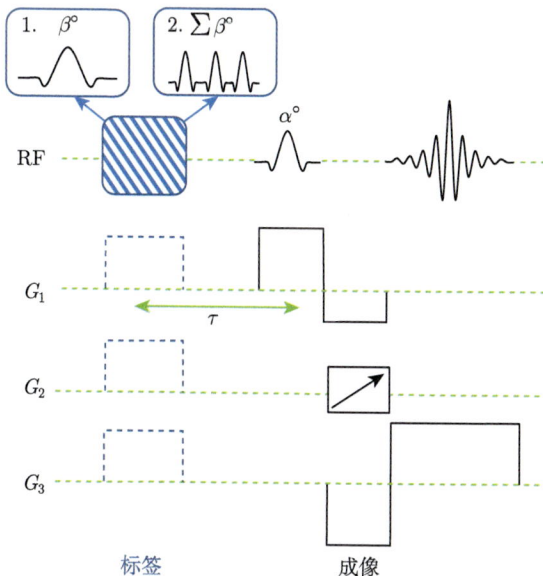

图 7.1 TOF 序列的示意图。应用了两种不同的标记方法。方法 1 使用单个脉冲来标记一个平面,而方法 2 使用 DANTE 序列来标记一组平行平面。随后的成像序列是 FLASH 序列。标记方法可以在不同的演化时间 τ 和不同的方向上重复。

7.2.2　相位对比

PC 方法非常适用于非微观应用，也适用于微观尺度的血流成像。该方法基于产生与自旋速度分量成比例的相移。此相移必须与静态场梯度、磁化率差异或频率偏移的影响分开。在线性磁场梯度 G 中由自旋获得的相移为

$$\phi(\mathbf{r}) = \gamma \left(\mathbf{m}_0 \mathbf{r} + \mathbf{m}_1 \frac{\mathrm{d}\mathbf{r}}{\mathrm{d}t} + \frac{\mathbf{m}_2}{2} \frac{\mathrm{d}^2 \mathbf{r}}{\mathrm{d}t^2} + \cdots \right) \tag{7.2}$$

其中，磁梯度矩 m_n 定义为

$$\mathbf{m}_n = \int_0^{T_E} \mathbf{G}(t) t^n \mathrm{d}t \tag{7.3}$$

其中，T_E 为从切片选择开始，到信号回波的演化时间。

PC 序列的设计必须使梯度矩 m_1 在成像梯度方向为零，使得成像梯度不会对速度相关的相位造成影响。图 7.2 显示了基于梯度回波和三维傅里叶成像的典型序列。接近梯度的数字代表它们的相对幅度。

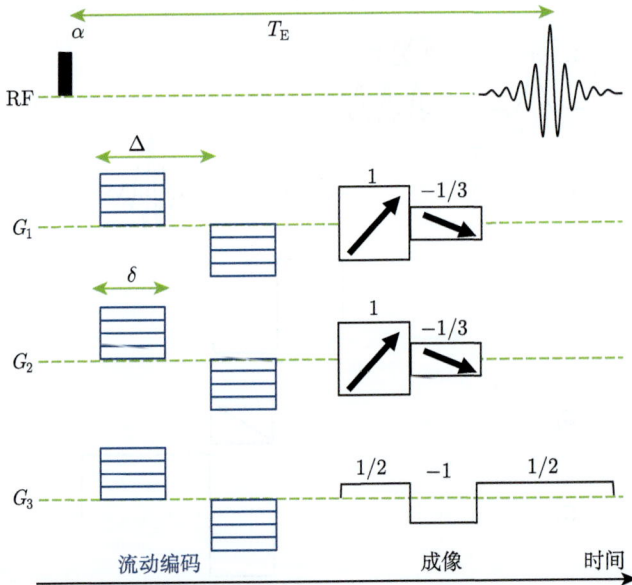

图 7.2　PC 序列的示意图。黑色部分的梯度设计旨在生成流动补偿图像。蓝色梯度生成流动编码。

由此产生的成像序列是流动补偿的。额外的流动编码梯度 (图 7.2 中的蓝线) 通过值为零的 m_0 和已知的 m_1 引入。它们产生与速度成正比的相移。流动补偿

图像和流动编码图像之间的相位差与所应用梯度方向上的速度成正比：

$$\Delta\phi = \gamma v \Delta m_1 \tag{7.4}$$

相位和速度之间的比例因子决定了速度编码 VENC。它对应于导致相移为 2π 的速度：

$$\text{VENC} = \frac{2\pi}{\gamma \Delta m_1} \tag{7.5}$$

VENC 不仅确定检测微小速度的灵敏度，而且由于检测信号中的噪声，它同样影响速度不确定性 (在没有流动的均匀区域中的标准差)：

$$\sigma = \frac{\sqrt{2}}{\pi} \frac{\text{VENC}}{\text{SNR}} \tag{7.6}$$

其中，SNR 是幅度图像的 SNR[11]。VENC 必须在预期的速度范围内进行调整，并且应该满足 $\text{VENC} \leqslant 2v_{\max}$，其中 $v_{\max}$ 是该区域中的最高速度。在这种情况下，可以使用类似于文献 [12] 中的相位展开算法来精确确定相位。对于更高的速度，产生的相位超出约 4π 的范围，展开算法变得不可靠。

7.2.3 平均流量

还可以使用简单的一维脉冲序列确定样品中的平均流量 [7]，其中自由感应衰减信号 (free induction decay, FID) 是在已知磁场梯度存在的情况下采集的。如式 (7.2) 所定义的，由此产生的净相移与沿磁场梯度的速度成正比。根据采集期间两个不同时间之间的相位差，可以确定流体中的平均速度 [7]。该技术可用于监测平均流量的时间相关性。不稳定流或湍流会导致回波之间的相位变化 [13]。

7.2.4 局限因素

每种成像方式都受到对比度、分辨率或对特定参数敏感度的物理限制。在这里，我们回顾微观流动成像中几个重要的限制条件。

7.2.4.1 速度范围

MRI 可以监测的速度范围由 RF 线圈的大小、可用的硬件和样品的物理特性决定。最大速度由自旋在线圈中的停留时间和实验所需的相互作用时间给出。在 T_E(T_E 是脉冲序列的回波时间，通常定义为从第一个激励脉冲到采集开始) 期间离开灵敏体的自旋对信号没有贡献，并且无法确定它们的速度。将线圈长度记成 l，最大可检测速度约为 l/T_E。

　　此效应限制了切片选择和垂直于所选切片的运动的成像实验，如图 7.3 所示：在 RF 脉冲期间离开或进入选定切片的自旋经历不同的激励，并对信号做出不同的贡献。切片选择脉冲的持续时间为 $t_{\mathrm{RF}} \approx 1/\mathrm{BW}$，其中 BW 是 RF 脉冲的带宽。对于 $\Delta x = 50\ \mu\mathrm{m}$ 的微观空间分辨率和梯度强度 $G_{\max} = 1\ \mathrm{T/m}\,(100\ \mathrm{G/cm})$，脉冲持续时间为 $t_{\mathrm{RF}} \approx \dfrac{2\pi}{\gamma \Delta x G_{\max}} = 0.5\ \mathrm{ms}$，临界速度 $v_{\max} = \dfrac{\Delta x}{t_{\mathrm{RF}}} = 0.1\ \mathrm{m/s}$。如果自旋以临界速度 v 移动，它们将在 RF 脉冲期间完全穿过所选切片，从而不再对图像贡献信号。为了获得更高的速度或更高的分辨率，必须使用无切片选择的脉冲序列，例如，本章第 7.2.2 节中介绍的三维傅里叶序列。

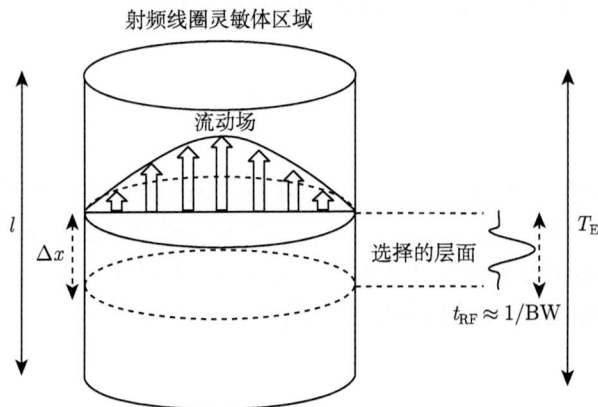

图 7.3　切片选择期间流出效应的示意图。

　　最小可检测的速度受到随机运动过程的限制。这种影响取决于测量的持续时间，因为流动位移在时间 t 中是线性的，而扩散位移是 $\propto \sqrt{t}$。最长的可能的测量时间由流体的 T_1 弛豫给出，因此 $t \approx T_1$。这导致速度分辨率约为 $\sqrt{D/T_1}$，其中 D 是自扩散系数 [14]。对于自由水，相应的极限为 20 $\mu\mathrm{m/s}$ 的数量级，而对于扩散速度相应较慢的较大分子，不确定度可以达到 1 $\mu\mathrm{m/s}$ 的数量级。

7.2.4.2　时间稳定性

　　流量测量的一个典型限制是其时间稳定性。大多数 MRI 测量包括具有时间或梯度幅度参数变化的重复测量，其假设系统在扫描前后没有变化。典型的情形之一是使用多个相位编码步骤的成像序列，如自旋卷绕 [15] 和 FLASH[16]。总采集时间可以从几秒到几小时不等。在此期间血流的变化会导致不同的相位信息，因此会产生类似于传统 MRI 中运动伪影的图像伪影 [17]。血流必须至少在实验期间保持稳定，以获得无伪影的图像。

　　对于诸如心动周期或泵脉动等周期性流动模式，频闪成像是一种可能的解决方案。每个编码步骤都与泵循环同步。在这些序列中，液体流动只需在每个相位编码步骤的回波时间内保持恒定，这可能是几毫秒的数量级。这些技术通常用于心脏 MRI[9]。

为了测量没有周期性的湍流，必须使用超快速成像序列，例如，UTE[18]、SPRITE[19] 或螺旋采集 (Spiral)[20]。这些序列在大约 50 ms 内产生图像，因此可以在这个时间尺度上测量湍流。当需要在单次实验中获得微观分辨率时，通常需要使用更强、更快速切换的梯度，从而使实验的测量时间更加有效。

7.2.4.3 空间分辨率

空间分辨率还受到物理特性和技术性能的约束 [21]。物理限制包括扩散过程、弛豫时间、磁化率效应和化学位移。在技术方面，磁场的不均匀性、磁场梯度的线性和 SNR 是主要因素。

自扩散　自扩散的影响是由自旋在回波时间 T_E 期间不得离开体素这一事实得出的。自旋的位移由菲克定律和自扩散系数 D 给出，因此必须满足关系式：

$$T_E \leqslant \frac{(\Delta x)^2}{2D} \tag{7.7}$$

假设自由水在 20°C 和 10 μm 分辨率下，则回波时间 T_E 必须低于 25 ms，这对于大多数实验是可能的。

横向自旋弛豫　测量信号的线宽受样品的 T_2 弛豫时间或 T_2^* 弛豫时间的影响，具体取决于所使用的成像序列。

$$\Delta \nu = \frac{1}{\pi T_2} \tag{7.8}$$

根据所使用的成像梯度 G_x 不同，线宽也会不同：

$$\Delta x = \frac{2}{\gamma G_x T_2} \tag{7.9}$$

对于典型的液体 T_2 弛豫时间为几秒的情况，分辨率约为 10μm 时需要约 1 mT/m 的梯度强度。对于基于梯度回波的序列，T_2^* 弛豫 (大约 10 ms) 很重要，并且要达到约 10 μm 的分辨率，梯度强度必须增加到约 100 mT/m。这几乎适用于所有成像应用。

场的稳定性　磁场的偏移影响共振频率。与成像梯度引起的频移相比，这种影响必须很小。未补偿的外部磁场漂移会对几十微米的空间分辨率产生强烈影响 [21]。

信噪比　最重要的限制因素之一是信噪比,测得的信号与自旋的数量成正比,因此与体素的大小成正比。空间分辨率增加 2 倍相当于体素体积减少到原来的 1/8,因此 SNR 降低。成像应用中的 SNR 可以通过式 (7.10) 来描述 [22]:

$$\text{SNR} \propto A \frac{\Delta x \cdot \Delta y \cdot \Delta z \cdot \sqrt{N_{\text{PE}} N_{\text{Scan}}}}{\sqrt{bw}} \tag{7.10}$$

其中, A 表示取决于所使用的 MRI 系统和成像序列的比例因子, Δx、 Δy 和 Δz 代表像素分辨率, N_{PE} 代表相位编码步数, N_{Scan} 代表信号平均次数, bw 描述每个像素的带宽。假设在恒定视野下分辨率加倍 (这使相位编码步骤加倍并平分带宽),将 SNR 降低为原来的 1/4。要以更高分辨率实现相同的 SNR,需要对 16 个数据集进行平均。体素大小为 50 μm×50 μm×50 μm 的典型单平面微观 MRI 成像序列的 SNR 约为 25。当相位编码数量的因子为原来的 5 倍,基于体素的带宽为原来的 1/5,则具有 10 μm×10 μm×10 μm 各向同性分辨率的单次激发实验将具有大约相同的 SNR。

7.3　显微流动成像的应用

在这一章中,我们将讨论上一章中介绍的流动成像方法在不同微观流动场景中的一些应用。特别地,我们选择了显示动脉瘤等病理变化的动脉血管流场的例子,即血管壁的气球状肿大。根据不同的研究 [23-25],多达 6% 的人患有动脉瘤,其中大多数未被发现。动脉瘤有时会在常规检查中被发现,可能导致严重的并发症,如破裂或血栓形成,通常会有致命的危险 [23-26]。准确了解其附近流场的最终变化以及动脉瘤和血管腔之间的液体交换对了解发展情况和减轻相关风险至关重要。在第一个示例中,我们使用本章第 7.2.1 节中介绍的 TOF 技术来分析不同复杂度的动脉瘤模型中的液体交换。在本章第 7.3.3.2 节中,我们通过实验确定特定流场的 WSS,这似乎是动脉瘤破裂和生长的风险指标 [27]。

我们先介绍实验设置,然后继续描述动脉瘤模型中液体交换的特征,并将 PC 测量结果与计算流体动力学 (computational fluid dynamics, CFD) 模拟进行比较。

7.3.1　实验设置

我们的实验装置基于配备磁场梯度单元的 14.1 T 宽口径磁体,提供高达 1 T/m 的梯度强度。该系统能够获得空间分辨率高达 10 μm 的图像。RF 线圈的直径为 5 mm、10 mm 或 20 mm。恒定流量由两个贮槽之间的静水压提供,并通过连接到样品的聚氯乙烯 (polyvinyl chloride, PVC) 管引导磁体中的流体。流速由感应式流速计监测并由可变电阻器控制。使用温度为 20℃ 的蒸馏水作为血液,添加 0.12% 硫酸铜以将 T_1 降低至约 870 ms。

7.3.2 动脉瘤模型中液体交换的表征

在下文中，我们将介绍不同仿体中动脉瘤和主血管之间的液体交换。

7.3.2.1 动脉瘤模型

我们讨论两种不同动脉瘤模型的液体交换。两种模型均使用 "MakerBot Replicator 2"3D 打印机 (MakerBot 工业有限责任公司，布鲁克林，纽约) 生成，均由聚乳酸组成。模型 A 由三个直径分别为 2.4 mm、4.8 mm 和 2.4 mm 的直圆柱形截面组成。模型 B 基于动脉瘤结构，血管直径约 2.4 mm。动脉瘤大小与血管直径大小相同。两种模型均以打印机的最高可能分辨率印刷，在 z 方向为 100 µm，在 x-y 平面为 10 µm。图 7.4 和图 7.5 显示了图像中心的模型几何形状。它们是从质子密度 MRI 图像重建的，分辨率为 17.5 µm × 17.5 µm × 50 µm。两种模型的流速相当，约为 0.7L/h，对应于约 6.5 cm/s 的峰值速度。所得雷诺数约为 150，因此在层流范围内。

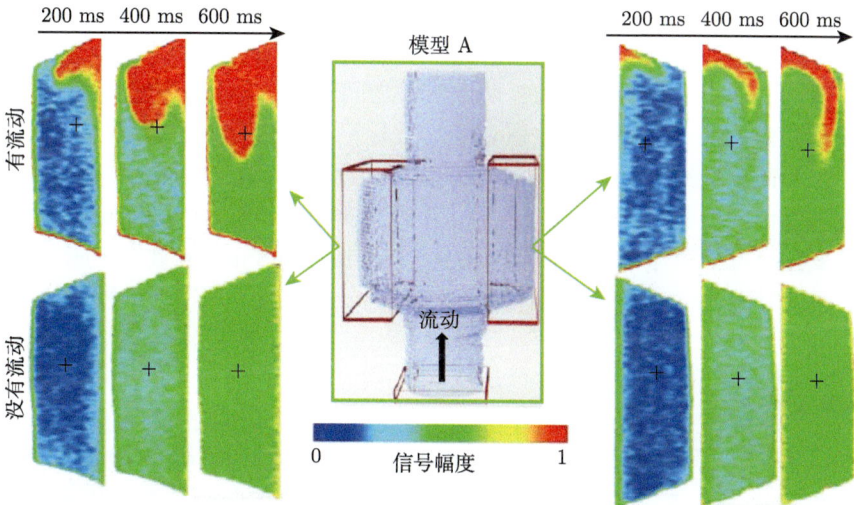

图 7.4 图的中心部分显示了从质子密度数据重建的模型 A 的重建几何结构。两个红色框代表应用标记脉冲的区域。在左侧和右侧，显示了三个不同演化时间的有流动与无流动的标记区域的结果图像。颜色代表信号强度，对应于自旋极化 (蓝色为无极化，红色为全极化)。

7.3.2.2 方法

应用 TOF 技术来研究进出动脉瘤的液体流动：我们用本章第 7.2.2 节中描述的单切片标记方法 (方法 1) 来标记动脉瘤区域。我们根据使用的模型标记了一个或两个切片，然后在不同的演化时间后测量标记区域的演化。对每个模型进行了两次实验：第一次没有流动流过模型的实验被用作确定 T_1 弛豫和扩散的影响的

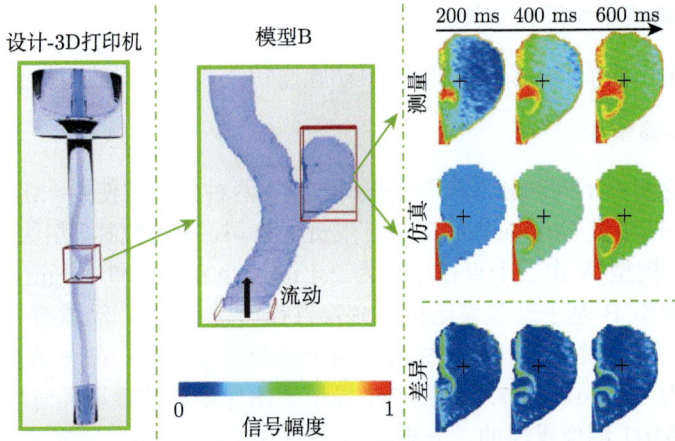

图 7.5   左侧显示完整的模型 B，包括连接管。中间显示动脉瘤的重建几何形状。在右侧，显示了测量和 CFD 模拟的三个不同演化时间标记区域的结果图像 (上面两行)。颜色代表信号幅度 (蓝色 ＝ 0％，红色 ＝ 100％)，对应于自旋极化 (蓝色为无极化，红色为全极化)。底行展示了两个图像之间相对于所有测量图像的最大信号的差异。

参考；而第二次实验是有流动的。两次实验之间的差异与流动的影响有关。跟踪了对称模型中的两个区域，这些区域随后被标记并以略有不同的演化时间 (2 ms 差异) 进行演化。图 7.4 所示的左侧凸起首先被标记，演化时间为 τ_1。右侧的凸起随后被标记，演化时间为 $\tau_2 = \tau_1 - 1.5$ ms。时间 τ_1 为 50~600 ms，以 50 ms 的增量变化，每幅图像都是以 $17.5\ \mu m \times 17.5\ \mu m \times 150\ \mu m$ 的数字空间分辨率采集的。回波时间为 21 ms，重复时间为 4 s。这导致标记区域在下一次标记应用之前完全经历了磁矢量的弛豫过程。

7.3.2.3   结果

图 7.4 和图 7.5 显示了两种不同模型的结果，演化时间分别为 200 ms、400 ms 和 600 ms。图 7.4 为模型 A 在凸起内部的测量数据。上面一行表示有流动 (从下到上) 时的测量数据，下面一行表示没有流动时的相应数据。颜色表征信号幅度并且显示了从标记步骤开始的信号恢复过程。在标记之后，信号幅度非常小，用蓝色表示，而红色对应于未标记的自旋。除了流入外，T_1 弛豫效应也导致信号幅度增加。600 ms 后，由于弛豫，标记区域达到了最大信号幅度的一半以上。流入凸起的部分左右相当不对称。在左侧凸起中，涡流几乎覆盖了整个尺寸。600 ms 后，大约 1/3 的凸起充满了新鲜 (未标记) 的液体。相比之下，在右侧凸起中，仅观察到一个小涡流，它位于靠近外壁的位置，与另一侧的涡流达到相同的距离。根据信号幅度对液体交换的详细分析表明，600 ms 后左侧部分 27％的液体发生了交换，而右侧只有 6％。这些实验结果可以通过 CFD 得到证实 [28]。

图 7.5 显示了模型 B 的类似结果。上面一行显示了测量数据，中间一行显示了模拟数据 (更多详细信息，请参见文献 [28])，下面一行显示了测量和模拟之间的差异。图 7.5 的左侧部分显示了完整的 3D 打印模型，其末端连接到流动系统。在测量和模拟中，在动脉瘤颈部附近出现涡流。400 ms 后，涡流旋转了半圈，600 ms 后进行了完整旋转。涡流在模拟数据中更清晰可见，其中边界更明显。旋涡以类似的方式演变，但它们的宽度略有不同。600 ms 后测量与模拟的相对偏差为 $(10\pm9)\%$。液体交换产率的分析为测量标记区域的 6% 和 600 ms 后模拟的 5%，并且仅发生在靠近动脉瘤颈部的位置。有关更多详细信息，请参见文献 [28]。

7.3.2.4 结论

本章所提出的方法适用于分析静止流中的液体交换。观察时间受限于所用液体的 T_1 弛豫，这也直接影响测量时间。跟踪液体的时间越长，就必须选择越长的重复时间以确保自旋恢复平衡。序列参数的优化对最大化信息内容至关重要。结合流动模拟，应用该方法可以可靠地分析液体交换和动脉瘤模型中静止流的一般流动行为。

7.3.3 恒定流量下的相位对比测量

下文将讨论恒定流量 (层流范围内) 下的相位对比测量，以在微观尺度上分析该方法的准确性。因此，将圆柱管组成的简单几何形状的测量数据与解析解和 CFD 模拟进行比较。随后将讨论包括动脉瘤在内的更复杂的几何形状。

7.3.3.1 管道中的层流

对于圆柱形几何体的实验，使用了内径为 6 mm 的 PVC 管。对称 (z) 轴沿磁场定向，测量体积为 7 mm × 7 mm × 12.3 mm。垂直于主流动方向采集了 41 个切片，每个切片的厚度为 300 μm。在相位编码方向补零后，面内数字分辨率为 27 μm × 27 μm。对于流动编码，每个切片采集了七幅图像：一幅具有流动补偿，六幅具有不同的流动编码，所有三个坐标轴使用 −0.2 T/m 和 0.4 T/m 的梯度强度。梯度脉冲持续时间为 $\delta = 1$ ms，它们的间隔 $\Delta = 2$ ms。这些参数使得 VENC 为 5.9 cm/s，从而与 z 方向的速度相匹配。重复时间为 400 ms，回波时间为 13 ms，根据样品的 T_1 弛豫时间优化翻转角为 $\alpha = 35°$。

流动补偿图像用于定义模型的几何形状。对于每个切片，用椭圆拟合信号幅度的下降。这些椭圆被用作流动剖面解析解的边界条件 [29]。椭圆率为 7.8%，椭圆的方向沿管道保持不变，管轴偏离磁场方向约 1°。速度场由不同流动编码和流动补偿图像之间的相位差确定。流场经过 3 × 3 中值滤波器处理后可降低噪声。由此产生的沿对称轴的平均速度分量为 $\bar{v}_z = 3.13$ cm/s，这对应的雷诺数 Re 约为 150。垂直于主要流动方向的速度分量为 $\bar{v}_\perp = (0.16\pm0.09)$ cm/s。所有切片的最

大速度为 $\bar{v}_{\max} = (6.3 \pm 0.02)$ cm/s，速度最大值位置与椭圆中心之间的最大距离为 54 μm。图 7.6 总结了这些结果。图 7.6 的左侧部分显示了 x-z 横截面。颜色表征沿 z 轴的速度，箭头表示平面中的速度。右上部分显示了第 12 号切片的 x-y 平面的速度 v_z。速度分布显示出典型的抛物线形状。图 7.6 的右下部分显示了该切片的横截面。

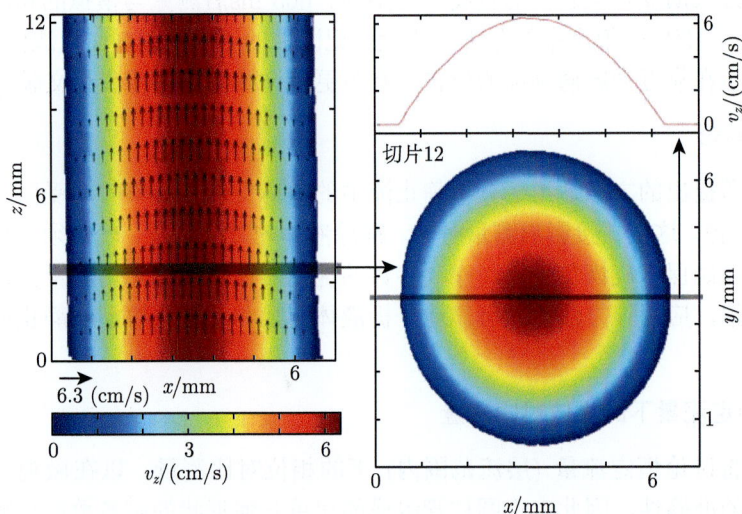

图 7.6　直径为 6 mm 的圆柱管的速度分布。左侧显示 x-z 横截面，右上侧显示一个切片 (第 12 号) 的速度，右下部分显示通过该切片中心的横截面。

测量值与解析解之间的偏差以及与 CFD 模拟的偏差约为最大速度的 $(1 \pm 1)\%$。更多详细信息请参见文献 [30]。

7.3.3.2　动脉瘤模型中的流动和壁面剪切应力

下一个模型为模型 C，也基于动脉瘤。它是用 "Formlabs – Form 1+" 3D 打印机打印的。图 7.7 左侧显示了该模型的几何图形。3D 打印件充满红色液体，包括与管系统的连接，便于可视化。速度场的测量基于空间维度的三维傅里叶编码，如本章第 7.2.2 节所示，各向同性空间分辨率为 70 μm × 70 μm × 70 μm，FOV 为 9 mm × 9 mm × 18 mm。最大速度约为 2.9 cm/s，因此在一个采集的数据集中选择 VENC 为 2.9 cm/s，在第二个数据集中选择 VENC 为 5.8 cm/s，该数据集是在流量补偿图像之外采集的。回波时间为 12 ms，重复时间为 250 ms，翻转角 $\alpha = 20°$。

动脉瘤模型 C 的重建几何结构如图 7.7 的中间部分所示。动脉瘤区域用绿色框突出显示，确定的最大速度沿着血管跟踪并用绿线标记。速度的最大值出现在主容器的中心。

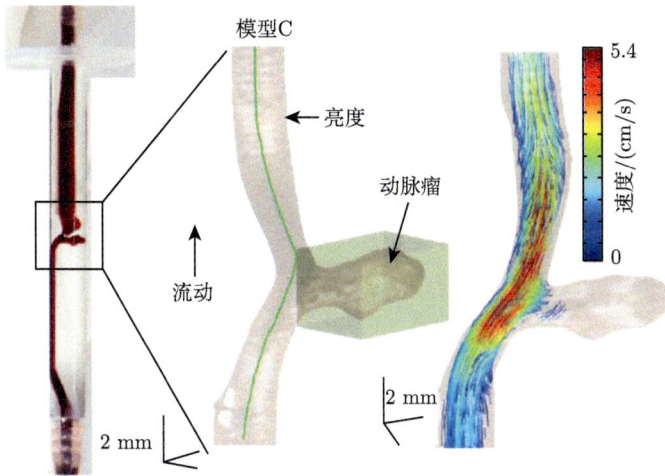

图 7.7　左侧显示了动脉瘤模型 C 的图片。中间部分显示了重建的几何形状。绿色框标记动脉瘤的区域。右侧以流线表示的绝对速度矢量场。颜色表征速度的绝对值。

图 7.7 的右侧显示了从绝对速度矢量场生成的流线图。线条的颜色表征速度。动脉瘤内部没有显示流线，其中流速至少比主血管低一个数量级 (≈ 0.1 cm/s 对比 1.5 cm/s)。从图 7.7 右侧图的底部的流入开始，流线顺着血管的几何形状流动。靠近动脉瘤的颈部时，速度较高，这是由于该区域直径较小。靠近底部的横截面积为 4.5 mm² (速度 0.7 cm/s)。然后血管在靠近动脉瘤颈部处变窄至 2.4 mm²(速度 1.5 cm/s)，并在上端再次变宽至 4.0 mm²(速度 0.9 cm/s)。在动脉瘤入口造成几何扭曲后，平滑结束，一些流线出现了转弯。

速度矢量场可用于确定作用在血管壁上的 WSS，这可以提供有关动脉瘤可能破裂或生长的风险的信息。高空间分辨率在其中至关重要，因为 WSS 是由靠近壁的速度给出的。越靠近壁面可以确定速度值，导出的 WSS 就越准确。

依据测量的矢量场中可以采用不同的方法来确定 WSS[4,5]。在这里，我们首先确定沿血管壁法向的速度梯度。用沿第一个 700 µm 的平均梯度 $\mathrm{d}v/\mathrm{d}x$ 推导出 WSS 为 $\tau = \nu\mathrm{d}v/\mathrm{d}x$，其中 ν 是流体的动力黏度。然后从两个不同的角度将导出的 WSS 显示在血管壁的表面上，如图 7.8 所示。从图 7.8 中，可以区分出三个不同的区域。在下部以及靠近上部区域，WSS 值约为 30 mPa。动脉瘤部分本身包含非常低的 WSS 值，因为该区域的速度几乎为零。由绿色框定义的动脉瘤区域的表面 (图 7.7) 是总可视化表面的 20%。该区域的平均 WSS 为 1 mPa。高 WSS 值出现在容器的狭窄部分，该区域的速度很高，峰值 WSS 测量值约为 80 mPa。特别是在弯曲血管的外弯处 (标记为 "高应力")，由于动量守恒导致更大的速度梯度，结果是更高的 WSS 值。在另一侧区域，WSS 较低。无动脉瘤表面的平均 WSS 为 40 mPa。与人类动脉中的典型值 (0.2~10 Pa[6]) 相比，这些值很低。

这主要是因为测量是在水而不是在血液中进行的。血液的黏度较高，是一种表现出剪切稀化的非牛顿液体，它会在靠近壁的地方产生更大的速度梯度。

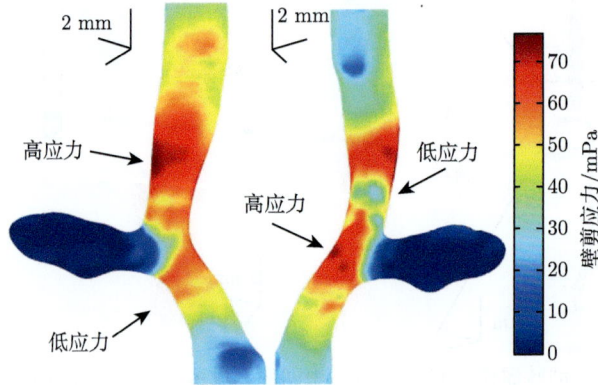

图 7.8　从两个不同的角度观察动脉瘤模型 C 的 WSS。颜色表征绝对值。流动从下到上。具有高和低 WSS 的区域被标记。

7.3.4　脉动流

　　MRI 实验的持续时间从几毫秒到几小时不等。到目前为止，我们讨论的实验技术仅直接适用于具有恒流的静止物体。如果速度在实验期间发生变化，则会出现伪影，使结果不可用。在像动脉血流这样的重复流动模式的情况下，可以通过触发数据采集使其相位锁定到周期性流动模式来缓解这个问题。为了监测周期内的时间依赖性，可以引入外部触发和数据采集开始之间的延时 ε。下文将讨论使用基于移动注射器的自制泵进行的实验。泵速为 1 Hz，在每个泵周期中，注射器将液体泵入系统约 300 ms，之后，注射器在约 500 ms 时间内移回起始位置。在大约 200 ms 的休息期后重复该循环。在流动系统中，泵前后有两个换向阀防止倒流。

　　使用 TOF 技术测量通过 6 mm 直径管的脉冲流动。流动沿正 z 轴定向，垂直于主要流动方向的切片用触发的 TOF 序列标记。选择穿过管中心并平行于流动方向的成像平面，可使我们观察到标记切片在泵循环中的运动。标记和成像之间的演化时间 τ 固定为 6 ms，应用序列和外部触发之间的延时在 5~1000 ms 变化。成像序列的视野为 8 mm×25 mm，较长的维度沿流动轴定向，以测量快速流动的速度。切片厚度为 300 μm，标记脉冲翻转角为 90°，成像 RF 脉冲为 45°。利用 512 个相位步长和 512 个补零后的采集点，获得了 45.6 μm×48.8 μm×300 μm 的成像分辨率。图 7.9 显示了不同延时 ε 为 280 ms、520 ms 和 1000 ms 的三幅图像。对应于强信号，图像显示管中的水具有高亮度。每张图像都包含一条暗曲线，用于标记被标记区域在 6 ms 后到达的位置。它的位移与速度成正比，随延时

ε 而变化。为了跟踪位移，使用 32 个均匀分布的点 (黄色) 来表示暗色线条。绿线标记了在没有流动的情况下拍摄的参考图像中标记切片的位置。在图像的顶部和底部，由于 RF 线圈边缘附近的灵敏度损失以及新鲜液体的流入，信号减弱。

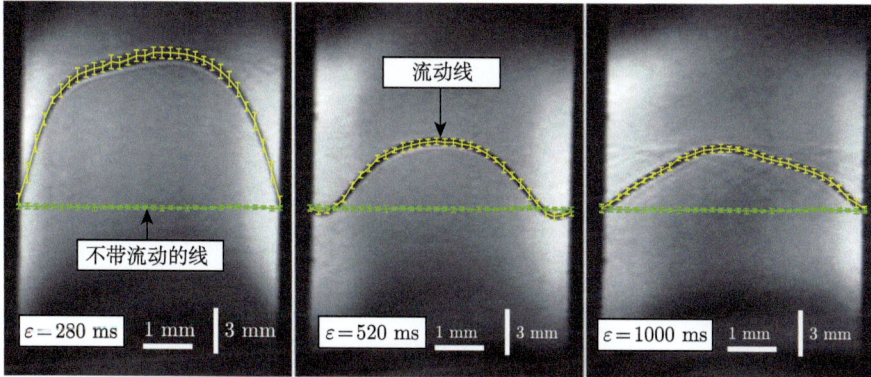

图 7.9　在压力脉冲期间，三个不同延迟 (280 ms、520 ms 和 1000 ms) 的 TOF 图像。每个图像显示了标记切片 (图中信号强度低的暗色区域) 在管道内部 (图中信号强度高的亮色区域) 的位移。标记切片通过 32 个点 (用黄色表示) 进行跟踪。没有流动的参考切片用绿色点表示。

$\varepsilon = 280$ ms 的图像显示了绿线的最大位移。在管道中心附近，流动剖面是平坦的，但略微不对称。接近管的边界时，流体速度迅速下降到零。在 $\varepsilon = 520$ ms 时，流体靠近血管壁一侧的位移为负值。当延时进一步增加 ($\varepsilon = 1000$ ms) 时，这些负值成分就会消失。速度 $v(\varepsilon, x)$ 可以利用绿色参考线到被测黄线之间的位移 $\Delta z(\varepsilon, x)$ 计算：

$$v(\varepsilon, x) = \frac{\Delta z(\varepsilon, x)}{T_{\mathrm{E}} + \tau}$$

在回波时间 $T_{\mathrm{E}} = 10$ ms 和演化时间 $\tau = 6$ ms 时，所有 52 个测量时间 ε 的速度如图 7.10(a) 所示。底部代表泵循环的三个阶段。对于长达 300 ms 的微小延迟时间，当注射器向前推动液体时，速度会很大。在接下来的 400 ms 内，当注射器重新填充时，整体速度下降，并且在靠近血管壁的层中出现负速度。在弛豫期间，换向阀再次打开，导致速度小幅增加。

图 7.10(b) 显示了每个延迟时间的最大速度和体积流量。假设测得的横截面中的流量代表整个切片时，体积流量是根据测得的流量剖面计算的。测得的流量随着时间的变化呈现与最大速度相同的变化趋势，这表明了泵的循环过程可以分为三个阶段。在前 300 ms 内，可以看到高峰值速度 (≈ 0.7 m/s) 和高体积流量 (≈ 120 mL/s)。之后，体积流量在大约 400 ms 处几乎降至零，此时流量相对恒定，约为 75 mL/s。

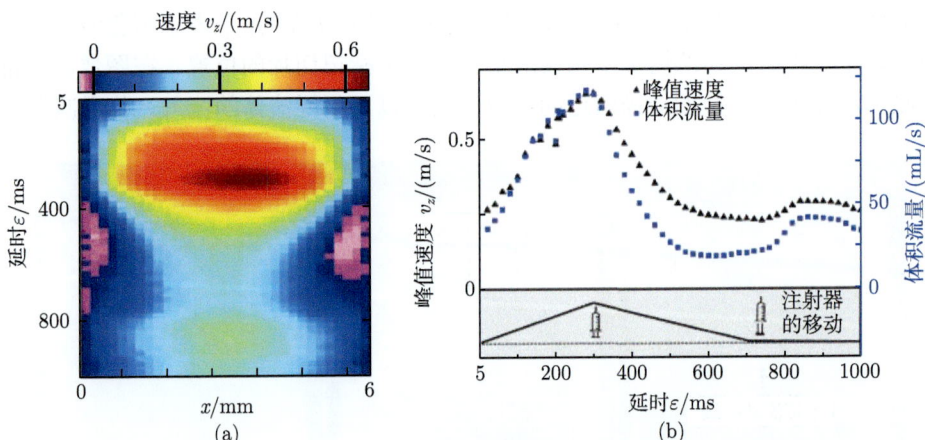

图 7.10　(a)52 种不同延时 ε 的速度曲线。颜色表征速度，负值速度用粉红色表示。(b) 体积流量和最大速度显示为延时 ε 的函数。

7.4　讨　论

本章讨论了血流成像的物理和技术限制，特别是时间和空间分辨率。此外，提出了在微观尺度上测量流体的不同方法。使用 TOF 技术以低于 150 μm 的分辨率测量不同动脉瘤模型中的液体交换，并通过计算机模拟验证了这些结果。在对称扩大的血管模型中，测量结果表现出明显的液体交换不对称性 (第一次延伸中的液体交换为 6%，而第二次延伸中超过 600 ms 的液体交换为 27%)。通过测量标记自旋随时间的运动，可以很好地对流入凸起的情况进行可视化。在第二个模型中，它代表了一个颈部相对较窄的动脉瘤，在靠近颈部的地方只观察到了最小的流入。对于进一步的测量，可以使用具有较长 T_1 弛豫时间的液体来延长自旋的可能观察时间。

TOF 方法也可用于监测脉动流。为此，通过泵循环跟踪一个标记切片的运动。这种方法适用于分析随时间变化的流量分布和体积流量。利用微观分辨率，可以监测靠近壁 (< 500 μm) 处的负速度。

PC 方法首先在管模型中得到验证。结果显示测量、计算机模拟和解析解之间的偏差很小，这可能归因于有限的 SNR。在更复杂的动脉瘤模型中，我们可以通过流线可视化速度场，发现在直径减小且流入动脉瘤的流量最小的地方速度增加。此外，我们可以使用靠近壁面 (< 700 μm) 的速度从速度场计算 WSS。这提供了确定具有低或高剪切应力的区域的可能性，为医疗诊断提供了重要信息。

这两种测量技术都提供了微观尺度上流动分布的定量图。从流场中，正如我们在血管壁上的剪切应力分布的情况下所证明的那样，可以获得额外的数据。未来的计划包括使用真实血液分析不同动脉瘤中的脉动流。此外，还将研究具有弹性壁的血管模型，以更好地了解液体和血管壁之间的相互作用。

致　谢

作者想对 MERCUR(Mercator Research Center Ruhr，Mecator 研究中心) 资助这项作为项目 No.PR-2012-0046 的一部分的工作表示最诚挚的感谢。此外，我们要感谢 Lars Walczak 提供 CFD 模拟以及 Frank Weichert 和 Inge Schmitz 提出的有用建议。

参 考 文 献

[1] Aguayo, J.B., Blackband, S.J., and Schoeniger, J. (1986) Nuclear magnetic resonance imaging of a single cell. Nature, 322 (6075), 190–191.

[2] Rokitta, M., Zimmermann, U., and Haase, A. (1999) Fast NMR flow measurements in plants using flash imaging. J. Magn. Reson., 137 (1), 29–32.

[3] Harel, E. and Pines, A. (2008) Spectrally resolved flow imaging of fluids inside a microfluidic chip with ultrahigh time resolution. J. Magn. Reson., 193 (2),199–206.

[4] Köhler, U., Marshall, I., Robertson, M.B., Long, Q., Xu, X.Y., and Hoskins, P.R. (2001) MRI measurement of wall shear stress vectors in bifurcation models and comparison with CFD predictions. J. Magn. Reson. Imaging, 14 (5),563–573.

[5] van Ooij, P., Potters, W.V., Majoie, C.B., VanBavel, E., and Nederveen, A. (2012) Wall shear stress vectors derived from 3D PC-MRI at increasing resolutions in an intracranial aneurysm phantom. J. Cardiovasc. Magn. Reson., 14 (1), W43.

[6] Papaioannou, T.G. and Stefanadis, C. (2005) Vascular wall shear stress: basic principles and methods. Hellenic J. Cardiol., 46, 9–15.

[7] Altobelli, S.A., Caprihan, A., Davis, J.G., and Fukushima, E. (1985) Rapid average-flow velocity measurement by NMR. Magn. Reson. Med., 3, 317–320.

[8] Moran, P.R. (1982) A flow velocity zeugmatographic interlace for NMR imaging in humans. Magn. Reson. Imaging, 65 (4), 197–203.

[9] Schneider, G., Prince, M.R., Meaney, J.F.M., and Ho, V.B. (2005) Magnetic Resonance Angiography, Springer, New York.

[10] Mosher, T.J. and Smith, M.B. (1990) A DANTE tagging sequence for the evaluation of translational sample motion. Magn. Reson. Med., 15 (2), 334–339.

[11] Andersen, A.H. and Kirsch, J.E. (1996) Analysis of noise in phase contrast MR imaging. Med. Phys., 23, 857–869.

[12] Cusack, R. and Papadakis, N. (2002) New robust 3-D phase unwrapping algorithms: application to magnetic field mapping and undistorting echoplanar images. NeuroImage, 16 (3, Part A)), 754–764.

[13] Gao, J.H. and Gore, J.C. (1991) Turbulent flow effects on NMR imaging: measurement of turbulent intensity. Med. Phys., 18 (5), 1045–1051.

[14] Callaghan, P.T. (1993) Principles of Nuclear Magnetic Resonance Microscopy, Oxford University Press, New York.

[15] Edelstein, W.A., Hutchison, J.M.S., Johnson, G., and Redpath, T. (1980) Spin warp NMR imaging and applications to human whole-body imaging. Phys.Med. Biol., 25, 751–756.

[16] Haase, A., Frahm, J., Matthaei, D., Hanicke, W., and Merboldt, K. (1986) FLASH imaging. Rapid NMR imaging using low flip-angle pulses. J. Magn. Reson., 67 (2), 258–266.

[17] Erasmus, L.J., Hurter, D., Naudé, M., Kritzinger, H.G., and Acho, S. (2004) A short overview of MRI artifacts. South Afr. J. Radiol, 8 (2), 13–17.

[18] Kadbi, M.O., Negahdar, M.J., Cha, J., Traughber, M., Martin, P., Stoddard, M.F., and Amini, A.A. (2015) 4d UTE flow: a phase-contrast MRI technique for assessment and visualization of stenotic flows. Magn. Reson. Med., 73 (3), 939–950.

[19] Mark, S., Zhi, Z., Lynn, G., Michael, L.J., Derek, L., and Benedict, N. (2009) Sprite MRI of bubbly flow in a horizontal pipe. J. Magn. Reson., 199 (2), 126–135.

[20] Sigfridsson, A., Peterson, S., Carlhäll, C., and Ebbers, T. (2012) Four-dimensional flow MRI using spiral acquisition. Magn. Reson. Med., 68 (4), 1065–1073.

[21] Kuhn, W. (1990) NMR microscopy-fundamentals, limits and possible applications. Angew. Chem., 102, 1–20.

[22] McRobbie, D.W., Moore, E.A., Graves, M.J., and Prince, M.R. (2006) MRI from Picture to Proton, 2nd edn, Cambridge University Press, Cambridge.

[23] Wiebers, D.O. (1998) International study of unruptured intracranial aneurysms investigators. Unruptured intracranial aneurysms: risk of rupture and risks of surgical intervention. New Engl. J. Med., 339, 1725–1733.

[24] Juvela, S. (2004) Treatment options of unruptured intracranial aneurysms. Stroke, 35, 372–374.

[25] Juvela, S., Poussa, K., Letho, H., and Porras, M. (2013) Natural history of unruptured intracranial aneurysms. Stroke, 44 (9), 2414–2421.

[26] Wiebers, D.O. (2003) Unruptured intracranial aneurysms: natural history, clinical outcome, and risks of surgical and endovascular treatment. Lancet, 362 (9378), 103–110.

[27] Boussel, L., Rayz, V., McCulloch, C., Martin, A., Acevedo-Bolton, G., and Lawton, M. (2008) Aneurysm growth occurs at region of low wall shear stress: patient- specific correlation of hemodynamics and growth in a longitudinal study. Stroke, 39, 2997–3002.

[28] Edelhoff, D., Walczak, L., Frank, F., Heil, M., Schmitz, I., Weichert, F., and Suter, D. (2015) Flow measurements and simulations in aneurysm models with various complexity. Med. Phys., 42, 5661–5670.

[29] Landau, L.D. and Lifshitz, E.M. (1965) Course of Theoretical Physics, vol. 6, Pergamon Press.

[30] Edelhoff, D., Walczak, L., Henning, S., Weichert, F., and Suter, D. (2013) High-resolution MRI velocimetry compared with numerical simulations. J. Magn. Reson., 235, 42–49.

第 8 章　核磁共振显微镜的高效脉冲序列

Jürgen Hennig[1], Katharina Göbel-Guéniot[1], Linnéa Hesse[2],
Jochen Leupold[1]

[1](德国) 弗赖堡大学医学中心放射学系医学物理小组
[2](德国) 弗赖堡大学植物生物力学小组和植物园

8.1　引　　言

本章描述将磁共振序列用于核磁共振特定目的的基本原理。尽管 NMR 显微镜使用的空间编码基本原理与小动物 MR 或人类 MR 相同，但使用的序列和协议 (protocol) 却有显著不同。一个主要的区别在于 MR 显微镜是在噪声很大的环境下工作的。为了在选定的小体素尺寸内获得足够的信噪比，通常需要进行相当严格的平均处理。因此在人体磁共振成像中非常重要的加速成像读出方案，如并行成像等一些特殊的应用，将不会在微磁共振中考虑。运动伪影和被研究对象的配合是影响体内 MRI 图像质量的主要因素，但仅在活细胞成像中是重要的，在大多数其他应用中可以忽略。由于 SNR 的原因，需要几小时的测量时间，因此主要的焦点是使用采样效率优化的序列。

NMR 显微镜和小动物 MR 或人类 MR 的第二个主要区别在于，在 NMR 显微镜中，仅仅进行结构成像是不够的。对于大多数样本，结构图像可以通过光学成像 (或声学显微镜，显微 CT) 更快地生成并且具有更高的空间分辨率，所以仅在其他成像方法无法提供所需的信息或不能损坏生物样品时，NMR 显微镜才有意义。标准成像序列主要用于与光学成像比较，以识别图像中看到的结构；NMR 显微镜中的额外信息来自针对特定参数 (如扩散、流动等) 的序列。

NMR 显微镜可研究的样品种类繁多，涵盖了组织样品、细胞和细胞制剂、微生物和植物，也包括技术制剂，如泡沫、悬浮液、微器件或其他样品。这些都对优化脉冲序列提出了各自不同的要求。下面将讨论略微偏向于生物探针的检验所设定的边界条件。

8.2　空　间　编　码

8.2.1　k 空间

MRI 的典型频率 (100~1000 MHz) 下的波长太长，从光学原理来看很难进行成像。因此，MRI 必须使用间接手段来实现空间分辨率。到目前为止，最常用的空间编码方法是通过拉莫尔方程，利用共振频率与观测原子核位置磁场的严格比例关系：

$$\omega = \gamma \boldsymbol{B} \tag{8.1}$$

其中，ω 为拉莫尔频率，γ 为旋磁比，$\boldsymbol{B}$ 为磁场。

通过应用磁场梯度，拉莫尔频率随着空间位置的改变而变化。对于一个恒定梯度 (即线性变化场)，梯度位置直接转化为对应的频率，也就是说，空间域直接转化为频域，空间自旋分布的测量转化为在梯度施加下的频率谱的测量 [1] (图 8.1)。

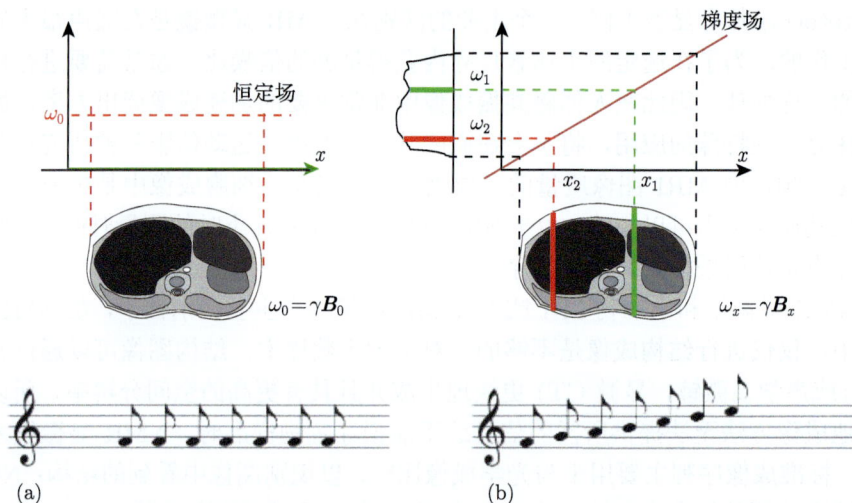

图 8.1　磁场梯度下的空间编码原理：(a) 在恒定磁场下，所有自旋的拉莫尔频率相同，所以都 "用同一个声音唱歌"。(b) 如果施加恒定的梯度，磁场随位置线性变化，频谱将与物体上的投影相对应。

最普遍和最有效的获取 NMR 谱的方法是傅里叶变换 NMR 谱 (FT-NMR) 方法。在该方法中，光谱范围内的所有自旋都由一个激励脉冲激发，然后由测量的时域信号的傅里叶变换给出频谱。对于二维图像，这意味着在时域 (也称为 k 空间) 中获取的信号 $S(t)$ 通过傅里叶变换与最终图像相关联 [2]：

$$S(t) = C \int_V \sigma(r) \cdot \exp(\mathrm{i}kr) \mathrm{d}r \tag{8.2}$$

其中，$\sigma(r)$ 表示位置 r 处的局部信号强度，C 为比例因子，表示与测量序列相关的特定对比度。

k 由下式给出：

$$k(t) = \gamma \int_0^{t_G} G(t) \mathrm{d}t \tag{8.3}$$

其中，t_G 表示梯度持续时间。

依据式 (8.2) 和式 (8.3)，自旋的定位任务转化为频率辨别问题。这是非常方便的，因为这样可以利用著名的已经建立的定理，从信号理论理解成像的基本边界条件，而不必涉及自旋物理的复杂性。

由于图像通常表示为离散像素组成的矩阵，因此对应到时间域中的表示是由离散等距采样点组成的 k 空间，这个 k 空间通常被称为 "格点 k 空间"[3]。奈奎斯特定理给出了离散采样的最基本性质，指出频域内相邻点在采集时间内的相对散相相位为 2π。更强的失相将导致卷绕伪影。

需要注意的是，根据式 (8.3)，k 域的坐标是由梯度随时间的积分给出。因此，k 空间中的一个给定点可以通过短时间内使用强梯度或较长时间内使用弱梯度来达到。

从式 (8.2) 和式 (8.3)，可以推导出成像过程的一些基本性质 (图 8.2)。

对于恒定梯度 G_x 下的采样，k 空间中的采样间隔 Δk 由停留时间 $\mathrm{d}w$ (两个离散数据点采样之间的时间增量) 和梯度的幅值定义：

$$\Delta k = \gamma \mathrm{d}w G_x \tag{8.4}$$

空间分辨率为 $\Delta x = 1/k_{\max}$，根据式 (8.3)，可转化为

$$\Delta x = 1/(\gamma t_{\mathrm{acq}} G_x) \tag{8.5}$$

其中，$t_{\mathrm{acq}} = nx \mathrm{d}w$ 为采集时间，采样点为 nx 个。

视野与 Δk 成反比。在频率单位中，这对应于带宽 (bandwidth, BW)，由停留时间 $\mathrm{d}w$ 的倒数给出：

$$\mathrm{FOV} = 1/\Delta k = 1/(\gamma \mathrm{d}w G_x) = nx \Delta x \tag{8.6}$$

以及

$$\mathrm{BW} = 1/\mathrm{d}w \tag{8.7}$$

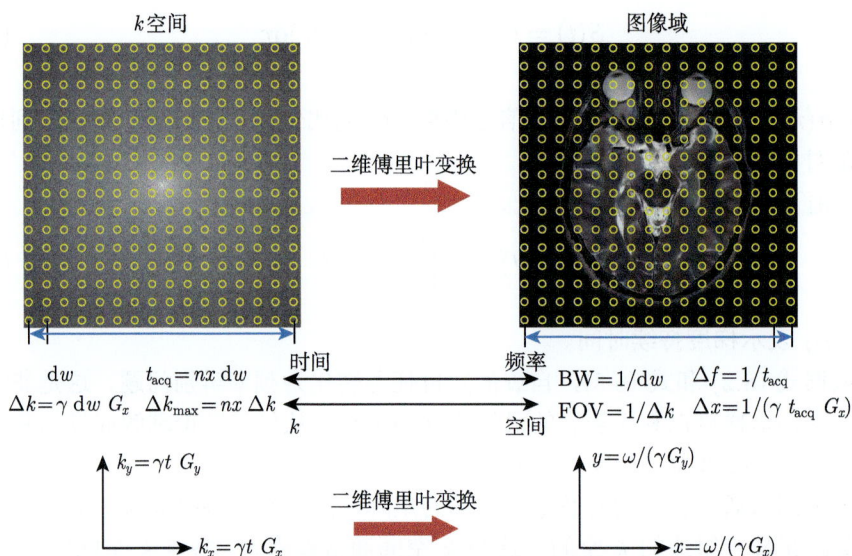

图 8.2　k 空间成像基本理论。信号在被称为 k 空间的频率域中测量，图像通过二维傅里叶变换与采集的数据相关联。参数解释见正文。

　　式 (8.4)～式 (8.7) 反映了 k 空间和空间域的逆反关系：一个域的分辨率由另外一个域的带宽的逆来表示，反之亦然。

　　不考虑具体的脉冲序列，式 (8.4)～式 (8.7) 可用于导出 MR 显微镜的一些基本参数组合。由式 (8.5) 可知，$\Delta x = 20\ \mu\mathrm{m}$ 的空间分辨率需要时间梯度积 $t_{\mathrm{acq}}G_x = 1/(\gamma \Delta x)$。当 γ(频率单位) $= 42.576\ \mathrm{MHz/T}$ 时，时间梯度乘积为 $1174.4\ \mathrm{mT/(m \cdot ms)}$。换句话说，施加 $117.44\ \mathrm{mT/m}$ 的梯度持续时间大于 10 ms 或施加 $11.744\ \mathrm{mT/m}$ 的梯度持续时间大于 100 ms 时可以达到 $20\ \mu\mathrm{m}$ 的空间分辨率。为了验证这一点，我们可以计算由这个时间梯度乘积引起的总空间散相相位，即 $\Delta\phi = \gamma t_{\mathrm{acq}}G_x = 50000 \cdot 2\pi\ \mathrm{rad/m}$ 或者 $20\ \mu\mathrm{m}/(2\pi\ \mathrm{rad})$，完全符合奈奎斯特定理。数学上，选择什么样的 t_{acq} 和 G_x 的组合是无关紧要的。在 NMR 中，特别是在 NMR 显微镜中，测量总是在以噪声为主的环境下进行。在 NMR 显微镜中遇到的典型频率范围内，噪声功率与频率无关，这意味着噪声随 BW 的平方根增加。因此，考虑到噪声因素，较长的采集时间更可取。但是，当 BW 过小时，信号衰减、场的不均匀性、不稳定性等造成的缺陷将增大对图像质量的影响。因此，在实践中，必须做出妥协来实现最佳的性能参数。这在很大程度上取决于所使用的序列类型 (见下文) 和实际应用。

　　表 8.1 给出了不同空间分辨率参数的一些实例。它说明了梯度功率不是 NMR 显微镜的限制因素：$1\ \mu\mathrm{m}$ 分辨率可以很容易地在当前可行的梯度系统上实现。

表 8.1 在 $nx = 1000$ 的情况下, 实现空间分辨率的一些典型值的参数组合

$\Delta x/\mu m$	时间梯度乘积/[mT/(m·ms)]	$G/(Mt/m)$	t_{acq}/ms	BW/kHz
		469	50	20
1	234387.41	1174	20	50
		2348	10	100
		93	50	20
		234	20	50
5	4697.48	469	10	100
		939	5	200
		2348	2	500
		46	50	20
		117	20	50
10	2348.74	234	10	100
		469	5	200
		1174	2	500
		58	20	50
		117	10	100
20	1174.37	234	5	200
		587	2	500
		15	50	20
		39	20	50
30	782.91	78	10	100
		156	5	200
		391	2	500

根据式 (8.5) 和给定的梯度 G_x, 采样时间 t_{acq} 是由空间分辨率定义的, 且与 FOV 无关。FOV 由采样时间 t_{acq} 内采样数据点的个数 nx 定义。由于目前的谱仪硬件的取样速度快、成本低, 因此过采样是很常见的。这是无成本的, 可以用来避免出现卷绕伪影, 也可以用来采样不对称放置的样品等。更快的采样会增加带宽, 因此噪声总量也会增加; 如果每个像素所占用的频带宽度决定的采集时间 t_{acq} 不变, 那么每个像素的噪声水平也保持不变。

在 NMR 显微镜中, 特别是在高分辨率扫描中, 径向编码被广泛使用。目前, 使用径向编码采集的图像重建通常采用非均匀快速傅里叶变换 (nonuniform fast Fourier transform, NUFFT) 执行 [4]。通过该方法, 径向采样的数据点被重新网格化到直线网格上, 然后进行 2DFT(图 8.3)。因此, 尽管从不同角度的投影数据中重建图像的概念与相位编码有很大的不同, 但这两个概念都可以整合到 k 空间成像的框架中, 这也适用于任意的 k 空间轨迹。

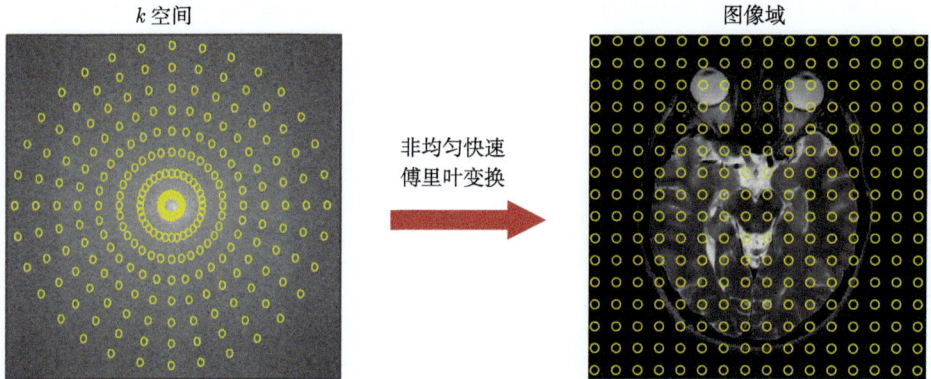

图 8.3　磁共振成像中的径向采样：采集的数据与图像之间的基本关系与二维傅里叶变换成像中的基本关系相同。由于径向采样导致数据点的网格非矩形，因此使用非均匀快速傅里叶变换 (NUFFT) 执行从 k 空间数据到图像域的转换。

8.2.2　切片选择

上面讨论的原理已经在二维成像中得到了说明，也可以很容易地推广到三维采集方案中。在实际应用中，二维成像仍然是最常用的成像方法。除了成像的样本本身是平的情况外 (例如，组织切片)，需要在信号读出之前选择切片 [5]。切片选择通过在切片选择梯度存在的情况下使用幅度和 (或) 相位调制的脉冲实现。对于简单选择脉冲的生成，可以采用小翻转角近似法 [6]，即脉冲的响应轮廓由其时间轮廓的傅里叶变换得到。因此矩形脉冲的响应曲线将对应于 sinc 函数 (图 8.4(a) 和 (e))，不适合切片选择。如果想要生成一个完美的矩形轮廓，需要使用具有完美 sinc 轮廓的脉冲。但是，由于 sinc 函数是无限长的，无法实现完美的轮廓。使用截断的 sinc 函数会产生一个颤动的轮廓，不够平滑 (图 8.4(b) 和 (f))。这可以通过使用适当的滤波器函数 (如正弦函数) 来避免，得到的轮廓 (图 8.4(c) 和 (g)) 给出了理想矩形的合理近似。小翻转角近似作为一种常用的简化方法只适用于脉冲翻转角很小的情况，但对于简单形状的 RF 脉冲，即便是在 90° 的情况下，这种近似也相当准确。这就是这些简单形状广泛使用的原因之一，尽管基于更复杂的布洛赫方程的模拟可以产生更好的形状。由高斯线形状生成的剖面 (图 8.4(d) 和 (h)) 并不完美，但对于给定的脉冲持续时间 $t_{\rm p}$ 来说，它是相当狭窄的，因此可以产生能够激发薄层的可靠的短脉冲。

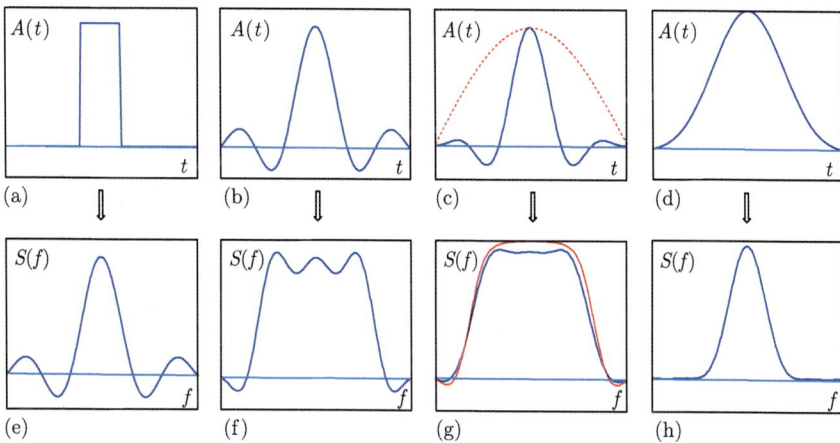

图 8.4　脉冲轮廓 (a~d) 和相应的小翻转角近似中的频率响应。矩形脉冲 (a) 将产生正弦形状的频率响应 (e)，截断的正弦脉冲 (b) 将产生明显的摆动 (f)，使用半正弦滤波器可得到 (c)，从而产生如 (g) 所示的频率剖面 (蓝线)。(g) 中的红线对应于通过模拟布洛赫方程生成的 90° 脉冲的轮廓，同时表明小翻转角近似值保持得相当好。(d) 显示了一个高斯脉冲，它将产生一个高斯频率响应 (h)。

从图 8.5 中可以看出，高斯脉冲的频率响应在更高的翻转角度下变得越来越非高斯性，但这是一种非常有益的方式：剖面的侧面变得更陡，在中心周围形成了一个平台。

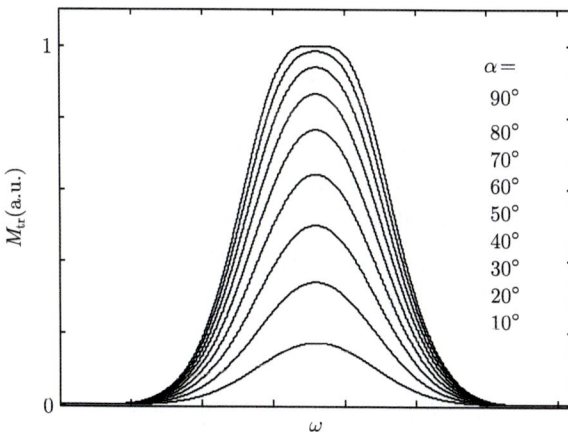

图 8.5　具有可变翻转角的高斯脉冲的频率剖面。小翻转角近似的偏差在约 $\alpha = 90°$ 处变得可见。

在存在切片选择梯度 G_z 的情况下，应用脉冲可以将频率剖面转换为切片剖

面。切片厚度 Δz 与脉冲带宽 $\mathrm{BW_p}$ 有关:

$$\Delta z = \mathrm{BW_p}/(\gamma G_z) \tag{8.8}$$

$\mathrm{BW_p}$ 的定义则有些随意。在多层成像中,通常希望将切片尽可能地放在一起("无间隙扫描"),因此,选择标称切片宽度是为了避免切片之间的交叉饱和。最常用的宽度值是最大宽度值的 10%。

图 8.6 说明了给定脉冲在强梯度 G_{z1} 下相比弱梯度 G_{z2} 可以产生更薄的切片,同样,较低带宽的脉冲可以在给定的梯度下产生更薄的切片。

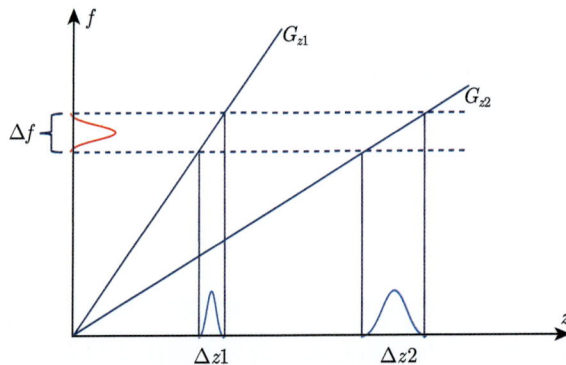

图 8.6　切片轮廓 $\Delta z1$ 和 $\Delta z2$ 对频率轮廓 Δf 和梯度斜率 G_{z1} 和 G_{z2} 的依赖性。注意梯度的改变也会引起切片位置的改变。

8.3　对 比 机 制

MR 的多功能性主要在于它所允许测量的对比机制的丰富性,使得产生关于所研究组织的独特信息成为可能。这对于 NMR 显微镜来说尤其如此,在大多数应用中,仅仅生成一个结构图像并不足够,运用光学成像或超声显微镜等其他技术可以做得更好、更快、更便宜,并具有更高的空间分辨率。主要的和基本的对比机制分别是自旋密度 σ 和弛豫时间 T_1、T_2。

8.3.1　T_1 弛豫

T_1 反映了 z 磁化强度恢复到热平衡的时间。根据自发辐射,孤立自旋的自然寿命取决于频率、场强和旋磁比,可以达到很多年甚至几千年。因此,自旋之间和自旋与周围环境之间的相互作用对重新建立热平衡至关重要。对水介质中的 MR 显微镜 (与在生物系统中类似),主要的弛豫机制是由相邻质子的偶极–偶极相互作用给出的。

磁化强度 $M_z(t)$ 通过式 (8.9) 给出：

$$M_z(t) = M_{za}\exp(-t/T_1) + M_{z0}(1 - \exp(-t/T_1)) \tag{8.9}$$

其中，M_{za} 是初始磁化强度，M_{z0} 为平衡磁化强度。

初始磁化强度 M_{za} 由射频脉冲产生，$M_z(t)$ 在 90° 激励脉冲作用后读出。

$M_{za} = -M_{z0}$ 由 180° 脉冲 (反转恢复) 产生，随反转时间 TI 的读出信号为

$$M_z(\text{TI}) = M_{z0}(1 - 2\exp(-\text{TI}/T_1)) \tag{8.9a}$$

$M_{za} = 0$(饱和恢复) 可以通过使用 90° 脉冲 (反转恢复) 得到

$$M_z(t) = M_{z0}(1 - \exp(-t/T_1)) \tag{8.9b}$$

对于重复时间为 $t = \text{TR}$ 的重复采集，如常规自旋回波成像，式 (8.9b) 表示稳态磁化强度，为实验设定了基本的时间要求。如果 $\text{TR} \ll T_1$，可用磁化强度 M_z 就变得相当小；因此，TR 相对 T_1 需要相当大。

8.3.2 T_2 弛豫

由激励脉冲产生的横向磁化强度 M_{tr} 随着时间常数 T_2 衰减：

$$M_{\text{tr}}(t) = M_{\text{tr}}(0)\exp(-t/T_2) \tag{8.10}$$

T_2 衰减代表了激发自旋系统相干性的损失。偶极–偶极相互作用将同时影响 T_1 和 T_2。此外，任何局部的磁场波动，例如，由随机移动的分子引起的磁场局部波动会导致横向磁化的额外退相干。因此 T_2 一般比 T_1 短：$T_2 \leqslant T_1$。

8.3.3 T_2^* 衰减

与导致 T_2 弛豫的分子尺度类似，存在于磁场的大尺度上的变化也能导致 M_{tr} 的失相。在 MRI 中，这种机制主要是由主磁场的不均匀性 (这对更大体积物体的成像非常重要) 和不同的被成像结构之间的磁化率差异引起的。这种磁化率的差异将导致不同磁化率结构内的实际磁通量 (以及拉莫尔频率) 的差异，特别是在这些结构的界面处的空间变化场。这种由磁化率引起的局部场变化将产生两种影响：它们将干扰用于图像编码的梯度，导致明显的场畸变甚至空间定位中的模糊 (图 8.7(a))。此外，自旋在强局域场的失相超过观测体积将导致信号损失 (图 8.7(b))。

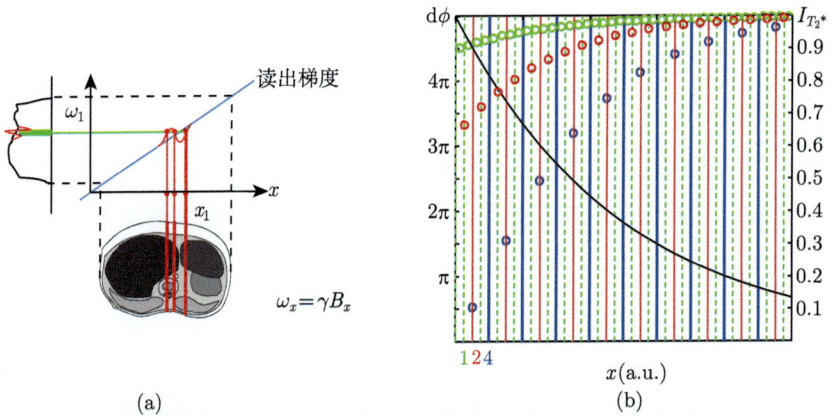

图 8.7   (a) 局部磁化率干扰的影响：磁化率引起的磁场将叠加在读出梯度上，这将导致局部失真和 (或) 模糊。(b) 展示了空间分辨率变化引起的信号衰减。渐趋平坦的磁化率引起的场调制 (黑线) 导致失谐相位 $d\phi$ 单调递减。假设自旋均匀分布，由此产生的信号衰减 $I_{T_2^*}$ 在低分辨率 (蓝色) 下会很明显，随着分辨率越来越高 (红色、绿色) 而减小。

图 8.7(b) 说明了信号损耗很大程度上取决于空间分辨率。一个给定的磁化率剖面会导致一些空间相关的失相 $d\phi$，信号衰减在低分辨率 (蓝色) 下是可感知的，而随着分辨率的提高 (红色、绿色)，信号衰减会变得更小。因此，这种宏观磁化率效应更多的是测量过程的特性，而不是组织特性。微观磁化率效应在远小于体素大小的尺度上也会导致一些信号衰减，这与空间分辨率无关，只要它远大于场扰动的大小。这种微观磁化率效应在生物组织中可以由毛细血管、金属沉积物、铁蛋白或不同组织成分之间的磁化率差异引起。在某种程度上，由此产生的信号衰减可以用于组织表征。在实际应用中，通常假设等轨磁化体 (在给定拉莫尔频率下的自旋) 服从柯西分布，以表征信号衰减，信号衰减将假定为具有衰减常数 T_2^* 的指数衰减函数。T_2^* 总是表现在 T_2 弛豫之上，所以 $T_2^* \leqslant T_2$，信号衰减中的非齐次因素 T_2' 被定义为 $1/T_2' = 1/T_2^* - 1/T_2$。在实际应用中，同色层的分布可能是高斯分布，而不是柯西分布，但是 T_2^* (以及 $1/T_2'$) 仍被使用。

可通过毕奥-萨伐尔方程来描述磁化率感应场。对于点源 (或小球体)，生成的场将显示典型的偶极场模式 (图 8.8)。更复杂形状的结构周围的场可以用分布点源的偶极子场的叠加来模拟。

图 8.8 表明，小结构周围的磁化率感应场至少是该结构本身的 1 ～ 2 倍；对于较大的结构，场可以延伸至几毫米甚至几厘米。对于针对生物结构的磁共振显微镜，组织内部的磁敏感性差异非常小，为 0.005～0.01 ppm，这意味着在场强为 7 T (300 MHz) 时，频率差异为 1.5～3 Hz。通过适当的技术，可以测量这些细微的差异 (见下文)，但它们与图像质量无关。这在组织和其他材料的界

面上有显著的不同。组织是抗磁性的，磁化率约为 -9.1×10^{-6}，空气是微顺磁性的，磁化率约为 3.6×10^{-7}。磁化率差异转化为在 7 T 时约 286 Hz 的频率差异。

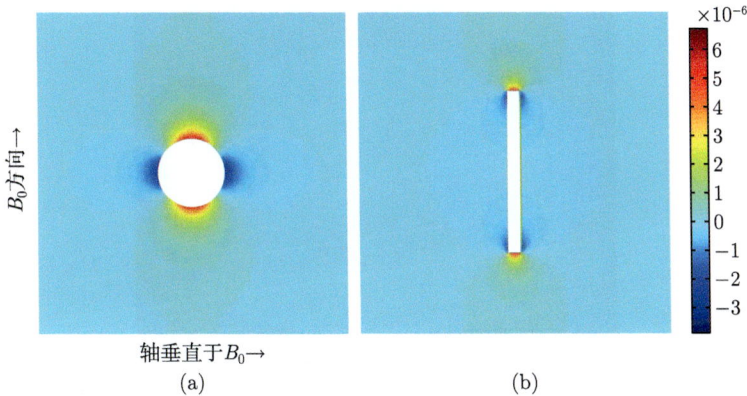

图 8.8　由球体 (a) 和细长体 (b) 引起的磁化率感应场，与其周围环境的磁化率差异为 10×10^{-6}。请注意，沿着 B_0 方向朝向的细长体仅在其末端周围显示磁化率效应。

这就解释了为什么空气是 NMR 显微镜的头号敌人。一个小气泡会产生一个陡峭的场梯度，这很容易抹去它周围的所有信号 (图 8.9)。样品容器和周围的结构 (线圈、引线和电子元件) 也会影响探针内的局域场均匀性，这取决于所检测的结构和实验设置。不同的玻璃和用于样品制备的其他材料的磁化率有明显的差异；因此，在样品探针材料的选择上需要谨慎。金属结构如射频线圈、引线和电子元件尤其棘手，因为金属的敏感性相当显著。因此，为了避免敏感引起的信号损失，细致的敏感度匹配是必要的。幸运的是，金属可以是顺磁性的 (如铜)，也可以是抗磁性的 (如金)，这可通过镀层或者敏感性匹配合金为磁敏感匹配提供机会。

因此，磁化率是限制信号读出持续时间的主要因素。长时间的读出有利于最小化采集带宽，从而优化 SNR。然而，这种信号可能很容易被磁化效应破坏。这对于在圆柱形 MR 管内的 NMR 显微镜测量来说并不是一个大问题，因为它受到磁化率的影响最小。然而，对于具有更复杂几何的设置来说，问题就变得棘手了。

由磁化率引起的场梯度的去相干可以通过使用自旋回波读出来进行。值得注意的是，自旋只在准确的回波时间重新聚焦；沿有限的采集窗口的散焦将导致模糊。此外，只有当自旋和场扰动保持不变时，重新聚焦才会起作用。随机波动会造成不可挽回的信号损失。因此，这种动态磁化率效应甚至会影响自旋回波衰减，即测量的 T_2 将依赖于序列的时间。使用多自旋回波读出的 T_2 测量将产生取决于

回波间隔的 T_2 值；因此，T_2 反映的不是真正的组织性质，而是取决于测量的方式 [7]。

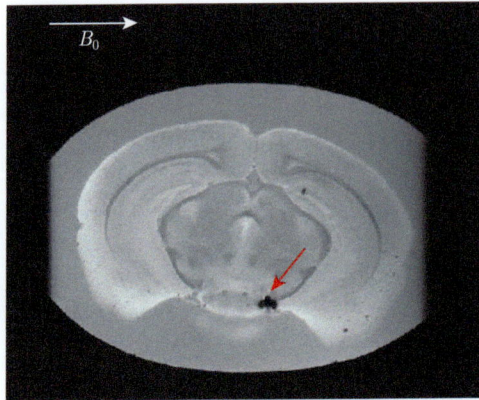

图 8.9 带有小气泡 (红色箭头指示) 的鼠脑切片图像。图像是在带有冷冻线圈的 7 T 系统 (Bruker Biospin，德国) 上获得的。参数：TE=16 ms，TR=300 ms，$n_{av} = 16$，4 层，22 μm × 22 μm × 100 μm，翻转角 $= 50°$，矩阵：550 × 680，FOV：12 mm×15 mm，总采集时间为 54min。

最后，应该指出，磁化率依赖效应也取决于所使用梯度的方向。对于具有切片选择的二维成像，切片选择方向上的磁化率梯度会导致失相，从而导致信号丢失。

沿读出方向的磁化率梯度将会叠加到读出梯度上，并导致信号移位以及局部失真。如果磁化率梯度与读出梯度平行，则局部空间分辨率将增加，导致进入该体素的结构明显 "收缩"，同时由于贡献信号的自旋数量减少，体素强度也会降低。如果局部磁化率梯度与读出梯度反向，则空间分辨率会局部降低。这意味着更多的自旋将对该特定体素的信号强度做出贡献，从而导致在具有强局部磁化率效应的区域中出现典型的非常明亮的光晕。

除了几何畸变外，磁化率梯度与成像梯度叠加引起的回波位移也会导致回波时间的变化。只要磁化率梯度很小，就可以影响信号强度，并在图像中产生局部相位扰动。如果发生移位，则信号最大值可能最终会从采集窗口中消失，导致局部信号缺失。

相位编码方向上的磁化率梯度会引起相位编码梯度的偏移。只要偏移量比较小，使用最大相位编码梯度 GPE_{max}，其影响可以忽略不计；如果它变得比 GPE_{max} 大，信号将退出 k 空间。尽管如此，总的来说，相位编码方向对降低磁化率影响是最有利的。

8.4 基本脉冲序列

8.4.1 概述

为了生成给定分辨率 Δx 和 FOV 的图像, 必须获取相应 k 空间矩阵中的数据。由于 NMR 中的信号读出本质上是一维的, 为了覆盖 (二维或三维) k 空间中的所有数据, 必须找到一个合适的 k 空间轨迹。传统的采样方案采用逐行采样方案, 即在每个采样间隔的恒定读出梯度 G_R 下获得 k 空间中的一行数据。通过沿着被称为相位编码的方向, 应用时间梯度乘积为 $t_P G_P = \mathrm{NP}/(\gamma \mathrm{FOV}_P)$ 的梯度来选择 k 空间中的不同行的数据, 其中 NP 指定沿 k_y 方向的坐标以及 y 方向的 FOV(FOV_P)。在常用的自旋卷绕编码中, t_P 保持不变, G_P 随采集步骤变化 [8]。

n_p 条相位编码线的采集可以通过回波间隔 ESP 的单次采集进行, 或者如果每次激励读取一行以上的 k 空间数据即 n_{seg} 多次激励, 每次激励各有 n_e 回波, 并通过一个恢复时间 TR 将多个激励分开。总采集时间由式 (8.11) 给出:

$$t_{tot} = n_{seg} \mathrm{TR} \tag{8.11}$$

其中, $\mathrm{TR}_{min} = n_e \cdot t_{acq}$, $n_e \cdot n_{seg} = n_p$。

对于单次激发采集, 有

$$t_{tot} = n_p \mathrm{ESP}$$

以及对于单次回波读出, 有

$$t_{tot} = n_p \mathrm{TR}$$

对于三维采集, 其中相位编码沿着两个方向进行, 必须获得 $n_p = n_{p1} \cdot n_{p2}$ 条相位编码线。

当 $t_{acq} < \mathrm{ESP}$ 或者 $t_{acq} \ll \mathrm{TR}$, 总的获取时间主要由相位编码步骤的数量决定, 即空间分辨率以及沿着相位编码方向的 FOV_P。在宏观 MRI 中, 通常采用并行激励来加速数据采集 [9-11]。NMR 显微镜在以噪声为主导下的环境工作, 为了获得足够的 SNR, 必须使用多个平均值; 因此, 并行加速尚未被广泛探索和应用, 尽管它提供了一些吸引人的功能。这对于压缩感知概念也是如此 [12-14]。

对于给定的图像分辨率, 可以通过信号平均或增加 n_p 来提高 SNR。在恒定的分辨率下增加 n_p 将增加 FOV, 并有助于避免卷绕伪影。与信号平均相比, 增加 n_p 是更经济和高效的方法, 因为增加相位编码步骤不会增加数据采集时间。通过 n_{av}-fold(一种信号自适应平均方法) 平均所需的额外扫描次数也可以用于将原本具有 $n_{av} \cdot n_p$ 个相位编码步骤的 2D 实验转化为在第三维上具有 n_{av} 个分区的

3D 实验。这将提供垂直于成像切片的空间覆盖，从而获取沿垂直于成像切片方向的信号，而无须付出额外成本。

不管所使用的脉冲序列如何，必须考虑到的是：给定脉冲序列的采样效率是由从某个特定体素获取信号所花费的时间与总测量时间的比率给出的。这似乎给了三维成像一个内在的优势，即在三维成像中，所有体素的信号都是在每个采集步骤中获取的。然而，这种优势可能会被信号饱和和 (或) 使用 3D 读出以获得所需图像对比度的不可行性抵消。

由于 SNR 是 MR 显微镜中最重要的挑战，因此在 $T_2(*)$ 衰减和 (或) 扩散 (见下文) 设定的限制条件下尽可能延长采集窗口时间，并尽可能减少用于脉冲、梯度的 "开销" 时间。

磁共振成像中信号的产生既可以通过自旋回波实现，也可以通过梯度回波实现。对于这两种信号生成模式，每个激励都可以获得一行或多行 (直到全部) k 空间的数据。这将引出四个通用脉冲序列 (见下文)。

8.4.2 自旋回波序列

自旋回波 [15] 信号的形成可能是 NMR 和 MRI 中最重要的信号形成机制。带有单个回波读数的自旋回波序列是最古老、最可靠的成像序列。

图 8.10 展示了单个自旋回波序列 (图 8.10(a)) 和称为 RARE(TSE, FSE, · · ·) 的多回波实现的基本序列 (图 8.10(b))[16]，其中 RARE 表示弛豫增强的快速采集 (rapid acquisition with relaxation enhancement)，TSE 和 FSE 分别表示涡轮自

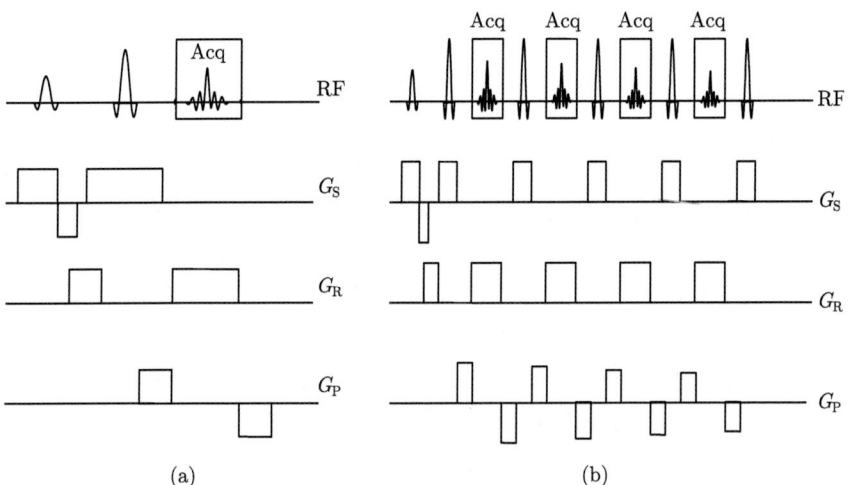

图 8.10 (a) 单自旋回波和 (b) 多回波 (RARE) 成像序列的序列图。RF 表示射频脉冲和信号，Acq 为采集时间，G_S、G_R 和 G_P 表示切片选择、读出和相位编码梯度。

旋回波 (turbo spin echo) 和快速自旋回波 (fast spin echo)。

RARE 需要在获取每个回波后对相位编码梯度进行倒转，以避免回波序列分裂成多个重聚焦路径，否则将经历不同的相位编码，从而产生较强的图像伪影。只有当重聚焦脉冲的翻转角恰好为 180° 时，才能避免这种现象。这种条件在人体或小动物 MRI 中是不满足的，但在磁共振显微镜的特殊应用中使用大的传输线圈可能是可行的，它将在被检查的小探针上产生一个均匀的 B_1 激发场。

在非常高的分辨率下，扩散效应将限制 RARE 的应用，但在 30~150 mm 范围内，序列提供了一个具有吸引力的方法来在合理的测量时间内获取 T_2 加权图像 (图 8.11(b))。

单回波序列 (图 8.10(a)) 在磁共振显微镜中仍然是一个有效的 T_1 加权成像方法。它允许使用较低的带宽和较长的采样窗口。用于产生所需对比的 TR(对于生物样品，通常在 500 ms 左右) 可以通过获取多个切片来填充。在极端 (和假定) 的情况下，当所有脉冲的持续时间缩减到零，采样时间将在重聚焦脉冲之后，被设置为等于回波中心的时间，采样效率可以达到 66.6%，考虑到脉冲和梯度使用的有限时间，可达到 40%~50%。为了避免混入 T_2 对比，TE 应较短 (< 20 ms)，因此回波不一定集中在采集窗口，低带宽也可以在一定程度上应用于不对称采样。相位编码倒转不是必需的，但它可以帮助稳定梯度性能和减少涡流影响。

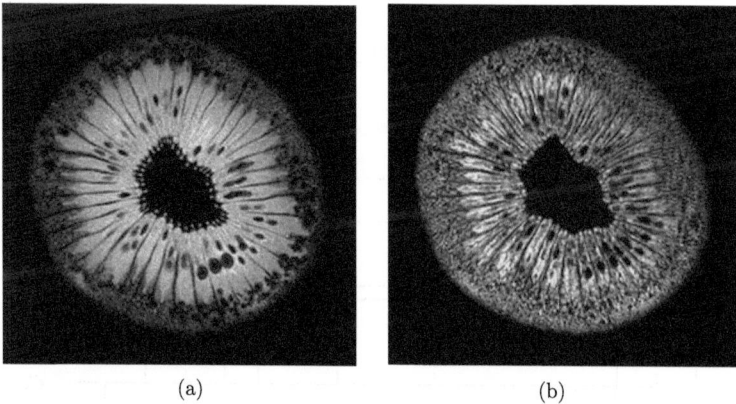

(a)   (b)

图 8.11 猕猴桃的 FISP 图像 (a) 与 RARE 图像 (b) 的比较。实验参数：(a) RF 损毁 FLASH 2D：TR =60 ms，TE =4 ms，翻转角 30°，SLTH =1 mm，矩阵：256×256，FOV：60 mm ×60 mm，分辨率 234 μm ×234 μm，采集时间 15 s。(b) RARE 2D：TR= 3500 ms，TE =60 ms (ESP= 20 ms)，RARE 因子 6，SLTH =1 mm，矩阵：256×256，FOV：60 mm ×60 mm，分辨率 234 μm ×234 μm，采集时间 2 min 27 s。

与使用在小动物或人体上的 MRI 相反，单自旋回波采集也可以通过使用相当长的低带宽 (高 SNR) 读出窗口来产生 (温和的)T_2 加权图像。通过要求长的

TR 来达到足够的 T_1 弛豫，总体来说，这是一个相当缓慢的实验，每幅图像需要 20~30 min。磁共振显微通常需要多次平均，导致总采集时间为小时级别，但这仍然是一个有效的选择。

基于自旋回波序列的 3D 采集极其耗时且采样效率低，因为需要很长的恢复时间才能使足够的 z 磁化强度恢复到下一次采样的平衡，因此，与 3D TSE (SPACE)[17] 被大量应用于人体 MR 相反，这种实现只起到很小的作用，例如，在流体强化 T_2 加权图像中使用超长回波链。

8.4.3 梯度回波成像

基于梯度回波的成像也可以使用单个回波读出 (FLASH、FISP、trueFISP 和 PSIF) 或使用多个梯度重聚焦 (EPI)。这两种类型的成像特性有很大的不同，下面将在不同的章节对其进行讨论。

8.4.3.1 FLASH 型梯度回波

FLASH 型序列 [18] 的脉冲如图 8.12 所示。FLASH 序列通常使用重复时间 TR，它比 T_1 短得多也比 T_2 短。因此 z 磁化强度没有时间恢复到热平衡，而是产生了一个稳定的磁化，这取决于激发翻转角、重复时间 TR 以及信号读出后剩余横向磁化的存在方式。这可推广至 RF 损毁 FLASH(T_1-FFE, SPGR)，(重聚)FLASH(FFE, FISP, GRASS)，CE-FAST(T_2-FFE, PSIF)[19]，以及全重聚 FLASH(b_ FFE, trueFISP, FIESTA)[20]。

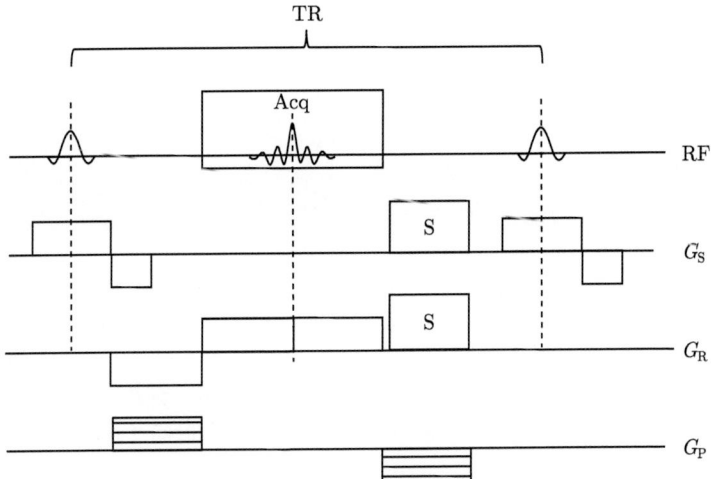

图 8.12 FLASH 序列的序列图。TR 表示重复时间，S 表示扰流梯度以抑制不需要的剩余横向磁化。

所有 FLASH 型序列的一个共同特征是，用于信号生成的梯度反转只重新聚焦预散相梯度引起的失相，任何其他机制引起的自旋保持不变。这些机制主要是敏感性和化学转移。

从概念上 (不是实验上) 损毁 FLASH 是 FLASH 类型序列的一种基础变体。稳态磁化强度的定义只考虑 z 磁化强度，因此稳态磁化强度主要取决于翻转角 α、恢复时间 TR、待研究样本的 T_1，以及在信号读出前 TE 时刻的 T_2^* 衰减：

$$S = I_0 \frac{\sin \alpha (1 - E_1)}{1 - E_1 \cos \alpha} E_2^* \tag{8.12}$$

其中，I_0 是平衡磁化强度，$E_1 = \exp(-\mathrm{TR}/T_1)$，$E_2^* = \exp(-\mathrm{TE}/T_2^*)$。信号在恩斯特角处达到最大值：

$$\alpha_\mathrm{E} = \arccos E_1 \tag{8.13}$$

对于实际的生物探针，$T_1 = 800$ ms、$T_R = 20$ ms，则恩斯特角将十分小 (约为 13°)。

当 TR 短于或接近 T_2 时，在几个 TR 上重新聚焦的磁化强度也会对信号有贡献。在图 8.12 中标记为 "S" 的扰流梯度并没有起到真正的帮助作用，因为它们的效果被重新聚焦在两个 TR 上。消除重新聚焦磁化强度的信号贡献的唯一方法是使用射频破坏，其中激励脉冲的相位从一个 TR 到下一个 TR 呈平方增加。图 8.13 显示了信号强度随相位增量变化的相当复杂的依赖性。这也说明，增加翻转角将增加重聚路径的贡献。通常情况下，117° 的相位增量可以用于获得纯的 T_1 对比度。

在具有恒定激发脉冲相位或线性相位增量的梯度回波实验中，重新聚焦的信号贡献将影响信号强度：

$$S_\mathrm{FISP} = I_0 \tan\left(\frac{\alpha}{2}\right) \left[1 - (E_1 - \cos \alpha) \sqrt{\frac{1 - E_2^2}{(1 - E_1 \cos \alpha)^2 - E_2^2 (E_1 - \cos \alpha)^2}} \right] E_2^* \tag{8.14}$$

其中，$E_2^2 = \exp(-2\mathrm{TR}/\mathrm{TE})$ 表示超过两次聚焦时间的 T_2 衰减。式 (8.14) 中括号中的第二项反映了重新聚焦的横向磁化的贡献，如果 $\mathrm{TR} \gg T_2$，式 (8.14) 可简化为式 (8.12)。结果表明，重聚焦梯度回波序列 (FISP) 的对比度依赖于 T_1、T_2 以及 T_2^* 的混合。因此，FISP 的稳态信号总是大于或等于损毁 FLASH 信号 (图 8.13)。

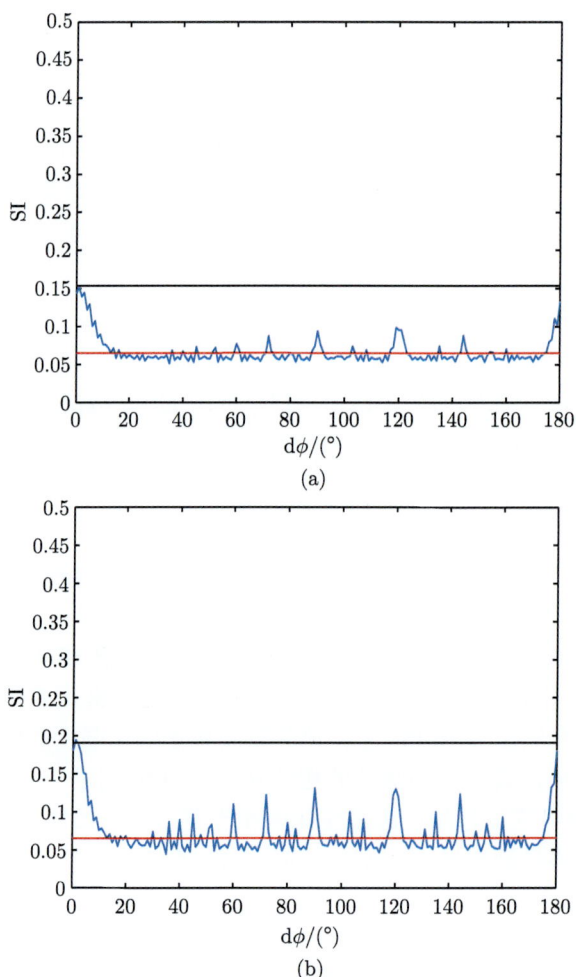

图 8.13　随着相位 dϕ 在连续脉冲之间的增加，RF 损毁 FLASH 的稳态信号强度 SI 的变化
　　　情况，参数：(a) T_1 = 200 ms, T_2 = 40 ms, TR = 10 ms, 翻转角 30°, (b) T_1 = 200 ms,
T_2 = 40 ms, TR = 10 ms, 翻转角 60°。红色水平线代表损毁 FLASH 测量的信号强度，黑色
线代表重新聚焦的 FLASH(FISP)。

　　　由于其高稳态信号和抗磁化率影响的鲁棒性，FISP 是 NMR 显微镜中高效
三维采集的可选方式。图 8.11 显示了用 FISP 和 RARE 获得的猕猴桃图像的对
比示例。图 8.14 显示了棉花果实的高分辨率 3D FISP 图像。

　　　重聚焦梯度回波序列的另一种变体是 PSIF(或 CE-FAST) 序列，它是 FISP
序列的时间反演 (图 8.15)。由于切片选择聚相梯度 (prewinder) 和读出散相梯度
(rewinder) 放置在采集窗口 Acq 之后，因此在第一个脉冲之后没有信号产生，只
有在稳定状态下，才会有来自重新聚焦的磁化强度对信号强度产生贡献，产生的

信号强度为

$$S_{\mathrm{PSIF}} = -I_0\tan\left(\frac{\alpha}{2}\right)\left[1-(1-E_1\cos\alpha)\sqrt{\frac{1-E_2^2}{(1-E_1\cos\alpha)^2-E_2^2(E_1-\cos\alpha)^2}}\right]$$

$$\times\exp(-\mathrm{TE}/T_2)\exp\left(-\frac{\mathrm{TR}-\mathrm{TE}}{T_2'}\right) \tag{8.15}$$

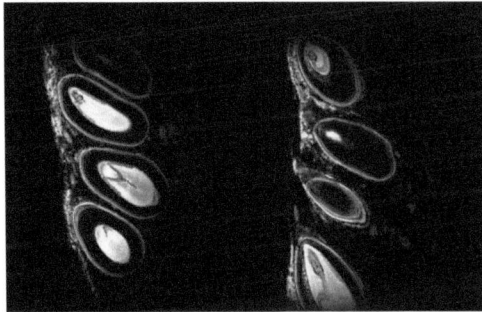

图 8.14 棉花果实 3D FISP 数据集的两个切片，用于棉花种子解剖结构的可视化。参数：带冷冻线圈的 7 T Bruker BioSpec，翻转角为 20°，TR =40 ms，TE =6.8 ms，8 次平均，采集时间 14 h 13 min。矩阵尺寸 500 ×400 ×400，FOV: 25 mm ×20 mm ×20 mm，分辨率 50 μm ×50 μm ×50 μm。(与哈勒大学的 F. Natalio 合作进行的研究。)

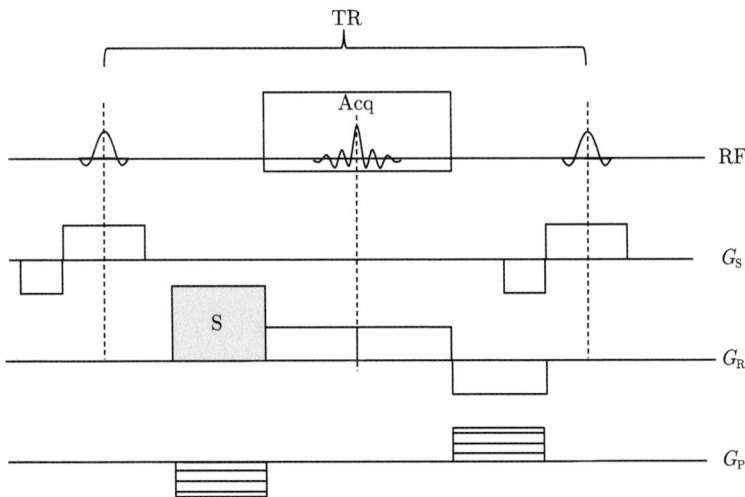

图 8.15 CE-FAST(PSIF) 序列的序列图。读出和切片选择梯度是时间反转的，因此在采集时间之前的 RF 脉冲不会产生任何信号，所有信号都来自超过一个 TR 的间接重聚焦路径。通常添加扰流梯度 S 以避免由前面的 RF 脉冲形成的自由感应衰减的尾部的干扰。

通过将 FISP 和 PSIF 序列合并为一个序列 [21]，可以在同一个 TR 内读出 FISP 信号和 PSIF 信号。两个信号被位于中心的阴影读出梯度区域隔开，所有其他梯度在每个 TR 达到均衡 (图 8.16)。当分离梯度设为零时，将产生一个完全平衡的梯度回波序列 (图 8.17)，其中 PSIF 信号和 FISP 信号合并为一个信号。完全平衡 SSFP$_{(bSSFP)}$ 序列的信号强度在 TE = TR/2 处为

$$S_{bSSFP} = I_0 \frac{\sqrt{E_2}(1 - E_1)\sin \alpha}{1 - (E_1 - E_2)\cos \alpha - E_1 E_2} \tag{8.16}$$

其中，$E_2 = \exp(-TR/T_2)$。

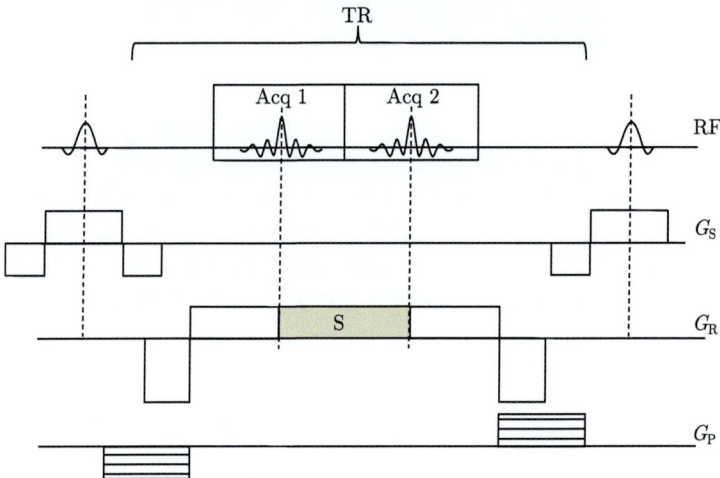

图 8.16　DESS 序列的序列图，其中直接和间接信号通路都被读出。该序列由 FLASH(图 8.12) 与 CE-FAST(图 8.15) 序列的背靠背排列组成，被读出梯度的阴影部分 S 分隔。

当 TR $\ll T_1, T_2$，式 (8.16) 可以简化为

$$S_{bSSFP} = I_0 \frac{\sin \alpha}{1 + \cos \alpha + (1 - \cos \alpha)(T_1/T_2)} \tag{8.17}$$

最优的翻转角度为

$$\cos \alpha = \frac{T_1/T_2 - 1}{T_1/T_2 + 1} \tag{8.18}$$

最后得到

$$S_{bSSFP} = \frac{1}{2} I_0 \sqrt{T_2/T_1} \tag{8.19}$$

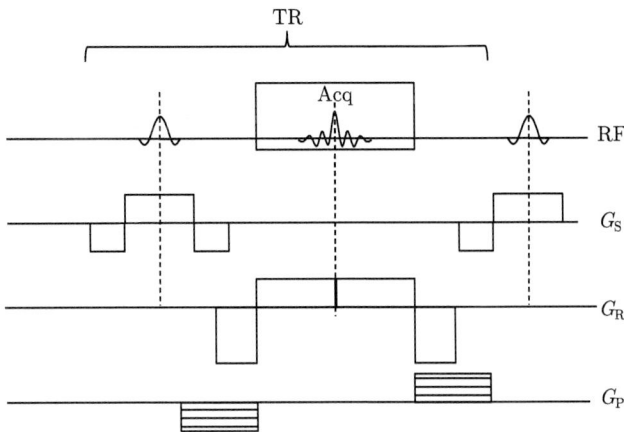

图 8.17 完全平衡稳态自由进动 (bSSFP) 序列 (trueFISP、FIESTA) 的序列图，其中所有路径都被压缩成一个信号通路。

平衡 SSFP 序列可以在单位时间内提供最高的信号，因此似乎是一个很好的用于 MR 显微镜的候选方案。然而，它的缺点是，信号依赖于每个 TR 内自旋的失相，这导致众所周知的对应于 $(2n+1) \cdot \pi$ rad/TR 散相区域的条带伪影。对于 MR 显微镜通常使用的条件 (高场，强磁化梯度)，TR 通常不够短，以避免条带伪影，因此很少使用平衡 SSFP。

作为本章对梯度回波序列的总结，类 FISP 序列具有合理的高 SNR 和高采样效率。梯度回波序列非常适合三维采集，因此，三维梯度回波为在合理的测量时间内生成高分辨率数据提供了一种有吸引力的方法。FISP 的混合对比度使得解释图像中的每个组织结构细节变得有些困难，但整体 3D-GRE 是查看图像内部结构的最好办法。

8.4.3.2 EPI

EPI 是古老的 MR 序列之一 [22,23]。在一次激励脉冲后，通过读出梯度的多次反转获得覆盖 k 空间所需的所有信号 (图 8.18)。为了在每个连续回波中推进到下一个 k 空间线，需要使用短脉冲来对信号进行相位编码。信号读出的总持续时间应小于观察组织的 T_2^*；因此，需要使用快速而相当强的梯度以获得足够的空间分辨率。为了缓解梯度要求，EPI 可以使用 n_{seg} 次激励并且在每个梯度反转采集 n_{seg} 条 k 空间线或者使用读出分割 [24]。EPI 对磁化效应非常敏感，这可能导致图像失真和信号丢失。由于梯度回波序列相位编码的影响，相位编码方向成为对磁化率问题最敏感的方向。

EPI 作为参数成像依然十分有吸引力，例如在分辨率不是很高 ($> 50\,\mu$m) 的情况下的扩散磁共振成像。

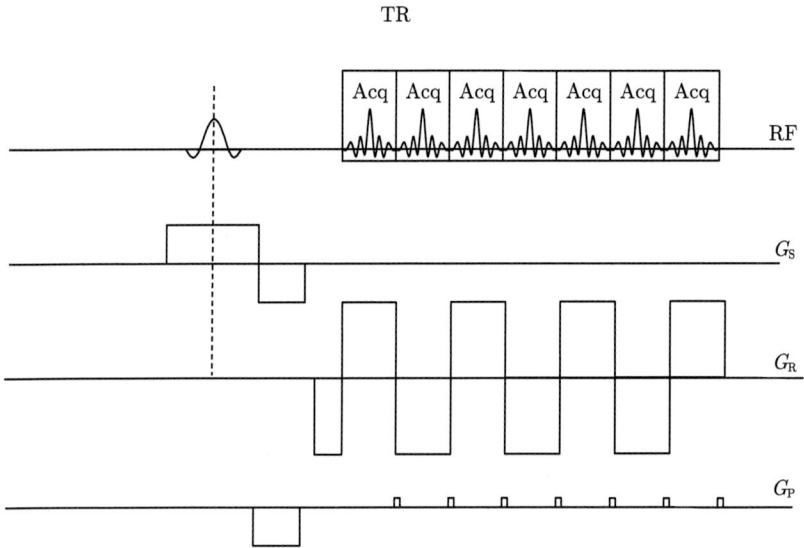

图 8.18　平面回波成像 (echo planar imaging，EPI) 序列的序列图。横向磁化由单个激励脉冲产生，多个梯度回波由读出梯度的时间反转产生。在读出梯度反转期间，短脉冲的相位编码被应用。最开始沿着 GP 方向的梯度会导致初始的散相，从而可以在后续的回波中得到 k 空间的零点 (通常出现在回波链的中心)。

8.4.4　超短 TE

通过在激发期间或紧接激发后施加恒定梯度，可以直接对自由感应衰减信号进行空间编码。这种方法避免或最小化了激发和信号读出之间的死区时间，从而可以对快速衰减信号进行成像 [25,26](图 8.19)。因此，超短回波时间 (ultrashort TE, UTE) 成像可以看作是一种不需要任何预聚相的梯度回波实验。由于达到期望的梯度振幅需要有限的时间，初始采样点将被更密集地采样，因此图像重建需要重新网格化和使用 NUFFT(见上文)。如果时间充裕，可以使用较短的散相梯度时间，使得得到的梯度回波稍微推迟一点，在梯度上升时间之后再开始采集信号。

在宏观成像中，用 UTE 对短 T_2 组织如肌腱、骨骼、牙齿、软骨等进行成像 (图 8.20)。通常使用非常短的脉冲，以避免脉冲期间的任何信号损失。然后以 "Koosh-ball" 方式对每个激励的径向辐角进行 3D k 空间采样 (图 8.19(b))。在 NMR 显微镜中对短 T_2 组织成像是极具挑战性的，需要非常强的梯度，以在极短的采集时间内获得足够的空间分辨率。这导致了非常高的采样带宽，从而导致 SNR 很低。在 NMR 显微镜中 UTE 成像仍然是一种有用的技术，例如，在非常高的场强成像或者在 T_2^* 特别短时以及在扩散受限时进行高分辨率成像 (图 8.25)。

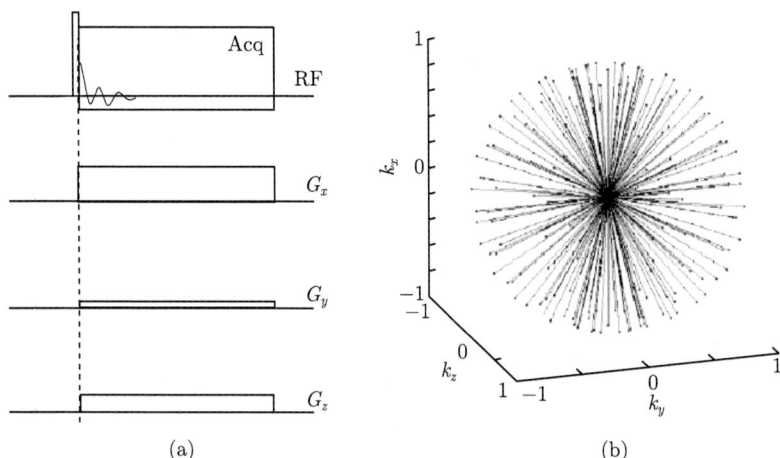

图 8.19 UTE 序列的序列图 (a) 和 k 空间采样模式 (b)。数据采集在短 (通常为矩形)RF 脉冲之后立即开始，梯度变化使得 k 空间以 "Koosh-ball" 模式 (b) 进行采样。

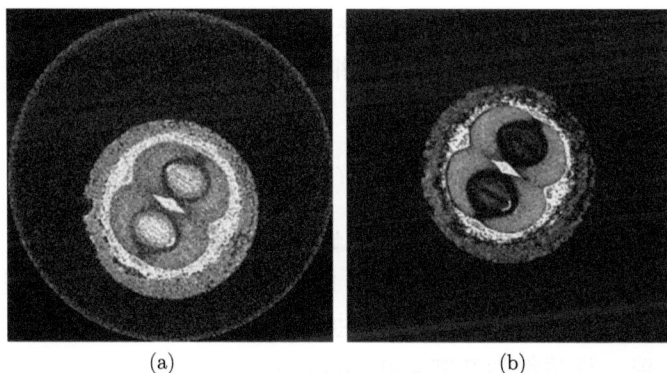

图 8.20 使用 UTE (a) 获得的金缕梅果实茎的轴向图像与使用正交线圈在 7 T(Bruker BioSpec) 下获得的 FISP (b) 进行比较。选择 UTE 是为了减少由空气外壳引起的相当严重的磁化率伪影。UTE：矩阵：256 ×256 ×256，FOV：25.6 mm ×25.6 mm ×25.6 mm，分辨率100 μm ×100 μm ×100 μm，TR =5 ms，TE =20 ms，翻转角 5°，205 634 个平均投影，总计采集时间 17 min 8 s。FISP：矩阵：256 ×256 ×256，FOV：25.6 mm ×25.6 mm ×25.6 mm，分辨率 100 μm ×100 μm ×100 μm，TR =30 ms，TE =4 ms，翻转角 20°，总采集时间 32 min 46 s。(经德国弗赖堡大学植物生物力学小组许可转载。)

8.5 特殊对比

上述对比参数 (T_1, T_2, T_2^*) 是影响任何 MR 序列信号的固有参数。除此之外，MRI 还提供了大量可测量的附加参数。正如在本章开始指出的，对大多数

MR 显微镜应用来说, 仅仅进行结构成像是不够有吸引力的, 使用其他技术 (光学或超声显微镜) 可以更快更有效地制作结构图像。因此, 在 MR 显微镜中, 有必要使用成像序列来提供独特的信息或者至少不容易被其他技术收集的信息。在生物探针中, 近年来, 扩散系数作为一个观察参数受到了广泛的关注。与此相关的是, 磁化率加权成像和流动定量等独特的信息已经可以通过 NMR 显微镜收集。

8.5.1   扩散

测量水的扩散能力是一种对比机制, 这在 NMR 中是非常独特的。用光学方法来测量染料的扩散是相当简单的, 但对水的扩散的观察仍然是 NMR 独有的。除了对观察不同组织和基质中的水分子扩散运动性质的固有兴趣外, 扩散成像也是缺血组织的敏感标记 [27]。扩散测量也提供了在远低于实验实际空间分辨率的尺度上观察微结构的可能性。基于扩散 NMR 的微观结构测量的应用范围从材料孔径的表征 [28-30] 到大脑纤维结构 [31] 的成像。

使 NMR 实验针对扩散敏感的最直接的方法是 Stejskal-Tanner 实验 [32], 在该实验中, 使用净动量为零的双极梯度来敏化运动测量 (图 8.21(a))。在梯度过程中随机运动的扩散自旋将获得一个随机相位, 这将导致被测信号的整体衰减, 扩散加权因子 WD 为

$$\text{WD} = \exp(-(2\pi\gamma)^2 G^2 \delta^2 (\Delta - \delta/3)D) = \exp(-bD) \tag{8.20}$$

其中, γ 为旋磁比 (MHz/T), G 为梯度幅值, D 为扩散常数, δ、Δ 为梯度的时间参数。b 因子表征序列的扩散敏感性, 通常以 s/mm^2 为单位, 因此, 如果 b 因子为 1000 s/mm^2, 则扩散衰减为 1/e, 扩散常数为 1×10^{-3} mm^2/s, 是水在组织中的典型扩散值。D 值约为 2.35×10^{-3} mm^2/s。

在极端情况下, 假设射频脉冲的持续时间可以忽略, 扩散梯度始终保持恒定, δ 和 Δ 将等于 TE/2, 式 (8.20) 简化为

$$\text{WD} = \exp(-(2\pi\gamma)^2 G^2 \text{TE}^3 D/12) \tag{8.21}$$

图 8.21(a) 仅显示了扩散编码梯度。如果这与成像梯度结合, 当然也会增加扩散衰减。可以通过旋转表示梯度效应的相位图来直观地理解任意梯度方案的扩散加权。具体而言, b 因子与以 t 轴为中心旋转表示梯度效应的相位图所生成的旋转体积成正比, 因此可以通过旋转表示梯度效应的相位图来计算 b 因子并进一步了解任意梯度方案的扩散加权情况 [33]。图 8.21(b) 是 Stejskal-Tanner 序列的相图, 图 8.21(c) 是将相图围绕 t 旋转所生成的双锥。这种方法适用于任意的梯度序列。

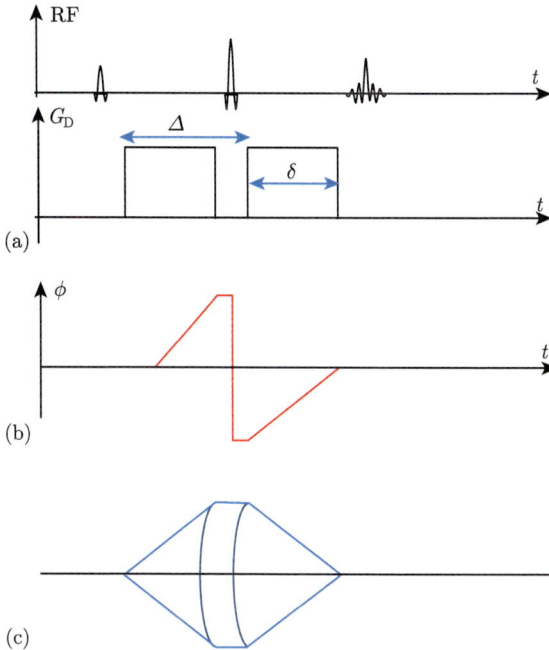

图 8.21 (a) 基本 Stejskal-Tanner 序列，两个扩散梯度瓣 G_D 对称放置在自旋回波序列中的重聚焦脉冲周围。(b) 显示序列的相位图：任意选择的自旋将在恒定的第一梯度波瓣期间获得线性相位，相位将被重聚焦脉冲反转，在回波时间重新聚焦。(c) 信号的扩散权重与绕时间轴旋转 (b) 所产生的旋转体的体积成正比。

自由水的扩散系数 D 约为 2.35×10^{-3} mm²/s 时，组织中结合水的典型值约为 1×10^{-3} mm²/s，所以测量 D 的典型 b 因子在 500~1000 s/mm² 的量级。

在具有规则微观结构的基底中，如主要由纤维束组成的脑白质，扩散呈现各向异性。为了测量扩散各向异性，需要在扩散编码梯度的不同方向进行扩散张量成像 (diffusion tensor imaging, DTI)。在最简单的情况下，需要 6 次测量以获得扩散张量的所有分量，加上一个参考 $b = 0$ 的测量。对于更复杂的微观结构，使用高角度径向扩散成像（high-angular radial diffusion imaging, HARDI）方法对方向分布函数（orientation distribution function, ODF）进行测量，通常需要 >100 个方向[34]。为了进行完整的微观结构表征，q 空间成像使用多个方向的多个 b 因子[35-38]。图 8.22 显示了正常小鼠海马体切片与红藻酸盐处理制备的小鼠海马体切片的比较示例。光纤跟踪使用全局跟踪[39]。

对于分辨率更适中的 30~50 μm 的 NMR 显微镜，DTI 测量可以以类似于宏观 DTI 的方式进行。当进一步想要提高空间分辨率时，成像梯度产生的 b 因子变得显著，即使没有额外的扩散编码梯度，也会导致依赖扩散的信号损失。最终，这导致了 NMR 显微镜的扩散极限，下一节将对其进行更详细的讨论。

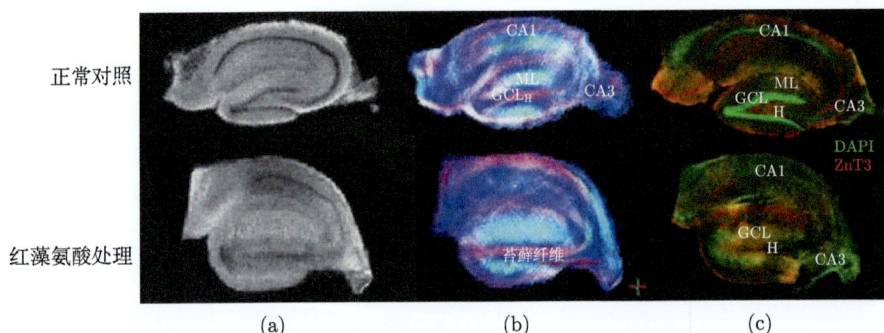

图 8.22 带有 NMR 显微镜的 DTI 示例。图像显示了正常小鼠的海马切片与用红藻氨酸处理的小鼠之间的比较。(a) 参考图像，(b) 由 DTI 测量的纤维追踪生成的图像，以及 (c) 组织学比较。DTI 图像清楚地显示了皮质层的扩散情况和苔藓纤维的萌发情况。参数：(a)RARE 采集，TE = 17 ms，TR = 2000 ms，av = 32，3 个切片，20 μm ×24 μm ×100 μm，RARE 因子 6，矩阵：512×480，FOV：10 mm ×11.38 mm，总计采集时间 1 h 25 min。
(b) DTI-EPI，TE = 39 ms，TR = 3000 ms，4 段，av = 16，rep = 1，4 个切片，60 个方向，分辨率 39 μm ×39 μm ×100 μm，插值到 50 μm ×50 μm ×100 μm，$b = 1000 \text{ s/mm}^2$，矩阵：320×190，FOV：12.48 mm ×7.41 mm，总采集时间 3 h 31 min。

8.5.1.1 核磁共振显微镜的扩散极限

更高的空间分辨率需要更强的梯度和 (或) 更长的采集时间。b 因子以梯度振幅的平方和梯度持续时间的三次方为标度。因此，如果在给定的空间分辨率下，结合尽可能强的梯度和尽可能短的获取时间，则扩散衰减达到最小。短的采样时间意味着高的采样带宽也会因此增加噪声。因此，Callaghan 和 Eccles[40,41] 讨论了同时考虑扩散衰减和带宽限制噪声的扩散极限。

为了仅考虑 "纯" 扩散极限，下面的讨论忽略了带宽的贡献，如文献 [42]。

很明显,扩散极限取决于所使用的测量序列。一个简单的方法是在恒定梯度下进行径向编码的自旋回波实验。以下假定脉冲持续时间无穷小，数据采集在 180° 脉冲之后立即开始 (图 8.23)。为了了解扩散衰减情况，我们可以根据选定的空间分辨率在采集时间为 t_{acq} 的情况下，使得平均扩散位移 $dx=\text{sqrt}(2Dt_{acq})$，其中 t_{acq} 为 20ms。对于纯水，在 20 ms 以上的扩散位移约为 9.6 μm。根据式 (8.5)，在空间分辨率达到 9.7 μm、采集时间为 20 ms 时，梯度幅度约为 122.5 mT/m。

脉冲图如图 8.23(a) 所示。图 8.23(b) 显示了扩散权重函数。它说明了两个效应：首先，信号在数据采集开始时就已经衰减得很严重，信号在采集窗口的末端接近于零，导致回波的偏重；其次，在 $t = \text{TE}$ 时，回波的幅度严重降低到约 20%。扩散加权定义了扩散点扩散函数 PSFD。从图 8.23(c) 可以看出，扩散展宽大于单纯的扩散位移。

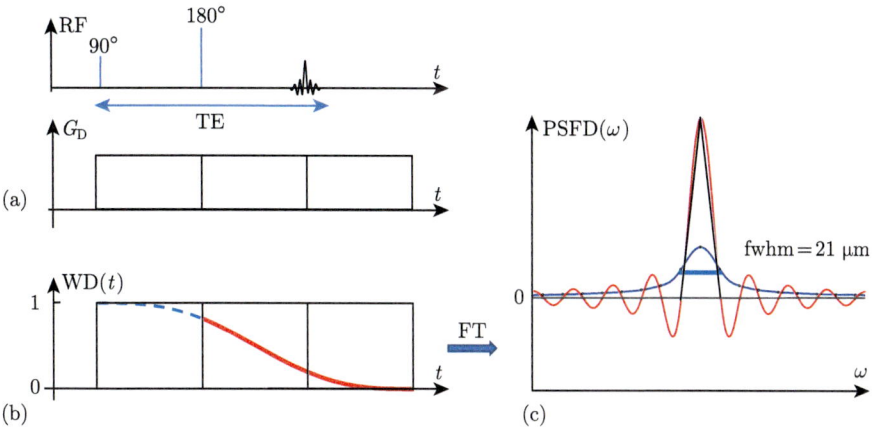

图 8.23 理想化自旋回波实验中的扩散加权,其中假设所有脉冲都非常小,并且扩散梯度 G_D 贯穿整个序列。(a) 显示序列图,(b) 扩散加权 WD(t)。选择梯度使得大约 9.6 μm 的空间分辨率等于自由水在采集时间 t_{acq} = TE 内的扩散位移。(c) 显示了生成的点扩散函数 (point spread function, PSF) PSF(ω)。点代表离散采样网格,红色 sinc 函数代表未滤波信号的 PSF。半峰全宽 (full width at half maximum,fwhm) 大约是单纯位移的两倍。

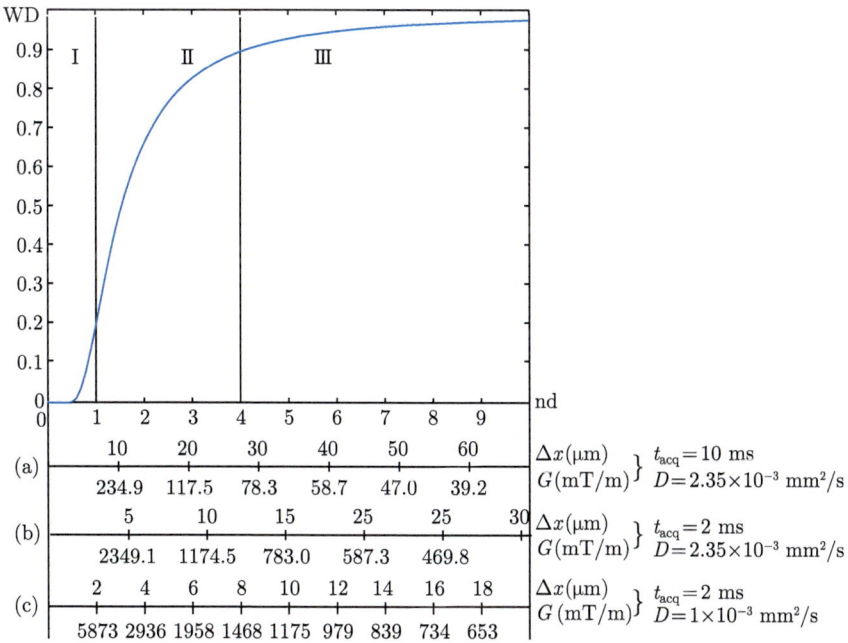

图 8.24 扩散加权作为无量纲空间分辨率的函数,表示为采集时间内扩散位移的倍数 nd。图下方显示的三种情况代表不同的空间分辨率值和不同的 t_{acq} 值对应的梯度幅度,不同的扩散系数代表自由水和结合水。

在采样时间 $t_{\text{acq}} = \text{TE}$ 内使得空间分辨率 Δx 是扩散波长 $\text{d}x$ 的倍数。其中 $\Delta x = \text{nd} \cdot \text{d}x = \text{nd} \cdot \text{sqrt}(2Dt_{\text{acq}})$，结合式 (8.5)，梯度强度变为

$$G = 1/(\gamma t_{\text{acq}} \Delta x) = 1/(\gamma \cdot \text{nd} \cdot \text{TE}\sqrt{2D \cdot \text{TE}}) \tag{8.22}$$

将式 (8.22) 代入式 (8.21) 得到

$$\text{WD} = \exp(-(2\pi\gamma)^2 G^2 \text{TE}^3 D/12) = \exp(-\pi^2/(6\text{nd}^2)) \tag{8.23}$$

这意味着回波时间的扩散衰减成为一个常数。式 (8.23) 可用于计算合理的实验参数，以避免信号的扩散展宽。图 8.24 显示了自由水和结合水的范围内，WD 作为 nd 的函数的变化情况，并给出了一些示例参数 (图 8.24(a)~(c))。曲线大致可以分为三个区域：① nd <0.5(空间分辨率等于一半的扩散长度的采样时间) 是一个明显的信号为零的"禁区"；② 0.5 <nd<~4 是扩散为主的区域，信号强烈取决于 nd；③ nd >4，扩散衰减变得越来越重要。从图 8.24(a) 和 (b) 的对比可以看出，对于给定的分辨率，使用更强的梯度和更短的采集时间，扩散衰减会降低。较短的采集时间意味着较高的带宽，从而降低了 SNR，较好的 WD 并不一定意味着更好的 SNR。

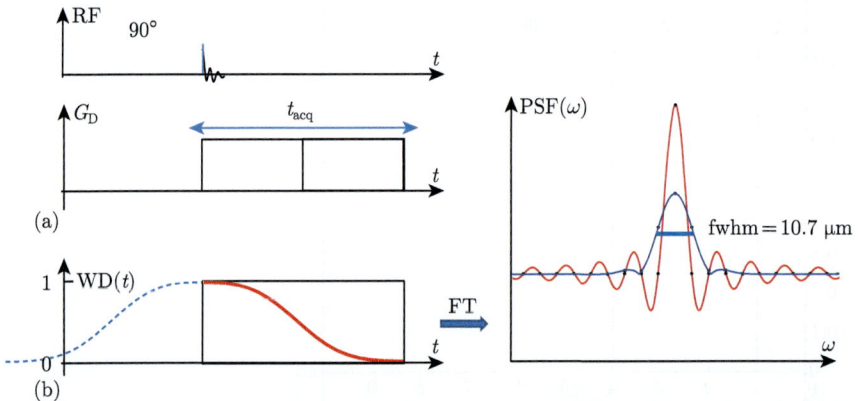

图 8.25　UTE 类型采集中的扩散加权。使用具有单个梯度瓣 G_{D} 的径向输出方法读出信号。相应的扩散加权函数 (自由水超过 20 ms) 与图 8.23 中的形状相似，但没有初始信号衰减。由于轨迹仅覆盖 k 空间的一半，因此必须用对称信号 ((b) 中的虚线) 补充，这有效地使空间分辨率加倍。PSF 的 fwhm 仅比扩散位移稍宽。

在 90° ~ 180° 脉冲之间采用较短和较强的预聚相位梯度并靠近重聚焦脉冲可使信号衰减有所降低，但是在实际梯度中依旧会导致明显的信号损失。如图 8.25(a) 所示，采用由 k 空间中心向外采集的 UTE 实验，可以完全避免初始衰减。通过在零点附近复制 FID 来补充缺失的半回波，有效地增加了采样时间 (从而提

高了分辨率)。得到的点扩散函数比自旋回波的扩散函数要好得多,避免了信号损失,并且 WD 的对称性使得信号的相位行为更加稳定。

最终,对于具有给定 D 的物质,可达到的分辨率将由可用梯度幅度来定义。图 8.26 显示了自由水和结合水在不同最大梯度强度下的扩散极限。研究表明,t_{acq} 超过一定的值,可实现的分辨率是不变的。更长的采集时间只会增加标称分辨率。数据还表明可用分辨率随可用梯度强度的变化速度非常慢。当 $G=$ 2000 mT/m

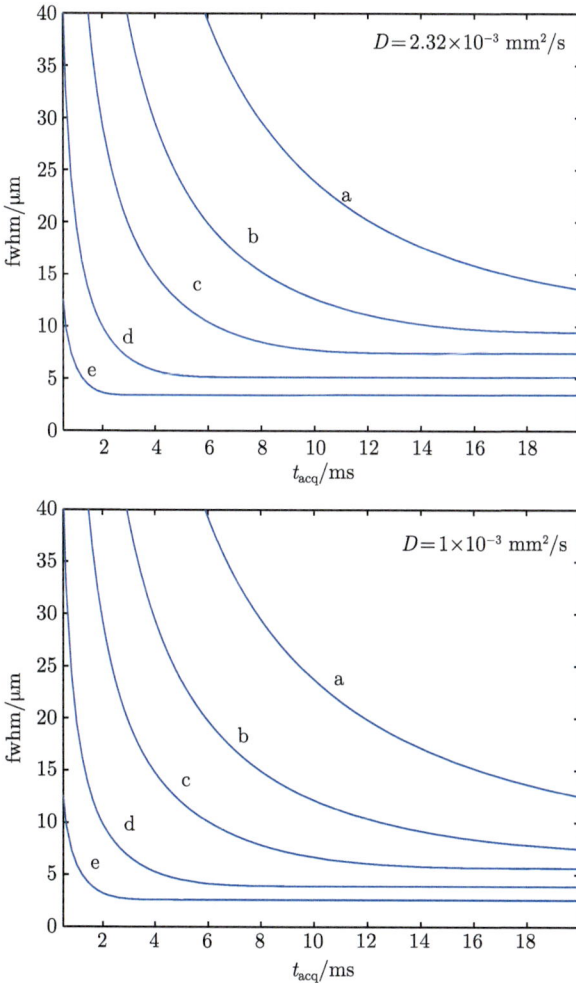

图 8.26   作为采集时间 t_{acq} 的函数的恒定梯度下采集的观察线宽。图表示 $G=$ 50 mT/m (a)、100 mT/m (b)、200 mT/m (c)、600 mT/m (d) 和 2000 mT/m (e) 的梯度幅度。尽管在恒定梯度下标称空间分辨率随 t_{acq} 增加,但由于扩散加权,观察到的线宽变平。

时，结合水的极限约为 2.6 μm，自由水的极限约为 3.5 μm，在一个适度的 $G = 600$ mT/m 的极限下，两者分别为 3.9 μm 和 5.2 μm。即使假设梯度为 10 T/m，结合水的分辨率也只能达到 1.5 μm，且大约需要 36 T/m 才能降低到 1 μm 的分辨率。相应的每像素的带宽则为每个像素 2kHz，这在 SNR 方面是次优的。

SNR 限制了分辨率的真正极限，这一事实在进行分辨率极限的一系列研究中得到了说明。2002 年 Ciobanu 等 [43] 已经通过使用直径为 78 μm 的 9 T 微线圈展示了空间分辨率为 3.7 μm ×3.3 μm ×3.3 μm 的图像，采集时间约为 30 h，梯度强度为 4.6 T/m。Weiger 等 [44] 使用了一个 18.8 T 的系统，微线圈直径可达 20 μm，在梯度强度为 24.4 T/m 下扫描 58 h，实现了 3 μm ×3μm ×3 μm 的各向同性分辨率。Lee 等 [45] 采用更适中的 748 mT/m 梯度强度，达到 7.8 μm × 7.8 μm ×15 μm 的分辨率，采样时间为 22 h。这些例子表明，非常高分辨率的成像是可行的，但代价是相当长的测量时间。

8.5.2　流动

8.5.2.1　流速相位成像

Hahn[46] 很早就报道了 NMR 中使用双极梯度方法来观测流体宏观运动的可行性。这一原理后来被 Moran[47] 推广到实际的 MR 实验中。类似于在 Stejskal-Tanner 序列中使用的双极梯度将产生一个流量依赖的信号相位。由于所有的自旋都相干地运动，这将导致一个宏观相位 (图 8.27)。一般情况下，自旋在时变梯度 $G(t)$ 下沿 $x(t)$ 运动的信号相位 ϕ 为

$$\phi = \int_0^t \omega(t')\mathrm{d}t' = \gamma \int_0^t G(t')x(t')\mathrm{d}t' \tag{8.24}$$

对于一个双极梯度，其幅值为 G_F，每一瓣的持续时间为 δ，相位直接与流速成比例：

$$\phi = \gamma G_\mathrm{F}\delta^2 v \tag{8.25}$$

序列的流速敏感性由 venc 表征，表示了散相为 $\pm\pi$ 时的速度。

为了将与流量相关的信号相位同众多其他信号相位源区分开来，通常通过组合序列来执行测量，其中使用所需方向上的速度敏感梯度的测量来补偿沿所有方向的流量 [48]。因此，全速度场可以通过四种测量方法来进行：x, y, z 的流动敏感和完全补偿实验 [49,50]。通过将式 (8.24) 设为零，保持相关的时间参数不变，可以计算出流量补偿梯度。

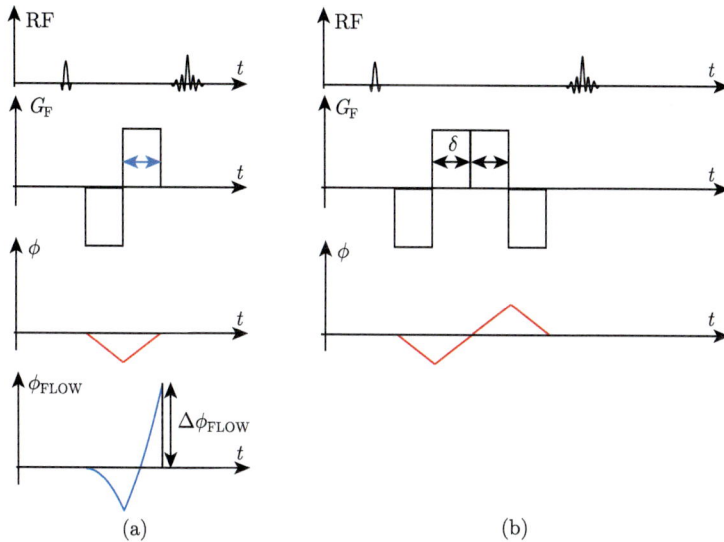

图 8.27　(a) 流编码和 (b) 流补偿的原理。双极梯度将重新聚焦固定磁化强度 (红色) 的相位图，但会产生与速度相关的相位 ϕ_{FLOW} 用于移动自旋 (蓝色)。

更复杂的流型 (加速、急速……) 也可以测量。为此，将式 (8.24) 展开为不同阶数的梯度矩。零阶表示静止自旋的散相，一阶表示速度，二阶表示加速度，等等。n 阶补偿要求最少 $(n+1)$ 个极性相反的梯度瓣。因此，测量高阶流量所需的补偿序列变得越来越长。

8.5.2.2　时间飞跃法成像

时间飞跃法作为测量流量的另一种方法，使用一些合适的示踪剂来监测流量 [51,52]。示踪剂可以是某种合适的物质自身，如血液信号本身 [53]，也可以是一种外源性 MR 造影剂，将其引入样本以监测其分布。该方法作为一种替代方法，可以使用自旋标记，例如，用饱和或反转脉冲标记具有特定自旋的粒子，并观察标记过程。自旋标记需要足够高的流速，以便在恢复时间 T_1 内观察移动的标记自旋。与外部标记相比，自旋标记的一个优点是实验可以很容易地任意频繁重复，而示踪剂方法受到示踪剂清除时间的限制。

相比于速度相法，时间飞跃法测量流量的定量不那么直接。由于稳态效应，移动示踪剂的信号行为 (内在的和外在的) 可能会相当复杂，而稳态效应很大程度上取决于所使用的实际测量序列。时间飞跃法成像也不能够简单地描述复杂流场。因此，它通常被用于测量非常缓慢的流速，例如，用于植物生理学中 [30,54,55]。

8.5.3　磁敏感映射和 QSM

上文已经提到，磁敏感性是导致 T_2^* 弛豫时间缩短以及图像伪影的一个机制。

磁敏感性也可以作为一种可能的对比机制加以利用。这一直是一个很有趣的问题，特别是在高场 MRI 中，可以用敏感性来描绘静脉结构 [56]，甚至组织微观结构。测量敏感性最常用的测量技术是使用适当长的回波时间进行梯度回波成像。

在 NMR 显微镜的典型设置中 (高场和低带宽以优化 SNR)，磁化率引起的梯度会缩短 T_2^*，使得图像总是会显示一些信号的衰减 (图 8.28)。

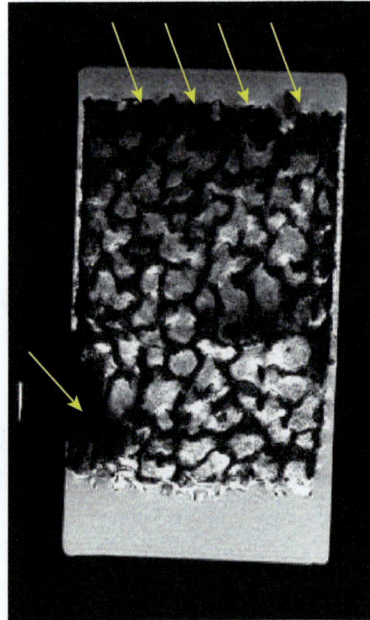

图 8.28　骨小梁结构的磁化率加权图像。除了空气引起的一些磁化伪影 (底部箭头所指) 外，骨和软组织之间的磁化效应增强了小梁结构。顶部箭头指向的区域通过将氧化铁颗粒与骨组织结合而增强了敏感性。参数：使用冷冻线圈在 7 T 下获得的图像，3D FLASH，矩阵：$800 \times 256 \times 128$，FOV：30 mm×10 mm ×12 mm，38 μm×39 μm×94 μm，TR=40 ms，TE = 6.19 ms，翻转角 20°，无平均，总采集时间 21 min 50 s。(经弗赖堡大学高分子化学研究所 Wyss 许可转载。)

定量磁化率图 [57−59] 更胜一筹，因其可定量地测量磁化率引起的场变化。这是通过梯度回波数据的相位敏感重建实现的。为了区分宏观场的不均匀性和局部磁化率效应，使用低分辨率的相位图减去背景相位。通过对点偶极子的场进行反卷积，得到的场图可以转化为磁化率图 (见图 8.8(a))。在高场强 (⩾7 T) 的高分辨率人脑 MRI 中，它揭示了其他对比机制难以观察到的有趣组织特征 [60]。在 NMR 显微镜中，这种对比机制早已为人所知 [61]，但至今尚未得到充分利用。

参 考 文 献

[1] Lauterbur, P. (1973) Image formation by induced local interactions – examples employing nuclear magnetic-resonance. Nature, 242, 190–191. doi: 10.1038/242190a0.

[2] Kumar, A., Welti, D., and Ernst, R. (1975) NMR Fourier zeugmatography. J. Magn. Reson., 18, 69–83. doi: 10.1016/0022-2364(75)90224-3.

[3] Ljunggren, S. (1983) A simple graphical representation of Fourier-based imaging methods. J. Magn. Reson., 54, 338–343. doi: 10.1016/0022-2364(83)90060-4.

[4] Fessler, J.A. and Sutton, B.P. (2003) Nonuniform fast Fourier transforms using min–max interpolation. IEEE Trans. Signal Process., 51, 560–574. doi: 10.1109/TSP.2002. 807005.

[5] Garroway, A., Grannell, P., and Mansfield, P. (1974) Image-formation in NMR by a selective irradiative process. J. Phys. C: Solid State Phys., 7, L457–L462. doi: 10.1088/0022-3719/7/24/006.

[6] Pauly, J., Nishimura, D., and Macovski, A. (1989) A k-space analysis of small-tip-angle excitation. J. Magn. Reson., 81, 43–56. doi: 10.1016/0022-2364(89)90265-5.

[7] Carr, H.Y. and Purcell, E.M. (1954) Effects of diffusion on free precession in nuclear magnetic resonance experiments. Phys. Rev., 94, 630–638. doi: 10.1103/PhysRev.94.630.

[8] Edelstein, W.A., Hutchison, J.M., Johnson, G., and Redpath, T. (1980) Spin warp NMR imaging and applications to human whole-body imaging. Phys. Med. Biol., 25, 751–756.

[9] Pruessmann, K.P., Weiger, M., Scheidegger, M.B., and Boesiger, P. (1999) SENSE: sensitivity encoding for fast MRI. Magn. Reson. Med., 42, 952–962.

[10] Sodickson, D.K. and Manning, W.J. (1997) Simultaneous acquisition of spatial harmonics (SMASH): fast imaging with radiofrequency coil arrays. Magn. Reson. Med., 38, 591–603.

[11] Griswold, M.A., Jakob, P.M., Heidemann, R.M., Nittka, M., Jellus, V., Wang, J., Kiefer, B., and Haase, A. (2002) Generalized autocalibrating partially parallel acquisitions (GRAPPA). Magn. Reson. Med., 47, 1202–1210. doi: 10.1002/mrm.10171.

[12] Lustig, M., Donoho, D., and Pauly, J.M. (2007) Sparse MRI: the application of compressed sensing for rapid MR imaging. Magn. Reson. Med., 58, 1182–1195. doi: 10.1002/mrm.21391.

[13] Murphy, M., Alley, M., Demmel, J., Keutzer, K., Vasanawala, S., and Lustig, M. (2012) Fast l_1-SPIRiT compressed sensing parallel imaging MRI: scalable parallel implementation and clinically feasible runtime. IEEE Trans. Med. Imaging, 31, 1250–1262. doi: 10.1109/TMI.2012.2188039.

[14] Shin, P.J., Larson, P.E.Z., Ohliger, M.A., Elad, M., Pauly, J.M., Vigneron, D.B., and Lustig, M. (2014) Calibrationless parallel imaging reconstruction based on structured low-rank matrix completion. Magn. Reson. Med., 72, 959–970. doi: 10.1002/mrm. 24997.

[15] Hahn, E. (1950) Spin echoes. Phys. Rev., 77, 746.

[16] Hennig, J., Nauerth, A., and Friedburg, H. (1986) RARE imaging: a fast imaging method for clinical MR. Magn. Reson. Med., 3, 823–833.

[17] Kallmes, D.F., Hui, F.K., and Mugler, J.P. (2001) Suppression of cerebrospinal fluid and blood flow artifacts in FLAIR MR imaging with a single-slab three-dimensional pulse sequence: initial experience. Radiology, 221, 251–255. doi: 10.1148/radiol. 2211 001712.

[18] Frahm, J., Haase, A., and Matthaei, D. (1986) Rapid NMR imaging of dynamic processes using the FLASH technique. Magn. Reson. Med., 3, 321–327.

[19] Gyngell, M.L. (1988) The application of steady-state free precession in rapid 2DFT NMR imaging: FAST and CE-FAST sequences. Magn. Reson. Imaging, 6, 415–419.

[20] Oppelt, A., Graumann, R.R., Barfuss, H.H., Fischer, H.H., Hartl, W., and Schajor, W. (1986) FISP: a new fast MRI sequence. Electromedica, 54, 15–18.

[21] Bruder, H., Fischer, H., Graumann, R., and Deimling, M. (1988) A new steady-state imaging sequence for simultaneous acquisition of two MR images with clearly different contrasts. Magn. Reson. Med., 7, 35–42.

[22] Mansfield, P. (1984) Real-time echo-planar imaging by NMR. Br. Med. Bull., 40, 187–190.

[23] Mansfield, P. and Maudsley, A. (1976) Planar spin imaging by NMR. J. Phys. C: Solid State Phys., 9, L409–L412. doi: 10.1088/0022-3719/9/15/004.

[24] Holdsworth, S.J., Skare, S., Newbould, R.D., Guzmann, R., Blevins, N.H., and Bammer, R. (2008) Readout-segmented EPI for rapid high resolution diffusion imaging at 3 T. Eur. J. Radiol., 65, 36–46. doi: 10.1016/j.ejrad.2007.09.016.

[25] Bergin, C.J., Pauly, J.M., and Macovski, A. (1991) Lung parenchyma: projection reconstruction MR imaging. Radiology, 179, 777–781. doi: 10.1148/radiology.179.3. 2027991.

[26] Robson, M.D., Gatehouse, P.D., Bydder, M., and Bydder, G.M. (2003) Magnetic resonance: an introduction to ultrashort TE (UTE) imaging. J. Comput. Assisted Tomogr., 27, 825–846.

[27] Moseley, M., Kucharczyk, J., Mintorovitch, J., Cohen, Y., Kurhanewicz, J., Derugin, N., Asgari, H., and Norman, D. (1990) Diffusion-weighted MR imaging of acute stroke–correlation with T_2-weighted and magnetic susceptibility-enhanced MR imaging in cats. Am. J. Neuroradiol., 11, 423–429.

[28] Borgia, G., Brown, R., Fantazzini, P., Mesini, E., and Valdre, G. (1992) Diffusion-weighted spatial information from ^{1}H relaxation in restricted geometries. Il Nouvo Cimento D., 14, 745–759. doi: 10.1007/BF02451721.

[29] Capitani, D., Proietti, N., Ziarelli, F., and Segre, A.L. (2002) NMR study of water-filled pores in one of the most widely used polymeric material: the paper. Macromolecules, 35, 5536–5543. doi: 10.1021/ma020174w.

[30] Van As, H. and van Dusschoten, D. (1997) NMR methods for imaging of transport

processes in micro-porous systems. Geoderma, 80, 389–403. doi: 10.1016/S0016-7061(97)00062-1.

[31] Basser, P., Mattiello, J., and Lebihan, D. (1994) MR diffusion tensor spectroscopy and imaging. Biophys. J., 66, 259–267.

[32] Stejskal, E. and Tanner, J. (1965) Spin diffusion measurements: spin echoes in the presence of a time-dependent field gradient. J. Chem. Phys., 42, 288–292. doi: 10.1063/1.1695690.

[33] Il'yasov, K.A., Barta, G., Kreher, B.W., Bellemann, M.E., and Hennig, J. (2005) Importance of exact b-tensor calculation for quantitative diffusion tensor imaging and tracking of neuronal fiber bundles. Appl. Magn. Reson., 29, 107–122. doi: 10.1007/BF03166958.

[34] Ozarslan, E. and Mareci, T.H. (2003) Generalized diffusion tensor imaging and analytical relationships between diffusion tensor imaging and high angular resolution diffusion imaging. Magn. Reson. Med., 50, 955–965. doi: 10.1002/mrm.10596.

[35] Basser, P.J. (1995) Inferring microstructural features and the physiological state of tissues from diffusion-weighted images. NMR Biomed., 8, 333–344. doi: 10.1002/nbm.1940080707.

[36] Hills, B. and Snaar, J. (1992) Dynamic Q-space microscopy of cellular tissue. Mol. Phys., 76, 979–994. doi: 10.1080/00268979200101791.

[37] King, M., Houseman, J., Roussel, S., Vanbruggen, N., Williams, S., and Gadian, D. (1994) Q-space imaging of the brain. Magn. Reson. Med., 32, 707–713. doi: 10.1002/mrm.1910320605.

[38] Tuch, D.S. (2004) Q-ball imaging. Magn. Reson. Med., 52, 1358–1372. doi: 10.1002/mrm.20279.

[39] Reisert, M. and Kiselev, V.G. (2011) Fiber continuity: an anisotropic prior for ODF estimation. IEEE Trans. Med. Imaging, 30, 1274–1283. doi: 10.1109/TMI.2011.2112769.

[40] Callaghan, P. and Eccles, C. (1987) Sensitivity and resolution in NMR imaging. J. Magn. Reson., 71, 426–445. doi: 10.1016/0022-2364(87)90243-5.

[41] Callaghan, P. and Eccles, C. (1988) Diffusion-limited resolution in nuclear magnetic-resonance microscopy. J. Magn. Reson., 78, 1–8. doi: 10.1016/0022-2364(88)90151-5.

[42] Mcfarland, E. (1992) Time-independent point-spread function for NMR microscopy. Magn. Reson. Imaging, 10, 269–278. doi: 10.1016/0730-725X(92)90486-J.

[43] Ciobanu, L., Seeber, D.A., and Pennington, C.H. (2002) 3D MR microscopy with resolution 3.7 μm by 3.3 μm by 3.3 μm. J. Magn. Reson., 158, 178–182. doi: 10.1016/S1090-7807(02)00071-X.

[44] Weiger, M., Schmidig, D., Denoth, S., Massin, C., Vincent, F., Schenkel, M., and Fey, M. (2008) NMR microscopy with isotropic resolution of 3.0 μm using dedicated hardware and optimized methods. Concepts Magn. Reson. Part B, 33B, 84–93. doi: 10.1002/cmr.b.20112.

[45] Lee, C.H., Flint, J.J., Hansen, B., and Blackband, S.J. (2015) Investigation of the

subcellular architecture of L7 neurons of *Aplysia californica* using magnetic resonance microscopy (MRM) at 7.8 microns. Sci. Rep., 5, 11147. doi: 10.1038/srep11147.

[46] Hahn, E. (1960) Detection of sea-water motion by nuclear precession. J. Geophys. Res., 65, 776–777. doi: 10.1029/JZ065i002p00776.

[47] Moran, P. (1982) A flow velocity zeugmatographic interlace for NMR imaging in humans. Magn. Reson. Imaging, 1, 197–204. doi: 10.1016/0730-725X(82)90170-9.

[48] Bryant, D., Payne, J., Firmin, D., and Longmore, D. (1984) Measurement of flow with NMR imaging using a gradient pulse and phase difference technique. J. Comput. Assisted Tomogr., 8, 588–593. doi: 10.1097/00004728-198408000-00002.

[49] Markl, M., Chan, F.P., Alley, M.T. et al. (2003) Time-resolved three-dimensional phase-contrast MRI. J. Magn. Reson. Imaging, 17, 499–506. doi: 10.1002/jmri. 10272.

[50] Markl, M. and Hennig, J. (2001) Phase contrast MRI with improved temporal resolution by view sharing: k-space related velocity mapping properties. Magn. Reson. Imaging, 19, 669–676.

[51] Wehrli, F., Shimakawa, A., Gullberg, G., and Macfall, J. (1986) Time-of-flight MR flow imaging - selective saturation recovery with gradient refocusing. Radiology, 160, 781–785.

[52] Axel, L., Ann Shimakawa, B.S.E.E., and MacFall, J. (1986) A time-of-flight method of measuring flow velocity by magnetic resonance imaging. Magn. Reson. Imaging, 4, 199–206. doi: 10.1016/0730-725X(86)91059-3.

[53] Singer, J. (1959) Blood flow rates by nuclear magnetic resonance measurements. Science, 130, 1652–1653. doi: 10.1126/science.130.3389.1652.

[54] Schaafsma, T., Vanas, H., Palstra, W., Snaar, J., and Dejager, P. (1992) Quantitative measurement and imaging of transport processes in plants and porous-media by ^{1}H NMR. Magn. Reson. Imaging, 10, 827–836. doi: 10.1016/0730-725X(92)90418-Y.

[55] Vanas, H. and Schaafsma, T. (1984) Noninvasive measurement of plant water-flow by nuclear magnetic-resonance. Biophys. J., 45, 469–472.

[56] Haacke, E.M. (2006) Susceptibility weighted imaging (SWI). Z. Med. Phys., 16, 237.

[57] de Rochefort, L., Brown, R., Prince, M.R., and Wang, Y. (2008) Quantitative MR susceptibility mapping using piece-wise constant regularized inversion of the magnetic field. Magn. Reson. Med., 60, 1003–1009. doi: 10.1002/mrm.21710.

[58] Wen, Y., Wang, Y., and Liu, T. (2016) Enhancing k-space quantitative susceptibility mapping by enforcing consistency on the cone data (CCD) with structural priors. Magn. Reson. Med., 75, 823–830. doi: 10.1002/mrm.25652.

[59] Reichenbach, J.R., Schweser, F., Serres, B., and Deistung, A. (2015) Quantitative susceptibility mapping: concepts and applications. Clin. Neuroradiol., 25, 225–230. doi: 10.1007/s00062-015-0432-9.

[60] Duyn, J. (2013) MR susceptibility imaging. J. Magn. Reson. San Diego Calif 1997, 229, 198–207. doi: 10.1016/j.jmr.2012.11.013.

[61] Skibbe, U., Christeller, J., Eccles, C., Laing, W., and Callaghan, P. (1995) A method to distinguish between chemical-shift and susceptibility effects in NMR microscopy and its application to insect larvae. Magn. Reson. Imaging, 13, 471–479. doi: 10.1016/0730-725X(94)00116-K.

第 9 章 用于磁共振内窥成像的薄膜导管接收器

Richard R. A. Syms, Evdokia Kardoulaki, Ian R. Young

(英国) 帝国理工学院电气和电子工程系光学半导体器件研究组

9.1 引 言

磁共振成像是医学诊断的主要成像方式之一，提供了良好的软组织对比度和分辨率 [1]。然而，图像质量本身受到信噪比 SNR 的限制 [2]，并常受患者的运动影响，尤其是在腹部成像的情况下 [3]。SNR 的限制会制约成像分辨率；而患者的运动会产生图像伪影，并且原本通过信号平均来提高 SNR 的方式也会受到限制。本章介绍基于导管的射频接收器的发展，其可在身体内部结构成像时直接改善 SNR。该装置采用了新的薄膜技术，虽然目前还没有经过临床评估，但提供了一种低成本制造高性能内部接收器的有效途径。

9.2 导管接收器

MRI 中的主要噪声源是热噪声，这些噪声源来自用于信号检测的射频线圈和人体本身的损耗 [2]。两种噪声源都有均匀的功率谱。标准室温设定下，其绝对值和相对大小取决于许多因素，包括拉莫尔频率、电阻、线圈的尺寸和视野 (field-of-view,FOV) 以及人体组织的电导率。虽然趋肤效应会造成导体电阻随频率增加，但在人体成像中，身体噪声通常超过线圈噪声。不幸的是，噪声不能用场梯度来定位，线圈对来自整个 FOV 的身体噪声很敏感。因此，SNR 必定会随着体素大小的缩小而减小，从而限制了图像分辨率达到可用水平。为了最大限度地提高 SNR，可以对不同的解剖位置使用不同的接收器，使 FOV 与目标组织匹配 [4]。体外部接收器的示例包括头部、胸部和胸部脊柱线圈。在多数情况下，接收器是一个阵列，它允许从一组局部小区域线圈的信号中重建出更大区域的图像，这些线圈各自具有较小的 FOV，以降低噪声的影响 [5]。

9.2.1 内窥成像

许多嵌入体内的线圈拥有着相近的成像机制 [6]，比如用于像阴道、肛门和肠壁这样的大管腔 [7-9] 和像动脉这样的小管腔 [10-15] 成像。为了便于导入，线圈通常安装在现有的临床工具上。大的线圈被植入非磁性内窥镜 [16-18]，而较小的线圈则被连接到导管上用于成像或跟踪 [19-21]。本章中，我们将重点介绍基于导管的接收器，这类接收器在患者安全性、临床实用性和小尺寸方面都面临特殊的挑战。

首先，导管必须光滑、灵活，且能够安全输送至相关管腔。对于动脉成像，可以通过切口插入。为了到达深层组织，可以经皮或通过引流管 [22] 插入。然而，对胆管系统等其他部位进行非手术成像时，需要对内窥镜逆行胰胆管造影 [23](一种涉及侧开口十二指肠镜和导丝兼容导管的胆道成像程序) 进行修改。为了证明侵入性手术的合理性，导管接收器必须提供明显超过使用外部线圈所能达到的分辨率。然而，成像必须在没有任何 RF 感应加热效应的情况下进行，这种加热效应可能是在磁共振成像的激发阶段，由接收器与发射器的磁场 (B_1) 或电场 (E) 的直接耦合引起的。最后，所有的电气部件应具有小巧且易于安装的外形，以低成本、可靠的方式安装在管状支架上。导管直径的度量单位是 French(Fr)，1 Fr=1/3 mm，直径范围通常为 3~10 Fr，这使问题变得特别具有挑战性。

9.2.2 导管接收器设计

目前许多导管接收器已经被设计出来 [24,25]。在每种情况下，灵敏度随距离轴的径向距离 r 的增大而降低。对于一个小的圆形环路，灵敏度下降为 $1/r^3$，导致产生非常小的 FOV[26]。相比之下，对于所谓的 "无环导管天线" [27]，其将同轴电缆的内导体延伸到护套外 1/4 波长，灵敏度下降为 $1/r$，从而大大增加了 FOV。不幸的是，无环天线承受了额外的轴向灵敏度变化，但它的性能可以通过绝缘、形成锥状结构或形成螺旋绕组来提高 [28,29]。其他设计还包括螺线管 [20]、对置螺线管 [11,12,15,21]、长环路线圈 [9,10,13] 和 (用于导管显示的) 双绞线 [19]。螺线管线圈由两组电流旋绕方向相反的绝缘电线组合而成，这两组对置的线缆在螺线管中点反转。长环路线圈可以很容易地由印刷电路板 (printed circuit board, PCB) 或者短路两根电线 [14] 来构造。这里很有趣的一点是，使用薄膜电路可以很容易地构造长环路线圈。图 9.1(a) 展示了一种具有代表性的布局，其中长导线平行于

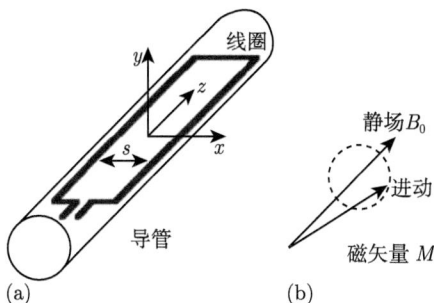

图 9.1　MRI 信号接收：(a) 长环路导管线圈，(b) 进动磁化矢量。

导管轴。这种线圈对平行于线圈轴的静态磁场 B_0 的核磁偶极子进动最敏感，如图 9.1(b) 所示。

9.2.3　长环路接收器

通过参考单位电流流过线圈时产生的磁场 H，根据互易性 [30] 可以估计出任意线圈的接收模式。对于宽度为 $s = 2x_0$ 的与 z 轴平行排列的细长矩形环路线圈，两条平行圆柱线穿过点 $(\pm x_0, 0)$，可以为场的计算提供合理的近似值 [14]。在这种情况下，H 具有分量 H_x 和 H_y：

$$H_x = -(1/2\pi)\left[y/\{(x+x_0)^2 + y^2\} - y/\{(x-x_0)^2 + y^2\}\right]$$

$$H_y = (1/2\pi)[(x+x_0)/\{(x+x_0)^2 + y^2\} - (x-x_0)/\{(x-x_0)^2 + y^2\}] \tag{9.1}$$

图 9.2(a) 和图 9.2(b) 分别显示了 H_x 和 H_y 的等高线图，内部空白区域为圆柱形导管。这两种模式的等高线都是非均匀的，并且集中在导体附近。根据互易性，信号电压 V_S，以角频率 ω_L（拉莫尔频率）进动的偶极子的体积 $\mathrm{d}v$ 在线圈中诱导的复信号电压为 $V_S = -\mathrm{j}\omega_L B_{xy} M_{xy} \mathrm{d}v$，其中 M_{xy} 为横向磁化强度，$B_{xy} = \mu_0(H_x u_x + H_y u_y)$，其中 μ_0 是自由空间磁导率，u_x 和 u_y 分别是 x 和 y 方向上的单位向量。假设 B_0 也沿着 z 方向，则 $M_{xy} = M(u_x + \mathrm{j}u_y)$。对于 90° 翻转角度，磁化完全是横向的，因此 $M = M_0$，其中 M_0 为单位体积的磁化强度。在这种情况下，峰值电压为

$$|V_S| = \omega_L \mu_0 M_0 \sqrt{H_x^2 + H_y^2}\,\mathrm{d}v \tag{9.2}$$

其中，$\sqrt{H_x^2 + H_y^2}$ 定义了信号接收模式。图 9.2(c) 显示了 $\sqrt{H_x^2 + H_y^2}$ 的空间变化，在空间半径 r 大到一定程度时，其数值将不受角度影响。事实上，当 $r \gg x_0$，很容易证明 $\sqrt{H_x^2 + H_y^2} = s/(2\pi r^2)$[14]。因此，灵敏度与导线间距成正比，并下降为 $1/r^2$，这是介于前面提到的 $1/r^3$ 和 $1/r$ 变化之间的有用特性。即使在这个方向上，横向图像仍然需要校正 $1/r^2$ 灵敏度相关性。然而，其他线圈方向将有不同的信号接收模式。例如，其轴线和面均垂直于 B_0 的线圈设置仅对 H_x 敏感，而轴线垂直于 B_0 且平面平行于 B_0 的线圈设置仅对 H_y 敏感。由此产生的不均匀性很难校正，所以成像过程必须仔细规划。

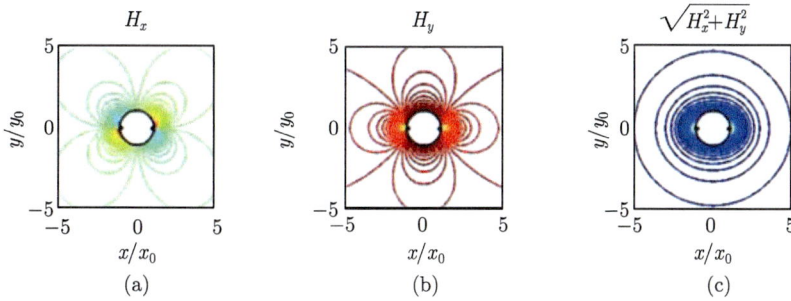

图 9.2　双线线圈的检测灵敏度模式：(a) H_x，(b) H_y，(c) $\sqrt{H_x^2 + H_y^2}$。

9.2.4　调谐和匹配

接收器需要额外的电路来实现完整的功能。在 MRI 检测阶段，为了接收 RF 信号，必须使线圈在拉莫尔频率上谐振。为了传递最大的信号功率，线圈的输出阻抗必须与扫描仪的接收电路的输入阻抗相匹配。为了避免组织的加热局部过激，必须避免线圈与 B_1 场耦合，并配备一根能最大程度减少电场耦合的输出线缆。下文详细讨论这些额外的需求。

电感为 L 的线圈可通过添加串联电容 C，使 $\omega_L = 2\pi f_L = 1/\sqrt{LC}$。由于绕组的导电性有限，线圈不可避免地有一个串联电阻 R_C，其调谐电路的性能取决于其品质因子 $Q = \omega_L L/R$，其中 $R = R_C$。进动偶极子产生的磁场会在拉莫尔频率处通过电磁感应在环路中产生一个电压 V_S。然而，信号源作为一个有损耗的介质，会将额外的电阻 R_S 转移到环路中，使环路总电阻增加到 $R = R_C + R_S$，从而降低 Q 因子。对于小型内部线圈，一个困难是其本身 Q 因子非常低。然而，这种效应可能会被它们较小的 FOV 抵消，这使得它们对外部负载的敏感性降低。

有几种方法可以将谐振检测器的输出与实际负载 R_L 匹配。一般来说，这些操作只能在一个很窄的频率范围内进行。一个例子是电容匹配，如图 9.3(a) 所示。这里，电容 C 被分为 C_M 和 C_T 两部分串联。负载通过 C_M(匹配电容) 连接，选择 C_M 的值以满足阻抗匹配关系：$\omega_L C_M = 1/\sqrt{RR_L}$。$C_T$(调谐电容) 的值必须满足串联关系：$1/C = 1/C_M + 1/C_T$。这两个值通常都是通过实验确定的，而且通常必须使用几个分量来达到合适的结果。根据不同参数，还可以使用并联电容、串联或并联电感来实现匹配。同轴传输线的半波长段也可用于定位远离线圈的匹配元件 [24]，尽管随着 ω_L 增大，这会变得越来越困难，因为电缆长度必须按比例缩短。

另外一种选择是通过互感来实现匹配，这使得探测线圈可以与接收电路物理上分离。该方法对体内部线圈特别有用，因为信号被允许从身体传输出来，并通过纯磁耦合 [31] 传输到外部谐振电路。在此情况下，等效电路如图 9.3(b) 所示。

此时，使用电容 C' 和电感 L' 使外部电路在 ω_L 处产生谐振，并通过互感 M 与体内部线圈耦合。接近谐振时，当 $\omega_L M = \sqrt{RR_L}$ 可实现阻抗匹配，并且通过调节外部线圈的大小、位置和方向，可以获得合适的 M 值。然而，这种方法对于一般的研究过程来说可能耗时过长。

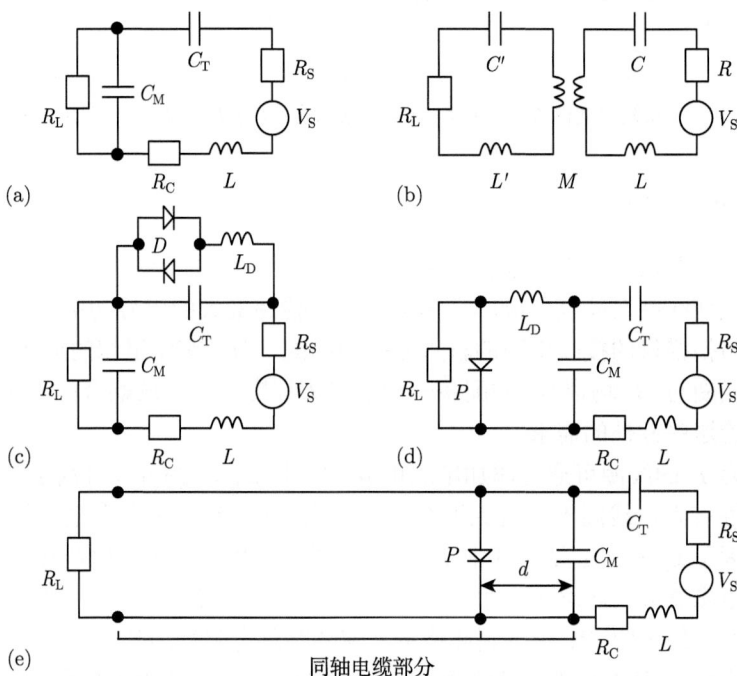

图 9.3　谐振检测器的等效电路：(a) 和 (b) 串联电容器和互感匹配，(c) 和 (d) 无源和有源解耦，(e) 同轴线输出。

9.2.5　B_1 场解耦

B_1 场解耦问题也存在几种解决方案。图 9.3(c) 显示了电容匹配电路中的无源解耦 [32]。此时，一个电感 L_D 与一对交叉二极管 D 连接在 C_T 上。如果在激励过程中，感应产生任何显著的电流，两个二极管将导通，有效地将 L_D 与 C_T 并联，形成一个罐式滤波器。如果 L_D 与 C_T 在拉莫尔频率共振，其效果将是在调谐电路中插入一个高阻值电阻，从而显著减少电流流动。然而，如果感应电流很低 (就像检测时一样)，二极管保持不导通，那么 L_D 可以忽略，电路的主要部分为一个简单的 L-C 谐振器。

有源解耦 [33] 也采用了类似的原理，如图 9.3(d) 所示。此时，L_D 和输出端串联，并在输出端放置一个 PIN 二极管 P。如果在线路上提供适当的直流电压使

P 处于反向偏置 (使用附加电路，未显示)，则 P 基本不导通。然而，如果 P 被正向偏置，它将导通。在这种情况下，L_D 将与 C_M 并联谐振，再次形成一个可以在拉莫尔频率上阻断谐振回路中电流的罐式滤波器。大多数扫描仪提供合适的直流控制信号，定时控制激励开始和结束。L_D 的串联电抗可以很容易地用一个额外的电容消除。然而，如果 L_D 是由一根长度为 d 的同轴传输线 (当一端短路时，该同轴传输线将表现为电感) 构成，则输出可直接使用如图 9.3(e) 所示的同轴电缆连接到负载上。在这种情况下，电缆的特性阻抗 Z_0 应匹配 R_L，以防止整个系统中的反射。

9.2.6 电场解耦

任何时变磁场 (如 B_1 磁场) 必定有一个相关联的电场。在低频时，这点很大程度上可能被忽略，但在与现代高场磁体对应的频率下，其影响是显著的。特别地，电场可能与表面波耦合，这些表面波可能存在于延伸导体上，如金属导线或用于将 MRI 信号传输出体外的同轴电缆的接地屏蔽层。这种波最初是由 Goubau [34] 研究出来的，近年来由于其在 MRI 中的重要性而受到关注 [35]。对于圆柱导线，可以通过在圆柱坐标系下求解电磁波方程得到全场解。然而，对于更复杂的几何图形 (如矩形导线)，这是很困难的。因此，在这里仅能提供定性的描述。

波的特性受到导体周围材料 (通常是塑料绝缘层和组织本身) 的强烈影响。在没有绝缘体的情况下，波的电场主要存在于组织中。因此，其相速度为 $v_{\mathrm{ph}} \approx c/\sqrt{\varepsilon_{\mathrm{r}}}$，其中 $c = 1/\sqrt{\mu_0 \varepsilon_0}$ 是光速，ε_0 是自由空间的介电常数，ε_{r} 是组织的相对介电常数。因此，其波长为 $\lambda = v_{\mathrm{ph}}/f_{\mathrm{L}}$，当插入长度为半波长的整数倍时，即可发生共振，如图 9.4(a) 所示。当长度 $d = v_{\mathrm{ph}}/2f_{\mathrm{L}} = c/(2f_{\mathrm{L}}\sqrt{\varepsilon_{\mathrm{r}}})$ 时最短。在 1.5 T 扫描仪的频率下，大多数组织的介电常数都很高 ($\varepsilon_{\mathrm{r}} \approx 77$ [36])，临界长度为 $d = 3 \times 10^8/(2 \times 63.85 \times 10^6 \times \sqrt{77}) \approx 0.27$ m，与典型插入距离相当。绝缘体的作用是减小组织的影响；然而这种情况只在薄绝缘中实用。

谐振的结果可以通过图 9.4(b) 中的等效电路来理解 [35]。此时，导体被建模为传输线中的上部导线，而下部的接地线则模拟通过体内组织返回的电流。电路被分成许多小段，周围的磁特性被建模为串联的电感，其值为 μ_0，而介电性质则被建模为并联的电容，其值为 $\varepsilon_0 \varepsilon_{\mathrm{r}}$。激励模型采用电压源 V_E，它使电流 I_n 在第 n 段流动。对于足够短的段，该模型预测了行进电流和电压波的存在，并给出其正确速度，即 $c/\sqrt{\varepsilon_{\mathrm{r}}}$。在共振时，电流 I_n 形成对图 9.4(a) 中正弦波形的离散近似。无损耗时，峰值电流无穷大；然而，可在组织和导线中插入电阻器模拟损耗，使电流保持有限。相应的节点电压 V_n 形成余弦曲线，在线的两端有正最大值和负最大值。这些电压导致大的分流电流流经两端的周围介质，在实践中会导致潜在危险的快速组织加热 [37,38]。

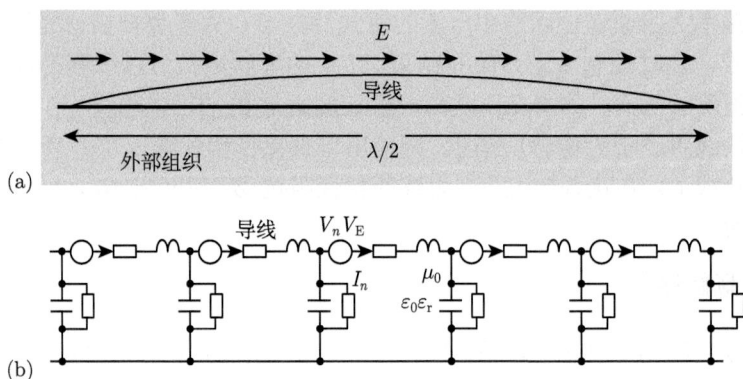

图 9.4　电场激发浸入式线性导体上的驻面波：(a) 物理排列；(b) 等效电路模型。

目前已经开发了几种方案来减少射频加热。如图 9.5(a) 所示，导体之间可以通过固定间隔 $a < \lambda/2$ 插入电流阻塞阻抗 (电感器或谐振槽滤波器)[40,41] 进行分隔，且导体的方向可以周期性地反转 [42]。另一种方法如图 9.5(b) 所示，通过按一定间隔插入耦合变压器，将双线电路 (如传输线) 的两根导线进行分段 [43]。在这种情况下，需要额外的电容作为调谐和匹配网络，构成变压器的电感必须形成 8 字形环路，以避免与 B_1 场耦合 [44]。最后，可以使用如图 9.5(c) 所示的基于磁感应 (magneto-inductive, MI) 波导 [45,46] 的类似方法。此时省去图 9.5(b) 中的传输线及匹配网络，由互感 M 进行匹配。

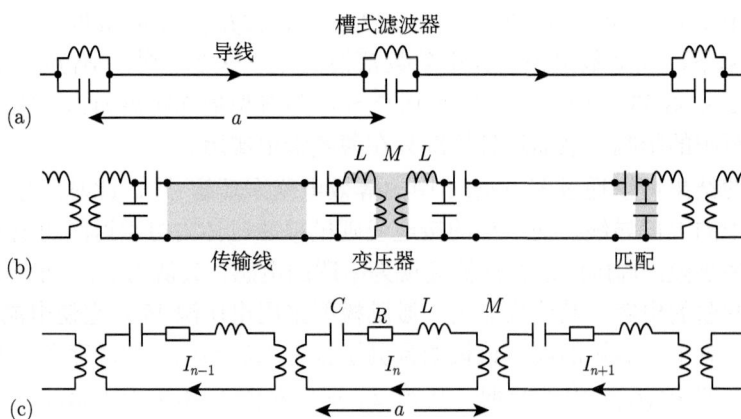

图 9.5　防止表面波共振：(a) 插入电流阻塞阻抗；(b) 变压器分段；(c) 应用磁感应波导。(Syms 等 [39]，经 IEEE 许可转载。)

9.3　薄膜导管接收器

通常，导管接收器是通过手工组装绕线线圈，使用表面贴装装置 (surface-mount device, SMD) 电容和二极管来构建的。然而，由此制作的设备体积庞大、易碎，且缺乏可重复性。使用工业生产方法构建接收器有许多困难。整个构建过程都必须使用非磁性材料实现，所有组件必须光滑、灵活，并且具有低形状因子。现代方法普遍基于先前研究的微型核磁共振系统的技术，即在电介质基片上制造微小的导电轨道 [47]。目前有两种替代技术可供使用：沉积铜的图案化和刻蚀，以及在图案模具中电镀铜。最初衬底是刚性的 [48,49]，现在柔性衬底越来越多地被使用 [50-52]，电容和电感现已集成在一起以简化调谐和匹配 [53]。非线性组件，例如不易集成的二极管，通常被忽略，且已经有了解耦的替代解决方案。

9.3.1　薄膜线圈

首先注意到平面加工引入了固有的拓扑限制。需要将导体缠绕在导管上的螺线管是很难制造的。尽管专门的方法如微接触印刷 [54]、激光车床光刻 [55] 和引线键合 [56] 已被开发且应用于此，但它们并不能轻易完成电路的其他部分。因此，这里的重点是细长环路，其长导体与导管轴平行，短导体穿过圆周的一半。在一个小的同心螺旋中，电感通常会限制在一圈或两圈，因为再多的匝数也不会带来明显优势。然而，所有的平面螺旋都需要在内圈和外圈之间建立连接。这些可以使用经过基底的空气桥或者导电体完成。例如，图 9.6(a) 显示了一个两圈的螺旋，通过空气桥与匹配和调谐的贴片电容 C_M 和 C_T 的焊盘连接 [57]。该结构完全可以通过单面加工形成。然而，这种方法没有提供真正的集成，需要两层光刻和电镀来形成空气桥。

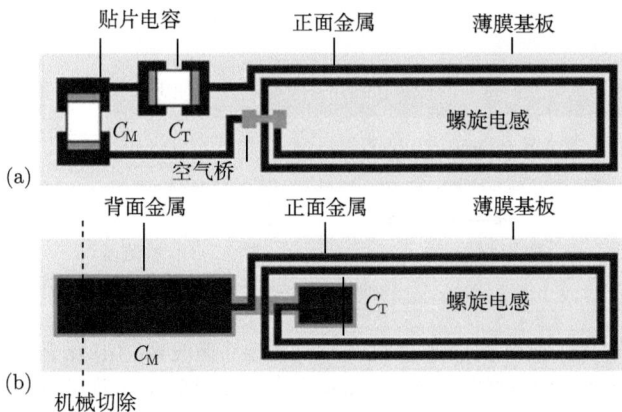

图 9.6　(a) 混合和 (b) 集成电容的平面螺旋电感器。

图 9.6(b) 显示了一种基于基板两侧导体光刻的替代方法 [57]。此时，C_M 和 C_T 形成了集成的平行板电容器，使用电介质作为中间层。只需要两个光刻步骤，内部和外部螺旋之间使用背面金属连接。使用精密的工具可以改变电容值，因此提供了一种简单的调谐和匹配方法。还有一点尤其重要，即当电路安装在导管上时，电感通常会发生变化。这种类型的线圈配有一根亚微型同轴输出电缆，该电缆穿过空心导管骨架的中心管腔。对于较短的导管，还需要额外地主动去耦，将体积庞大的 PIN 二极管安装在导管外。然而，为了在临床上得到更广泛的应用，还需要对装置进行进一步的集成。

9.3.2 薄膜互连

在导管外侧提供薄膜传输线可避免阻塞其中心管腔。原则上存在几种合适的结构。例如，图 9.7(a) 展示了微带传输线 [59]，它由一个导体组成，通过介电层与地平面分隔。同样，图 9.7(b) 展示了对称共面波导 (coplanar waveguide, CPW)[60]，其在导体的两侧都有接地平面，并且都在某一层金属内。在每种情况下，特性阻抗均为 $Z_0 = \sqrt{L_p/C_p}$，其中 L_p 和 C_p 分别是信号线和接地之间的单位长度电感和电容。两种设计都有缺点：如果电介质薄，导体宽，则微带线的 C_p 值较高，L_p 值较低，因此 Z_0 的值较低；同样，如果导体之间的间隙较大，则 CPW 的 C_p 值较低，L_p 值较高，Z_0 值较高。在每种情况下，都很难实现 50 Ω 阻抗匹配的标准值。

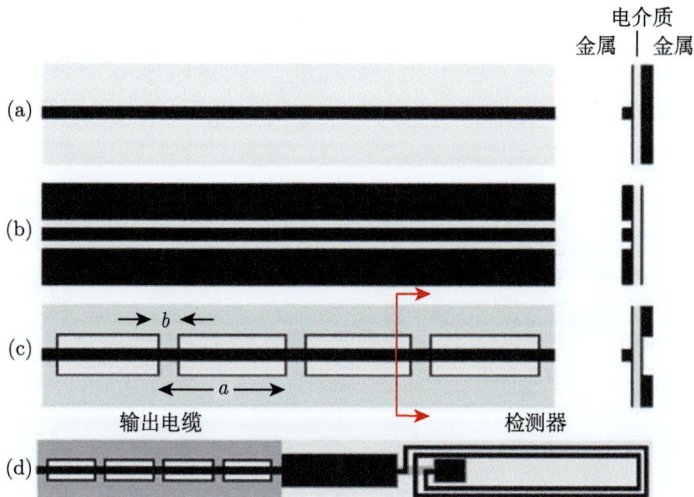

图 9.7 平面互连：(a) 微带；(b) 共面波导；(c) 电磁带隙波导；(d) 结合谐振检测器与 EBG 输出电缆的完整接收器。(Syms 等 [58]，经 Elsevier 许可转载。)

图 9.7(c) 中的结构提供了一种解决方案，该结构在基底的一侧包含一个信号

导体, 在另一侧包含一个周期性光刻的接地 [61], 并有效地包含了微带和共面波导的交替部分。因此在低频时, 该结构可以作为一个具有中间阻抗的波导管工作。然而, 该结构属于电磁带隙 (electromagnetic band-gap, EBG) 器件, 在高频时传播会中断。截止频率和阻抗都是可控的 (截止频率通过调整周期来控制, 阻抗通过地平面孔的相对大小来控制)[62]。EBG 电缆与谐振检波器结合形成完整的接收器, 如图 9.7(d) 所示 [58]。原则上, 也可以在输出电缆的适配点处添加 PIN 二极管, 以实现有源 B_1 场去耦。然而, 该结构不能被认为是 MR 安全的, 因为其可能会激发表面波。为了避免这个问题, 需要进行更深入的重新设计。

9.3.3 MR 安全薄膜互连

如图 9.4 和图 9.5 所示, 为了提高安全性, 需要进行一些设计更改。通过采用 8 字形对称布局共振元件, 共振的磁激励可以在很大程度上被避免。在均匀的 B_1 场中, 元件两半部分感应的电压会相互抵消, 从而减少对非线性元件进一步保护的需求, 以提供进一步保护。然而, 由于场的不均匀性, 电路在检测时对 MRI 信号仍然是敏感的。8 字形虽然必定包含交叉导线, 但可提供如图 9.8(a) 所示的适当布局。此时, 两个半部分各有电感 $L/2$, 回路完整并与两个电容谐振, 每个电容的值为 $2C$。通过将电路分割成小于半个波长的长度, 可以在很大程度上防止共振的电激发。一种方法是图 9.5 中的磁感应 (MI) 波导。这种电路受到超材料科学家的广泛关注, 被认为可应用于核磁共振成像 [39]。

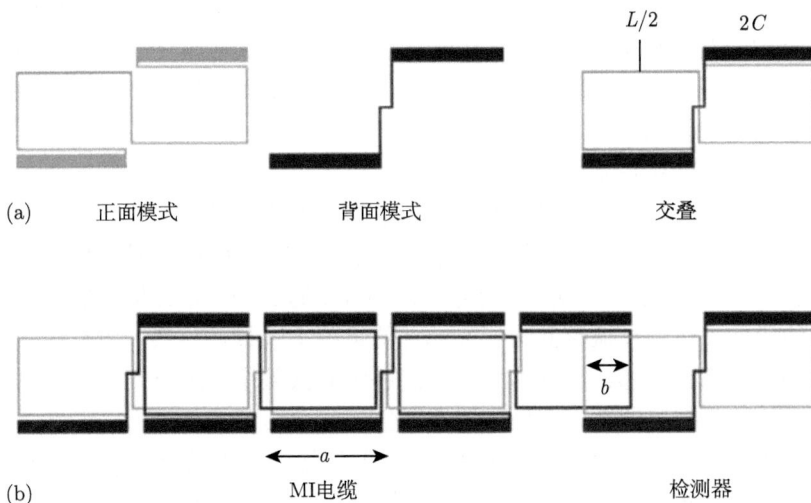

图 9.8 磁感应接收器: (a) 单个 8 字形组件; (b) 完整的结合谐振检测器与 MI 输出电缆接收机。(Syms 等 [63], 经 AIP《应用物理杂志》许可转载。)

MI 波导的分析是相对简单的。在无限系统中, 第 n 个元件中的电流 I_n 与相邻元件中的电流可通过递归关系联系起来 [45]：

$$(R + \mathrm{j}\omega L + 1/(\mathrm{j}\omega C))I_n + \mathrm{j}\omega M(I_{n-1} + I_{n+1}) = 0 \tag{9.3}$$

假设以行波电流形式存在解 $I_n = I_0 \exp(-\mathrm{j}ka)$，其中 I_0 是波幅，k 是传播常数，a 是周期，得出以下传播常数和频率的关系 [46]：

$$(1 - \omega_0^2/\omega^2 + \mathrm{j}/Q) + \kappa \cos(ka) = 0 \tag{9.4}$$

其中，$\omega_0 = 1/\sqrt{LC}$ 是元件的角共振频率，$Q = Q_0\omega/\omega_0$，其中 $Q_0 = \omega_0 L/R$ 是 Q 因子，而 $\kappa = 2M/L$ 是耦合系数 (可为正或负，取决于物理参数和互感系数 M)。

以电阻 R 形式存在的损耗将使传播常数变得复杂，如 $k = k' - \mathrm{j}k''$。代入色散方程，使实部和虚部等于零，并假设损失很小，得出两个单独的方程式：

$$(1 - \omega_0^2/\omega^2) + \kappa \cos(k'a) \approx 0$$

$$k''a \approx 1/\{\kappa Q \sin(k'a)\} \tag{9.5}$$

式 (9.5) 中第一个式子是无损色散方程，容易证明仅允许在有限频带 $1/\sqrt{1 + |\kappa|} \leqslant \omega/\omega_0 \leqslant 1/\sqrt{1 - |\kappa|}$ 上传播。有限 Q 因子的影响是允许带外信号和引入传播损耗。当 $k'a = \pi/2$ 时，谐振时损耗最小。然而，低损耗需要大的耦合系数和高 Q 因子。不幸的是，这两者都是有限的，特别是对于小型谐振器。因此，传播损耗通常比传统传输线高，这是为了提高安全性而作出的权衡。

MI 波导已经使用传统的电感和电容 [46] 以及印刷薄膜 [64] 进行了验证。薄膜电缆在很大程度上不受弯曲的影响 [65]，且噪声系数适中 [66]。对于 MRI 信号传输，可以通过叠加如图 9.8(b) 所示的 8 字形谐振器来构建合适的排列 [63]。此时，连续电感被印刷在基板的相对两侧，每个元件大约有一半与其相邻的两侧重叠。元件的总长度显然必须低于前面讨论过的临界长度 d。然而，在这种安排下，周期 a 可以接近 $d/2$，并且元件的数量是最小的。耦合系数 κ 是正值且限制在最大的单位值内；在实践中，通常会得到大于 0.65 的 κ 值。谐振检测器可以形成一个类似的元件，仅通过调整其与相邻元件的重叠来区分。显然，所有谐振元件对外部射频信号都很敏感，因此这种结构能够沿着其整个长度方向生成 MRI 图像，尽管在导体相互交叉的地方图像强度会发生变化 [63]。

线端的匹配可以按照以下方式进行。MI 波导的特性阻抗为 $\mathrm{j}\omega M \exp(-\mathrm{j}ka)$，共振时将减少到实际值 $Z_{0M} = \omega_0 M$ [45]。薄膜系统的阻抗接近 $50\ \Omega$；然而由于互感的限制，Z_{0M} 通常稍低一些。与磁共振扫描仪电子设备的匹配可以通过使用前面描述的电感方法来实现。所需要做的只是通过一个互感 M' 的谐振元件将 MI 波导与 R_L 连接起来，该谐振元件满足阻抗匹配关系 $\omega_L M' = \sqrt{Z_{0M} R_L}$。这可以通过使用一个可拆卸的、位置易调整的谐振耦合抽头来完成。同样，通过调节探测器与 MI 波导的重叠 b，使互感满足相似关系 $\omega_L M'' = \sqrt{Z_{0M}R}$ 也可以实现与探测器本身的匹配。然而，一旦完成了上述工作，探测器必须固定在适当的位置。

9.4 薄膜器件制造

使用改进的半导体工艺，通过将薄膜基板附着到硅晶圆上，可以制造小型薄膜器件。然而，在采用了用于柔性 PCB 制造的工业辊工艺之后，技术取得了重大进展，这种工艺可以生产长度达数米的完整导管探头。

9.4.1 设计与建模

设计布局可以通过迭代实现。首先估计组件的长度、宽度和面积，并结合 CAD 布局，使组件能够适应导管支架的外部尺寸。可以使用简单的平行板公式来估计电容值，而免费软件包 FastHenry(麻省理工学院) 提供了一种方便地估算电感值的方法。对由此产生的电路进行三维电磁仿真是一个漫长的过程，而使用准 3D 求解器可以进行有效的模拟。例如，商业软件 Microwave Office®(AWR 公司) 允许多层二维电路在堆叠的材料层中建模。该软件的几何图形十分灵活，可用来研究不同的基片、绝缘体和周围组织类型，并模拟调谐和匹配、检测，以及与外部电场和磁场的耦合。研究人员对 MI 导管接收器进行了详细的模拟，证实了其对外部 B_1 场和 E 场的固有灵敏度不足 [67]。

一旦设计确定后，可以通过制造和测试来对设计的参数进行微调。在更高的磁场下进行频率调整也是相对简单的。L-C 谐振器的谐振频率为 $\omega_L = 1/\sqrt{LC}$。由于长而薄的元件的电感 L 和电容 C 与长度近似成正比，因此可以通过将谐振元件的长度减半来实现频率翻倍的设计。方便的是，这种几何缩放也适用于驻波共振的临界长度，因此在缩放过程中保持了名义上的 MR 安全特性 [68]。

9.4.2 材料和制造

最合适的薄膜介电材料是聚酰亚胺，一种无孔的基片，由 DuPont 公司生产，商品名为 Kapton® HN[69]。标准厚度值分别为 6 μm、13 μm、25 μm 和 50 μm；其中 25 μm 厚的薄膜提供了机械和电气性能的最佳组合。较厚的材料增加了电容的表面积 (可能会太大而不能安排在电路上)，从而增加了机械刚度。然而，较薄的基材在加工过程中容易产生皱褶。一定厚度的铜导体可以在模具内电镀制成。然而，需要额外的溅射金属层来黏附，实现低应力层时要小心，最终的导电性相对较低 [57]。通过对 35 μm 厚的压黏铜进行图案成型和刻蚀，其导电性接近于衬底材料。

PCB 薄膜的制备如图 9.9(a) 所示 [62]。图案化是通过光刻和湿化学刻蚀来实现的。小电路只需一次曝光，而完整的导管电路则需要多次曝光。光掩模由聚酯上涂有聚酯薄膜的卤化银形成，长度可达 1 m，PCB 用 175 μm 厚的层压光阻 (i) 层进行敏化。然后将感光的 PCB 夹在两个光罩之间，用机械针对齐前后图案，并放在玻璃衬底上。每一面都用紫外线灯曝光，并在第二次曝光 (ii) 中重复该过程。然后抗蚀剂被显影，图案通过刻蚀转移到下面的铜层上。最后，去除抗蚀剂。Clarydon 公司已经制作了 24 个阵列的电路，线宽和间隔为 0.5 mm，并具有优秀的前后对齐精度。

将单个电路从面板上分离出来，并使用热缩管套将导管接收器连接到管状支架的外部 (在组装过程中，管状支架由一段导线支撑)，如图 9.9(b) 所示。支架直径为 2.2 mm，其外径为 3 mm，小到足以通过内窥镜的活检通道。电容值可以用胶带松散地连接电路来进行调整。对于传统接收器，可以使用超小型同轴电缆进行连接，而 MI 系统可以使用可拆卸谐振感应式换能器。

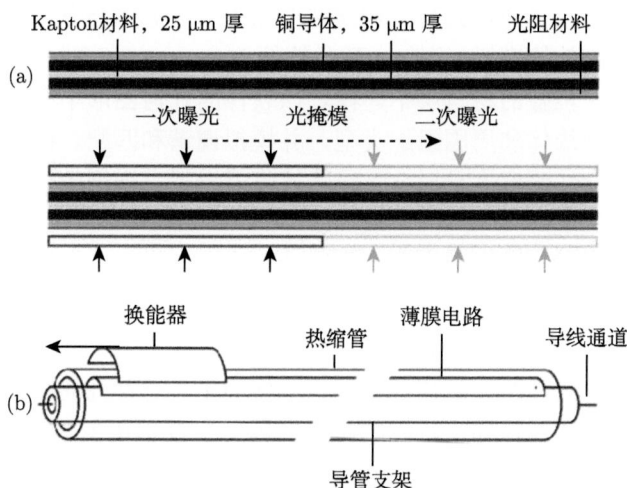

图 9.9　(a) 用于薄膜电路制造的双面图案成形和 (b) 导管结构。(Syms 等 [58]，经 Elsevier 许可转载。)

典型薄膜组件如图 9.10 所示。图 9.10(a) 显示了一个 60 mm 长、具有集成的调谐和匹配电容器的双螺旋电感谐振检测器 [70,71]。这些组件已使用无磁 PIN 二极管 (MA4P7464F-1072；M/A-COM Technology Solutions 公司) 和超小型无磁同轴电缆 (0.8 mm 直径 50 Ω 蓝牙电缆；Axon Cable 公司) 进行了主动解耦。图 9.10(b) 显示了周期为 16 mm、间隙比 $b/a = 1/8$ 的 EBG 波导，图 9.10(c) 为安装在导管上的螺旋谐振器与 EBG 波导结合形成的接收机的电缆部分 [58]。图

9.10(d) 为元件长度为 200 mm 的 MI 波导接收器的最后部分，图 9.10(e) 为组装的 MI 导管接收器的电缆部分。最后，图 9.10(f) 和 (g) 分别展示了谐振换能器在安装到可拆卸式夹具之前和之后的样子，这种安装方式使其能够与导管接收器相连接 [72]。

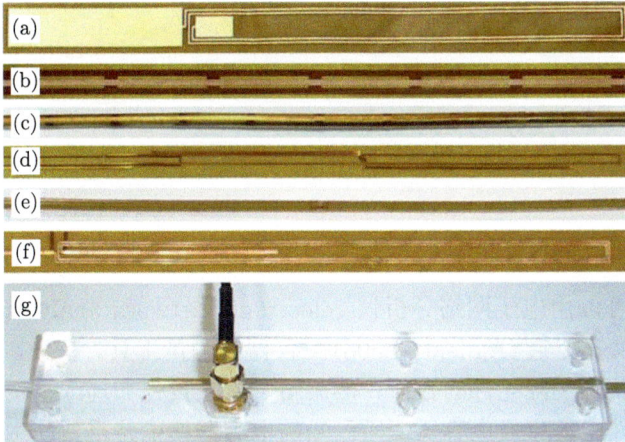

图 9.10 已完成的薄膜电路：(a) 螺旋微线圈；EBG 波导未安装 (b) 和安装 (c) 在导管上；MI 波导未安装 (d) 和安装 (e) 在导管上；谐振换能器 (f)，水平放置，且连接到 MI 导管上 (g)。

9.4.3 机械性能

接收器采用管状支架，尽管其本身与导丝天然兼容，如图 9.11(a) 所示。所有导管必须具有较低的刚度，以适应正常的解剖结构或器械的内部布局。它们还必须具有低摩擦性和"可推动性"，以避免在插入过程中屈曲 [73]。这些要求对材料和设计提出了额外的限制。例如，图 9.6(b) 中的螺旋谐振器的布局包括短而宽的电容，其中包含了大面积的金属区域。这将引入高刚度区域，使得所产生的导管只适合于半刚性应用，如附在激光热消融探针上的 MRI 温度监测仪 [70]。然而，Kapton 基底应用的一个关键光学要求是对 Nd:YAG 激光器的近红外辐射具有适度的透明度 [71]。EBG 电缆具有类似的力学特性，它有连续的接地面。然而，MI 波导只包含狭长的金属区域，因此本质上具有较低的刚度。如图 9.11(b) 所示，MI 导管接收器使用弹性体热收缩装置以确保低摩擦，并可以与足够灵活的柔软导管尖端配合，插入到非磁性侧开十二指肠镜的活检通道中 [74]。

此外，接收器在弯曲时的频率不能发生显著的偏移。而长而细的电感对于那些不会改变导体间距的机械变形相对不敏感 [65]，因此，所描述的接收系统对于弯曲都不敏感。例如，MI 导管接收器具有拉长的元件布局，在弯曲半径为 5 mm 的情况下已经证明不会发生频率偏移 [72]。

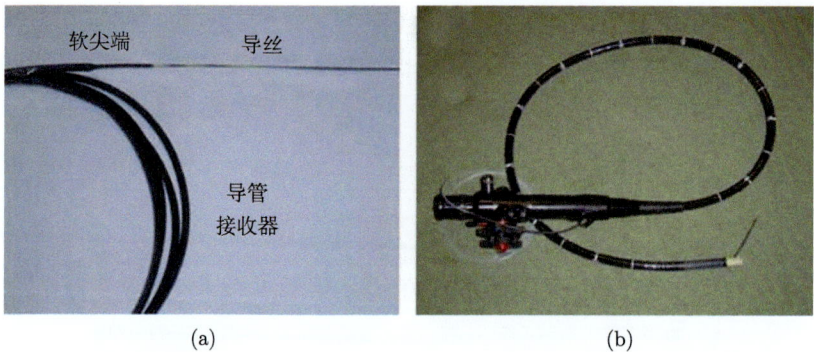

图 9.11　磁感应导管接收器：(a) 安装在导线上，(b) 通过非磁性十二指肠镜活检通道。

9.4.4　电气性能

电气性能可以用电子网络分析仪 (electronic network analyzer，ENA) 来测量。在这里，以安捷伦 (Agilent) E5061A 仪器为测量工具。首先，通过对简化电路进行实验，获取实际元件的数值，然后用于修正设计布局。举例来说，可以通过移除谐振元件中的集成电容器，用已知的电容器使电路重新产生谐振，再利用感应式探头对谐振进行测量，从而确定电感值。一旦电感已知，积分电容就可以从原始谐振中得到，而内阻则可以从 Q 因子中得到。同样地，MI 波导中的耦合系数 κ 可以通过测量由一对耦合元件获得的两个共振的频率分量来得到。一旦 κ 已知，就可以估计波导的特性阻抗，并建立匹配条件。尽管如此，元件值仍然会发生变化。光刻校准误差会影响电容值，而安装在圆柱形支架上会改变电感值。然而，所有场景下，电容都可以在组装前调整以进行补偿。

一旦建立了元件布局，就可以非常方便地调整电路。为了优化螺旋谐振器，将输出连接到 ENA 常规电缆。在调整 C_T 和 C_M 时，监测反射的频率变化 (S_{11})，反射最小值的位置和深度表示共振频率和匹配程度。例如，图 9.12(a) 显示了当一个 60 mm 长的螺旋谐振器被调谐到 1.5 T 时，S_{11} 的连续变化。此时，谐振频率初始过低，匹配差 (i)；然而，调整后，谐振频率达到预期，匹配被校正 (ii)。然后使用附加的电感探头测量电路的正向传输系数 (S_{21})，显示探测器的 Q 因子约为 20(图 9.12(b))。虽然调谐是固定的，但谐振频率可以稍微调高，以补偿负载效应 [58]。在较高的频率下操作可获得更好的性能，尽管频率缩放的预期优势会因趋肤效应而有所减少。图 9.13(a) 为 3.0 T 工作时调谐后的频率响应，此时，Q 因子增至约 30。

可以用类似的方法对基于图 9.3(e) 中的电路的主动解耦进行评估。PIN 二极管的控制信号可以从信号发生器中得到，并使用无源分路器连接在 S_{11} 端口和检测器之间。图 9.13(b) 显示了接收和发射状态下主动解耦谐振器中 S_{21} 的频率变化。在接收状态 (receive state, RX)，PIN 二极管是反向偏置的，检测器具有正常的谐振响应。在发射状态 (transmit state, TX)，二极管是正向偏置的。其效果是将电路转换为一个具有两个谐振峰的系统，这些谐振峰可以放置在拉莫尔频率的任意一侧，以调节同轴电感的长度 d。在这种情况下，TX 状态下的响应比 RX 状态下的响应约低 35 dB，这样的灵敏度降低是有用的，将提供与 B_1 场的有效解耦。

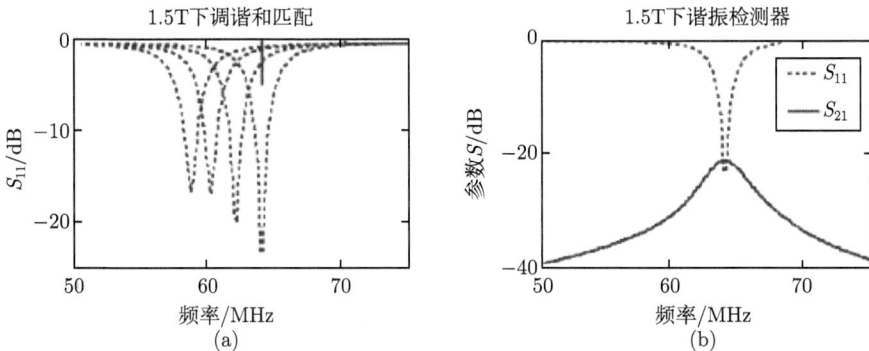

图 9.12　共振螺旋微线圈散射参数的频率变化：(a) 在 1.5 T 下调谐和匹配期间，(b) 调谐和匹配之后。

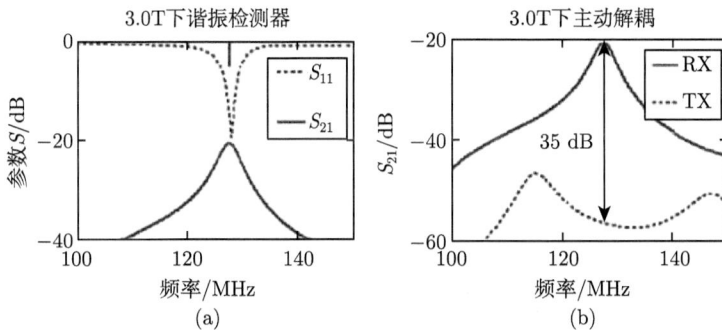

图 9.13　共振螺旋微线圈散射参数的频率变化：(a) 在 3.0 T 下调谐和匹配后，(b) 在主动解耦期间。

要评估 EBG 电缆，只需将其连接在 S_{11} 和 S_{21} 端口之间，并测量反射和透射的频率变化。为了优化设计，可以评估不同间隙比 b/a 的布局，并确定最小反射值。图 9.14(a) 显示了 2 m 长的电缆在 S_{11} 和 S_{21} 中的频率变化，在低频处表现出低反射和低损耗，在 2.5 GHz 高频时出现截止，远高于 MRI 频率[69]。图 9.14(b) 显示了一个完整的接收机的响应，由一个谐振检测器与一个 EBG 电缆组合而成[62]。其性能显然与传统谐振器相似，这证实了薄膜解决方案的可行性。

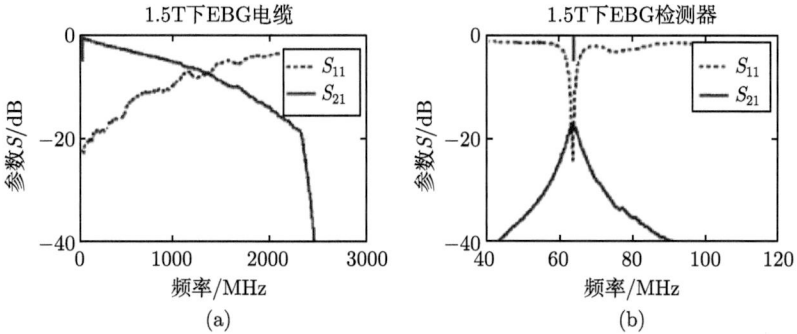

图 9.14　(a)2 m 长 EBG 电缆和 (b) EBG 接收器调谐在 1.5 T 下工作时散射系数的频率
变化。

为了评估 MI 波导，需将其连接在 S_{11} 和 S_{21} 端口之间，使用可拆卸谐振传感器。测量反射和透射的频率变化，同时调整换能器的位置以优化两端的匹配。图 9.15(a) 给出了 2 m 长电缆在 S_{11} 和 S_{21} 中的频率变化，清楚地展示了传输特性的带通性质 [72]。合理的阻抗匹配被成功实现，最小衰减约 3.8 dB/m。图 9.15(b) 显示了通过调整最终单元 (图 9.8(b)) 位置优化匹配后的完整接收机响应。尽管 MI 互连具有不寻常的特性，但共振现象依然可以再次被清楚看到。

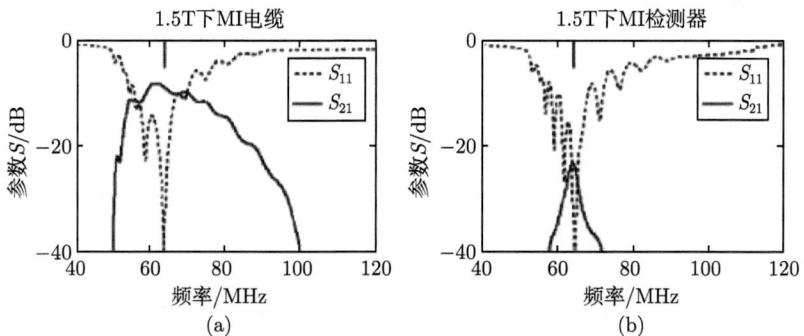

图 9.15　散射参数的频率变化：(a) 2 m 长 MI 波导和 (b)MI 接收机调谐在 1.5 T 下工作。
(Syms 等 [72]，经 IEEE 许可转载。)

9.5　磁共振成像

薄膜探测器已经在 1.5 T(GE Signa Excite) 和 3 T(GE Discovery MR 750 和飞利浦 Achieva) 几种临床扫描仪上进行了评估。通过一个辅助线圈端口进行连接，在最后使用定制接口 (Lambda Z Technologies)。常规接收机无须改装即可运行；但是，需要在输入连接上添加一个非磁性 PIN 二极管以使 MI 接收器通过线圈预扫描测试。

9.5.1 共振探测器成像

到目前为止，共振探测器成像的研究重点一直是演示功能，并将探测器在仿体和离体组织中可实现的 SNR 与标准外线圈 (如心脏阵列) 的性能进行比较。仿体含有一种水基组织模拟溶液 (3.268 g/L NiCl$_2 \cdot$ H$_2$O，2.4 g/L NaCl，电导率 $\sigma \approx 0.3$ S/m，相对介电常数 $\varepsilon_r \approx 77$)，或者为了防止加热实验中的对流，加入类似琼脂凝胶掺杂物。例如，图 9.16(a) 显示了使用安装于导管上的谐振螺旋微线圈进行的典型实验 [70]。此时，线圈被轴向嵌入一个成型的圆柱形凝胶仿体中，即线圈被额外的凝胶包围。使用两个标准的长方体仿体进一步加载八通道心脏阵列线圈 (未显示)。利用系统体线圈进行激励，使用自旋回波序列进行成像，并使用阵列线圈和微线圈获得对比图像。

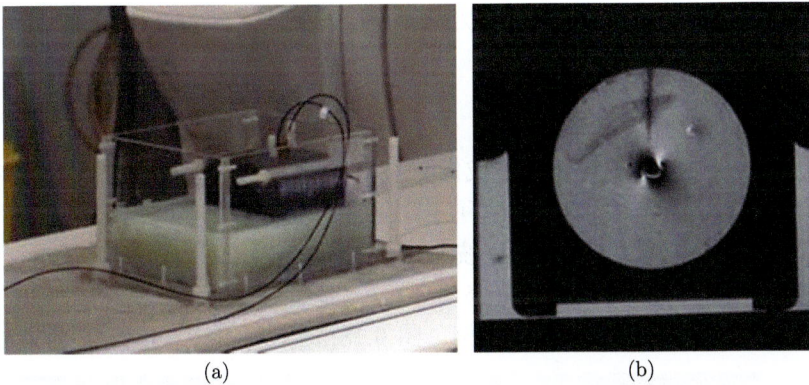

图 9.16 3.0 T 中微线圈评估：(a) 仿体成像实验；(b) 轴向阵列线圈获得的图像显示中心有微线圈的圆柱形凝胶仿体。

图 9.16(b) 显示了使用阵列线圈获得的穿过仿体的轴向层面图像，它具有非常均匀的灵敏度。此时，可以清楚地看到圆柱形的仿体，以及周围用于装载的矩形块。在中心微线圈附近可以看到有限的过激发，这意味着解耦效果良好。

图 9.17(a) 显示了微线圈获得的相应原始图像，乍看微线圈的 FOV 非常有限。然而，图 9.17(b) 显示的是经过 $1/r^2$ 灵敏度变化校正后的同一幅图像。可以更清晰地观察到图 9.16(b) 中的细节，尽管 SNR 随 r 的增加而恶化。通过常规方法可以从图像中提取 SNR 的数值，图 9.17(c) 显示了微线圈在一条水平线上的 SNR 变化情况。该阵列提供了均匀的 SNR，尽管其限制在 100 左右。相比之下，微线圈提供了非均匀的 SNR，其随径向距离的增加而较低。然而，在导管附近，

SNR 要高得多, 在两边都有接近 1200 的峰值。因此, 微线圈在有限 FOV 中具有明显的 SNR 优势。在这种情况下, 大约 20mm(相当于导管直径的 6 倍) 直径范围内成像信噪比可以获得 4 倍提升。这种改善是非常显著的, 因为这种效果要通过 16 次信号平均才能获得。

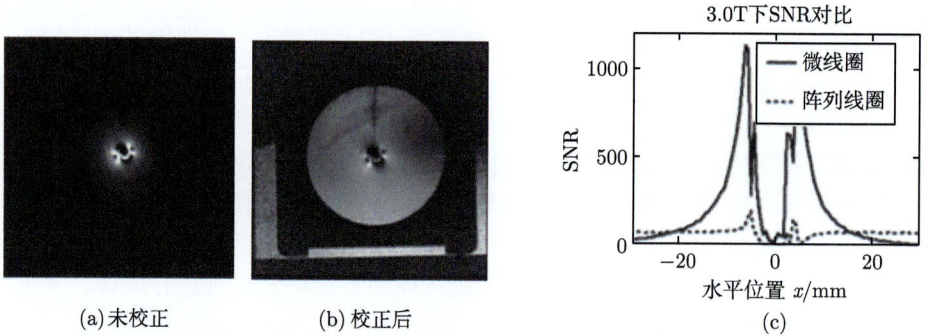

(a)未校正　　　　　　　(b) 校正后　　　　　　　　(c)

图 9.17　3.0 T 中微线圈评估: (a) 和 (b) 使用微线圈获得的凝胶仿体轴向图像, 校正前后的径向灵敏度变化; (c) 微线圈和阵列线圈的 SNR 变化比较。

9.5.2　EBG 探测器成像

EBG 导管接收器也可以用于成像 [58]。在这种情况下, 接收机被调谐到 1.5T 的频率下运行, 但为简单起见省略了主动解耦。使用系统体线圈进行激励, 使用 EBG 接收器接收, 采用 3D 梯度回波 (gradient echo, GRE) 序列。为了提高 SNR, 需要多次激励, 成像时间较长 (近 8 min)。尽管有这些限制, 这个实验展现了沿着薄膜输出电缆传输图像的首个案例。图 9.18(a) 为将 EBG 导管插入成像物体,

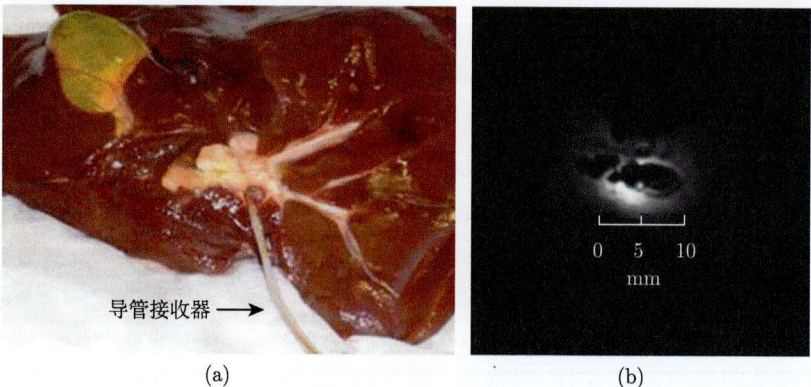

(a)　　　　　　　　　　　　　(b)

图 9.18　1.5 T 时 EBG 导管接收器评估: (a) 体外肝脏内的导管接收器样本; (b) 未经校正的导管系统轴向切面图像。

即离体猪肝的胆管中。图 9.18(b) 为轴向切片图像。由于缺乏解耦，存在局部过激。尽管如此，仍然可以看到有用的解剖学细节，包括邻近的导管。小体素的尺寸意味着亚毫米的分辨率，也意味着未来发现引起胆管壁厚度变化或破坏胆管壁完整性并浸润周围组织的肿瘤是有可能的。

9.5.3 MI 探测器成像

由于 MI 导管接收器固有的安全优势，后续的实验都使用了该接收器进行成像。例如，图 9.19(a) 显示了一个仿体成像实验，其中一根 2 m 长的 MI 导管被放置在长方体仿体顶部的螺旋轨道中[63]。图 9.19(b) 显示了在 1.5 T 下从导管下方的组织模拟液中获得的冠状面图像。显然，图像是沿着导管的整个长度获得的，且没有被弯曲的轨道失谐。图像是分段获得的，每个分段对应于所使用的 8 字形单元的一半。在敏感的导管尖端，图像最亮，这是一种结合了敏感的远端成像和导管固有可见性的特征。图 9.20(a) 是后续模拟管状胆管 MR 成像的仿体实验[72]。此处，MI 导管经塑料模型十二指肠镜尖端的活检通道，并经过一个远程操作的尖端偏转器弯曲约 90° 后从侧孔伸出。整个结构沉浸在组织模拟流体中，图 9.20(b) 为使用自旋回波序列获得的矢状面图像。尽管导管弯曲，导管尖端仍能获得明亮的图像，甚至可以看到模型十二指肠镜内部的细节，如导管偏转器。在进一步的工作中，比较了使用外部线圈和使用 MI 电缆获得的信噪比，以探究二者的可行性。尽管 MI 电缆的噪声系数一般[66]，但相对如图 9.17(b) 所示的类型已有了局部改进[75]。

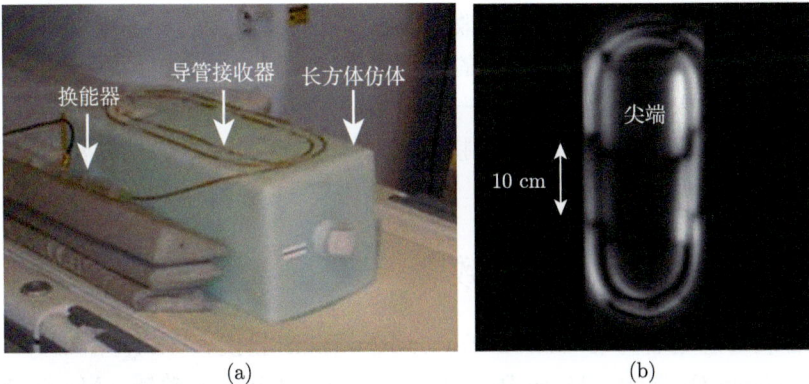

(a)　　　　　　　　(b)

图 9.19　1.5 T 时 MI 导管接收器评估：(a) 长方形仿体上放置螺旋状的导管模型；(b) 导管下方的冠状面图像。(Syms 等[63]，经 AIP《应用物理杂志》许可转载。)

这些实验展现了令人备受鼓舞的成像性能。但是在进行体内实验之前，还需要进行广泛的安全性测试。部分相关安全性测试已经完成。使用 8 字形元件，即使是本身已经弯折的元件，依然被证明对 B_1 场具有较好的电磁免疫，且就目前而言，长时间暴露在射频能量密集的脉冲扫描序列中也不会使完全浸没在凝胶模体中的元件产生任何显著的加热现象 [67,72]。

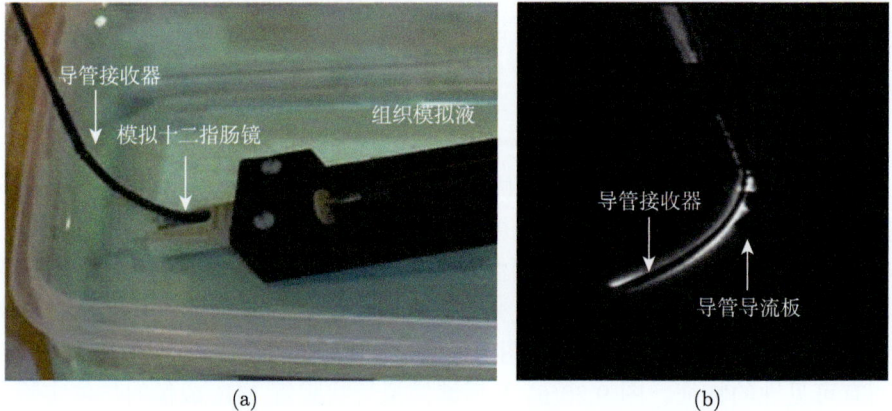

图 9.20　1.5 T 时 MI 导管接收器评估：(a) 带有导管的十二指肠镜尖端的模拟样本；(b) 通过导管的矢状面图像。(Syms 等 [72]，经 IEEE 许可转载。)

9.6　结　论

薄膜技术似乎为内部 MRI 导管接收器的构建提供了许多新的解决方案。用于信号检测和安全信号传输的薄膜电路已经能通过工业化的制造方法生产，并能轻易地集成在中空导管支架上。尽管该技术的开发相对复杂，但其制造方法可以使系统变得平滑且灵活，并与导丝兼容。它们还具有高度的可重复性，并且在很大程度上避免了手工组装系统所需的冗长的调优和匹配过程。显然，这项工作的体内安全性和临床实用性仍有待进一步证明，并验证即使使者运动时，活体内局部 SNR 优势依旧明显。此外，尽管接收机总体上是稳定的，但还需要进一步的工作来提高普遍的机械和电气可靠性。目前这项工作正在进行中。

致　谢

作者衷心感谢合作者 Simon Taylor-Robinson 教授、Wady Gedroyc 教授、Chris Wadsworth 博士、Marc Rea 博士、Laszlo Solymar 教授、Munir Ahmad 博士和 Mike Ristic 博士对这项工作的持续贡献。

参 考 文 献

[1] McRobbie, D.W., Moore, E.A., Graves, M.J., and Prince, M.R. (2006) MRI from Proton to Picture, Cambridge University Press, Cambridge.

[2] Hoult, D.I. and Lauterbur, P.C. (1979) The sensitivity of the zeugmatographic experiment involving human samples. J. Magn. Reson., 34 (2), 425–433.

[3] Schultz, C.L., Alfidi, R.J., Nelson, A.D., Kopiwoda, S.Y., and Clampitt, M.E. (1984) The effect of motion on two-dimensional Fourier transformation magnetic resonance images. Radiology, 152 (1), 117–121.

[4] Kneeland, J.B. and Hyde, J.S. (1989) High-resolution MR-imaging with local coils. Radiology, 171 (1), 1–7.

[5] Roemer, P.B., Edelstein, W.A., Hayes, C.E. et al. (1990) The NMR phased array. Magn. Reson. Med., 16 (2), 192–225.

[6] Gilderdale, D.J., deSouza, N.M., Coutts, G.A. et al. (1999) Design and use of internal receiver coils for magnetic resonance imaging. Br. J. Radiol., 72 (864), 1141–1151.

[7] Baudouin, C.J., Soutter, W.P., Gilderdale, G., and Coutts, G.A. (1992) Magnetic resonance imaging of the uterine cervix using an intravaginal coil. Magn. Reson. Med., 24 (1), 196–203.

[8] De Souza, N.M., Kmiot, W.A., Puni, R. et al. (1995) High resolution magnetic resonance imaging of the anal sphincter using an internal coil. Gut, 37 (2), 284–287.

[9] Armenean, M., Beuf, O., Pilleul, F., and Saint-Jalmes, H. (2004) Optimization of endoluminal loop radiofrequency coils for gastrointestinal wall MR imaging. IEEE Sens. J., 4 (1), 57–64.

[10] Kantor, H.L., Briggs, R.W., and Balaban, R.S. (1984) In vivo ^{31}P nuclear magnetic resonance measurements in canine heart using a catheter-coil. Circ. Res., 55 (2), 261–266.

[11] Martin, P.J., Plewes, D.B., and Henkelman, R.M. (1992) MR imaging of blood vessels with an intravascular coil. J. Magn. Reson. Imaging, 2 (4), 421–429.

[12] Hurst, G.C., Hua, J., Duerk, J.L., and Cohen, A.M. (1992) Intravascular (catheter) NMR receiver probe: preliminary design analysis and application to canine iliofemoral imaging. Magn. Reson. Med., 24 (2), 343–357.

[13] Kandarpa, K., Jakab, P., Patz, S., Schoen, F.J., and Jolesz, F.A. (1993) Prototype miniature endoluminal MR imaging catheter. J. Vasc. Interv. Radiol., 4 (3), 419–427.

[14] Atalar, E., Bottomley, P.A., Ocali, O. et al. (1996) High resolution intravascular MRI and MRS by using a catheter receiver coil. Magn. Reson. Med., (4), 596–605.

[15] Crottet, D., Menli, R., Wicky, S., and van der Kink, J.J. (2002) Reciprocity and sensitivity of opposed-solenoid endovascular MRI probes. J. Magn. Reson., 159 (2), 219–225.

[16] Inui, K., Nakazawa, S., Yoshino, J. et al. (1995) Endoscopic MRI: preliminary results of a new technique for visualization and staging of gastrointestinal tumors. Endoscopy, 27 (7), 480–485.

[17] deSouza, N.M., Coutts, G.A., Larkman, D.J. et al. (2000) Combined MRI and fibre-optic colonoscopy: technical considerations and clinical feasibility. Minim. Invasive Ther. Allied Technol., 9 (1), 25–30.

[18] Gilderdale, D.J., Williams, A.D., Dave, U., and deSouza, N.M. (2003) An inductively-coupled, detachable receiver coil system for use with magnetic resonance compatible endoscopes. J. Magn. Reson. Imaging, 18 (1), 131–135.

[19] Burl, M., Coutts, G.A., Herlihy, D. et al. (1999) Twisted-pair RF coil suitable for locating the track of a catheter. Magn. Reson. Med., 41 (3), 636–638.

[20] Zuehlsdorff, S., Umathum, R., Volz, S. et al. (2004) MR coil design for simultaneous tip tracking and curvature delineation of a catheter. Magn. Reson. Med., 52 (1), 214–218.

[21] Hillenbrand, C.M., Elhort, D.R., Wong, E.Y. et al. (2004) Active device tracking and high-resolution intravascular MRI using a novel catheter-based opposed solenoid phased array coil. Magn. Reson. Med., 51 (4), 668–675.

[22] Arepally, A., Georgiades, C., Hofmann, L.V. et al. (2004) Hilar cholangiocarcinoma: staging with intrabiliary MRI. Am. J. Roentgenol., 183 (4), 1071–1074.

[23] Kozarek, R. (2007) Biliary ERCP. Endoscopy, 39 (1), 11–16.

[24] Quick, H.H., Ladd, M.E., Zimmermann-Paul, G.G. et al. (1999) Single-loop coil concepts for intravascular magnetic resonance imaging. Magn. Reson. Med., 41 (4), 751–758.

[25] Atalar, E. (2012) Catheter coils, in RF Coils for MRI (eds J.T. Vaughan and J.R. Griffiths), John Wiley and Sons, Ltd, Chichester, pp. 211–223.

[26] Sathyanarayana, S. and Bottomley, P.A. (2009) MRI endoscopy using intrinsically localized probes. Med. Phys., 36 (3), 908–919.

[27] Ocali, O. and Atalar, E. (1997) Intravascular magnetic resonance imaging using a loopless catheter antenna. Magn. Reson. Med., 37 (1), 112–118.

[28] Susil, R.C., Yeung, C.J., and Atalar, E. (2003) Intravascular extended sensitivity (IVES) MRI antennas. Magn. Reson. Med., 50 (2), 383–390.

[29] Qian, D., El-Sharkawy, A.M., Atalar, E., and Bottomley, P.A. (2010) Interventional MRI: tapering improves the distal sensitivity of the loopless antenna. Magn. Reson. Med., 63 (3), 797–802.

[30] Hoult, D.I. and Richards, R.E. (1976) The signal-to-noise ratio of the nuclear magnetic resonance experiment. J. Magn. Reson., 24 (1), 71–85.

[31] Schnall, M.D., Barlow, C., Subramanian, V.H., and Leigh, J.S. (1986) Wireless implanted magnetic resonance probes for in vivo NMR. J. Magn. Reson., 68 (1), 161–167.

[32] Hyde, J.S., Rilling, R.S., and Jesmanowicz, A. (1990) Passive decoupling of surface coils by pole insertion. J. Magn. Reson., 89 (3), 485–495.

[33] Edelstein, W.A., Hardy, C.J., and Mueller, O.M. (1986) Electronic decoupling of surface coil receivers for NMR imaging and spectroscopy. J. Magn. Reson., 67 (1), 156–161.

[34] Goubau, G. (1950) Surface waves and their application to transmission lines. J. Appl. Phys., 21 (11), 1119–1128.

[35] Acikel, V. and Atalar, E. (2011) Modelling of radiofrequency currents on lead wires

during MR imaging using a modified transmission line method. Med. Phys., 38 (12), 6623–6632.

[36] Surowiec, A., Stuchly, S.S., Eidus, L., and Swarup, A. (1987) In-vitro dielectric properties of human tissue at radio frequencies. Phys. Med. Biol., 32 (5), 615–621.

[37] Konings, M.K., Bartels, L.W., Smits, H.F.M., and Bakker, C.J.G. (2000) Heating around intravascular guidewires by resonating RF waves. J. Magn. Reson. Imaging, 12 (1), 79–95.

[38] Nitz, W.R., Oppelt, A., Renz, W. et al. (2001) On the heating of linear conductive structures as guidewires and catheters in interventional MRI. J. Magn. Reson. Imaging, 13 (1), 105–114.

[39] Syms, R.R.A., Solymar, L., and Young, I.R. (2010) Periodic analysis of MR-safe transmission lines. IEEE J. Sel. Top. Quantum Electron., 16 (2), 433–440.

[40] Atalar, E. (1999) Safe coaxial cables. Proceedings of the 7th Annual Meeting of ISMRM, Philadelphia, PA, May 24-28, p. 1006.

[41] Ladd, M.E. and Quick, H.H. (2000) Reduction of resonant RF heating in intravascular catheters using coaxial chokes. Magn. Reson. Med., 43 (4), 615–619.

[42] Bottomley, P.A., Kumar, A., Edelstein, W.A. et al. (2010) Designing passive MRI-safe implantable conducting leads with electrodes. Med. Phys., 37 (7),3828–3843.

[43] Weiss, S., Vernickel, P., Schaeffter, T. et al. (2005) Transmission line for improved RF safety of interventional devices. Magn. Reson. Med., 54 (1), 182–189.

[44] Krafft, A., Müller, S., Umathum, R. et al. (2006) B_1 field-insensitive transformers for RF-safe transmission lines. Magn. Reson. Mater. Phys., Biol. Med., 19 (5), 257–266.

[45] Shamonina, E., Kalinin, V.A., Ringhofer, K.H., and Solymar, L. (2002) Magneto-inductive waveguide. Electron. Lett, 38 (8), 371–373.

[46] Wiltshire, M.C.K., Shamonina, E., Young, I.R., and Solymar, L. (2003) Dispersion characteristics of magneto-inductive waves: comparison between theory and experiment. Electron. Lett, 39 (2), 215–217.

[47] Webb, A.G. (2012) Microcoils, in RF Coils for MRI (eds J.T. Vaughan and J.R. Griffiths), John Wiley and Sons, Ltd, Chichester, pp. 224–232.

[48] Peck, T.L., Magin, R.L., Kruse, J., and Feng, M. (1994) NMR microspectroscopy on 100-μm planar RF coils fabricated on gallium arsenide substrates. IEEE Trans. Biomed. Eng., 41 (7), 706–709.

[49] Massin, C., Boero, C., Vincent, F. et al. (2002) High-Q factor RF planar microcoils for micro-scale NMR spectroscopy. Sens. Actuators, A, 97-8, 280–288.

[50] Coutrot, A.-L., Dufour-Gergam, E., Quemper, J.-M. et al. (2002) Copper micromolding process for NMR microinductors realisation. Sens. Actuators, A, 99 (1–2), 49–54.

[51] Uelzen, T., Fandrey, S., and Müller, J. (2006) Mechanical and electrical properties of electroplated copper for MR-imaging coils. Microsys. Technol., 12 (4), 343–351.

[52] Woytasik, M., Ginefri, J.-C., Raynaud, J.-S. et al. (2007) Characterisation of flexible RF microcoils dedicated to local MRI. Microsys. Technol., 13 (11), 1575–1580.

[53] Ellersiek, D., Fassbender, H., Bruners, P. et al. (2010) A monolithically fabricated flexible resonant circuit for catheter tracking in magnetic resonance imaging. Sens. Actuators, B, 144 (2), 432–436.

[54] Rogers, J.A., Jackman, R.J., Whitesides, G.M. et al. (1997) Using microcontact printing to fabricate microcoils on capillaries for high resolution proton nuclear magnetic resonance on nanoliter volumes. Appl. Phys. Lett., 70 (18), 2464–2466.

[55] Malba, V., Maxwell, R., Evans, L.B. et al. (2003) Laser-lathe lithography — a novel method for manufacturing nuclear magnetic resonance microcoils. Biomed. Microdevices, 5 (1), 21–27.

[56] Badilita, V., Kratt, K., Baxan, N. et al. (2010) On-chip three dimensional microcoils for MRI at the microscale. Lab Chip, 10, 1387–1390.

[57] Ahmad, M.M., Syms, R.R.A., Young, I.R. et al. (2009) Catheter-based flexible microcoil RF detectors for internal magnetic resonance imaging. J. Micromech. Microeng., 19 (7), 074011.

[58] Syms, R.R.A., Young, I.R., Ahmad, M.M. et al. (2010) Thin-film detector system for internal magnetic resonance imaging. Sens. Actuators, A, 163 (1), 15–24.

[59] Grieg, D.D. and Engelmann, H.F. (1952) Microstrip – a new transmission technique for the kilomegacycle range. Proc. Inst. Radio Eng., 40 (12), 1644–1650.

[60] Wen, C.P. (1969) Coplanar waveguide: a surface strip transmission line suitable for nonreciprocal gyromagnetic device applications. IEEE Trans. Microwave Theory Tech., 17 (12), 1087–1990.

[61] Kahrizi, M., Sarkar, T.K., and Maricevic, Z.A. (1994) Dynamic analysis of a microstrip line over a perforated ground plane. IEEE Trans. Microwave Theory Tech., 42 (5), 820–825.

[62] Syms, R.R.A., Segkhoonthod, K., and Young, I.R. (2011) Periodically structured thin-film cables. IET Microwaves Antennas Propag., 5 (9), 1123–1129.

[63] Syms, R.R.A., Young, I.R., Ahmad, M.M., and Rea, M. (2012) Magnetic resonance imaging with linear magneto-inductive waveguides. J. Appl. Phys., 112 (11), 114911.

[64] Syms, R.R.A., Young, I.R., Solymar, L., and Floume, T. (2010) Thin-film magneto-inductive cables. J. Phys. D: Appl. Phys., 43 (5), 055102.

[65] Syms, R.R.A. and Solymar, L. (2010) Bends in magneto-inductive waveguides. Metamaterials, 4 (4), 161–169.

[66] Wiltshire, M.C.K. and Syms, R.R.A. (2014) Noise performance of magneto-inductive cables. J. Appl. Phys., 116 (3), 034503.

[67] Segkhoonthod, K., Syms, R.R.A., and Young, I.R. (2014) Design of magneto-inductive magnetic resonance imaging catheters. IEEE Sens. J., 14 (5), 1505–1513.

[68] Syms, R.R.A., Young, I.R., and Rea, M. (2013) Frequency scaling of catheter-based magneto-inductive MR imaging detectors. Proceedings of the 17th Transducers Conference, Barcelona, Spain, June 16-20, pp. 594–597.

[69] Dupont (2006) Kapton® HN Polyimide Film Data Sheet K-15345.

[70] Kardoulaki, E., Syms, R.R.A., Young, I.R. et al. (2015) Thin-film microcoil detectors: application in MR-thermometry. Sens. Actuators, A, 226, 48–58.

[71] Kardoulaki, E., Syms, R.R.A., Young, I.R. et al. (2015) Opto-thermal profile of an ablation catheter with integrated micro-coil for MR-thermometry during Nd: YAG laser interstitial thermal therapies of the liver — an in-vitro experimental and theoretical study. Med. Phys., 42 (3), 1389–1397.

[72] Syms, R.R.A., Young, I.R., Ahmad, M.M. et al. (2013) Magneto-inductive catheter receiver for magnetic resonance imaging. IEEE Trans. Biomed. Eng., 60 (9), 2421–2431.

[73] Kramer, H.W. (2001) Microbore catheters: keys to successful design and manufacture, Part I. Med. Device Technol., 12 (9), 14–16.

[74] Syms, R.R.A., Young, I.R., Wadsworth, C.A. et al. (2013) Magnetic resonance imaging duodenoscope. IEEE Trans. Biomed. Eng., 60 (12), 3458–3467.

[75] Kardoulaki, E., Syms, R.R.A., Young, I.R., and Rea, M. (2016) SNR in MI catheter receivers for MRI. IEEE Sens. J., 16 (6), 1700–1707.

第 10 章　宽带多核检测微线圈

Jens Anders[1,2], Aldrik H. Velders[3,4,5]

[1](德国) 斯图加特大学智能传感器研究所电气工程与信息技术系
[2](德国) 集成量子科学技术中心 (IQST)
[3](荷兰) 瓦格宁根大学与研究中心生物纳米技术实验室
[4](荷兰)MAGNEFY 磁共振研究所
[5](西班牙) 卡斯蒂利亚拉曼查大学 (UCLM) 区域应用科学研究所

10.1　引　　言

核磁共振技术是自 20 世纪开始发展起来的非常具有影响力的分析工具,广泛应用于从油井钻井到医学的各个学科 [1-6]。迄今为止,有两个主要障碍阻碍了 NMR 波谱在科学和社会中的更广泛应用:首先,NMR 相对较低的灵敏度严重限制了质量和体积有限的样品的应用,包括芯片上实验室集成、细胞内分析和生物分析物检测。典型的对于含量在微摩尔量级的 NMR 样品体积大约为 0.5 mL,如此大的样品体积反过来又对磁场提出了严格的要求——无论是磁场的产生,还是探针中所用材料的磁化率——必须在整个样品体积中均质且具有 ppb 分辨率。其次,NMR 设备非常复杂且成本高昂。用于产生静磁场的 (低温) 超导磁体是造成 NMR 设备价格高昂的一个主要因素。不过,这个问题有望通过引入新的磁体制造技术和材料 (例如高温超导体) 以及小型化波谱仪的开发而得到解决 [7]。另一个复杂且昂贵的因素是波谱仪的核心,它由多频探针组成,线圈集成了繁复的调谐匹配电路,并与 RF 收发器电路连接。鉴于当前 NMR 系统的这些局限性,为了使 NMR 能得到更广泛的应用且价格合理,关键的挑战是提高灵敏度,同时降低 NMR 探针和电子器件的成本和复杂性。

提高 NMR 灵敏度的一个有效的方法是开发微线圈,使得 NMR 可以在质量有限的样品中使用 [8-13],例如微流控芯片应用 [9,14,15]、(快速) 反应监测 [16-21]、色谱分离 [22-25]、超分子化学 [26-29]、肿瘤细胞检测和分析 [30,31] 或 (体内) 代谢分析 [18,32-36]。在降低电路复杂度和成本方面,近年来,平面微线圈在宽频带电路中的集成取得了良好的效果。在这种方法中,使用未经传统电路调谐/匹配的单个微线圈可以在拉莫尔频率的全宽度内检测核素 [36]。本章首先简要回顾微线圈的发展历史，然后展示宽频带微线圈系统的巨大潜力。接着，从 NMR 用户的角度提出一系列问题，并将通过工程师的方法回答这些问题。最后，我们提倡在宽频带微线圈系统方向上进行进一步研究，因为它们有望提供一种有效的策略来降低 NMR 设备关键部件的成本和复杂性，而且具有出色的灵敏度，从而促进了这种强大的分析工具的更广泛使用。

10.1.1　NMR 微线圈

微线圈 NMR 波谱分析是在 20 多年前由 Sweedler 及其合作者提出的，这是一种螺线管微线圈，其活动体积只有几纳升，能够进行高分辨率 NMR 波谱分析[8,37]，Peck 等对这种微线圈的设计和特性进行了初步深入的分析[38]。当线圈的大小与样品匹配时，NMR 信号的幅度是最佳的[9,11,12,22,39]。这促进了具有不同几何形状的微线圈设计的发展，包括微螺线管[8,16,40-42]、微槽波导[43-45]、带状线[18,46]、平面螺旋和方形微线圈[9,20,27,29,32,47-50]、亥姆霍兹线圈[51-53] 和多层同轴嵌套线圈[54]。尽管具有不同几何形状的微线圈已经被证明是一种成功的提高质量有限样品灵敏度的策略 (图 10.1)，但它们的使用长期以来主要局限于 1D 高伽马核素的 NMR 波谱。对于低伽马和异核多维 NMR 实验，需要精密复杂的电子电路[12,19,55-57]，这限制了微线圈 NMR 波谱分析的进一步广泛应用。

螺线管　　　微带线　　　平面螺旋　　　微槽　　　亥姆霍兹线圈

图 10.1　用于小体积 NMR 波谱分析的不同几何形状的线圈。

从用于 NMR 的线圈的几何形状类型来看，螺线管和平面螺旋线圈在科研和商用产品上的应用是最成功的。事实上，1995 年发表在《科学》杂志上的一篇开创性论文[8] 中提出的螺线管的概念，已经促进 Protasis 公司 (https://www.protasis.net/blog/) 将一种商用探测器推向市场。如今，螺线管和平面螺旋线圈也已经作为插件，用于 Bruker 显微成像探针中 (https://www.bruker.com/products/mr/nmr/accessories/microimaging/overview.html)。对于例如 B_0 和 B_1 场均匀性或填充因子方面，平面微线圈可能无法提供最佳的几何形状，但它可以让制作过程变得更简单。此外，平面微线圈的宽带特性以及使用洁净室制造技术所带来的大型设计自由度，为线圈几何形状带来了全新的可能性，使得单个微线圈可以用于同核和异核 NMR 波谱分析。

10.1.2　宽带 NMR 微线圈

平面螺旋微线圈的宽频带特性的发现在某种程度上是偶然的。当初作者之一 Aldrik H. Velders 于 2004 年到达特文特大学时，那里正在进行一些有关集成螺旋微线圈的微流控芯片的研究合作 [20]。这项工作与反应监测原理证明有关，该实验使用 50 nL 检测体积的 T 形通道微流控芯片，将其调谐至 60 MHz 并放置在经典的 1.4 T 开放式永磁体中的，作为 Varian EM 360 系统的一部分。由于实验室有一台牛津仪器公司 (Oxford Instruments) 制造的大孔径 9.4 T 的超导磁体，于是该芯片被放置在 9.4 T 磁体中以测量氘波谱 [58]，考虑到 ^{1}H 和 ^{2}H 的各自旋磁比，同时将芯片针对 1.4 T 下的 60 MHz ^{1}H 检测进行了优化，同样适用于 9.4 T(即 61 MHz) 下的 ^{2}H 检测。这样可以很容易地获得氘波谱。然而，^{1}H 实验结果也被记录下来 (正常 9.4 T 只记录 ^{2}H 实验)，并且显示出良好的信号，实验结果似乎与所使用的调谐电路无关。后来，Velders 对调谐和匹配电路进行了更系统的研究，发现系统似乎对电子设备变化的鲁棒性很高。最终，他从电路中移除了所有调谐和匹配电容器。令人惊讶的是，^{1}H NMR 波谱可以被毫不费力地记录下来，并且随后在 9.4 T 下研究的其他核素，包括 ^{15}N、^{2}H、^{13}C 和 ^{19}F，也显示出优良的结果。因此，该系统被命名为 BBC，即宽频带线圈/芯片/电路 (broadband coil/chip/circuit)，同时也是向英国广播公司 (British Broadcasting Corporation, BBC) 致敬 [36]。9.4 T 系统上的初始工作是使用原始的探针设计进行的，其中芯片由木棒固定在适当的位置。在这些实验中，小体积 (较低的纳升范围) 芯片的一个明显优势是它们在大体积 (几立方厘米) 的磁体中具有出色的均匀性，可以抵消在宽口径磁体中的定位公差。

在这些初步实验之后，学者们又基于自制探针对具有平面螺旋微线圈的宽频带 NMR 波谱分析进行了更系统的研究，线圈在微流体玻璃芯片的顶部制作，类似于 Lausanne 小组的原始设计 [47,49]。典型的芯片是在 1.1 mm 厚的硼硅玻璃晶片底部湿刻蚀 500 μm 深的圆形 V 形凹槽，表面凹槽宽度约为 250 μm。将粉末通过凹槽上的射流孔喷入晶圆片中。将 100 μm 的薄玻璃晶片黏合到包含凹槽的玻璃芯片上，将它们转换为通道。为了制造形成线圈的铜轨道，在薄玻璃晶片的背面涂覆 Cr/Cu 籽晶层，然后通过电镀沉积 20 μm 厚的铜层，形成最终的铜轨道结构。在第一代芯片中，平面螺旋微线圈共有 32 匝，宽度和间距为 20 μm，内径为 250 μm，总检测体积约为 25 nL。在接下来的几代芯片中，设计了该原型的大量变体 (图 10.2)，包括一个 6 nL 检测体积芯片，带有用于集成毛细管的侧入口。

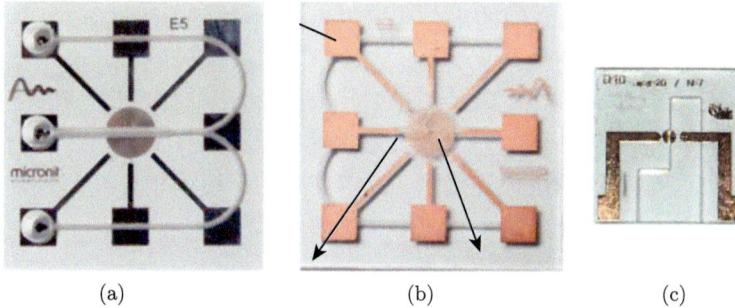

(a)   (b)   (c)

图 10.2　25 nL 检测体积 NMR 芯片 (1.5 cm × 1.5 cm) 的后视图 (微流体)(a) 和前视图 (射频电子)(b)；(c) 6 nL 检测体积 NMR 芯片 (0.9 cm × 0.9 cm) 的前视图 (电子学)，带有用于微流体连接的侧入口。

10.2　基于微线圈的宽带 NMR 探头

　　继微线圈可以在宽频率范围内稳定运行的惊人发现之后，人们又将微流体芯片集成到完整 NMR 探针设置中，以进行更直接和系统的研究。早期使用胶合毛细管[48] 的工作提出了对更加模块化的系统的需求，即在该系统中可以便捷地更换芯片，同时保持电子和微流体装置的完整性。此外，使用洁净室制造技术制造芯片仍然是一项成本高昂且复杂的技术 (通常每个晶圆设计约需 20000 欧元)，且并非所有最终芯片都按预期运行，例如，由于微流体错位或螺旋铜的电镀问题。因此，在这个探索阶段，多功能设计是一种比较务实的方法。探针构造中的另一个实际问题是如何在磁场中固定和定位芯片，并允许微流体和电子连接。本节将首先描述前述的小体积宽频带探针[36]，然后回顾具有良好性能的简单短线设计的产品，最后整理出以上研究中出现的问题。

10.2.1　宽带线圈、芯片和探头设置

　　为了解决上一节中列出的关于系统研究微线圈的制造和使用的问题，这里设计了一个双线圈芯片，如图 10.3 所示。将 1.5 cm × 4.5 cm 玻璃芯片放置在一个标准化的流体滑块内，且该滑块被设计成可以放置在定制的铝制支架上。整个支架被放置在一个商用 (此处为 Varian)NMR 牺牲探针的铝圆柱体的顶部。支架的一侧配备了微流体接入孔，可实现无泄漏连接，而铜电极可用于从支架另一侧进行线圈的电气连接。为了使 BBC 正常运行，微线圈的外圈直接连接到其中一个铜电极，而内圈末端则通过引线键合到相反的铜电极并接地。

　　上述多用途芯片的平面螺旋微线圈的电阻约为 $R = 7\Omega$，通过裸铜线直接焊接到探针底部 BNC 连接器末端的铜传输线 (transmission line, TRL) 上。重要的是，射频电路中没有使用调谐或匹配电容。有趣的是，通过测量中心引脚和探

针 BNC 连接器的屏蔽层之间的电阻即可以直接测试接线的正确性，这从实用性的角度上来讲是非常方便的。从 BNC 连接器到整个探针的电阻是由微线圈控制的，因此应该非常接近探针电阻的测量值。同轴电缆通过探针的 BNC 连接器连接到波谱仪 (Varian Inova) 的前置放大器收发电路。对于异核 2D 实验，使用组合器将两个不同频率的输出口连接到 BBC 装置的单根同轴电缆。分别在高伽马和低伽马通道中使用了合适的高通或带通滤波器。

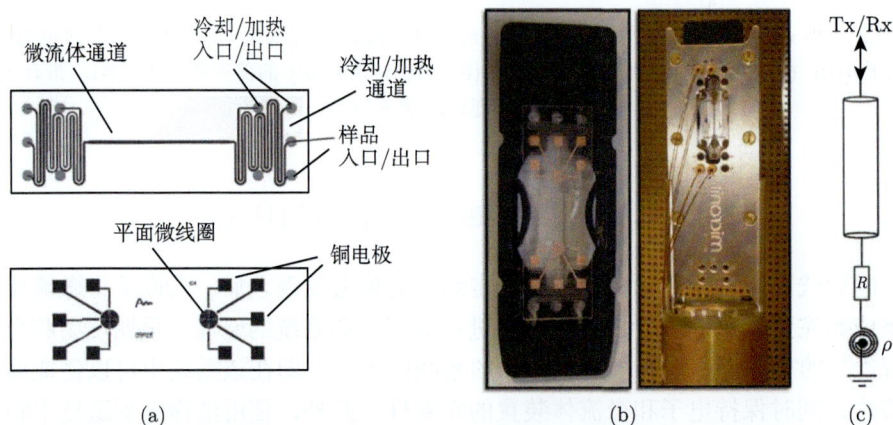

图 10.3　具有两个检测区域的多用途 NMR 芯片。(a) 芯片示意图，流体通道的前视图 (顶部)，以及铜电极和线圈的后视图 (底部)；(b) 微流体滑块内的 1.5 cm × 4.5 cm 的 NMR 芯片 (左) 和牺牲式探针顶部的铝支架 (右)；(c) BBC 装置的 RF 电路，具有电阻 ρ 串联一个可调电阻 (R)。请参阅文献 [36] 了解芯片和线圈的更多细节。Tx 表示发射机；Rx 表示接收机。(Fratila 等 [36]，经 Science 许可转载。)

10.2.2　非调谐宽带平面收发器线圈 NMR 数据

上一节中描述的宽频带微线圈装置允许直接运行所有标准 NMR 脉冲序列，因此可以用于简单的 1D 到更复杂的同核和异核 2D 实验，包括那些在采集过程中去耦的实验 [36]。需要注意的是，虽然所谓的商用宽频带探针也允许开展异核实验，但它们对不同的 RF 通道需要进行调谐和匹配，通常为一个低频和一个高频，而且仅限于某些特定的频率范围。不过 BBC 装置省去了电容，因此，当更改为不同的核素或进行特定实验时，不用执行调谐和匹配操作。

10.2.2.1　同核 1D NMR 实验

上一节中描述的非常规非谐振射频 (RF) 电路中的单个发射器–接收器微线圈可以在 9.4 T 系统中观察所有具有 40 MHz(^{15}N) 至 400 MHz(^{1}H) 拉莫尔频率的 NMR 活性核素 (图 10.4)。为了证明 BBC 装置的宽频带特性，该实验记录了在 9.4 T 下，含有 NaPF$_6$ 和 LiBF$_4$ 的半重水 (HDO) 样品中七种不同 NMR 活性核素的波谱，覆盖了这些核素的全部拉莫尔频率范围。非调谐 BBC 探针的标准化 ^{1}H 灵敏度似乎比报道的 620 nL ^{1}H 调谐微螺线管探针的值高 4 倍，比 5 mm 商用探针高大约 50 倍。此外，在非调谐宽频带电路或调谐电路中运行线圈时没有明显的灵敏度差异，检测极限处在较低的皮摩尔范围内。这个令人惊讶的特性将在本章第 10.3 节详细讨论。

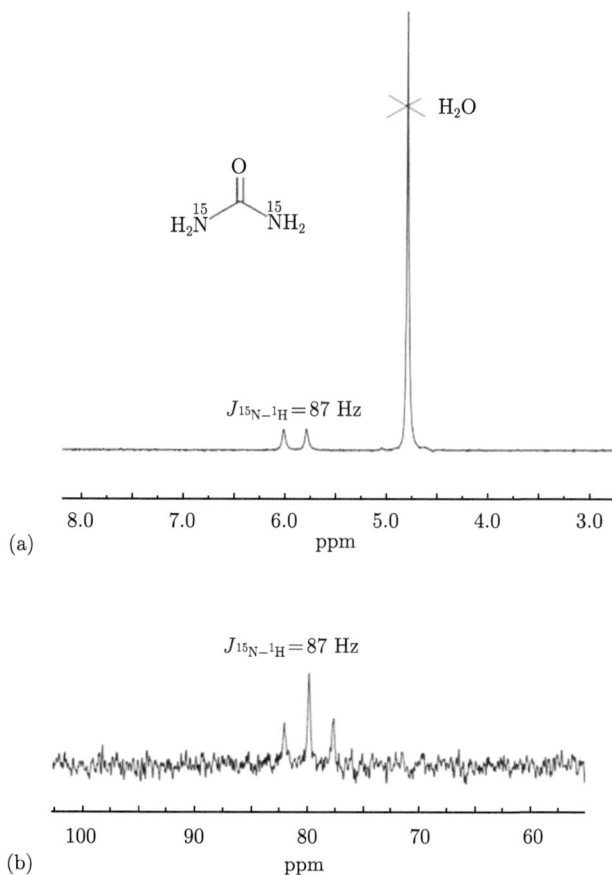

图 10.4　使用宽频带微线圈电路在 9.4 T，从 400 MHz(^{1}H, b) 到 40 MHz(^{15}N, b) 的全拉莫尔频率范围内的 NMR 波谱。由于 $^1J_{NH}$ 耦合，^{15}N 标记的尿素的胺基团分别显示出特有的双峰和三重峰耦合模式 (R. M. Fratila 和 A. H. Velders，未发表的数据)。

10.2.2.2　异核 1D NMR 实验

　　NMR 实验通常使用包含单独线圈或和复杂调谐匹配电路的探针，以在其特定的拉莫尔频率处理每个单独的核素。平面微线圈的宽频带特性允许进行异核 1D NMR 实验，在一个脉冲序列内按顺序处理不同的频率。图 10.5 展示了在乙酸中

记录的一系列 "典型的" ^{1}H-^{13}C 的 1D 波谱，以及在氨基六氟磷酸中一种更奇特的核素组合 ^{19}F-^{31}P。从多重态结构中可以明显看出异核自旋-自旋耦合。从纯乙酸-2-^{13}C(图 10.5(a)) 和 NaPF$_6$ 水溶液 (图 10.5(c)) 分别记录的低伽马 ^{13}C 和高伽马 ^{19}F 波谱就可以看出，1D 实验中高伽马核素和低伽马核素的去耦是很简单的。

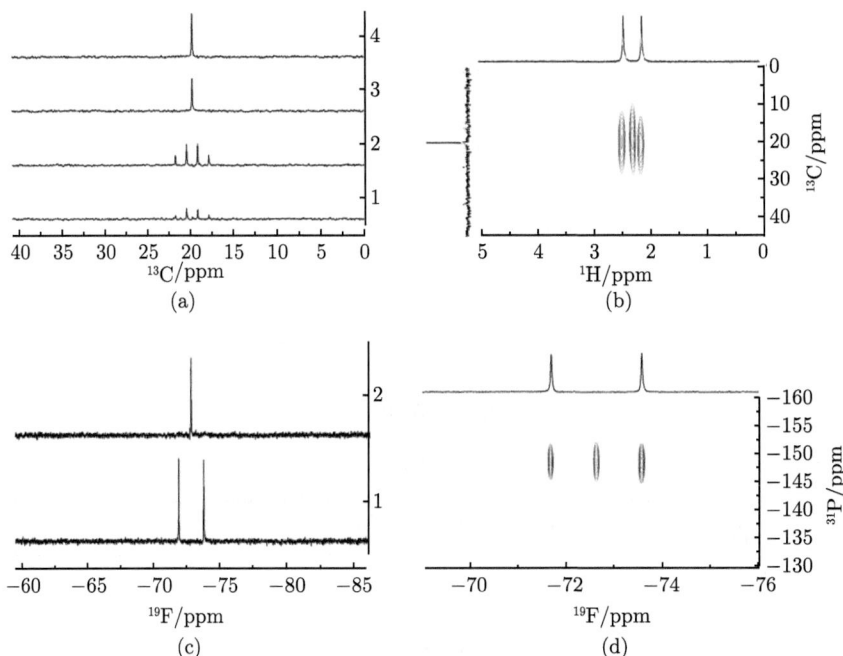

图 10.5 在纯乙酸-2-^{13}C(a,b) 和 NaPF$_6$ 水溶液 (c,d) 的单个非谐振微线圈上进行的异核 1D 和 2D 的 NMR BBC 实验。1D 实验中图 (a) 表示使用不同脉冲序列方案获得的 ^{13}C-NMR 谱图，分别是：(1) 耦合，(2) 核欧沃豪斯效应 (nuclear Overhauser effect，NOE) 增强耦合，(3) 无 NOE 增强的解耦，和 (4) 带 NOE 增强的解耦；图 (c) 表示 (1)1D ^{19}F-NMR 波谱耦合和 (2) 解耦。2D 实验中图 (b) 表示 ^{1}H^{13}C -HSQC 波谱；图 (d) 表示 2D ^{19}F^{31}P -HSQC 波谱；2D 波谱是在耦合 (红色) 和解耦 (蓝色) 模式下采集的。

10.2.2.3 同核和异核 2D NMR 实验

2D 同核和异核实验是结构解析的强大工具 [3,4]，标准实验包括 ^{1}H^{1}H -COSY (correlation spectroscopy，关联能谱法)、^{1}H^{1}H -NOESY(nuclear Overhauser effect spectroscopy，核欧沃豪斯效应谱法)、^{1}H^{13}C-HSQC(heteronuclear single-quantum coherene，异核单量子相干) 和 ^{1}H^{13}C-HMBC(heteronuclear multiple-bond correlatio，异核多键相关)[36]。由于可以将不同的 (拉莫尔) 频率应用于脉冲序列内

的单个线圈，因此可以使用 BBC 装置进行此类同核和异核 NMR 实验。所有这些实验都是在典型的有机分子肉桂酸乙酯上使用 BBC 装置进行的，其分辨率与用商用探针装置获得的波谱相当，允许在同位素自然丰度下充分分配所有 ^{1}H 和 ^{13}C 信号。此装置以一种直接的方式，不仅可以在 ^{1}H-^{13}C 上进行经典的 2D 实验，而且几乎可以测量任何核素组合，例如 ^{19}F^{13}C，或更奇特的 ^{19}F-^{31}P。图 10.5 显示了 ^{1}H^{13}C -HSQC(图 10.5(b)) 和 ^{19}F^{31}P -HSQC(图 10.5(d)) 在耦合和解耦模式下的波谱，展示了 BBC 装置的强大通用性。

10.2.3 宽带 NMR 产生的问题

在讨论或实际使用非调谐宽频带装置进行 NMR 实验时，会出现大量问题，比如，从基本的为什么、怎么做，到 "我们可以用它来做什么"。下面，将列出我们认为最重要的问题，重点放在工程而不是应用方面。这些问题的物理、电子和工程方面的分析将在第 10.3.2 节和第 10.3.3 节中讨论，最后将在第 10.3.4 节中总结答案。

(1) 微线圈的宽频带特性是否仅限于特定的线圈几何形状？

(2) 宽频带特性是否与线圈的检测体积和 (或) 尺寸有关？

(3) 线圈和电子设备之间的距离有多重要？

(4) 为什么调谐和未调谐的微线圈显示相同的信噪比？

(5) 线圈 Q 因子是一个未调谐探针电路中线圈的相关参数吗？

(6) 经典的 NMR 前端/后端波谱仪是用于短线宽频带探针的最佳选择吗？

(7) 仿真对理解宽频带线圈和预测其行为以进一步提高性能有多大帮助？

(8) 将 NMR 探针与常规 TRL 的标准 50 Ω 阻抗匹配有哪些优点和缺点？

(9) 宽频带 NMR 线圈在发射和接收方面的表现是否相同，如果不同，有什么区别？

(10) 为什么没有可用的商用非调谐电路宽频带探针？

10.3 工程师对问题的解答

上面提出了一系列问题，这些问题涉及线圈和波谱仪电子设计的基本物理方面和实际工程方面。下面将对这些问题进行解答。

10.3.1 概述

经典的 NMR 前端由靠近样品的发射/接收线圈和通过同轴电缆驱动的调谐/匹配电路组成，其特性阻抗通常为 $Z_0 = 50$ Ω[8,16]。对于多频/多通道探针，这意味着多个线圈和 (或) 多谐振调谐电路，会让探针变得非常复杂。用于 NMR 波谱的非调谐线圈早在 20 世纪 60 年代就已经被提出[59,60]；然而，在随后几十年的波谱仪的发展中，它仍未得到开发使用。在过去的 10 年中，"非共振" NMR 概念已被重新发现并被证明可用于低频和低分辨率 NMR 应用，这种方法的有效性也已被证实 [61-64]，此外，这一概念还被用于高场系统和各种宽频带发射机的设计中 [65,66]。第 10.2.1 节和第 10.2.2 节中罗列的产品证明了非调谐微线圈电路也适用于高分辨率、高场和先进的同核和异核二维 NMR 应用 [36]。

10.3.2 线圈

从电路的角度来看，线圈的特征在于其频率相关阻抗 $Z_{\text{coil}}(\omega) = R_{\text{coil}}(\omega) + jX_{\text{coil}}(\omega)$，其中阻抗的实部 $R_{\text{coil}}(\omega)$ 代表线圈电阻，它的数值由于趋肤效应和邻近效应而与频率相关，虚部 $X_{\text{coil}}(\omega)$ 表示线圈的电感和寄生电容。为了说明两者 ($R_{\text{coil}}(\omega)$ 和 $X_{\text{coil}}(\omega)$) 的典型变化与频率的关系，图 10.6(a) 展示了鞍形线圈示意图，图 10.6(b) 显示了鞍形线圈仿真得出的电阻和电感 (均从模拟 Z 参数中提取)。由于趋肤效应和邻近效应，线圈电阻显示了预期的随频率的变化关系。提取的电感在频率接近自谐振频率的 1/4 时保持平稳，然后在寄生线圈电容引起的实际自谐振频率过零之前，在自谐振频率前不久增加到最大值。这种频率行为对所有线圈都是典型的，而实际的绝对频率范围的平坦电感区域很大程度上取决于线圈的大小和几何形状。一般来说，与线圈相关的敏感体积越大，线圈的电感越大，其自谐振频率越低。上述阻抗-频率特性可以使用如图 10.7(a) 中所示的集总元件等效模型进行建模。

在 NMR 实验中，线圈通过其磁场与自旋系综相互作用。更具体地说，在发射过程中，所谓的 B_1 场可以根据 $\theta = \gamma \cdot B_1 \cdot \tau$ 将自旋系综的净磁化翻转一个角度 θ，其中 γ 是所考虑的原子核的旋磁比，τ 是激励脉冲的持续时间。由于 B_1 场可以分解为纯几何相关分量 B_u 和流过线圈的电流 i，$B_1 = B_u \cdot i$，因此高效的传输既需要线圈几何优化以最大化 B_u，并同时最大化线圈电流 i。由于 B_u 对应由单位幅度的射频电流产生的 B_1 场，即 $\hat{i} = 1\text{A}$，穿过线圈，因此也称为线圈的单位磁场。从图 10.7(a) 中可知，线圈阻抗可以表示为

$$Z_{\text{coil}}(\omega) = \frac{R_{\text{coil}} + j\omega L_{\text{coil}}}{1 + j\omega C_{\text{par}} R_{\text{coil}} - \omega^2 C_{\text{par}} L_{\text{coil}}} \tag{10.1}$$

对于足够大的线圈品质因子 $Q_{\text{coil}} = \dfrac{\omega L_{\text{coil}}}{R_{\text{coil}}} \gg 1$，足够低于线圈自谐振、线圈谐振和线圈超谐振的频率的线圈阻抗可以根据式 (10.2) 近似：

$$Z_{\text{coil}}(\omega \ll \omega_{\text{res}}) \approx j\omega L_{\text{coil}}, \quad Z_{\text{coil}}(\omega = \omega_{\text{res}}) \approx Q_{\text{coil}}^2 R_{\text{coil}}$$

$$Z_{\text{coil}}(\omega \gg \omega_{\text{res}}) \approx \frac{1}{j\omega C_{\text{par}}} \tag{10.2}$$

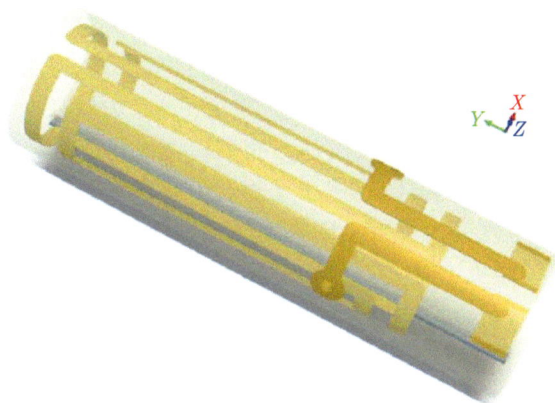

(a)

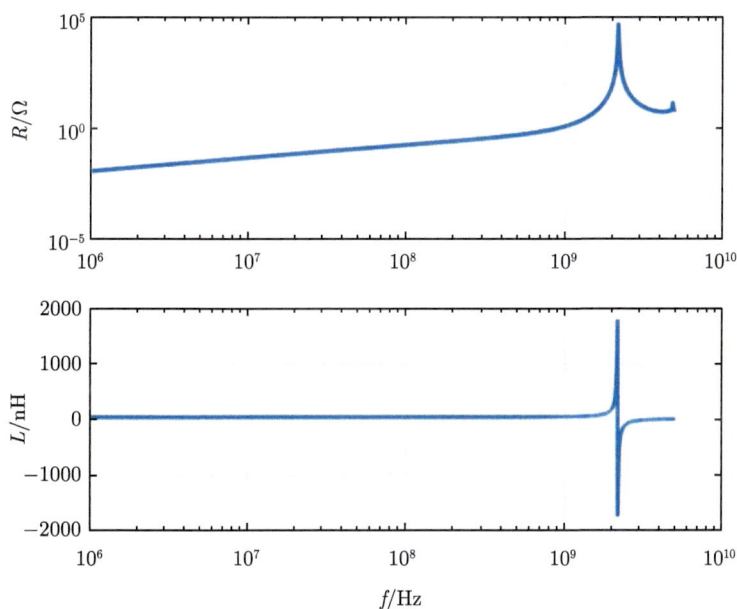

(b)

图 10.6 (a) 经典鞍形 NMR 线圈图和 (b) 其模拟电阻和电感与频率的关系。

　　尽管阻抗值与频率有很大不同，但对于如图 10.7(b) 所示的电压激励，这是 H 桥功率放大器 (power amplifier, PA) 的一个很好的模型，它最近成为靠近 NMR 线圈的基于 CMOS 的 PA 实现的通用选择，例如，在文献 [67]、[68] 中，如果假设一个频率远低于线圈的自谐振频率，电流流过电感产生与自旋系综相互作用的磁场，可以表示 (使用相量表示法来表示正弦量) 为 $I_{\text{coil}} \approx V_{\text{ex}}/j\omega L_{\text{coil}}$。这个线圈电流表达式表明，随着工作频率 ω 的增加，在电感内部产生足够的电流变得越来越困难。因此，使用电压源的有效激励，有利于使线圈在明显低于其自谐振频率的情况下工作，其中 ωL_{coil} 很小。作为替代方案，可以使用阻抗变换网络在 ωL_{coil} 已经很大的频率下产生通过 L_{coil} 的大电流。这个方法还允许远程放置激励源，而不必担心连接电缆引入的阻抗变换，我们将在下一节中详细讨论。然而，即使使用阻抗变换网络，我们仍然希望在显著低于其自谐振频率的情形下运行线圈，因为① 制造公差可以很大程度上影响线圈自谐振的精确位置；② 根据线圈的几何形状，由于建模寄生电容 C_{par} 的难度，如图 10.7(a) 所示的简单集总单元模型可能非常不准确。

当线圈用于检测 NMR 信号时，从互易性原理 [69] 可以看出只有它的 B_{u} 场是重要的，根据

$$v_{\mathrm{NMR}} \propto \int_{V_{\mathrm{sample}}} \boldsymbol{B}_{\mathrm{u}} \cdot \boldsymbol{M}_{\perp} \mathrm{d}V \tag{10.3}$$

可以得到激发脉冲后的 NMR 感应电压 v_{NMR}，其中 $\boldsymbol{M}_{\perp}$ 是样品的横向磁化强度，V_{sample} 是样品的体积。虽然 L_{coil} 和 C_{par} 形成的谐振电路让线圈引线可达电压 v_{coil} 的感应 NMR 电压无噪声预放大，但是线圈制造公差结合 C_{par} 的建模不确定性，有望使线圈在明显低于其自谐振频率下工作，这里线圈可以作为一个简单的损耗电感进行高精度建模。如图 10.7(c) 所示，线圈可以以宽频带方式读出，或者采用一个精确已知值的专用调谐电容进行上述的无噪声预放大。其中线圈可以高精度建模为简单的有损电感器。

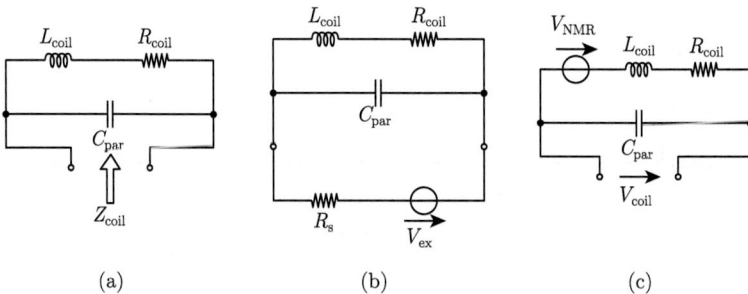

图 10.7　(a) NMR 线圈频率特性的简单三元件集总等效电路模型。(b) 使用电压源对 NMR 进行宽频带激发。(c) NMR 线圈的宽频带读出方案。

到目前为止，尚未对大型 NMR 线圈和 NMR 微线圈进行具体区分。然而，从前面的讨论中可以直观地看出，一般来说，较大尺寸的线圈，尤其是多匝设计的大尺寸线圈，相比较小尺寸的微线圈表现出更低的自谐振频率。对于用作磁共振成像的大体积线圈，上面的现象会变得显而易见，通过使用串联电容可允许其在数十至数百兆赫兹范围内运行。所以，串联电容器的引入将这些线圈变成窄带系

统。然而，对于 NMR 波谱，较大尺寸的 5 mm NMR 线圈不表现出这个问题，理论上可以用于宽频带检测。我们将从下一节的讨论中看到宽频带激发和读出较大尺寸的 NMR 线圈比 NMR 微线圈困难得多，这使得使用微线圈的宽频带 NMR 比使用传统 5 mm 线圈的宽频带 NMR 简单得多。

10.3.3 阻抗匹配和前端电子学

在上一节中，我们讨论了不同频率下的 NMR 线圈建模，以及在激发和接收时的不同要求，假设我们可以直接使用功率放大器 (PA) 和低噪声放大器 (low-noise amplifier, LNA) 与线圈引线连接，并分别用于发射和接收。然而，受在 NMR 实验中使用的强磁场影响，将电子器件放置在 NMR 圈附近存在许多实际障碍。更具体地说，放置在这种强电场中的电子会经历霍尔效应和磁阻效应，这会导致显著的性能下降。因此，在探针内放置有源电子器件的方法在很长一段时间内都没有成功，直到最近出现了基于 CMOS 的全差分电路，上述的寄生效应主要导致了共模波动，而这些波动在很大程度上被差分模式电子所抑制，因此这个方法变得可行。所以今天，大多数商用 NMR 探头仍然不含有源器件，而是通过同轴电缆连接至磁场外部的电子设备。作为现代 NMR 波谱仪的工作频率在数百兆赫兹，这些电缆与这些频率下的电波长度相比具有相当大的长度，因此要求上述的连接必须进行阻抗匹配以避免反射。因此，标准 NMR 探针包含一个类似图 10.8 所示的匹配网络，网络将线圈阻抗与后续 TRL 的特性阻抗 Z_0 匹配。这里需要注意的是，线圈只使用一个简单的有损耗电感建模，因为根据前一节的结论，它应该始终在远离其自谐振频率范围的地方工作，因此该简化模型足够精确。

在图 10.8(a) 的励磁电路中，远端 PA 的输出阻抗和线圈阻抗变换网络提供的阻抗都与连接 TRL 的特性阻抗相匹配。为了实现这一点，对于给定工作频率 ω，假设 $Q_{\text{coil}} = \dfrac{\omega L_{\text{coil}}}{R_{\text{coil}}} \gg 1$，$C_{\text{tune}}$ 和 C_{match} 值可以表示为

$$C_{\text{tune}} \approx \left(1 - \sqrt{\frac{R_{\text{coil}}}{Z_0}}\right) \cdot C_0, \quad C_{\text{match}} \approx 2\sqrt{\frac{R_{\text{coil}}}{Z_0}} C_0, \quad C_0 = \frac{1}{\omega^2 L_{\text{coil}}} \quad (10.4)$$

选定 C_{tune} 和 C_{match} 后，图 10.8(a) 中用红色表示的流经 NMR 线圈的电流 I_{coil} 可以由 $I_{\text{coil}} \approx \dfrac{\sqrt{\frac{1}{2} \cdot P_{\text{out}} \cdot Z_0}}{j\omega L_{\text{coil}}} = \dfrac{V_{\text{ex}}}{j\omega L_{\text{coil}}}$ 给出 (同样使用相量符号并假设 $\sqrt{Q}\sqrt{\dfrac{\omega L_{\text{coil}}}{Z_0}} \gg 1$)，式中 V_{ex} 是图 10.8(a) 中用红色箭头表示的探针的输入端电压。将线圈电流的表达式与前一节讨论的直接电压激励的表达式进行比较，我们

发现，假设图 10.7(b) 和图 10.8(a) 中的电压相等，两种激励都能提供相等的电流。然而，仔细一看，这两种方案有如下几个重要的区别。

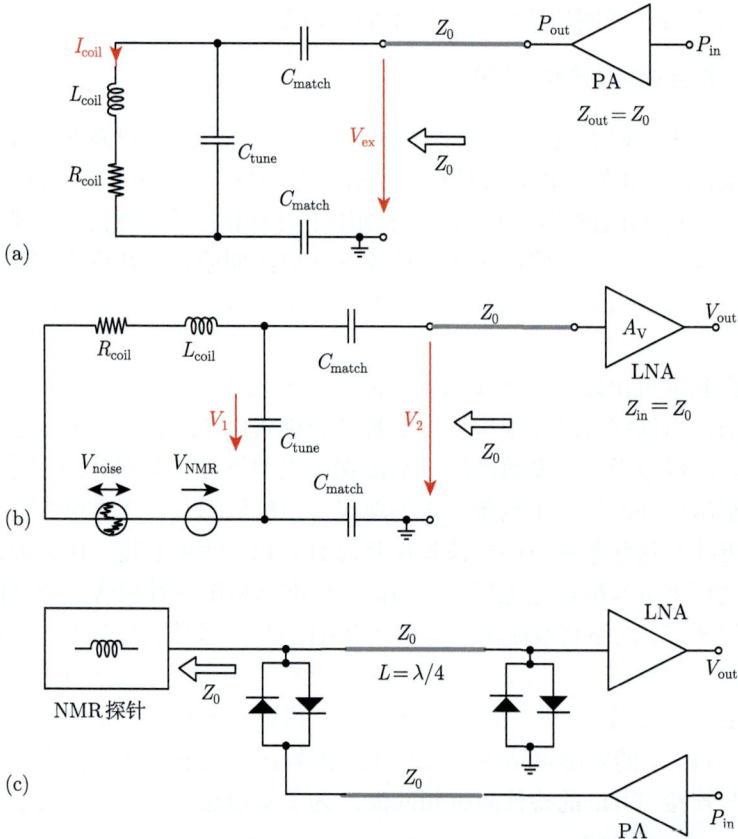

图 10.8 (a) 使用远端放置的阻抗匹配功率放大器 (PA) 的 NMR 的经典的激励方案原理图。 (b) 使用远端放置的阻抗匹配低噪声放大器 (LNA) 的 NMR 线圈的经典检测方案原理图。 (c) 经典的 NMR 前端结合了匹配的激励和检测电路原理图，电路使用交叉耦合二极管结合基于 $\lambda/4$-TRL 的阻抗变压器进行解耦。

在如图 10.7(b) 所示的激励方案中，用于在线圈内产生电流 I_{coil} 的有源端功率可以表示为 $P_{direct} = \frac{1}{2} \cdot \omega L_{coil} \cdot |I_{coil}|^2$。这里需要注意的是，这种功率完全是无用功率，因为在直接励磁方案中，假定一个合理的 Q 因子小于 ωL_{coil} 的情况下，唯一的有功功率消耗在了线圈电阻 R_{coil} 上。在如图 10.9 所示的传统励磁方案中，由于阻抗匹配，由 PA 传递过来的有功功率值表达式为 $P_{remote,matched} = 2 \cdot \frac{(\omega L_{coil})^2}{Z_0} \cdot |I_{coil}|^2$。假设 NMR 线圈电感值 L_{coil} 和工作频率 ω 和在 $Z_0 = 50~\Omega$

下传统的特性阻抗都是合理数值，则功率 $P_{\text{remote,matched}}$ 通常远大于 P_{direct}，使如图 10.7(b) 所示的直接激励方案更加高效。

图 10.7(b) 的激励方案是宽频带的，其线圈电流的 $I_{\text{coil}} = \dfrac{V_{\text{ex}}}{\text{j}\omega L_{\text{coil}}}$ 保持足够大以产生所需的 B_1 场。因此，对于给定的线圈电感 L_{coil}，其频率范围本质上仅受可用供电电压 V_{ex} 的限制。相反，图 10.8(a) 的励磁方案是窄带的，因为其采用了简单的 (对称的) 两单元匹配网络。图 10.8(a) 中，假设线圈 Q 因子的值较大，根据伯德–法诺准则 [70]，当偏离谐振频率时，匹配质量迅速下降。

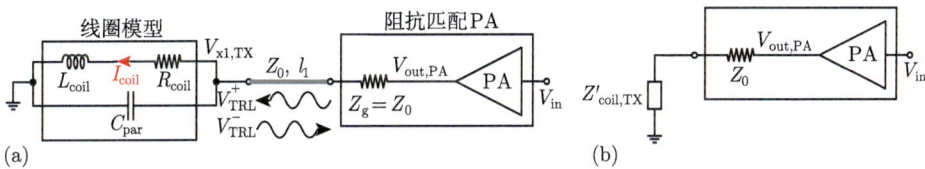

图 10.9　(a) 探针与用于发射的 PA 之间的连接不匹配示意图。(b) 探针对 PA 的有效阻抗示意图，这在很大程度上受到连接 TRL 的长度的影响。

在如图 10.8 所示的传统检测方案中，使用与激励相同的匹配网络将线圈阻抗转换为后续 TRL 的特性阻抗 Z_0。在这一点上，将图 10.8(b) 的读数与图 10.7(c) 中在线圈引线处通过宽带测量 NMR 电压 (v_{NMR}) 的读数进行比较是非常有益的。在图 10.8(b) 的方案中，并联电容 C_{tune} 两端的电压包含了升压后的 NMR 电压，其关系式为 $V_1 \approx -\dfrac{\text{j}}{2} \cdot Q \cdot V_{\text{NMR}}$。探针输出端的电压表达式为 $V_2 \approx \dfrac{1}{2}\sqrt{\dfrac{Z_0}{R_{\text{coil}}}} \cdot V_{\text{NMR}}$。对于所有实际的 NMR 线圈，满足 $Z_0 \gg R_{\text{coil}}$ 条件，匹配探针输出端的电压是线圈中感应的原始 NMR 电压的显著放大版。由于在匹配网络中仅使用无损耗无源元件，所以此时的信噪比等于固有的线圈信噪比。因此，本质上图 10.8(b) 中的经典探针在保留了固有线圈 SNR 的同时，将噪声放大到与 TRL 的特性阻抗 Z_0 相对应的噪声水平。这可以很容易地通过这一点 (无负载，即由于匹配阻抗环境而忽略分压器) 的噪声电压密度观察到，其噪声电压由下式给出：$v_{\text{noise2,unloaded}} \approx$ $\sqrt{\dfrac{Z_0}{R_{\text{coil}}}} \cdot v_{\text{noise}} = \sqrt{\dfrac{Z_0}{R_{\text{coil}}}} \cdot \sqrt{4kTR_{\text{noise}}} = \sqrt{4kTZ_0}$。因此在信号接收时，阻抗变换不仅能够实现位于磁体内部的探针和远端放置的 LNA 之间的无反射连接的能力，它也会将线圈噪声提升到更易于设计低噪声系数 LNA 的水平，而且这并不会进一步降低接收链的信噪比。人们为这个非常理想的特性所付出的代价仍然是所使用的匹配网络的窄带特性。顺带一提，我们想说明的是，图 10.8(a) 和 (b) 中的经典激励和检测方案可以很方便地利用图 10.8(c) 的电路进行组合，其中 $\lambda/4$-TRL 是用于在发射期间将 LNA 从来自探针的大功率电平中隔离。

通过上面对图 10.8 中传统探针在发射和接收过程中对信号电平影响的讨论，我们了解到经典阻抗匹配探针头的一些优点和缺点，为方便起见，将其总结在表 10.1 中。

表 10.1　图 10.8 中传统匹配激励和检测方案的优缺点总结

方案	优势	劣势
传统的匹配激励方案	允许通过 TRL 实现与 PA 的远端无反射连接，与电缆长度无关	与线圈的直接电压激励相比，需要 PA 提供更多的功率
	PA 可以远程驱动一个实值阻抗，因此只需要提供有功功率 (在理想情况下) 而无须提供无功功率	带宽受到匹配网络的限制，进行多核实验时需要复杂的多调谐方案
传统的匹配检测方案	允许通过 TRL 实现与 LNA 的远程无反射远程连接，与电缆长度无关	LNA 需要同时提供匹配的输入阻抗和良好的噪声系数，这需要某种特定的输入阻抗匹配网络
	通过将噪声提高到与 TRL 的特性阻抗相对应的水平以促进 LNA 的设计	带宽受到匹配网络的限制，进行多核实验时需要复杂的多调谐方案

从表 10.1 中可以看出，经典匹配方案最重要的优点之一是可以实现 PA/LNA 的无反射的远程连接，且与连接电缆的长度无关。如果没有在探针和 TRL 之间进行阻抗匹配，同轴电缆另一端的 PA/LNA 看到的有效阻抗 Z_{in} 将是一个和电缆长度 βl 有关的函数，其中 l 是物理电缆长度，$\beta = 2\pi/\lambda$ 是传播常数，λ 是电缆在响应频率下的电波长，函数关系式如下 [70]：

$$Z_{\text{in}} = Z_0 \cdot \frac{Z_{\text{probe}} + \mathrm{j}Z_0 \tan(\beta l)}{Z_0 + \mathrm{j}Z_{\text{probe}} \tan(\beta l)} \tag{10.5}$$

其中，Z_{probe} 是探针输出阻抗，Z_0 是电缆的特性阻抗。根据式 (10.5)，电缆输入端的有效阻抗是电缆长度的强函数。然而，在一个常规 NMR 波谱仪上，PA 的输出阻抗和 LNA 输入阻抗与 TRL 的特性阻抗 $Z_0 = 50\ \Omega$ 进行阻抗匹配，尽管探针对 PA/LNA 的阻抗变化很大，但发射过程的有效线圈电流 I_{coil} 和接收过程中 LNA 的输入电压 $v_{\text{in,LNA}}$ 与电缆长度和频率相比具有相对良好的表现。为了说明这一点 (乍一看可能不直观)，在信号发射的时候，我们可以考虑如图 10.9(a) 所示的发射装置，从 PA 到探针的波形 v_{TRL}^+ 一般可表示为

$$v_{\text{TRL}}^+ = v_{\text{out,PA}} \times \frac{Z_0}{Z_0 + Z_{\text{g}}} \times \frac{\exp(-\mathrm{j}\beta l_1)}{1 - \Gamma_{\text{L}}\Gamma_{\text{g}} \exp(-\mathrm{j}2\beta l_1)} \tag{10.6}$$

其中，l_1 是传输线 TRL 的长度，$\Gamma_{\text{L}} = (Z_{\text{coil}} - Z_0)/(Z_{\text{coil}} + Z_0)$ 是负载反射系数，Z_{coil} 为线圈阻抗，$\Gamma_{\text{g}} = (Z_{\text{g}} - Z_0)/(Z_{\text{g}} + Z_0)$ 是信号发生器反射系数。对于匹配

后的 PA 输出阻抗，即 $Z_g = Z_0$，信号发生器反射系数为零，即 $\Gamma_g = 0$；在这种情况下，前向行波的大小变得与 TRL 长度和 (复数) 行波相量无关，可表示为

$$v_{\mathrm{TRL}}^+ \big|_{z_g' = z_0} = v_{\mathrm{out,PA}} \cdot \frac{Z_0}{Z_0 + Z_g} \cdot \exp(-\mathrm{j}\beta l_1) \tag{10.7}$$

通过探针的电压 $v_{\mathrm{x1,TX}}$ 随后变为

$$
\begin{aligned}
v_{\mathrm{x1,TX}}|_{z_g = z_0} &= v_{\mathrm{TRL}}^+|_{z_g' = z_0} \cdot (1 + \Gamma_L) \\
&= v_{\mathrm{out,PA}} \cdot \frac{Z_0}{Z_0 + Z_1} \cdot \exp(-\mathrm{j}\beta l_1) \cdot (1 + \Gamma_L)
\end{aligned}
\tag{10.8}
$$

式 (10.8) 使用了与式 (10.6) 相同的符号。根据式 (10.8)，对于一个已匹配后、阻抗为 $Z_g = Z_0$ 的信号发生器来说，NMR 线圈上的电压幅度与 TRL 长度 l_1 无关。由于与信号发生器阻抗匹配后的线圈电流给定为 $I_{\mathrm{coil}} = \dfrac{v_{\mathrm{x1,TX}}}{\mathrm{j}\omega L_{\mathrm{coil}} + R_{\mathrm{coil}}}$，所以线圈电流的大小以及 B_1 场的大小与 TRL 的长度无关，即使 (宽频带) 线圈给 PA 带来了不匹配的负载。也就是说，必须注意的是 PA 的有效荷载 $Z_{\mathrm{coil,TX}}'$，参见图 10.9(b)，根据式 (10.5) 可知，其受 TRL 长度变化的影响剧烈。在定制波谱仪系统中，必须确保 PA 可以在所有可能的负载阻抗下工作。当使用商用波谱仪时，应与制造商检查使用过的 PA 是否能在所有可能的负载下工作，也就是说，可以处理潜在的大反射功率级。

为了更好地理解 LNA 输入电压在接收期间相对电缆的长度和频率的良好特性，可以参考图 10.10 的装置。由于 LNA 与 TRL 是阻抗匹配的，且 $Z_L = Z_0$，所以探针上的有效阻抗也由 Z_0 给出。因此，电压在接收期间 TRL 的输入与 TRL 长度无关，在充分低于线圈自谐振频率工作时，可近似得出

$$v_{\mathrm{x1,RX}} \approx v_{\mathrm{NMR}} \cdot \frac{Z_0}{Z_0 + \mathrm{j}\omega L_{\mathrm{coil}} + R_{\mathrm{coil}}} \tag{10.9}$$

然后，当 LNA 表现为匹配负载时，LNA 输入端的电压可以表示为

$$v_{\mathrm{in,LNA}} = v_{\mathrm{x1,RX}} \exp(-\mathrm{j}\beta l_2) \tag{10.10}$$

其中 l_2 是接收 TRL 的长度。因此，即使宽频带 NMR 线圈导致信号发生器不匹配，但如果 LNA 输入阻抗为与 TRL 的特性阻抗匹配，那么 LNA 输入电压的大小与 TRL 长度 l_2 无关。尽管 LNA 输入电压与 TRL 长度之间的振幅恒定，但是 LNA 的源阻抗仍然是关于 TRL 长度的强函数。与发射情况类似，在定制接收链中，可以通过设计一种为所有相关源阻抗提供良好噪声系数的 LNA 来解决这个

问题。在商用波谱仪中，人们需要向制造商查询所使用的 LNA 是否可以在所有相关的输入阻抗下工作，即是否稳定，是否提供合适的噪声系数。

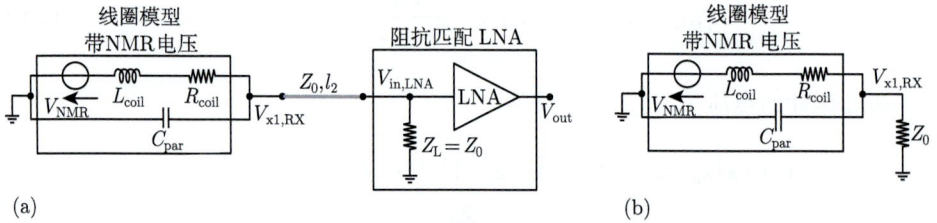

图 10.10　(a) 探针与用于接收的 LNA 之间的连接不匹配示意图。(b) 探针对 LNA 的有效阻抗示意图，其与 TRL 的特性阻抗 Z_0 相同。

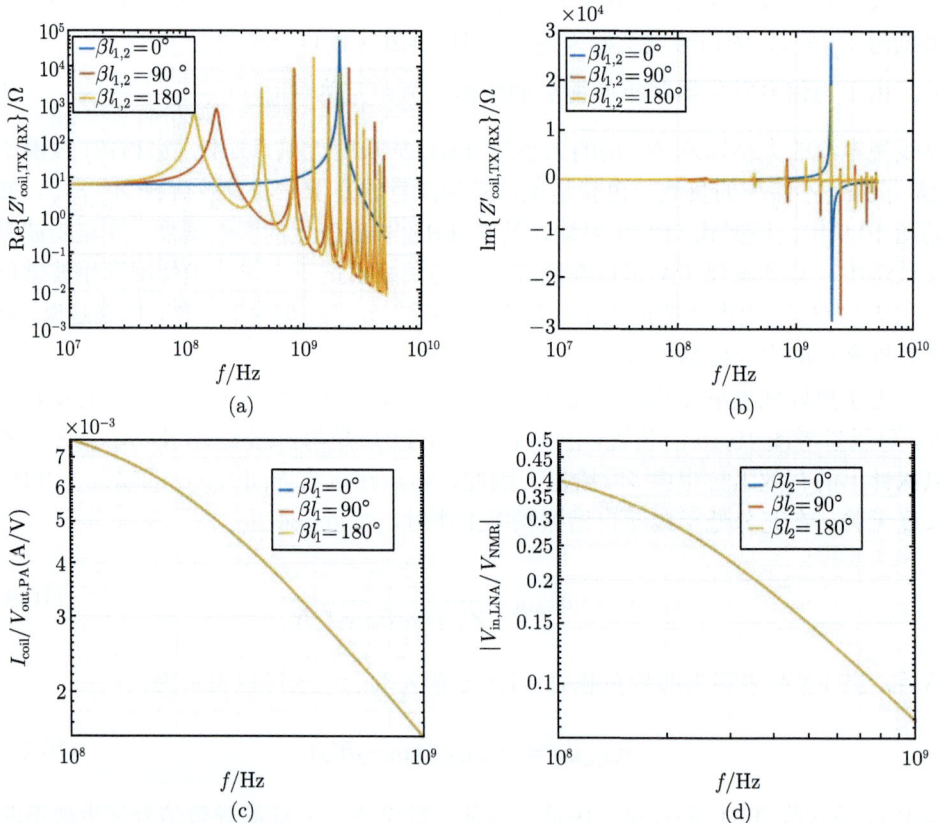

图 10.11　(a,b) 根据图 10.7(a)，通过三种不同电气长度的 TRL 变换，仿真的线圈模型的有效阻抗随频率的变化。(c) 三种不同 TRL 长度的线圈发射时线圈电流随频率的变化的仿真绝对值。(d) 三种不同 TRL 长度下 LNA 输入电压随频率的仿真绝对值。

前面的理论分析通过在 Keysight 公司的先进设计系统软件 (Advanced Design System, ADS) 中对发送和接收配置进行仿真得到了证实，如图 10.9(a) 和 10.10(a) 所示。假设线圈阻抗与文献 [36] 中所使用的阻抗相似，相应的结果如图 10.11 所示。此时，图 10.11(a) 和 (b) 显示了电路 TRL 的长度 βl 对 PA 输出、LNA 输入的有效阻抗的剧烈影响，这对 PA/LNA 的设计提出了严格的要求。此外，图 10.11(c) 显示了当使用图 10.9(a) 的发射装置时，线圈电流 I_{coil} 相对于 PA 输出电压进行归一化的仿真的绝对值。从图 10.11(c) 可以看出，线圈电流实际上与 TRL 长度无关，且随着频率升高而下降，这主要是由于线圈阻抗 $Z_{coil} \approx j\omega L_{coil} + R_{coil}$ 的增加。在 NMR 感应电压给定时，图 10.11(d) 比较了不同电气长度的连接 TRL 时，LNA 输入电压的模拟绝对值作为频率函数的变化。据图 10.11(d) 可知，LNA 输入电压确实与 TRL 的长度无关，而仅随着频率的变化而变化，这是由于线圈阻抗随频率增加所致。

总之，根据图 10.9(a) 和图 10.10(a)，是否可以使用不匹配的宽频带线圈和发射/接收方案进行 NMR 实验，在很大程度上取决于所使用的 PA/LNA 处理任意负载/源阻抗的能力。

另一种实现宽频带 NMR 实验的方法是在 NMR 探针附近 (在最高响应频率时距离约为 $\lambda/16$) 使用 PA 和 LNA，以避免探针和 PA/LNA 之间连接时的 TRL 影响。方案如图 10.12(a) 和图 10.12(b) 所示。如前一节所述，要将 PA/LNA 放置

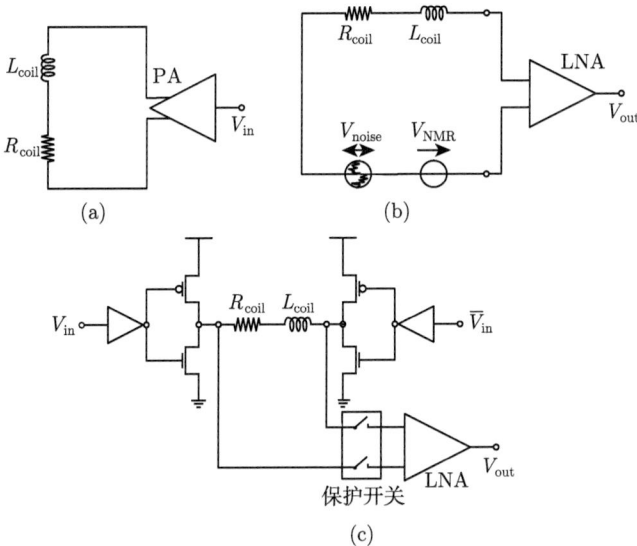

图 10.12　(a,b) 在功率放大器 (PA)/低噪声放大器 (LNA) 直接连接线圈的情况下，NMR 线圈的宽频带发射和检测。(c) 该电路结构中，PA 采用 H 桥配置，并配备 LNA 解耦开关，以防止在传输过程中损坏 LNA 输入晶体管。

在强磁场中, 会对其抗霍尔效应和磁阻效应的鲁棒性提出严格的要求。此外, 将 PA/LNA 置于 NMR 磁体内对最大功耗提出了额外要求, 因为在磁体内径有限的空间内, 冷却 (尤其是 PA) 会变得很困难。然而, 在一些文献中已经提出了几种设计方案, 使其成功地在高达 11.7 T 的强磁场下运行, 例如, 文献 [30]、[50]、[68]、[71-82] 清楚地证明了图 10.12(a) 和 (b) 中方法的可行性。对于如图 10.12(a) 所示的发射状态, 一旦 PA 可以放置在线圈附近, 就可以用如图 10.12(c) 所示的简单 H 桥放大器在线圈内产生拉莫尔响应频率的电流。在 H 桥放大器中, MOS 晶体管用作开关, 以实现左右线圈连接到电源电压和接地的自动切换。为此, 两个半桥用相位差 180° 信号来驱动。这样, 理论上的功效 (假设无损耗开关) 可以达到 100%。此外, H 桥还提供了一种便捷的方法, 通过使用附加开关将激励从接收端解耦, 这个附加开关可以将 H 桥与其驱动器分离并拉动 PMOS 和 NMOS 门电路分别对电源电压和接地进行选通。仔细观察 H 桥放大器产生的线圈电流公式 $I_{coil} = VDD/(j\omega L_{coil})$, 其中 VDD 是电源电压, H 桥放大器的宽频带工作在原则上只受电源电压的限制, 需要在给定的工作频率下在线圈电感内产生一定的电流 I_{coil}。除了这个基本限制之外, MOS 开关的非理想性质也造成了另一个限制, 即 MOS 开关将需要一个相当大的容量来吸收和提供有效励磁所需的大电流脉冲。而由于这样的大尺寸晶体管不可避免地带有较大的寄生电容, 因此在 NMR 谱仪较高的工作频率下设计具有大电流驱动能力的 H 桥成为一项有挑战性的任务。如果寄生电容变得太大而不能在期望的频率上工作, 唯一的解决办法是用 LC 调谐电路来消除寄生电容, 但这反过来又会引起带通特性的带限问题。

在图 10.12(b) 的宽频带读出方案中, LNA 直接连接到 NMR 线圈。在这个方案中, 读出在本质上是全频带的, 但 LNA 带宽和 LNA 输入电容会限制读出的频率响应, 它最终与 NMR 线圈形成一个调谐电路, 从而在频率响应中引入峰值, 可参见本书第 6 章。图 10.12(b) 的读出电路的主要挑战在于大多数 NMR 线圈的电阻值很小, 通常在 100 mΩ 范围内。由于 LNA 直接连接到线圈, 为了不显著降低线圈的固有信噪比, 即提供足够小的噪声系数, LNA 必须提供一个输入参考电压噪声, 该噪声要低于线圈电阻对应的噪声。不幸的是, 这种低电压噪声水平只能在大偏置电流下实现, 这反过来会产生高功率消耗, 需要大的晶体管, 因此导致了与 H 桥 PA 相同的大寄生电容的问题, 可能阻碍其在高 NMR 频率下的运行。而幸运的是, NMR 线圈和 LNA 的联合优化可以解决这个难题。在这里我们可以利用这样一个事实, 即虽然线圈的固有信噪比并没有表现出一个尖锐最大值, 但设计者通常可以使用具有较大电感 (即多匝) 的相对高阻线圈, 实现与低阻线圈相同的固有的线圈信噪比。对于那些高电阻线圈, 通过合理的功率预算和契合尺寸的器件, 可以实现良好的噪声系数, 从而在高场强下提供所需的大带宽操作。在第 10.2.2 节中讨论的设计方案利用了这一事实, 通过使用一个具有许多匝数和相对较大的线圈电阻 (约 7 Ω) 的设计，提供了一个非常好的固有信噪比，而对宽频带 NMR 而言更重要的是，在不破坏固有线圈信噪比的前提下允许进行非匹配读出。

在本章第 10.3.2 节的末尾，我们已经说明，原则上，所有的 NMR 线圈，无论是大尺寸线圈还是微线圈，都适用于在其谐振频率的一定比例的宽频带下工作，但实际上，采用微线圈进行宽频带激励和读出将有利于实现宽带 NMR 系统。经过之前两节的讨论，我们现在可以更详细地解释这一说法：一般来说，大尺寸线圈的电感比微线圈的电感大。将线圈的电感视作线圈的 B_u 场的函数，其解析表达式如下：

$$L_{coil} = \frac{1}{\mu_0} \int_{V_{coil}} |\boldsymbol{B}_u|^2 \mathrm{d}V \tag{10.11}$$

其中，μ_0 为自由空间磁导率，V_{coil} 为 $B_u \neq 0$ 时的敏感线圈容积。根据式 (10.11)，线圈的电感值与线圈容积 V_{coil} 和 B_u 的平方成正比。由于 B_u 与线圈直径成反比，所以线圈总体尺寸越大，电感值越大。这些较大的电感值使得如图 10.12(a) 所示的宽频带非调谐的激励变得更加困难，因为① 更大的电源电压变得必要，这对于在磁体内部运行很容易变得过大，并且② 较大的电感值在较低频率下与驱动晶体管的寄生电容 (可能也很大) 谐振。对于检测部分，更大的线圈尺寸及相应的较大电感值也会产生问题，① 更大的电感值会与低噪声放大器的输入电容在较低频率上共振；② 即使是仅有少数匝数的线圈的电感值也非常大。因此，这极大地限制了设计大电阻多匝线圈的自由度，后续便会影响低噪声系数 LNA 的设计。因此，综上所述，随着线圈尺寸的增加，宽频带发射和 (或) 接收前端的设计变得越来越困难，这使得图 10.12 中的宽频带概念最适合用于微线圈。

10.3.4 问题解答

在讨论剩余的谱仪电子设备对 NMR 波谱仪宽频带能力的重要性之前，我们首先基于前几节讨论的结果来回答本章第 10.2.3 节最后提出的问题。

(1) 微线圈的宽频带特性是否仅限于特定的几何结构？

否。无论其几何结构如何，如图 10.6(b) 所示，每个线圈都会显示阻抗与频率特性，其中电感在其大约 1/4 自谐振频率时保持平稳。在这个电感平稳的频率范围内，线圈可用于宽频带实验。这就是说，不同的线圈几何结构在绝对平坦电感频率范围内表现出很大的差异，使它们在高场宽频带 NMR 波谱中的适用性有所不同。

(2) 宽频带特性是否与线圈的检测体积和 (或) 尺寸有关？

原则上不是。但是，对于给定的目标工作频率，从一个确定的线圈尺寸出发，设计一个高性能的宽频 NMR 系统越来越困难。更具体地说，体积更大的线圈比微线圈拥有更大的电感。较大的电感阻止宽频带 NMR 运行有三个原因：① 大电感往往会造成线圈的寄生电容也很大，从而导致线圈的自谐振频率过低，使其不能实现宽频带运行；② 当使用图 10.12(a) 中的宽频带激励方案时，在 PA 中大电感反过来还会需要较大的电压净空；③如图 10.12(b) 所示，当在宽频带检测方案中用作接收线圈时，大体积线圈相关的大电感与 LNA 的潜在大输入电容相结合 (在宽带检测方案中，通常需要大的偏置电流，因此需要大的输入设备来实现良好的噪声系数)，可能会引起共振，导致共振频率太低，使其无法在现代高场中的波谱仪中实现宽带操作。

(3) 线圈和电子设备之间的距离有多重要？

对于阻抗匹配连接，比起随着电缆长度的增加而增加的线路损耗，距离倒是次要的。在一个阻抗匹配环境下，增加的电缆损耗的 dB 值实际上等于电缆的有效噪声系数。因为此电缆噪声不会减少 LNA 增益，而是直接增加系统噪声系数，连接电缆的长度对 PA/LNA 的阻抗有很大的影响。然而，只要 PA 和 LNA 与 TRL 阻抗匹配，在 PA 和 LNA 能够处理较大阻抗失配的情况下，电缆长度对激励效率和检测灵敏度的影响较小。

(4) 为什么调谐和非调谐微线圈显示相同的信噪比？

只要线圈中的电流足以产生所需的翻转角度并且非调谐读出的噪声系数足够好，不降低整体系统的信噪比，调谐和非调谐方案会提供相同的性能。

(5) 线圈 Q 因子对非调谐探针重要吗？

为了在宽频带系统中获得良好的灵敏度，线圈电阻应该足够大，以允许设计具有足够好的噪声系数的 LNA。同时，线圈固有的信噪比也必须进行优化，由此产生的线圈几何形状通常显示许多匝数，相关电感值相对较大。由此产生的 Q 因子本身对系统性能产生的影响并不大，因为具有相对较大的电感值和较大线圈电阻的多匝线圈需要一个良好的接收噪声系数，以使其在非常小到相对较大的范围内有不同的 Q 因子。

(6) 经典的 NMR 前端/后端波谱仪是用于短波宽频带探针的最佳选择吗？

如果当 PA 和 LNA 靠近线圈时，线圈参数 (其 B_u 磁场和电感) 允许工作时产生足够大的 B_1 且具有足够好的噪声系数，则非调谐方案是有利的。如果这样的宽频带连接不能产生足够好的性能，可以使用阻抗匹配 (不一定是 50 Ω) 来改善性能。

(7) 仿真对理解宽频带线圈和预测其行为以进一步提高性能有多大帮助？

今天的电磁仿真软件工具提供了非常精确的结果，可以进行基于软件的性能评估和优化。

(8) 将 NMR 探针与常规 TRL 的标准 50 Ω 阻抗匹配有哪些优点和缺点？

在探针和 PA/LNA 之间使用 50 Ω 阻抗匹配的 TRL 连接的优缺点如表 10.1 所示。此外，需要强调的是，尽管使用 50 Ω 电阻可以实现 50 Ω 阻抗的简单宽频带匹配，但这种方法会增加底噪，而没有等效的信号电平提升，就像使用电抗原件的阻抗匹配一样。因此，这种简单的电阻 50 Ω 匹配显著降低了可实现的信噪比，这在具有严格灵敏度约束的 NMR 应用中通常是不可容忍的。

(9) 宽频带 NMR 线圈在发射和接收方面的表现是否相同？如果不同，有什么区别？

对于仅作接收的情况，线圈几何结构 (B_u 场) 是唯一重要的线圈参数。对于发射的情况，要考虑 B_1 场，因此，B_u 场和线圈电流 i 的组合性能很重要。这就是说，对于高分辨率 NMR 应用，线圈的 B_1 场的均匀性是最重要的，这是我们在最后两节尚未讨论到的一个主题，其内容之丰富完全可以单独成章。在这里，就可实现的 B_1 均匀性而言，平面 (尤其是多匝) 线圈一般不如 3D 线圈。然而，最近的研究表明，除了常规一维实验外，在进行多维 NMR 实验时，波谱分辨率损失是可以补偿的，至少可以得到部分补偿 [32,36,67]。

(10) 为什么没有可用的商用非调谐电路宽频带探针？

迄今为止，主要的 NMR 波谱仪制造商并没有使用定制设计的集成电路设备，因此，今天的商用 NMR 系统只使用远程放置在 B_0 场之外的分离式电子设备。对于这样的设备，设计 PA 和 LNA 是非常困难的，因为在不匹配的环境中，不同电缆长度会导致阻抗水平的差异很大。

10.3.5 尚未解决的波谱电子学问题

虽然 NMR 系统的窄带和宽带特性主要由探针和射频前端电子设备决定 (PA 和 LNA)，但如果需要宽频带功能，必须进行以下的适当调整。更具体地说，如果将如图 10.12 所示的宽频带前端与位于磁体内部的电子一起使用，则建议将混频器与基于锁相环的频率合成器集成在同一芯片上的本振上。通过这种方式，可以避免任何进入磁体的高频连接，从而消除了对耗电的宽频带 50 Ω 终端的需求。

10.4 结论与展望

从一些文献综述中，我们可以构想在 NMR 领域内有限的创新是可以实现的，但目前情况远远不是这样。相反，随着相控阵列多线圈几何结构 [83]、新的线圈材料 [84] 和新的制造方法 [42,85] 等创新方法的出现，人们对小体积 NMR 的研究兴趣大大提高。NMR 线圈的几何形状通常是优化折中的结果，例如，在最佳填充因子、B_1 和 B_0 场均匀性、灵敏度 (线圈接近样品)、最小磁场畸变 (线圈远离样品) 和易于制造之间进行优化折中。一个相关的折中事实是线圈通常是发射器和接收器 (收发器)。正如本书所述，微线圈是解决敏感问题的好方案。此外，在考虑复杂性和成本的情况下，我们认为宽频带微线圈电路可以向前迈出一大步。到目前为止，微线圈的用途主要限于 1D 应用，因为异核 2D 实验需要多线圈几何结构和复杂 RF 电路 [11,12,23,55-57,86]。BBC 的概念利用了在特殊的非调谐射频电路中微线圈的宽频带特性 [36]。最令人着迷的是，相对简单的 BBC 装置表现得非常好，它可以进行 1D 宽频带实验，且可以运行复杂的异核 2D 脉冲序列，实际上它几乎在任何原子核组合上都进行了实验，并具有极佳的质量灵敏度。由于 BBC 概念与传统的 NMR 前端匹配激励和读出概念有着根本的不同，因此在 NMR 探针设计领域实现了真正的设计思维的转变，自然也对其功能和适用性提出了一些问题。在我们看来，通过本章的介绍，我们已经解决了这些问题中最重要的部分，从物理原理和实用性两方面证明了采用微线圈的宽频带 NMR 是可行的，并为传统 NMR 装置的许多问题提供了一个非常有吸引力的解决方案。这里，我们举出两个例子来说明 BBC 是如何降低复杂性和成本的。首先，宽频带概念使多核实验完全不需要复杂多调谐方案；其次，更引人注目的是，一个 BBC 探针可以在任何波谱仪设置中起作用，因为它不受磁场的影响。

展望未来总是困难的，特别是考虑到 NMR 目前的巨大发展速度。当 Bloch 和 Purcell 于 1952 年因发现 NMR 波谱而获得诺贝尔奖时 [1,2]，有人谨慎地提出，NMR 概念的主要知识应用或许在校准磁体上 (原文如此！)。在接下来的 60 年里，NMR 已经多次 (通常是出乎意料地) 在物理学、化学、生物学和医学的许多研究领域做出了拓展和贡献。NMR 和 NMR 相关技术已经彻底改变了许多领域的科学研究。人们认为 BBC 概念为 NMR 的各个 (子) 学科提供了次要和主要的贡献。例如，当 NMR 设备的成本和占地面积阻碍其得到更广泛的应用时，BBC 这一概念将产生重大影响。因此，它将促进并允许先进的 NMR 波谱仪为学术机构和大型或小型工业实验室提供高场且低成本的探针和波谱仪。这个相对便宜但"通用"的 NMR 探针和波谱仪将在"传统"的 NMR 谱仪上拓宽 NMR 技术的使用。此外，在另外一个截然不同的环境中，小线圈将用于具有即时代谢谱分析能力的无液氦磁体中，例如在医院中，并辟了药物筛选和超高场生物 NMR 波谱分析 (在制药工业和学术界) 新领域。最后需要注意的是，宽频带微线圈与超极化技术的结合 [87] 将进一步增大现在已经如此强大和通用的 NMR 应用的潜力。

致　谢

Velders 对 Stan Sykora 表示感谢，在准备本章内容时与作者进行了激动人心的讨论。

参 考 文 献

[1]　Bloch, F. (1952) The Principle of Nuclear Induction (Nobel lecture) 1952, https://www.

nobelprize.org/nobel_prizes/physics/laureates/1952/bloch-lecture. html (accessed 11 November 2017).

[2] Purcell, E.M. (1952) Research in Nuclear Magnetism (Nobel lecture) 1952, https://www. nobelprize.org/nobel_prizes/physics/laureates/1952/purcelllecture.html (accessed 11 November 2017).

[3] Ernst, R.R. (1992) Nuclear magnetic resonance fourier transform spectroscopy (Nobel lecture). Angew. Chem. Int. Ed. Engl., 31 (7), 805–823.

[4] Wuthrich, K. (2003) NMR studies of structure and function of biological macromolecules (Nobel lecture). J. Biomol. NMR, 27 (1), 13–39.

[5] Mansfield, P. (2004) Snapshot magnetic resonance imaging (Nobel lecture). Angew. Chem. Int. Ed., 43 (41), 5456–5464.

[6] Lauterbur, P.C. (2005) All science is interdisciplinary – from magnetic moments to molecules to men (Nobel lecture). Angew. Chem. Int. Ed., 44 (7), 1004–1011.

[7] Zalesskiy, S.S., Danieli, E., Bluemich, B., and Ananikov, V.P. (2014) Miniaturization of NMR systems: desktop spectrometers, microcoil spectroscopy, and "NMR on a chip" for chemistry, biochemistry, and industry. Chem. Rev., 114 (11), 5641–5694.

[8] Olson, D.L., Peck, T.L., Webb, A.G., Magin, R.L., and Sweedler, J.V. (1995) High-resolution microcoil ^{1}H-NMR for mass-limited, nanoliter-volume samples. Science, 270 (5244), 1967–1970.

[9] Fratila, R.M. and Velders, A.H. (2011) Small-volume nuclear magnetic resonance spectroscopy. Annu. Rev. Anal. Chem., 4, 227–249.

[10] van Bentum, P.J.M., Janssen, J.W.G., Kentgens, A.P.M., Bart, J., and Gardeniers, J.G.E. (2007) Stripline probes for nuclear magnetic resonance. J. Magn. Reson., 189 (1), 104–113.

[11] Webb, A.G. (1997) Radiofrequency microcoils in magnetic resonance. Prog. Nucl. Magn. Reson. Spectrosc., 31, 1–42.

[12] Webb, A.G. (2013) Radiofrequency microcoils for magnetic resonance imaging and spectroscopy. J. Magn. Reson., 229, 55–66.

[13] Schlotterbeck, G., Ross, A., Hochstrasser, R., Senn, H., Kuhn, T., Marek, D. et al. (2002) High-resolution capillary tube NMR. A miniaturized 5-L high-sensitivity TXI probe for mass-limited samples, off-line LC NMR, and HT NMR. Anal. Chem., 74 (17), 4464–4471.

[14] Trumbull, J.D., Glasgow, I.K., Beebe, D.J., and Magin, R.L. (2000) Integrating micro-fabricated fluidic systems and NMR spectroscopy. IEEE Trans. Biomed. Eng., 47 (1), 3–7.

[15] Swyer, I., Soong, R., Dryden, M.D.M., Fey, M., Maas, W.E., Simpson, A. et al. (2016) Interfacing digital microfluidics with high-field nuclear magnetic resonance spectroscopy. Lab Chip, 16 (22), 4424–4435.

[16] Ciobanu, L., Jayawickrama, D.A., Zhang, X.Z., Webb, A.G., and Sweedler, J.V. (2003) Measuring reaction kinetics by using multiple microcoil NMR spectroscopy. Angew.

Chem. Int. Ed., 42 (38), 4669–4672.

[17] Gomez, M.V., Rodriguez, A.M., de la Hoz, A., Jimenez-Marquez, F., Fratila, R.M., Barneveld, P.A. et al. (2015) Determination of kinetic parameters within a single non-isothermal on-flow experiment by nano liter NMR spectroscopy. Anal. Chem., 87 (20), 10547–10555.

[18] Bart, J., Kolkman, A.J., Oosthoek-de Vries, A.J., Koch, K., Nieuwland, P.J., Janssen, H. et al. (2009) A microfluidic high-resolution NMR flow probe. J. Am. Chem. Soc., 131 (14), 5014.

[19] Oosthoek-de Vries, A.J., Bart, J., Tiggelaar, R.M., Janssen, J.W.G., van Bentum, P.J.M., Gardeniers, H. et al. (2017) Continuous flow ^{1}H and ^{13}C NMR spectroscopy in microfluidic stripline NMR chips. Anal. Chem., 89 (4), 2296–2303.

[20] Wensink, H., Benito-Lopez, F., Hermes, D.C., Verboom, W., Gardeniers, H.J.G.E., Reinhoudt, D.N. et al. (2005) Measuring reaction kinetics in a lab-on-a-chip by microcoil NMR. Lab Chip, 5 (3), 280–284.

[21] Gomez, M.V. and de la Hoz, A. (2017) NMR reaction monitoring in flow synthesis. Beilstein J. Org. Chem., 13, 285–300.

[22] Jones, C.J. and Larive, C.K. (2012) Could smaller really be better? Current and future trends in high-resolution microcoil NMR spectroscopy. Anal. Bioanal. Chem., 402 (1), 61–68.

[23] Gokay, O. and Albert, K. (2012) From single to multiple microcoil flow probe NMR and related capillary techniques: a review. Anal. Bioanal. Chem., 402 (2), 647–669.

[24] Subramanian, R., Kelley, W.P., Floyd, P.D., Tan, Z.J., Webb, A.G., and Sweedler, J.V. (1999) A microcoil NMR probe for coupling microscale HPLC with on-line NMR spectroscopy. Anal. Chem., 71 (23), 5335–5339.

[25] Wolters, A.M., Jayawickrama, D.A., Larive, C.K., and Sweedler, J.V. (2002) Insights into the cITP process using on-line NMR spectroscopy. Anal. Chem., 74 (16), 4191–4197.

[26] Almeida, V.K. and Larive, C.K. (2005) Insights into cyclodextrin interactions during sample stacking using capillary isotachophoresis with on-line microcoil NMR detection. Magn. Reson. Chem., 43 (9), 755–761.

[27] Gomez, M.V., Reinhoudt, D.N., and Velders, A.H. (2008) Supramolecular interactions at the picomole level studied by ^{19}F NMR spectroscopy in a microfluidic chip. Small, 4 (9), 1293–1295.

[28] Jones, C.J. and Larive, C.K. (2012) Microcoil NMR study of the interactions between doxepin, beta-cyclodextrin, and acetate during capillary isotachophoresis. Anal. Chem., 84 (16), 7099–7106.

[29] Gomez, M.V., Reinhoudt, D.N., and Velders A.H. (2007) Supramolecular chemistry in an NMR-chip. 11th International Conference on Miniaturized Systems for Chemistry and Life Sciences, Paris.

[30] Lee, H., Sun, E., Ham, D., and Weissleder, R. (2008) Chip-NMR biosensor for detection

and molecular analysis of cells. Nat. Med., 14 (8), 869–874.

[31] Castro, C.M., Ghazani, A.A., Chung, J., Shao, H.L., Issadore, D., Yoon, T.J. et al. (2014) Miniaturized nuclear magnetic resonance platform for detection and profiling of circulating tumor cells. Lab Chip, 14 (1), 14–23.

[32] Grisi, M., Vincent, F., Volpe, B., Guidetti, R., Harris, N., Beck, A. et al. (2017) NMR spectroscopy of single sub-nL ova with inductive ultra-compact single-chip probes. Sci. Rep., 7, 44670.

[33] Price, K.E., Vandaveer, S.S., Lunte, C.E., and Larive, C.K. (2005) Tissue targeted metabonomics: metabolic profiling by microdialysis sampling and microcoil NMR. J. Pharm. Biomed. Anal., 38 (5), 904–909.

[34] Gloggler, S., Rizzitelli, S., Pinaud, N., Raffard, G., Zhendre, V., Bouchaud, V. et al. (2016) In vivo online magnetic resonance quantification of absolute metabolite concentrations in microdialysate. Sci. Rep., 6, 36080.

[35] Kalfe, A., Telfah, A., Lambert, J., and Hergenroder, R. (2015) Looking into living cell systems: planar waveguide microfluidic NMR detector for in vitro metabolomics of tumor spheroids. Anal. Chem., 87 (14), 7402–7410.

[36] Fratila, R.M., Gomez, M.V., Sykora, S., and Velders, A.H. (2014) Multinuclear nanoliter one-dimensional and two-dimensional NMR spectroscopy with a single non-resonant microcoil. Nat. Commun., 5, 3025.

[37] Wu, N.A., Peck, T.L., Webb, A.G., Magin, R.L., and Sweedler, J.V. (1994) ^{1}H-NMR spectroscopy on the nanoliter scale for static and online measurements. Anal. Chem., 66 (22), 3849–3857.

[38] Peck, T.L., Magin, R.L., and Lauterbur, P.C. (1995) Design and analysis of microcoils for NMR microscopy. J. Magn. Reson., Ser. B, 108 (2), 114–124.

[39] Schroeder, F.C. and Gronquist, M. (2006) Extending the scope of NMR spectroscopy with microcoil probes. Angew. Chem. Int. Ed., 45 (43), 7122–7131.

[40] Sakellariou, D., Le Goff, G., and Jacquinot, J.F. (2007) High-resolution, high-sensitivity NMR of nanolitre anisotropic samples by coil spinning. Nature, 447 (7145), 694.

[41] Tang, J.A. and Jerschow, A. (2010) Practical aspects of liquid-state NMR with inductively coupled solenoid coils. Magn. Reson. Chem., 48 (10), 763–770.

[42] Saggiomo, V. and Velders, A.H. (2015) Simple 3D printed scaffold-removal method for the fabrication of intricate microfluidic devices. Adv. Sci., 2, 1500125. doi: 10.1002/advs.201500125

[43] Maguire, Y., Chuang, I.L., Zhang, S.G., and Gershenfeld, N. (2007) Ultra-small-sample molecular structure detection using microslot waveguide nuclear spin resonance. Proc. Natl. Acad. Sci. U.S.A., 104 (22), 9198–9203.

[44] Krojanski, H.G., Lambert, J., Gerikalan, Y., Suter, D., and Hergenroder, R. (2008) Microslot NMR probe for metabolomics studies. Anal. Chem., 80 (22), 8668–8672.

[45] Gogiashvili, M., Telfah, A., Lambert, J., and Hergenroer, R. (2017) A flow microslot NMR probe coupled with a capillary isotachophoresis system exhibits improved prop-

erties compared to solenoid designs. Anal. Bioanal. Chem., 409 (9), 2471–2475.

[46] Bart, J., Janssen, J.W.G., van Bentum, P.J.M., Kentgens, A.P.M., and Gardeniers, J.G.E. (2009) Optimization of stripline-based microfluidic chips for high-resolution NMR. J. Magn. Reson., 201 (2), 175–185.

[47] Massin, C., Vincent, F., Homsy, A., Ehrmann, K., Boero, G., Besse, P.A. et al. (2003) Planar microcoil-based microfluidic NMR probes. J. Magn. Reson., 164 (2), 242–255.

[48] Gomez, M.V., Verputten, H.H.J., Diaz-Ortiz, A., Moreno, A., de la Hoz, A., and Velders, A.H. (2010) On-line monitoring of a microwave-assisted chemical reaction by nanolitre NMR-spectroscopy. Chem. Commun., 46 (25), 4514–4516.

[49] Massin, C., Boero, C., Vincent, F., Abenhaim, J., Besse, P.A., and Popovic, R.S. (2002) High-Q factor RF planar microcoils for micro-scale NMR spectroscopy. Sens. Actuators, A, 97-98, 280–288.

[50] Anders, J., Handwerker, J., Ortmanns, M., and Boero, G. (2016) A low-power high-sensitivity single-chip receiver for NMR microscopy. J. Magn. Reson., 266, 41–50.

[51] Spengler, N., Moazenzadeh, A., Meier, R.C., Badilita, V., Korvink, J.G., and Wallrabe, U. (2014) Micro-fabricated Helmholtz coil featuring disposable microfluidic sample inserts for applications in nuclear magnetic resonance. J. Micromech. Microeng., 24 (3), 034004.

[52] Goloshevsky, A.G., Walton, J.H., Shutov, M.V., de Ropp, J.S., Collins, S.D., and McCarthy, M.J. (2005) Development of low field nuclear magnetic resonance microcoils. Rev. Sci. Instrum., 76 (2), 024101.

[53] Mohmmadzadeh, M., Baxan, N., Badilita, V., Kratt, K., Weber, H., Korvink, J.G. et al. (2011) Characterization of a 3D MEMS fabricated micro-solenoid at 9.4 T. J. Magn. Reson., 208 (1), 20–26.

[54] Grant, S.C., Murphy, L.A., Magin, R.L., and Friedman, G. (2001) Analysis of multilayer radio frequency microcoils for nuclear magnetic resonance spectroscopy. IEEE Trans. Magn., 37 (4), 2989–2998.

[55] Kc, R., Henry, I.D., Park, G.II.J., and Raftery, D. (2009) Design and construction of a versatile dual volume heteronuclear double resonance microcoil NMR probe. J. Magn. Reson., 197 (2), 186–192.

[56] Li, Y., Logan, T.M., Edison, A.S., and Webb, A. (2003) Design of small volume HX and triple-resonance probes for improved limits of detection in protein NMR experiments. J. Magn. Reson., 164 (1), 128–135.

[57] Subramanian, R., Sweedler, J.V., and Webb, A.G. (1999) Rapid two-dimensional inverse detected heteronuclear correlation experiments with<100 nmol samples with solenoidal microcoil NMR probes. J. Am. Chem. Soc., 121 (10), 2333–2334.

[58] Velders, A.H. (2005) Unpublished data.

[59] Lowe, I.J. and Tarr, C.E. (1968) A high-power, untuned radio-frequency transmitter for pulsed nuclear magnetic resonance spectroscopy. J. Sci. Instrum., 2, 604–606.

[60] Pollak, V.L., Slater, R.R., Pollak, V.L., and Slater, R.R. (1966) Input circuits for pulsed

NMR. Rev. Sci. Instrum., 37, 268–272.

[61] Hopper, T., Mandal, S., Cory, D., Huerlimann, M., and Song, Y.-Q. (2011) Low-frequency NMR with a non-resonant circuit. J. Magn. Reson., 210, 69–74.

[62] Kubo, A. and Ichikawa, S. (2003) Ultra-broadband NMR probe: numerical and experimental study of transmission line NMR probe. J. Magn. Reson., 162, 284–299.

[63] Murphree, D., Cahn, S.B., Rahmow, D., and DeMille, D. (2007) An easily constructed, tuning free, ultra-broadband probe for NMR. J. Magn. Reson., 188, 160–167.

[64] Scott, E., Stettler, J., and Reimer, J.A. (2012) Utility of a tuneless plug and play transmission line probe. J. Magn. Reson., 221, 117–119.

[65] Grisi, M., Gualco, G., and Boero, G. (2015) A broadband single-chip transceiver for multi-nuclear NMR probes. Rev. Sci. Instrum., 86, 044703.

[66] Tang, J.A., Wiggins, G.C., Sodickson, D.K., and Jerschow, A. (2011) Cutoff-free traveling wave NMR. Concepts Magn. Reson. Part A., 38a (5), 253–267.

[67] Ha, D., Paulsen, J., Sun, N., Song, Y.Q., and Ham, D. (2014) Scalable NMR spectroscopy with semiconductor chips. Proc. Natl. Acad. Sci. U.S.A., 111 (33), 11955–11960.

[68] Sun, N., Yoon, T.J., Lee, H., Andress, W., Weissleder, R., and Ham, D. (2011) Palm NMR and 1-Chip NMR. IEEE J. Solid-State Circuits, 46 (1), 342–352.

[69] Hoult, D.I. (2000) The principle of reciprocity in signal strength calculations — a mathematical guide. Concepts Magn. Reson., 12 (4), 173–187.

[70] Pozar, D.M. (2012) Microwave Engineering, 4th edn, John Wiley & Sons, Inc., Hoboken, NJ, p. 732. xvii.

[71] Sun, N., Liu, Y., Qin, L., Lee, H., Weissleder, R., and Ham, D. (2013) Small NMR biomolecular sensors. Solid State Electron., 84, 13–21.

[72] Sun, N., Liu, Y., Lee, H., Weissleder, R., and Ham, D. (2010) Silicon RF NMR biomolecular sensor – review. Proceedings of 2010 International Symposium on VLSI Design, Automation and Test (Vlsi-Dat), pp. 121–124.

[73] Sun, N. and Ham, D. (2016) Hardware developments: handheld NMR systems for biomolecular sensing, in Mobile NMR and MRI: Developments and Applications, New Developments in NMR, vol. 5, Royal Society of Chemistry, pp. 158–182.

[74] Handwerker, J., Eder, M., Tibiletti, M., Rasche, V., Scheffler, K., Becker, J., et al. (2016) An array of fully-integrated quadrature TX/RX NMR field probes for MRI trajectory mapping. ESSCIRC Conference 2016: 42nd European Solid-State Circuits Conference, pp. 12-15.

[75] Badilita, V., Kratt, K., Baxan, N., Anders, J., Elverfeldt, D., Boero, G. et al. (2011) 3D solenoidal microcoil arrays with CMOS integrated amplifiers for parallel MR imaging and spectroscopy. 2011 IEEE 24th International Conference on MicroElectro Mechanical Systems, Cancun, pp. 809–812. doi: 10.1109/MEMSYS.2011.5734548.

[76] Anders, J., SanGiorgio, P., Deligianni, X., Santini, F., Scheffler, K., and Boero, G. (2012) Integrated active tracking detector for MRI-guided interventions. Magn. Reson.

Med., 67 (1), 290–296.

[77] Anders, J., SanGiorgio, P., and Boero, G. (2011) A fully integrated IQ-receiver for NMR microscopy. J. Magn. Reson., 209 (1), 1–7.

[78] Anders, J., SanGiorgio, P., and Boero, G. (2009) An Integrated CMOS receiver chip for nmr-applications. IEEE Custom Integrated Circuits Conference, pp. 471-474.

[79] Anders, J., Reymond, S., Boero, G., and Scheffler, K. (2009) A low-noise CMOS receiver frontend for NMR-based surgical guidance. IFMBE Proc., 23 (1-3), 89–93.

[80] Anders, J., Handwerker, J., Ortmanns, M., and Boero, G. (2013) A fully-integrated detector for NMR microscopy in 0.13 μm CMOS. IEEE Asian Solid-State Circuits Conference (A-SSCC), pp. 437–440.

[81] Anders, J., Chiaramonte, G., SanGiorgio, P., and Boero, G. (2009) A single-chip array of NMR receivers. J. Magn. Reson., 201 (2), 239–249.

[82] Anders, J, and Boero, G. (2008) A low-noise CMOS receiver frontend for MRI. IEEE Biomedical Circuits and Systems Conference – Intelligent Biomedical Systems (Biocas), pp. 165–168.

[83] Gruschke, O.G., Baxan, N., Clad, L., Kratt, K., von Elverfeldt, D., Peter, A. et al. (2012) Lab on a chip phased-array MR multi-platform analysis system. Lab Chip, 12 (3), 495–502.

[84] Kong, T.F., Peng, W.K., Luong, T.D., Nguyen, N.T., and Han, J. (2012) Adhesive-based liquid metal radio-frequency microcoil for magnetic resonance relaxometry measurement. Lab Chip, 12 (2), 287–294.

[85] Kamata, K., Suzuki, S., Ohtsuka, M., Nakagawa, M., Iyoda, T., and Yamada, A. (2011) Fabrication of left-handed metal microcoil from spiral vessel of vascular plant. Adv. Mater., 23 (46), 5509–5513.

[86] Kentgens, A.P.M., Bart, J., van Bentum, P.J.M., Brinkmann, A., Van Eck, E.R.H., Gardeniers, J.G.E. et al. (2008) High-resolution liquid- and solid-state nuclear magnetic resonance of nanoliter sample volumes using microcoil detectors. J. Chem. Phys., 128 (5), 052202.

[87] Mompeán, M., Sánchez-Donoso, R.M., De la Hoz, A., Saggiomo, V., Velders, A.H., and Gomez, M.V. (2018) Pushing nuclear magnetic resonance sensitivity limits with microfluidics and photochemical-induced dynamic nuclear polarization. Nat. Commun. doi 10.1038/s41467-017-02575-0.

第 11 章 微尺度超极化

Sebastian Kiss, Lorenzo Bordonali, Jan G. Korvink, Neil MacKinnon

(德国) 卡尔斯鲁厄理工学院微观结构技术研究所

11.1 引　　言

磁共振是一种非常强大的技术，可以非侵入性地在原子分辨率的水平上，同时获得物质的结构和动态信息。磁共振技术的主要限制是灵敏度，根据玻尔兹曼统计，探测到的能量交换取决于核自旋的相对取向差异，这种差异通常只有十万分之几。磁共振学界已经实施了各种策略来克服这一固有的限制，包括最大化静态极化磁场和冷却探头电子器件。正如本书所讨论的，一种方法是将 MR 探测器小型化，以最大化地提高样品和仪器电子设备之间的共振能量交换效率。在这一章，我们将探究克服玻尔兹曼分布统计的方法。这些超极化技术依赖于将大极化源转移到目标核自旋系统中，或者制备纯自旋态并将其转移到目标自旋系统中。前一种情况的典型例子是动态核极化，而仲氢和光泵浦激发 ^{3}He 和 ^{129}Xe 属于第二种情况。

在标准情况下 (磁场强度高达 23 T，样品处于室温状态下)，NMR 信号的灵敏度受限于可检测到的 MR 信号，而信号来源于两个核自旋态 α 和 β 中 (对于 $I = 1/2$ 的核自旋) 的一个小的能量差 $\Delta E = \gamma \hbar B_0$。图 11.1 比较了质子和电子的热平衡极化，并绘制了它们关于温度的函数。显而易见，电子的自旋极化程度更高，并且低温更有利于自旋极化。

动态核极化 (dynamic nuclear polarization,DNP) 是一种利用微波 (microwave, MW) 辐射将未配对电子的高自旋极化转移到目标核自旋体系中，从而大大增强 NMR 信号的方法。Overhauser[1] 于 1953 年最早提出金属传导电子的理论,Carver 和 Slichter [2] 在同一年通过金属锂实验验证了他的理论。此后，DNP 的概念扩展到液体、冷冻溶液和固体，并产生了多种实验性 DNP 类别，即固态 DNP、液态 DNP 和溶解性 DNP。电子供体通常是添加到样品分析物中具有单、双或多有机自由基的特殊设计的极化剂。理论上 DNP 增强因子 ε 的大小同电子 γ_e 与原子核 γ_n 的旋磁比的大小成正比。例如 ^{1}H 和 ^{13}C 的增强因子分别为 660 和 2600。就溶解性 DNP[3] 而言，与热平衡极化相比，有报道称增强因子可以大于 10 000，这使测量时间迅速减少，让增强 DNP NMR[3] 在体外和体内的各种应用成为可能。

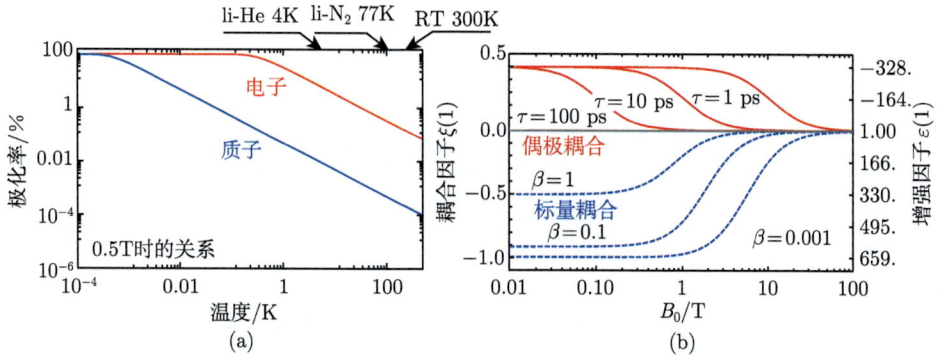

图 11.1　(a) 电子和质子自旋态的极化率随温度的变化。(b) Overhauser 增强因子 ε 与耦合因子 ξ 关于 B_0 的函数曲线图。给出了偶极 (固体) 耦合和标量耦合以及旋转相关时间 τ 和损耗因子 β 的影响曲线。

仲氢诱导极化 (*para*-hydrogen-induced polarization, PHIP) 是一个相对年轻和蓬勃发展的研究领域。尽管人们探索仲氢 (p-H_2) 的基本性质已有数十年，但直到 1983 年 Bowers 和 Weitekamp 的开创性工作 [4] 才引入了大极化可以从单重态 p-H_2 转移到不饱和底物的概念。在过去的 20 多年中，这一基本概念得到了进一步的发展，并被用于研究各种催化活化的化学途径 [5]；据报道，已有许多在生物医学活体成像领域使用 PHIP 的研究 [6]，它们通常依赖于通过 NMR 脉冲序列转移到寿命较长的 ^{13}C 核自旋态 [7,8]。氢化 PHIP 理论上能够产生接近 1 的过量自旋极化，即几乎达到 100% 的极化度，实际信号增强因子可以超过 10 倍。然而 PHIP 的进一步发展受到其固有选择性的阻碍，其应用仅限于氢化化学反应是该过程核心需求的场景。这一领域最具突破性的创新之一出现在 2009 年，当时 Adams 等 [51] 发现，氢化过程并不是发生自旋极化转移的严格要求；事实上，在宽松的条件下，目标衬底会与金属基催化剂和 p-H_2 形成络合物，以允许自旋相干转移发生，在此情况下就会发生可逆交换自旋对齐 (spin alignment by reversible exchange, SABRE)。复合物的可逆性使超极化剂在化学性质上保持不变，并允许其在多个泵浦步骤中建立极化，产生令人印象深刻的信号增强因子，数量级达到 10^3 [54]。

自旋极化交换光泵浦 (spin exchange by optical pumping, SEOP) 作为一种 NMR 超极化技术，于 1960 年首次在 ^3He 上得到验证 [9]。1978 年，同样的效果在 ^{129}Xe 上也得到验证 [10]。这是一个极具意义的结果，因为 Xe 的可用范围更广，而且具有较大的化学位移范围，对实验环境非常敏感，因此它是材料探测器的绝佳候选。20 世纪 80 年代，人们进行了大量的研究，以了解 SEOP 效应对各种惰性气体的物理性质的影响和适用性 [11-17]。1990 年，Cates 等 [18] 向使用超极化气体作为材料探测迈出了关键一步，他们证明了即使在冻结后，Xe 的极化寿命也足够长，这意味着长时间存储 Xe 是可能的。紧接着，1991 年，第一个利用超极化 Xe NMR 探测多孔材料的实验被报道 [19]，随后首次肺部 MRI [20] 也被论证。从那时起，人们在核超极化 SEOP 过程的物理学和潜在应用方面积累了大量的知识，图 11.2 给出了两个典型示例。随着理论和技术的进步，据报道，^{3}He 和 ^{129}Xe 的极化水平分别可达到 85% 和 90% [64,65]。

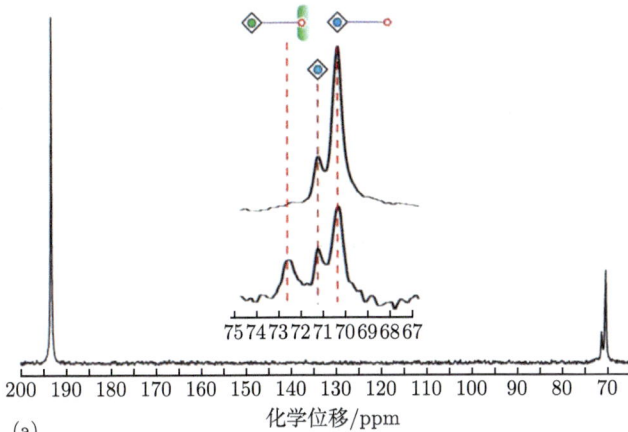

75 74 73 72 71 70 69 68 67

200 190 180 170 160 150 140 130 120 110 100 90 80 70
化学位移/ppm

(a)

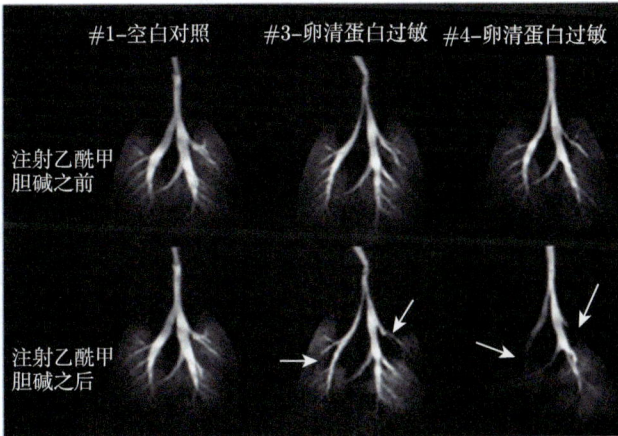

#1-空白对照　　#3-卵清蛋白过敏　　#4-卵清蛋白过敏

注射乙酰甲
胆碱之前

注射乙酰甲
胆碱之后

(b)

图 11.2　超极化气体的应用实例。(a) 氙气生物传感器的原理。水中游离 Xe 的化学位移出现在 193 ppm 处，而 cryptophane 结合 Xe 的化学位移出现在 70 ppm 处。结合 Xe 的信号分布在无连接基团和功能化 cryptophane 之间。在加入配体 (亲和素) 后，出现了一个新信号，这一信号是由 cryptophane 结合 Xe 与连接基团结合所产生的 (Spence 等 [21]，经美国国家科学院院刊许可转载。) (b) 使用 ^{3}He 的肺部成像。3 只小鼠 (1 只空白对照小鼠和 2 只卵清蛋白 (ovalbumin，OVA) 致敏小鼠) 接受乙酰甲胆碱 (methacholine, MCh) 刺激。在 OVA 致敏的小鼠中观察气道关闭和通气损失 (箭头所示)。使用超极化 ^{3}He MRI，使得在极小的小鼠肺中进行实验成为可能。(Driehuys 等 [22]，经 Wiley 许可转载。)

目前，利用微型技术开发超极化方法的研究鲜有报道。但不难发现，NMR 硬件小型化的趋势已经出现。推动其发展的因素之一是波谱仪的大部分电子可以集成到非常小的形状内，新兴的制造技术、材料和应用也大大推动了磁共振探测器的小型化和集成化。在这里列举几个驱动因素：① 稀缺或昂贵的样品；② 高频应用 (穿透深度，减少波长)；③ 便携性和护理点诊断；④ 灵敏度；⑤ 复杂检测和激励拓扑；⑥ 系统集成 (微流控芯片并行)；⑦ 低功耗。显而易见，将微技术应用于超极化还有广阔的发展空间。也许通过超极化方法的微观整合可以实现的最有趣目标之一是在微米尺度上的提高型代谢物组学研究。在过去十几年中，代谢物组学获得了巨大的发展。从复杂混合物中取样的 NMR 数据中包含的信息量是惊人的，超极化微 NMR 将为这些复杂波谱的分析研究提供额外的工具。低容量化学实现的高通量，加上高度极化的代谢物进入特定代谢途径的强大能力，将开启前所未有的在单个细胞尺度上代谢现象的动力学研究。在这一章中，我们从超极化方法的宏观应用中获得灵感，并辅以少数案例为基础，试图探讨微尺度实现超极化的潜在优势和劣势。

11.2 理 论

11.2.1 动态核极化

11.2.1.1 极化转移和 DNP 机制

通过用射频信号和 MW 辐照含有未配对电子的样品，NMR 信号强度可以提高 γ_e/γ_n 的比例。根据不同的实验条件 (如样品相和极化剂类型)，DNP 的极化转移有不同的机制，即核欧沃豪斯效应 (nuclear Overhauser effect, NOE)[1]、固体效应 (solid effect, SE)[23,24]、交叉效应 (cross effect, CE)[25,26] 和热混合 (thermal mixing, TM)[27,28]。核欧沃豪斯效应涉及耦合电子核对的同时自旋翻转，由电子–核交叉弛豫过程驱动。通过欧沃豪斯动态核极化 (Overhauser dynamic nuclear polarization，ODNP) 实现的增强 ε，由增强 I_{enh} 和热平衡 I_0 表达，NMR 信号强度定义为

$$\varepsilon_{OE} = \frac{I_{enh} - I_0}{I_0} = -\xi f s \frac{|\gamma_e|}{\gamma_n} \tag{11.1}$$

泄漏因子 f 描述了存在于样品溶液中的自由基引起的寄生核弛豫的程度。一种用于量化 ESR 跃迁饱和程度的指标是饱和因子 s，它与样品吸收的 MW 磁通密度 B_{le} 的平方成正比。显然，为了最大限度地增强饱和度，s 应该等于或接近 1。耦合因子 ξ 给出了电子与原子核之间的耦合程度，其范围从 -1(纯标量耦合) 至 0.5(纯偶极耦合)。它描述了交叉弛豫效率，其依赖于调制自旋相互作用。这种

效率在电子拉莫尔频率倒数 $(\omega_{\mathrm{e}}^{-1}/2\pi)$ 的时间尺度上是最有效的。在实际应用中，处于室温条件下的溶解在水中的小型有机自由基的扩散、旋转相关时间在几十皮秒范围内 [29]，自然也存在一个频率上限，因此在 B_0 场范围内的原位溶液态 DNP 实验是合理有效的。SE 是一个双自旋过程，存在于各向异性超细相互作用平均不为零的情况下。极化剂的 ESR 线宽 $\Delta\omega_{\mathrm{e}}$ 必须比原子核的拉莫尔频率 $\omega_{\mathrm{n}}/2\pi$ 窄，即 $\Delta\omega_{\mathrm{e}} < \omega_{\mathrm{n}}$。对双量子跃迁或零量子跃迁进行照射会导致负的 (位于 $\omega_{\mathrm{e}} - \omega_{\mathrm{n}}$) 或正的 (位于 $\omega_{\mathrm{e}} + \omega_{\mathrm{n}}$) DNP 增强。在固体中的极化增强 $\varepsilon_{\mathrm{SE}}$ 是通过固体效应达成的，与核拉莫尔频率 $(\omega_{\mathrm{n}}/2\pi)$ 的负二次方成正比，因此在高磁场下极化效率较低。而在强磁场 DNP 实验中，主要极化机制是交叉效应。交叉效应依赖于两个电子自旋共振频率分别为 $\omega_{\mathrm{e1}}/2\pi$ 和 $\omega_{\mathrm{e2}}/2\pi$ 的偶极耦合电子的三自旋过程。在 $|\omega_{\mathrm{e2}} - \omega_{\mathrm{e1}}| \approx \omega_{\mathrm{n}}$ 的情况下，在 ω_{e1} 频率下辐照会使位于 ω_{e2} 的第二电子和原子核发生自旋翻转，从而形成核自旋极化 [30]。为了达到有效极化，实验中采用定制的双自由基来匹配交叉效应。当各向异性超细相互作用的时间平均为零时就会出现热混合效应。与交叉效应不同的是，在热混合效应中，电子–核极化转移发生在包含许多偶极耦合电子和原子核的大自旋系统中 [29]。

11.2.1.2　DNP 仪器

本节简要介绍 DNP 实验的核心组成部分。如果想了解更详细的内容，我们向有兴趣的读者推荐关于 DNP 仪器和原理的优秀综述文献 [31,32]。

DNP 实验除了需要标准的 NMR 谱仪外，还需要另外三个主要的组成部分，即合适的 MW 源、MW 传输线和专用的 NMR 探针。为了尽可能地增强 DNP，必须获得电子自旋共振频谱，以确保有效的电子跃迁饱和。因此，实验需要在样品附近使用一个调制线圈。根据实验方法的不同，还需要额外的基础设施 (例如，低温冷却和精确的温度调节、样品穿梭或快速熔化机制)。由于 MW 信号损耗的增加和能够提供高输出功率的高频 MW 源的复杂性，DNP 的仪器对高磁场磁共振设置的要求越来越高。然而，低场 (0.01~1 T) 和中场 (1~3 T)NMR 系统仍然受到关注 [33,34]，并提供了研发高度集成 DNP 硬件的可能性。

对于 MW 源，需要考虑的重要因素是输出功率，这对于处在太赫兹频率下需要数瓦功率的高场 DNP 仪器来说是一个重大挑战。在这一特定的波谱区域，仍缺乏产生高功率信号的实际技术，这发生在众所周知的太赫兹间隙 (0.1~10 THz)[35]。一般来说，会考虑两种不同类型的源：固态 [36] 和真空电子器件。经典的真空器件如速调管和行波管适用于频率高达 100 GHz 的情况。然而，太赫兹 DNP NMR 实验采用陀螺管源 [37]，它已被证明能够提供足够的平均功率输出 (最小 10 W CW) 和寿命 (约 100 000 h)[32,38]。但像 IMPATT(IMPact ionization avalanche transit-time diode)-锁相振荡器和 Gunn 二极管振荡器这样的固态器件往往只在高场 DNP 中发挥次要作用，因为它们仅提供 100 GHz 以上频率的一小部分连续波输出功率 (几毫瓦)。然而，微型化、损耗优化后的利用紧凑固态 MW 源驱动的谐振结构，似乎是一个很有前途的组合。

显然，传输和探测 MW 信号是至关重要的，且在太赫兹应用中是一个颇具挑战性的任务。为了克服功率损失，并将高功率信号传输到样品，科学家已经做出了不懈的努力。因此，为了尽可能保持低损耗，采用了专门为窄频带优化的过模波导 (截面尺寸大于一个波长) 和波纹波导 [39,40]。而自由空间的激光发射技术利用了通过自由空间的低损耗传输，并使用准光学装置 [41,42] 进行光束操纵。

用于 DNP 设置的探针可分为两类，这取决于实验是在 (i) 静态样品上进行还是在 (ii) 非静态样品上进行。案例 (i) 的经典代表就是原位极化方法，其中 MW 辐照和 NMR 探测进入相同的体积。而案例 (ii) 包括固态 MAS-DNP 系统以及样品穿梭技术。还可以根据工作的 MW 辐射模式进一步区分 (谐振或非谐振)。射频电路和谐振器 (如螺线管) 通常集成在探头中，以便激发谐振和检测样品内部的 MW 敏感核。需要指出的是，固态 MAS-DNP 探针是低温冷却的，并且包括气动旋转模块，目的是可以在千赫兹的频率下以 54.7°(魔角) 机械旋转样品 [32]。这种快速旋转部分使各向异性化学位移和偶极张量达到平均值，以提高 NMR 谱的分辨率。

11.2.1.3 DNP 仪器的挑战

经典的 DNP 结构要求射频和 MW 共振结构具有相同的体积 (理想情况下不影响彼此的性能)，这是仪器开发中的一个主要挑战。在垂直于外部主磁场 B_0 的方向上，样品的射频和 MW 磁场强度应尽可能大且均匀。并且 MW 谐振器的设计应使 MW 电场元件不穿过样品，从而最大限度地减少加热对样品和 NMR 谱完整性的负面影响。除此之外，高波谱分辨率需要具有高均匀性的高磁场 B_0，这对样品周围的材料放置有重要的限制。

从工程角度来看，就地设置 DNP 有两种直接的方法：围绕射频谐振器构建 MW 谐振结构 (方法一) 或反向实现 (方法二)。在任何一种配置中，由于填充因子降低，一个谐振器总是以次优灵敏度运行。此外，对于高场 DNP/NMR，MW 谐振结构的物理尺寸为几毫米量级，也就是说，与实际射频检测器的尺寸相当。在实际测量中，方法一通常会导致 Q 因子下降，且由于 MW 谐振器的负载过重和扰动，性能也会下降。对于方法二，MW 谐振结构必须设计成能够包含和集中 MW 能量的方式，并且不影响射频辐照。这些要求对于方法一中的金属空腔来说变得越来越困难，因为趋肤深度 δ 与频率成反比 $(1/\sqrt{\nu})$，而对于高场 DNP 来说，很容易短至几微米。对于非静态样本，例如在 MAS 条件下，情况会变得更加复杂。为了避免原位高场 DNP 实验的挑战，基于样品穿梭到 NMR 检测器的非原位极化系统已被开发出来。这些系统必须精心设计，以尽量减少样品穿梭过程中的偏振损耗。为了减少样品的穿梭时间和磁场梯度，提出了两中心磁体 [43] 或磁隧道 [44] 的方案。在溶解 DNP 过程中，样品温度会从超低温 (1~2 K) 急剧上升到室温，同时样品也会被快速 (在 T_1 内) 传输到独立的液相 NMR 波谱仪中，这些构成了重大的工程挑战。Sharma 等 [45] 提出了一种基于微流控芯片和安装在控制台上的带状线谐振器的快速熔化 DNP 装置，其允许低至 20 ms 的穿梭时间。

第二个主要挑战是，随着频率的增加，有效 MW 功率的产生和转移趋向于变得越来越困难 (以参数为例，如穿透深度、低阶中频振荡器的特征尺寸，以及随频率的增加而降低的可用的 MW 输出功率水平)。例如，基模波导存在较高的插入损耗，并且不能与自由空间高斯光束耦合，这对实现最小的衍射限制光斑尺寸是最优的 [46,47]。然而由于不连续的传输线、模式转换以及欧姆、介质和辐射损耗的增加，本就很低的输出功率水平会进一步降低。因此，在这些情况下，以下的一些硬件工程方法是可取的：

- 具有严格公差的小物理特性的器件可重复制造；
- 组件之间精确对齐；
- 低损耗材料上带有小样品储层的 RF/MW 谐振结构的协整；
- 输电线路长度和其他关键长度尺度的优化。

11.2.2 仲氢诱导超极化

氢分子的核自旋系统由两个相同的 1/2 自旋组成。它们构成了氢原子的总自旋 S，遵循量子力学中的角动量加法规则。因此，H_2 自旋系统可以看作是由量子数对 $(S=0, m_S=0)$ 描述的单重态，也可以是三态之一，有 $(S=1, m_S=0, \pm1)$。可观测到的自旋态 Ψ_{S,m_S} 可以表示为塞曼基的本征向量的组合 $\{|\alpha\alpha\rangle, |\beta\alpha\rangle, |\alpha\beta\rangle, |\beta\beta\rangle\}$：

$$
\begin{aligned}
\Psi_{0,0} &= \frac{1}{\sqrt{2}}(|\alpha\alpha\rangle - |\beta\alpha\rangle) \\
\Psi_{1,+1} &= |\alpha\alpha\rangle \\
\Psi_{1,0} &= \frac{1}{\sqrt{2}}(|\alpha\beta\rangle + |\beta\alpha\rangle) \\
\Psi_{1,-1} &= |\beta\beta\rangle
\end{aligned}
\tag{11.2}
$$

在玻恩–奥本海默近似下，氢分子的总波函数可表示为五个项的乘积：核旋转、核振动、电子、自旋电子和核自旋波函数。除了核自旋波函数和核旋转波函数外，所有的其他贡献都是关于原子核和电子交换对称的。因此，整个波函数的对称性仅由这两个非对称波函数的乘积决定。单重态 $\Psi_{0,0}$ 关于原子核的交换是反对称的，而三重态 $\Psi_{1,(0,\pm1)}$ 是对称的。因此，奇核自旋波函数与偶核旋转态 (单重态) 相关联。相反，奇核旋转波函数与偶核自旋波函数 (三重态) 相关联，与泡利原理一致。此外，由于自旋态之间的能量差远小于旋转态之间的能量差，每个自旋态的布居数由旋转态的布居数决定。由量子数 J 定义的每个旋转态的布居数为

$$P_J = \frac{1}{Z}(2J+1)d_S \mathrm{e}^{-J(J+1)\theta/T} \tag{11.3}$$

其中，Z 是总配分函数，d_S 是总自旋 S 的核自旋简并度，旋转状态 J 的简并度为 $(2J+1)$，θ 为旋转温度，$\theta = \hbar/2Ik_B$ (对于 H_2，$\theta = 87.6$ K)，这取决于氢分子的转动惯量。

在室温、常压且没有磁场和电场的情况下，$J = 0, 1, 2, 3$ 是最常见的旋转能级。在此条件下，P_J 取如下值：

$$P_0(T=298) = 0.1325$$
$$P_1(T=298) = 0.6648$$
$$P_2(T=298) = 0.1149$$
$$P_3(T=298) = 0.0837 \tag{11.4}$$

H_2 气体本就含有约 $P_1 + P_3 \approx 75\%$ 的三态分子 (正氢，*ortho*-hydrogen 或 o-H_2)，而只有 $P_0 + P_1 = 25\%$ 的单重态核分子，也叫仲氢或 p-H_2。

接近氢的沸点 (20.28 K) 时，能量格局会发生逆转，$J = 0$ 是唯一存在的状态：

$$P_0(T=20.28) = 0.9979$$
$$P_1(T=20.28) = 0.0021$$
$$P_2(T=20.28) = 6.7340 \times 10^{-11}$$
$$P_3(T=20.28) = 3.8172 \times 10^{-11} \tag{11.5}$$

其仲氢部分约为 99.8% (图 11.3)。因此，在这个温度下，氢气几乎处于纯仲氢状态。

在这些条件下，由于对称约束，从 $S = 1$ 到 $S = 0$ 的缓慢跃迁是禁止的，正氢缓慢地转换为仲氢。借助顺磁性催化剂 (例如活性炭或羟基铁) 可以增强正-仲转换速率，使得本来难以发生的仲氢转换变得可能并减少放热转换过程中热能的释放。对称性对跃迁的同样限制也允许人们在室温且没有任何磁性材料的情况下储存所产生的仲氢气体长达数月，而不会因反向转换而大量损失仲氢分子。

p-H_2 诱导极化 (PHIP) 的重点是如何控制 H_2 气体在纯仲氢态中所代表的大量有序自旋。PHIP 是一种化学手段，它利用 p-H_2 分子与不饱和目标分子的自

旋相干化学加成来实现核极化的增强。在特定的条件下，新成键氢原子的核自旋演化为一个可被 NMR 检测到的自旋状态。为了使 PHIP 起作用，在不饱和分子中加入的氢原子必须是成对的，并且氢化后的分子中的氢原子核应该是磁性不相等的。

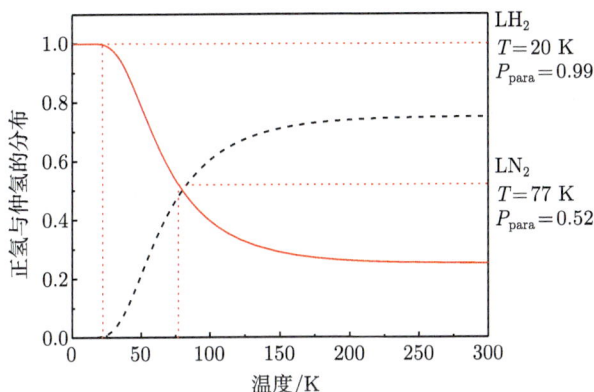

图 11.3　氢中邻分子 (黑色虚线曲线) 和对分子 (红色实心曲线) 的分数与温度的关系

　　记住这些关键要求，可以实施两个基础实验：PASADENA (parahydrogen and synthesis allow dramatically enhanced nuclear alignment，仲氢和合成方法显著增强核排列)[48] 和 ALTADENA(adiabatic longitudinal transport after dissociation engenders nuclear alignment，离解后的绝热纵向输运产生核排列)[49]，按它们在研究中被引入的时间顺序。我们将在这里通过图示介绍 PASADENA 和 AL-TADENA，并向感兴趣的读者推荐关于 PHIP 基础理论的更详细的内容 (见文献 [50])。在下面的内容和本章第 11.3.2 节中，将使用信号增强 (signal enhancement) 这一术语来表示 PHIP 导致的信号强度的增加，这与用普通 H_2 气体而不是 p-H_2 进行相同的 NMR 实验有关。同样地，在单线态自旋极化被使用后，即在热平衡时，也可以定量地对 NMR 信号进行增强。

　　让我们考虑当分子在 NMR 磁体的强磁场中参与催化氢化反应时，热 H_2 分子的核自旋系统发生了什么。在氢化之前，该分子是一个具有相同单线态和三重态的 A_2 自旋体系，而在成对加成到底场之后，该体系可被认为是一个 AX 体系。在饱和化合物中，自旋布居数均匀地分布在新分子态上。

　　相比之下，p-H_2 分子的核自旋波函数仅是塞曼基础的 $|\alpha\beta\rangle$ 和 $|\beta\alpha\rangle$ 本征向量的组合，如式 (11.2) 所示。因此，氢化反应仅填充产品分子中的 $|\alpha\beta\rangle$ 和 $|\beta\alpha\rangle$ 状态。这个过程通常被称为 PASADENA 实验。

　　AX 系统的 NMR 谱显示了两个高度增强的反相双峰，而不是在热平衡时记录磁共振信号时可见的四条相同的填充线。在图 11.4 中，常规 H_2 自旋态的居群用蓝色表示，而 p-H_2 自旋态居群用红色表示。据报道，类-PASADENA 实验中 ^1H 谱线的增强因子范围为 $10^3 \sim 10^5$。

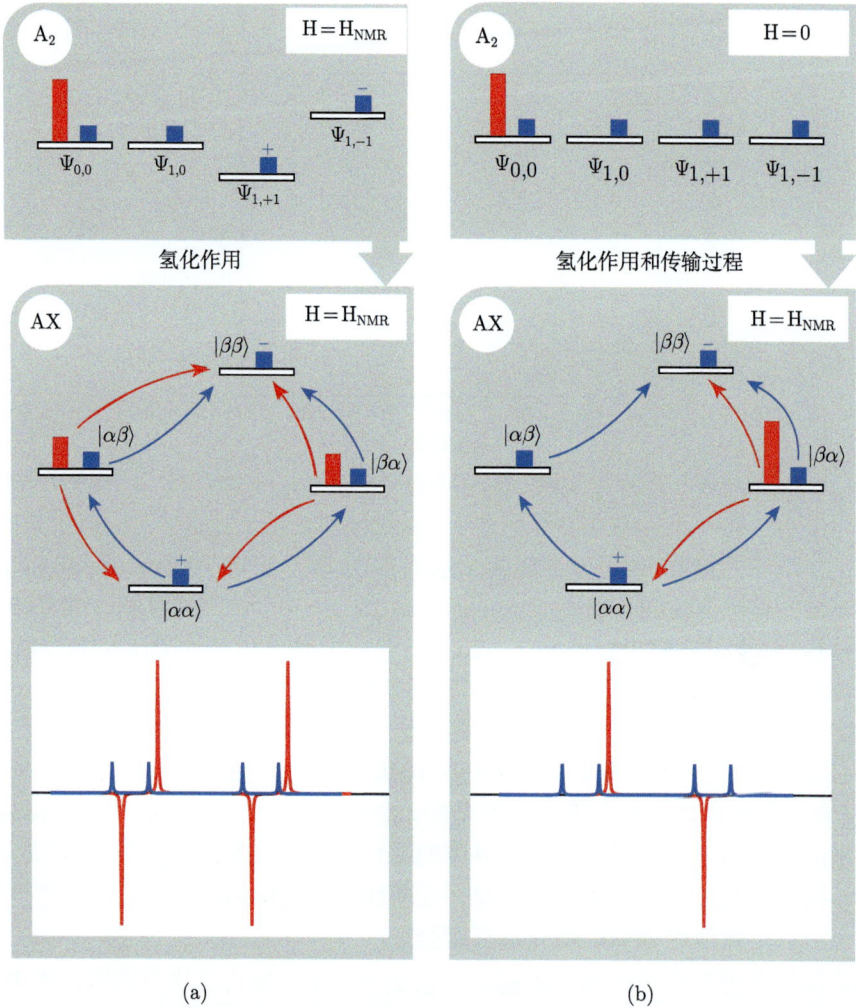

图 11.4   PASADENA(a) 和 ALTADENA (b) 实验的图示。对比了使用热 H_2 和 p-H_2 之间的情况：H_2 和 p-H_2 能量级的居群分别是蓝色和红色的柱状图。最上面一行显示了氢化前 H_2 和 p-H_2 分子的自旋能级的统计布居数。中间一行显示了氢化目标分子中氢化和绝热输运的分布情况 (ALTADENA)，以及分子自旋态之间允许的 NMR 跃迁方向。而最下面一行则展示了 PHIP 产生的 NMR 谱，突显了双峰的独特反相特征。

另一方面，如果在磁体外发生氢化反应 (即在零磁场下)，那么样品就会被绝热地输送到用于检测的 NMR 磁体，自旋系统的演化遵循不同的路线，并且只有

AX 系统的 $|\beta\alpha\rangle$ 基态被填充。最终结果是一个巨大的 NMR 信号，它由波谱中的一条发射线和一条吸收线组成，被两个质子之间的化学位移差分开。

第二种 PHIP 方法称为 ALTADENA。即使考虑在场循环步骤中由于弛缓而丢失了一部分增强的极化，在类-ALTADENA 的实验中，与热平衡时获得的信号相比，强度也被放大了 10^3 倍。

PHIP 的一个主要限制是氢化反应消耗底物分子的初始储备，最终使其在超极化实验的连续迭代中耗尽。值得一提的是，在不经化学修饰的情况下，一项重要的研究确定了 $p\text{-H}_2$ 自旋序可以转移到饱和分子的条件；而最近提出的 SABRE(signal amplification by reversible exchange, 可逆交换信号放大)[51], 改变了 NMR 领域对于基于 $p\text{-H}_2$ 的信号增强的看法。

在 SABRE 过程中，$p\text{-H}_2$ 和目标分子在金属基催化剂的配位层内接触 [52]，同时存在弱磁场。在这个可逆复合物的生命周期内，核自旋极化通过 J 耦合自旋网络转移到目标分子中的 ^1H 核。弱场的存在是使自旋能级达到水平反交叉条件 (level anticrossing condition, LAC) 所必需的，在这个条件下，自旋态的相干混合和极化转移是最有效的 [53]。

当底物被移除，其 ^1H 核自旋处于超极化状态，此时，要么将样品转移到 NMR 磁体中检测，要么让它松弛到平衡状态。无论是哪种情况，分子都可以通过与一个 $p\text{-H}_2$ 分子和催化剂形成新的复合物而极化。而连续极化技术将产生相当高的信号增强因子 (在 $10^2 \sim 10^3$ 范围内)。这时，$o\text{-H}_2$、$p\text{-H}_2$、非极化底物和极化产物之间会形成动态平衡 [54]，只要持续供应新鲜的 $p\text{-H}_2$，该平衡就能稳定维持几分钟。

目前，SABRE 方法的主要缺点是它的选择性：SABRE 最初被证明适用于含氮杂环化合物，如吡啶和烟酰胺 [51]。随着技术发展，其他分子也已经成功地用 SABRE 进行了超极化，如碱、吗啡、氨基酸和肽链 [55–57]。最新进展表明，可以通过修改催化剂本身来调节结合动力学，将 SABRE 的适用性扩展到其他类别的分子 [58]。

在高磁场中，SABRE 也被证明是可行的 [59]，可被解释为一个不相干的极化传递过程，但就效率而言，它比低场的 SABRE 要低得多。然而，如果在实验时施加适当的自旋锁定射频脉冲序列，就可以在弱磁场中恢复高信号增强因子 [60]。该技术被称为 RF-SABRE，只需要引入一个具有特定振幅和频率的额外射频场，以在旋转参照系中混合水平反交叉的自旋 [61]。因此，这种方法很容易实现，且技术上比传统的 SABRE 需求更少，因为实验不需要进行场循环。

在所有基于 $p\text{-H}_2$ 的超极化技术中，SABRE 及其原位变体 RF-SABRE 具有与液态微 NMR 结合的最高潜力 (详见第 11.3.2 节)。

11.2.3   光泵浦的自旋交换

NMR 波谱 SEOP 是一种方法，通过将偏振光携带的角动量转移到 NMR 敏感核上，从而大大增强核净极化。这种气相过程是利用气相碱金属与惰性气体原子之间的碰撞相互作用而实现的。碱金属原子充当自旋携带介质，首先通过光泵浦获得电子自旋极化，然后将其转移到惰性气体原子上，使气体核极化。这样，对于惰性气体 ^{3}He 和 ^{129}Xe，与目前可达到的磁场强度和热平衡条件下的 ppm 极化相比，核的极化率可分别达到 $80\%\sim85\%$ 和 90% [62-65]。有几篇优秀的评论文章 [66-69] 详细介绍了这一过程的物理原理，这里将给出一个相对简短的介绍。

基本的 SEOP 过程可被概括为图 11.5 和式 (11.6) $\sim$ 式 (11.9)[69]：

$$\frac{\mathrm{d}P_{\mathrm{He}}}{\mathrm{d}t} = k_{\mathrm{SE}}[\mathrm{A}]\left(P_{\mathrm{A}} - P_{\mathrm{He}}\right) - \varGamma_{\mathrm{He}}P_{\mathrm{He}} \tag{11.6}$$

$$P_{\mathrm{A}} = \frac{R(z)}{R(z) + \varGamma_{\mathrm{A}}} \tag{11.7}$$

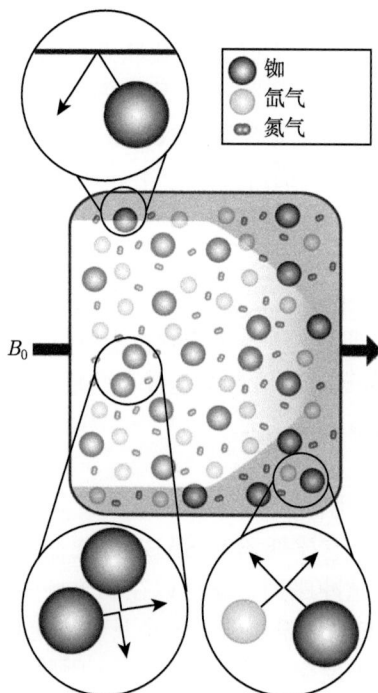

图 11.5   SEOP 流程示意图。圆偏振光进入含有碱金属蒸气、惰性气体和缓冲气体的光学厚度电池。整个电池处于在强度为 B_0(约为数十高斯) 的弱磁场中。重要的自旋极化依赖的相互作用包括气–壁、碱–碱和碱–惰性气体碰撞。(Walker 和 Happer[66]，经美国物理学会许可转载。)

$$\Gamma_A = (k_{SE} + k_{SR}) [\text{He}] + \Gamma_0 \tag{11.8}$$

$$\frac{dR(z)}{dz} = -[A]\sigma_L \Gamma_A P_A \tag{11.9}$$

式 (11.6) ~ 式 (11.9) 分别描述了碱气体自旋交换碰撞和弛豫对 P_{He} 形成的依赖关系,电池内 z 位置的光泵浦和自旋弛豫过程之间的竞争对形成碱偏振的影响,碱偏振对弛豫过程的依赖关系,以及光学泵浦对光学元件气相组成的依赖关系 (表 11.1 中给出了参数说明)。通过求解 He 的线性微分方程 (式 (11.6)),可以看出,He 极化可表示为

$$P_{He} = \frac{P_A k_{SE}[A]}{k_{SE}[A] + \Gamma_{He}} \left(1 - e^{-(k_{SE}[A]+\Gamma_{He})t}\right) \tag{11.10}$$

表 11.1　式 (11.6) ~ 式 (11.9) 的参数含义

参数	含义
P_A, P_{He}	碱和氦气的极化
$\Gamma_A, \Gamma_{He}, \Gamma_0$	自旋弛豫速率
k_{SE}, k_{SR}	自旋交换和自旋弛豫速率常数
A, He	碱和氦气的密度
$R(z)$	碱泵送速率关于位置的函数
σ_L	碱原子吸收截面

SEOP 的物理过程可以描述为一个两步过程。

在第一步中,碱金属蒸气获得净电子自旋极化。以 ^{87}Rb 为例,价电子能达到的能级图景是由电子、原子核和外部磁场之间的相互作用决定的。从能量上看,在弱场存在时,相互作用的大小递减为自旋轨道耦合、超精细相互作用和塞曼分裂 (表 11.2)。在波谱表示法中,自旋轨道耦合产生的能级分别表示为 $^2S_{1/2}$(基态)、$^2P_{1/2}$ (第一激发态) 和 $^2P_{3/2}$(第二激发态)。$^2S_{1/2}$ 到 $^2P_{1/2}$ 之间的跃迁约为 794.8 nm,为 D_1 线 (D_2 从 $^2S_{1/2}$ 到 $^2P_{3/2}$ 的跃迁约为 780 nm)。如果仅考虑一个 D_1 跃迁,超精细相互作用和塞曼分裂会产生最终的能级 (图 11.6)。如果 D_1 跃迁是由正确的旋向圆偏振光驱动的,那么唯一允许的跃迁是 $\Delta m = +1$(或 -1) 的跃迁。受激电子可以根据选择规则 $\Delta m = 0, \pm 1$ 发生弛豫。因此,在足够数量的激发/弛豫事件之后,基态的亚能级 $m_f = +2$ 将成为唯一的填充 ($\Delta m = +1$ 不能从这个状态得到满足),且被光泵浦激发。为了防止由受激碱金属原子的光子再发射引起的自旋极化的损失,在总气体混合物中加入了额外的缓冲气体。缓冲气体 (通常是 N_2) 的作用是抑制这些随机极化的再发射光子。

表 11.2　产生碱金属原子能级的相互作用

相互作用	解释
自旋轨道耦合	电子自旋磁矩与轨道磁矩
超精细相互作用	超精细电子自旋磁矩与核自旋磁矩
塞曼分裂	外加磁场与原子总磁矩

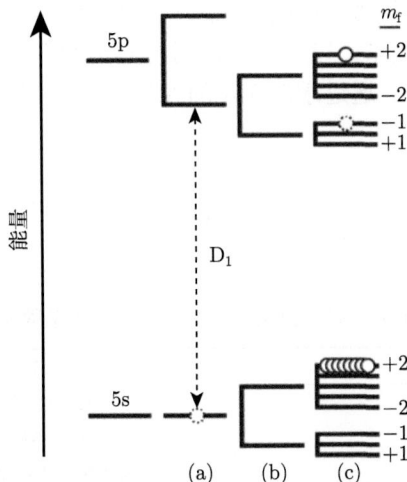

图 11.6　^{87}Rb 的能级图 ($I=3/2$)。能级分裂是 (a) 自旋轨道耦合, (b) 超精细耦合和 (c) 塞曼分裂所造成的 (大约数十的高斯)。能量轴不是呈比例的。

在这个状态下存在一些机制, 它们将决定电子自旋极化的命运, 包括 [67]:

- 极化保护事件

——碱金属碰撞

- 极化破坏事件

——碱金属碰撞

——碱金属和缓冲气体碰撞

——碱金属和容器壁碰撞

- 极化交换事件

——碱金属和惰性气体的碰撞允许电子和原子核通过费米接触发生自旋相互作用

——短时存在的碱金属和 Xe 之间的范德瓦耳斯力允许分子旋转角动量和核自旋相互作用

建立核极化的 SEOP 过程中的第二步是极化交换。每个机制都有一个相对应的时间尺度, 主要取决于气相组成和总光学池气压 (式 (11.6) ~ 式 (11.9))。成功的实验将平衡这些时间尺度, 以便让极化交换事件更有可能发生, 从而积累惰性气体的核极化。极化一旦产生, 极化的 ^{3}He 和 ^{129}Xe 可能会在气相中存储几天, 尽管就 ^{129}Xe 而言, 这需要低压和高磁场 [70-72]。当储存在 4 K 的环境下时, 极化的 ^{129}Xe 的寿命可以增加到 500 h[73,74]。

SEOP 实验的硬件要求包括以下组成部分 (SEOP 的实际考虑见文献 [75]):

- 气体集流管——为光学池提供正确的气体混合物
- 激光源——可调谐, 窄频, 功率在数十瓦量级
- 光器件——频率缩窄, 射束成形, 圆偏振
- 光学池——透明, 耐化学腐蚀, 耐压 (高达 10 atm)
- 磁场线圈——产生静态 B_0, 用于 EPR 和 NMR 测量
- 电池加热器——控制碱金属蒸气压, 稳定, 定位于光学池 (或电池区域)
- 光学探测器——用于监测碱金属偏振

SEOP 中最常用的化学元素包括作为电子极化源的碱金属铷和铯以及作为惰性气体超极化靶的氦和氙。碱金属和惰性气体元素的相关物理数据见表 11.3。一旦产生了超极化气体, 就必须将其转移到实验中进行测量, 其细节取决于特定的 NMR/MRI 应用。如果需要储存, 这些气体通常被冷冻或收集在含氟聚合物袋中 [77]。

表 11.3 碱金属和惰性气体相关数据的收集

元素	同位素	丰度/%	自旋量子数 (I)	D$_1$ 激发 /nm	熔点/°C
锂	^{6}Li	7.6	1	671	180.5
	^{7}Li	92.4	3/2		
钠	^{23}Na	100	3/2	589	97.7
钾	^{39}K	93.26	3/2	767	63.5
	^{40}K	0.01	0		
	^{41}K	6.73	3/2		
铷	^{85}Rb	72.2	5/2	780	39.3
	^{87}Rb	27.8	3/2		
铯	^{133}Cs	100	7/2	894	28.5
氦	^{3}He	1.4×10^{-4}	1/2		
	^{4}He	99.99986	0		
氖	^{20,22}Ne	99.73	0		
	^{21}Ne	0.27	3/2		
氩	^{36,38,40}Ar	100	0		
	^{39}Ar	trace	7/2		
氪	^{78,80,82,84,86}Kr	88.5	0		
	^{83}Kr	11.5	9/2		
氙	$^{124,126,128,130,\ 132,134,136}$Xe	52.4	0		
	^{129}Xe	26.4	1/2		
	^{131}Xe	21.2	3/2		

资料来源: Happer[76], 经美国物理学会许可转载

11.3　微观技术方法

11.3.1　DNP

原位或非原位 DNP 探针的微加工与微流体和片上 NMR 相结合, 似乎是解决液体极性介质高损耗和短渗透深度这一重要问题的理想技术。通过使用低功率和紧凑的固态 MW 源, 微谐振器将电磁场限制在非常小的体积内, 即使在高场下也可能实现合理的极化增强。由于先进的封装技术的可行性, 用于 MW 激励、MR 检测和微流体的子系统可以模块化并组装成一个混合集成系统。尺度效应原理不仅适用于电磁波能量密度; 在微流控环境下, 液体的体积/表面积比 (V/A) 往往很低, 这导致低热响应时间 $\tau \propto V/A$。复杂的微流控网络可以并行和多路单元操作, 如流体的运输、分离、分选和混合, 分析物可以集成在微流控芯片 (lab-on-a-chip, LOAC) 设备中, 只占用很小的芯片面积。

大多数 NMR 工程任务都可以通过机械和电气工程中的传统技术得以良好地解决。事实上, 日益高效的 NMR/DNP MAS 系统陀螺仪的开发, 主要是由 MIT 的 Griffin 和 Temkin 团队推动的。这是一个关于技术如何扩展科学仪器极限的故事。此外, 微电子机械系统、微电子技术或快速原型的替代概念和制造方法可以补充 NMR 硬件开发, 以改进当前的实验设置, 甚至使新型实验成为可能。在以下三个领域, MEMS 技术可以在 NMR/DNP 系统中发挥重要作用。

(1) 高场 DNP 设置适用于静态和非静态 MW 谐振器。特别地, 对于由低功率固态 MW 源驱动的谐振腔, 微加工技术可以使 DNP 设置更加节能。

(2) 紧凑、低场 DNP 应用程序运行频率高达 100 GHz。在这种情况下, 可以精确地制作平面传输线和 RF 以及 MW 谐振器, 且损耗在可接受范围内。

(3) LOAC 设备和 NMR/DNP 系统技术的集成提供了许多好处。值得一提的是, 将光学和电子学与微流体相结合, 可以协同开发新的, 甚至互补的检测方案和系统。

传统上, MEMS 的微加工技术可分为两类[78]:表面微加工和衬底微加工。对第一类加工技术, 在基材的顶部进行制造, 并以其为基础进行建造。典型的工艺包括添加技术, 如薄层的气相沉积、氧化或材料的外延生长。这些添加的材料可以作为结构层、掩模或牺牲层。图案技术包括光刻和干刻蚀。从基本的平面技术向 3D 结构的扩展是通过第二类加工技术实现的, 大块衬底的一部分是通过 (各向同性或各向异性) 湿或干刻蚀方法, 如深反应离子刻蚀 (deep reactive ion etching, DRIE)。其他微加工技术包括晶片键合技术、3D 光刻、激光加工或高纵横比技术, 如光刻电镀成型[79]。

11.3.1.1 高场 DNP 谐振器的微技术

到目前为止，腔谐振器或法布里–珀罗谐振器 (Fabry-Perot resonator, FPR) 已成为高频 DNP 的谐振结构。图 11.7(a) 给出了一个 TE_{011} 圆柱腔和一个开放螺旋结构在 140 GHz 下工作的组合[82]。射频螺旋线圈由平绕镀金铜线制成，以圆柱形孔径为馈电端口，中心位于线圈的中间匝。一个活动柱塞用于调整腔的几何形状，以此可进行频率调谐。Weis 等使用 Gunn 二极管作为 MW 源，证明了 DNP 信号增强高达 400，提供了 17 mW 的输出功率。

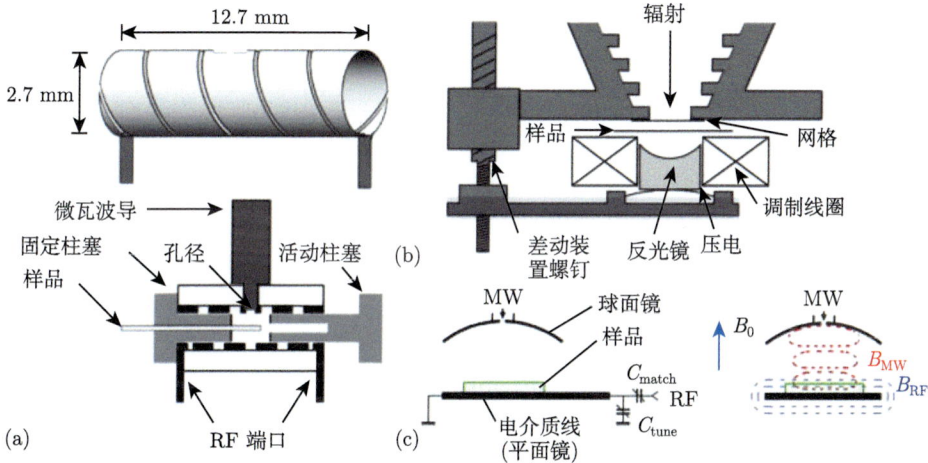

图 11.7　(a) 用于射频激发的 140 GHz TE_{011} 圆柱形 ESR 谐振腔和开放螺旋结构的示意图。(Maly 等[31]，经 AIP 许可转载。) (b) 法布里–珀罗谐振器示意图，由镀金熔融石英透镜制成的可移动平面镜。(Morley 等[80]，经 AIP 许可转载。) (c) 9.2 T 时用于液态 DNP 的法布里–珀罗谐振器和用于 NMR 检测的带状线谐振器的原理图。(Denysenkov 和 Prisner[81]，经 Elsevier 许可转载。)

图 11.7(b) 说明了 FPR 的概念。Morley 等[80] 在连续波、脉冲 ESR 和 ENDOR 研究中实现了这种 FPR 的实验系统结构，频率高达 336 GHz。准光学装置使用 Martin-Puplett 干涉仪进行偏振控制，并使用固态 MW 源控制不同的频率范围。该谐振器由一个固定的半透明镜面 (透射光栅) 和一个镀金平凹透镜实现，该透镜可以通过压电换能器进行平移，从而对谐振器长度进行微调。在文献 [81] 中，Denysenkov 和 Prisner 报道了一个原地高场液态 DNP 装置，采用 MW 半焦 FPR。当谐振器在 TEM_{002} 模式下，工作频率为 260 GHz，负载 Q 因子约为 200。带状线 NMR 探头由沉积在石英衬底上的铜制成，同时石英衬底也用作 FPR 的平面镜。

值得注意的是，即使没有共振结构，Thurber 等[83] 也能够在低温 (从 80K 降到 4 K) 同时 MW 功率相对较低的情况下实现相当大的 NMR 灵敏度增强。

该装置采用准光学系统，将来自固态 MW 源的 MW 束 (264 GHz 时最大功率为 30 mW) 引入一个 9.39 T NMR 磁铁内径的波纹波导中。MW 通过特氟纶帽的底部进入探针，到达样品。以此作者总结，样品的饱和电子自旋只消耗了输入功率的一小部分，并且猜测如果使用的腔体的 $Q < 10$ 可能会有明显的改善。

目前尚未在 DNP 应用中找到可替代的高频谐振结构，包括布拉格反射镜和光子带隙结构。具体来说，分布布拉格反射器 (distributed Bragg reflector, DBR)[84,85] 通过多层交替排列不同折射率的介质材料层形成的，在 NMR/DNP 探针中具有很大的潜在应用价值。通过化学或气相沉积的方法可以很容易地形成多层介质层，通常用于防反射涂层。对于由介质和电绝缘层制成的 DBR，可以避免 NMR 射频谐振器产生的感应涡流，以及因磁化率不匹配造成的局部 B_0 场畸变。此外，介质反射器的表面甚至衬底都可以作为进一步集成功能的理想平台 (如导电的 RF 谐振器、电路或微流控网络)。除了标准布局的平面镜外，一个或两个反射元件可以是球形或圆柱形的，这有利于 MW 光束聚焦谐振腔的稳定性。

有趣的是，目前已经报道了几种基于 DBR 的圆柱形 [86] 和平面 [87,88] 的微型法布里–珀罗谐振器的设置。这些结构可以通过著名的硅片衬底微加工技术 (DRIE 或化学湿法刻蚀) 获得 (图 11.8)。光路是平行于基片表面的平面内光路，这使得人们可以在单晶圆上处理多个相同的光学元件。除了波束整形元件外，MEMS 技术支持的微型化光学工作台 [89,90]、频率调谐 [88,91] 和 3D 凹面微镜 [92] 也可以在未来的太赫兹 DNP 仪器中发挥作用。虽然这些概念是针对光学应用的，但其原理和技术也适用于太赫兹频率，尽管也会面临新的挑战。例如，对于 10.7 T (330 GHz) 的 DNP，一个基于 DBR 的 MW 谐振器需要每层大约 100 μm 厚的石英层，然而使用标准蒸发技术实现这一点是极具挑战性的。

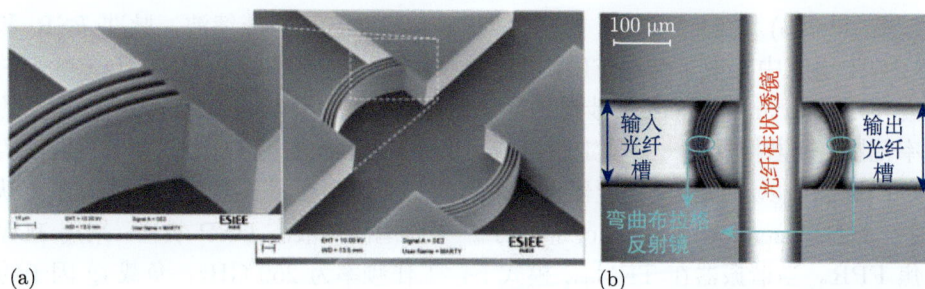

图 11.8　基于柱状布拉格反射镜的微加工全硅法布里–珀罗谐振器的扫描电子显微镜 (SEM) 图像。(a) 法布里–珀罗结构，显示四个硅层以及光纤与腔体耦合的对准沟槽。(b) 空腔元件的高亮细节。引入了纤维棒透镜，使光束在另一个横向方向聚焦。(Malak 等 [86]，经 AIP 许可转载。)

高频 DNP 谐振器的另一个潜在关键元件是 PBG 结构。PBG 系统在光学领域也非常著名，通常被称为光子晶体 (photonic crystals, PC)[93]，这个名字暗示了一个事实，即在这些材料中，折射率在一个或多个空间维度上有规律地调制。在这种背景下，DBR 实际上是 1D PC。根据晶格类型、几何参数和折射率，可以对材料进行裁剪，以抑制特定频率或频率范围的电磁波的传播。比如，Otter 等 [94] 展示了一种微加工的光子晶体谐振器，其工作在 W 波段 (75~100 GHz)，具有极高的 Q 因子 (高达 8700)。在这个例子中，PC 的三角形晶格是由高电阻率的 DRIE 形成的 525 μm 厚的硅衬底制成的 (晶格常数 780 μm，气孔半径 235 μm)。实际的谐振腔是通过引入晶格点缺陷 (省略了三个相邻的孔) 来产生的，该缺陷与 W1 缺陷馈电波导耦合 (通过省略了一条相邻的孔)。在另一个例子中，在基于 PC 结构的基础上，采用传统数控加工与后续激光微加工相结合的方法制造了一种在金属脊太赫兹波导内的紧凑型高 Q 值谐振器 ($Q = 80$)[95]。通过选择光栅周期为 150 μm，缺陷区域长度为 140 μm，实现了 1 THz 的目标共振频率 (图 11.9)。

PBG 材料的概念已经引起了 NMR 学界的兴趣。例如，Macor 等 [96] 提出了一种基于 PBG 结构的过模谐振腔，该结构也包含了鸟笼 NMR 线圈。与基模谐振器相比，过模特性允许简化样本处理，当频率更高时，基模谐振器样品体积变得非常小。然而，如果在未来将微流控网络和 LOAC 概念用于基模谐振器，可以实现精确传输和定位小液体样本体积。

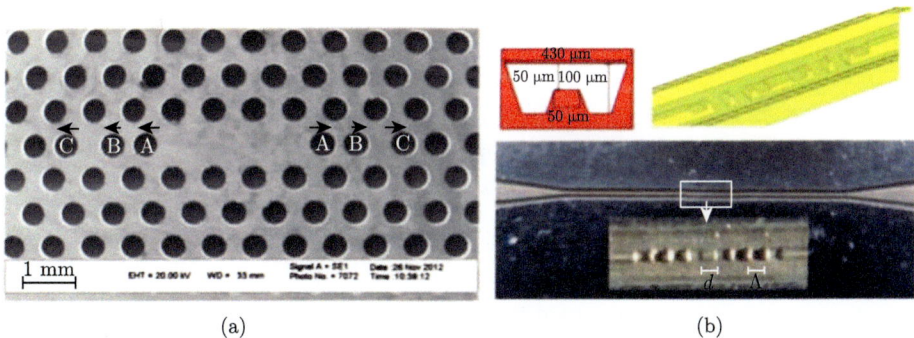

图 11.9　(a) 负载 Q 因子为 5000、工作频率为 100 GHz 的光子晶体谐振器的 SEM 图像。采用深反应离子刻蚀技术，在高电阻率硅衬底上打上三角形点阵孔。(Otter 等 [94]，经 Elsevier 许可转载。)(b) 金属脊太赫兹波导内的光子谐振器。(上图) 波浪形波导的原理图和设计。(下图) 制成的波导的照片，包括放大后的谐振结构的细节。(Gerhard 等 [95]，经 IEEE 许可转载。)

由于传输效率高、插入损耗低以及可以与自由空间高斯光束完美地耦合，过模波导和波纹波导通常用于高功率吉赫兹频率传输 [97]。然而，已经有人提出了几种用于太赫兹范围的小型化输电线路。通过 UV 曝光 SU-8 光刻胶层 [98]，或通过 DRIE 衬底硅 [99,100]，然后涂上金属，可以形成矩形波导通道。对于这些波导，频率在 220~325 GHz 时，衰减常数为 0.8~1.7 dB/mm[98]，在 600 GHz 时为 0.15 dB/mm[99]。Ranjkesh 等 [101] 演示了一种基于悬浮玻璃上硅波导的太赫兹介质波导，在 440~500 GHz 的频带上表现出低损耗，平均衰减常数约为 0.025 dB/mm。经过优化的波导结构克服了 Pyrex 玻璃的高介电损耗 (频率在 200 GHz 以上)，刻蚀掉了部分玻璃，产生了完全被空气包围的悬浮硅波导光束。作为比较，矩形 WR-2.8 波导工作在 260~420 GHz 之间时，可以计算出由于趋肤效应造成的每单位长度损耗为 0.02 dB/mm 左右 (图 11.10)。

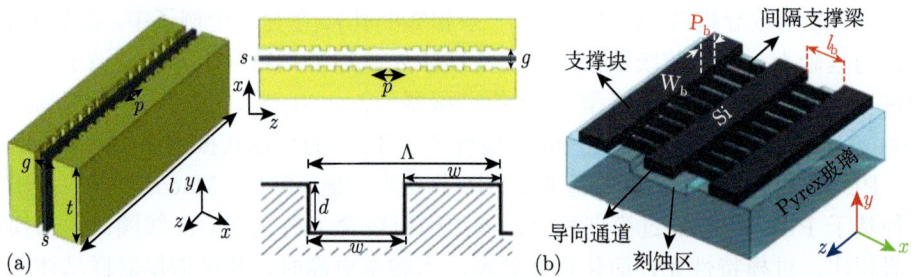

图 11.10　(a) 基于嵌入金属狭缝波导壁上的非均匀布拉格光栅的太赫兹谐振器示意图。在间隙的中心，一块薄薄的硅板提供了改进后的横向场约束。(Gerhard 等 [102]，经 OSA 出版公司许可转载。) (b) 基于高阻硅的亚毫米/太赫兹集成介质波导示意图。通过 DRIE 制成的硅基板，形成由周期性支撑梁悬挂的介质波导后，与玻璃衬底进行热键合。(Ranjkesh 等 [101]，经 IEEE 许可转载。)

　　材料的选择对高频共振结构的性能有重要影响。一般来说，光刻相对于传统的数控加工而言有如下几个优点。事实上，正如 Tian 等 [103] 所研究的那样，SU-8 光刻的优势在于：① 降低大规模生产的成本，② 更高的尺寸精度 (<10 μm)，③ 低侧壁粗糙度 (<40 nm) 和 ④ 近垂直侧壁轮廓。然而，限制包括可实现厚度的上限 (<2000 μm)、高温环境下的热稳定性、采用真空沉积工艺对高纵横比结构 (>1:20) 进行涂层的困难，以及可变高度和非垂直侧壁不可能在单个工艺步骤中实现 [103]。另外，作为衬底材料，硅表现出了一些极佳的特性，包括低有效损耗正切、高介电常数 ε (100 GHz)= 11.64，以及与集成射频 CMOS 电子和射频 MEMS 的兼容性。

　　除了标准光刻技术，在未来，3D 激光光刻技术也可能成为对小型化超高频 DNP 探针进行加工的一种令人激动的技术。这项技术可以通过多光子聚合的方式直接在光敏树脂上写下精确和任意的 3D 图案。空心结构、螺旋结构 [104]、环形谐振器 [105] 或球形物体都可以在纳米至微米级别一步完成。类似于基于 SU-8 的方法，3D 物体可以被涂上一层金属薄膜，以改变电磁波的边界条件。

11.3.1.2 用于中低场的 DNP 微谐振器

DNP 和 ESR 谐振器的一个关键指标是存储电磁能量的能力，这可以由谐振器品质因子 Q 来表征。高 Q 值谐振器通常是有益的，因为它能有效地将驱动 MW 电力输入功率转换为 MR 实验所需的高磁通密度。然而，在现实中，系统能量耗散的速率通常取决于材料和几何形状，而它们由选择何种制造技术决定。主要的损耗机制可以归结为介电损耗、传导损耗、辐射损耗和外部损耗。传导损耗主要由趋肤效应引起，与频率的平方根 $\nu^{1/2}$ 成正比，而介电损耗与频率成正比，因此在较高频率时可能会占总损耗的主要部分。优化的平面传输线谐振器利用低损耗、高介电衬底 (例如蓝宝石)，以 $\varepsilon^{-1/2}$ 的因子降低材料内部的波长 λ，ε 是衬底的介电常数 [106]。这可以进一步减少谐振腔体积，并实现良好的功率场转换和通常较高的填充因子 $\eta = V_\mathrm{s}/V_\mathrm{r}$，尤其是样品体积与谐振腔体积之间的比例，对数量有限的样品来说非常重要。在文献 [107] 中，Boero 等根据互易原理 [107] 推导出了平面微线圈可达到的最小自旋灵敏度 N_min 的简单表达式：

$$N_\mathrm{min} \approx \alpha \frac{T^{3/2}\sqrt{R}}{B_\mathrm{u} B_0^2} \tag{11.11}$$

其中，$\alpha = 24k^{3/2}\gamma^{-3}\hbar^{-2}$，$B_0$ 为外加磁场，T 为样品和微线圈的温度，R 是微线圈的欧姆电阻，以及由 $B_\mathrm{u} \approx \mu_0/d$ 给出的单圈微线圈的单位磁场。图 11.11(a) 说明了在两个频率下 (1 GHz 和 10 GHz)，自旋和浓度灵敏度 ($C_\mathrm{min} \equiv N_\mathrm{min}/V$) 随微线圈直径 d 的变化关系，假设在 300 K 的串联电阻为 1 Ω。正如 Boero 和他的合作者所指出的，尽管自旋灵敏度可以通过降低 d 值而提高，但浓度灵敏度会变得更差。

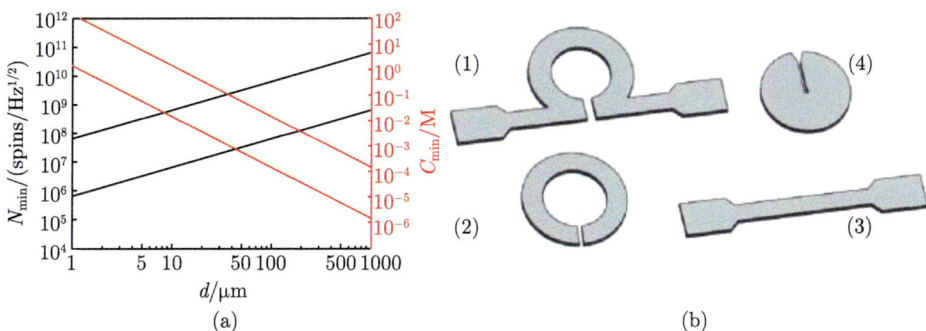

图 11.11　(a) 单圈平面微线圈的自旋和浓度灵敏度随线圈直径 d 的函数。(Boero 等 [107]，经 AIP 许可转载。) (b) 各种平面 MW 谐振器示意图。(1) 平面欧姆型谐振器。(Narkowicz 等 [109]，经 Elsevier 许可转载。)(2) 分环谐振器。(Pendry 等 [110]，经 IEEE 许可转载。) (3) 半波长谐振器。(Torrezan 等 [111]，经 AIP 许可转载。)(4) 表面环隙谐振器。(Twig 等 [112]，经 Taylor & Francis 许可转载。)

对于使用低于 100 GHz 频率的中间场 DNP 实验，可以直接借鉴微系统技术和微电子技术的各种概念。例如，用于射频和高频信号传输的平面传输线 (如带状线、微带状线和共平面波导) 很久之前就已经被用于 ESR 设置了 [113,114]。然而，直到近年来，才出现了关注用于提高体积有限样品的信号灵敏度的微探测器的研究 (与常规 ESR 应用的驻波腔相比)(图 11.12)。

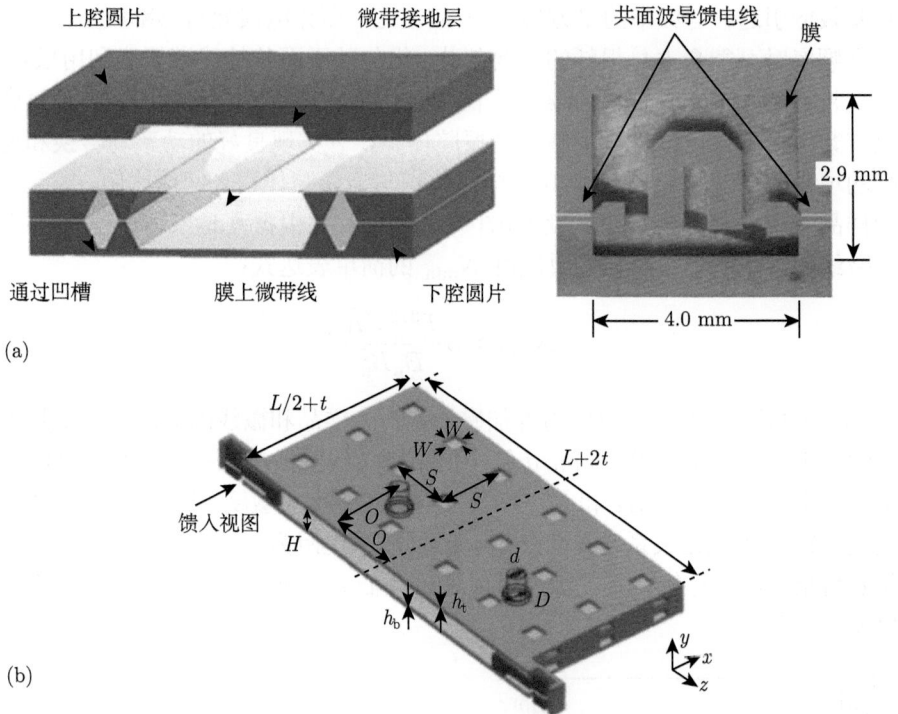

图 11.12   (a) 基于微带拓扑的膜支持 MW 谐振器 (左)。利用 RIE 和各向异性湿法刻蚀的三晶片工艺制作的谐振器的截面示意图 (右)。一个工作在 37 GHz 的谐振器的照片，测量的无负载 Q 因子约为 400。(Brown 等 [115]，经 Wiley 许可转载。)(b) 准平面 MW 谐振器的图解。其基本设计类似于一个半波长空气填充腔，支持在 26 GHz 和无负载 Q 因子为 400 时的 TE_{101} 模式。(Vanhille 等 [116]，经 IEEE 许可转载。)

Twig 等 [112] 提出了一种超小型化的 MW 表面谐振器，用于脉冲电子自旋共振波谱和成像，功率场转换可达 $8.6/\sqrt{W}$。该设计源自著名的环隙谐振器拓扑，该拓扑已成功应用于许多 ESR 设置 [117]。在文献 [109] 和 [118] 中，Narkowicz 等研究了 14 GHz 连续波和脉冲 ESR 微带环路谐振器的性能，环路直径 D 从 500 μm 降至 20 μm。而共振结构是通过紫外光刻和电镀铜确定的。作者证明了 MW 转换效率和灵敏度尺度几乎与谐振腔尺寸 D 呈线性反比 [118]。事实上，

Narkowicz 等报道的 MW 效率为 $1/\sqrt{W}$，即比 TE_{102} 的参考空腔高一个量级以上。采用类似的方法，Yap 等开发了用于 17 GHz ESR 工作的带状线谐振器 [119]。所提出的 U 形谐振器的最大转换效率约为 $7.5/\sqrt{W}$。带状线完全被电介质包围，与微带状线相比，辐射损失较小。然而，大部分的损耗因素主要取决于介质。以特氟纶为基础的高频层压板用作谐振铜带的衬底，由微型机铣削和光刻构成，紧接着使用湿法刻蚀来进行结构化。位于两条静态馈线之间的谐振条被设计成可移动的，因此可对临界耦合进行调整。Henderson 等 [120] 和 Alegre 等 [121] 实现了用于低温 ESR 检测的可极化微带交叉谐振器。平面拓扑结构的一个优点是可以集成有源组件。Loubens 等在微带谐振器下集成了微霍尔效应磁强计，用于 $25 \sim 30$ GHz 范围内的 ESR 探测。如图 11.13 所示，基片集成波导 (substrate-integrated waveguides, SIW)，也被称为层状或后壁波导，可以作为另一种将 RF 和 MW 谐振器共集成到低/中场 DNP 探头中的方法。SIW 是由介质衬底的平面导电顶部和底部组成的矩形波导。侧壁由两排金属通孔或凹槽组成，这些金属通孔或凹槽与基片的顶部和底部形成电连接。由于介质损耗的原因，SIW 谐振腔的品质因子 Q 一般比充气腔低。在微型化方面，SIW 的宽度明显大于其他基于传输线的谐振器 (0.7λ)。尽管如此，SIW 具有诸多优势，例如与空腔相比，降低了截止频率和整体尺寸，易于在基片顶部集成有源或无源元件，并且 SIW 是封闭结构，它具有良好的电磁隔离性能。

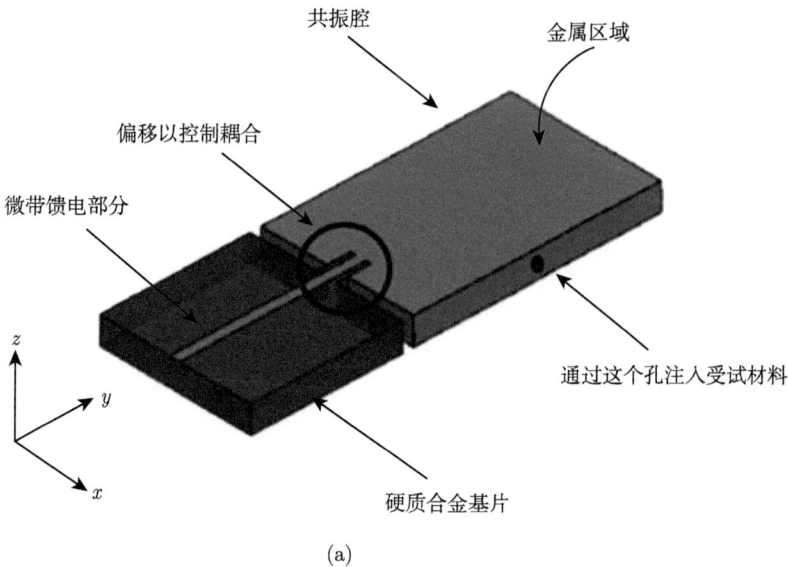

(a)

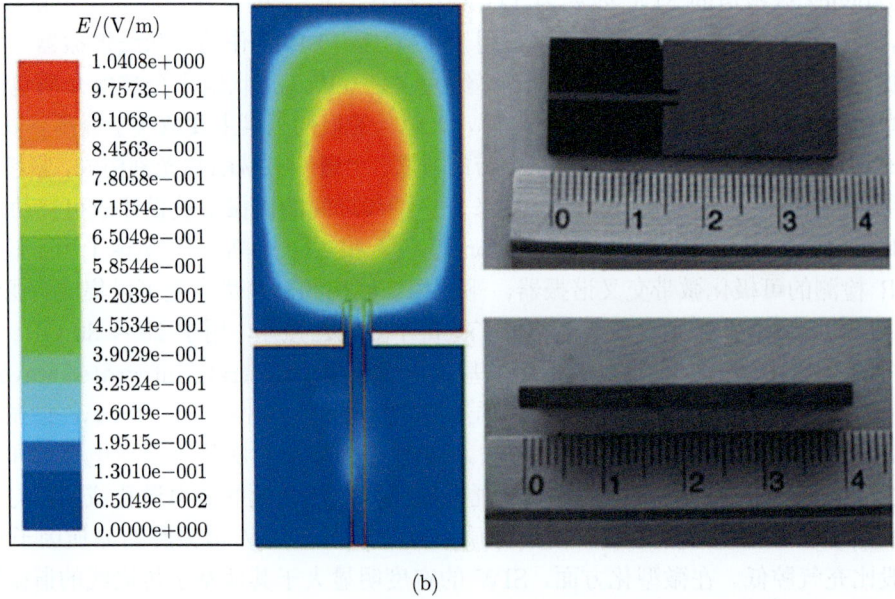

(b)

图 11.13　(a) 用于微带馈电测量介电常数的平面衬底集成腔谐振器布局图。谐振器在大约 8 GHz 的频率下工作，空载 Q 因子约为 700。(b) 模拟了处于 TE_{101} 基本谐振模式下的电场分布以及所生产的谐振器的照片。(Saeed 等 [122]，经 IEEE 许可转载。)

　　图 11.14 所示为全硅制成的电容柱的后载腔谐振器的原理图。带有电容柱的衬底微加工镀金腔是由各向异性刻蚀硅与镀金膜片热压键合形成的。频率调谐是通过在膜片和偏置电极上施加电压，引起谐振器电容负载的变化来实现的。通过采用这种技术，Arif 等演示了两倍频程可调谐、工作频率为 6.1~24.4 GHz 的谐

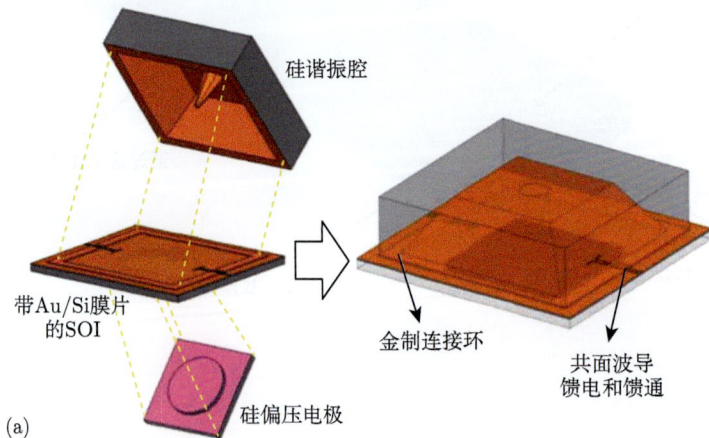

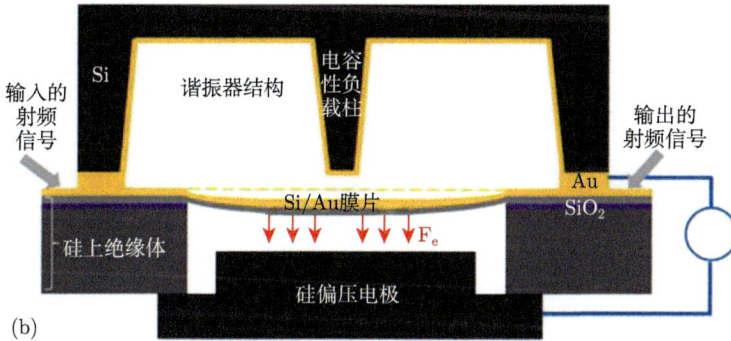

图 11.14 (a) 基于金属化硅腔体的高 Q 干涉谐振器的微加工组装流程图，该谐振器带有电容性柱的负载。(b) 调谐机制的示意图。通过静电驱动膜片调节空腔的电容负载来实现频率调谐。(Arif 和 Peroulis[123]，经 IEEE 许可转载。)

振器，空载 Q 因子在 300～1000 范围内。该工艺可产生镜面般的腔体表面光洁度，提供尺寸精度，并可与 CMOS 技术等进行片上系统集成。

11.3.1.3 微流体和 DNP 谐振器

微流体与小型化 DNP/NMR 系统的集成是必然的，并可以实现与 LOAC 系统类似的多功能性。正如文献 [124] 所述，这些系统正在引起流体处理的范式转变，类似于半个世纪前集成电路技术对电子学的影响。例如，在文献 [125] 中，作者提出了一种小型化的 MR 诊断系统，可以对生物靶点进行快速、定量和多通道检测。该便携式平台由标准的微制造技术制成，通过微流控网络可以提供重要功能，包括流体处理、可重复混合、分布和限制样品。特别是对于表面微加工制作的平面谐振器，可以很容易地集成微流控概念，也可以轻松实现将纳米升体积的分析物传输到芯片的主动检测和激发区域，并进行精确定位。在文献 [126] 中，Laurette 等提出了一种基于平面 Goubau 线 [127,128] 的太赫兹微型系统，该系统协同集成了微流控功能用于生物分析。而有损耗的、高极性的样品可以被设计以调整电磁场模式轮廓的分布，或者被引导以避免 E 场最大值，从而防止在 MW 辐照下过度介电加热。除此之外，反向过程，即在微米尺度上对流体进行局部介质 MW 加热也是可能的 [129]。溶解 DNP 系统可以受益于较短的热时间常数。多层流体网络可以为冷却和加热介质提供分离的隔室。对于非原位设置，临界长度 (如 MW 激励和 MR 检测位置之间的距离) 可以设计得非常短。其他微流控 NMR 系统技术包括样品夹层、磁化率匹配塞 [130] 和结构垫片 [131]。

有关在微流控芯片上实现将 DNP 极化剂固定的想法，可以采用水凝胶、功能化硅胶珠 [132] 或亲水凝胶 [133] 等形式进行固定和拓展。Han 和合作者 [133] 开发的连续流 DNP 系统结合强大的微型梯度 [134,135]，为质量传输和灌注实验提供独特的可能性。除了流体处理功能外，微流控平台还经常集成功能性被动和主动结构，如驱动器、电极或光学元件，以实现额外的物理交互。通常，微流控通道先经过光刻或模压技术处理，然后通过后续的黏接过程密封到聚合物中。然而，也经常应用更具化学惰性和耐热性的材料如玻璃，通过激光加工干刻蚀或湿刻蚀工艺进行结构化。

11.3.2 PHIP

氢化反应通常在一个特殊的反应室内进行，其中 p-H_2 在氢化催化剂的存在下与亚基发生反应。反应室是传统上被称为偏振器的主要部件；更笼统地说，偏振器应该既能使氢化反应发生，又能进一步操纵自旋，例如应用自旋转移序列将核自旋系统制备成所需的初始构型。

在偏振器阶段，根据所研究材料的相态，通常会有两个主要的分支方向。对于气相 NMR，需要使用气体反应器。一旦被极化，目标气体可以用于增强多孔材料和气体交换生物组织的磁共振成像 [136-139]。对于液相 NMR，需要使用两相混合器将 p-H_2 与目标分子在溶液中混合反应。

11.3.2.1 反应器和流体网络的气相表征

在微流体中进行 PHIP 实验是由 Bouchard 等 [137] 首创的，他们成功地监测了填充床微反应器中的加氢反应。研究人员在微反应器中采用硅胶负载的威尔金森 (Wilkinson) 催化剂来催化丙烯气的加氢反应，以生成无催化剂的超极化丙烷气，随后，研究人员利用快速 NMR 成像序列对产品进行成像，以可视化显示微反应堆内部丙烷气体流动的情况。据作者估计，在热平衡时，丙烷自旋的信号增强了约 300 倍。

该过程的一个缺点是缩短了反应堆内增强极化的持续时间。氢在填充床上的停留时间导致了热平衡的快速弛豫。因此，极化后的分子不能用于监测后续反应。这个问题可以通过在 NMR 脉冲序列中引入各向同性混合块而得以解决，因此 Bouchard 等 [137] 能够延长氢化产物的持续时间，使气体能够从反应器的第一个催化区逸出，并在装有催化剂的反应器中行进更长的距离。这有助于获得超极化丙烷在离开反应堆时的 NMR 图像。而微调各向同性混合序列的参数以及谨慎地延迟采集，以确保既可以表征催化反应的性质，也可以表征反应器内不同分离距离处的图像区域。文献 [137] 中描述的方法首次实现了反应器设备上的独特信息的提取，如高分辨率的气相流图。文献作者还能够可视化填充床微反应器中活性催化剂的密度，从而避免了自旋标记剂 (气相丙烷) 的低自旋密度特性所带来的低灵敏度问题。

Zhivonitko 等 [139] 对超极化丙烷实验进行了技术改进，他们通过远程探测 (remotley detectd, RD)MRI 实现了编码和检测步骤的物理分离。在这个例子中，50% 的丙烯和 50% 的 p-H_2 气体在三个不同的微反应器中发生反应，这些反应器内装有紧密填充的 Rh/SiO$_2$ 加氢催化剂。文献 [139] 中的超极化方法为 PASADENA-PHIP 实验: 反应器被直接放置在 NMR 磁体内部, 位于编码线圈的中心位置 (图 11.15)。丙烯进入系统后, 流过微反应器并进行氢化反应。然后超极化产物 (丙烷)

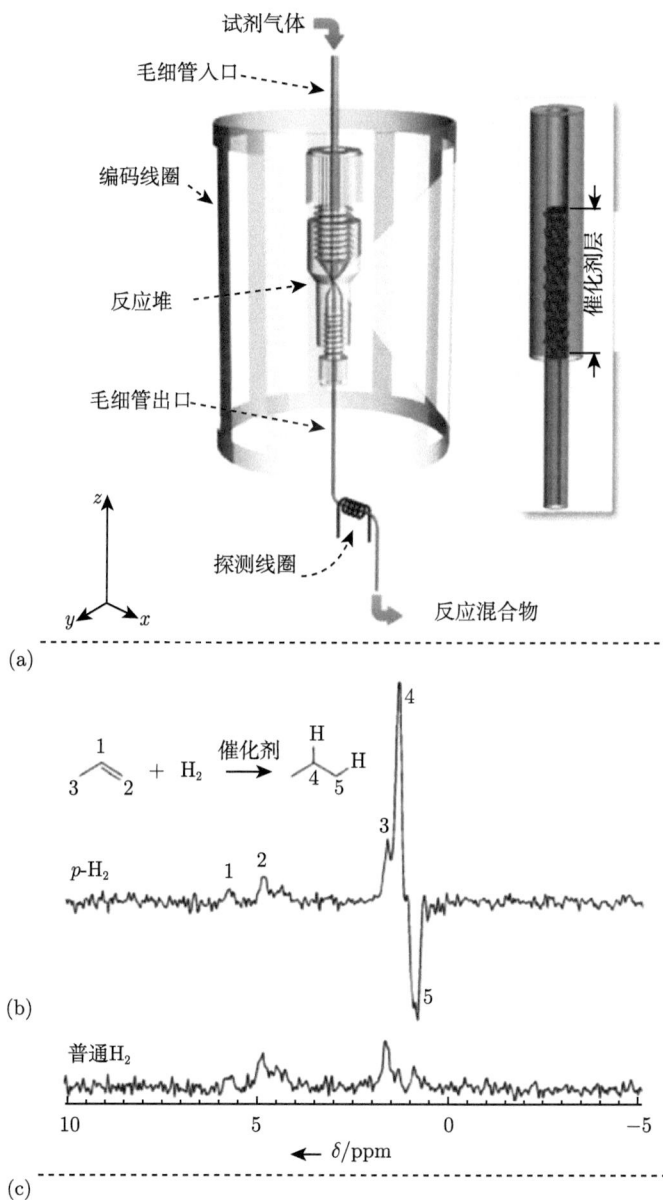

(a)

(b)

(c)

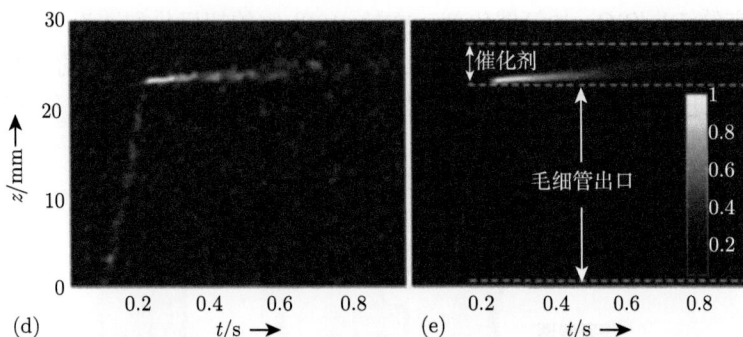

图 11.15　(a) 实验装置。含有 p-H_2 和丙烯的气体混合物流经催化剂床，该催化剂床填充在
靠近毛细管进出口连接处的毛细管入口内。采用三种不同直径的毛细管 (ID 800 mm、405
mm 和 150 mm) 作为进样毛细管。毛细管出口的直径在所有实验中都是恒定的 (ID 为 150
mm)。催化剂床被放置在编码线圈内。(b, c) 反应混合物的 ^1H NMR 谱，由检测微线圈在
(b) p-H_2 和 (c) 普通 H_2 22 ℃ 下的实验中测量。反应在 R-800-5 反应器中进行。(d, e)
R-800-5 反应器在 22 ℃ 时获得的 z 编码 RD TOF 图像，图像 (d) 和 (e) 是分别使用普通
H_2 和 p-H_2 获取的。在图 (e) 中，催化剂床和毛细管出口区用白色虚线表示。((d,
e)Zhivonitko 等 [139]，经 Wiley 许可转载。)

流过微线圈 (检测体积为 53 nL) 以提高检测灵敏度。再按照如图 11.16(d) 所示
的一般 MRI 脉冲序列生成时间飞跃法图像。

记录的丙烷谱显示，与单次实验中使用普通 H_2 相比，NMR 信号的强度增大
了约 60 倍。通过重建反应器内超极化丙烷的 TOF 图像，可以测量反应器内不同
部位的流速。据估计，在联合使用 RD MRI 和 PHIP 后，相对于传统 MRI 设置
和普通 H_2 采集的图像，信号强度净增加了 5×10^4 倍。

在另一个实例中，Telkki 等 [138] 使用 PHIP-超极化丙烷气体与 RD MRI 和
电磁 NMR 微线圈相结合来表征任意拓扑的微流控网络。如图 11.16 所示，实验
设置为一个基本的 ALTADENA 方案：首先在一个加热到 150℃ 的催化室内，以
及地磁场下制备超极化丙烷气体，然后通过毛细管线输送到 7 T NMR 的均匀高
场区域进行检测。要成像的微流控装置被放置在编码线圈内，且靠近 NMR 微检
测器。然后对超极化丙烷质子自旋进行相位编码，并将其传输到微线圈中进行检
测。如前面的例子 [139] 所述，TOF 信息是通过在探测线圈中施加的一系列 $\pi/2$
脉冲获得的。

本书证明了三个重要的观点。首先，证明了使用微线圈和 PHIP，可使联合信号
增强约 48 000 倍，足以观察微流控通道中 1 atm 压力和环境温度下极化混合物的
NMR 信号。与超极化氙气相比，可获得两个数量级的高信号 (参见第 11.3.3 节)。

其次，证明了采用 RD MRI 方案可以形成二维 TOF 图像。通过跟踪超极化
气体包的位置随时间的变化，可以估计出流速。有趣的是，他们指出了扩散混合

在这个实验中的重要性,当气体包通过薄毛细管时,其位置会不断发生变化,因此扩散混合是获得气体包低色散快照的关键。

最后,通过比较流体通道不同部分的信号强度,作者能够识别出流动受限的区域:在那些由于通道高度变化而限制流动的位置,流速增加,而局部自旋密度减小,因此相对于较低的速度和较紧密的相邻区域,NMR 信号相对较低。

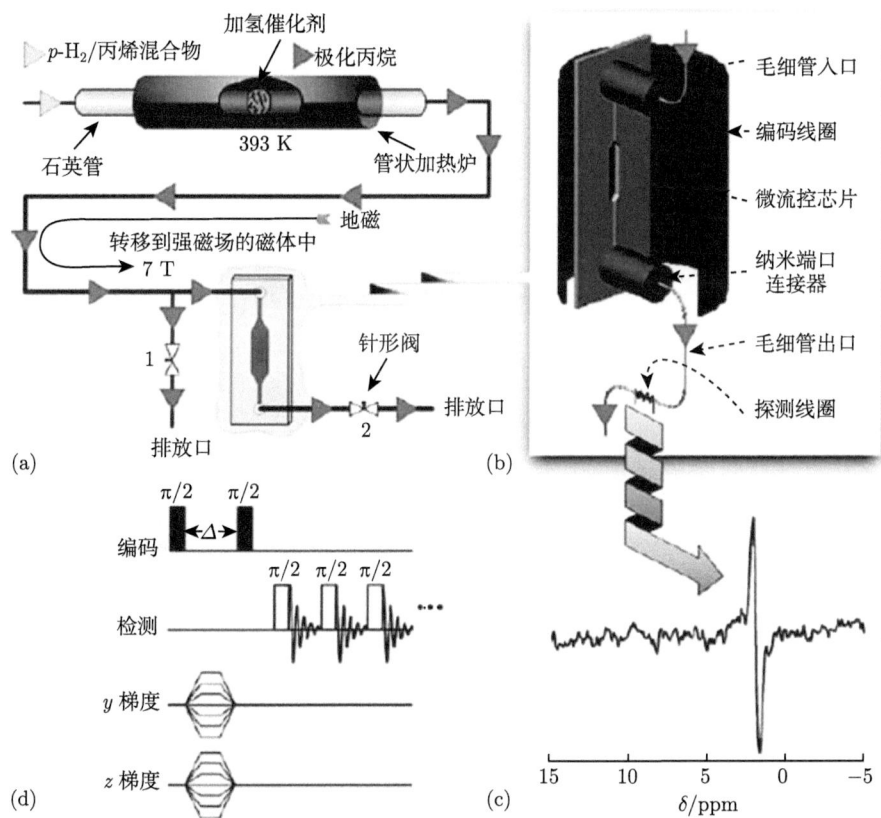

图 11.16　(a) 文献 [138] 的实验装置。仲氢/丙烯混合物通过填充玻璃棉塞的氢化催化剂层的方式流经加热石英管内部。氢化反应后,极化丙烷气体从管中流出,进入 NMR 磁铁内的微流控芯片。(b) 远程探测 MRI 实验装置。(c) 探测线圈测量的超极化丙烷气体 ^1H NMR 谱。(d) 远程探测 MRI 脉冲序列,在 y 和 z 方向对空间坐标进行相位编码。(Telkki 等 [138],经 Wiley 许可转载。)

这些在微环境中实现 PHIP 的实例说明了超极化气相 NMR 在有效表征微反应器和微流控装置方面的潜力。研究者们还强调了将偏振器的反应体积减小到微米级的可能性,从而为在芯片上集成 PHIP 增强的气相 NMR/MRI 开辟了一条新道路。

11.3.2.2　液相中的微 PHIP

尽管气相 PHIP 在成像腔和多孔材料方面取得了成功, 但越来越多的人开始关注在微观尺度上实现相同程度的液相 NMR 信号增强, 特别是与转移极化到相关杂核 (如 ^{13}C、^{15}N 和 ^{31}P) 相结合时。

理论上, 设计专用的 PHIP 混合相微反应器, 可以使典型的微反应器的优点得到充分的体现, 如改善实验装置的传输时间、精细可控的质量流和热交换率以及较高的适用压力。另一优点是可以将反应器直接放置在磁铁内部, 而目前大型极化片通常安装在磁铁孔外。

氢在溶剂中的本征低溶解度给液相 NMR 微极化器的实现带来了挑战。以水为例, 在 1 atm 压力和室温条件下, H_2 的溶解度为 0.0016 g/kg_{H_2O}[140], 明显低于 O_2(0.04 g/kg_{H_2O})[141] 和 CO_2(1.5 g/kg_{H_2O})[142]。而 NMR 中常用的有机溶剂中溶解度略高[140], 如乙醇 (0.0075 $g/kg_{C_2H_6O}$)、甲醇 (0.0095 g/kg_{CH_4O})、二甲基亚砜 (0.0019$g/kg_{C_2H_6OS}$)、甲苯 (0.0068 $g/kg_{C_7H_8}$) 等, 但液–气接触步骤仍然需要湍流混合或非常大的接触表面积来增强气体溶解。高压下混合对 H_2 溶解也大有裨益, 溶解度随外加压力线性增加。

多相气体反应器技术可以实现 PHIP 设备的小型化。例如, 低气压下的气液混合器已被广泛研究以应用于相关气体如氧气和二氧化碳[143,144]。微反应器提供在 10 000 ~ 50 000 m^2/m^3 范围内的高比表面积, 因此相对于常规装置, 它们具有更高的物质和热的传递效率。在大多数情况下, 接触是以微分散形式实现的, 即气体在液相中悬浮成大量微气泡。这种分散的产生可以通过多种途径来实现, 例如 T 型混合器、Y 型混合器, 流动聚焦、多层或分裂–重组混合器。

在 T 型混合器中, 气相和液相在通道交叉处接触, 将产生沿着微反应器侧通道运动的一列微气泡[145,146]。流动聚焦装置通过液体微通道内的薄毛细管约束气体流动[147,148]。当毛细管周围的液体通过靠近毛细管尖端的孔口时, 将形成气体微气泡。毛细管尖端的压降迫使气体通过孔口, 形成稳定的气泡流。多层膜依靠交替的气体液体供给结构产生线状排列的两种流体片层, 片层破裂后, 就会形成大量的微泡[149]。最后, 分裂–重组方法是多层结构概念的一种变体, 它是在一个或多个子集的交界处分裂的片层集合[150]; 然后这些子集重组成一个更大的通道, 促进片层间的无序混合。所有上述方法及其变体都通过微泡流的形成实现混合。但是, 在 NMR 波谱或成像实验中, 如果气泡达到检测体积, 由于相界面处磁化率的突然跃变, 气液界面会产生不期望看到的伪影。为此, 可分别考虑用气泡捕获或去气泡器在检测阶段上游收集或去除气泡。

膜基接触器为解决这一问题提供了一种清洁的解决方案。可以通过以下几种方式将膜集成到芯片设计中：直接使用市售的结构，将膜作为制造过程的一部分进行制备，原位制备膜，或是利用衬底芯片材料本身的膜特性。文献 [151] 对膜集成的各种可能性进行了详细的论述。

膜基 PHIP 极化片的利用最早由 Roth 等 [152] 提出：通过在标准 NMR 管中排列由聚丙烯构成的疏水膜束，实现了一个简单的原位氢化室。这些膜与 NMR 管的特氟纶盖顶上的气体进出口相连。他们指出，这种方法确保了反应混合物中 p-H_2 的连续溶解，在 NMR 采集过程中，在保持较高波谱分辨率的同时，获得了较高的转化率。将类似于 PASADENA 的实验装置用于 2-羟乙基丙烯酸酯进行加氢实验，产物 (2-羟乙基丙酸酯) 中 ^1H 信号增强约 2000 倍，极化转移至 ^{13}C 核时增强约 6000 倍。

这是迄今为止唯一一次将 p-H_2 与多孔膜混合使用的尝试。膜基微反应器可能是进一步集成 PHIP 和微 NMR 的下一方向，因为它可以使无泡的 PHIP 反应在探测器内部或附近发生，从而大大缩短样品转移时间甚至可能在微尺度上实现连续极化。

膜接触器通常存在所谓的浓差极化的问题，这是一种只有靠近膜–液界面的流体层才能有效地接收气体的现象。这个问题是由微流控通道内液体的特征层流流动引起的，在微流控通道中，径向输运仅由扩散运动驱动。文献 [153] 描述了一个有趣的解决方案：通过适当地修改液体通道的表面拓扑结构，有可能促进流动涡的发展。由此产生的湍流运动改善了气体在膜上的传输，防止浓差极化。在一个特定的实现中，在液体通道表面凹入了交错的人字形图案，相对于规则光滑的液体通道，使得溶质气态物质 (在文献 [153] 中为氧气) 的浓度高达 70%。

还有一些方法依赖于气液接触面的最大化，如文献 [154] 中 Femmer 等提出了一种利用 3D 打印的 PDMS 膜的简易制备方法。他们通过制作具有 "三倍周期极小表面" 几何结构的 PDMS 芯片演示了 CO_2 气体溶解的应用，与常规膜几何结构相比，这种结构在气液接触器中表现出优越的输运性能。

灵活的软光刻和印刷技术与 PDMS 等高渗透性材料结合，可以引领微 NMR PHIP 偏振器的发展方向。O_2 和 CO_2 对 PDMS 的渗透率分别为 1173 barrer①和 4691 barrer；与 1313 barrer PDMS 中 H_2 渗透率的比较表明，PDMS 也是一种优良的 H_2 分散界面材料。高 H_2 渗透率的替代材料可以大幅提高溶解速率，也可以解决 PDMS 产生的虚假 NMR 信号问题。例如，多孔陶瓷被用来制作 H_2-液体接触器：在文献 [155] 中，Aran 等介绍了一种陶瓷中间反应器，其中膜元件为氧化铝 (Al_2O_3) 中空纤维 (内径 2.8 mm)。膜的内表面被功能化以支持亲水 Pd

---

① barrer 是目前表示薄型材料气体渗透率广泛使用的一种非国际单位制 (SI) 单位，定义为 1 barrer $= 10^{-10}$ cm^2/(s·cm Hg)。在 SI 中，1 barrer $= 7.5005 \times 10^{-18}$ m^2/(s·Pa)。

催化剂。Aran 等展示了该系统是如何通过膜的连续添加, 将 H_2 非常高效地转移到反应器内。

p-H_2 增强 NMR 的一个普遍问题, 是均相加氢反应中过渡金属基催化剂的存在, 特别是在将其应用于生物物质时。在 PHIP 和 SABRE 中, 催化剂分子中心的金属物质通常是铑和铱, 如 Wilkinson 催化剂 $RhCl(PPh_3)_3$, Vaska 催化剂 $Ir(CO)Cl(PPh_3)_2$, Crabtree 催化剂 $[(COD)Ir(PCy_3)(Py)]^+PF_6$(COD 为 1, 4-环辛二烯, PCy_3 为三环己基膦, Py 为吡啶)[156-159]。这些元素都对细胞和复杂生物体的健康有害。因此, 研究的目的是将生物应用的催化剂的浓度最小化, 或完全排除, 例如通过实施多相加氢。正如我们在前一节看到的, 在气相中使用多相催化剂是方便的, 因为最终极化气体不含催化剂。

在液相中, 已经有一些为 PHIP 制备负载或多相催化剂的成功的尝试, 但对于可逆交换, 仍然缺少理想的解决方案, 部分原因是该方法最近才被提出。TiO_2、Pt、Ir 纳米粒子[159-162] 以及聚合物微球[163] 等已成功用作异质催化 PHIP 的底物。表面化学处理和反应器表面的功能化将允许在假定的 PHIP 微极化器的微型制造过程中包含负载型和多相催化剂。

这部分内容超出了本书的讨论范围, 有兴趣的读者可以参阅其他资源, 如 Kovtunov 等[164] 的广泛综述, 以深入了解 PHIP 的多相和负载催化剂。

11.3.2.3 SABRE: 一种微 NMR 兼容的 PHIP 技术?

本节介绍最新的 p-H_2 增强 NMR 技术, 这些技术显示了简单微流控集成的最大潜力。如本章第 11.2.2 节所述, SABRE 是一种相对年轻的技术, 它允许在不改变目标分子的情况下对合适的底物进行连续超极化。2009 年发现可逆交换现象[51] 后, SABRE 需要应对的关键挑战更多了:

(1) 催化剂溶解性: SABRE 催化剂一般只溶于有机非极性溶剂。

(2) 非定量: SABRE 是一种非定量方法, 因为 NMR 谱线的积分值不一定与自旋浓度呈线性关系。

(3) 低场: SABRE 仅在弱场有效, 需要场循环才能获得增强信号。

(4) 选择性: SABRE 的适用性受限于小分子组。

近年来研究取得了一些重大突破, 解决了上述前三个问题, 拓展了 SABRE 在 NMR 波谱成像方面的应用, 降低了 SABRE 实现的硬件需求。但截至目前, 选择性仍然是 SABRE 尚未解决的主要问题。

11.3.2.4 催化剂在水中的溶解度

Truong 等[165] 至少在一个实例中报道了 SABRE 催化剂的水溶性, 他们监测了迄今为止最强效 SABRE 催化剂的活化情况, [IrCl(COD)(IMes)](IMes 为 1,3-双-(2,4,6-三甲基苯基) 咪唑-2-亚基; COD 为环辛二烯)。这里的催化剂活化是指向催化剂溶液提供过量的 H_2，从而占据催化复合物的氢键位置的过程。Truong 等发现，只有通过氢化去除了 COD 部分的环辛二烯和环辛烷存在过量底物的情况下，SABRE 才有可能存在，否则催化剂会因低聚而失活。更重要的是，Truong 等发现，催化剂活化后，由于发生了化学变化，催化剂变得可以在水中溶解。他们在高场条件下使用烟酰胺作为底物上在水中演示了 SABRE，结果显示游离烟酰胺质子信号的最大增强达到了 100 倍。

11.3.2.5 量化

基于超极化信号的量子化并不总是可能的，因为对热平衡下的样品，居里定律所述的核磁化强度与浓度的线性关系，不再全部成立。在 SABRE 情况下，许多参数有助于确定信号积分的值，即弛豫时间、标量耦合常数和解离速率。作为 SABRE 实验相关的工作 [166]，Eshuis 等的研究表明，如果在混合物中加入共基质分子，SABRE 实验可以从亚毫摩尔级稀释液中获得定量数据。辅助底物的作用是通过与底物直接竞争形成与催化剂和 p-H_2 的三元络合物，从而影响自由基与结合基的比率。研究人员发现，分子 1-甲基-1,2,3-三唑作为一种共基质，可以与多种适用于 SABRE 的分子结合使用。同一研究团队后来证明，能够从含有微量 (在低 μM 范围内) 的几种与 SABRE 兼容的化学物质的复杂混合物中获得 SABRE 增强波谱的定量数据，精度约为 1 μM[57]。尽管研究者们是在大体积样品上完成实验的，但是他们的研究结果对于应用于微型 NMR 领域仍具有重要参考价值。因为在该框架中，小分子 (如代谢物) 的浓度通常在 μM 或 nM 范围内，且定量分析对实验的成功至关重要。

11.3.2.6 高场 SABRE

近年来研究者在原位即高磁场强度下实现了可逆交换 [59,167]。SABRE 在高场下的可行性大大降低或消除了极化片与探测器线圈之间进行质量传输的必要性，但代价是较低的增强因子。虽然通常预期使用场循环 SABRE 的增强因子是 100~1000 阶，但高场 SABRE 的最大增强表现为 10 倍或更低 [168]，该问题产生的原因是固有的极化传递，即极化是由于在由两个弱结合于催化剂的 p-H_2 质子和底物中的一个质子形成的三自旋系统中发生的交叉弛豫所致。该过程与 DNP 中的欧沃豪斯效应在概念上相似 (参见本章第 11.2.1 节)，最大可实现极化取决于自由基底和复合物中的交叉弛豫率和弛豫率。

Pravdivtsev 等 [60] 通过引入 RF-SABRE 开创了一种方法以解决非相干极化传输带来的不便：通过开启一个强射频场，并选择适当的幅度和频率来使 RF-SABRE 工作。应用的射频场可视为一个自旋锁定步骤，使极化相干转移所需的人工低场条件成为可能。例如，在 2,2′-联吡嗪中，RF-SABRE 实现了约 200~300 倍的 NMR 信号增强 [60]，且增强后的 NMR 谱线的相位随射频辐照的振幅、频率、持续时间等关键实验参数的变化而变化。这些参数可用于微调实验结果，提高了 SABRE 方法的灵活性。

在 RF-SABRE 框架下，若满足 "强耦合自旋" 条件的假设，可以实现向异核的极化转移。Pravdivtsev 等 [169] 用简单的射频脉冲序列照射质子和氮气通道，在高场下对吡啶的 ^{15}N NMR 信号实现了约 800 倍的强信号增强。其中一个关键的操作步骤是慢慢地切换 ^{15}N 通道的射频场，以保证通过相关的 LAC 的绝热通道。在 LAC 位置，质子–氮系统可以被认为是 "强耦合" 的，相干自旋混合是活跃的。与 ^{1}H RF-SABRE 一样，通过调节 ^{15}N 通道的 RF 脉冲频率，可以调节 ^{15}N 线的发射或吸收特性。用同样的方法，其他自旋-1/2 杂核，如 ^{13}C、^{19}F、^{31}P 等都可以被极化。

Theis 等 [170] 报道了一种低强度产生高特斯拉 SABRE(low-intensity generation of high-tesla SABRE, LIGHT-SABRE) 方法，在实验时也发现了类似的结果。LIGHT-SABRE 依赖于长 (秒级) 但弱的射频脉冲序列，将极化转化为 ^{15}N 核自旋的 x 磁化分量。每个周期，极化通过 $\pi/2$ 脉冲沿 z 轴转移，从而在许多周期建立高 ^{15}N 极化。该方法实现了吡啶 ^{15}N NMR 谱线的 480 倍增强，尽管所需的序列时间 (7.5 s) 比 RF-SABRE(0.5 s) 长得多。

可以预见，由于 RF-SABRE 易于实现，加上其固有的可逆特性，其适用于微 NMR/MRI。例如，极少的样品可以被超极化多次，而不必像氢化 PHIP 那样只经过一次测量回合后就被刷新。此外，选择 RF-SABRE 作为超极化技术时对硬件要求更宽，因此有望从需求场循环的必要性中解放基于 p-H_2 的超极化的实现。因此，我们预计在不久的将来，SABRE 的应用将会越来越多，特别是在片上 NMR 分析和最终的体内代谢研究方面。

11.3.3　用于核超极化的微 SEOP

以便携、按需方式生产超极化气体是人们普遍感兴趣的。作为向便携化迈进的例子，一个只需要标准电能和加压空气的系统已经被证明能够产生高达 25％ 的极化氙 [171]；在另一个例子中，Nikolaou 等使用快速原型技术，利用 3D 打印组件构建了一个完全自包含的系统，能够产生 74％ 的极化氙 [172]，这些系统的共同因素是产生大量高极化氙。正如本章所述，按需产生超极化探针 (本例中的 Xe) 且在实验地点附近生成可能是一个理想的选择。为了解决高磷贵金属气体微型化的按需生产问题，以下将讨论硬件设计和实现的微技术方法以及将超极化气体传输到所需实验的方法。

激光源首先必须满足在相关碱金属 D_1 跃迁处提供可调谐激发的条件 (表 11.3)。光源和光学器件的次要特征包括到达光学池的发射功率以及在所需频率处的波谱宽度。其次希望能具备足够的功率将角动量有效地转移到核自旋，此外，最好将激光的光谱带宽调整为受压缩 D₁ 线宽影响的 18 GHz/atm(对于 Rb 来说)。因此，对于一般的 1~8 atm 容器总压力实验，中心波长的激光源带宽应达到 0.02~0.2 nm 量级 [173]。原始来源包括钛宝石和染料激光器在内，它们能够满足中心波长标准；然而，它们的主要缺点是宽的波谱带宽限制了最终的极化水平 (60%)[69]。激光二极管系统在 20 世纪 90 年代末因其更经济、简单和可用功率更高而受到欢迎。同时，频率窄化技术通常提供 0.25 nm 的谱线宽度，在一些研究中表明，这会产生最高极化水平 (³He: 85% [64], ¹²⁹Xe: 90% [65])。激光二极管的发展仍在继续，其主要方向一是在频率变窄的线中使光子密度最大化 [64,174]，二是在通过光纤传输光的同时保持长期稳定 [175]。值得注意的是，很少有关于集成小型化光源的研究。在一个例子中，体全息光栅与激光二极管阵列 (laser diode array, LDA) 集成在一起，结果表明，与非频率窄化的 LDA 相比，它将 ¹²⁹Xe 的极化提高了 2~3 倍 [174]。尽管已经有关于在微米尺度上制造垂直腔面发射源和相关光学设备的研究，旨在实现针对 NMR/MRI 的 SEOP。然而，这些微型化的光源输出功率仅为 10μW，因此极可能限制了转移的效率。

下一个要考虑的元件是光学元件。迄今为止，几乎所有用于 NMR 的 SEOP 光学池在尺寸上都是宏观的，这是因为通常需要相当大体积的超极化气体。与激光源的小型化类似，原子磁力仪的进步是向微型化制造的 SEOP 器件迈进的第一步 [176-178]。利用 MEMS 制造技术，制作了体积为 10 mm³ 的自包含系统，包括激光光源、光学元件以产生圆偏振光、金属蒸气池、热源、磁场线圈和光学检测。这些器件的磁场灵敏度从 50 pT/√Hz 到 5 fT/√Hz [178,179]，具体数值取决于工作方式。微尺度玻璃制造技术的改进使得直径小于 1 mm 的近球形玻璃腔体得以被制造出来 [180]，并且也被证明其与 Rb 负载兼容 [181]。这些系统由于需要低功率的激光照明 (约为微瓦级) 并不直接适用于 MR 的 SEOP，然而，微制造磁力计的经验促进了首个与 LOAC 器件兼容的 SEOP 系统 [182]。此设计开发了尺寸为 3 cm×1 cm× 1 mm(长 × 高 × 厚) 的阳极键合硼硅酸盐玻璃四腔硅芯片，P_{Xe} > 0.5% (图 11.17)。这四个腔室包括一个 Xe 进出腔室、一个包含碱金属的泵腔和一个用来监测 Xe 极化的独立探头腔。

移动到较小的光学池时需要注意的一个关键问题是必须平衡可获得的超极化气体的数量与可实现的净极化。即使使用宏观光学池，也可以观察到，得到的偏振水平低于理论预测值 [183,184]。为了理解这个问题，人们证明，理论预测通过计算电池内顺磁 Rb 团簇的形成，更好地再现了测量的极化水平 [185]。在另一项研究中，Babcock 等进行了一系列实验，确定了导致实验极化值和理论极化值相关性不理想的所谓 X 因子 [62,186]。这个根据经验规律得出的参数将式 (11.10) 第一项的分母改变为 $k_{SE}[A](1 + X) + \Gamma_{He}$。他们确定了三个重要因素：碱金属蒸气密度、缓冲气体分压 (两者可能都与 Rb 团簇形成有关)、光电池总表面积/体积比 (S/V)。

X 因子的大小和电池变化均随着 S/V 的增大而增大，这是由于与温度有关的壁基弛豫效率的增加。以 Jiménez-Martínez 等的系统为例，泵腔尺寸为 5 mm × 5 mm ×1 mm，S/V 为 1200 cm^{-1}，而 Babcock 等使用的最大 S/V 为 3.1cm^{-1}，以产生最大的 X 因子。因此，要实现 Xe 超极化，必须通过降低 Xe 分压 ($P_{Xe}=$ 0.263 atm，$P_{N_2} = 0.526$ atm[182]) 来减小壁间的相互作用，因此正如他们所指出的，在使用小型光电池的情况下，必须以 Xe 的数量为代价来确定大磁化或大极化的实验需求 [182]。

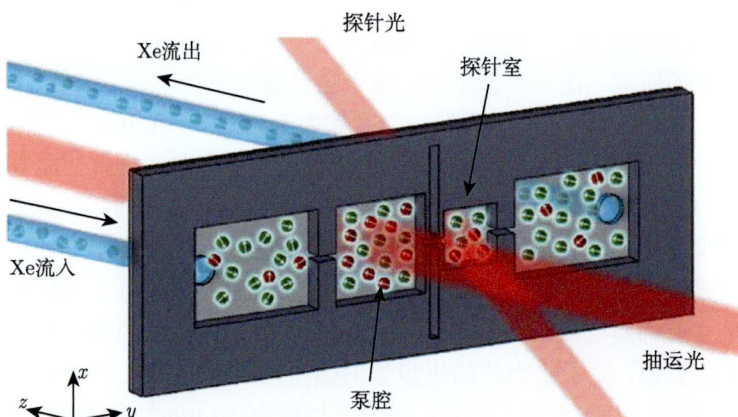

图 11.17　一个 ^{129}Xe 微流控芯片极化器。一个 ^{129}Xe + N$_2$ 混合气体从主气体集气管中分别通过入口、泵、探头、出口腔。^{87}Rb 金属预先装入泵腔。芯片总占地面积为 3 cm × 1 cm，厚度为 1 mm。泵和探针腔尺寸分别为 5 mm × 5 mm × 1 mm 和 3 mm × 3 mm × 1 mm。(Jiménez-Martínez 等 [182]，经 *Nature Communications* 许可转载。)

在利用 SEOP 产生核超极化过程中，磁场可用于产生所需的塞曼分裂，也可以通过 EPR 或 NMR 监测极化的建立和转移过程。一旦产生气体，使用完整的 NMR 技术 (其中许多技术已在本书中介绍) 进行最终的检测。据我们所知，微线圈技术还没有被明确地应用于 SEOP 过程的监测。只发现了一个例子，该例中微线圈被用来探测超极化 Xe [187]。在优化 SEOP 的同时，监测极化过程也很重要；然而，这种测量所需的 Xe 取样量应较小，以使大部分 Xe 不受干扰并可供实验使用 (测量极化水平必然破坏极化态)。使用宏观光学池，可以通过在电池壁旁放置小的平面 NMR 线圈 (例如 ID/OD 分别为 1.3 cm 和 3.3 cm 的手工绕制的表面线圈) 来实现 [171]。在朝着小型光学池的方向前进时，可以预见微 NMR 探测器对 SEOP 效率的在线测定将变得越来越重要。

超极化气体一旦产生，要么被储存，要么直接被转移到实验中。在以按需生产为目标的系统小型化背景下，应避免储存，并且不会再进一步考虑此方案。使气体与样品接触，在很大程度上取决于样品本身；例如，通过吸入超极化气体使肺部成像成为可能。在许多情况下，溶解气体是可取的，本章第 11.3.2 节讨论了使气相与液相有效接触的许多问题。Xe 是一个非常有趣的例子，因为它与其他气体相比具有足够的溶解度，从 0.6597 g/kg$_{H_2O}$(293 K 和 1 atm，或在水中 4.3 mM，273 K 和 1 atm) 开始，并且随着溶剂亲油性增加而增加 [188]。传统上，如同早期 PHIP 实验一样，样品与气体的接触是先用 Xe 简单加压样品管，然后剧烈摇动溶解气体，再将样品转移到 NMR 仪中进行测量。改进后的方法是在 NMR 仪中直接将气体注入溶液中，使灵敏度提高至 100 倍以上 [189]，为了强调将 Xe 传递给溶液的重要性，图 11.18 给出了一个用于 Xe 实验的带有集成 NMR 检测的气泡室的例子 [190]。

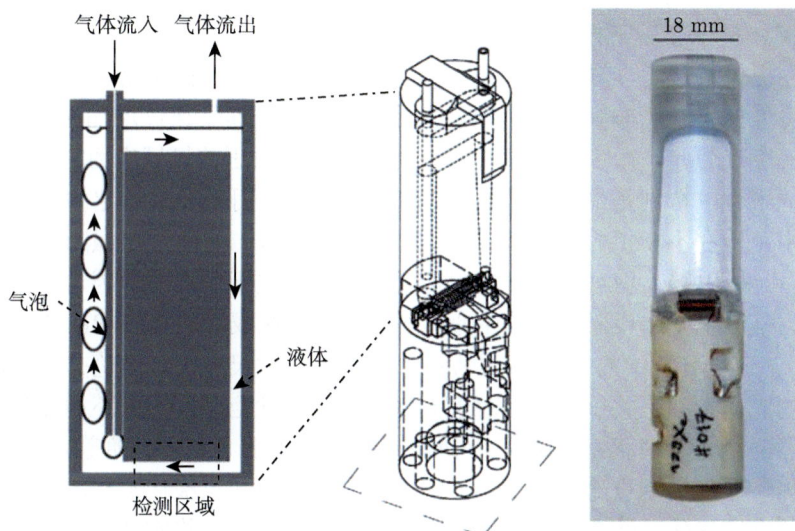

图 11.18　一个包含 Xe$_{(g)}$ 气泡室的 3D 打印 NMR 池。由左至右：气泡泵原理，包括 ^{129}Xe 螺线管线圈的全电池三维绘图。(Causier 等 [190]，经英国皇家化学学会许可转载。)

11.4　结　论

随着微 NMR 技术的不断发展，应对信号削减挑战的微技术解决方案无疑也将不断发展。迄今为止，利用 MEMS 制造技术实现完全超极化系统的报道非常少。在本章中，我们试图总结三种超极化策略的研究现状，重点介绍 MEMS 的制作，并对这些技术在不久的将来可能走向进行了推测。毫无疑问，MEMS 技术总体上向微尺度系统迈进，并非没有自身的挑战。在某些实际情况下，MEMS 可能是不具优势的，因此必须始终在应用需求与微技术系统的预期性能增益之间取得平衡。

如本章第 11.3.1 节所述，表面和 (或) 衬底微加工技术发挥着重要作用，以推动 DNP 的仪器技术向着更高的频率发展。由于 DNP 实验的工作频率对基模谐振器的尺寸设置了严格的限制，例如对于目前最先进的 DNP 装置，基模谐振器的尺寸已经远低于 1 mm，因此这种微观加工方法似乎是合理的。目前有许多有前景且可供使用的微型化太赫兹谐振器和传输线的概念，并且可以被高质量地制造出来，例如，低表面粗糙度、高尺寸精度以及整体精度是高效高频应用的关键因素。特别是小型化 NMR 探测器与紧凑型固态 MW 源驱动的太赫兹共振结构的结合以及微流控芯片的集成，可以改变目前的 DNP 仪器。

正如我们在本章第 11.3.2 节所述，在气相 NMR 方面，PHIP 技术的微尺度实现无疑值得探索，因为其解锁了非超极化气体无法使用的选项。然而，液相 NMR 中的 PHIP 提出了若干技术挑战：主要是必须高效地实现 p-H_2 气液接触，向催化复合物提供足够的 p-H_2 分子。p-H_2 的溶解受到其在水和其他 NMR 常用溶剂中溶解度低的复杂影响。为了达到最大的增强效果，通常通过增加 p-H_2 分压来优化溶解度。为此，微 PHIP 极化片应能抵抗来自内压的机械应力。PHIP 的一个普遍局限性，特别是最近的实例 SABRE，是其适用于一些特定的分子，尽管这个适用范围在不断扩大。尽管存在这个障碍，PHIP 的信号增强因子目前已经足够高，足以引起人们对 PHIP 临床应用的兴趣。出于同样的原因，将能够针对微生物、基因组学、代谢组学和生命科学的各种系统成功地实施 PHIP。

在 NMR/MRI 中的 SEOP 过程中，特别是在微尺度上，无论是光学池还是到达池的光质量都至关重要。相对于大型的标准光学池，采用更小的光学池可以降低对所需激光功率和光学装置 (例如扩束器) 的需求。然而，随着表面积/体积比的增加，弛豫机制也随之增加，最终限制了可实现的总极化水平。也许随着激光光源的高度优化，结合光学池优化 (材料、涂层等)，最终实现的极化水平将足以满足新的应用需求。

参 考 文 献

[1] Overhauser, A. (1953) Polarization of nuclei in metals. Phys. Rev., 92 (2),411–415.

[2] Carver, T. and Slichter, C. (1953) Polarization of nuclear spins in metals. Phys. Rev., 92 (1), 212–213.

[3] Ardenkjær-Larsen, J.H., Fridlund, B., Gram, A., Hansson, G., Hansson, L., Lerche, M.H., Servin, R., Thaning, M., and Golman, K. (2003) Increase in signal-to-noise ratio of >10,000 times in liquid-state NMR. Proc. Natl. Acad.Sci. U.S.A., 100 (18), 10 158–10 163.

[4] Bowers, C.R. and Weitekamp, D.P. (1986) Transformation of symmetrization order to nuclear-spin magnetization by chemical reaction and nuclear magnetic resonance. Phys. Rev. Lett., 57 (21), 2645.

[5] Kovtunov, K., Zhivonitko, V., Skovpin, I., Barskiy, D., and Koptyug, I. (2013) Parahydrogen-induced polarization in heterogeneous catalytic processes, in Hyperpolarization Methods in NMR Spectroscopy, Topics in Current Chemistry, 338 (ed. L.T. Kuhn), Springer-Verlag, Berlin, Heidelberg, pp. 123–180.doi:10.1007/128_2012_371.

[6] Ross, B.D., Bhattacharya, P., Wagner, S., Tran, T., and Sailasuta, N. (2010)Hyperpolarized MR imaging: neurologic applications of hyperpolarized metabolism. Am. J. Neuroradiol., 31 (1), 24–33. doi: 10.3174/ajnr.A1790.

[7] Zacharias, N.M., Chan, H.R., Sailasuta, N., Ross, B.D., and Bhattacharya, P.(2012) Real-time molecular imaging of tricarboxylic acid cycle metabolism in vivo by hyperpolarized 1-(13)C diethyl succinate. J. Am. Chem. Soc., 134,934–943. doi: 10. 1021/ ja2040865.

[8] Reed, G.D., von Morze, C., Verkman, A.S., Koelsch, B.L., Chaumeil, M.M., Lustig, M., Ronen, S.M., Sands, J.M., Larson, P.E.Z., Wang, Z.J., Larsen, J.H.A., Kurhanewicz, J., and Vigneron, D.B. (2016) Imaging renal urea handling in rats at millimeter resolution using hyperpolarized magnetic resonance relaxometry. Tomography, 2 (2), 125–135.

[9] Bouchiat, M.A., Carver, T.R., and Varnum, C.M. (1960) Nuclear polarization in He3 gas induced by optical pumping and dipolar exchange. Phys. Rev. Lett., 5 (8), 373.

[10] Grover, B.C. (1978) Noble-gas NMR detection through noble-gas-rubidium hyperfine contact interaction. Phys. Rev. Lett., 40 (6), 391.

[11] Kwon, T.M., Mark, J.G., and Volk, C.H. (1981) Quadrupole nuclear spin relaxation of ^{131}Xe in the presence of rubidium vapor. Phys. Rev. A, 24 (4), 1894.

[12] Bhaskar, N.D., Happer, W., and McClelland, T. (1982) Efficiency of spin exchange between rubidium spins and ^{129}Xe nuclei in a gas. Phys. Rev. Lett., 49 (1), 25.

[13] Happer, W., Miron, E., Schaefer, S., Schreiber, D., van Wijngaarden, W.A.,and Zeng, X. (1984) Polarization of the nuclear spins of noble-gas atoms by spin exchange with optically pumped alkali-metal atoms. Phys. Rev. A, 29 (6), 3092.

[14] Kitano, M., Bourzutschky, M., Calaprice, F.P., Clayhold, J., Happer, W., and Musolf, M. (1986) Measurement of magnetic dipole moments of ^{129}Xe^m and ^{131}Xe^m by spin exchange with optically pumped Rb. Phys. Rev. C, 34 (5), 1974.

[15] Wu, Z., Happer, W., and Daniels, J.M. (1987) Coherent nuclear-spin interactions of adsorbed ^{131}Xe gas with surfaces. Phys. Rev. Lett., 59 (13), 1480.

[16] Chupp, T.E., Hoare, R.J., Loveman, R.A., Oteiza, E.R., Richardson, J.M., Wagshul, M.E., and Thompson, A.K. (1989) Results of a new test of local Lorentz invariance: a search for mass anisotropy in ^{21}Ne. Phys. Rev. Lett.,63 (15), 1541.

[17] Wu, Z., Happer, W., Kitano, M., and Daniels, J. (1990) Experimental studies of wall interactions of adsorbed spin-polarized ^{131}Xe nuclei. Phys. Rev. A, 42 (5), 2774.

[18] Cates, G.D., Benton, D.R., Gatzke, M., Happer, W., Hasson, K.C., and Newbury, N.R. (1990) Laser production of large nuclear-spin polarizationin frozen xenon. Phys. Rev. Lett., 65 (20), 2591.

[19] Raftery, D., Long, H., Meersmann, T., Grandinetti, P.J., Reven, L., and Pines, A.

(1991) High-field NMR of adsorbed xenon polarized by laser pumping.Phys. Rev. Lett., 66 (5), 584.

[20] Albert, M.S., Cates, G.D., Driehuys, B., Happer, W., Saam, B., Springer, C.S., and Wishnia, A. (1994) Biological magnetic resonance imaging using laser-polarized ^{129}Xe. Nature, 370 (6486), 199.

[21] Spence, M.M., Rubin, S.M., Dimitrov, I.E., Ruiz, E.J., Wemmer, D.E., Pines,A., Yao, S.Q., Tian, F., and Schultz, P.G. (2001) Functionalized xenon as a biosensor. Proc. Natl. Acad. Sci. U.S.A., 98 (19), 10 654–10 657.

[22] Driehuys, B., Walker, J., Pollaro, J., Cofer, G.P., Mistry, N., Schwartz, D., and Johnson, G.A. (2007) ^{3}He MRI in mouse models of asthma. Magn. Reson. Med., 58 (5), 893.

[23] Jeffries, C.D. (1957) Polarization of nuclei by resonance saturation in paramagnetic crystals. Phys. Rev., 106 (1), 164–165.

[24] Jeffries, C.D. (1960) Dynamic orientation of nuclei by forbidden transitions in paramagnetic resonance. Phys. Rev., 117 (4), 1056–1069.

[25] Hwang, C.F. and Hill, D.A. (1967) New effect in dynamic polarization. Phys. Rev. Lett., 18 (4), 110–112.

[26] Hwang, C.F. and Hill, D.A. (1967) Phenomenological model for the new effect in dynamic polarization. Phys. Rev. Lett., 19 (18), 1011–1014.

[27] Wind, R.A., Duijvestijn, M.J., Van Der Lugt, C., Manenschijn, A., and Vriend, J. (1985) Applications of dynamic nuclear polarization in ^{13}C NMR in solids. J. Magn. Reson., 17, 33–67.

[28] Duijvestijn, M.J., Wind, R.A., and Smidt, J. (1986) A quantitative investigation of the dynamic nuclear polarization effect by fixed paramagnetic centra of abundant and rare spins in solids at room temperature. Physica B+C,138 (1-2), 147–170.

[29] Ardenkjaer-Larsen, J.H., Boebinger, G.S., Comment, A., Duckett, S., Edison,A.S., Engelke, F., Griesinger, C., Griffin, R.G., Hilty, C., Maeda, H., Parigi,G., Prisner, T., Ravera, E., van Bentum, J., Vega, S., Webb, A., Luchinat, C.,Schwalbe, H., and Frydman, L. (2015) Facing and overcoming sensitivity challenges in biomolecular NMR spectroscopy. Angew. Chem. Int. Ed., 54(32), 9162–9185.

[30] Hu, K.-N., Yu, H.-H., Swager, T.M., and Griffin, R.G. (2004) Dynamic nuclear polarization with biradicals. J. Am. Chem. Soc., 126 (35),10 844–10 845.

[31] Maly, T., Debelouchina, G.T., Bajaj, V.S., Hu, K.N., Joo, C.G.,Mak Jurkauskas, M.L., Sirigiri, J.R., van der Wel, P.C.A., Herzfeld, J., Temkin, R.J., and Griffin, R.G. (2008) Dynamic nuclear polarization at high magnetic fields. J. Chem. Phys., 128 (5), 052 211.

[32] Nanni, E.A., Barnes, A.B., Griffin, R., and Temkin, R. (2011) THz dynamic nuclear polarization NMR. IEEE Trans. Terahertz Sci. Technol., 1 (1),145–163.

[33] Blümich, B., Casanova, F., and Appelt, S. (2009) NMR at low magnetic fields. Chem. Phys. Lett., 477 (4–6), 231–240.

[34] Mitchell, J., Gladden, L.F., Chandrasekera, T.C., and Fordham, E.J. (2014) Low-

field permanent magnets for industrial process and quality control.Prog. Nucl. Magn. Reson. Spectrosc., 76, 1–60.

[35] Song, H.J. and Nagatsuma, T. (2015) Handbook of Terahertz Technologies, Devices and Applications, CRC Press.

[36] Haddad, G.I. and Trew, R.J. (2002) Microwave solid-state active devices.IEEE Trans. Microwave Theory Tech., 50 (3), 760–779.

[37] Kumar, N., Singh, U., Singh, T.P., and Sinha, A.K. (2011) A review on the applications of high power, high frequency microwave source: gyrotron. J. Fusion Energy, 30 (4), 257–276.

[38] Temkin, R. (2014) THz gyrotrons and their applications. 2014 39th International Conference on Infrared, Millimeter, and Terahertz waves (IRMMW-THz), IEEE, pp. 1–2.

[39] Ediss, G.A. (2003) Measurements and simulations of overmoded waveguide components at 70–118 GHz, 220–330 GHz and 610–720 GHz. Proceedings of the 14th International Symposium on Space Terahertz Technology.

[40] de Rijk, E., Macor, A., Alberti, S., Hogge, J.P., and Ansermet, J.P. (2011) Innovative corrugated transmission line for Terahertz wave-guiding. 2011 36th International Conference on Infrared, Millimeter and Terahertz Waves(IRMMW-THz), IEEE, pp. 1–2.

[41] Armstrong, B.D., Edwards, D.T., Wylde, R.J., Walker, S.A., and Han, S. (2010) A 200 GHz dynamic nuclear polarization spectrometer. Phys. Chem. Chem. Phys., 12 (22), 5920–5926.

[42] Denysenkov, V., Kiseliov, V.K., Prandolini, M., Gafurov, M., Krahn, A., Engelke, F., Bezborodov, V.I., Kuleshov, Y.M., Nesterov, P.K., Yanovsky, M.S., and Prisner, T.F. (2010) 260 GHz quasioptical setup for EPR and DNP experiments on the 9.2 Tesla DNP/NMR/EPR spectrometer. 2010 International Kharkov Symposium on Physics and Engineering of Microwaves, Millimeter and Submillimeter Waves (MSMW), IEEE, pp. 1–7.

[43] Krahn, A., Lottmann, P., Marquardsen, T., Tavernier, A., Türke, M.T., Reese, M., Leonov, A., Bennati, M., Hoefer, P., Engelke, F., and Griesinger, C. (2010) Shuttle DNP spectrometer with a two-center magnet. Phys. Chem. Chem. Phys., 12 (22), 5830–5840.

[44] Milani, J., Vuichoud, B., Bornet, A., Miéville, P., Mottier, R., Jannin, S., and Bodenhausen, G. (2015) A magnetic tunnel to shelter hyperpolarized fluids.Rev. Sci. Instrum., 86 (2), 024 101.

[45] Sharma, M., Janssen, G., Leggett, J., Kentgens, A.P.M., and van Bentum, P.J.M. (2015) Rapid-melt dynamic nuclear polarization. J. Magn. Reson., 258, 40–48.

[46] Woskov, P.P., Bajaj, V.S., Hornstein, M.K., Temkin, R.J., and Griffin, R.G. (2005) Corrugated waveguide and directional coupler for CW 250-GHz Gyrotron DNP experiments. IEEE Trans. Microwave Theory Tech., 53 (6),1863–1869.

[47] Barnes, A.B., De Paëpe, G., van der Wel, P.C.A., Hu, K.N., Joo, C.G., Bajaj, V.S.,

Mak-Jurkauskas, M.L., Sirigiri, J., Herzfeld, J., Temkin, R., and Griffin, R. (2008) High-field dynamic nuclear polarization for solid and solution biological NMR. Appl. Magn. Reson., 34 (3-4), 237–263.

[48] Bowers, C.R. and Weitekamp, D.P. (1987) Parahydrogen and synthesis allow dramatically enhanced nuclear alignment. J. Am. Chem. Soc., 109 (18),5541–5542. doi: 10.1021/ja00252a049.

[49] Pravica, M.G. and Weitekamp, D.P. (1988) Net NMR alignment by adiabatictransport of parahydrogen additionproducts to high magnetic field. Chem.Phys. Lett., 145 (4), 255–258.

[50] Buljubasich, L., Franzoni, M.B., and Münnemann, K. (2013) Hyperpolarization methods in NMR spectroscopy, in parahydrogen Induced Polarization by Homogeneous Catalysis: Theory and Applications (ed.T.L. Kuhn), Springer-Verlag, Berlin Heidelberg, pp. 33–74. doi: 10.1007/128_2013_420.

[51] Adams, R.W., Aguilar, J.A., Atkinson, K.D., Cowley, M.J., Elliott, P.I.P., Duckett, S.B., Green, G.G.R., Khazal, I.G., López-Serrano, J., and Williamson, D.C. (2009) Reversible interactions with para-hydrogen enhance NMR sensitivity by polarization transfer. Science, 323 (5922),1705–1708.

[52] Cowley, M.J., Adams, R.W., Atkinson, K.D., Cockett, M.C.R., Duckett, S.B.,Green, G.G.R., Lohman, J.A.B., Kerssebaum, R., Kilgour, D., and Mewis, R.E. (2011) Iridium N-heterocyclic carbene complexes as efficient catalysts for magnetization transfer from para-hydrogen. J. Am. Chem. Soc., 133 (16), 6134–6137.

[53] Pravdivtsev, A.N., Yurkovskaya, A.V., Kaptein, R., Miesel, K., Vieth, H.M.,and Ivanov, K.L. (2013) Exploiting level anti-crossings for efficient and selective transfer of hyperpolarization in coupled nuclear spin systems. Phys.Chem. Chem. Phys., 15, 14 660–14 669. doi: 10.1039/c3cp52026a.

[54] Hövener, J.B., Schwaderlapp, N., Lickert, T., Duckett, S.B., Mewis,R.E., Highton, L.A.R., Kenny, S.M., Green, G.G.R., Leibfritz, D., and Korvink, J.G. (2013) A hyperpolarized equilibrium for magnetic resonance. Nat. Commun., 4, 2946.

[55] Glöggler, S., Emondts, M., Colell, J., Müller, R., Blümich, B., and Appelt, S.(2011) Selective drug trace detection with low-field NMR. Analyst, 136 (8), 1566.

[56] Glöggler, S., Müller, R., Colell, J., Emondts, M., Dabrowski, M., Blümich, B., and Appelt, S. (2011) Para-hydrogen induced polarization of amino acids, peptides and deuterium-hydrogen gas. Phys. Chem. Chem. Phys., 13 (30),13759–13764. doi: 10. 1039/ c1cp20992b.

[57] Eshuis, N., Van Weerdenburg, B.J.A., Feiters, M.C., Rutjes, F.P.J.T., Wijmenga,S.S., and Tessari, M. (2015) Quantitative trace analysis of complex mixtures using SABRE hyperpolarization. Angew. Chem. Int. Ed., 54 (5), 1481–1484. doi: 10.1002/anie. 201409795.

[58] Zeng, H., Xu, J., Gillen, J., McMahon, M.T., Artemov, D., Tyburn, J.M., Lohman, J.A.B., Mewis, R.E., Atkinson, K.D., Green, G.G.R., Duckett, S.B., and van Zijl,

P.C.M. (2013) Optimization of SABRE for polarization of the tuberculosis drugs pyraz-inamide and isoniazid. J. Magn. Reson. (San Diego, CA, 1997), 237, 73–78. doi: 10.1016/j.jmr.2013.09.012.

[59] Barskiy, D.A., Kovtunov, K.V., Koptyug, I.V., He, P., Groome, K.A., Best,Q.A., Shi, F., Goodson, B.M., Shchepin, R.V., Coffey, A.M., Waddell, K.W., and Chekmenev, E.Y. (2014) The feasibility of formation and kinetics of NMR signal amplification by reversible exchange (SABRE) at high magnetic field (9.4 T). J. Am. Chem. Soc., 136 (9), 3322–3325. doi: 10.1021/ja501052p.

[60] Pravdivtsev, A.N., Yurkovskaya, A.V., Vieth, H.M., and Ivanov, K.L.(2015) RF-SABRE: a way to continuous spin hyperpolarization athigh magnetic fields. J. Phys. Chem. B, 119 (43) 13619–13629. doi:10.1021/acs.jpcb.5b03032.

[61] Pravdivtsev, A.N., Yurkovskaya, A.V., Vieth, H.M., and Ivanov, K.L. (2014) Spin mixing at level anti-crossings in the rotating frame makes high-field SABRE feasible. Phys. Chem. Chem. Phys., 16 (45), 24 672–24 675. doi: 10.1039/C4CP03765K.

[62] Babcock, E., Chann, B., Walker, T.G., Chen, W.C., and Gentile, T.R. (2006) Limits to the polarization for spin-exchange optical pumping of ^{3}He. Phys. Rev. Lett., 96 (8), 083 003.

[63] Babcock, E., Mattauch, S., and Ioffe, A. (2011) High level of ^{3}He polarization maintained in an on-beam ^{3}He spin filter using SEOP. Nucl. Instrum. Methods Phys. Res., Sect. A, 625 (1), 43–46.

[64] Chen, W.C., Gentile, T.R., Ye, Q., Walker, T.G., and Babcock, E. (2014) On the limits of spin-exchange optical pumping of ^{3}He. J. Appl. Phys., 116 (1),014 903.

[65] Nikolaou, P., Coffey, A.M., Walkup, L.L., Gust, B.M., Whiting, N., Newton, H., Barcus, S., Muradyan, I., Dabaghyan, M., Moroz, G.D., Rosen, M.S., Patz,S., Barlow, M.J., Chekmenev, E.Y., and Goodson, B.M. (2013) Near-unity nuclear polarization with an open-source ^{129}Xe hyperpolarizer for NMR and MRI. Proc. Natl. Acad. Sci. U.S.A., 110 (35), 14150–14155.

[66] Walker, T.G. and Happer, W. (1997) Spin-exchange optical pumping of noble-gas nu-clei. Rev. Mod. Phys., 69 (2), 629.

[67] Appelt, S., Baranga, A., Erickson, C.J., and Romalis, M.V. (1998) Theory of spin-exchange optical pumping of ^{3}He and ^{129}Xe. Phys. Rev. A, 58 (2),1412–1439.

[68] Goodson, B.M. (2002) Nuclear magnetic resonance of laser-polarized noble gases in molecules, materials, and organisms. J. Magn. Reson. (San Diego, CA: 1997), 155 (2), 157–216.

[69] Walker, T.G. (2011) Fundamentals of spin-exchange optical pumping. J. Phys. Conf. Ser., 294, 012 001.

[70] Heil, W., Humblot, H., Otten, E., Schafer, M., Sarkau, R., and Leduc, M.(1995) Very long nuclear-relaxation times of spin-polarized helium-3 in metal-coated cells. Phys. Lett. A, 201 (4), 337–343.

[71] Kauczor, H.U. and Eberle, B. (2002) Elucidation of structure-function relationships

in the lung: contributions from hyperpolarized [3]helium MRI. Clin. Physiol. Funct. Imaging, 22 (6), 361.

[72] Anger, B.C., Schrank, G., Schoeck, A., Butler, K.A., Solum, M.S., Pugmire,R.J., and Saam, B. (2008) Gas-phase spin relaxation of [129]Xe. Phys. Rev. A,78 (4), 043406.

[73] Gatzke, M., Cates, G.D., Driehuys, B., Fox, D., Happer, W., and Saam, B.(1993) Extraordinarily slow nuclear spin relaxation in frozen laser-polarized [129]Xe. Phys. Rev. Lett., 70 (5), 690.

[74] Kauczor, H.U., Surkau, R., and Roberts, T. (1998) MRI using hyperpolarized noble gases. Eur. Radiol., 8 (5), 820.

[75] Witte, C., Kunth, M., Döpfert, J., Rossella, F., and Schröder, L. (2012) Hyperpolarized xenon for NMR and MRI applications. J. Vis. Exp., (67), 4268.

[76] Happer, W. (1972) Optical pumping. Rev. Mod. Phys., 44 (2), 169.

[77] Möller, H.E., Cleveland, Z.I., and Driehuys, B. (2011) Relaxation of hyperpolarized [129]Xe in a deflating polymer bag. J. Magn. Reson., 212 (1), 109.

[78] Baltes, H., Brand, O., Fedder, G.K., Hierold, C., Korvink, J.G., and Tabata, O.(2013) Enabling Technologies for MEMS and Nanodevices, Advanced Microand Nanosystems, John Wiley & Sons.

[79] Saile, V., Wallrabe, U., Tabata, O., and Korvink, J.G. (eds) (2008) LIGA and its Applications, Advanced Micro and Nanosystems, Wiley-VCH Verlag GmbH & Co. KGaA, Weinheim.

[80] Morley, G.W., Brunel, L.C., and van Tol, J. (2008) A multifrequency high-field pulsed electron paramagnetic resonance/electron-nuclear double resonance spectrometer. Rev. Sci. Instrum., 79 (6), 064 703.

[81] Denysenkov, V. and Prisner, T. (2012) Liquid state dynamic nuclear polarization probe with Fabry–Perot resonator at 9.2T. J. Magn. Reson., 217, 1–5.

[82] Weis, V., Bennati, M., Rosay, M., Bryant, J.A., and Griffin, R. (1999) High-field DNP and ENDOR with a novel multiple-frequency resonance structure. J. Magn. Reson., 140 (1), 293–299.

[83] Thurber, K.R., Yau, W.M., and Tycko, R. (2010) Low-temperature dynamic nuclear polarization at 9.4T with a 30mW microwave source. J. Magn. Reson., 204 (2), 303–313.

[84] Krupka, J., Cwikla, A., Mrozowski, M., Clarke, R.N., and Tobar, M.E.(2005) High Q-factor microwave Fabry-Perot resonator with distributed Bragg reflectors. IEEE Trans. Ultrason. Ferroelectr. Freq. Control, 52 (9),1443–1451.

[85] Krahn, A. and Engelke, F. (2015) Mikrowellenresonator mit Distributed Bragg Reflector (=DBR). US Patent Office.

[86] Malak, M., Pavy, N., Marty, F., Peter, Y.A., Liu, A.Q., and Bourouina, T.(2011) Micromachined Fabry–Perot resonator combining submillimeter cavity length and high quality factor. Appl. Phys. Lett., 98 (21), 211 113.

[87] St-Gelais, R., Masson, J., and Peter, Y.A. (2009) All-silicon integrated Fabry–Pérot

cavity for volume refractive index measurement in microfluidic systems. Appl. Phys. Lett., 94 (24), 243905.

[88] Pruessner, M.W., Stievater, T.H., and Rabinovich, W.S. (2008) In-plane microelectromechanical resonator with integrated Fabry–Pérot cavity. Appl. Phys. Lett., 92 (8), 081 101.

[89] Saadany, B., Bourouina, T., Malak, M., Kubota, M., Mita, Y., and Khalil, D. (2006) A miniature Michelson interferometer using vertical bragg mirrors on SOI. IEEE/LEOS International Conference on Conference: Optical MEMS and Their Applications Conference, 2006, IEEE.

[90] Malak, M., Marty, F., Nouira, H., Vailleau, G., and Bourouina, T. (2013) All-silicon Michelson instrument on chip: distance and surface profile measurement and prospects for visible light spectrometry. Appl. Phys. Lett., 102 (14), 141102.

[91] Yun, S.S. and Lee, J.H. (2003) A micromachined in-plane tunable optical filter using the thermo-optic effect of crystalline silicon. J. Micromech. Microeng., 13 (5), 721–725.

[92] Sabry, Y.M., Saadany, B., Khalil, D., and Bourouina, T. (2013) Silicon micromirrors with three-dimensional curvature enabling lensless efficient coupling of free-space light. Light: Sci. Appl., 2 (8), e94.

[93] Joannopoulos, J.D., Johnson, S.G., Winn, J.N., and Meade, R.D. (2008) Photonic Crystals, Molding the Flow of Light, 2nd edn, Princeton University Press, Princeton, NJ.

[94] Otter, W.J., Hanham, S.M., Ridler, N.M., Marino, G., Klein, N., and Lucyszyn, S. (2014) 100GHz ultra-high Q-factor photonic crystal resonators. Sens. Actuators, A, 217, 151–159.

[95] Gerhard, M., Beigang, R., and Rahm, M. (2013) Compact high-Q photonic resonator inside a metallic ridge terahertz waveguide. 2013 38th International Conference on Infrared, Millimeter, and Terahertz Waves (IRMMW-THz), pp. 1–2.

[96] Macor, A., de Rijk, E.J., and Annino, G. (2013) Over-moded resonant cavity for magnetic resonance based on a photonic band gap stucture. US Patent Office.

[97] Button, K.J. (1985) Infrared and Millimeter Waves. Volume 13 – Millimeter Components and Techniques. Part 4, Academic Press, Orlando.

[98] Chow, W.H., Champion, A., and Steenson, D.P. (2003) Measurements to 320 GHz of millimetre-wave waveguide components made by high precision and economic micromachining techniques. High Frequency Postgraduate Student Colloquium. IEEE.

[99] Leong, K.M.K.H., Hennig, K., Zhang, C., Elmadjian, R.N., Zhou, Z.,Gorospe, B.S., Chang-Chien, P.P., Radisic, V., and Deal, W.R. (2012) WR1.5 silicon micromachined waveguide components and active circuit integration methodology. IEEE Trans. Microwave Theory Tech., 60 (4), 998–1005.

[100] Xing-Hai, Z., Ying-Bin, Z., Guang-Cun, S., Yong-Sheng, C., Jing-Fu, B., Chan-Hung, S., Hao-Shen, Z., and Yi-Jia, D. (2012) G-band rectangular waveguide filter fabricated using deep reactive ion etching and bonding processes. Micro Nano Lett., 7 (12), 1237–

1240.

[101] Ranjkesh, N., Basha, M., Taeb, A., and Safavi-Naeini, S. (2015) Silicon-on-glass dielectric waveguide – Part II: for THz applications. IEEE Trans. Terahertz Sci. Technol., 5 (2), 280–287.

[102] Gerhard, M., Imhof, C., and Zengerle, R. (2010) Low-loss compact high-Q 3D THz grating resonator based on a hybrid silicon metallic slit waveguide. Opt. Express, 18 (11), 11707–11712.

[103] Tian, Y., Shang, X., Wang, Y., and Lancaster, M.J. (2015) Investigation of SU8 as a structural material for fabricating passive millimeter-wave and terahertz components. J. Micro/Nanolithogr. MEMS MOEMS, 14 (4), 044 507.

[104] Gansel, J.K., Thiel, M., Rill, M.S., Decker, M., Bade, K., Saile, V.,von Freymann, G., Linden, S., and Wegener, M. (2009) Gold helix photonic metamaterial as broadband circular polarizer. Science, 325 (5947),1513–1515.

[105] Kriegler, C.E., Rill, M.S., Thiel, M., Müller, E., Essig, S., Frölich, A., von Freymann, G., Linden, S., Gerthsen, D., Hahn, H., Busch, K., and Wegener, M. (2009) Transition between corrugated metal films and split-ring-resonator arrays. Appl. Phys. B, 96 (4), 749–755.

[106] Martin, F. (2015) Artificial Transmission Lines for RF and Microwave Applications, John Wiley & Sons, Inc., Hoboken, NJ.

[107] Boero, G., Bouterfas, M., Massin, C., Vincent, F., Besse, P.A., Popovic, R.S., and Schweiger, A. (2003) Electron-spin resonance probe based on a 100 μm planar microcoil. Rev. Sci. Instrum., 74 (11), 4794–4798.

[108] Hoult, D. and Richards, R.E. (1976) The signal-to-noise ratio of the nuclear magnetic resonance experiment. J. Magn. Reson. (1969), 24 (1), 71–85.

[109] Narkowicz, R.R., Suter, D.D., and Stonies, R.R. (2005) Planar microresonators for EPR experiments. J. Magn. Reson. (1969), 175 (2), 10.

[110] Pendry, J.B., Holden, A.J., Robbins, D.J., and Stewart, W.J. (1999) Magnetism from conductors and enhanced nonlinear phenomena. IEEE Trans.Microwave Theory Tech., 47 (11), 2075–2084.

[111] Torrezan, A.C., Alegre, T.P.M., and Medeiros-Ribeiro, G. (2009) Microstrip resonators for electron paramagnetic resonance experiments. Rev. Sci.Instrum., 80 (7), 075 111.

[112] Twig, Y., Dikarov, E., and Blank, A. (2013) Ultra miniature resonators for electron spin resonance: sensitivity analysis, design and construction methods, and potential applications. Mol. Phys., 111 (18–19), 2674–2682.

[113] Johansson, B. (1974) A stripline resonator for ESR. Rev. Sci. Instrum., 45 (11), 1445.

[114] Wallace, W.J. and Silsbee, R.H. (1991) Microstrip resonators for electron-spin resonance. Rev. Sci. Instrum., 62 (7), 1754.

[115] Brown, A.R., Blondy, P., and Rebeiz, G.M. (1999) Microwave and millimeter-wave high-Q micromachined resonators. Int. J. RF Microwave Comput.-Aided Eng., 9 (4), 326–337.

[116] Vanhille, K.J., Fontaine, D.L., Nichols, C., Filipovic, D.S., and Popovic, Z. (2006) Quasi-planar high-Q millimeter-wave resonators. IEEE Trans.Microwave Theory Tech., 54 (6), 2439–2446.

[117] Rinard, G.A. and Eaton, G.R. (2005) Loop-Gap Resonators, link.springer.com, Kluwer Academic Publishers-Plenum Publishers, New York,pp. 19–52.

[118] Narkowicz, R., Suter, D., and Niemeyer, I. (2008) Scaling of sensitivity andefficiency in planar microresonators for electron spin resonance. Rev. Sci.Instrum., 79 (8), 084 702.

[119] Yap, Y.S., Yamamoto, H., Tabuchi, Y., Negoro, M., Kagawa, A., and Kitagawa, M. (2013) Strongly driven electron spins using a Ku band stripline electron paramagnetic resonance resonator. J. Magn. Reson., 232, 62–67.

[120] Henderson, J.J., Ramsey, C.M., Quddusi, H.M., and del Barco, E. (2008) High-frequency microstrip cross resonators for circular polarization electron paramagnetic resonance spectroscopy. Rev. Sci. Instrum., 79 (7),074 704.

[121] Alegre, T.P.M., Torrezan, A.C., and Medeiros-Ribeiro, G. (2007) Microstrip resonator for microwaves with controllable polarization. Appl. Phys. Lett., 91(20), 204 103.

[122] Saeed, K., Pollard, R.D., and Hunter, I.C. (2008) Substrate integrated waveguide cavity resonators for complex permittivity characterization of materials.IEEE Trans. Microwave Theory Tech., 56 (10), 2340–2347.

[123] Arif, M.S. and Peroulis, D. (2014) All-silicon technology for high-Q evanescent mode cavity tunable resonators and filters. J. Microelectromech. Syst., 23(3), 727–739.

[124] Issadore, D., Humphry, K.J., Brown, K.A., Sandberg, L., Weitz, D.A., and Westervelt, R.M. (2009) Microwave dielectric heating of drops in microfluidic devices. Lab Chip, 9 (12), 1701.

[125] Lee, H., Sun, E., Ham, D., and Weissleder, R. (2008) Chip-NMR biosensor for detection and molecular analysis of cells. Nat. Med., 14 (8),869–874.

[126] Laurette, S., Treizebre, A., and Bocquet, B. (2011) Co-integrated microfluidic and THz functions for biochip devices. J. Micromech. Microeng., 21 (6),065 029.

[127] Gacemi, D., Mangeney, J., Colombelli, R., and Degiron, A. (2013) Subwavelength metallic waveguides as a tool for extreme confinement of THz surface waves. Sci. Rep., 3, 1369.

[128] Treizebre, A. and Bocquet, B. (2008) Nanometric metal wire as a guide for THz investigation of living cells. Int. J. Nanotechnol., 5 (6–8), 784–795.

[129] Boybay, M.S., Jiao, A., Glawdel, T., and Ren, C.L. (2013) Microwave sensing and heating of individual droplets in microfluidic devices. Chem. Commun., 13 (19), 3840–3846.

[130] Jones, C.J. and Larive, C.K. (2011) Could smaller really be better? Current and future trends in high-resolution microcoil NMR spectroscopy. Anal. Bioanal. Chem., 402 (1), 61–68.

[131] Ryan, H., Smith, A., and Utz, M. (2014) Structural shimming for high-resolution nuclear magnetic resonance spectroscopy in lab-on-a-chip devices. Lab chip, 14 (10), 1678

-1685.

[132] Gitti, R., Wild, C., Tsiao, C., Zimmer, K., Glass, T.E., and Dorn, H.C. (2002) Solid/liquid intermolecular transfer of dynamic nuclear polarization.Enhanced flowing fluid proton NMR signals via immobilized spin labels.J. Am. Chem. Soc., 110 (7), 2294–2296.

[133] McCarney, E.R. and Han, S. (2007) Spin-labeled gel for the production of radical-free dynamic nuclear polarization enhanced molecules for NMR spectroscopy and imaging. J. Magn. Reson., 190 (2), 307–315.

[134] Demyanenko, A.V., Zhao, L., Kee, Y., Nie, S., Fraser, S.E., and Tyszka, J.M.(2009) A uniplanar three-axis gradient set for *in vivo* magnetic resonance microscopy. J. Magn. Reson., 200 (1), 38–48.

[135] Moore, E. and Tycko, R. (2015) Micron-scale magnetic resonance imaging of both liquids and solids. J. Magn. Reson., 260, 1–9.

[136] Bouchard, L.S., Kovtunov, K.V., Burt, S.R., Anwar, M.S., Koptyug, I.V., Sagdeev, R.Z., and Pines, A. (2007) Para-hydrogen-enhanced hyperpolarized gas-phase magnetic resonance imaging. Angew. Chem. Int. Ed., 46 (22), 4064–4068. doi: 10.1002/anie. 200700830.

[137] Bouchard, L.S., Burt, S.R., Anwar, M.S., Kovtunov, K.V., Koptyug, I.V., and Pines, A. (2008) NMR imaging of catalytic hydrogenation in microreactors with the use of para-hydrogen. Science (New York), 319 (5862), 442–445.doi: 10.1126/science.1151787.

[138] Telkki, V.V., Zhivonitko, V.V., Ahola, S., Kovtunov, K.V., Jokisaari, J., and Koptyug, I.V. (2010) Microfluidic gas-flow imaging utilizing parahydrogen-induced polarization and remote-detection NMR. Angew. Chem. Int. Ed., 49 (45), 8363–8366. doi: 10.1002/anie.201002685.

[139] Zhivonitko, V.V., Telkki, V.V., and Koptyug, I.V. (2012) Characterization of microfluidic gas reactors using remote-detection MRI and parahydrogen-induced polarization. Angew. Chem. Int. Ed., 51 (32),8054–8058. doi:10.1002/anie.201202967.

[140] Battino, R. and Wilhelm, E. (1981) Hydrogen and Deuterium, vol. 5/6.doi: 10.1016/ 0021-9614(80)90193-7.

[141] Battino, R. (1981) Oxygen and Ozone, vol. 7. doi: 10.1016/B978-0-08-023915-6.50007-X.

[142] Crovetto, R. (1991) Evaluation of solubility data of the system CO_2-H_2O from 273K to the critical point of water. J. Phys. Chem. Ref. Data, 20, 575. doi: 10.1063/1.555905.

[143] Doku, G.N., Verboom, W., Reinhoudt, D.N., and Van Den Berg, A. (2005) On-microchip multiphase chemistry—a review of microreactor design principles and reagent contacting modes. Tetrahedron, 61 (708), 2733–2742. doi: 10.1016/j.tet.2005.01.028.

[144] Elvira, K.S., Casadevall i Solvas, X., Wootton, R.C.R., and de Mello, A.J.(2013) The past, present and potential for microfluidic reactor technology in chemical synthesis. Nat. Chem., 5 (11), 905–915. doi: 10.1038/nchem.1753.

[145] Thulasidas, T., Abraham, M., and Cerro, R. (1995) Bubble-train flow in capillaries of circular and square cross section. Chem. Eng. Sci., 50 (2), 183–199. doi:

http://dx.doi.org/10.1016/0009-2509(94)00225-G.

[146] Thulasidas, T., Abraham, M., and Cerro, R. (1999) Dispersion during bubble-train flow in capillaries. Chem. Eng. Sci., 54 (1), 61–76. doi:http://dx.doi.org/10.1016/S0009-2509(98)00240-1.

[147] Garstecki, P., Gitlin, I., Diluzio, W., Whitesides, G.M., Kumacheva, E., and Stone, H.A. (2004) Formation of monodisperse bubbles in a microfluidic flow-focusing device. Appl. Phys. Lett., 85 (13), 2649–2651. doi:10.1063/1.1796526.

[148] Gañán Calvo, A.M. and Gordillo, J.M. (2001) Perfectly monodisperse microbubbling by capillary flow focusing. Phys. Rev. Lett., 87, 274501. doi: 10.1103/PhysRevLett.87.274 501.

[149] Löb, P., Pennemann, H., and Hessel, V. (2004) g/l-dispersion in interdigital micromixers with different mixing chamber geometries. Chem. Eng. J., 101 (1–3), 75–85. doi: 10.1016/j.cej.2003.11.032.

[150] Schönfeld, F., Hessel, V., and Hofmann, C. (2004) An optimised split-and-recombine micro-mixer with uniform chaotic mixing. Lab Chip, 4(1), 65–69. doi: 10.1039/b310802c.

[151] de Jong, J., Lammertink, R.G.H., and Wessling, M. (2006) Membranes and microfluidics: a review. Lab Chip, 6 (9), 1125–1139. doi: 10.1039/b603275c.

[152] Roth, M., Kindervater, P., Raich, H.P., Bargon, J., Spiess, H.W., and Münnemann, K. (2010) Continuous ^{1}H and ^{13}C signal enhancement in NMR spectroscopy and MRI using parahydrogen and hollow-fiber membranes. Angew. Chem. Int. Ed., 49 (45), 8358–8362.

[153] Femmer, T., Eggersdorfer, M.L., Kuehne, A.J.C., and Wessling, M. (2015) Efficient gas-liquid contact using microfluidic membrane devices with staggered herringbone mixers. Lab Chip. doi: 10.1039/C5LC00428D.

[154] Femmer, T., Kuehne, A., and Wessling, M. (2014) Print your own membrane: direct rapid prototyping of polydimethylsiloxane. Lab Chip, 14, 2610–2613.doi: 10.1039/c4lc0 0320a.

[155] Aran, H.C., Chinthaginjala, J.K., Groote, R., Roelofs, T., Lefferts, L., Wessling, M., and Lammertink, R.G.H. (2011) Porous ceramic mesoreactors: a new approach for gas-liquid contacting in multiphase microreaction technology. Chem. Eng. J., 169 (1-3), 239–246. doi: 10.1016/j.cej.2010.11.005.

[156] James, B.R. (1974) Homogeneous hydrogenation, in Berichte der Bunsengesellschaft für physikalische Chemie, vol. 78, Wiley-VCH Verlag GmbH & Co. KGaA, Weinheim, pp. 620. doi: 10.1002/bbpc.19740780622.

[157] Gong, Q., Klankermayer, J., and Blümich, B. (2011) Organometallic complexes in supported ionic-liquid phase (SILP) catalysts: a PHIP NMR spectroscopy study. Chem. Eur. J., 17 (49), 13 795–13 799. doi:10.1002/chem.201100783.

[158] Fekete, M., Bayfield, O.W., Bayfield, O., Duckett, S.B., Hart, S., Mewis, R.E., Pridmore, N., Rayner, P.J., and Whitwood, A. (2013) Iridium(III) hydrido N-heterocyclic carbene-phosphine complexes as catalysts in magnetization transfer reactions. Inorgan.

Chem., 52 (23), 13 453–13 461. doi: 10.1021/ic401783c.

[159] Shi, F., Coffey, A.M., Waddell, K.W., Chekmenev, E.Y., and Goodson, B.M. (2015) Nanoscale catalysts for NMR signal enhancement by reversible exchange. J. Phys. Chem. C, 119 (13), 7525–7533. doi: 10.1021/acs.jpcc.5b02036.

[160] Glöggler, S., Grunfeld, A.M., Ertas, Y.N., McCormick, J., Wagner, S., Schleker, P.P.M., and Bouchard, L.S. (2015) A nanoparticle catalyst for heterogeneous phase para-hydrogen-induced polarization in water. Angew. Chem. Int. Ed., 54 (8), 2452–2456. doi: 10.1002/anie.201409027.

[161] Kovtunov, K.V., Barskiy, D.A., Coffey, A.M., Truong, M.L., Salnikov, O.G.,Khudorozhkov, A.K., Inozemtseva, Ea., Prosvirin, I.P., Bukhtiyarov, V.I.,Waddell, K.W., Chekmenev, E.Y., and Koptyug, I.V. (2014) High-resolution 3D proton MRI of hyperpolarized gas enabled by parahydrogen and Rh/TiO$_2$ heterogeneous catalyst. Chemistry (Weinheim an der Bergstrasse, Germany), 20 (37), 11 636–11 639. doi: 10. 1002/chem. 2014 03604.

[162] Kovtunov, K.V., Zhivonitko, V.V., Kiwi-Minsker, L., and Koptyug, I.V. (2010)Parahydrogen-induced polarization in alkyne hydrogenation catalyzed by Pd nanoparticles embedded in a supported ionic liquid phase. Chem. Commun. (Cambridge, England), 46 (31), 5764–5766. doi: 10.1039/c0cc01411g.

[163] Shi, F., Coffey, A.M., Waddell, K.W., Chekmenev, E.Y., and Goodson, M. (2014) Heterogeneous solution NMR signal amplification by reversible exchange. Angew. Chem. Int. Ed., 53 (29), 7495–7498.doi: 10.1002/anie.201403135.

[164] Kovtunov, K.V., Zhivonitko, V.V., Skovpin, I.V., Barskiy, D.A., and Koptyug,I.V. (2013) Parahydrogen-induced polarization in heterogeneous catalytic processes, in Hyperpolarization Methods in NMR Spectroscopy (ed. T.L. Kuhn), Springer-Verlag,Berlin, Heidelberg, pp. 123–180.doi: 10.1007/128_2012_371.

[165] Truong, M.L., Shi, F., He, P., Yuan, B., Plunkett, K.N., Coffey, A.M., Shchepin, R.V., Barskiy, D.A., Kovtunov, K.V., Koptyug, I.V., Waddell, K.W., Goodson, B.M., and Chekmenev, E.Y. (2014) Irreversible catalyst activation enables hyperpolarization and water solubility for NMR signal amplification by reversible exchange. J. Phys. Chem. B, 118 (48), 13 882–13 889.doi: 10.1021/jp510825b.

[166] Eshuis, N., Hermkens, N., Van Weerdenburg, B.J.A., Feiters, M.C., Rutjes, F.P.J.T., Wijmenga, S.S., and Tessari, M. (2014) Toward nanomolar detection by NMR through SABRE hyperpolarization. J. Am. Chem. Soc., 136 (7),2695–2698. doi: 10.1021/ja412 994k.

[167] Barskiy, D. A., Kovtunov, K.V., Koptyug, I.V., He, P., Groome, Ka., Best, Q.A.,Shi, F., Goodson, B.M., Shchepin, R.V., Truong, M.L., Coffey, A.M., Waddell, K.W., and Chekmenev, E.Y. (2014) In situ and ex situ low-field NMR spectroscopy and MRI endowed by SABRE hyperpolarization. Chem Phys Chem. 15(18), 4100–4107. doi: 10.1002/cphc.201402607.

[168] Barskiy, D.A., Pravdivtsev, A.N., Ivanov, K.L., Kovtunov, K.V., and Koptyug, I.V.

(2015) Simple analytical model for signal amplification by reversible exchange (SABRE) process. Phys. Chem. Chem. Phys., 18, 89–93.doi: 10.1039/C5CP05134G.

[169] Pravdivtsev, A.N., Yurkovskaya, A.V., Zimmermann, H., Vieth, H.M., and Ivanov, K.L. (2015) Transfer of SABRE-derived hyperpolarization to spin-1/2 heteronuclei. RSC Adv., 5 (78), 63 615–63 623. doi: 10.1039/ C5RA13808F.

[170] Theis, T., Truong, M., Coffey, A.M., Chekmenev, E.Y., and Warren, W.S. (2014) Light-SABRE enables efficient in-magnet catalytic hyperpolarization. J. Magn. Reson., 248, 23–26. doi: 10.1016/j.jmr.2014.09.005.

[171] Korchak, S.E., Kilian, W., and Mitschang, L. (2013) Configuration and performance of a mobile ^{129}Xe polarizer. Appl. Magn. Reson.,44 (1–2), 65.

[172] Nikolaou, P., Coffey, A.M., Walkup, L.L., Gust, B.M., LaPierre, C.D.,Koehnemann, E., Barlow, M.J., Rosen, M.S., Goodson, B.M., and Chekmenev, E.Y. (2014) A 3D-printed high power nuclear spin polarizer. J. Am. Chem. Soc., 136 (4), 1636.

[173] Chann, B., Babcock, E., Anderson, L.W., Walker, T.G., Chen, W.C., Smith,T.B., Thompson, A.K., and Gentile, T.R. (2003) Production of highly polarized ^{3}He using spectrally narrowed diode laser array bars. J. Appl.Phys., 94 (10), 6908.

[174] Whiting, N., Nikolaou, P., Eschmann, N.A., Barlow, M.J., Lammert,R., Ungar, J., Hu, W., Vaissie, L., and Goodson, B.M. (2012) Using frequency-narrowed, tunable laser diode arrays with integrated volume holographic gratings for spin-exchange optical pumping at high resonant fluxes and xenon densities. Appl. Phys. B, 106 (4), 775.

[175] Liu, B., Tong, X., Jiang, C., Brown, D.R., and Robertson, L. (2015) Development of stable, narrow spectral line-width, fiber delivered laser source for spin exchange optical pumping. Appl. Opt., 54 (17), 5420.

[176] Schwindt, P.D.D., Knappe, S., Shah, V., Hollberg, L., Kitching, J., Liew, L.A.,and Moreland, J. (2004) Chip-scale atomic magnetometer. Appl. Phys. Lett.,85(26), 6409.

[177] Schwindt, P.D.D., Lindseth, B., Knappe, S., Shah, V., Kitching, J., and Liew, L.A. (2007) Chip-scale atomic magnetometer with improved sensitivity by use of the M[sub x] technique. Appl. Phys. Lett., 90 (8), 081 102.

[178] Kitching, J., Knappe, S., Shah, V., Schwindt, P., Griffith, C., Jimenez, R., Preusser, J., Liew, L.A., and Moreland, J. (2008) Microfabricated atomic magnetometers and applications. 2008 IEEE International Frequency Control Symposium.

[179] Griffith, W.C., Knappe, S., and Kitching, J. (2010) Femtotesla atomic magnetometry in a microfabricated vapor cell. Opt. Express, 18 (26), 27167-27172.

[180] Eklund, E.J. and Shkel, A.M. (2007) Glass blowing on a wafer level. J. Microelectromech. Syst., 16 (2), 232–239.

[181] Eklund, E.J., Shkel, A.M., Knappe, S., Donley, E., and Kitching, J. (2008) Glass-blown spherical microcells for chip-scale atomic devices. Sens. Actuators, A, 143 (1), 175.

[182] Jiménez-Martínez, R., Kennedy, D.J., Rosenbluh, M., Donley, E.A., Knappe,S., Seltzer, S.J., Ring, H.L., Bajaj, V.S., and Kitching, J. (2014) Optical hyperpolarization and NMR detection of ^{129}Xe on a microfluidic chip. Nat.Commun., 5. doi: 10.1038/ncomms

4908.

[183] Walter, D.K., Happer, W., and Walker, T.G. (1998) Estimates of the relative magnitudes of the isotropic and anisotropic magnetic-dipole hyperfine interactions in alkali-metal–noble-gas systems. Phys. Rev. A, 58 (5), 3642.

[184] Tscherbul, T.V., Zhang, P., Sadeghpour, H.R., and Dalgarno, A. (2011) Anisotropic hyperfine interactions limit the efficiency of spin-exchange optical pumping of ^{3}He nuclei. Phys. Rev. Lett., 107 (2). doi: 10.1103/physrevlett.107.023204.

[185] Freeman, M.S., Emami, K., and Driehuys, B. (2014) Characterizing and modeling the efficiency limits in large-scale production of hyperpolarized ^{129}Xe.Phys. Rev. A, 90 (2), 023406.

[186] Babcock, E.D. (2005) Spin-exchange optical pumping with alkali-metal vapors. Thesis. University of Wisconsin-Madison.

[187] McDonnell, E.E., Han, S., Hilty, C., Pierce, K.L., and Pines, A. (2005) NMR analysis on microfluidic devices by remote detection. Anal. Chem., 77 (24),8109–8114.

[188] Miller, K.W., Reo, N.V., Uiterkamp, A.J.S., Stengle, D.P., Stengle, T.R., and Williamson, K.L. (1981) Xenon NMR: chemical shifts of a general anesthetic in common solvents, proteins, and membranes. Proc. Natl. Acad. Sci., 78 (8),4946.

[189] Han, S.I., Garcia, S., Lowery, T.J., Ruiz, E.J., Seeley, J.A., Chavez, L., King, D.S., Wemmer, D.E., and Pines, A. (2005) NMR-based biosensing with optimized delivery of polarized ^{129}Xe to solutions. Anal. Chem., 77 (13), 4008.

[190] Causier, A., Carret, G., Boutin, C., Berthelot, T., and Berthault, P. (2015) 3D-printed system optimizing dissolution of hyperpolarized gaseous species for micro-sized NMR. Lab chip, 15, 2049.

第 12 章　小容量核磁共振联用技术

Andrew Webb

(荷兰) 莱顿大学医学中心 C. J. Gorter 高场磁共振中心放射科

12.1　常见联用模式简介

本章考虑将小容量样品制备和分离技术与 NMR 波谱联用，主要介绍四种常见的联用模式：① 基于分离柱的在线连续微分离技术与 NMR 联用；② 基于分离柱的在线停流微分离技术与 NMR 联用；③ 微量采样技术与微线圈探测的脱机联用；④ 芯片集成的联用微分离技术/NMR 探测。

图 12.1 为上述几种联用模式示意图。

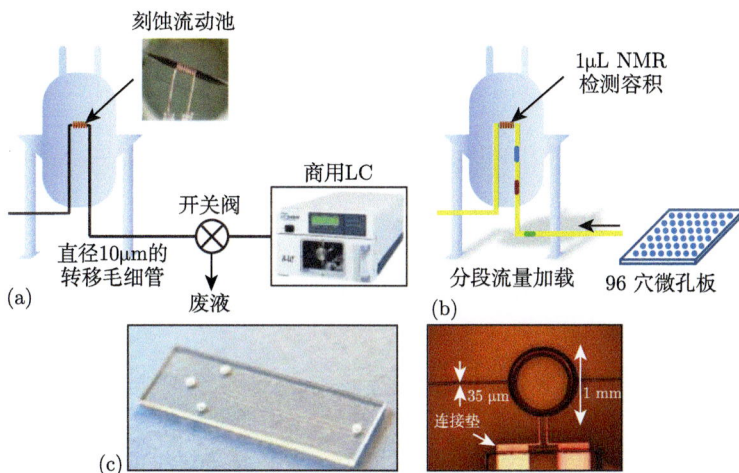

图 12.1　小容量 NMR 联用模式示意图。(a) NMR 探测与基于分离柱的化学微分离技术联用，其分离柱放置在磁体外部，分离出的化合物通过小直径的转移毛细管流入磁体；分离过程可以通过压力或电渗透驱动，RF 线圈可以与主磁场垂直放置 (螺线管) 或平行放置 (例如亥姆霍兹线圈或带状线圈)，可以连续流动探测，也可以停流探测。(b) NMR 探测与分段流动的联用，其中几个样品被惰性化合物隔开并轮流研究。(c) NMR 探测与片上分离的集成，其 RF 线圈通常是单平面结构或放置在分离柱两侧的双平面结构。

在图 12.1 所示案例情况下，由于样品体积非常小，最好的方法是使用小型

NMR 线圈，也称为微线圈。微线圈的尺寸从小于 100 μm 到 1 mm 不等，能够容纳数百皮升到几微升体积的相应材料。

接下来依次介绍每种联用模式的特点。在线连续微分离探测联用模式是将 NMR 探测器直接集成到分离器中。该模式的优点是能够在理想条件下 (例如，特定的时变溶剂梯度和最佳电泳电压) 进行分离，当被分离的化合物会迅速降解时，该模式是很有必要的。该模式的主要缺点是样品在探测器中的驻留时间 (τ) 较短，这意味着不能进行广泛的信号平均，限制了 NMR 谱的信噪比的提高，同时还缩短了有效 T_2 弛豫时间，从而增大了谱线宽度 [1,2]：

$$\frac{1}{T_{2,\mathrm{flow}}} = \frac{1}{T_{2,\mathrm{static}}} + \frac{1}{\tau} \tag{12.1}$$

在停流模式下进行在线分离可以避免这两个问题。然而，也会引入另外两个问题。一是必须知道停流的确切时间：这可以通过使用例如在线紫外光/可见光探测器来实现。二是在停流时，扩散使色谱峰变宽，这意味着分离效率降低。通常情况下，使用连续流动模式还是停流模式取决于分析物的浓度：如果浓度足够高，以至于不需要很大程度的信号平均，可以使用连续流动模式；否则只能使用停流模式。这两种技术的示例将在本章后面介绍。

脱机联用是指在进行分离时，将各个成分 "存储" 起来，并在最后一步中使用 NMR 依次研究。由于样品体积非常小，主要的挑战是如何有效地将这些样品加载到微线圈中。这一过程可以通过 "分段流动" 模式进行，即许多样品被惰性化学隔离物分离，然后被压力驱动进入微线圈 [3,4]，或者通过使用毛细管等速电泳 (capillary isotachophoresis, CITP) [5-7] 等方法将体积相对较大的稀释化合物浓缩成体积小得多的高浓度化合物。

最后，基于芯片的微分离技术 [8-13] 的使用在过去十几年中显著增加，这归功于该技术所具有的高通量、易制造和高分离效率的特点。不同长度、几何形状和深度的微通道可以被集成到玻璃或 PDMS 芯片中，并在不同的端口施加电压，以实现快速分离。微加工的 NMR 探测线圈也可以在这样的芯片上被制造出来 [14-16]，因此将 NMR 探测器与分离装置集成在一起，可以开发出非常紧凑且易于切换的系统。

12.2　用于小容量联用技术的射频线圈类型

射频线圈的灵敏度定义为在磁场 (B_1) 中产生的流经线圈的单位电流 (I)。由于使用同一线圈发送 RF 脉冲和接收 NMR 信号，根据互易原理 [17]，B_1/I 定义了发射效率 (B_1^+/I) 和接收效率 (B_1^-/I)。一项关于螺线管微线圈的研究表明，在线圈直径超过 100 μm 时，单位体积的信噪比与射频线圈的直径成反比，在线圈直径低于 100 μm 时，单位体积的信噪比与射频线圈直径的平方根成正比 [18]。高发射效率指在输入功率非常低的情况下，RF 脉冲可以非常短，从而实现非常高的激励带宽 [19-22]；高接收效率可以转换为单位体积的高信噪比。对给定样品的 NMR 探测可以用质量灵敏度 (S_m) 和浓度灵敏度 (S_c) 来表征 [23]。质量灵敏度 (S_m) 定义为可探测到的分析物的最小量，可表示为

$$S_m \propto \frac{t^{1/2} \omega_0^{7/4} M}{d_c} \tag{12.2}$$

其中，ω_0 是 NMR 系统的工作频率，M 是 NMR 探测器内分析物的物质的量，t 是总的数据采集时间，d_c 是 RF 线圈的直径。

有许多不同几何形状的 RF 线圈可用于与微分离技术或微量采样技术联用，详细内容在本书的其他章节进行介绍，这里仅对每种线圈进行简要描述。四种不同类型的射频线圈如图 12.2 所示。

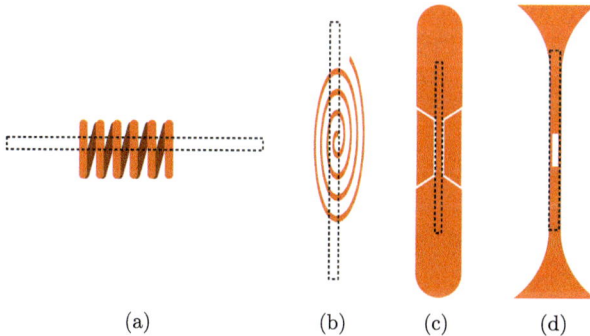

图 12.2 小容量 NMR 联用技术中使用的四种不同类型的射频线圈。含有样品的毛细管由虚线矩形表示。在每种情况下，磁体的 B_0 场都在垂直方向。(a) 螺线管线圈；(b) 螺旋平面线圈，(c) 带状线圈，(d) 微槽线圈。

(1) 螺线管：在使用细铜丝的情况下，螺线管相对容易以亚毫米大小的尺寸手工绕制。尺寸低至 150 μm 的线圈用于获取实验数据 [24]，低于 100 μm 的线圈可用于表征目的 [18]。螺线管可以在熔融二氧化硅毛细管上绕制，也可以在熔融二氧化硅毛细管周围的薄聚酰亚胺壳上绕制。同时，可以在毛细管内刻蚀一个扩大的流通池，以增加线圈填充系数 [25]。螺线管在所有线圈设计中具有最高的理论灵敏度，如果其长度大于直径，则产生相对均匀的射频磁场 [1,17,26,27]。微加工方法也可生产出用于 NMR 的三维结构螺线管 [28-31]。虽然螺线管线圈具有非常高的灵敏度，但是在联用方面有两个主要缺点：第一是它们不易与基于芯片的微流控器件进行集成，因为微流控器件几乎都是平面结构的；第二是其毛细管需要相对于

主磁场横向布置, 这意味着当电流通过溶液时 (如电泳分离中的情况), 由该电流产生的附加磁场会增大 NMR 谱线宽度[32,33]。

(2) 平面线圈: 平面线圈可以是单圈结构, 也可以是圆形或矩形螺旋结构, 可以使用简单的平版印刷技术来制造[14,16,34−39]。这种类型的线圈在磁体内垂直定向, 以产生所需的 B_1 磁场方向。这种几何形状的线圈在联用方面的主要优势在于, 它所使用的基板与用于制作片上微分器件的基板是相同类型的, 因此集成非常容易, 不需要额外的装置进行连接。线圈的垂直方向也最大限度减少了由电泳电流引起的线宽增大。主要缺点是这种单平面结构产生不均匀 B_1 磁场。亥姆霍兹 (Helmholtz) 线圈可以看作是放置在样品两侧的两个平面线圈, 因此能够产生更均匀的 B_1 磁场, 这种微型亥姆霍兹线圈已经被生产出来[40], 但还没有广泛应用于 NMR 联用技术。

(3) 带状线圈和微槽线圈: 这两种射频线圈都是基于电流和其关联磁场向细导体位置的 "集中" 而设计的。它们是垂直方向放置的, 因此具有与平面线圈相同的优点。带状线圈是由 Kentgens 团队[41−46] 开发的, Finch 等[47] 在研究中专门优化了带状线圈的几何结构, 以便于结合尺寸为 100 mm × 25 mm × 0.8 mm 的通用微流控芯片使用。在微槽线圈的设计[48−50] 中, 由于槽周围的小导体区域存在 "电流拥挤" 的电磁现象, 导电结构中微槽位置周围的磁场会得到加强。

12.3　压力驱动微分离——核磁共振联用技术

提纯和分析未知化合物的一个重要步骤是从复杂的化学或生物混合物中有效地分离出单个组分。最常见的分离技术是高压液相色谱法 (high-pressure liquid chromatography, HPLC)。对于没有质量限制的样品, 可以进行 "制备级" 分离, 即使用直径 4.6 mm 的分离柱。对于质量有限的样品, 分离柱的直径要小得多, 并且分离产生的分析物峰值流量也非常适合进行 NMR 微线圈探测, 如表 12.1 所示。

表 12.1　色谱柱参数和由此产生的 1 nmol 分析物的峰值浓度

色谱柱内径/mm	流速/(μL/min)	峰值流量/μL	峰值浓度/mM
4.6, 标准	1000	200	0.005
1, 微内径	30	10	0.1
0.32, 毛细管	3	1	1
0.18, 毛细管	1	0.3	3

资料来源: Olson 等[23], 经美国化学学会许可转载

12.3.1　毛细管高压液相色谱

毛细管高压液相色谱 (capillary high-pressure liquid chromatography, CH-PLC) 的色谱稀释度 (D) 由式 (12.3) 给出:

$$D = \frac{C_0}{C_{\max}} = \frac{r^2 \varepsilon \pi (1+k)\sqrt{2LH\pi}}{V_{\text{inj}}} \tag{12.3}$$

其中，C_0 是分析物的初始浓度，$C_{\max}$ 是色谱峰最大值处的最终化合物浓度，r 是色谱柱半径，ε 是色谱柱孔隙率，k 是保留因子，L 是色谱柱长度，H 是色谱柱塔板高度，V_{inj} 是进样体积。式 (12.3) 显示，色谱柱半径越小，色谱稀释度越小，洗脱峰值浓度越高，如表 12.1 所示。较小规格的毛细管也更容易进行非常快速的分离。与传统高压液相色谱相比，毛细管高压液相色谱对于固定相的量和溶剂的消耗大大减少 (5 μL/min，而不是 0.5~1 mL/min)，因此可以使用氘代溶剂进行分离，这意味着不需要使用 NMR 溶剂抑制技术，从而产生更高质量的 NMR 谱[51,52]。洗脱体积越小，分析物浓度也越高，从而提高了 NMR 谱的信噪比。

Lewis 等[53] 在 600 MHz 频率下分析尿液中的药物代谢时，将 CHPLC-NMR 与 HPLC-SPE (solid phase extraction，固相萃取)-MS (mass spectrometry，质谱分析)-NMR 进行了比较。CHPLC-NMR 中，采用 150 mm × 1 mm 的色谱柱和总容量 5 μL 的逆向 NMR 探测探头。HPLC-SPE-MS-NMR 中，在 150 mm× 4.6 mm 的色谱柱上进行分离，分析物被捕获在通用树脂盒中，然后洗脱到 5 mm 的管内，用低温探头进行 NMR 分析。实验结果表明，与 HPLC-SPE-MS-NMR 相比，CHPLC-NMR 获得了更高的样品回收率，但在 SPE 模式下可获得更高的信噪比。结合 CHPLC 系统有限的样品装载能力和 HPLC-SPE-MS-NMR 的多功能性，得出 CHPLC-NMR 更适合用于质量有限样品分析的结论[53]。其他一些研究也显示了 CHPLC-NMR 在处理质量有限样品方面的优势[54-57]。图 12.3 展

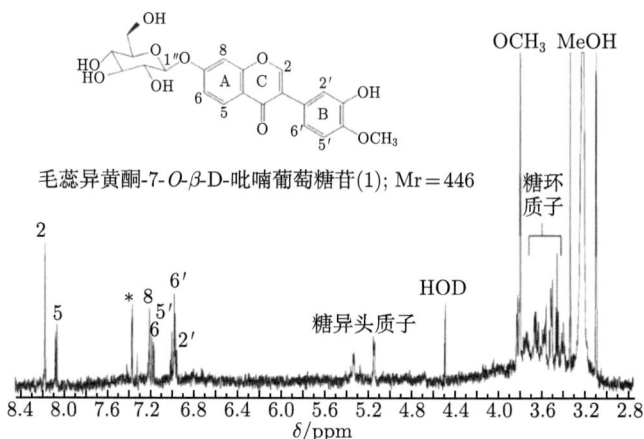

图 12.3 使用基于停流模式的 CHPLC-NMR 技术，通过容量为 1.5 μL 的螺线管线圈从黄芪提取物中获得的第一个洗脱峰 (毛蕊异黄酮-7-O-β-D-吡喃葡萄糖苷) 的 ^{1}H 谱。用 30 000 个信号平均值记录光谱，并参照 1.93 ppm 的残留乙腈的溶剂信号。(Xiao 等[57]，经 Elsevier 许可转载。)

示了在停流模式下采样分析黄芪提取物 (黄芪的干燥根，最广泛使用的中草药之一)[57] 的案例。

12.3.2　毛细管气相色谱

气相色谱法 (gas chromatography, GC) 具有非常高的分离效率，常与质谱法联用，进行挥发性化合物的结构分析。然而，由于 GC-NMR 通常在连续流动模式下操作，最佳流速往往代表了 NMR 灵敏度、色谱分辨率和 NMR 光谱分辨率之间的折中。迄今为止，只有两项研究将毛细管气相色谱与 NMR 探测结合起来。其中一项是关于立体异构碳氢化合物的研究，在连续流动和停流模式下都使用了定制的双共振螺线管微探头 [58]。在使用相同的 NMR 设备进行的另外一项研究中，对三种模型化合物的分离和探测进行了探究。尽管观察到两个色谱峰重叠，但根据 NMR 数据可以明确区分不同的分析物 [59]。

12.4　电驱动微分离

第二大类化学分离技术是电驱动技术，即沿分离柱的长度方向施加电压，电流流过溶液，基于离子电泳迁移率的差异进行分离。分析物溶解在缓冲液中，电渗现象使缓冲液从阳极流向阴极。同时，分析物中的阳离子也因带有正电荷被吸引到阴极上，因此，电渗流和离子流动的影响叠加在一起。相反，分析物中的负离子则被吸引到阳极上，电渗流和电荷效应的作用是 "对立" 的。通过在缓冲溶液中引入额外的 pH 或电导率梯度，可以进一步区分分析物条带。

除了上一节描述的微分离技术的一般优点 (即更高的分离效率和氘代溶剂的使用) 外，与大型电泳柱相比，CE 系统使用高表面积/体积比的小毛细管，能够更有效地消散焦耳热。这意味着可以使用更高的电泳电压，从而获得更高的分离效率。

12.4.1　毛细管电泳核磁共振 (CE-NMR)

许多已发表的文献中已经证明了 CE-NMR 的概念和效用 [25,32,33,60−63]。CE-NMR 的基本设置如图 12.4(a) 所示，通过放置在缓冲器中的薄电极，将入口设置为高电压 (通常为几万伏)，而出口设置为接地。不同的分析物根据各自的电泳迁移率而以不同的速率移动。最初的结果是使用螺线管微线圈获得的 [33]，它表现出高灵敏度的特点，但 NMR 谱线形状较差。宽线形状是由水平方向上流过样品的电流所产生的附加不均匀磁场引起的，图 12.4(b) 显示了施加电压对光谱线宽的影响。消除线宽效应的方法有很多种。一种是使用周期性停流，即在 NMR 数据采集期间关闭高电压 [32]。第二种是使用信号处理方法，通过运用展宽函数相关的知识来补偿展宽[64]。另外，也可以使用垂直方向的探测线圈，包括垂直螺线管[65]、亥姆霍兹线圈[66]、带状线圈或微槽线圈。

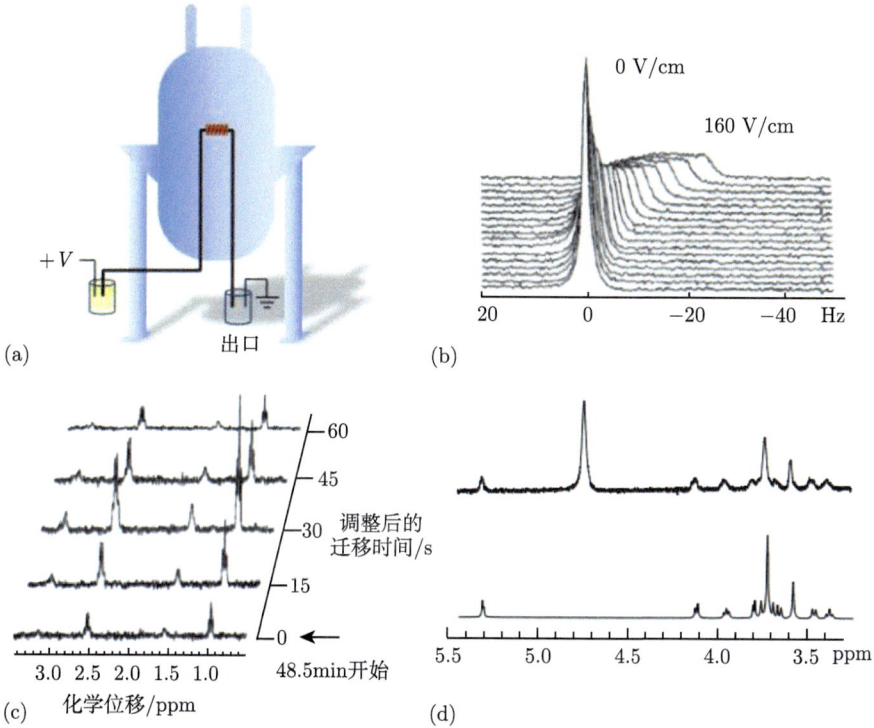

图 12.4 (a) 毛细管电泳分离与微线圈 NMR 探测联用的基本设置。(b) 图中显示了施加电压对缓冲溶液中水共振光谱线宽的影响。(c) 精氨酸和三乙胺 (TEA) 混合物的周期性停流 CE-NMR 谱 (最初均为 50 mm)。在 300 MHz NMR 谱仪上使用有效容积为 8 nL 的螺线管微线圈，通过重力注射方式注入 290 nL 样品 (高度为 20 cm，持续 22 s)。精氨酸共振出现在 3.1 ppm 和 1.5 ppm，三乙胺共振出现在 2.5 ppm 和 1.0 ppm。在两次采集之间施加 7.0 kV 的电压，持续 15 s。为了清楚起见，省略了第一个 48.5 min 的迁移时间。(Olson 等[32]，经美国化学学会许可转载。)(d)(上) 用 30 mA 电流通过毛细管获得的 100 mM 蔗糖在 D_2O 中的光谱：水共振光谱线宽为 9.3 Hz。(下) 使用小波分解和参考反卷积获得的频谱图。(Li 等[64]，经 Elsevier 许可转载。)

Albert 小组已经将与此密切相关的毛细管区带电泳 (capillary zone electrophoresis, CZE) 技术与微线圈 NMR 进行联用[25,61,62]，如毛细管电色谱法 (capillary electrochromatography, CEC)[25,61,62,66−68]。Pusecker 等[25] 提出了一种可将 NMR 探测技术与 CEC、CZE 或 CHPLC 技术进行联用的装置，如图 12.5 所示。对于 CZE 技术，将探测毛细管的两端浸入位于 NMR 磁体下方的缓冲池中。阳极施加高压，阴极接地。探测毛细管 (内径为 60 μm) 本身被用作分离柱，外加 20 kV 电压，样品电动加载并分离。当使用 CHPLC 技术时，探测毛细管通过特氟纶管连接到 NMR 探头外部的填充毛细管，填充毛细管的另一端放入进样装置，探测毛细管的另一端放入出口小瓶。HPLC 泵通过一个内径为 50 μm 的毛细管与进样装置相连，向进样装置的 2 μL 储液罐中注入样品并将其连接到泵上进行进样，然后通过一个内径为 100 μm 的电阻毛细管对流向色谱柱的样品进行分离，产生 1 μL 的有效进样体积，其中包含 20 μg 的分析物。

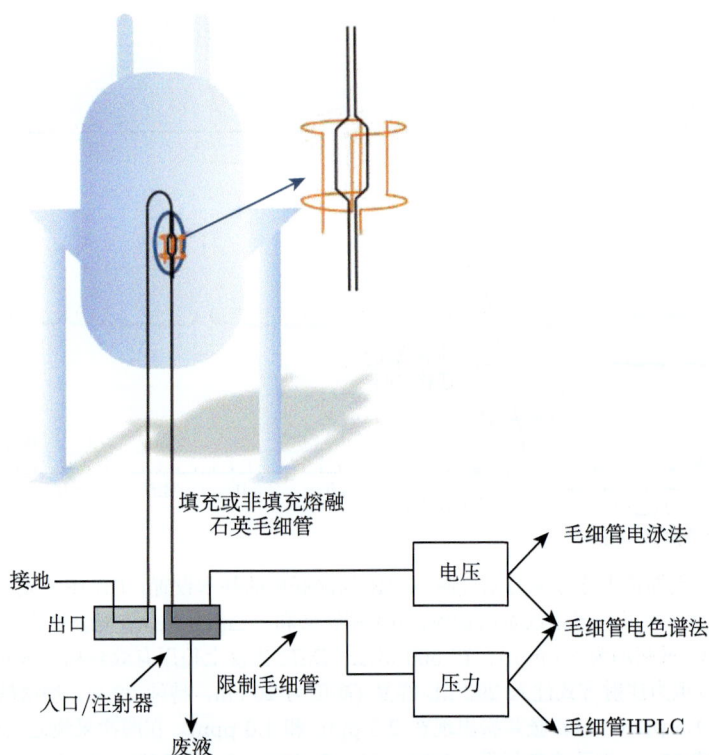

图 12.5　将 CEC、CZE 或 CHPLC 技术与微线圈 NMR 探测联用的装置示意图。(Pusecker 等 [25]，经美国化学学会许可转载。)

12.4.2　毛细管等速电泳核磁共振

毛细管等速电泳核磁共振 (capillary isotachophoresis NMR, CITP-NMR) 技术既可以分离混合物，也可以将稀溶液浓缩成体积更小、浓度更高的溶液，从而用于微线圈 NMR 探测。CITP-NMR 由 Kautz 等 [5] 提出，后续研究主要在 Larive 实验室进行 [6,7,69−75]。CITP 原理如图 12.6(a) 所示：CITP 分离使用不连续的缓冲系统来浓缩分析物，并根据电泳迁移率来分离不同组分 [77]。用于 CITP 分离的缓冲系统由迁移率高于分析物的前置电解质 (leading electrolyte, LE) 和迁移率低于分析物的后置电解质 (trailing electrolyte, TE) 组成。当沿分离毛细管施加电压时，各个分析物组分按照电泳迁移率的顺序在前置电解质后面堆积成独立条带。由于必须有恒定电流流过毛细管，因此分析物浓度与前置电解质浓度成正比，这意味着浓度最多可以提高两到三个数量级。不同的分析物组分一旦堆积成独立条带，就会以恒定的速度通过毛细管迁移到 NMR 微线圈中。图 12.6(c) 显示了使用 CITP-NMR 从神经毒素 (图 12.6(b)) 获得的光谱实例 [76]。这个 CITP-NMR 实验使用了双微线圈 NMR 探头 [7]，两个线圈串联排列在分离通道上。通过这种设计，可以在第一个 (侦察) 线圈上观察到流动的感兴趣的分析物迁移区域，然后将其捕获到第二个线圈中，以进行基于停流模式的 NMR 分析。该探头由两个 1 mm 长的微线圈组成，相隔 1 cm，缠绕在一段内径为 370 μm、外径为 430 μm 的聚酰亚胺管上：聚酰亚胺套管便于更换分离毛细管。由于在给定时间内只有一个线圈工作，所以对于不工作的线圈，需要闭合高电容电桥使其失谐，从而消除线圈间耦合。

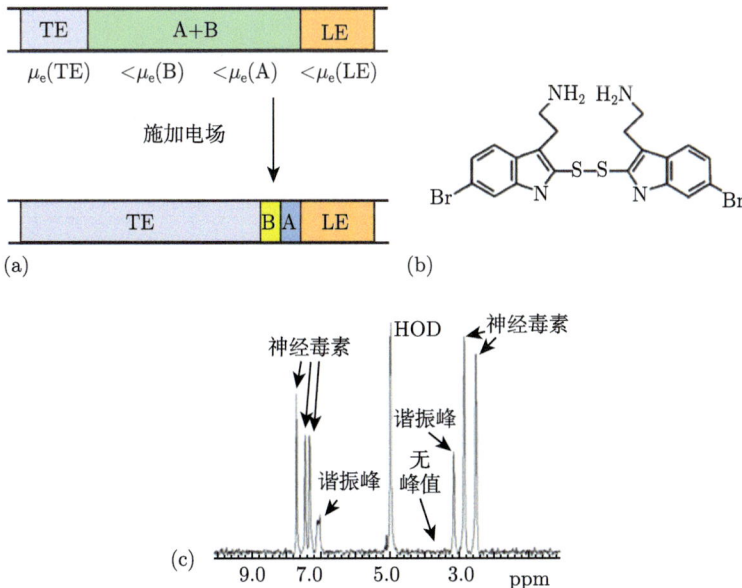

图 12.6　(a) 毛细管等速电泳法分离或浓缩样品的原理图。(b)6-溴-2-巯基色胺 (BrMT) 的二硫键二聚体—— *Calliostoma canaliculatum* 神经毒素结构图。(c) 含有神经毒素 (BrMT 的二聚体) 和其他成分的混合物的停流 CITP-NMR 光谱。(图 (b) 和图 (c)：Wolters 等 [76]，经美国化学学会许可转载。)

使用 β-环糊精 (cyclodextrin, CD) 作为缓冲剂 [77]，在线 CITP-NMR 技术还被用来浓缩和分离三环类抗抑郁药多塞平的商用制剂的成分。这项研究的实验数据显示出乙酸盐和 β-环糊精之间形成了弱络合物，并证明了该络合物在将 β-环糊精从前置电解质通过样品转移到后置电解质的过程中起到的作用，如图 12.7 所示。

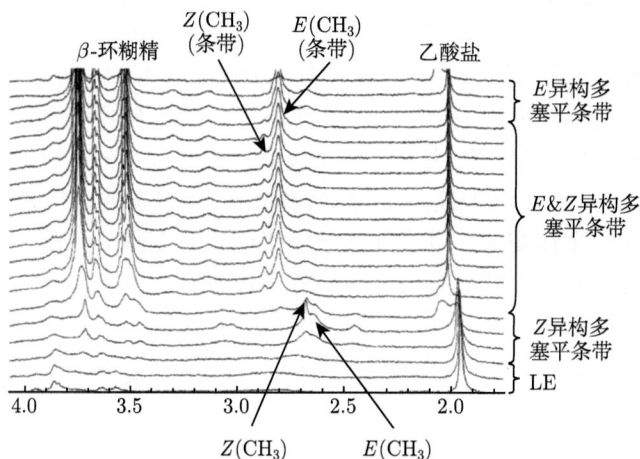

图 12.7　9 nmol 多塞平的扩展 CITP-微线圈 NMR 谱，LE 为 160 mM pD 5.0 的乙酸钠溶液，TE 为 160 mM 乙酸-d6 溶液。LE 和 TE 都含有 4.5 mM 的 β-环糊精。多塞平在分析物条带初始位置附近的共振类似于游离多塞平的化学位移，其中 Z 异构体是该区域的主要成分。这个扩散区的宽共振带表明自由状态与络合状态的多塞平之间存在中等交换。条带后半部分的共振主要是由 β-环糊精络合的 E 异构体引起的。可以发现 β-环糊精的强度显著增加，因为它与多塞平在条带的后半部分共同浓缩。(Jones 和 Larive [77]，经美国化学学会许可转载。)

12.5　微样品与微线圈探测的脱机联用

获得微量样品最大理论信噪比的最大挑战之一是确保整个样品位于 NMR 微线圈的有效容积内。处理纳升或微升样品是很困难的，对样品的任何稀释都会降低信噪比。Kautz 小组 [3-5,78] 一直致力于开发微滴技术，样品制备完成后，将微升体积的样品通过 1 m 长的距离转移到 NMR 微线圈，这种技术被称为零色散分段流动分析 (segmental flow analysis, SFA)，如图 12.8 所示。正如 Behnia 和 Webb 最初所设计的那样，基本方法是将样品注入两个全氟化液体塞之间 [80]。

Kautz 等 [3] 通过使用零色散的 SFA 技术证明可以从皮摩尔级别的 DNA 加合物中获得 NMR 光谱，如图 12.9 所示。

用于微滴 NMR 的单个微样本通常由微分离的单个成分组成。在分离之后，质子化的溶剂可以通过干燥去除，浓缩的分析物溶解在小体积的氘代溶剂中 (这也意味着允许探测可交换质子)，如图 12.10 所示。这种方法还可以结合高灵敏度

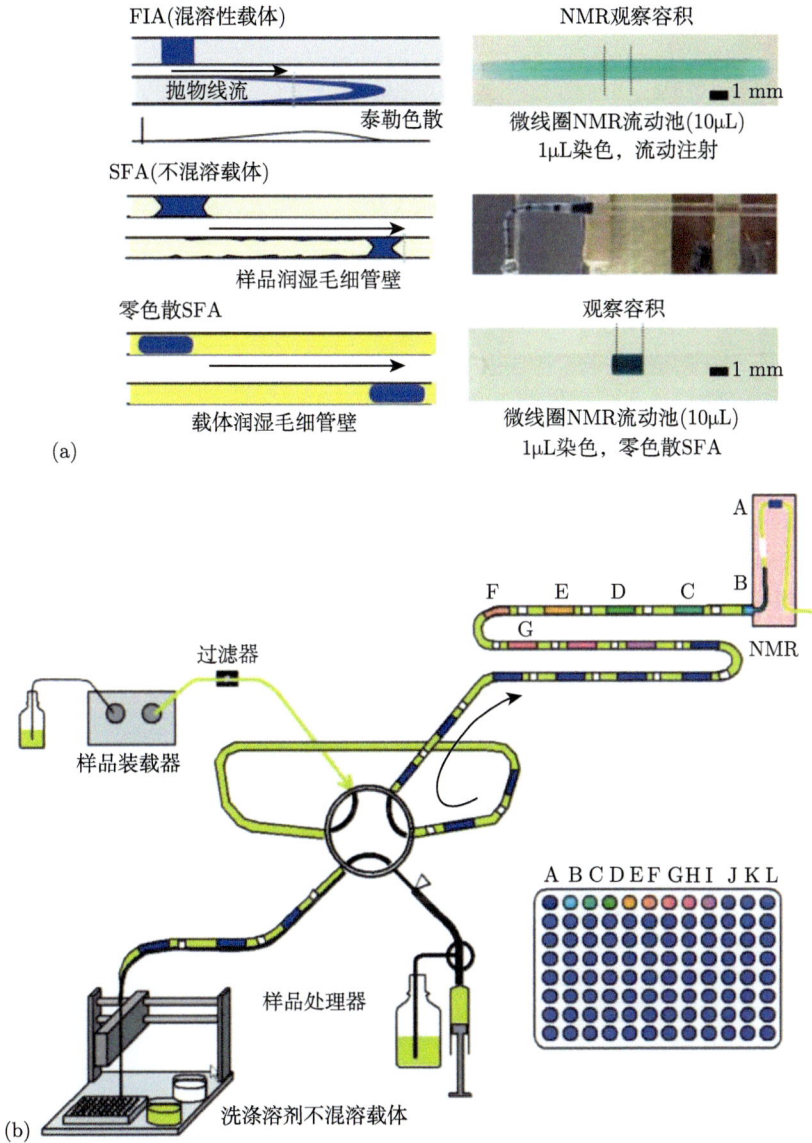

图 12.8 (a) 将微样品注入 NMR 线圈的三种方法对比，包括流动注射分析 (flow injection analysis, FIA)、SFA 和零色散 SFA。(Kautz[79]，经美国东北大学许可转载。)(b) 用于分段流动分析的 NMR 仪器。中间是一个装载样品的环路阀。图中所示的 "输送" 位置将样品环路置于样品装载泵和连接至 NMR 探头的传输线之间。在 "填充" 位置，样品处理器通过探头的 200 μm 内径毛细管将样品塞吸入环路，样品塞是通过交替地在二甲基亚砜 (DMSO)、不混溶的氟碳化合物 FC 43 和清洁溶剂清洗塞中抽取样品而形成的。到探头的传输线长 3 m(容量 43 μL)。(Kautz 等 [4]，经美国化学学会许可转载。)

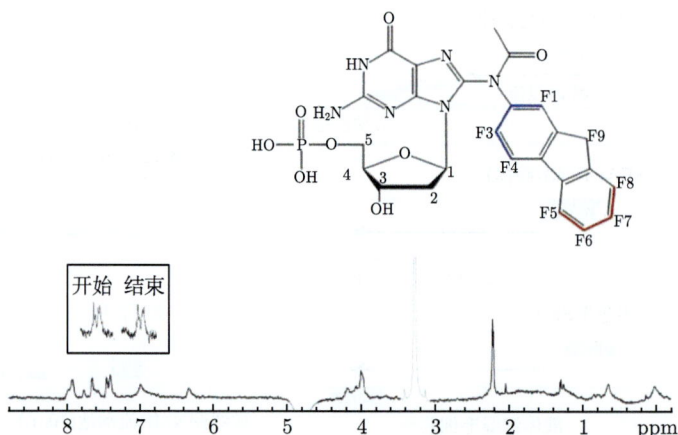

图 12.9　80 ng DNA 加合物 N-(2′-脱氧鸟苷-8-基)-2-乙酰氨基芴啉-5′-单磷酸 (AAF-dGMP) 的 ^{1}H 光谱，化学结构如图所示。在一个观察容积为 1 μL 的螺线管微线圈中，40 h 内进行了 100 000 次扫描采集。上图显示了第一个 4 h(开始) 和最后 4 h(结束) 的 7.4 ppm 峰值。信号分配：6.3 ppm(核糖 C-1 上的 CH)、4.2 ppm(核糖 C-3 和 C-4 上的 CHs)、3.9 ppm(芴的桥 CH_2 和核糖 C-5 的 CH_2) 和 2.2 ppm(核糖 C-2 的乙酰基和 CH_2)。(Kautz 等 [3]，经美国化学学会许可转载。)

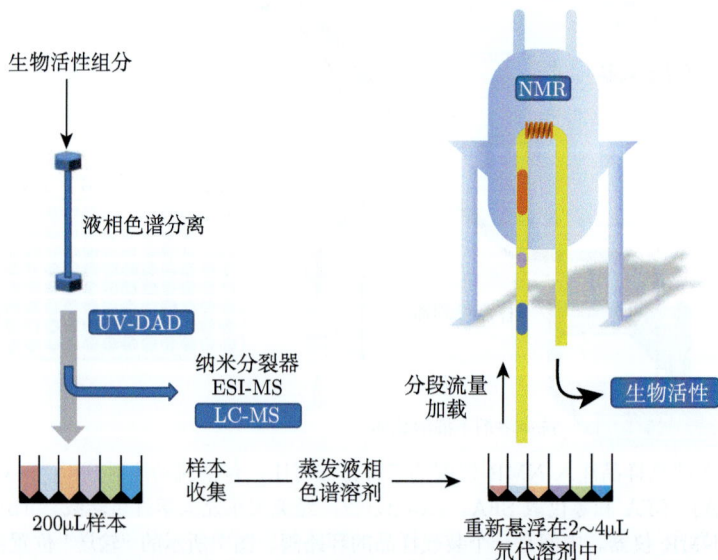

图 12.10　应用于天然产物发现的 LC-MS-NMR 平台示意图。利用在线获取的 UV 和 MS 数据，用 HPLC 法分离样品中的生物活性组分。98% 的洗脱液用于紫外引导下的馏分收集，馏分通过干燥进行浓缩。对于 NMR，将各个馏分溶解在小体积 (2 ～ 4 μL) 的氘代溶剂中，并使用微板自动化和零色散 SFA 将其装载到微线圈 NMR 探头中。在 NMR 分析之后，样品可以被回收，用于额外的分析、存档或生物测定。(改编自文献 [81]，经美国化学学会许可转载。)

的质谱探测器，如 Lin 等[82] 描述的 LC-MS-µNMR 平台，图 12.10 中对此也做了说明。基于纳米分流器的 LC-MS 方法通常抽出约 5% 的样品用于 MS。由于可以使用最佳的溶剂梯度，因此可以保持较高的色谱分辨率。Gathungu 等[83] 展示了这种集成的 LC-UV-MS-离线 NMR 平台在分析鉴定植物细胞培养物中的化合物方面的实用性，如图 12.11 所示。

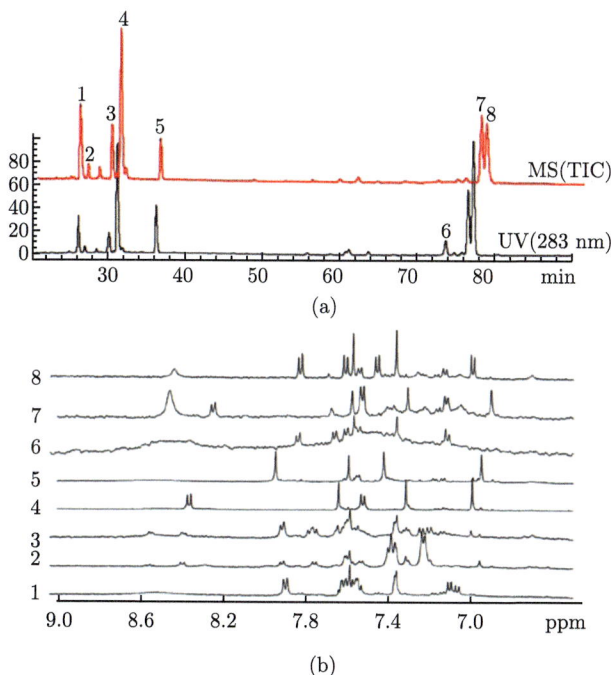

图 12.11 (a) *Eschscholzia californica* (加利福尼亚花菱草) 细胞诱导培养得到的苯并菲啶类生物碱在 96 h 范围内的 LC-UV-MS-NMR 图。(上)UV(283 nm) 和 MS 色谱图在 0.1 min 内相互关联 (为清晰起见，MS 色谱图向右移动)。标记为 1~8 的 LC 峰被分离，用于离线高分辨率 MS、MS/MS 和微线圈 NMR 分析。(b) 芳香区 (6.5~9.0 ppm) 中标记为 1~8 的 LC-UV 峰的微线圈 NMR ^{1}H 谱。收集的分析物质量从 200 ng (2) 到 8 µg (4) 不等。(Gathungu 等[83]，经英国皇家化学学会许可转载。)

样品干燥和再溶解的替代方法是在液相色谱分离和 NMR 探测之间使用固相萃取[81]。Falck 等[43] 展示了这种固相萃取方法的微尺度应用：他们将固相萃取法与使用带状线圈的 NMR 探测技术联用，研究类药物分子的流通电化学转化 (electrochemical conversion, EC)，如图 12.12(a) 所示。带状线探头由一堆带有刻蚀微流体通道的玻璃基板组成。通过溅射和电镀铜结构，即两个接地面和射频谐振器，在带状线探头上方和下方的两个铜接地面集中了射频场，提高了均匀性。这些层被组装并黏合在一起，因此它们是无泄漏的。在熔融二氧化硅衬底上刻蚀两个微流体通道，每个通道的容积为 150 nL。熔融二氧化硅毛细管 (内径 75 µm，外径 150 μm，长 15 cm) 黏合在芯片顶部和底部的微流体通道中，用作入口和出口，并使用聚醚醚酮 (polyether ether ketone, PEEK) 接头将两个熔融二氧化硅毛细管连接到磁体底部更大的毛细管 (入口侧内径 150 μm，外径 360 μm；出口侧内径 250 μm，外径 360 μm)，以避免系统中的压力高于 10 bar，如图 12.12(b) 所示。入口毛细管连接到固相萃取装置后面的六通阀。在出口毛细管的末端，使用一个截止阀来防止样品在持续时间超过 1 h 的测量过程中从测量区域泄漏。自制探头由一个铝制圆柱体组成，圆柱体的顶部分成两半，芯片和电子电路置于其中。

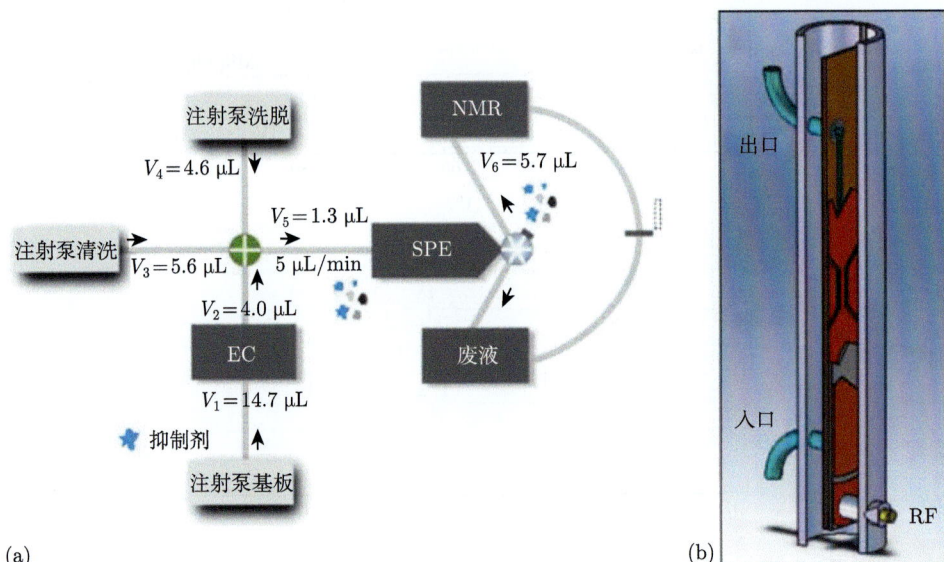

图 12.12　　(a)EC-SPE-带状线 NMR 设置。图中规定了所有连接毛细管的空隙体积。(Falck 等 [43]，经 Springer Nature 许可转载。)(b) 带状线探头示意图。

12.6　原位生物系统的连续监测

能够将 NMR 探测线圈与液体流动系统联用的另一个应用是以时间函数对生物"系统"进行无创监测。微流控集成允许将不同的灌注液"供给"给系统，以保持系统的生理稳定性 (因为氧气和营养物质会被耗尽)，或者产生特定的化学环境。

最近的一项研究涉及一个直径为 500 μm 的肿瘤球体，通过 NMR 监测 24 h[49]。如图 12.13 所示，NMR 探头包括一个微槽射频线圈，其中集成了一个板载加热器，并有一个微流控装置作为样品支架。使用这种设计装置监测 23 种细胞内和细胞外代谢物的产生和降解的动态过程。实验结束时，肿瘤中出现了高浓度的乳酸和丙氨酸，意味着从氧化代谢向糖酵解代谢的转变。

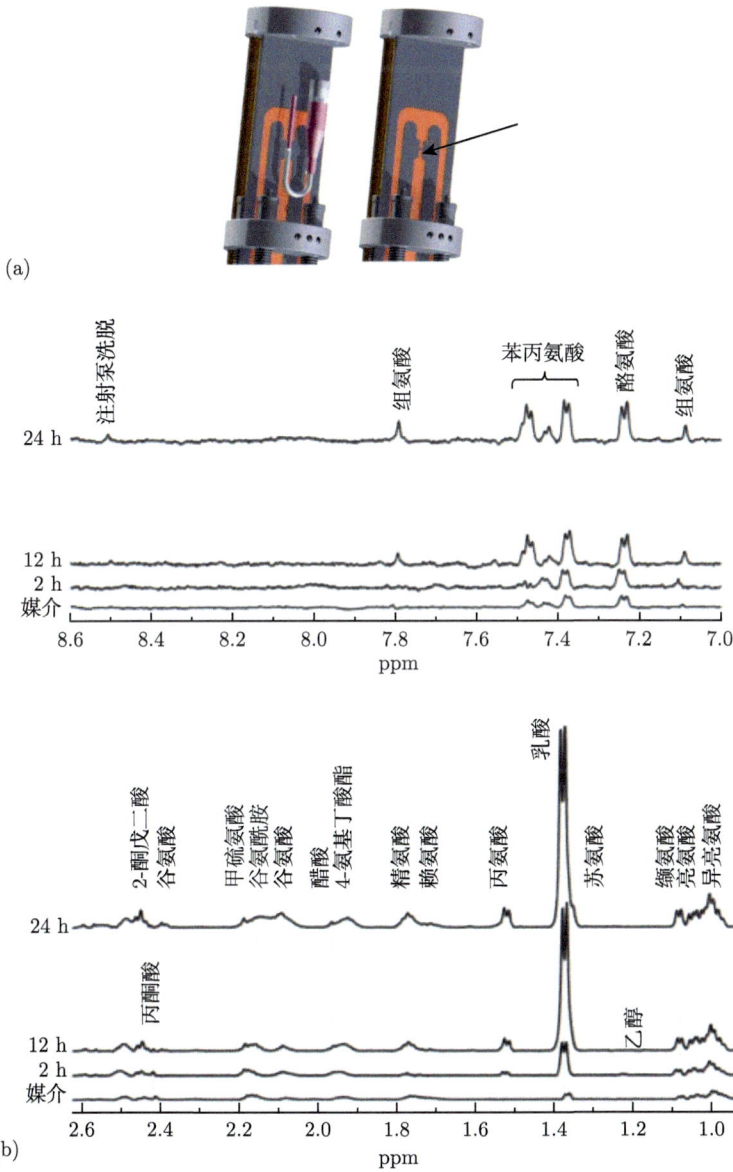

图 12.13 (a) 带有板载非磁性平面加热器 (背面) 的平面波导微槽 NMR 探头示意图。铜带上有一个小槽 (100 μm × 200 μm)。探头连接一个填充细胞培养液的 U 形微流控玻璃装置和一个直径为 500 μm 的肿瘤球体。球体放置在探头 (箭头) 的微槽上方, 这是最敏感的探测区域。(b) 用微槽探头获得的高分辨率 NMR ¹H 谱 (600 MHz)。在 37℃ 观察 24 h 内代谢物产生和降解的动态过程, 为了更好地显示信号, 顶部的光谱比底部的光谱放大了 10 倍。(Kalfe 等 [49], 经美国化学学会许可转载。)

12.7　微流控混合及反应动力学研究

　　NMR 探测与微流控联用也可用于极少量物质的反应动力学研究 [84-87]。例如，图 12.14(a)~(c) 显示了将微型混合器 (容量 34 μL) 与螺旋毛细管 NMR 流量计相结合的探头 [87]。反应时的全流道温度由恒温液控制，因此可以在等温条件下研究放热反应和吸热反应。微流控和 NMR 的紧密结合使得在获得第一个 NMR 谱之前的反应延迟时间非常短，只有 2 s。图 12.14(d) 展示了甲醇和乙酸的酯化反应动力学曲线。

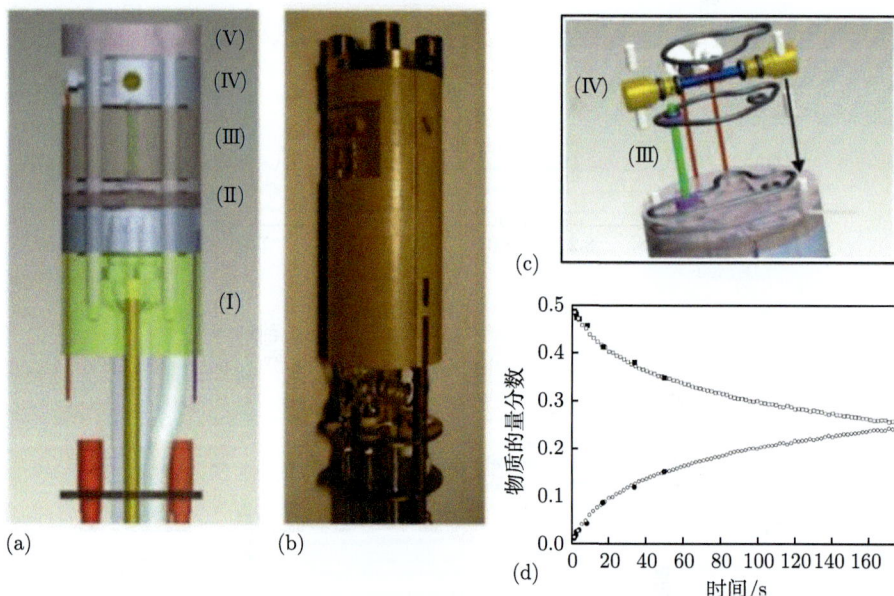

图 12.14　(a) 微反应器探头示意图，包括底板 (I)、微混合板 (II)、停留单元 (III)、NMR 流动池 (IV) 和顶板 (V)。(b) 微反应器探头照片。(c)NMR 流动池示意图。箭头表示反应物离开 NMR 流动池的方向。(d) 甲醇和乙酸在 50℃ 的静止模式 (以实心符号表示) 和停流模式 (以空心符号表示) 下进行酯化的反应动力学数据比较 (0.04 g/g 硫酸等物质的量进料)。图中 (■/□) 为甲醇的物质的量分数曲线，(●/○) 为乙酸甲酯的物质的量分数曲线。(Bracher 等 [87]，经 Elsevier 许可转载。)

12.8　流动池和微流道的流动特性研究

　　如前文所述，在 NMR 探测器的有效容积内形成扩大的流动池，可以显著增加填充系数，从而提高联用 NMR 谱的信噪比。然而，使用扩大的流动池也会导致分离效率的下降，这是因为流动池内具有复杂的流动模式，其形式取决于流动池的特定几何形状和所设定的流速。Zhang 和 Webb [88] 使用基于 q 空间的 MRI 方法研究了与微分离和 NMR 分析耦合有关的具有不同几何形状的流动池的流动特性。用计算流体动力学的方法对体积为 1 μL 的流动池内的流体流动进行数值模拟，模拟结果与实验结果吻合较好，表明相对渐进的膨胀和收缩是避免弱回流和强径向速度区域的必要条件，这两个区域都有可能影响分离效率。

可以使用常规的基于 MRI 的流动测量方法 (如前文所述的 q 空间成像) 测量稳定流动，但是为了能够测量瞬态效应，必须考虑将数据采集的速度提高几个数量级。Pines 小组 [89~93] 提出了使用微线圈增强灵敏度的远程磁共振概念，如图 12.15 所示。射频脉冲由环绕样品的大线圈发射，并施加空间和速度/加速度编

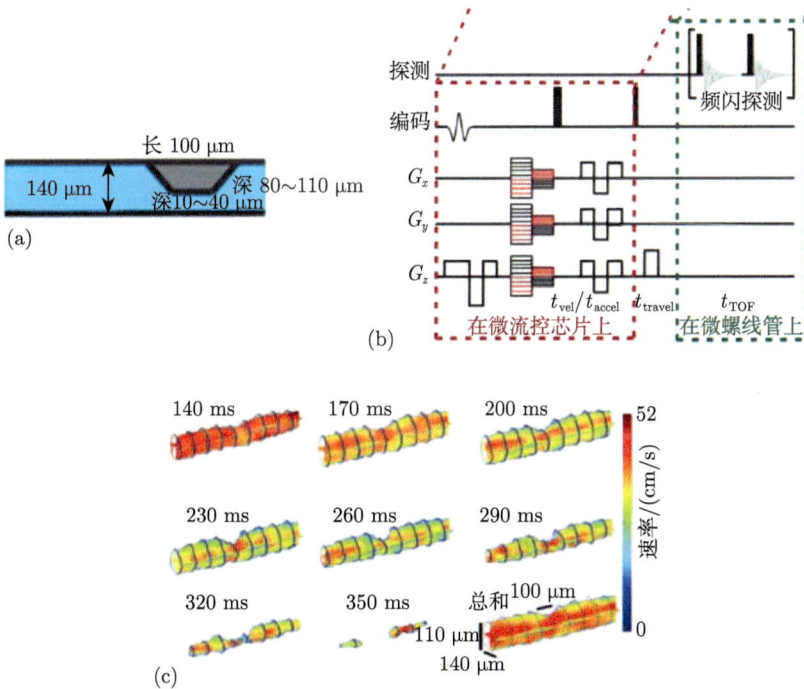

图 12.15　微流道内流体流动的远程 NMR 探测成像原理。(a) 微流道示意图。(b)MRI 脉冲序列。流体分析物中的自旋在 NMR 磁体中被极化 (i)，然后在具有梯度磁场的 NMR 体积线圈中编码 (ii)。编码信息被储存 (iii)，当流体到达优化的微螺线管探测器 (iv) 时，编码信息被探测出来。在切片选择后，通过 G_x、G_y 和 G_z 梯度磁场对 MR 信号进行相位编码，在 z 方向上可以通过频闪探测相位编码信息。t_{vel} 和 t_{accel} 是进行速度和加速度相位编码的时间，t_{travel} 是从芯片到微螺线管的时间，t_{TOF} 是特定流体 "包" 从芯片到探测器的时间。
(c) 用 8 倍子采样 (压缩传感重建) 获得的轴向速度编码图像，显示了微流道狭窄处附近的加速度。(Bajaj 等 [92]，经 AAAS 许可转载。)

码的梯度磁场，然后自旋翻转回 z 轴，通过受限微流道进入微线圈并在此处通过 RF 脉冲读出梯度编码信息。使用微线圈比使用更大的线圈所得到的信噪比要高得多。利用这一概念，Bajaj 等已经证明在刻蚀到分离芯片中的微流道内，基本上可以实现实时的速度和加速度评估，如图 12.15 所示。

12.9　结　　论

化学微分离和微线圈 NMR 探测是在非常相似的尺度上进行的，这使得两种技术的联用对于质量有限的样品来说具有天然的优势。NMR 数据不仅可以提供有关化学结构的信息，还可以提供分离过程中的相关机制 (化学缔合) 和物理性质 (速度、加速度、微孔材料温度等)。小容量 NMR 联用技术的主要挑战在于 NMR 本身的灵敏度有限 [94]，特别是与质谱法等技术相比。在未来的发展中，基于芯片的电泳分离因其分离速度极快的性质，如超极化技术 [95]，可以被用来与 NMR 技术结合以提高探测灵敏度；微尺度低温射频线圈技术 [96,97] 的应用也有望带来对探测极限的实质性的改进。

参 考 文 献

[1] Webb, A.G. (1997) Radiofrequency microcoils in magnetic resonance. Prog. Nucl. Magn. Reson. Spectrosc., 31, 1–42.

[2] Jones, C.J. and Larive, C.K. (2012) Could smaller really be better? Current and future trends in high-resolution microcoil NMR spectroscopy. Anal. Bioanal. Chem., 402 (1), 61–68.

[3] Kautz, R., Wang, P., and Giese, R.W. (2013) Nuclear magnetic resonance at the picomole level of a DNA adduct. Chem. Res. Toxicol., 26 (10), 1424–1429.

[4] Kautz, R.A., Goetzinger, W.K., and Karger, B.L. (2005) High-throughput microcoil NMR of compound libraries using zero-dispersion segmented flow analysis. J. Comb. Chem., 7 (1), 14–20.

[5] Kautz, R.A., Lacey, M.E., Wolters, A.M., Foret, F., Webb, A.G., Karger, B.L., and Sweedler, J.V. (2001) Sample concentration and separation for nanoliter-volume NMR spectroscopy using capillary isotachophoresis. J. Am. Chem. Soc., 123 (13), 3159–3160.

[6] Wolters, A.M., Jayawickrama, D.A., Larive, C.K., and Sweedler, J.V. (2002) Insights into the cITP process using on-line NMR spectroscopy. Anal. Chem., 74 (16), 4191–4197.

[7] Wolters, A.M., Jayawickrama, D.A., Larive, C.K., and Sweedler, J.V. (2002) Capillary isotachophoresis/NMR: extension to trace impurity analysis and improved instrumental coupling. Anal. Chem., 74 (10), 2306–2313.

[8] Castro, E.R. and Manz, A. (2015) Present state of microchip electrophoresis: state of the art and routine applications. J. Chromatogr. A, 1382, 66–85.

[9] Harrison, D.J., Manz, A., Fan, Z.H., Ludi, H., and Widmer, H.M. (1992) Capillary electrophoresis and sample injection systems integrated on a planar glass chip. Anal. Chem., 64 (17), 1926–1932.

[10] Jacobson, S.C., Hergenroder, R., Koutny, L.B., and Ramsey, J.M. (1994) High-speed separations on a microchip. Anal. Chem., 66 (7), 1114–1118.

[11] Jacobson, S.C., Hergenroder, R., Koutny, L.B., and Ramsey, J.M. (1994) Open-channel electrochromatography on a microchip. Anal. Chem., 66 (14), 2369–2373.

[12] Nuchtavorn, N., Suntornsuk, W., Lunte, S.M., and Suntornsuk, L. (2015) Recent applications of microchip electrophoresis to biomedical analysis. J. Pharm. Biomed. Anal., 113, 72–96.

[13] Terry, S.C., Jerman, J.H., and Angell, J.B. (1979) Gas-chromatographic air analyzer fabricated on a silicon-wafer. IEEE Trans. Electron Devices, 26 (12), 1880–1886.

[14] Stocker, J.E., Peck, T.L., Webb, A.G., Feng, M., and Magin, R.L. (1997) Nanoliter volume, high-resolution NMR microspectroscopy using a 60-μm planar microcoil. IEEE Trans. Biomed. Eng., 44 (11), 1122–1127.

[15] Ehrmann, K., Gersbach, M., Pascoal, P., Vincent, F., Massin, C., Stamou, D., Besse, P.A., Vogel, H., and Popovic, R.S. (2006) Sample patterning on NMR surface microcoils. J. Magn. Reson., 178 (1), 96–105.

[16] Gimi, B., Eroglu, S., Leoni, L., Desai, T.A., Magin, R.L., and Roman, B.B. (2003) NMR spiral surface microcoils: applications. Concepts Magn. Reson. Part B, 18b (1), 1–8.

[17] Hoult, D.I. and Richards, R.E. (1976) Signal-to-noise ratio of nuclear magnetic-resonance experiment. J. Magn. Reson., 24 (1), 71–85.

[18] Peck, T.L., Magin, R.L., and Lauterbur, P.C. (1995) Design and analysis of microcoils for NMR microscopy. J. Magn. Reson., Ser. B, 108 (2), 114–124.

[19] Peti, W., Norcross, J., Eldridge, G., and O'Neil-Johnson, M. (2004) Biomolecular NMR using a microcoil NMR probe – new technique for the chemical shift assignment of aromatic side chains in proteins. J. Am. Chem. Soc., 126 (18), 5873–5878.

[20] Yamauchi, K., Janssen, J.W.G., and Kentgens, A.P.M. (2004) Implementing solenoid microcoils for wide-line solid-state NMR. J. Magn. Reson., 167 (1), 87–96.

[21] Janssen, H., Brinkmann, A., van Eck, E.R.H., van Bentum, P.J.M., and Kentgens, A.P.M. (2006) Microcoil high-resolution magic angle spinning NMR spectroscopy. J. Am. Chem. Soc., 128 (27), 8722–8723.

[22] Fratila, R.M. and Velders, A.H. (2011) Small-volume nuclear magnetic resonance spectroscopy. Annu. Rev. Anal. Chem., 4, 227–249.

[23] Olson, D.L., Lacey, M.E., and Sweedler, J.V. (1998) The nanoliter niche – NMR detection for trace analysis and capillary separations. Anal. Chem., 70 (7), 257a–264a.

[24] Webb, A.G. and Grant, S.C. (1996) Signal-to-noise and magnetic susceptibility tradeoffs in solenoidal microcoils for NMR. J. Magn. Reson., Ser. B, 113 (1), 83–87.

[25] Pusecker, K., Schewitz, J., Gfrorer, P., Tseng, L.H., Albert, K., and Bayer, E. (1998) On

line coupling of capillary electrochromatography, capillary electrophoresis, and capillary HPLC with nuclear magnetic resonance spectroscopy. Anal. Chem., 70 (15), 3280–3285.

[26] Minard, K.R. and Wind, R.A. (2001) Solenoidal microcoil design. Part I: Optimizing RF homogeneity and coil dimensions. Concepts Magn. Reson., 13 (2), 128–142.

[27] Minard, K.R. and Wind, R.A. (2001) Solenoidal microcoil design – Part II: Optimizing winding parameters for maximum signal-to-noise performance. Concepts Magn. Reson., 13 (3), 190–210.

[28] Badilita, V., Kratt, K., Baxan, N., Mohmmadzadeh, M., Burger, T., Weber, H., von Elverfeldt, D., Hennig, J., Korvink, J.G., and Wallrabe, U. (2010) On-chip three dimensional microcoils for MRI at the microscale. Lab Chip, 10 (11), 1387–1390.

[29] Kratt, K., Badilita, V., Burger, T., Korvink, J.G., and Wallrabe, U. (2010) A fully MEMS-compatible process for 3D high aspect ratio micro coils obtained with an automatic wire bonder. J. Micromech. Microeng., 20 (1), 015021.

[30] Mohmmadzadeh, M., Baxan, N., Badilita, V., Kratt, K., Weber, H., Korvink, J.G., Wallrabe, U., Hennig, J., and von Elverfeldt, D. (2011) Characterization of a 3D MEMS fabricated micro-solenoid at 9.4 T. J. Magn. Reson., 208 (1), 20–26.

[31] Demas, V., Bernhardt, A., Malba, V., Adams, K.L., Evans, L., Harvey, C., Maxwell, R.S., and Herberg, J.L. (2009) Electronic characterization of lithographically patterned microcoils for high sensitivity NMR detection. J. Magn. Reson., 200 (1), 56–63.

[32] Olson, D.L., Lacey, M.E., Webb, A.G., and Sweedler, J.V. (1999) Nanoliter-volume ^{1}H NMR detection using periodic stopped-flow capillary electrophoresis. Anal. Chem., 71 (15), 3070–3076.

[33] Wu, N., Peck, T.L., Webb, A.G., Magin, R.L., and Sweedler, J.V. (1994) Nanoliter volume sample cells for ^{1}H NMR – application to online detection in capillary electrophoresis. J. Am. Chem. Soc., 116 (17), 7929–7930.

[34] Eroglu, S., Gimi, B., Roman, B., Friedman, G., and Magin, R.L. (2003) NMR spiral surface microcoils: design, fabrication, and imaging. Concepts Magn. Reson. Part B, 17b (1), 1–10.

[35] Dechow, J., Lanz, T., Stumber, M., Forchel, A., and Haase, A. (2003) Preamplified planar microcoil on GaAs substrates for microspectroscopy. Rev. Sci. Instrum., 74 (11), 4855–4857.

[36] Boero, G., Frounchi, J., Furrer, B., Besse, P.A., and Popovic, R.S. (2001) Fully integrated probe for proton nuclear magnetic resonance magnetometry. Rev. Sci. Instrum., 72 (6), 2764–2768.

[37] Massin, C., Vincent, F., Homsy, A., Ehrmann, K., Boero, G., Besse, P.A., Daridon, A., Verpoorte, E., de Rooij, N.F., and Popovic, R.S. (2003) Planar microcoil-based microfluidic NMR probes. J. Magn. Reson., 164 (2), 242–255.

[38] Trumbull, J.D., Glasgow, I.K., Beebe, D.J., and Magin, R.L. (2000) Integrating microfabricated fluidic systems and NMR spectroscopy. IEEE Trans. Biomed. Eng., 47 (1), 3–7.

[39] Meier, R.C., Hofflin, J., Badilita, V., Wallrabe, U., and Korvink, J.G. (2014) Microfluidic integration of wirebonded microcoils for on-chip applications in nuclear magnetic resonance. J. Micromech. Microeng., 24 (4), 045021.

[40] Spengler, N., Moazenzadeh, A., Meier, R.C., Badilita, V., Korvink, J.G., and Wallrabe, U. (2014) Micro-fabricated Helmholtz coil featuring disposable microfluidic sample inserts for applications in nuclear magnetic resonance. J. Micromech. Microeng., 24 (3), 034004.

[41] Bart, J., Janssen, J.W.G., van Bentum, P.J.M., Kentgens, A.P.M., and Gardeniers, J.G.E. (2009) Optimization of stripline-based microfluidic chips for high-resolution NMR. J. Magn. Reson., 201 (2), 175–185.

[42] Bart, J., Kolkman, A.J., Oosthoek-de Vries, A.J., Koch, K., Nieuwland, P.J., Janssen, H., van Bentum, P.J.M., Ampt, K.A.M., Rutjes, F.P.J.T., Wijmenga, S.S., Gardeniers, H., and Kentgens, A.P.M. (2009) A microfluidic high-resolution NMR flow probe. J. Am. Chem. Soc., 131 (14), 5014.

[43] Falck, D., Oosthoek-de Vries, A.J., Kolkman, A., Lingeman, H., Honing, M., Wijmenga, S.S., Kentgens, A.P.M., and Niessen, W.M.A. (2013) EC-SPE-stripline-NMR analysis of reactive products: a feasibility study. Anal. Bioanal. Chem., 405 (21), 6711–6720.

[44] Kentgens, A.P.M., Bart, J., van Bentum, P.J.M., Brinkmann, A., Van Eck, E.R.H., Gardeniers, J.G.E., Janssen, J.W.G., Knijn, P., Vasa, S., and Verkuijlen, M.H.W. (2008) High-resolution liquid- and solid-state nuclear magnetic resonance of nanoliter sample volumes using microcoil detectors. J. Chem. Phys., 128 (5), 052202.

[45] Tayler, M.C.D., van Meerten, S.G.J., Kentgens, A.P.M., and van Bentum, P.J.M. (2015) Analysis of mass-limited mixtures using supercritical-fluid chromatography and microcoil NMR. Analyst, 140 (18), 6217–6221.

[46] van Bentum, P.J.M., Janssen, J.W.G., Kentgens, A.P.M., Bart, J., and Gardeniers, J.G.E. (2007) Stripline probes for nuclear magnetic resonance. J. Magn. Reson., 189 (1), 104–113.

[47] Finch, G., Yilmaz, A., and Utz, M. (2016) An optimized detector for in-situ high-resolution NMR in microfluidic devices. J. Magn. Reson., 262, 73–80.

[48] Maguire, Y., Chuang, I.L., Zhang, S.G., and Gershenfeld, N. (2007) Ultra-small-sample molecular structure detection using microslot waveguide nuclear spin resonance. Proc. Natl. Acad. Sci. U.S.A., 104 (22), 9198–9203.

[49] Kalfe, A., Telfah, A., Lambert, J., and Hergenroder, R. (2015) Looking into living cell systems: planar waveguide microfluidic NMR detector for in vitro metabolomics of tumor spheroids. Anal. Chem., 87 (14), 7402–7410.

[50] Krojanski, H.G., Lambert, J., Gerikalan, Y., Suter, D., and Hergenroder, R. (2008) Microslot NMR probe for metabolomics studies. Anal. Chem., 80 (22), 8668–8672.

[51] Kuhnle, M., Holtin, K., and Albert, K. (2009) Capillary NMR detection in separation science. J. Sep. Sci., 32 (5–6), 719–726.

[52] Jayawickrama, D.A. and Sweedler, J.V. (2003) Hyphenation of capillary separations

with nuclear magnetic resonance spectroscopy. J. Chromatogr. A, 1000 (1–2), 819–840.

[53] Lewis, R.J., Bernstein, M.A., Duncan, S.J., and Sleigh, C.J. (2005) A comparison of capillary-scale LC-NMR with alternative techniques: spectroscopic and practical considerations. Magn. Reson. Chem., 43 (9), 783–789.

[54] Sandvoss, M., Roberts, A.D., Ismail, I.M., and North, S.E. (2004) Direct on-line hyphenation of capillary liquid chromatography to nuclear magnetic resonance spectroscopy: practical aspects and application to drug metabolite identification. J. Chromatogr. A, 1028 (2), 259–266.

[55] Putzbach, K., Krucker, M., Grynbaum, M.D., Hentschel, P., Webb, A.G., and Albert, K. (2005) Hyphenation of capillary high-performance liquid chromatography to microcoil magnetic resonance spectroscopy – determination of various carotenoids in a small-sized spinach sample. J. Pharm. Biomed. Anal., 38 (5), 910–917.

[56] Krucker, M., Lienau, A., Putzbach, K., Grynbaum, M.D., Schuger, P., and Albert, K. (2004) Hyphenation of capillary HPLC to microcoil ^{1}H NMR spectroscopy for the determination of tocopherol homologues. Anal. Chem., 76 (9), 2623–2628.

[57] Xiao, H.B., Krucker, M., Putzbach, K., and Albert, K. (2005) Capillary liquid chromatography-microcoil ^{1}H nuclear magnetic resonance spectroscopy and liquid chromatography-ion trap mass spectrometry for on-line structure elucidation of isoflavones in *Radix astragali*. J. Chromatogr. A, 1067 (1–2), 135–143.

[58] Kuhnle, M., Kreidler, D., Holtin, K., Czesla, H., Schuler, P., Schaal, W., Schurig, V., and Albert, K. (2008) Online coupling of gas chromatography to nuclear magnetic resonance spectroscopy: method for the analysis of volatile stereoisomers. Anal. Chem., 80 (14), 5481–5486.

[59] Grynbaum, M.D., Kreidler, D., Rehbein, J., Purea, A., Schuler, P., Schaal, W., Czesla, H., Webb, A., Schurig, V., and Albert, K. (2007) Hyphenation of gas chromatography to microcoil ^{1}H nuclear magnetic resonance spectroscopy. Anal. Chem., 79 (7), 2708–2713.

[60] Wu, N.A., Peck, T.L., Webb, A.G., Magin, R.L., and Sweedler, J.V. (1994) ^{1}H NMR spectroscopy on the nanoliter scale for static and online measurements. Anal. Chem., 66 (22), 3849–3857.

[61] Pusecker, K., Schewitz, J., Gfrorer, P., Tseng, L.H., Albert, K., Bayer, E., Wilson, I.D., Bailey, N.J., Scarfe, G.B., Nicholson, J.K., and Lindon, J.C. (1998) On-flow identification of metabolites of paracetamol from human urine using directly coupled CZE-NMR and CEC-NMR spectroscopy. Anal. Commun., 35 (7), 213–215.

[62] Schewitz, J., Gfrorer, P., Pusecker, K., Tseng, L.H., Albert, K., Bayer, E., Wilson, I.D., Bailey, N.J., Scarfe, G.B., Nicholson, J.K., and Lindon, J.C. (1998) Directly coupled CZE-NMR and CEC-NMR spectroscopy for metabolite analysis: paracetamol metabolites in human urine. Analyst, 123 (12), 2835–2837.

[63] Lacey, M.E., Subramanian, R., Olson, D.L., Webb, A.G., and Sweedler, J.V. (1999)

High-resolution NMR spectroscopy of sample volumes from 1 nL to 10 μL. Chem. Rev., 99 (10), 3133.

[64] Li, Y., Lacey, M.E., Sweedler, J.V., and Webb, A.G. (2003) Spectral restoration from low signal-to-noise, distorted NMR signals: application to hyphenated capillary electrophoresis-NMR. J. Magn. Reson., 162 (1), 133–140.

[65] Lacey, M.E., Webb, A.G., and Sweedler, J.V. (2000) Monitoring temperature changes in capillary electrophoresis with nanoliter-volume NMR thermometry. Anal. Chem., 72 (20), 4991–4998.

[66] Gfrorer, P., Schewitz, J., Pusecker, K., and Bayer, E. (1999) On-line coupling of capillary separation techniques with ^{1}H NMR. Anal. Chem., 71 (9), 315a–321a.

[67] Rapp, E., Jakob, A., Schefer, A.B., Bayer, E., and Albert, K. (2003) Splitless on-line coupling of capillary high-performance liquid chromatography, capillary electrochromatography and pressurized capillary electrochromatography with nuclear magnetic resonance spectroscopy. Anal. Bioanal. Chem., 376 (7), 1053–1061.

[68] Gfrorer, P., Schewitz, J., Pusecker, K., Tseng, L.H., Albert, K., and Bayer, E. (1999) Gradient elution capillary electrochromatography and hyphenation with nuclear magnetic resonance. Electrophoresis, 20 (1), 3–8.

[69] Eldridge, S.L., Almeida, V.K., Korir, A.K., and Larive, C.K. (2007) Separation and analysis of trace degradants in a pharmaceutical formulation using on-line capillary isotachophoresis-NMR. Anal. Chem., 79 (22), 8446–8453.

[70] Eldridge, S.L., Korir, A.K., and Larive, C.K. (2007) Development of cITP-NMR to facilitate structure elucidation of heparin-derived oligosaccharides. Abstr. Pap. Am. Chem. Soc., 234, U115.

[71] Eldridge, S.L., Korir, A.K., and Larive, C.K. (2006) Separation and analysis of trace compounds using cITP-NMR. Abstr. Pap. Am. Chem. Soc., 232, U142.

[72] Korir, A.K., Almeida, V., Malkin, D.S., and Larive, C.K. (2005) Use of CITP-NMR for separation and analysis of sulfated oligosaccharides. Abstr. Pap. Am. Chem. Soc., 229, U108.

[73] Korir, A.K., Almeida, V.K., and Larive, C.K. (2006) Visualizing ion electromigration during isotachophoretic separations with capillary isotachophoresis-NMR. Anal. Chem., 78 (20), 7078–7087.

[74] Korir, A.K., Almeida, V.K., Malkin, D.S., and Larive, C.K. (2005) Separation and analysis of nanomole quantities of heparin oligosaccharides using on-line capillary isotachophoresis coupled with NMR detection. Anal. Chem., 77 (18), 5998–6003.

[75] Korir, A.K. and Larive, C.K. (2007) On-line NMR detection of microgram quantities of heparin-derived oligosaccharides and their structure elucidation by microcoil NMR. Anal. Bioanal. Chem., 388 (8), 1707–1716.

[76] Wolters, A.M., Jayawickrama, D.A., and Sweedler, J.V. (2005) Comparative analysis of a neurotoxin from *Calliostoma canaliculatum* by on-line capillary isotachophoresis/^{1}H NMR and diffusion ^{1}H NMR. J. Nat. Prod., 68 (2), 162–167.

[77] Jones, C.J. and Larive, C.K. (2012) Microcoil NMR study of the interactions be-
tween doxepin, beta-cyclodextrin, and acetate during capillary isotachophoresis. Anal.
Chem., 84 (16), 7099–7106.

[78] Kautz, R.A. and Karger, B.L. (2003/2010) Method of efficient transport of small liquid
volumes to, from, or within microfluidic devices. US Patent 07687269.

[79] Kautz, R. (2011) NMR in Trace Analysis: The Future of CE-NMR, Conference on
Small Molecule Science, Chapel Hill, NC.

[80] Behnia, B. and Webb, A.G. (1998) Limited-sample NMR using solenoidal microcoils
perfluouocarbon plugs, and capillary spinning. Anal. Chem., 70 (24), 5326–5331.

[81] Schlotterbeck, G. and Ceccarelli, S.M. (2009) LC-SPE-NMR-MS: a total analysis sys-
tem for bioanalysis. Bioanalysis, 1 (3), 549–559.

[82] Lin, Y.Q., Schiavo, S., Orjala, J., Vouros, P., and Kautz, R. (2008) Microscale LC-MS-
NMR platform applied to the identification of active cyanobacterial metabolites. Anal.
Chem., 80 (21), 8045–8054.

[83] Gathungu, R.M., Oldham, J.T., Bird, S.S., Lee-Parsons, C.W.T., Vouros, P., and
Kautz, R. (2012) Application of an integrated LC-UV-MS-NMR platform to the iden-
tification of secondary metabolites from cell cultures: benzophenanthridine alkaloids
from elicited *Eschscholzia californica* (California poppy) cell cultures. Anal. Methods
(UK), 4 (5), 1315–1325.

[84] Ciobanu, L., Jayawickrama, D.A., Zhang, X.Z., Webb, A.G., and Sweedler, J.V. (2003)
Measuring reaction kinetics by using multiple microcoil NMR spectroscopy. Angew.
Chem. Int. Ed., 42 (38), 4669–4672.

[85] Kakuta, M., Jayawickrama, D.A., Wolters, A.M., Manz, A., and Sweedler, J.V. (2003)
Micromixer-based time-resolved NMR: applications to ubiquitin protein conformation.
Anal. Chem., 75 (4), 956–960.

[86] Wensink, H., Benito-Lopez, F., Hermes, D.C., Verboom, W., Gardeniers, H.J.G.E.,
Reinhoudt, D.N., and van den Berg, A. (2005) Measuring reaction kinetics in a lab-on-
a-chip by microcoil NMR. Lab Chip, 5 (3), 280–284.

[87] Bracher, A., Hoch, S., Albert, K., Kost, H.J., Werner, B., von Harbou, E., and Hasse,
H. (2014) Thermostatted micro-reactor NMR probe head for monitoring fast reactions.
J. Magn. Reson., 242, 155–161.

[88] Zhang, X.F. and Webb, A.G. (2005) Magnetic resonance microimaging and numerical
simulations of velocity fields inside enlarged flow cells used for coupled NMR microsep-
arations. Anal. Chem., 77 (5), 1338–1344.

[89] Demas, V., Franck, J.M., Bouchard, L.S., Sakellariou, D., Meriles, C.A., Martin, R.,
Prado, P.J., Bussandri, A., Reimer, J.A., and Pines, A. (2009) 'Ex situ' magnetic
resonance volume imaging. Chem. Phys. Lett., 467 (4–6), 398–401.

[90] Halpern-Manners, N.W., Kennedy, D.J., Trease, D.R., Teisseyre, T.Z., Malecek, N.S.,
Pines, A., and Bajaj, V.S. (2014) Gradient-free microfluidic flow labeling using thin
magnetic films and remotely detected MRI. J. Magn. Reson., 249, 135–140.

[91] Harel, E., Hilty, C., Koen, K., McDonnell, E.E., and Pines, A. (2007) Time-of-flight flow imaging of two-component flow inside a microfluidic chip. Phys. Rev. Lett., 98 (1), 017601(1–4).

[92] Bajaj, V.S., Paulsen, J., Harel, E., and Pines, A. (2010) Zooming in on microscopic flow by remotely detected MRI. Science, 330 (6007), 1078–1081.

[93] Paulsen, J., Bajaj, V.S., and Pines, A. (2010) Compressed sensing of remotely detected MRI velocimetry in microfluidics. J. Magn. Reson., 205 (2), 196–201.

[94] Ardenkjaer-Larsen, J.H., Boebinger, G.S., Comment, A., Duckett, S., Edison, A.S., Engelke, F., Griesinger, C., Griffin, R.G., Hilty, C., Maeda, H., Parigi, G., Prisner, T., Ravera, E., van Bentum, J., Vega, S., Webb, A., Luchinat, C., Schwalbe, H., and Frydman, L. (2015) Facing and overcoming sensitivity challenges in biomolecular NMR spectroscopy. Angew. Chem. Int. Ed., 54 (32), 9162–9185.

[95] Dumez, J.N., Milani, J., Vuichoud, B., Bornet, A., Lalande-Martin, J., Tea, I., Yon, M., Maucourt, M., Deborde, C., Moing, A., Frydman, L., Bodenhausen, G., Jannin, S., and Giraudeau, P. (2015) Hyperpolarized NMR of plant and cancer cell extracts at natural abundance. Analyst, 140 (17), 5860–5863.

[96] Brey, W.W., Edison, A.S., Nast, R.E., Rocca, J.R., Saha, S., and Withers, R.S. (2006) Design, construction, and validation of a 1-mm triple-resonance high-temperature-superconducting probe for NMR. J. Magn. Reson., 179 (2), 290–293.

[97] Ramaswamy, V., Hooker, J.W., Withers, R.S., Nast, R.E., Brey, W.W., and Edison, A.S. (2013) Development of a ^{13}C-optimized 1.5-mm high temperature superconducting NMR probe. J. Magn. Reson., 235, 58–65.

第 13 章　力探测核磁共振

Martino Poggio, Benedikt E. Herzog

(瑞士) 巴塞尔大学物理系与瑞士纳米科学研究所 (SNI)

13.1　引　　言

为了提高核磁共振对越来越小的样品的探测灵敏度，研究人员发展了各种不同于传统电感探测的新技术。本章重点介绍力探测 NMR 技术，它是提高灵敏度最成功的技术之一。我们首先回顾该技术的基本原理，并简要介绍其最重要的几个结论，然后详细地介绍它在纳米尺度分辨率下的三维 NMR 成像中的应用。最后，我们介绍力探测 NMR 的发展现状以及未来可能的改进方向，并讨论该技术在其他探测技术下的优势和互补潜力。

13.2　背　　景

1981 年，Binnig、Gerber 和 Weibel [1] 发明了扫描隧道显微镜 (scanning tunneling microscope, STM)，并首次提供了样品表面的单个原子真实空间图像。随后，Binnig [2] 首先发明了一项与原子力显微镜 (atomic force microscope, AFM) 密切相关的技术，基于这项技术，Binnig、Quate 和 Gerber[3] 又在 1986 年最终实现了 AFM 技术，将原子尺度的成像扩展到任意样品表面，使成像物体不再受限于 STM 中的那些导电材料。AFM 的关键部件是一种将力转换为位移的力传感器 (即弹簧) 以及一个灵敏的光学或电子位移探测器。虽然早期的 AFM 传感器只是简单的金片或铝箔 [2,4]，但后续改进出来的硅悬臂能提供更高的分辨率和力灵敏度，并很快取代了金片和铝箔成为行业标准 [5]。现在这些微加工器件很便宜，也很容易获得，根据目标应用的不同，它们可以被设计加工成集成了探针、涂层、电触点等部件的能满足各种特性要求的器件。

在 20 世纪 80 年代和 90 年代早期的工业技术发展过程中，现代力探测 NMR 技术诞生了。随着扫描探针显微镜 (scanning probe microscopy, SPM) 的应用扩展到磁力显微镜 (magnetic force microscopy, MFM)，Sidles[6,7] 提出了一种基于磁共振且可以提高 MRI 对分子尺度分辨率的力显微镜设计方法。在 1991 年 Sidles

提出了这个想法后不久，Rugar 等就在 1992 年实现了磁共振力显微镜 (magnetic resonance force microscopy, MRFM)，并利用 AFM 悬臂梁首次探测出了电子自旋共振 (electron spin resonance, ESR) 信号 [8](图 13.1)，然后又在 1994 年进一步实现了对 NMR 信号的探测 [9](图 13.2)。

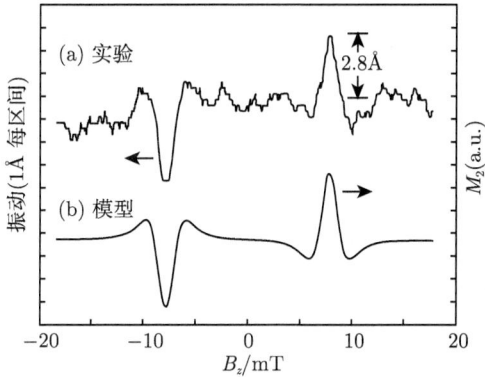

图 13.1　在 MRFM 中首次探测到的 ESR 信号。(Rugar 等 [8]，经 Nature 许可转载。)

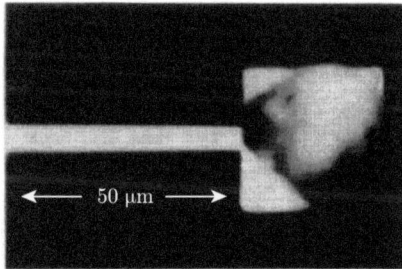

图 13.2　用光学显微镜对 90 nm 厚的氮化硅悬臂梁及其上固定好的硝酸铵样品成像得到的图像，其中，该硝酸铵样品就是第一次原子核 MRFM 成像实验中所使用的样品。(Rugar 等 [9]，经 AAAS 许可转载。)

　　由于 SPM 在实现表面原子尺度成像方面发展迅速且取得了巨大成果，许多研究人员开始将这些进展应用于 MRI 问题。这项工作的最终目的是逐个原子地对分子进行成像，从而满足直接绘制大分子的三维原子结构的研究需求 [10]。这种"分子结构显微镜"的实现将对现代结构生物学产生重大影响，并将成为未来许多纳米尺度技术的重要工具。虽然原子尺度的 NMR 至今仍未实现，但 MRFM 已经取得了重大成果，并成为当今研究人员可用的最灵敏的磁共振方法之一。其中最重要的实验成果包括了对单个电子自旋 [11] 的探测以及将原子核的 MRI 图像的空间分辨率从几微米提升到 10 nm 以下 [12]。

13.3　原　　理

在传统的 NMR 探测中，一般会将样品置于强静磁场环境中，从而使样品的自旋态产生塞曼分裂 (Zeeman splitting)，然后用一个调制好频率的射频磁场去激发样品，如果射频磁场的频率与样品的塞曼分裂相匹配，那么样品就能从射频磁场中吸收能量，并进一步导致自旋态之间的跃迁。样品的宏观磁矩所进行的振荡运动会产生一个时变的磁信号，从而可以被采集线圈探测到。采集线圈中感应到的电流在前端电路中被放大后，会被进一步转换成与样品宏观磁化矢量幅度成正比的信号。在 MRI 中，利用空间变化的梯度磁场和傅里叶变换技术，可以将该信号重建成样品的三维图像。然而，由核自旋的力矩产生的磁场是非常小的，通常需要超过 10^{12} 个核自旋才能产生一个可探测的信号，这就限制了传统 MRI 技术在单个核自旋成像中的应用。

MRFM 是通过测量微磁体与样品中的磁矩之间微弱的磁相互作用力来实现样品成像的，其中，样品中的磁矩是由其具有的非零核自旋的原子核或电子自旋造成的。对于处在磁感应强度为 B 的磁场中的单个磁矩 μ，这个磁相互作用力可以表示为

$$F = \nabla (\mu \cdot B) \tag{13.1}$$

使用柔性悬臂梁就可以测量 F 在悬臂挠度方向 $\hat{x}$ 上的分量：

$$F_x = \frac{\partial}{\partial x} (\mu \cdot B) = \mu \frac{\partial B_z}{\partial x} = \mu G \tag{13.2}$$

其中，μ 是沿着 $\hat{z}$ 方向的矢量，$G = \dfrac{\partial B_z}{\partial x}$ 是磁场梯度。在测量时，含有核力矩、电子力矩或纳米磁铁的样品必须固定在悬臂梁上，且样品和磁铁必须非常接近，有时需要两者之间的距离在几十纳米以内。其次，一个近场射频源产生类似于传统 MRI 所使用的脉冲序列，从而引起样品力矩的周期性翻转，并进一步产生一个作用在悬臂梁上的振荡磁力。为了使悬臂梁达到共振状态，必须在悬臂梁的机械共振频率处翻转磁矩，然后再用光学干涉仪或光束偏转探测器测量悬臂梁的机械振动。光学探测器产生的电子信号与悬臂梁振荡幅值成正比，而悬臂梁振荡幅值则与成像样品中的力矩数成正比。图像信号的空间分辨率主要是由纳米磁铁产生磁场的空间分布各向异性决定的，其很强的空间各向异性使得能产生 NMR 以及自旋周期性翻转的区域被限制在一个从纳米磁铁向外延伸的近似半球形的薄 “共振片” 中，如图 13.3 所示。通过对样品进行三维扫描，可以得到磁矩密度的空间分布图，不同类型的磁矩 (例如 ^{1}H、^{13}C、^{19}F 或电子) 可以根据它们不同的磁共振频率分别进行成像，从而得到额外的化学对比度。

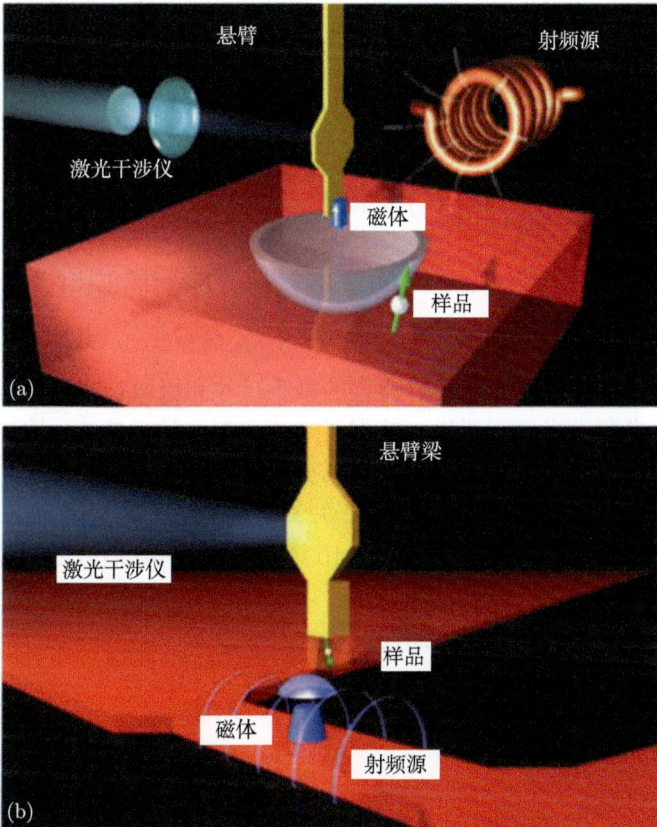

图 13.3 MRFM 装置原理图。(a) 对应于 "悬臂式磁铁" 的排列方法，如 2004 年单电子 MRFM 实验中所使用的排列。(Rugar 等 [11]，版权归属 Nature 出版社) (b) 对应于 "悬臂式 样品" 的排列方法，如 2009 年用于纳米级病毒成像实验的排列。(Degen 等 [12]，经 *PNAS* 许 可转载。)

13.4 力探测与感应探测

为了理解为什么力探测 NMR 非常适合小体积的样品，我们可以再回顾 Sidles 和 Rugar 的分析 [13]（图 13.4）。在 1993 年的论文中，他们比较了 NMR 信号探测 中的感应法和机械法两种探测方法，并认为两种探测装置都是耦合到空间局部磁 矩的振荡器。对于感应探测法，振荡器是一个将电感耦合到磁矩的 LC 电路 (即 感应线圈)，而对于机械探测法，振荡器则是一个耦合到梯度磁场上且能维持磁矩 稳态的机械弹簧 (即悬臂梁)。这两种情况在数学表述上是完全相同的，且可以用 三个参数来描述：角共振频率 ω_0、品质因子 Q 和一个 "磁弹簧常数" k_{m} (单位为 $\mathrm{J/T}^2$，它是直接通过电振子与机械振子进行类比来定义的)。直接从定义和单位上看，物理量 k_m 可以理解为在线圈内产生振荡场所需的能量，或是悬臂梁通过磁场梯度来移动样品从而在样品内产生上述振荡场所需要的能量。结果表明，两种磁共振探测方法的信噪比有如下关系：

$$\text{SNR} \propto \sqrt{\frac{\omega_0 Q}{k_m}} \tag{13.3}$$

对于传统的圆柱形线圈电感探测，k_m 与线圈的容积成正比；对于力探测，k_m 则取决于磁场梯度和悬臂梁的大小与长径比：$k_m \propto G \dfrac{wt^3}{l^3}$，其中 w、t 和 l 分别为悬臂梁的宽度、厚度和长度。悬臂梁的微小尺寸和极限长宽比以及用现代制造技术实现的微米和纳米级强磁铁，确保了现代力探测技术的 k_m 比感应探测技术要小得多。一个 MRFM 装置采用弹簧常数为 50 μN/m 的悬臂梁、磁场梯度为 $5 \times 10^6 \text{T/m}$ 的磁头，则 $k_m = 2 \times 10^{-18}$ J/T^2，而对于一个直径为 1.8 mm、长度为 3 mm 的四匝小线圈，则 $k_m = 1.2 \times 10^{-2}$ J/T^2 [14]。我们可以很容易理解这种巨大的参数差异，因为在电感线圈的整个区域内产生一个振荡场要比通过磁场梯度在柔性悬臂梁上移动一个小样品耗费更大的能量。

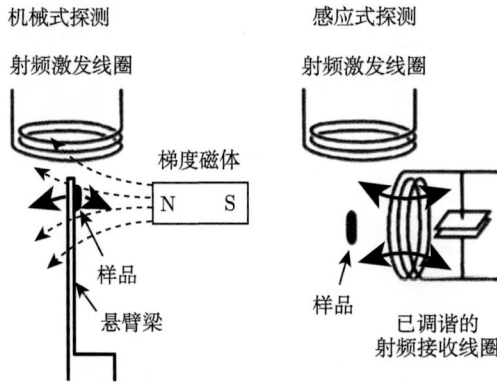

图 13.4　磁共振的机械探测和感应探测对比图。(Sidles 和 Rugar [13]，经美国物理学会许可转载。)

需要注意的是，虽然电感探测的 ω_0 通常在 100MHz 以上，而许多力探测方案的 ω_0 在几千赫兹范围内，但实际使用的线圈和悬臂梁的 k_m 差异能极大地抵消 ω_0 的差异。此外，机械设备通常有超过电感电路几个数量级的品质因子 Q，因而能产生一个比电感探测更低的背景噪声。例如，最先进的悬臂力传感器可以实现 Q 在 $10^4 \sim 10^7$ 之间，可以探测到 aN/Hz$^{1/2}$ 量级的力，这比断开一个化学键所需要的力的十亿分之一还小 (图 13.5)。此外，SPM 提供了稳定的定位精度和纳米级别的图像样品分辨率，这些优势的结合使得机械探测的 MRI 成像分辨率远低于 1 μm，理论上可以达到原子分辨率。

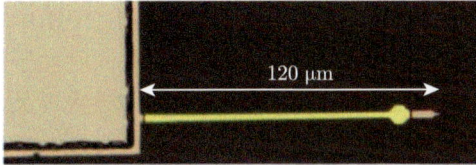

图 13.5　弹簧常数在 100 μN/m 以下的 100 nm 厚硅悬臂梁的光学显微镜图。这种类型的悬臂梁至今仍被用于灵敏度最高的 MRFM 实验[12]。

　　实验表明，对灵敏传感器而言，品质因子 Q 受到表面损失效应的限制，即随着表面体积比的增加，Q 呈线性递减：$Q \propto t$ [15]。此外，对于悬臂梁，有 $\omega_0 \propto \dfrac{t}{l^2}$，如果我们固定传感器的长径比并同时缩小其各个方向的尺寸 (即将每个尺寸同时乘以一个缩放因子 $\varepsilon < 1$)，则 $\sqrt{\dfrac{\omega_0 Q}{k_{\mathrm{m}}}}$ 将随着该缩放因子倒数的平方根增加 $\left(\text{即} \sqrt{\dfrac{\omega_0 Q}{k_{\mathrm{m}}}} \propto \varepsilon^{-1/2}\right)$，最终结果是信噪比的增加与缩放因子的平方根成正比 ($\mathrm{SNR} \propto \varepsilon^{-1/2}$)。由于"自下而上"的合成技术[16] 的出现，越来越小的机械设备得以被制造加工出来，使得力探测 NMR 成为一种可提供更高灵敏度和更小检测体积的理想技术。

　　尽管类似的信噪比与缩放因子的结论也适用于电感线圈的小型化——甚至电感线圈的信噪比与缩放因子的平方成正比 ($\mathrm{SNR} \propto \varepsilon^{-2}$)——但考虑到该技术改进的空间更小，潜在的收益也更小。目前最灵敏的感应线圈已经接近其理论极限，长度和直径在 100 μm 左右 (类似于电线的 20 μm 理论极限直径)。这些接近最优设计的线圈的信噪比仍然要比最新的力探测方法[12] 小得多[17]。此外，尽管可以通过增加 ω_0 来提高信噪比，但受限于实际的磁场强度，在实验室中能实现的 ω_0 近年来稳定在 ^{1}H 的拉莫尔频率 1 GHz 左右[137]。

13.5　早期力探测磁共振

　　NMR 实验中的力探测技术可以追溯到 Evans 在 1956 年发表的论文[18]，Alzetta 等[19] 也在 20 世纪 60 年代的顺磁共振测量中使用过该技术。正如前面所讨论的，Sidles 在 1991 年提出的利用预制微悬臂梁和纳米级铁磁体[6] 实现原子分辨率的磁共振探测和成像的设想，在人们发明了 STM 和 AFM 以及随后对其进行了大量的改进之后是可以实现的。Rugar 等[8] 利用悬臂梁实现了第一个微米尺度的实验, 演示了机械探测 30 ng 的二苯基苦基肼 (diphenylpicrylhydrazyl, DPPH) 样品中的 ESR 信号, 如图 13.1 所示。原装置在真空和室温下运行, DPPH 样品附着在悬臂梁上, 一个毫米级线圈产生一个频率调谐到 220 MHz(DPPH 的电子自旋共振频率) 且幅度为 1 mT 的射频磁场。DPPH 中电子自旋的磁化强度可以通过适时调节 8 mT 的极化磁场强度来改变, 同时由于样品的振荡磁化, 其附近的钕铁硼磁体会产生 60 T/m 的磁场梯度, 并导致样品和磁体之间产生一个时变的作用力。这种时变的作用力会通过柔性悬臂梁进一步转化为机械振动, 振动引起的位移由光纤干涉仪探测, 实现了 $3 fN/Hz^{1/2}$ 的热受限力灵敏度。

在基于悬臂梁的 MRFM 的初步实验基础上, 这项技术经历了一系列的发展, 目前其灵敏度已经比 1992 年的实验提高了 7 个数量级 [20], 不过其基本思想仍然是利用柔性悬臂梁和强磁场梯度来探测磁共振信号。下面简要回顾这些进展的几个重大节点, 同时也简要介绍该技术在成像和磁共振波谱学中的应用, 更广泛和更详细的讨论可以参考一些综述性论文和其他书籍 [21-26]。

在 Rugar 首次成功地用机械方法探测 ESR 信号的两年后, 他对如图 13.2 所示的微米级硝酸铵样品采用了类似的 NMR 探测方案 [9]。1996 年, Zhang 等 [27] 利用该技术在微米级的钇铁石榴石 (yttrium iron garnet, YIG) 薄膜中探测到了铁磁共振 (ferromagnetic resonance, FMR) 信号。为了降低悬臂梁的热力噪声, 将 MRFM 集成到低温装置中成为迈向更高灵敏度的第一步。1996 年首次在 14 K 温度下进行的 MRFM 实验获得了 $80 aN/Hz^{-1/2}$ 的力灵敏度 [28], 与 1992 年相比大约提高了 50 倍, 这主要得益于更高的悬臂机械品质因子和在低温下更低的背景热噪声。1998 年, 研究人员引入了 "悬臂式磁铁" 方案 [29], 将梯度磁体和样品的位置互换, 采用这种方法可以用直径 3.4 μm 的磁化球获得 2.5×10^5 T/m 的磁场梯度 [30], 这比第一次 MRFM 实验中得到的磁场梯度还要大三个数量级以上。同时, 研究人员还改进了一系列自旋探测流程, 比如以悬臂谐振频率的偏移 (而不是振荡幅度的变化)[31] 的形式探测自旋信号, 依赖探测力梯度而不是对力本身 [32] 进行探测。2003 年, 研究人员实现了测量电子自旋小系综的统计波动所必需的灵敏度水平, 这种统计波动的现象以前只能在长时间平均下被观测到 [33], 这种改进最终使得 IBM 实验组在 2004 年实现了单电子的自旋探测 [11]。

除了灵敏度的稳步提高, 研究人员还提高了 MRFM 的成像能力 (图 13.6)。1993 年, 研究人员利用 ESR 探测制作了第一幅一维的 MRFM 图像, 并很快将其扩展到二维和三维 [34-36]。这些实验的轴向分辨率达到了 1 μm, 横向分辨率达到了 5 μm, 这与目前最好的传统 ESR 显微镜实验大致相同 [37]。2003 年, 研究人员利用 NMR 技术在光泵浦 GaAs 上实现了亚微米分辨率 (一维 170 nm)[38], 同时该技术还被应用于生物样品 (如脂质体) 的 3D 成像, 分辨率为微米级 [39]。不久之后, 人们在引入迭代 3D 图像重建技术的 ESR 实验中获得了 80 nm 体素大小的图像分辨率[40]，而 2004 年单电子自旋实验的一维成像分辨率则提高到 25 nm[11]。

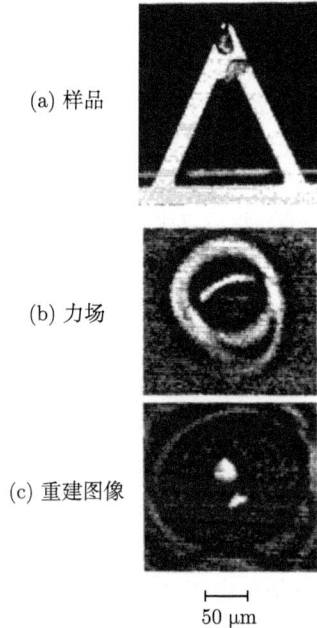

(a) 样品

(b) 力场

(c) 重建图像

50 μm

图 13.6　(a) 光学显微镜图显示两个 DPPH 粒子附着在氮化硅悬臂梁上。(b) 样品的磁共振力图。(c) 通过 (b) 数据反卷积重建得到的自旋密度图。(Züger 和 Rugar[34]，经 AIP Publishing 许可转载。)

MRFM 技术应用于纳米尺度波谱分析的潜力推动人们开始探索将脉冲 NMR 与 ESR 技术结合的可能性。尽管磁探针的强磁场梯度会使共振线的展宽完全掩盖所有的固有波谱特征，使得 MRFM 并不适合高分辨率的波谱分析，但 MRFM 在波谱分析上的应用仍取得了一些进展。1997 年，研究人员对掺杂了磷的硅样品进行了 MRFM 实验且能在 EPR 谱中观察到超精细的分裂[40]。大约在同一时间，一系列的传统脉冲磁共振方案被证明可以很好地与 MRFM 融合在一起，包括自旋章动、自旋回波、T_1 和 $T_{1\rho}$ 的测量[41,42]。2002 年，研究人员将章动谱应用于四极核，成功提取了四极核相互作用的局部信息[43]。在这项工作之后，一系列实验展示了各种形式的 NMR 波谱和对比度，比如偶极耦合[44]、交叉极化 (cross polarization, CP)[45,46]、化学位移[47] 和多维波谱[47]。研究人员还探讨了在均匀磁场环境下 MRFM 的不同运作模式，比如将测量的物理量从力替换成力矩[19,48] 和所谓的 "回旋镖" 实验[49,50]。

最近，磁场梯度可以快速开启和关闭的实验再次给利用 MRFM 进行高分辨率波谱分析提供了可能性。2012 年，Nichol 等 [51] 利用纳米线 (nanowire, NW) 换能器和纳米尺度的金属收缩同时产生射频场和可快速切换的磁场梯度，从而在纳米级聚苯乙烯样品中实现了 ^{1}H 核的 MRFM 实验。2015 年，Tao 等 [138] 演示了在 MRFM 设备中使用商用硬盘写磁头产生大的可切换梯度。这些技术上的创新将在本章第 13.8 节中进一步详细讨论。

最后，虽然不在本书的讨论范围内，但值得一提的是，MRFM 也成功地应用于一些铁磁共振研究，特别是已应用于对微米级磁盘的共振结构的探测 [52,53]。

13.6　单电子磁共振力显微镜

在 MRFM 出现后的十几年内，一个重大标志性事件就是 2004 年 IBM 实验组成功测量出单个电子自旋，该改进的仪器结合了过去几年取得的许多成果，是固体物理学中第一批单自旋测量仪器之一。单自旋探测所需的特殊测量灵敏度依赖于几个关键技术的实现，包括在低温和高真空下的设备操作、用磁头进行离子束刻蚀以产生大梯度以及制造质量负载的阿托牛顿敏感悬臂梁 [54]，如图 13.5 所示。与传统悬臂梁的高阶振动模态相比，质量负载悬臂梁的高阶振动模态的热噪声得到了抑制，由于高频振动噪声与磁场梯度共存时会干扰电子自旋，故使用质量负载的悬臂梁来抑制高频振动噪声是单电子 MRFM 的一个关键改进。此外，IBM 团队开发了一种灵敏度干涉仪，仅使用几纳瓦功率的光就可以探测悬臂梁位移 [55]，这种低入射激光功率是实现低悬臂梁温度的至关重要的条件，可以最大限度地减少热力噪声的影响。为了降低本底背景噪声，还有研究团队采用了基于 NMR 的绝热快速通道技术的低本底测量方法 OSCAR[56]。最后，单电子 MRFM 还需要构建一个能持续进行数天且 SNR 仅为 0.06 的单激发测量实验的稳定测量系统 [11] (图 13.7)。

在实现单电子 MRFM 这一实验性里程碑的过程中，研究人员还发现了许多有趣的现象。例如，在 2003 年，研究人员实现了对电子自旋小系综的探测和操控，且发现由于系综太小，其统计涨落能完全淹没极化信号 [33]，这种对电子系综极化情况的统计学测量方法给在少量自旋上进行磁共振实验这一难题提供了一个潜在的解决方案。在 2005 年，Budakian 等 [57] 将这一可能的解决方案往前推进了一大步，实现了对在自然状态下自旋极化所产生的统计涨落进行人为的修改。在一个实验中，研究人员通过选择性捕获瞬时的自旋序使自旋系统发生极化，而在另一个实验中，他们进一步证明了通过对整个自旋系综进行实时的探测反馈可以校正自旋的统计涨落。

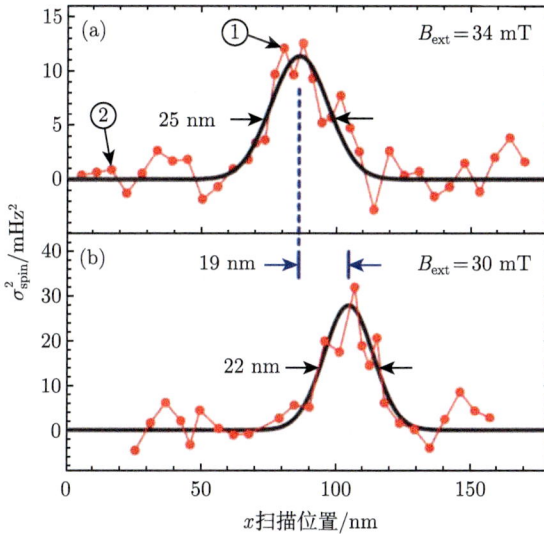

图 13.7　外部磁场存在两个峰值时，在 x 方向上横向扫描样品得到的自旋信号。其中，平滑的曲线是为了直观表示而做了高斯拟合之后的效果，上下图的峰值位置有 19 nm 偏移，这反映了由 4 mT 外磁场变化引起的谐振片运动。(Rugar 等 [11]，经 Nature 许可转载。)

13.7　纳米 MRI 与核自旋

虽然 MRFM 在机械探测 ESR 中的极高灵敏度证明了该技术的巨大应用前景，但要实现绘制样品原子结构这一最终目标还需要进一步地探测单个核自旋。NMR 成像在无创探测的医学领域产生了革命性的影响，并有越来越多的在材料科学和生物学中的应用出现，纳米或亚纳米分辨率的 MRI 可以在结构生物学领域被用来对复杂的生物结构进行成像，甚至能观测到单个分子，从而发现一些其他测量手段无法测量出的分子特征。

因此在实现了单个电子自旋的探测之后，各研究组的重心转而集中到了 MRFM 的核自旋探测上。但是，探测单个核自旋要比探测单个电子自旋更具挑战性，因为原子核的磁矩要小得多，如 ^{1}H 核的磁矩只有电子自旋矩的 1/650，而其他重要的原子核，如 ^{13}C 或半导体中的各种同位素，其磁矩甚至更弱。为了观察单个核自旋，必须将灵敏度再提高 2~3 个数量级，这是一个艰巨的任务，且需要在 MRFM 技术的所有方面都取得重大改进。

13.7.1　微结构元件的改进

机械探测 MRI 的灵敏度和分辨率的提高取决于其信噪比，即施加在悬臂上的磁力功率与悬臂装置的力噪声功率的比值。对于小体积的自旋，只有自旋极化的统计量可以被测量，因此实际测量的是力的功率 (或方差) 而不是力的振幅：

$$\mathrm{SNR_{MRFM}} = N\frac{(\mu_{\mathrm{N}}G)^2}{S_{\mathrm{F}}\Delta f} \tag{13.4}$$

其中，N 是探测容积内的自旋数量，μ_{N} 是待测原子核的磁矩，G 是样品所处位置的磁场梯度，S_{F} 是由悬臂传感器的波动决定的力噪声谱密度，Δf 是由核自旋弛豫率决定的测量带宽。式 (13.4) 给出了热受限 MRFM 器件的单激发信噪比，$\mathrm{SNR_{MRFM}}$ 越大，自旋灵敏度就越高。

在式 (13.4) 涉及的五个参数中，只有两个参数可以被人为地控制和改进。一方面，可以通过使用高质量的磁探针和缩小样品与磁探针之间的距离来提高磁场梯度 G；另一方面，可以通过降低温度和制造更灵敏的机械传感器来降低力噪声谱密度 S_{F}。无论 MRFM 灵敏度如何提高，都离不开这两个关键参数的改进。

13.7.2 分辨率大于 100 nm 的 MRI

2007 年，IBM 团队引入了一种微加工硅锥阵列作为模板，并沉积了多层铁/钴铁/钌薄膜来制造纳米级的磁探针 [58]，这种微加工的探针由于锐度很高 (探针半径小于 50 nm)，产生的磁场梯度可以超过 10^6 T/m。而在此之前研究人员通过离子束将钐钴颗粒磨成 150 nm 的尺寸所制造的探针只能达到 2×10^5 T/m 的最大磁场梯度。Mamin 等将 80 nm 厚的 $\mathrm{CaF_2}$ 薄膜热蒸发至悬臂的末端，然后使用聚焦离子束照射来制作出尺寸为 50 ~ 300 nm 的特征图案，实验中采用了专门设计的单晶硅悬臂梁，弹簧常数为 60 μN/m，在温度为 1 K 时力灵敏度约为 1 aN/Hz$^{1/2}$ [55]。

图 13.8 显示了测量 $\mathrm{CaF_2}$ 样品中的 $^{19}\mathrm{F}$ 核自旋的成像结果，该实验成功再现了 $\mathrm{CaF_2}$ 样品的形态结构，即几个材料堆积形成的 "小岛"，每个 "小岛" 大约 200 nm 宽、80 nm 厚，横向分辨率为 90 nm。在 600 mK 的温度以及 10 min 的信号平均下，对核自旋磁化的探测灵敏度 (信噪比为 1) 大约为 1200 个 $^{19}\mathrm{F}$ 核矩。

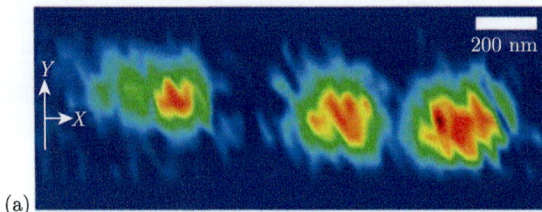

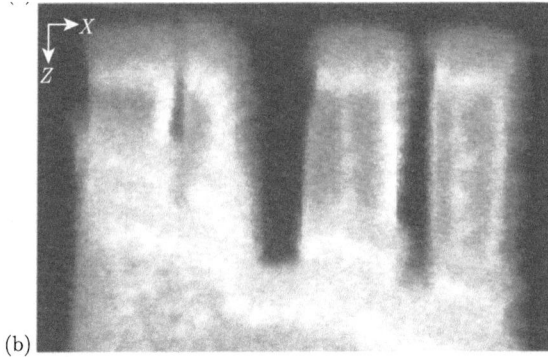

图 13.8 (a)^{19}F 核自旋在 CaF$_2$ 薄膜中的 2D MRFM 图像。(b) 80 nm 厚 CaF$_2$ 薄膜的扫描电子显微镜图 (侧视图)，其中薄膜位于图像的顶部 [58]。

13.7.3 病毒粒子的纳米级 MRI

在接下来的两年中，IBM 的研究团队通过开发集成在高效 "微线" 射频源上的磁探针，进一步提高了测量灵敏度 [59]，如图 13.9 所示。该仪器解决了一个简单但重要的问题，即用于产生强射频脉冲来操纵自旋的典型螺线管线圈会耗散大量的能量功率，即使是直径为 300 μm 的微线圈也要消耗超过 0.2 W 的能量，这一巨大能量转化成的热量远不是目前可用的稀释制冷机所能处理的，因此核自旋 MRFM 实验不得不在较高的温度下 (4 K 或更高) 进行，从而使信噪比降低。尽管在某些情况下，可以通过减少占空比的脉冲序列方案来减轻能量耗散的影响 [32,58]，但这无法从根本上解决加热问题。

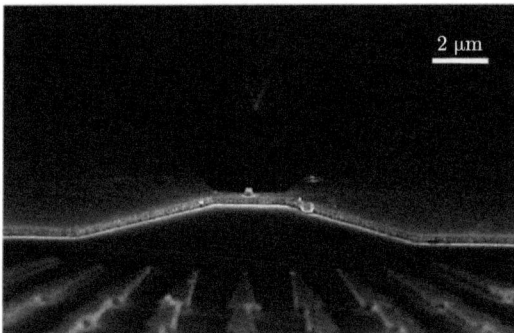

图 13.9 用于 MRFM 的集成了钴铁探针的铜 "微线" 射频源的 SEM 图像 [59]。

另一方面，微带线可以用电子束光刻技术制作成亚微米的尺寸，小尺寸的微带线可以将射频场限制在一个小得多的容积内，并产生最小的散热。使用电子束光刻和发射技术，IBM 团队制作了一个铜微线设备，厚 0.2μm、长 2.6 μm、宽

1.0 μm，在此基础上使用基于模板的制作工艺在金属丝顶部沉积直径 200 nm 的钴铁探针来提供静态的磁场梯度。由于样品可以放置在微线和磁探针的 100 nm 范围内，此时就可以产生幅度超过 4 mT、频率在 115 MHz 的射频磁场，同时将耗散功率控制在 350 μW 以内。因此在连续的射频照射下，悬臂梁温度就可以稳定控制在 1 K 以下，此时环境温度只受到其他实验因素的限制，而不再受射频器件的影响。同时，与微加工硅薄膜探针相比，磁探针的圆柱形结构优化了横向磁场的梯度，其值超过 4×10^6 T/m，而且此时因为磁探针与射频源都被集成在一个芯片上，仪器的对准步骤还能被大大简化，只需直接将携带样品的悬臂放置在微线装置的上方，而不需要像之前的实验那样要求对磁倾悬臂、样品和射频源进行三部分对准。

随着微线和探针的集成器件的应用，IBM 研究人员能够将成像分辨率提高到 10 nm 以下，以单个烟草花叶病毒 (tobacco mosaic virus, TMV) 颗粒为样品的实验证明了纳米级分辨率 MRI 成像的可行性和 MRFM 在生物相关样品中的适用性。

图 13.10 是这些实验中所使用的 MRFM 示意图。为了把病毒颗粒转移到悬臂端，首先需要将悬臂端浸入悬浮着 TMV 的水溶液滴中，此时一些 TMV 就会附着到悬臂端上的镀金层上，由于金层上 TMV 的密度较低，单个 TMV 粒子就会被分离开来。最后再将悬臂安装在低温、超高真空的测量系统中，并对准到微线上，就可以开始测量了。

在施加了约 3 T 的静磁场后，在微线源上施加谐振射频脉冲翻转处于悬臂梁机械共振频率的 ^1H 核自旋，最后再用磁探针对悬臂梁的端部进行三维机械扫描。因为整个成像区域都会满足共振条件，即成像区域是一个 "共振层"，故单个空间扫描并不会直接产生 ^1H 的空间分布。实际上，扫描得到的每一个数据点都包含了处于不同空间位置的 ^1H 核自旋的力共振信息。为了重建出三维自旋密度图像 (即 MRI 图像)，必须用由共振层定义的 PSF 对力图进行反卷积操作。其中，PSF 可以用基于磁探针的几何形状和磁化状态的静磁模型计算得到，而从力图到三维 ^1H 自旋密度图的反卷积操作则可以通过几种不同的方法实现。Degen 等使用了早期 MRFM 实验中 [60,61] 提出的迭代 Landweber 反卷积方法得到了文献 [12] 中的结果，该迭代算法首先对物体的自旋密度进行初始估计，然后通过最小化自旋信号的测量值和预测值间的差值不断迭代估计结果，直到两者残差与测量噪声相当为止。

有代表性的实验结果如图 13.11 所示。从图 13.11 中可以清晰地看到单个 TMV 颗粒的特征，它们是圆柱形的，长约 300 nm，直径约为 18 nm。一般情况下，整个病毒颗粒和颗粒碎片都可以观察到。考虑到原始 MRFM 数据在空间上是欠采样的，其信噪比也不是特别的高，因此能重建得到如图 13.11 所示的结果

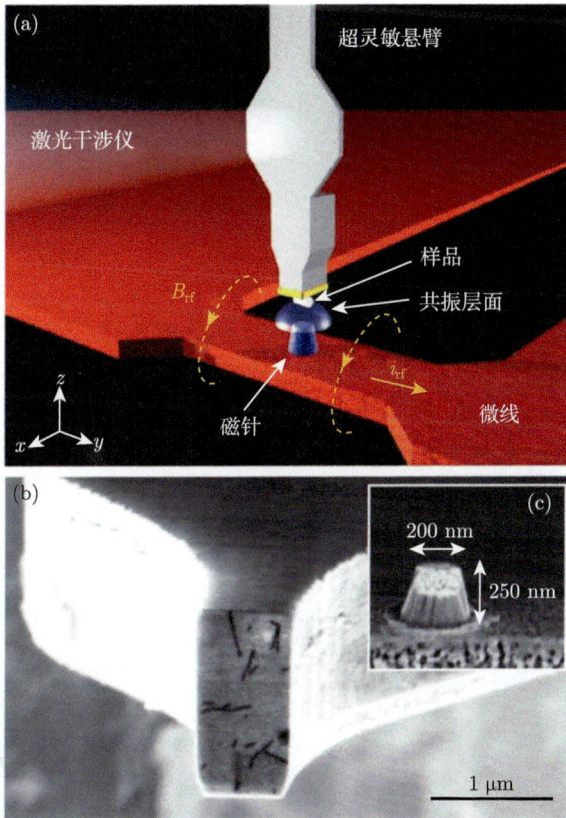

图 13.10 MRFM 装置。(a)TMV 粒子附着在超灵敏硅悬臂梁的末端,靠近磁探针一侧。通过铜微线的射频电流产生交变磁场,使病毒粒子的 ^{1}H 自旋发生磁共振,共振层表示在外部磁场环境中符合磁共振条件的所有空间点。通过对探针的悬臂梁进行三维扫描,然后进行图像重建,就可以得到病毒样品中自旋密度的三维图像。(b) 悬臂梁末端的扫描电子显微镜照片。在样品台上可以看到单个 TMV 粒子为长而暗的杆状物。(c) 磁探针的细节图 [12]。

说明重建质量已经很好了,这主要是因为大多数不同空间位置自旋会将力信号贡献到多个扫描数据点中,通过这种累积效应可以显著地提高重建后的图像信噪比。根据扫描方向的不同,重建图像的分辨率大约在 4~10 nm 范围内,其中 x 方向具有最高的分辨率,这种分辨率在空间上的各向异性是由 PSF 的方向依赖性导致的,这也间接印证了悬臂梁只对磁力的 x 分量有响应这一事实。

　　研究人员将图 13.11(e) 的结果与 SEM 图像的相同样品区域进行对比,验证了 MRFM 重建的鲁棒性,两者在图像的小细节上也有非常好的一致性。需要注意的是,MRFM 图像和 SEM 图像的对比度来源是不同的:MRFM 的重建图具有元素特异性,显示了样品中氢原子的三维分布,而 SEM 图的对比度则主要是由于病毒粒子阻断了从底层镀金悬臂表面发射的二次电子，正是因为 SEM 的电子束会破坏病毒粒子的结构，所以 SEM 图像的采集必须在 MRFM 图像采集之后。MRFM 的这种成像分辨率虽然还不足以识别病毒颗粒的任何内部结构，但比传统 MRI 的分辨率提高了将近 1000 倍，相应的容积灵敏度提高了约 1 亿倍。

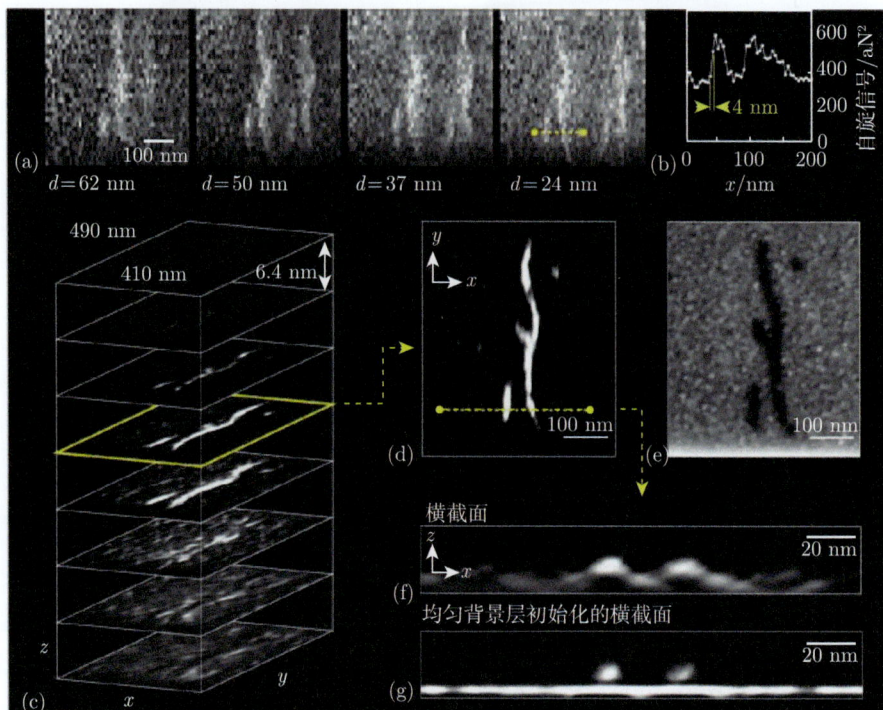

图 13.11　　原始数据和得到的 ^{1}H 密度分布的三维重建。(a) 探针与样品处于四种不同间距时对自旋信号进行 xy 方向扫描的原始数据，x、y 方向的像素间距分别为 8.3 nm、16.6 nm。每个数据点表示对 1 min 内的信号进行积分得到的自旋信号方差。(b) 使用更精细的扫描线进行测量，横向分辨率为 4 nm，扫描区域为 (a) 中的黄色虚线区域。(c) 重建得到的三维 ^{1}H 核自旋密度图，其中黑色表示氢密度的值极低或为零，而白色则代表高氢密度。该图是使用了 Landweber 法迭代重建并用 5 nm 平滑滤波器处理后的结果。(d) 图 (c) 的水平切片，可以看见 TMV 的几个组成部分。(e) 用扫描电子显微镜扫描图 (d) 所处区域的结果图像。(f) 横截面显示了吸附在镀金表面上的富氢层顶部的两个 TMV 粒子。(g) 如果在迭代重建的初始步骤中引入薄均匀 ^{1}H 密度层的先验假设，迭代重建的结果会大大改善 [12]。

13.7.4　有机纳米层成像

除了能直接观测到单个病毒粒子外，研究人员还发现了粒子底层的富质子层，这个信号来源于一种天然的亚纳米厚的吸附水或碳氢化合物分子层。

研究人员还发现，在刚清洗过的镀金表面上吸附的含氢物质足以产生可分辨的特征信号，通过分析信号的大小及其与磁场的依赖性可以确定吸附物在镀金表面形成了一层厚度约 0.5~1.0 nm 的均匀层 [62]。

使用类似的方法，Mamin 等得到了一个直径约为 10 nm 的多壁纳米管的 3D 图像，如图 13.12 所示，该纳米管附着在一个 100 nm 厚的硅悬臂梁末端，并从悬臂梁的末端延伸出大约几百纳米。正如之前在镀金层中观察到的那样，纳米管被一层含质子吸附层所覆盖，该吸附层的信号大小是二维镀金层的 1/10 不到，这一方面说明其体积较小，另一方面也说明了只有在一个背景噪声非常低的环境下才能形成这样有清晰结构形态且能被观测到的纳米管。使用相同的迭代反卷积方法重建 TMV 粒子的图像，研究人员还得到了一个圆柱形物体的图像，其远端直径为 10 nm。理论上该层是一个空心的结构层，但目前仍未能从实验图像上发现该空心结构。考虑到纳米管的内径很小 (小于 10 nm)，故未能观测到纳米管的空心结构可能是因为其表面附着有含氢材料，也可能只是因为图像的分辨率不够。

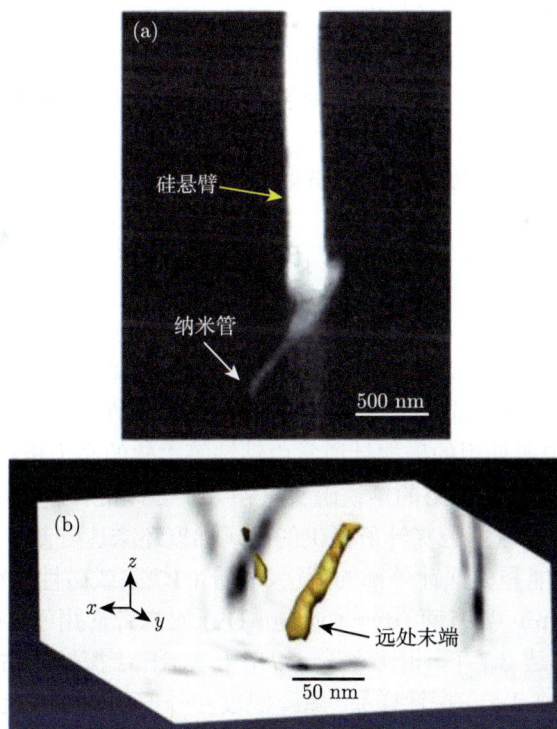

图 13.12　(a) 附着在硅悬臂上的多壁碳纳米管 (nanotube, NT) 的 SEM 图像 (侧视图)。薄的 NT 由附着在悬臂上的较厚的 NT 支撑，然后通过电子束沉积污染进一步增厚。(b) 三维 MRFM 数据集重建的三维图像，图中的黄色渲染结果表示一个 ^1H 密度的等值面 [62]。

13.8　几个改进方向

自 20 世纪 90 年代研究人员发明 MRFM 并进行一系列早期实验以来 [6,8,9]，MRFM 的磁灵敏度从最初大概只有 10^9 个 ^{1}H 磁矩发展到现在有 100 个 ^{1}H 磁矩。为了最终探测单个核自旋，并以原子分辨率对分子进行成像，测量的信噪比还需提高至少两个数量级，目前尚不清楚仅仅通过对该仪器的关键部件 (即悬臂力传感器和纳米级磁探针) 进行改进是否可以实现这一目标，还是需要对测量仪器和测量方法进行根本上的体系化创新。

自 2009 年以来，MRFM 的空间分辨率仍停留在 TMV 实验的水平，尽管如此，研究人员仍在测量仪器的组件、测量技术等方面取得了很多有重大意义的进展。由式 (13.4) 可知，对 MRFM 灵敏度的提升本质上是改进两个参数：磁场梯度 G 和悬臂力噪声谱密度 S_F。从实验的角度来看，有三种可能的改进方向：第一种是改善梯度源 (即磁探针) 或通过减少表面效应引起的力噪声使样品更接近磁探针，从而实现更大的磁场梯度 G；第二种方向是通过减少测量仪器固有的机械能量耗散优化悬臂力传感器，从而降低噪声谱密度 S_F；第三种改进方向是发展新的测量方法，例如使用傅里叶编码或超极化技术，这可以在相同采集时间内增加信噪比。

下面回顾自 2009 年以来研究人员采用以上任意一类方法来提高 MRFM 灵敏度的一系列实验。

13.8.1　磁场梯度

通过增加磁场梯度 G 可以增强悬臂梁上的磁力。这是通过制作具有尖锐特征和高力矩材料的高质量磁探针以及尽可能缩短样品与探针间的距离来实现的。用磁盘驱动的磁头实现了目前为止最高的磁场梯度，范围在 $2\times10^7 \sim 4\times10^7$ T/m 之间 [63]，驱动磁头中所使用的磁探针通常由钴铁等柔软的高力矩材料制成，宽度低于 100 nm，TMV 实验中使用的钴铁磁头直径大于 200 nm，就能产生 4×10^6 T/m 的磁场梯度。此外，这些磁探针所提供的磁场梯度还未达到基于纯磁探针假设的理论最大值，这可能是由探针外部的死层、内部的缺陷或磁性材料的污染造成的。

2012 年，Mamin 等将镝 (dysprosium, Dy) 磁探针应用于 MRFM [64]，镝的体饱和磁化强度高达 3.7 T，相比之下，曾用于 MRFM 探针的钴铁合金的体饱和磁化强度则只有 2.4 T。在探针样品间距、温度和外部磁场等实验条件都相近的情况下，镝探针产生了 6×10^6 T/m 的磁场梯度，比钴铁合金的探针提高了 50%。对于小自旋系综而言，统计涨落效应对自旋极化的影响占主导地位 [65]，其信号主要由力的方差决定，这意味着所需的信号采集平均时间与磁场梯度的四次方成反比 [33]，因此即使是略微地提高磁场梯度也能较好地改善实验结果。

尽管 Mamin 等在磁探针的实验性研究中取得了进展，但他们还未将能产生如此高磁场梯度的磁性尖端实际应用在悬臂力传感器上。除此之外，采用将磁探针放在悬臂上的方案来替代以往将样品放在悬臂上的方案可以扩大可研究样品的范围。在以往的几何结构中，由于要将样品附着在超灵敏的悬臂梁上，实验不得不采用较小的样品且需要考虑样品的附着问题。而在悬臂式磁铁的方案中，一个简单直接的方法是像 SPM 测量那样将悬臂力传感器靠近样品，由此就能对更大范围的样品进行精密测量，比如需要嵌入一层水薄膜并快速冷冻以保存其固有结构的精密生物样品、工作中的有机半导体器件或散布在表面上的任意纳米级样品。然而，在同一装置上同时实现高质量纳米磁铁和高质量机械传感器的精加工难题已被证明是难以克服的。经过大量的工艺开发，Longenecker 等[66] 在 2012 年实现了对聚苯乙烯薄膜样品的 ^{1}H 核自旋的 MRFM 测量，其使用的"非悬臂磁铁"方案能提供约 5×10^6 T/m 的磁场梯度，所实现的梯度要比以前的"悬臂式磁铁"器件高出 8 倍，这将在理论上使表面样品的 ^{1}H MRI 分辨率低于 10 nm。

2016 年，Tao 等[67] 证明了商用硬盘写头可以产生比 MRFM 型设备中的镝探针高 5 倍的磁场梯度 (图 13.13)。在其实验中，由写头产生的反磁力和顺磁力

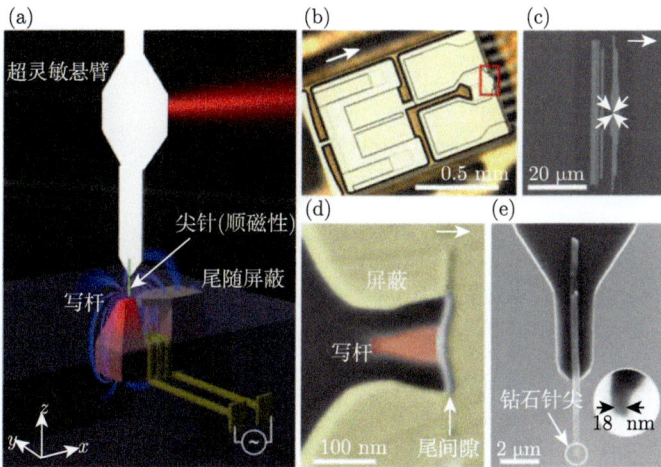

图 13.13 在 Tao 等的实验中所用到的商用硬盘写头的几何形状。(a) 一根锋利的钻石针 (绿色) 连接在纳米机械力传感器上，位于磁记录头的写杆上方。交流电周期性地改变磁极的极性，并在探针处通过反磁性或顺磁性感应出磁梯度力。实验在温度为 4 K 和高真空环境下用 SPM 实现。(b) 商用写头的光学显微镜照片。在图 (b)~(d) 中的箭头指向写头的后缘 (即正 x 方向)。(c) 设备读/写区域的放大图，其中写头位于四个箭头的中心。(d) 写头 (红色) 被用于使磁场线形成闭环的返回屏蔽部件 (黄色) 包围。在电极和屏蔽层之间约 20 nm 宽的尾间隙处，磁场梯度最大。(e) 用于探测局部磁力的金刚石纳米线。(Tao 等[67], https://www.nature.com/articles/ncomms12714。在许可协议 http://creativecommons.org/ 下使用。)

可以在 5 nm 范围内提供 2.8×10^7 T/m 的磁场梯度，最重要的是，写头产生的磁场及其梯度可在大约 1 ns 内进行切换。如果把这种磁场梯度快速切换的技术与大磁场相结合，将有望实现快速自旋操纵技术，并为通过力探测手段在纳米尺度样品上进行高分辨率的力 NMR 波谱研究开辟新的道路。未来更进一步的改进方向包括高真空兼容性、低功耗以及便于后续光刻操作的极平坦表面形貌。

　　由于梯度强度随距离的增加会迅速下降，因此在 Tao 等的实验中，在不丢失力灵敏度的情况下把样品放置到离磁铁 5 nm 以内对实现大磁场 G 环境非常重要。当探针与样品间距很小时，测量会因为探针样品相互作用在悬臂梁中产生机械噪声和耗散而受到严重的影响。研究人员已经在类似的系统中深入研究了这些相互作用 [68,69]，并根据系统的构型提出了几种理论来解释它的成因 [70-74]，大多数理论都提到了衬底或悬臂尖中的俘获电荷及介质损耗的作用。在实验中，可以采取几种策略来减轻非接触的摩擦效应，包括表面化学改性、窄探针尺寸及高频操作。Tao 和 Degen[75] 使用了一种特殊设计的能产生极低的非接触摩擦的金刚石纳米线探针。金刚石具有低介电常数、低损耗切线以及低含量的富缺陷表面氧化物等特性，因此是一种低摩擦探针的理想材料。当探针半径为 19 nm、探针角为 15° 时，探针表面的相互作用面积最小。

13.8.2　机械传感器

　　提高信噪比的第二种方法是开发更灵敏的机械传感器，即有着更低力噪声谱密度 S_F 的传感器。对于机械谐振器，S_F 可定义为

$$S_\mathrm{F} = 4k_\mathrm{B}T\Gamma \tag{13.5}$$

其中，k_B 为玻尔兹曼常数，T 为温度，Γ 为谐振器的机械耗散。机械耗散主要与机械系统在环境中丧失的能量有关：$\dfrac{\mathrm{d}E}{\mathrm{d}t} = -\Gamma \dot{x}^2$，其中 $\dot{x}$ 表示谐振器的位移速率。因此，为了最小化 S_F，需要降低工作温度和能量耗散，其中能量耗散 Γ 的关系式也可以写成 $\Gamma = \dfrac{m\omega_0}{Q}$，其中 m 表示机械谐振器的运动质量。

　　从能量耗散的关系式可以看出，在一个给定的温度下，一个设计良好的悬臂必须同时拥有较低的 $m\omega_0$ 和较大的 Q 值。对于细长悬臂的 $m\omega_0$ 值，可以按照欧拉–伯努利波动方程推导的关系式 $m\omega_0 \propto \dfrac{wt^2}{l}$ 进行调节；而对 Q 值的控制则需要考虑表面损失效应的影响，如图 13.14 所示。这一效应导致了 Q 值会随着表面积/体积比的增加而线性下降，即 $Q \propto t$ [15]。因此，$\Gamma \propto \dfrac{wt}{l}$ 意味着窄的细长悬臂梁是理论上最灵敏的传感器几何结构，该结论也与目前一系列传感器的实验结果吻合。这类细窄长的器件不可避免地具有较大的表面积/体积比，同时其最终

的力分辨率还会受到表面结构缺陷的影响，对于具有极高表面积/体积比的设备，这些效应使 Q 减小所带来的成像效果损失甚至会超过减小 $m\omega_0$ 所带来的提升。

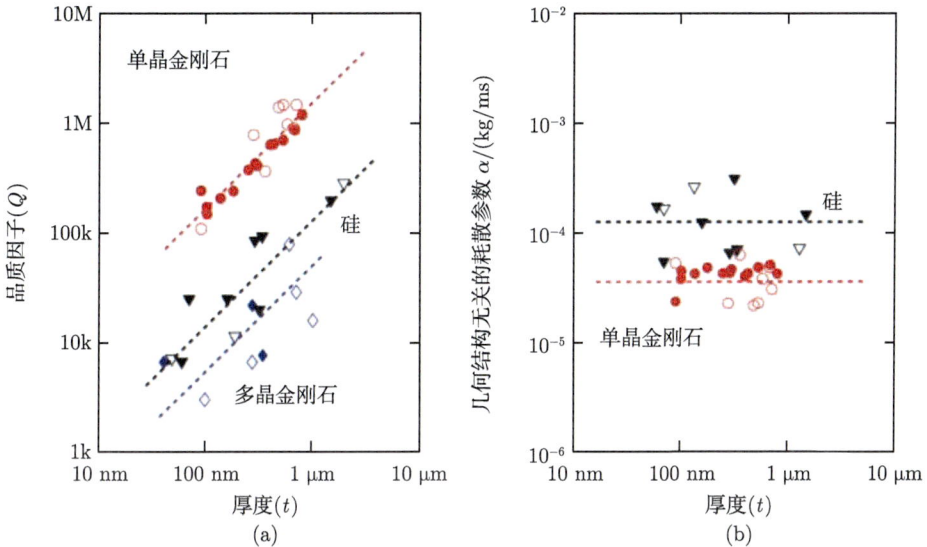

图 13.14　不同材料的纳米力谐振器 Q 值的比较图。(a) 从 Q 值的对比可以明显看出，对于相近的器件尺寸，单晶金刚石器件的 Q 值始终比单晶硅器件高约一个数量级。(b) 与几何结构无关的耗散参数比较。空心符号表示 300 K 下的 Q 值，实心符号表示 B4 K 下的 Q 值。从虚线可以看出 Q 值与厚度存在线性依赖关系。(Tao 等 [76]，经 Nature 许可转载。)

改进低能量耗散的机械传感器的方法大致可以分为"自上而下"和"自下而上"两种。目前世界上最灵敏的传感器和一些最常见的传感器 (包括 AFM 中使用的悬臂) 都是用自上而下的方法制造的，典型的自上而下的传感器制造工艺主要有光学或电子束光刻、化学或等离子体刻蚀和释放等，甚至更小的结构也可以用传统的聚焦离子束工艺打磨制造出来。然而，新兴的自下而上的制造方法正在极大地影响着目前的制作工艺，研究人员现在可以用自下向上生长的方法制作出具有全新力学性能的纳米级结构，如碳纳米管 (carbon nanotube, CNT) 和纳米线 (NW)。不同于传统的悬臂梁和其他用自上而下这种通过刻蚀大材料块的方法制作出来的结构，自下而上的结构是一个单元接一个单元地组装，在原子尺度上几乎没有缺陷且其末端表面是很光滑的。这种近乎完美的结构使自下而上结构的机械耗散比自上而下结构要小得多，而它们的高共振频率可以较大程度地减弱信号与常见噪声源的耦合。

在自上而下制作方法的研究领域中，Tao 等 [76] 实现了单晶金刚石超灵敏悬臂梁的制作，其厚度可达 85 nm，在室温下的品质因子 Q 超过 100 万，该悬臂梁在毫开尔文量级的温度下对应的热力噪声约为 500 zN/Hz$^{1/2}$，这比 TMV 成像实验中所使用的硅悬臂梁提高了 2 倍 [12]。尽管 2 倍的提升并不明显，但 Tao 等在文章中还展示了使用金刚石材料制作超灵敏悬臂梁的应用前景，如图 13.14 所示。排除了几何形状对品质因子 Q 的影响后，他们发现对于低机械耗散谐振器而言，金刚石的性能始终优于硅。他们在文章中还提出，根据观察到的趋势和目前的实验室加工能力，可以实现厚度为 50 nm 的金刚石悬臂梁，从而将低温力灵敏度降至 50 zN/Hz$^{1/2}$ 左右。然而，相比于用硅材料进行加工，用金刚石加工纳米力学结构还存在着成本昂贵、技术复杂等难题。

在另一篇论文中，Tao 等 [15] 试图通过修改和钝化硅悬臂梁的表面来解决表面耗散问题，以产生更灵敏的力传感器。他们发现，如图 13.15 所示的 1~2 nm 厚的硅天然氧化层贡献了大约 85% 的机械共振耗散。通过仔细研究，他们还观察到机械耗散与氧化层的厚度成正比，而且耗散在很大程度上取决于氧化层的形成条件。他们进一步证明了通过氮化、液相硅氢化和气相硅氢化来保护化学表面可以抑制空气中氧化物的快速形成，从而永久性地将机械品质因子提高 3~5 倍，这种对化学表面的改进还可以扩展到低温环境，如图 13.16 所示。他们的研究结果表明，将正确的配方与标准洁净室制造工艺结合，对包括硅悬臂梁、薄膜和纳米线在内的超灵敏纳米机械力传感器的制作都非常有益。

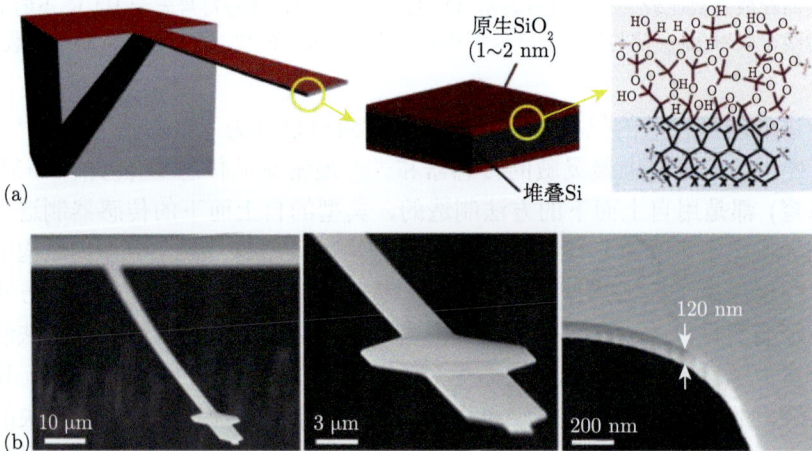

图 13.15　(a) 硅悬臂器件的结构示意图，显示了类三态硅 SiO$_2$(1 nm)-Si(120 nm)-SiO$_2$(1 nm) 截面和天然表面氧化层的原子组成。为了表述清晰，图中省略了 Si 原子标签。(b) 研究中使用的 120 nm 厚悬臂器件的扫描电子显微镜图 [15]。

另一方面，目前已有许多研究者在自下而上的制作方法中取得显著的进展。在两篇单独的文章中，Moser 等将碳纳米管应用在灵敏力传感器的制作上，并于

2013 年实现 1.2 K 温度下 12 zN/Hz$^{1/2}$ 的热受限力灵敏度 [77]，以及在 2014 年实现 4 mK 温度下的 1 zN/Hz$^{1/2}$ 力灵敏度 [78]。如果这种装置未来能够集成到 MRFM 中而不降低其力灵敏度，那么对单个核自旋的探测将是可行的。然而，碳纳米管在力显微镜中的应用还会碰到一些其他的难题，比如碳纳米管只有非常小的线性动态范围 [79]、其双夹持的几何形状不适用于大多数 SPM 力传感器探针的几何形状。

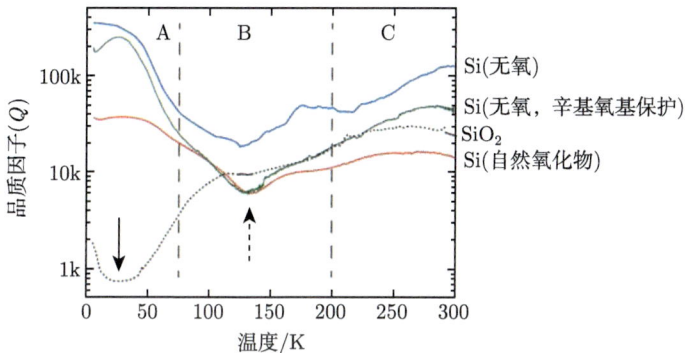

图 13.16　品质因子 Q 作为三个硅悬臂梁 (无氧、辛基氧基保护、自然氧化物) 和一个 SiO$_2$ 悬臂梁的温度函数。A~C 大致将不同摩擦源的区域划分为三部分。实箭头表示 SiO$_2$ 引起的耗散峰，虚线箭头表示可能是由有机保护层和表面引起的耗散峰 (Tao 等 [15]，http:// iopscience. iop.org/article/10.1088/0957-4484/26/46/465501/meta。在许可协议 3.0 版 https://creativecommons.org/licenses/by/3.0/ 下使用。)

另一方面，纳米线振荡器具有较大的线性动态范围，且可以通过生长得到不同尺寸的器件，直径从几十到几百纳米，长度可达几十微米，比碳纳米管更加通用和可控。纳米线可以由多种材料生长得到，包括硅、砷化镓、磷化钙、砷化铟、磷化铟、氮化镓和氮化硅等。纳米线机械传感器目前面临的主要挑战是尺寸太小而难以探测其位移。如悬臂梁或薄膜等的机械振荡器只不过是一个将力转换为位移的换能器元件，若要测量一个力，就必须探测在该力作用下所产生的位移。传统的微机械振荡器的位移探测技术有光学、微波、电容、磁和压电等，而当机械谐振器的尺寸小于光的波长时，光束偏转或干涉等常用的光学探测手段的灵敏度就会降低。

然而，在 2008 年，Nichol 等 [80] 展示了一种极化增强干涉的测量技术，该技术能够探测直径小于 100 nm 的硅纳米线 (Si NW) 的热运动。Ramos 等 [81] 在 2013 年对光学探测的理论极限进行了更进一步的研究，发现对 50 nm 直径的纳米线位移灵敏度可以达到 1 fm/Hz$^{1/2}$。一旦可以测量机械传感器的热运动，那么整个组合系统就是一个热受限力传感器，此时该系统的最小可探测的力完全由其热统计波动决定。

　　Nichol 等 [51] 随后在 2012 年的论文中更进一步地将他们的硅纳米线力传感器应用在 MRFM 实验中，并成功探测出纳米级聚苯乙烯样品中的 ^{1}H 核。在测量过程中，他们在 8 K 温度下距离表面 80 nm 的位置处获得了约 1 aN/Hz$^{1/2}$ 的热极限力灵敏度，这明显低于在 300 mK 温度下进行 TMV 实验时测得的灵敏度 [12]。与自上向下的超灵敏悬臂相比，纳米线具有极低的固有耗散和表面耗散。Nichol 等通过实验证明了当探针与样品表面间距为 7 nm 时，一个典型的硅纳米线比相同条件下振动频率为声波频段的悬臂梁的表面耗散少近 80 倍，总能量耗散少 250 倍。目前研究人员还未完全弄清楚这种差异背后的物理机制，猜测可能是纳米线的小横截面积减少了其对表面的耦合，或者是因为在纳米线的兆赫兹量级的谐振频率比悬臂梁的千赫兹谐振频率有着更小的表面波动的谱密度。

　　这项开创性的工作成功地将纳米线振荡器作为一种超灵敏悬臂梁应用在 MRFM 的探测中，如后面章节将要讨论的，专门为纳米线传感器设计的测量方法使用了纳米级载流线来产生时变射频磁场和时变磁场梯度，这个被称为 MAGGIC 的方案最终为更高信噪比的纳米级 MRI 设备开创了新的道路 [82]。

　　纳米线的高度对称截面产生了近似退化的正交弯曲双模态 [80,83]，如图 13.17

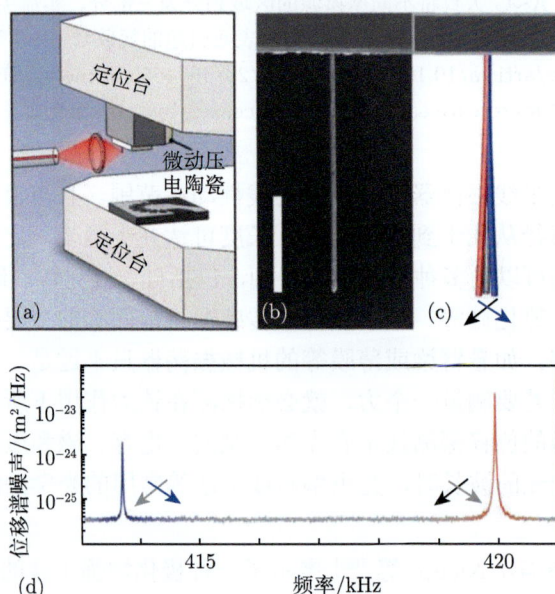

图 13.17　纳米线力传感器。(a) 使用压电定位平台 (顶部) 将光纤干涉仪与单个纳米线对齐。另外再使用一个在纳米线下的平台 (底部) 来定位和扫描样品表面。(b) 砷化镓/铝砷化镓纳米线的扫描电镜图像，其中比例尺代表 10 μm。(c) 纳米线的两种正交弯曲模态示意图。(d) 光纤干涉仪测量双模态的位移谱噪声密度 [139]。

所示。这种特性使得自下而上生长的纳米线成为一种非常灵敏的矢量力传感器。在摆动几何结构中,这些模式可以用于同时探测平面内沿两个正交方向的力及其导数 [84]。虽然一维 (one-dimensional, 1D) 动态横向力显微镜只靠传统的 AFM 悬臂梁的扭转模式就可以实现 [85-89],但同时对纳米尺度力场的所有矢量分量进行成像的能力仍然是非常有意义的,因为它不仅可以提供更多关于探针样品相互作用的信息,还可以研究包括特定相互作用力的各向异性和非保守性在内的本征二维效应。

2017 年的两个实验进一步扩大了这些矢量力传感器的应用。Mercier de Lépinay 等 [90] 使用了纳米线来绘制带电探针的静电力,而 Rossi 等 [91] 则将纳米线作为一种扫描探针对样品表面进行了成像。Rossi 在论文中提到,这种通用化的技术使 AFM 成了一种特别适合于绘制弱探针–样品相互作用力的大小和方向的测量手段,而且这种矢量灵敏度在一些特制的 ARFM 设备中也有非常大的应用潜力。

13.8.3 测量方法

除了改进 MRFM 硬件来提高信噪比之外,过去几年还出现了很多有广阔应用前景的新测量方法可以在提高信噪比的同时减少测量时间。

2010 年,Oosterkamp 等 [92] 使用了频分复用技术同时探测来自不同核素以及不同位置样品的多个 MRFM 信号,与 NMR 信号带宽相比,该测量方法使用的阻尼悬臂换能器有更宽的有效噪声带宽。Moores 等 [93] 在 2015 年实现了一种类似的信号复用技术,他们将来自不同核自旋系综的信号编码在悬臂力信号的相位中,并同时采集了来自两个不同核素和六个不同空间位置的统计极化自旋信号,得到了一个成像分辨率优于 5 nm 的一维图像,这种信号复用的技术理论上可使测量时间至少缩短到原来的 1/10。

2011 年, Xue 等 [94] 在标准 MRFM 几何结构的基础上做出了一些小修改,使悬臂梁的长轴同时垂直于外部磁场和射频微线源,这种结构避免了悬臂梁中所有由磁场引起的机械耗散的发生,使其不再对外磁场的施加以及测量灵敏度产生影响。同年,Xue 等 [95] 在其第二篇论文中,成功测量了纳米级半导体样品中的核自旋 MRFM 信号,并详细分析比较了 MRFM 对玻尔兹曼极化系综和统计极化系综的两种四极核的信号接收能力。他们发现,相比于其他传统的测量方法,MRFM 对砷化镓和其他半导体这种低 γ 的核素有着更强的信号接收能力,该结论对利用 MRFM 对纳米级 III~V 样品进行亚表面层同位素选择性成像的研究课题尤其有用,特别是当 SEM、TEM 等传统方法无法提供有效的同位素对比度时。

大部分 MRFM 所测量的纳米级自旋系综与更大规模的系综存在一定的区别,这主要是因为对于前者来说,总自旋极化的随机波动 (即自旋噪声) 超过了一般占主导地位的平均热极化。这种系综的差异使得纳米 MRI 和常规 MRI 两种测量方法之间存在着巨大差别，在前一种测量技术中通常测量系综的统计波动，而在后一种技术中则是从热极化中提取有效信号[96-98]。热极化也被称为玻尔兹曼极化，由处于热稳态的核磁化矢量指向外磁场方向造成，相比之下，统计极化则是由自旋系综内的磁矩不能完全相互抵消而导致的。

为了比较热极化和统计极化性质的区别，我们用完全极化系统 $M_{100\%} = N\hbar\gamma I$ 中的两个分数来表示两者，此时分别有 $P_{\text{thermal}} = \dfrac{M_z}{M_{100\%}} = \dfrac{I+1}{3}\dfrac{\hbar\gamma B}{k_B T}$ 以及 $P_{\text{statistical}} = \dfrac{\sigma_{M_z}}{M_{100\%}} = \sqrt{\dfrac{I+1}{3I}\dfrac{1}{N}}$，其中 N 是探测容积内直接反映系综规模的自旋数量，$\hbar$ 为普朗克常数，γ 为旋磁比，I 为自旋数，k_B 为玻尔兹曼常数，T 为温度。注意，热极化分数 P_{thermal} 与系综规模 N 无关，而统计极化分数 $P_{\text{statistical}}$ 则会随着系综规模的减小而增大，这意味着对于 $N < N_c$ 的系综，有 $P_{\text{statistical}} > P_{\text{thermal}}$，其中 N_c 是反映两种系综边界的某个临界自旋数。在 $N < N_c$ 的系综规模下，自旋极化波动的幅值将开始超过处于热稳态时的极化的平均幅度，这种转变通常发生在微米或纳米尺度上，这与纳米尺度 NMR 中统计波动起主导作用的实验结果相吻合。此外，通过测量热磁化的平均值和标准差就可以根据 M_z 和 σ_{M_z} 的比值确定被探测系综中的自旋数：

$$N = \frac{3}{I(I+1)}\left(\frac{k_B T}{\hbar\gamma B}\right)^2\left(\frac{M_z}{\sigma_{M_z}}\right)^2 \tag{13.6}$$

需要注意的是，当 $M_z = \sigma_{M_z}$ 时，系综里的自旋数目为 $N = N_c$。对于核自旋密度为 na 的材料来说，检测体积为 $V = \dfrac{N}{na}$，其中 n 为核素的数密度，a 为所测同位素的自然丰度。Herzog 等[99] 详细阐述了这种从热极化占主导的系综向统计极化占主导的系综的转变过程，并证明了通过测量磁化矢量来确定纳米级系综所含自旋数目的方案的可行性，主要结果如图 13.18 所示。

近年来，研究人员已经提出了一些专门用于测量统计极化核自旋的方案。2008 年，IBM 的科学家利用系综动力学第一次实现了对 CaF_2 样品中大约 2×10^6 个 ^{19}F 核自旋的统计极化波动的实时跟踪。对统计波动的测量一直是纳米尺度成像实验中的一大难题，特别是统计极化具有随机变化的正负性和波动幅度，使得很难对信号进行平均。因此，利用极化的统计方差而不是极化幅度作为成像信号是一种更有效的成像方法，这一结论也在力探测 MRI[12,58,62,97] 和常规 MRI[100] 的实验中被多次证实。此外，研究人员还证明了在测量寿命较长的核自旋的统计极化方差时，用射频脉冲使核自旋快速地随机变化可以显著提高图像的信噪比[97]。总之，如果只是为了对核自旋进行成像，我们没有必要完全确定出自旋极化幅度的正负性，仅仅通过测量得到的自旋噪声就能确定在特定位置的自旋数目，从而得到所需要的测量图像。

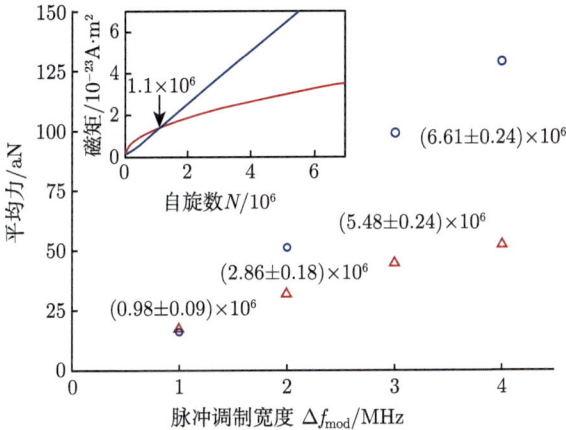

图 13.18 在 $B = 4.37$ T，$T = 4.4$ K 环境下测量得到的热极化产生的平均力 (蓝色圆形) 和统计极化产生的标准差 (红色三角形)，这些值与横坐标脉冲调制宽度有关。插图为核素 ^{19}F 的数量 N 的理想函数绘图，可以看到该函数在 N_c 处 (1.1×10^6 个自旋) 有交点。插图与实验数据图的相似性表明探测到的自旋数大致与脉冲调制宽度 Δf_{mod} 成正比 [99]。

核自旋寿命也是成像过程中一个重要的信息来源，它与原子核波动的相关时间 τ_m 有着明显的相关性。研究人员证明通过使用合适的射频脉冲，就可以把拉比章动、旋转坐标系下的弛豫时间和原子核交叉极化等信息编码进 τ_m 中，从而产生全新的图像对比度 [59,140]。2009 年，IBM 团队利用不同自旋核素之间的耦合，提高了三维 MRFM 成像中的化学选择性成像的能力，为此他们开发了一种原子核二次共振的方法，通过对其他自旋核素施加射频场来提高单自旋核素的极化波动率，从而达到间接抑制其他自旋核素的 MRFM 信号的效果 [140]。这种方法所涉及的物理原理类似于 NMR 波谱中的 Hartmann-Hahn 交叉极化效应 [101]，只不过用到的是统计极化而不是玻尔兹曼极化。IBM 团队受到苏黎世联邦理工学院进行的玻尔兹曼极化研究的启发，进一步证明了交叉极化能给微米级一维 MRFM 成像提供有效的化学对比度 [45-47]。在 IBM 的实验中，MRFM 被用来测量 ^{13}C 富集硬脂酸样品中的 ^{1}H 和 ^{13}C 两种核自旋之间的统计极化转移。统计系综的交叉极化技术的发展为目前使用的纳米级 MRI 设备提供了能产生更高的化学对比度的重要技术手段。

2013 年，Peddibhotla 等 [98] 通过利用核自旋的极化波动产生比玻尔兹曼热力学分布幅度更大和频带更窄的极化效果，从而在纳米尺度的核自旋系综中产生特定的自旋序。虽然这些结果都是通过低温 MRFM 设备获得的，但一般来说自旋极化波动的捕获和存储手段可以与所有能够实时探测和处理纳米级核自旋体积的技术结合。当碰到无法通过如动态核极化 (dynamic nuclear polarization, DNP) 等标准超极化技术产生极化效果的情况时，上述方法就提供了一种可行的替代方案，这主要是因为这种核极化的捕获过程可以增强含 ^{1}H 的纳米级生物样品或半导体纳米结构的微弱 MRI 信号。

2016 年，Issac 等 [102] 设计并实现了一种能使 MRFM 不再依赖弱统计自旋极化的方法。研究人员利用依赖于从样品电子自旋到核自旋的磁化强度转移的动态核极化技术，实现了 MRFM 对探测容积内平均磁化强度探测能力的提高。研究人员还将动态核极化应用在 "悬臂式磁铁"MRFM 实验所使用的薄膜聚合物样品上，实现了超热核自旋极化。正如他们在论文中所总结的，尽管目前仍有许多问题需要解决，但在 MRFM 实验中使用动态核极化技术成功实现超热核自旋极化为进一步提高 MRFM 的成像灵敏度开创了新的思路。

13.8.4　纳米核磁共振与纳米线力传感器

Nichol 等 [82] 在 2013 年提出了一种 MRFM 成像的改进方案，并成功得到了聚苯乙烯样品的 ^{1}H 核密度的 2D 投影图，其分辨率大约为 10 nm。实验中的信号对比度主要来源于核自旋的统计极化，且实验组使用了一个自下而上的硅纳米线机械振荡器作为力传感器以及纳米尺度的金属收缩来产生射频场和快速切换的磁场梯度，这有可能是自 TMV 成像实验以来最能振奋人心的结果。

由于纳米级 MRFM 需要很强的静磁场梯度，因此很难使用射频脉冲进行 NMR 波谱成像和实现核自旋的均匀激发。此外，传统的脉冲 NMR 技术也不能直接应用于纳米级的 MRFM，因为统计自旋波动的幅度往往超过玻尔兹曼自旋极化，此时，投影到任意轴上的磁化矢量都会随时间而产生随机性的波动。

Nichol 等 [82] 在文章中所展示的是一种力探测磁共振的新框架，可以将脉冲 NMR 测量应用在纳米级样品中并测量其统计极化信号。他们首先通过使用纳米尺度的收缩产生了大的射频场和大的磁场梯度，如图 13.19 所示，使得磁场梯度能按设定的要求进行切换。接下来他们采用了一种与传统 MRI 方案相似的方法，即在静态磁场和射频磁场中使用可切换的磁场梯度，将二维自旋密度图通过傅里叶变换编码进自旋信号中，并最终重建出聚苯乙烯样品中的 ^{1}H 核密度的 2D 投影图，分辨率约为 10 nm，如图 13.20 所示。Nichol 等将射频脉冲周期性地施加在样品上，使得固体有机样品的统计极化产生了相关性，从而使上述成像方法也适用于核自旋的统计极化态。然后利用流经纳米尺度的金属收缩区域的超高电流密度所产生的强磁场梯度，就可以读出自旋噪声的相关性。他们还在文中指出，傅里叶变换成像利用了统计极化样品的高分辨率成像的多种优势，能有效提高信号采集的灵敏度。这项工作最有意义的地方在于它建立了一种全新的方法，使得所有其他脉冲磁共振技术都可以直接应用在纳米尺度的成像和波谱分析上。

上述工作在几个层面上都是具有开创性意义的。从技术角度来看,他们展示了如何将自下而上的纳米线成功地用作纳米级 MRI 的力传感器。考虑到还有其他更灵敏的纳米线传感器,这个概念验证性实验预示着纳米级 MRI 的灵敏度和分辨率将在未来得到显著的提高。即使抛开灵敏度的改进不谈,Nichol 等的技术也可以被进一步扩展,通过使用纳米级的收缩区域来产生两个正交的磁场梯度,从而实现真正的三维空间编码,如图 13.21 所示 [103]。总的来说,这种方法可以作为一种连接桥梁,将传统的 MRI 复杂脉冲序列方案应用到纳米级 MRI 上。

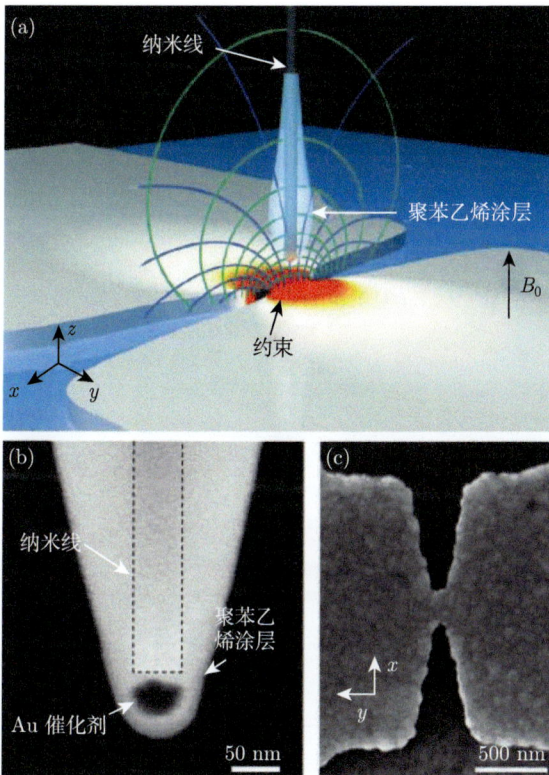

图 13.19 (a) 实验装置示意图。将涂有聚苯乙烯的硅纳米线置于银载流线的收缩处附近。流经收缩区域的局部高电流密度会产生强烈的射频磁场和磁场梯度用于信号读出、激发核自旋以及空间编码。在成像过程中,自旋密度分别沿着拉莫尔和拉比频率的等高线进行空间编码,在图中分别用蓝线和绿线表示。(b) 具有代表性的纳米线和聚苯乙烯涂层的 SEM 图,制备方法与该实验使用的纳米线和样品相同,其中虚线表示纳米线的外径。(c) 该实验使用的收缩器的 SEM 图。(Nichol 等 [82], https://iournals.aps.org/prx/abstract/10.1103/PhysRevX. 3.031016。在许可协议 3.0 版知识共享署名许可下使用。)

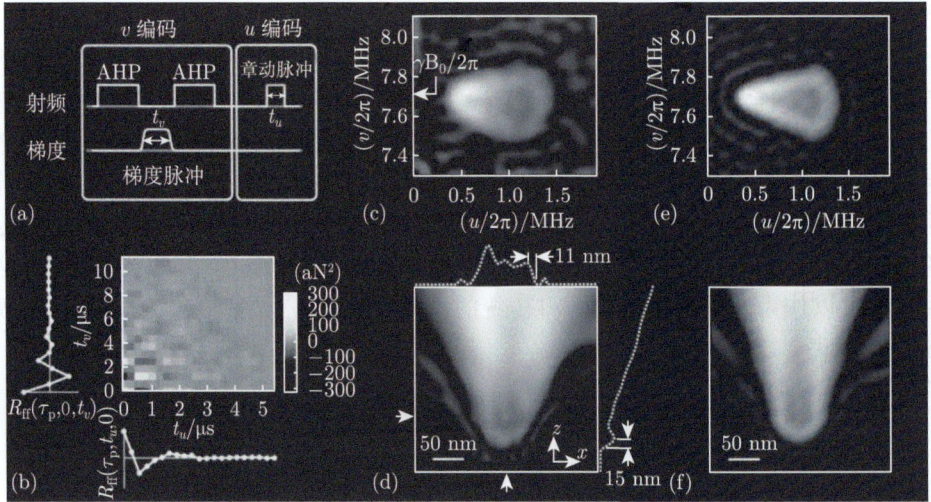

图 13.20　聚苯乙烯样品的二维 MRI 结果。(a) 图像编码的序列图。(b) 原始数据。(c) 在旋转坐标系下对原始数据进行余弦变换得到的信号密度图。(d) 重建得到的自旋密度实空间图像。通过图像中自旋密度的低信号部分能清楚地看到聚苯乙烯样品中的纳米线和金催化剂,其中图像上方和右侧的横截面是以箭头所示的方向为正方向。(e) 信号密度的仿真图。(f) 通过 (e) 中的仿真图重建得到的实空间图像。(Nichol 等 [82],https://journals.aps.org/prx/abstract/10.1103/PhysRevX.3.031016。在许可协议 3.0 版知识共享署名许可下使用。)

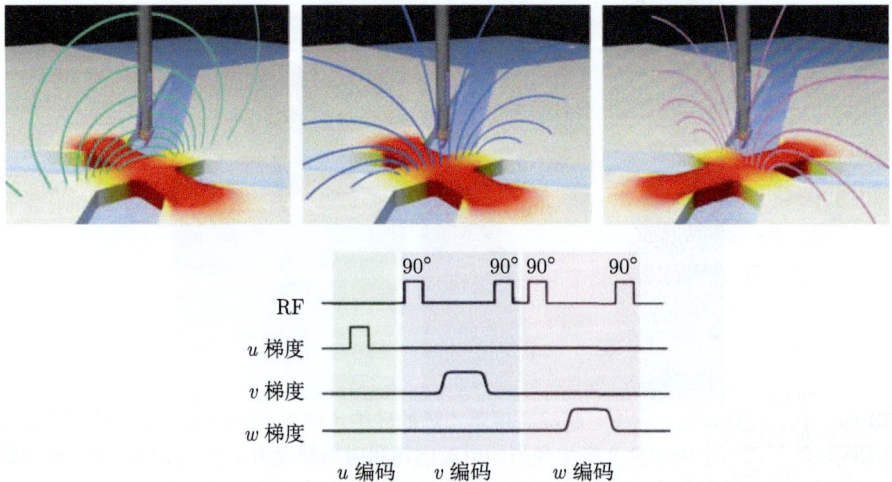

图 13.21　用于纳米级 MRI 的三维空间编码序列设想图。射频磁场脉冲和两个连续的正交磁场梯度可用于三维傅里叶变换成像。在未来的实验中,样品很可能是附着在硅纳米线探针上的生物分子 [103]。

13.9 与其他技术的比较

与其他成熟的纳米尺度成像技术相比，MRFM 在高分辨率显微镜中逐渐占据了独特的地位，因为 MRFM 作为一种真正的扫描探针方法具有以原子分辨率对物质成像的潜力。尽管扫描隧道显微镜和原子力显微镜通常可以实现原子尺度成像，但仅限于原子的表层，而不能穿透到表面以下的结构[104,105]。此外，在标准的 SPM 中，成像原理决定了样品的化学核素几乎不可能被识别出来，但由于 MRFM 结合了 SPM 和 MRI 的特点，这些难题都迎刃而解了。MRI 的三维特性使得即使是在探测器离样品较远的情况下，仍可以获取表层以下的高分辨率空间图像，同时，MRFM 与其他磁共振技术一样能提供较高的核素对比度，而且可以直接将现有的 NMR 波谱后处理程序应用在纳米级的样品分析中。最后，相比于电子显微镜和 X 射线显微镜，磁共振成像还有一个重要优势，就是它不会对样品造成任何辐射损伤。

MRFM 与目前依赖荧光成像的超分辨率光学显微镜也存在着差异[106]。一方面，光学方法具有对活体成像的优势，它能够选择性地对细胞某一部分进行成像，而荧光标记就是其中一种成熟的光学成像技术，常被用于细胞成像。但另一方面，光学成像的原理也限制了其在纳米分辨率下的应用，这种限制主要来源于对高能光线和稳定荧光团的需求。此外，荧光标记不可避免地会对目标生物分子进行一定程度的修饰，且可能会进一步地改变生物功能，这也导致了无法将成像分辨率缩小到荧光团尺寸的程度。

MRFM 与其他纳米尺度自旋测量方法相比也具有独一无二的优势。虽然通过几种技术的融合，目前已经能实现对固体中单电子自旋的探测，但使用到的技术大多依赖间接测量电子电荷[107,108]或光学跃迁[109,110]的信息。在其他的一些自旋测量方法中，研究人员通过磁性 STM 探针的自旋极化电流或磁交换力显微镜实现了对单个原子磁矩指向的测量[111-113]，这些测量手段对研究单表面原子是非常有价值的，然而它们仍然不适用于绘制如顺磁缺陷的亚表面自旋情况的图像。相比之下，MRFM 能直接测量自旋的磁矩而不需要用到其他自由度的信息，这使其成为一种通用性很强的测量方法。此外，像 MRFM 这种直接测量磁矩或漏磁场的方法理论上也可以与其他技术融合，如使用霍尔显微镜[114]、使用 SQUID 显微镜[115,116]、基于金刚石的单氮空位 (nitrogen vacancy, NV) 中心的磁测术[117-119]等，最终实现纳米尺度上的测量。到目前为止，只有 NV 磁测方法与 NMR 结合并实现了纳米 MRI 的功能。

NV 中心是指金刚石晶体在晶格邻近空位中存在一个氮原子时的晶格缺陷中心，这个复合物相当于一个具有单自旋 1 晶格缺陷的晶体。NV 中心的量子态可以用可见光进行初始化和测量，且由于该量子态具有较长的相干时间，NV 中心常被用作测量波动磁场的传感器，其灵敏度可达到 $10 \text{ nT/Hz}^{1/2}$，而且即使是在室温条件下也能保持这种高灵敏度，这种特性使得该技术在活体纳米 MRI 领域中有广阔的应用前景 [120]。相比之下，MRFM 对成像环境的要求则苛刻许多，它要求高真空和低温的环境来减少机械传感器的热运动和实现高自旋的测量灵敏度。

然而，NV 中心测量手段的高灵敏度只有当缺陷位于金刚石晶格足够深的位置处才能实现，以保持长相干时间——通常距离表面超过 5nm。由于 NV 中心对包括核自旋在内的磁矩的灵敏度主要依赖于偶极子–偶极子的相互作用，上述 NV 中心的限制会对基于 NV 中心的传感器有巨大的影响。偶极子–偶极子相互作用与 r^{-3} 成正比，其中 r 是 NV 中心与目标磁矩之间的距离。因此，研究人员在使用 NV 中心探测核自旋的时候，需要权衡 NV 中心的深浅，从而在保证 NV 中心可以与外部核自旋发生强耦合的同时，又能有较长的相干时间使其对磁矩的灵敏度较高。

尽管使用 NV 中心进行探测时有一些限制条件，近年来研究人员在利用 NV 传感器探测核磁矩方面仍取得了许多重大进展。2013 年，Mamin 等 [121] 和 Stau-dacher 等 [122] 先后报道了在金刚石表面的 5 nm × 5 nm × 5 nm 体素区域内进行 ^{1}H 核自旋探测的 NMR 实验，如图 13.22 所示。2014 年，Loretz 等 [123] 将成像体素容积减少到 1.8 nm^3 的大小，相当于只包含了 330 个 ^{1}H 核自旋。虽然钻石晶格是否具有单个 ^{1}H 核自旋级别的敏感性仍待理论证明 [124]，但现在看来实现单质子核自旋的测量只是一个时间问题。2015 年，三个研究小组的实验结果使 NV 中心在原子核 MRI 中的应用迈出了第一步 [125-127]。在其中一个小组的实验中，Rugar 等 [127] 使用单个 NV 中心的传感器获得了聚合物样品的 ^{1}H 核 NMR 二维图像，空间分辨率只略高于 10 nm，当样品在扫描过程中通过 NV 中心时，NV 中心就被用来探测样品中 ^{1}H 核自旋进动时所产生的振荡磁场。Rugar 等的这项工作以及其他两项工作都证明了，只需要用接近晶体表面的 NV 中心去扫描有机样品，就可以实现二维纳米尺度的 MRI [127]。

目前使用 NV 中心探测核自旋的技术仍有很大的改进空间。例如，可以通过使用更浅的 NV 中心或如双量子磁强法等改进的探测方法来增加 NV 中心与样品核矩的耦合 [128]。除此之外，从理论上来看，只要引入一个足够强的磁场梯度源，比如一个小的铁磁体，就可以扩展到三维的 MRI 成像，从而大大提高空间分辨率 [64,129]。

然而，目前尚未有团队实现 3D 成像，也不清楚是否可以实现样品制备中所要求的苛刻条件。例如，所有样品上都普遍存在的 ^{1}H 核污染层是一个 NMR 信号的干扰源，严重限制了分子结构成像的应用。此外，即使是具有较长相干时间的浅 NV 中心也只能探测到局部磁场，对于超过几纳米的深层结构是无法测量到的。NV 磁测法的这种 "近视眼" 特性也限制了被测样品的大小，因此，目前 NV 磁测法尚不能从 100 nm 尺度的样品中获得分辨率小于 5 nm 的 3D MRI 成像。

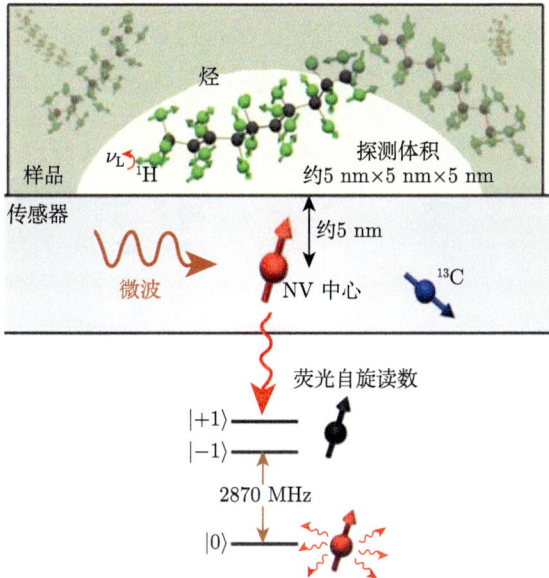

图 13.22　植入在金刚石表面附近的 NV 中心被用来探测放置在晶体表面的液态和固态有机样品中的 ^1H 核自旋。(Staudacher 等 [122]，经 AAAS 许可转载。)

这种 5 nm 的长度范围被称为 "无连接区"[14,130]，这恰好是目前已有的 3D 成像技术的一个主要成像盲点区域。正是因为这个原因，有许多样品的精细结构无法成像，从而为结构生物学家创造了一个 "视野盲点"。目前正在加紧研究和开发的几种方法就是试图通过 3D 成像的方式来解决这一问题，这几种正在研究中的 3D 成像方法主要包括超分辨率显微镜、低温电子显微镜和纳米 MRI。值得一提的是，由于 MRFM 测量的是磁矩而不是磁场，其分辨率来源于磁场梯度的大小和其机械传感器的灵敏度，因此，它不会受到 NV 磁测法的近场测量限制，这也使 MRFM 成为目前最有可能解决成像盲点的技术之一。

13.10　展　　望

尽管 MRFM 的研究人员还没能在 2009 年纳米 MRI 所能达到的 5 nm 分辨率基础上更进一步，但如果将目前最新的悬臂传感器、梯度源和探测方法都结合到同一个成像设备中，应该可以在大约 100 nm 的成像范围内将纳米 MRI 的分辨率提高到 1nm 以内，其中，伊利诺伊州的一个实验小组在纳米线探测和傅里叶编码的范式转换上取得的进展就很可能使这一目标加速实现，该进展将使纳米

MRI 可以通过 MRFM 探测到 "非连接区" 的结构, 并与目前主要往小范围原子成像方向发展的 NV 中心磁测技术形成优势互补。当然, 为了使 MRFM 技术成为生物学家和材料科学家的实用工具, 目前还必须先解决几个重要的问题。

严格来讲, 大多数现有的 MRFM 仪器都处于原型机的实验阶段, 在实现 MRFM 对纳米尺度样品的流程化扫描测量之前, 还需要对其硬件进行大幅的简化。此外, 还必须专门设计出一套稳定的样品制备方法, 以适应 MRFM 为达到高灵敏度和高分辨率所需要的低温、高真空环境。虽然这些要求对生物样品来说比较苛刻, 但现有的一些样品处理方法在适当改进后是可以满足上述环境条件的, 例如在低温电子显微镜中, 可以将分散的样品浸入液氮中冷冻, 保存其原始结构 [131]。随着样品尺度变得越来越小, 将样品进行分离以及抑制邻近材料的背景噪声信号将变得越来越重要。

最新的 MRFM 成像实验所使用的实验条件与目前最流行的低温电子显微镜技术非常相似, 后者是目前结构生物学家常用的具有最高分辨率的 3D 成像技术。像 MRFM 一样, 低温电子显微镜在低温和高真空的环境下工作, 且需要长达几天的采集平均时间来实现足够的对比度, 一般可以达到几纳米的分辨率 [130,132]。然而, 与 MRFM 不同的是, 电子显微镜的一些原理性问题严重限制了它的通用性。当待测物体只有一个可用的备份样品时, 高能电子辐射对样品造成的损伤将会把成像分辨率限制在 5~10 nm 以上, 若要实现 1 nm 级别的分辨率, 则大概需要数百到数千份的备份样品 [133]。此外, 未染色的图像天然地具有低对比度的问题, 而若要通过染色来提高对比度, 则会永久性地改变样品的固有结构。

相比之下, MRFM 能够以一种无创的方式对纳米尺度的物体进行成像, 并能直接提供不同核素的对比度。一方面, 这导致了它不能通过对多个备份样品进行信号平均来提高信噪比; 但另一方面, 这也有望实现对团簇结构缺陷的显微镜成像, 这些常见的团簇结构主要有艾滋病毒、流感病毒和淀粉样纤维等。事实上, 所有这些复合物都与重要的生物功能有关, 从各种疾病的诱发产生到完成细胞内最基本的任务, 而 MRFM 不仅可以对这些复合物的三维大分子排列结构进行成像, 还可以通过同位素标记选择性地对其内部特定区域进行成像, 这对生物学研究有着非常重要的意义。

虽然 MRFM 最有应用前景的领域是分子生物学的结构成像, 但它的潜在应用并不仅仅局限于生物样品, 例如, 大多数半导体含有非零核磁矩。因此, MRFM 可用于纳米级电子器件的亚表层成像, 实际上, MRFM 也是目前几乎唯一能够直接测量限制单半导体量子点中电子自旋相干性的核自旋小系综动力学演变的技术。此外, 作为分子电子学未来研究热点的聚合物薄膜和自组装单分子层也是 MRFM 的另一个重要潜在应用点。最后, 同位素化合材料在调节分子输运和自旋等各种物理参数方面有着越来越重要的作用, 而研究人员目前正缺乏一种对这些同位素化合物进行无创成像的通用性方法 [134–136]，MRFM 技术在未来就有望填补这一空白。

13.11 结　　论

在过去的 25 年里，MRFM 在超灵敏核自旋探测和高分辨率 MRI 显微镜成像领域已经取得了令人兴奋的进展。从 20 世纪 90 年代的早期实验只能实现与传统 MRI 显微镜相当的几微米的成像分辨率，到如今已经发展到可以对单个病毒颗粒和单分子层进行成像的水平。研究人员在这几年的研究成果表明，不需要对MRFM 进行结构性的修改，单靠对其各组件的不断改进就有望实现 1 nm 的分辨率。此外，自下而上的换能器和傅里叶变换成像技术很可能会更显著地提高成像分辨率。然而，为了将这种纳米级的分辨率应用在生物样品或大分子复合物的三维成像上，除了改进测量硬件之外，在标本的制备方法上还有很多工作要做。尽管在技术上非常具有挑战性，但将 MRFM 扩展到原子成像并对分子中的原子直接进行三维成像和定位将是一个有重大意义的应用前景。

参 考 文 献

[1] Binnig et al. (1982) Phys. Rev. Lett., 49, 57.

[2] Binnig (1986) US Patent, 4, 724, 318.

[3] Binnig et al. (1986) Phys. Rev. Lett., 56, 930.

[4] Rugar and Hansma (1990) Phys. Today, 43, 23.

[5] Akamine et al. (1990) Appl. Phys. Lett., 57, 316.

[6] Sidles (1991) Appl. Phys. Lett., 58, 2854.

[7] Sidles (1992) Phys. Rev. Lett., 68, 1124.

[8] Rugar et al. (1992) Nature, 360, 563.

[9] Rugar et al. (1994) Science, 264, 1560.

[10] Sidles et al. (1992) Rev. Sci. Instrum., 63, 3881.

[11] Rugar et al. (2004) Nature, 430, 329.

[12] Degen et al. (2009) Proc. Natl. Acad. Sci. U.S.A. 106, 1313.

[13] Sidles and Rugar (1993) Phys. Rev. Lett., 70, 3506.

[14] Moores (2016) Spanning the unbridged imaging regime: Advances in mechanically detected MRI. PhD Thesis. ETH Zurich.

[15] Tao et al. (2015) Nanotechnologyh, 26, 465501.

[16] Poggio (2013) Nat. Nanotechnol., 8, 482.

[17] Ciobanu et al. (2002) J. Magn. Reson., 158, 178.

[18] Evans (1956) Philos. Mag., 1, 370.

[19] Alzetta et al. (1967) Il Nuovo Cimento B, 62, 392.

[20] Poggio and Degen (2010) Nanotechnology, 21, 342001.

[21] Barbic (2009) in Magnetic Resonance Microscopy (eds Codd and Seymour) John Wiley & Sons, Inc, New York, pp. 49–63.

[22] Berman et al. (2006) Magnetic Resonance Force Microscopy and a Single-Spin Measurement, World Scientific, Singapore.

[23] Hammel and Pelekhov (2007) The magnetic resonance microscope in Handbook of Magnetism and Advanced Magnetic Materials Spintronics and Magnetoelectronics, vol. 5 (eds Kronmüller and Parkin), John Wiley & Sons, Inc, New York. ISBN: 978-0-470-02217-7.

[24] Kuehn et al. (2006) J. Chem. Phys., 128 052208.

[25] Nestle et al. (2001) Prog. Nucl. Magn. Reson. Spectrosc., 38, 1.

[26] Suter (2004) Prog. Nucl. Magn. Reson. Spectrosc., 45, 239.

[27] Zhang et al. (1996) Appl. Phys. Lett., 68, 2005.

[28] Wago et al. (1996) J. Vac. Sci. Technol., B, 14, 1197.

[29] Wago et al. (1998) Appl. Phys. Lett., 72, 2757.

[30] Bruland et al. (1998) Appl. Phys. Lett., 73, 3159.

[31] Stipe et al. (2001) Phys. Rev. Lett. 87, 277602.

[32] Garner et al. (2004) Appl. Phys. Lett., 84, 5091.

[33] Mamin et al. (2003) Phys. Rev. Lett., 91, 207604.

[34] Züger and Rugar (1993) Appl. Phys. Lett., 63, 2496.

[35] Züger and Rugar (1994) J. Appl. Phys., 75, 6211.

[36] Züger et al. (1996) J. Appl. Phys. 79, 1881.

[37] Blank et al. (2003) J. Magn. Reson., 165, 116.

[38] Thurber et al. (2003) J. Magn. Reson., 162, 336.

[39] Tsuji et al. (2004) J. Magn. Reson., 167, 211–220.

[40] Wago et al. (1997) Rev. Sci. Instrum., 68, 1823.

[41] Schaff and Veeman (1997) J. Magn. Reson., 126, 200.

[42] Wago et al. (1998) Phys. Rev. B, 57, 1108.

[43] Verhagen et al. (2002) J. Am. Chem. Soc., 124, 1588.

[44] Degen et al. (2005) Phys. Rev. Lett. 94, 207601.

[45] Eberhardt et al. (2007) Phys. Rev. B, 75, 184430.

[46] Lin et al. (2006) Phys. Rev. Lett., 96, 137604.

[47] Eberhardt et al. (2008) Angew. Chem. Int. Ed., 47, 8961.

[48] Ascoli et al. (1996) Appl. Phys. Lett., 69, 3920.

[49] Leskowitz et al. (1998) Solid State Nucl. Magn. Reson., 11, 73.

[50] Madsen et al. (2004) Proc. Natl. Acad. Sci. U.S.A., 101, 12804.

[51] Nichol et al. (2012) Phys. Rev. B, 85, 054414.

[52] de Loubens et al. (2007) Phys. Rev. Lett., 98, 127601.

[53] Wigen et al. (2006) Ferromagnetic resonance force microscopy, in Topics in Applied Physics, Spin Dynamics in Confined Magnetic Structures III, vol. 101, Springer, Berlin, pp. 105–136.

[54] Chui et al. (2003) Transducers. 12th International Conference on Solid-State Sensors, Actuators and Microsystems, vol. 2, p. 1120.

[55] Mamin and Rugar (2001) Appl. Phys. Lett. 79, 3358.

[56] Stipe et al. (2001) Phys. Rev. Lett., 86, 2874.

[57] Budakian et al. (2005) Science, 307, 408.

[58] Mamin et al. (2007) Nat. Nanotechnol., 2, 301.

[59] Poggio et al. (2007) Appl. Phys. Lett., 90, 263111.

[60] Chao et al. (2004) Rev. Sci. Instrum., 75, 1175.

[61] Dobigeon et al. (2009) IEEE Trans. Image Process., 18, 2059.

[62] Mamin et al. (2009) Nano Lett., 9, 3020.

[63] Tsang et al. (2006) IEEE Trans. Magn., 42, 145.

[64] Mamin et al. (2012) Appl. Phys. Lett., 100, 013102.

[65] Sleator et al. (1985) Phys. Rev. Lett., 55, 1742.

[66] Longenecker et al. (2012) ACS Nano, 6, 9637.

[67] Tao et al. (2016) Nat. Commun., 7, 12714.

[68] Kuehn et al. (2006) Phys. Rev. Lett., 96, 156103.

[69] Stipe et al. (2001) Phys. Rev. Lett., 87, 096801.

[70] Labaziewicz et al. (2008) Phys. Rev. Lett., 101, 180602.

[71] Persson and Zhang (1998) Phys. Rev. B, 57, 7327.

[72] Volokitin and Persson (2003) Phys. Rev. Lett., 91, 106101.

[73] Volokitin and Persson (2005) Phys. Rev. Lett., 94, 086104.

[74] Zurita-Sanchez et al. (2004) Phys. Rev. A, 69, 022902.

[75] Tao and Degen (2015) Nano Lett., 15, 7893.

[76] Tao et al. (2014) Nat. Commun., 5, 3638.

[77] Moser et al. (2013) Nat. Nanotechnol., 8, 493.

[78] Moser et al. (2014) Nat. Nanotechnol., 9, 1007.

[79] Eichler et al. (2011) Nat. Nanotechnol., 6, 339.

[80] Nichol et al. (2008) Appl. Phys. Lett., 93, 193110.

[81] Ramos et al. (2013) Sci. Rep., 3, 3445.

[82] Nichol et al. (2013) Phys. Rev. X, 3, 031016.

[83] Li et al. (2008) Nat. Nanotechnol., 3, 88.

[84] Gloppe et al. (2014) Nat. Nanotechnol., 11, 920.

[85] 2002)Proc. Natl. Acad. Sci. U.S.A., 99, 12006.

[86] Kawai et al. (2005) Appl. Phys. Lett., 87, 173105.

[87] Kawai et al. (2009) Phys. Rev. B, 79, 195412.

[88] Kawai et al. (2010) Phys. Rev. B, 81, 085420.

[89] Pfeiffer et al. (2002) Phys. Rev. B, 65, 161403.

[90] Mercier de Lépinay et al. (2017) Nat. Nanotechnol., 12, 156.

[91] Rossi et al. (2017) Nat. Nanotechnol., 12, 150.

[92] Oosterkamp et al. (2010) Appl. Phys. Lett., 96, 083107.

[93] Moores et al. (2015) Appl. Phys. Lett., 106, 213101.

[94] Xue et al. (2011) Appl. Phys. Lett., 98, 163103.

[95] Xue et al. (2011) Phys. Rev. Lett., 98, 163103.

[96] Bloch (1946) Phys. Rev., 70, 460.

[97] Degen et al. (2007) Phys. Rev. Lett., 99, 250601.

[98] Peddibhotla et al. (2013) Nat. Phys., 9, 631.

[99] Herzog et al. (2014) Appl. Phys. Lett., 105, 043112.

[100] Müller and Jerschow (2006) Proc. Natl. Acad. Sci. U.S.A., 103, 6790.

[101] Hartmann and Hahn (1962) Phys. Rev., 128, 2042.

[102] Issac et al. (2016) Phys. Chem. Chem. Phys., 18, 8806.

[103] Nichol (2013) Nanoscale magnetic resonance imaging using silicon nanowire oscillators. PhD Thesis. University of Illinois.

[104] Rev. Mod. Phys., 75, 949.

[105] Hansma and Tersoff (1987) J. Appl. Phys., 61, R1.

[106] Huang et al. (2009) Annu. Rev. Biochem., 78, 993–1016.

[107] Elzerman et al. (2004) Nature, 430, 431.

[108] Xiao et al. (2004) Nature, 430, 435.

[109] Jelezko et al. (2002) Appl. Phys. Lett., 81, 2160.

[110] Wrachtrup et al. (1993) Nature, 363, 244.

[111] Durkan and Welland (2002) Appl. Phys. Lett., 80, 458.

[112] Heinze et al. (2000) Science, 288, 1805.

[113] Kaiser et al. (2007) Nature, 446, 522.

[114] Chang et al. (1992) Appl. Phys. Lett., 61, 1974.

[115] Kirtley et al. (1995) Appl. Phys. Lett., 66, 1138.

[116] Vasyukov et al. (2013) Nat. Nanotechnol., 8, 639.

[117] Balasubramanian et al. (2008) Nature, 455, 648.

[118] Degen (2008) Appl. Phys. Lett., 92, 243111.

[119] Maze et al. (2008) Nature, 455, 644.

[120] Bhallamudi and Hammel (2015) Nat. Nanotechnol., 10, 104.

[121] Mamin et al. (2013) Science, 339, 557.

[122] Staudacher et al. (2013) Science, 339, 561.

[123] Loretz et al. (2014) Appl. Phys. Lett., 104, 033102.

[124] Loretz et al. (2015) Phys. Rev. X, 5, 021009.

[125] DeVience et al. (2015) Nat. Nanotechnol., 10, 129.

[126] Häberle et al. (2015) Nat. Nanotechnol., 10, 125.

[127] Rugar et al. (2015) Nat. Nanotechnol., 10, 120.

[128] Mamin et al. (2012) Phys. Rev. Lett., 100, 013102.

[129] Grinolds et al. (2014) Nat. Nanotechnol., 9, 279.

[130] Subramaniam (2005) Curr. Opin. Microbiol., 8, 316.

[131] Taylor and Glaeser (1974) Science, 186, 1036.

[132] Lucic et al. (2005) Annu. Rev. Biochem., 74, 833.

[133] Glaeser (2008) Phys. Today, 61, 48.

[134] Kelly and Miller (2007) Rev. Sci. Instrum., 78, 031101.

[135] Shimizu and Itoh (2006) Thin Solid Films, 508, 160.

[136] Shlimak et al. (2001) J. Phys. Condens. Matter, 13, 6059.

[137] Zalesskiy et al. (2014) E. Danieli B. Blümich V. P. Ananikov (2014) Chem. Rev., 114, 5641.

[138] Tao et al. (2016) Nat. Commun., 7, 12714.

[139] Rossi et al. (2017) Nat. Nanotechnol., 12, 150.

[140] Poggio et al. (2009) Phys. Rev. Lett., 102, 087604.